CAMBRIDGE LIBRARY COLLECTION

Books of enduring scholarly value

Darwin, Evolution and Genetics

More than 150 years after the publication of On the Origin of Species, Darwin's 'dangerous idea' continues to spark impassioned scientific, philosophical and theological debates. This series includes key texts by precursors of Darwin, his supporters and detractors, and the generations that followed him. They reveal how scholars and philosophers approached the evidence in the fossil record and the zoological and botanical data provided by scientific expeditions to distant lands, and how these intellectuals grappled with topics such as the origins of life, the mechanisms that produce variation among life forms, and heredity, as well as the enormous implications of evolutionary theory for the understanding of human identity.

Elemente der exakten Erblichkeitslehre

The Danish plant scientist Wilhelm Johannsen (1857–1927) is remembered for his experimental work on plant heredity, and as a founding figure of modern genetics. The terms 'gene', 'genotype' and 'phenotype' were first used by him. The results of his studies on beans supported theories advanced during the 1890s by the Dutch botanist Hugo de Vries, who had unknowingly replicated the work of Gregor Mendel, published in English translation in 1902 (also reissued in this series) by William Bateson. Johannsen's proposal that changes in heredity resulted from sudden mutations rather than from slow processes of natural selection was seen at the time as a threat to Darwinian theory, though later research showed otherwise. This influential book, first published in 1909 (with later editions in 1913 and 1926), is a revised, expanded German translation of a 1905 Danish book by Johannsen, itself based on a journal article originally published in 1903.

Cambridge University Press has long been a pioneer in the reissuing of out-of-print titles from its own backlist, producing digital reprints of books that are still sought after by scholars and students but could not be reprinted economically using traditional technology. The Cambridge Library Collection extends this activity to a wider range of books which are still of importance to researchers and professionals, either for the source material they contain, or as landmarks in the history of their academic discipline.

Drawing from the world-renowned collections in the Cambridge University Library and other partner libraries, and guided by the advice of experts in each subject area, Cambridge University Press is using state-of-the-art scanning machines in its own Printing House to capture the content of each book selected for inclusion. The files are processed to give a consistently clear, crisp image, and the books finished to the high quality standard for which the Press is recognised around the world. The latest print-on-demand technology ensures that the books will remain available indefinitely, and that orders for single or multiple copies can quickly be supplied.

The Cambridge Library Collection brings back to life books of enduring scholarly value (including out-of-copyright works originally issued by other publishers) across a wide range of disciplines in the humanities and social sciences and in science and technology.

Elemente der exakten Erblichkeitslehre

*Deutsche wesentlich erweiterte Ausgabe
in fünfundzwanzig Vorlesungen*

WILHELM JOHANNSEN

CAMBRIDGE
UNIVERSITY PRESS

CAMBRIDGE
UNIVERSITY PRESS

University Printing House, Cambridge, CB2 8BS, United Kingdom

Cambridge University Press is part of the University of Cambridge.
It furthers the University's mission by disseminating knowledge in the pursuit of
education, learning and research at the highest international levels of excellence.

www.cambridge.org
Information on this title: www.cambridge.org/9781108081054

This edition first published 1909
This digitally printed version 2015

ISBN 978-1-108-08105-4 Paperback

ELEMENTE

DER EXAKTEN

ERBLICHKEITSLEHRE

DEUTSCHE WESENTLICH ERWEITERTE AUSGABE

IN FÜNFUNDZWANZIG VORLESUNGEN

VON

W. JOHANNSEN

PROF. ORD. DER PFLANZENPHYSIOLOGIE AN DER UNIVERSITÄT KOPENHAGEN

MIT 31 FIGUREN IM TEXT

VERLAG VON GUSTAV FISCHER IN JENA
1909

Weimar. — Druck von R. Wagner Sohn.

Vorwort.

„Ein Versuch, die Elemente einer nach Exaktheit strebenden Erblichkeitsforschung kritisch darzustellen", wäre der rechte Titel dieser Vorlesungen gewesen. Das Wort „exakt" darf jedenfalls nicht als pretentiös aufgefaßt werden; wie es hier benutzt wird, bezeichnet es ein Streben und eine Begrenzung. Die Erblichkeitslehre in ihrer Verbindung mit Evolutionsspekulationen einerseits und cytologischer Detailforschung andererseits — um gar nicht von Psychologie und Pathologie zu reden — bildet ein so großes und verschwommenes Feld, daß die sorgfältige Pflege eines engeren Gebietes nur durch schärfere Begrenzung möglich wird. Eine solche Begrenzung ist hier vorgenommen in der Hoffnung, dadurch die vertiefte Forschung innerhalb der eigentlichen biologischen Erblichkeitslehre zu stützen.

Die dänische Ausgabe dieses Buches erschien 1905 (in 15 Vorlesungen) als durchgearbeitete Wiedergabe einer Serie von Vorlesungen, gehalten an der Universität Kopenhagen im Jahre 1903. Die hier vorliegende doppelt so große deutsche Originalausgabe tritt als eine völlig neubearbeitete Darstellung hervor. Jedoch sind die Gesichtspunkte, die dem dänischen Werke zu Grunde lagen, dieselben geblieben, mit den Erweiterungen, welche intensives Arbeiten der zwischenliegenden Jahre bedingt hat. Das Prinzip der „reinen Linien" ist hier mit dem „Mendelismus" in Verbindung gebracht; näher betrachtet sind Reinkultur und Kreuzung (eben der reinen Formen), gleich wichtige analytische Mittel der Erblichkeitsforschung, die einander ergänzen. „Mendelismus" und „reine Linien" haben auch in der schönsten Weise ihre Resultate gegenseitig bekräftigt, und dadurch die Lehre von der Selektion in richtigeres Licht gestellt.

Auch geht wohl aus allen Vorlesungen deutlich hervor, daß die Variabilitätserscheinungen nur mittels des Erblichkeitsmomentes analysiert werden können. Wo diese Analyse fehlt, würde man HEINE zitieren können:

Es war ein buntes Durcheinander
Wie Mäusedreck und Koriander.

Es mögen aber die Vorlesungen für sich selbst sprechen. Nur sei gesagt, daß nicht wenige eigene Erfahrungen hier zum ersten Male publiziert werden; auch die Verwertung vorliegender Tatsachen ist vielfach von der landläufigen Weise abweichend.

Ob die neuen Bezeichnungen „Phaenotypus“, „Gene“, „genotypisch“ u. dergl. Beifall finden werden, wird sich zeigen; jedenfalls sind sie nicht Wörter, welche „wo Begriffe fehlen“ sich eingestellt haben; es waren eben die Begriffe, welche benannt werden mußten, um präzisiert werden zu können. „Reine Linie“ und „Biotypus“ (Livstype) sind Bezeichnungen, die schon von meinen früheren Publikationen stammen, und welche jetzt wohl allgemein benutzt werden.

Die Vorlesungen in ihrer jetzigen Form sind von mir persönlich in deutscher Sprache geschrieben. Obwohl das resultierende „Ausländer-Deutsch“ dadurch auch in sprachlicher Beziehung weniger korrekt sein mag, so hoffe ich doch ausgedrückt zu haben, was ich eben gesagt haben möchte.

Sehr gerne nehme ich Kritik und Berichtigungen an; mein Werk ist durchaus nicht „fertig“, nur ein Ausdruck wissenschaftlichen Strebens und Suchens.

Kopenhagen, Februar 1909.

Der Verfasser.

Inhalt.

Erste Vorlesung.

Der Plan dieser Vorlesungen ist, eine elementare aber kritische Darstellung der exakten experimentellen Erblichkeitslehre, wie sie sich jetzt entwickelt hat, zu geben. Dabei sind auch die Auffassungen und Gesichtspunkte, welche hier geltend gemacht werden, wirklich zu begründen. Dieses ist aber nur möglich, indem die Methoden, welche bei der Forschung gefolgt wurden — oder wenigstens hätten gefolgt werden sollen — ganz besonders berücksichtigt werden. Eine wesentliche Seite dieser Methoden hat ein mathematisches Gepräge, und ist als angewandte Mathematik zu bezeichnen. Das Vertrautsein mit diesen Methoden ist unbedingt nötig für ein wirkliches Verständnis sehr vieler Erblichkeitsfragen. Denn alles, was geschaffen ist, wurde „nach Zahl und Maß und Gewicht" geordnet, wie es ja sogar in der Bibel steht; und ein großer deutscher Denker hat geäußert, daß nur soviel wahre Wissenschaft in der Naturforschung steckt, als Mathematik darin liegt. Es ist dies nun allerdings eine zu starke Äußerung; ganz unberechtigt ist sie aber wohl nicht. Auch die Biologie muß sich als messende Wissenschaft entwickeln; die ganze Geschichte der Naturwissenschaft zeigt, daß Einführung von quantitativen Untersuchungsmethoden eine Bedingung wahrer Einsicht ist; ich nenne nur die drei Namen ARCHIMEDES, GALILEI und LAVOISIER als Beispiele.

Die meisten Biologen und biologisch interessierten Mitbürger sind nun aber nicht besonders mathematisch veranlagt oder geschult; und dann kann das Verständnis der Erblichkeitsgesetze nur durch Schmerz gewonnen werden. Ich werde versuchen, den Schmerz so gering wie möglich zu machen, indem ich ganz allmählich und ohne besondere Voraussetzungen die Berechnungsmethoden behandeln werde, insofern sie hier benutzt werden sollen. Daraus wird aber in den betreffenden Darstellungen eine gewisse Breite resultieren — und diese Breite bitte ich mir zu verzeihen. Der mathematisch geschulte Leser wird die betreffenden Auseinandersetzungen einfach überspringen können; Anfänger oder Ungeübte dürften am besten alle Beispiele als Übungsaufgaben betrachten. Trainierung ist eben notwendig um hier mitarbeiten zu können.

Die Anwendung der höheren mathematischen Disziplinen kann ich hier gar nicht notwendig finden: derartiges würde auch gar nicht dem Zweck dieser biologischen Vorlesungen entsprechen. Wir Biologen fühlen nur zu oft unsere Schwäche, wenn es darauf ankommt, die Zahlengesetze auszufinden, welche hinter der bunten Mannigfaltigkeit der Variationsreihen liegen, und dies nicht weniger, wenn wir die modernen physikalisch-chemischen Theorien und Formeln auf das oft so fein regulierte Spiel des Stoffwechsels und der Wachstumsvorgänge anwenden sollen. In aller Schwäche ist es aber unsere Stärke, daß wir klar erkennen, wie ungeheuer kompliziert die lebenden Objekte sind, deren Tätigkeiten und Verhalten wir studieren. Wir verlaufen uns nicht, wenn wir unterlassen, die scharf geschliffene mathematische Logik an ein Beobachtungsmaterial anzuwenden, welches noch nicht genügend biologisch gesichtet und sondiert ist, um einer solchen strengen Behandlung unterworfen zu werden. Die Biologie hat in vielen Punkten mehr als genug zu tun mit der Herbeischaffung guter, ich möchte sagen „reiner" Prämissen, sicherer Tatsachen klarer Art, für mathematische Behandlung geeignet. Und hier haben wir wohl den schärfsten Blick, nicht die Mathematiker. Ohne die Hilfe der Mathematik werden wir aber keinen Überblick gewinnen können; wir haben den Mathematikern hier sehr viel zu verdanken.

Doch weder kann noch will ich solchen Mathematikern Folge leisten, die auf der Basis eines Materials, welches biologisch gesehen nicht als einheitlich aufzufassen ist, Formeln entwickeln, deren Tragweite sehr umfassend scheint, deren biologischer Wert aber Null oder gar negativ sein kann. Wir werden Beispiele dafür schon finden. Kurz gesagt ist meine Meinung die: Wir müssen die Erblichkeitslehre mit Mathematik, nicht aber als Mathematik treiben!

Die Erblichkeitslehre ist an sich ein interessantes Thema; schwierig ist es aber, einen Überblick zu bekommen, auch aus dem Grunde, daß so viele Tatsachen einander zu widersprechen scheinen. In vielen Punkten tappt die Forschung noch so ziemlich im Dunkeln umher. Wenn wir bedenken, wie jung unsere Einsicht in die Befruchtungsvorgänge noch ist, kann diese Unsicherheit nicht Wunder nehmen; erst vor wenigen Jahren, nach Entdeckung der „Doppelbefruchtung" der Angiospermen, wurden Tatsachen wie z. B. die „Xenienbildung" bei Mais recht verstanden, während sie früher als ganz unverständlich zu bezeichnen waren. Und welche Bedeutung für die Erblichkeitsforschung die neuerdings so stark in den Vordergrund des Interesses getretene Forschung über natürliche und experimentelle Parthenogenese haben wird, läßt sich noch nicht sagen.

Als ein Gegenstück zu diesen und anderen gesicherten tatsächlichen Resultaten stehen die Spekulationen über Ursachen der Erblichkeitserscheinungen, welche WEISMANN u. a. an die Erfahrungen der mikroskopischen Forschungen über Zellteilung und Befruchtungsvorgänge geknüpft haben. Neben ganz gediegenen und sehr klärenden Gedanken treffen wir hier die Hirngespinnste einer ungezügelten Phantasie, welche die Vorstellungen über die Aufgaben der wissenschaftlichen Erblichkeitslehre nur verwirren konnten. Obwohl die höchst interessanten Untersuchungen über die feineren Details der Zellteilung und Befruchtung, welche die letzten Dezennien gezeitigt haben, ihre große Bedeutung für die theoretische Auffassung der Erblichkeitsfragen haben, so hat es sich doch gezeigt, daß die feinsten mikroskopischen Bilder etwas verschieden gedeutet werden können. Schon deshalb eignen sich die speziellen cytologischen Tatsachen nicht dazu, der Ausgangspunkt für die nähere Betrachtung der Erblichkeitsgesetze zu sein; das große Hauptresultat der cytologischen Forschung aber: daß die normale Befruchtung eine Vereinigung zweier an sich gleichberechtigter Fortpflanzungszellen ist, hat andererseits den Wert eines Grundsteines der Erblichkeitslehre.

In Bezug auf das Verhalten der äußeren Faktoren, der ganzen „Lebenslage", zu dem Hervortreten bestimmter Eigenschaften der Organismen, in Bezug also auf die Einwirkung der umgebenden Faktoren auf die vererbten „Anlagen", sind wir eigentlich nur am Anfang der Studien. Und hier ist ein Gebiet, wo Erfahrung oft gegen Erfahrung zu sprechen scheint, was wir später näher beleuchten müssen.

In den weiteren Kreisen, für welche Erblichkeitsfragen große praktische Bedeutung haben, wie z. B. bei Pferde-, Hunde- und Viehzüchtern, sowie auch bei Pflanzenzüchtern, herrscht nicht selten große Uneinigkeit und noch größere Unklarheit betreffend die Züchtungsmethoden, besonders aber deren Begründung. Es sind so viele, welche Erfahrungen gemacht haben oder doch dieses behaupten und glauben. Und von seinen Erfahrungen ausgehend, wie eng sie auch begrenzt waren, hat mancher sich Auffassungen gebildet, an deren Wahrheit er wie ein Köhler glaubt. Oft sind derartige Auffassungen nichts als Vorurteil. Dazu kommt ein Umstand, dessen Wirkung nicht leicht zu schätzen ist, daß nämlich ökonomisches Interesse an die Aufrechthaltung resp. Unterdrückung bestimmter Auffassungen geknüpft sein kann, sei es nun in Bezug auf Haustiere oder Pflanzenrassen. Hier stehen wir an einem Punkte, Geschäftsrücksichten und Reklame, in welchem Wissenschaft und Praxis einander nie verstehen können. Es liegt mir fern, insinuieren zu wollen, daß durchgehend bewußte Ungenauigkeiten oder Unrichtigkeiten in den geäußerten Anschauungen der Praktiker sich finden; die allergrößte Vorsicht ist aber nötig, wenn man die Angaben der praktischen Pflanzen- oder Tierzüchter für die Erblichkeitslehre verwerten möchte. Auch spielt in der Praxis nur zu oft die bloße Schätzung eine große Rolle, exakte Bestimmungen lassen sich ja vielfach hier gar nicht durchführen. Hugo de Vries hat in seiner „Mutationstheorie" gute Beispiele zur Beleuchtung dieser Verhältnisse gegeben, ich kann diese ganze Sache also hervorheben ohne den leisesten Verdacht, speziell dänische oder skandinavische Zustände kritisieren zu wollen.

Was wohl am meisten die ruhige Entwicklung der Erblichkeitslehre gestört hat, ist der große Durchbruch in der Biologie mit dem Hervortreten Darwins. Als die Abstammungslehre und überhaupt die ganze Entwicklungsphilosophie nach der Mitte des vorigen Jahrhunderts die Biologie revolutionierte, hätte man glauben können, daß die Erblichkeitslehre vertieft werden müßte. Es kam aber ganz anders. Man setzte wohl voraus, daß Darwin sozusagen alles, was von der Erblichkeitslehre geleistet werden könne, gesammelt hätte; die Erblichkeitslehre wurde zu einer bescheidenen Dienerin der weit höher strebenden, die Organismen aller Zeiten umfassenden Abstammungslehre. Und man versäumte im höchsten Grade d a s e x a k t e S t u d i u m d e r E r b l i c h k e i t s f r a g e n, um in mehr oder weniger spekulativer Weise sich dem Studium der Abstammungsprobleme zu widmen. Dabei muß allerdings erinnert werden, daß die Deszendenzlehre, wie sie sich geschichtlich entwickelt hat, in sehr wesentlichem Grade sich auf Tatsachen stützt, welche nichts mit der eigentlichen Erblichkeitslehre zu tun haben: die Zeugnisse der Paläontologie, der vergleichenden Anatomie, der Embryologie usw. Vorläufig brauchte die durchschlagende, die Biologie ganz umprägende Deszendenztheorie nur wenig der Stütze einer vertieften Erblichkeitslehre; die ganze Erblichkeitsforschung fiel deshalb einer Stagnation anheim. Das Interesse der Forscher ging aber viel weiter — war es ja auch viel anziehender, über die großen Entwicklungsprobleme zu philosophieren, „Stammbäume" zu konstruieren, nach „missing links" zu suchen und dergl. mehr, als sich der ganz nüchternen, auch enger begrenzten, mühsamen und jedenfalls damals undankbaren Aufgabe hinzugeben, in exakter Weise die Relationen zwischen den Eigenschaften der Eltern und Kinder bei Tieren, Pflanzen und Menschen auszuforschen. Die Auffassung, daß keine Stetigkeit der Typen, sondern fortwährende Verschiebung aller Grenzen die lebende Welt auszeichne, muß auch entmutigend gewirkt haben auf das Bestreben, exakte Erblichkeitsgesetze auszufinden; wie könnte man hier an feste Punkte denken, wenn „alles fließt"?

Allmählich hat es sich aber gezeigt, daß der dürftige Einblick in die Erblichkeitsgesetze eine Schwäche fast aller speziellen Hypothesen der Entwicklungslehre bedingt haben. Dann erst hat man das Studium der Erblichkeitslehre mit Eifer, wenn auch nicht immer mit der genügenden Geduld und biologischen Kritik aufgenommen. Als bahnbrechender Forscher muß hier der Engländer Francis Galton genannt werden, dessen Einführung statistisch-mathematischer Arbeitsart in die Erblichkeitslehre einen gewaltigen Schritt vorwärts bedeutet. Der belgische Anthropologe Quetelet hatte übrigens mehr als zehn Jahre vor dem Erscheinen Darwin's „Origin of Species" mit mathematischen Hilfsmitteln die Variabilität der menschlichen Populationen zu studieren angefangen. Und die schönen Untersuchungen des Brünner Abtes Mendel, deren wir später zu gedenken haben, sind auch als grundlegend hier zu nennen, wenn sie auch nicht gleich irgend einen Erfolg hatten.

Das Studium der Erblichkeitsgesetze hat nun, wie es leicht einzusehen ist, zwei wichtige Aufgaben neben der Erforschung dieser Gesetze selbst, nämlich einerseits eine der Grundlagen für die Theorien der Deszendenzlehre abzugeben, und andererseits eine Stütze zu sein für die Bestrebungen der praktischen Züchter, immer bessere Haustiere oder Kulturpflanzen hervorzubringen.

Die Deszendenzlehre werde ich tunlichst wenig hier berühren. Die Erblichkeitslehre läßt sich am besten — oder kann es wenigstens — ganz unabhängig von jeder Deszendenztheorie studieren; nicht aber umgekehrt! Die Bestrebungen der Tier- und Pflanzenzucht stehen aber in so inniger Verbindung mit der Begründung der Erblichkeitsgesetze, daß es ganz unnatürlich erscheinen würde hier nicht mehrere der wichtigsten Züchtungsfragen zu berücksichtigen. Zudem werden in der Jetztzeit lebhafte Diskussionen über hierher gehörende Streitfragen großer Tragweite geführt. Ohne in diese Fragen polemisch einzutreten, werde ich gelegentlich prüfen, zur Klärung einiger strittiger Punkte beizutragen, insoweit dieses vom Standpunkte der reinen Erblichkeitslehre geschehen kann.

Zwei Begriffe spielen eine Hauptrolle in der Erblichkeitslehre, nämlich Erblichkeit und Variabilität. Mit Erblichkeit bezeichnet man bekanntlich im allgemeinen die gewöhnliche Erscheinung, daß man Ähnlichkeit findet zwischen genealogisch verwandten Organismen. Daß Ähnlichkeit und Verwandtschaft übrigens ganz scharf zu trennende Begriffe sind, werden wir später des näheren ausführen. Hier genügt es zunächst, den ganz populären, landläufigen Erblichkeitsbegriff festzuhalten als „Ähnlichkeit zwischen Verwandten". Man denkt dabei besonders an die Ähnlichkeit zwischen Vorfahren einerseits und Nachkommen andererseits, also an die Ähnlichkeit der Eltern, Großeltern, Urgroßeltern und weiter entfernten Ahnen (kurz der „Aszendenten"), mit den Kindern, Enkeln usw. (kurz der „Deszendenten"). Mit einer dementsprechend gedachten „absoluten" Erblichkeit würde man wohl völlige Identität der Beschaffenheit der Vorfahren und Nachkommen meinen, also auch völlige Übereinstimmung zwischen Geschwistern, jedenfalls bei selbstbefruchtenden Wesen. Derartige völlige Übereinstimmung findet sich nun aber nie; die Ähnlichkeit zwischen verwandten Organismen kann größer oder kleiner sein, immer aber finden sich Unterschiede. Zwei Individuen sind niemals ganz gleich. Diese sich immer zeigende Ungleichheit zwischen Organismen, selbst der allerengsten Verwandtschaft wird mit dem Worte Variabilität bezeichnet. Ältere Forscher, z. B. Louis Vilmorin, haben zwei „Kräfte" oder Fähigkeiten angenommen: „Vererbungsfähigkeit und Variationsfähigkeit" deren Zusammenspiel den Charakter des betreffenden Nachkommen-Individuums wesentlich bestimmen sollten. Derartige Kräfte oder Fähigkeiten hat jedoch die wissenschaftliche Erblichkeitslehre längst verlassen. Hier haben wir ebensowenig Veranlassung, zwei Fähigkeiten uns vorzustellen, als beim Scheibenschießen eine Fähigkeit zum Zentrumtreffen und eine besondere

Fähigkeit zum Vorbeischießen anzunehmen, durch deren Zusammenwirken die Schießsicherheit bedingt werde. Allerdings fallen derartige Ausdrücke leicht im Munde: kein Schütze hat die „Fähigkeit" immer ins Schwarze zu schießen, und bei manchem Rekruten
ist die „Fähigkeit" vorbeizuschießen größer als die Trefffähigkeit.
Insofern kann man ja leicht mit derartigen Wörtern operieren; bei
den Vererbungserscheinungen wie beim Scheibenschießen sind die
Resultate im einzelnen Fall von einer ganzen Reihe besonderer
Momente bestimmt, welche sich nicht ohne weiteres bestimmen lassen.

Beim Studium der Erblichkeitsverhältnisse liegt es am nächsten,
mit der Variabilität anzufangen, bieten ja eben die Unterschiede
verwandter Organismen den besten Ausgangspunkt für die Forschung.

Das Wort „Variabilität" wird vielfach in umfassenderer Bedeutung als oben benutzt, nämlich auch um den größeren oder
kleineren Reichtum an Unterarten, Varietäten usw. zu bezeichnen,
welcher so viele der Linné'schen Arten (Spezies) auszeichnet. Daß
diese Arten in Wirklichkeit nicht Einheiten sind, sondern mehrere
deutlicher oder undeutlicher zu charakterisierenden „kleine Arten"
umfassen, ist bekannt. Und daß diese kleinen Arten die Einheiten der systematischen Naturgeschichte sein müssen, wird wohl
heute allgemein anerkannt.

Ferner wird mit dem Worte Variabilität oft auch der bunte
Formenreichtum der Bastard-Nachkommen bezeichnet.

Es finden sich also drei verschiedene Hauptbedeutungen des
Wortes Variabilität:

A. Die Verschiedenheiten innerhalb der allerengsten systematischen
Gruppe, innerhalb der reinsten Rasse können wir vorläufig sagen:
die Ungleichheit zwischen Nachkommen und Vorfahren bezw. zwischen
Geschwistern unter sich. Es sind diese Verschiedenheiten, bezw.
die größere oder geringere Ähnlichkeit zwischen wirklich nahe verwandten Organismen, welche den Gegenstand der Erblichkeitslehre
im engsten Sinne bilden, und welche hier zuerst abgehandelt
werden soll.

B. Der Formenreichtum Linnéischer Arten. Das Studium
dieser Sache gehört der systematischen Naturgeschichte; es sei hier
aber hervorgehoben, daß dieses Studium vielfach ähnliche Methoden
wie die Erblichkeitsforschung benutzen muß.

C. Die bunten Eigenschaftsverhältnisse der Bastarde, welche
wichtige Sache in besonderen Vorlesungen näher behandelt werden
wird.

Es ist, wie schon öfters gesagt, eine Tatsache, daß die Organismen, sogar innerhalb des allerengsten Verwandtschaftskreises niemals ganz gleich sind. Will man studieren, worin die Abweichungen bestehen, ist es nötig, zuerst je eine Eigenschaft für sich zu betrachten. Das Muster dieser Untersuchungsart ist schon längst von Quetelet gegeben, welcher u. a. die Körperlänge und viele andere Dimensionen bei Menschen gemessen hat. Sessionsmessungen gaben ein großes Material für derartige Untersuchungen. So führt Quetelet die Höhenmaße ca. 26000 nordamerikanischer Soldaten an, welche er in Klassen mit einem Zoll Spielraum ordnet. Um großen Zahlen zu entgehen, berechnen wir hier die Angaben auf 1000 Mann, und haben alsdann die folgende Übersicht, in welcher die erste Zeile die Höhenmaße in englischen Zollen, die zweite die Anzahl der betreffenden Soldaten in pro Mille angibt.

Höhen	60"	61"	62"	63"	64"	65"	66"	67"	68"	69"	70"	71"	72"	73"	74"	75"
u. weniger																u. mehr
Anzahl	2	2	20	48	75	117	134	157	140	121	80	57	26	13	5	3

Man sieht, daß die individuellen Höhenmaße sich recht symmetrisch zu beiden Seiten der mittleren Höhenklassen gruppieren; die Anzahl der Individuen nimmt nach beiden Seiten allmählich ab. Bei näherer Betrachtung dieser und vieler anderer Zahlenreihen ähnlicher Art fand Quetelet, daß die Verteilung in den Klassen solcher Tabelle der sogenannten Binominalformel ganz gut entspricht. Wir brauchen hier nicht diese Formel selbst näher zu betrachten, sie wird in jedem Lehrbuch der Arithmetik behandelt; es genügt zu sagen, daß sie die Entwicklung des Ausdruckes $(a + b)^n$ gibt. Wir haben es dabei nur mit ganzen, positiven Potenzen zu tun; und nehmen wir die niedrigsten dieser Potenzen von $(a + b)$, haben wir die folgenden Entwicklungen:

$$(a + b)^1 = a + b$$
$$(a + b)^2 = a^2 + 2ab + b^2$$
$$(a + b)^3 = a^3 + 3a^2b + 3ab^2 + b^3$$
$$(a + b)^4 = a^4 + 4a^3b + 6a^2b^2 + 4ab^3 + b^4$$
usw.

Und setzen wir $a = b$, ihnen beiden den Wert 1 gebend, erhalten wir folgende Auflösungen:

$$(a + b)^1 = \qquad 1 + 1$$
$$(a + b)^2 = \qquad 1 + 2 + 1$$
$$(a + b)^3 = \qquad 1 + 3 + 3 + 1$$
$$(a + b)^4 = \qquad 1 + 4 + 6 + 4 + 1$$

$$(a + b)^{10} = 1 + 10 + 45 + 120 + 210 + 252 + 210 + 120 + 45 + 10 + 1$$

Diese symmetrische Verteilung der Zahlen zu beiden Seiten des mittleren Wertes stimmt recht gut mit den Erfahrungen QUETELETS über die Gruppierung der gemessenen Individuen zu beiden Seiten des Durchschnittsmaßes des betreffenden einzelnen Charakters.

Dieses sogenannte QUETELET'sche Gesetz, daß also die Verteilungen der Individuen einer Variationsreihe der Binomialformel folgen, ist von vielen späteren Forschern teilweise bestätigt gefunden; in erster Linie können wir GALTON nennen, ferner die Zoologen WELDON, HEINCKE, DUNCKER, DAVENPORT u. a., die Botaniker HUGO DE VRIES, LUDWIG, VERSCHAFFELT u. v. a., sowie der Mathematiker KARL PEARSON, welch letzterer mathematische Methoden ausgearbeitet hat zur näheren Probe der Übereinstimmung einer gegebenen Variationsreihe mit der binomialen Zahlenverteilung. Dabei hat es sich nun allmählich gezeigt, daß die Variationsreihen durchaus nicht immer sich so einfach und regelmäßig verhalten, wie es QUETELET annahm. Wir werden Beispiele dafür weiter unten anführen. Zunächst aber werden wir die einfachsten Fälle untersuchen, in welchen QUETELETS Gesetz annähernd gültig ist; denn dadurch erhalten wir den besten Ausgangspunkt für spätere Betrachtungen.

Soll die Variabilität innerhalb einer gegebenen „Rasse" untersucht werden, so muß man zu allererst darüber klar sein, daß Verschiedenheiten der ganzen Lebenslage den Individuen ein sehr verschiedenes Gepräge geben können, und dieses gilt wohl ganz besonders für allerhand absolute Dimensionsverhältnisse. Aussaat derselben Saatware gibt z. B. recht verschieden beschaffene Pflanzen, je nachdem die äußeren Faktoren, wie etwa der Boden, das Klima, die Dichte der Aussaat usw. die Entwicklung des einzelnen Individuums begünstigt oder ihr gerade nachteilig ist. Ähnliches gilt für die Tiere. Auf diese ganze Frage kommen wir später zurück; vorläufig aber denken wir uns, daß wir es nur mit Individuen von einem gegebenen eng begrenzten Orte zu tun haben, also mit Individuen, welche unter derselben allgemeinen Lebenslage entwickelt sind. Die Verschiedenheiten, welche die verschiedenen Individuen beeinflußt haben, sind hier am gegebenen Orte von mehr „zufälliger" Art — im Gegensatze zum durchgehenden oder durchgreifenden Unterschied der Lebenslage an wesentlich verschiedenem Lebensorte.

Ich werde später zu beleuchten versuchen, ob man mit Recht zwischen Wirkungen „zufälliger" und „durchgehends verschiedener" Lebensverhältnisse unterscheiden kann; hier beschäftigen wir uns noch nicht mit dieser Frage, sondern schreiten zur Untersuchung von Individuen ganz gleicher Art (Rasse) und von gegebenem Lebensort. Die Variabilität, welche auch in solchen Fällen sich immer zeigt, wird gewöhnlich fluktuierende Variabilität genannt.

Wir müssen beim Studium der fluktuierenden Variabilität stets zuerst die Variation der einzelnen Eigenschaften für sich beurteilen. Später kann geprüft werden, ob ein Zusammenhang in der Variabilität der verschiedenen Eigenschaften vorhanden ist. Das berühmte Wort GALILEIS „Messe alles was meßbar ist, und mache das nicht meßbare meßbar", könnte als Motto auch für die Erblichkeitslehre stehen; für die Biologen liegen schöne und wichtige Aufgaben darin, Methoden auszufinden, durch welche der Grad der verschiedenen Eigenschaften in Zahlen ausgedrückt werden könnte. In jedem einzelnen Fall muß man sich zurecht prüfen; und daß z. B. subjektive Beurteilung der Farbenintensität in hohem Grade täuschen kann, hat u. a. CORRENS durch Beispiele klar gezeigt. Eine Anleitung in der Methodik gibt C. B. DAVENPORT in seiner vorzüglichen Schrift „Statistical Methods with special reference to biological Variation", deren praktische Brauchbarkeit G. DUNCKERS „Die Methode der Variationsstatistik" übertrifft; letztere Arbeit gibt allerdings in gewissen Punkten ausführlicheren Bescheid.

Die einzelne Bestimmung, das „Maß" (im weitesten Sinne) des betreffenden Individuums, wird gewöhnlich Variante genannt. Man sieht leicht ein, daß das betreffende Individuum selbst auch so bezeichnet werden könnte. Denn das Individuum ist ja in Bezug auf diejenige Eigenschaft, von der eben die Rede ist, durch die Variante charakterisiert. Deshalb wird das Wort Variante auch häufig sowohl in der einen als der anderen Bedeutung benutzt, und in der Regel ist ein Mißverständnis ausgeschlossen. Ich habe es aber zweckmäßig gefunden, mit „Variante" nur das Maß zu bezeichnen; will ich ausdrücklich das Individuum bezeichnen, sage ich „Abweicher". Auf dieser Distinktion liegt übrigens kein großer Wert.

In ganz entsprechender Weise wird der Ausdruck Variante (resp. Abweicher) benutzt, wo von der Variabilität der verschiedenen Organe (Blätter, Früchte usw.) eines Individuums die Rede ist.

Es sind nun zwei verschiedene Fälle zu unterscheiden. In einem Fall kann die zu messende Eigenschaft in ganzen Zahlen ausgedrückt werden. So bei den jetzt so modernen Zählungen der Organe, z. B. die Strahlen der Flossen bei Fischen oder z. B. die Anzahl der Randblüten oder Hochblätter der Compositen, die Anzahl der Blättchen der zusammengesetzten Blätter usw. Hier bildet die

Zahlenreihe von 0 an die Skala, welche — wenigstens vorläufig — direkt bei der „Messung" zu Grunde gelegt werden kann. Hier spricht man von ganzen oder diskreten Varianten (integrated variates der Engländer). Als Beispiel führe ich eine Reihe Zählungen, 703 Butten (*Pleuronectes*) betreffend, an, welche mir von Herrn Dr. C. G. Joh. Petersen gütigst zur Verfügung gestellt wurde. Diese Fische wurden in der Umgegend von Skagen gefangen — wir werden sie später mit anderen Butten vergleichen. Die Anzahl der Strahlen in den Schwanzflossen wurden gezählt.

Es wurden gefunden mit:

Strahlenanzahl:	47	48	49	50	51	52	53	54	55	56	57	58	59	60	61
Anzahl Butten:	5	2	13	23	58	96	134	127	111	74	37	16	4	2	1

Die durchschnittliche Strahlenanzahl war 53,67.

Eine andere Illustration nehmen wir vom Pflanzenreiche, z. B. Ludwigs Zählungen der Randblüten in 1000 Köpfen von *Chrysanthemum segetum*.

Es wurden gefunden mit:

Randblütenanzahl:	7	8	9	10	11	12	13	14	15	16	17	18	19	20	21
Anzahl Köpfe:	1	6	3	25	46	141	529	129	47	30	15	12	8	6	2

Die durchschnittliche Randblütenanzahl war 13,18.

Als Gegenstück zur großen Variabilität in diesen beiden Beispielen können Raunkiärs Zählungen der inneren Hüllblätter der Köpfe von *Taraxacum erythrospermum* Andrzj. angeführt werden. Es wurden bei 100 Individuen gefunden:

Hüllblätteranzahl	13	14
bei einer Anzahl Köpfe von	99	1

Andere Taraxacum-Arten verhielten sich jedoch in ähnlicher Weise wie für *Chrysanthemum* hier angegeben. Diese Beispiele illustrieren alle das Vorkommen ganzer (diskreter) Varianten.

In anderen Fällen kann aber das Maß der Eigenschaft nicht in ganzen Zahlen gegeben werden. So überall, wo von Dimensionen, Gewichten, chemischen oder physikalischen Eigenschaften die Rede ist, ferner in den vielen Fällen, wo das Maß eine Relation ist, z. B. die relative Breite der Organe (Dolichocephalie und Brachycephalie beim Menschen, relative Breite der Blätter, Bohnensamen usw.) oder z. B. die Sterilitätsprozente (Schartigkeitsgrad) bei Getreide u. s. f. Hier haben wir es mit Bestimmungen zu tun, welche alle möglichen Werte zwischen zwei ganzen Zahlen haben können, und welche deshalb auch nicht absolut genau sein können. Hier müssen wir zu einer künstlichen Ordnung der gefundenen Varianten schreiten; sie müssen in Klassen gruppiert werden und wir bezeichnen sie deshalb als Klassen-Varianten (graduated variates der Engländer). Weitaus die meisten Untersuchungen operieren mit Klassenvarianten.

Als Beispiele können die schon S. 8 angeführte Reihe von Höhenmessungen angeführt werden. Das Maß 64″, 65″ usw. bedeutet hier bezw. 63,5—64,5″, 64,5—65,5″ usw., indem alle Varianten in Klassen mit dem Spielraum eines Zolls eingeteilt wurden. Ferner geben wir eine andere der QUETELET'schen Reihen, den Brustumfang von 1516 Soldaten betreffend. Auch hier wurden die Varianten in Klassen mit dem Spielraum von einem Zoll geordnet, und zwar ebenfalls so, daß Werte z. B. von 27,5—28,5 als 28 bezeichnet werden u. s. f. Es wurde die folgende Verteilung gefunden:

Brustumfang in ″:	28	29	30	31	32	33	34	35	36	37	38	39	40	41	42
Anzahl Soldaten:	2	4	17	55	102	180	242	310	251	181	103	42	19	6	2
(Theoretische Zahlen:	1,5	4,5	17	48	104	183	257	288	256	182	103	47	17	4,5	1,5)

Das Durchschnittsmaß war ca. 35 Zoll.

Ein anderes Beispiel kann vom Pflanzenreiche genommen werden. Messung der Dimensionen von Blättern, größerer Samen und vieler anderer Objekte ist sehr leicht auszuführen mittels eines in der praktischen Mechanik sehr allgemein benutzten Apparats. Dieser besteht aus zwei mit spitzem Winkel divergierenden schweren stählernen oder Messingmaßstäben, welche mittels Schließstücken fest

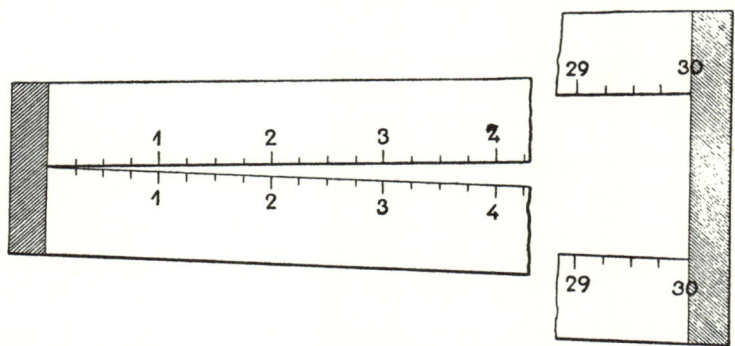

Fig. 1. Winkelapparat zur Messung der Dimensionen verschiedener Samen u. a. Pflanzenteile. Etwas verkleinert.

verbunden gehalten werden. Je weiter das Objekt, welches natürlicherweise in der rechten Weise transversal gehalten werden soll, gegen die Winkelspitze geführt werden kann, desto kürzer, bezw. schmäler ist es. Bei passender Einteilung der Maßstäbe kann eine hinlängliche Genauigkeit erhalten werden. Um bei Übungsarbeiten die Variabilität zu demonstrieren, genügt es mit Holzlinealen, in

passender Weise fixiert, zu arbeiten. So kaufte ich 1 Kilo Feuerbohnen (*Phaseolus multiflorus*) und ließ von meinen Praktikanten
alle unbeschädigten Samen ohne Ausnahme messen. Dabei genügte
eine Einteilung in ganzen Millimetern, während für genauere Messungen eine Einteilung in etwa Viertel- oder Fünftelmillimeter am
besten ist. Die gekauften Feuerbohnen, 558 Samen, wurden also
in Klassen geteilt. Die kleinsten Samen hatten eine Länge von
mehr als 17 und weniger als 18 mm; die Länge der größten lag
zwischen 32 und 33 mm. Und die ganze Reihe verteilte sich
folgendermaßen:

Maßstabskala: *17 18 19 20 21 22 23 24 25 26 27 28 29 30 31 32 33*
Anzahl Bohnen: 3 7 21 23 53 69 85 75 72 56 39 25 21 4 4 1

Der Durchschnitt aller Messungen ist 24,36 Millimeter.

Diese Tabelle zeigt am deutlichsten den Unterschied zwischen
„Klassenvarianten" und „ganzen" Varianten, indem hier korrekter
Weise die K l a s s e n g r e n z e n als Skala angegeben sind. Die Anzahl
der Varianten steht hier zwischen den Klassengrenzen. So gibt die
Tabelle nur das an, was t a t s ä c h l i c h g e f u n d e n wurde, während
wir in den Tabellen S. 8 und 12 nicht Klassengrenzen, sondern
die berechneten oder interpolierten K l a s s e n m i t t e l w e r t e als Skala
angaben. Dadurch tritt der Charakter der Klassenvarianten zurück,
was prinzipiell nicht richtig ist. Hätten wir dasselbe Verfahren hier
auch benutzen wollen, so wären die Klassenmittelwerte: 17,5, 18,5 usw.
gerade für die betreffende Anzahl Bohnen anzuführen gewesen.
Künftig werden wir bei Klassenvarianten immer die K l a s s e n -
g r e n z e n angeben.

Vor der näheren Betrachtung der mitgeteilten Zahlenbeispiele
kann am besten eine vorläufige Orientierung über die sogenannten
Variationskurven gegeben werden. Es sind graphische Schemata,
welche die Variabilität mehr anschaulich ausdrücken als die Zahlenreihen es tun.

Je nachdem man mit diskreten Varianten oder mit Klassenvarianten zu tun hat, arbeitet man in etwas verschiedener Weise.
Im ersten Falle werden die betreffenden ganzen Zahlen als Punkte
in gleichen Abständen längs einer Grundlinie (Abszissenachse der
analytischen Geometrie) abgesetzt, und in jedem Punkte wird eine
senkrechte Linie errichtet, deren Länge (Ordinate der analytischen
Geometrie) der gefundenen Anzahl der betreffenden Varianten entspricht. Für die S. 11 genannten Butten wird in dieser Weise etwa
das beistehende Schema erhalten (Fig. 2). Werden die freien End-

punkte der senkrechten Linien verbunden, wie in der Figur, bekommt man ein sogenanntes „Variationspolygon". Eine wirkliche Kurve erhält man natürlich erst, indem man das Variationspolygon mit krummen Linien abrundet. Diese Frage werden wir zunächst aber nicht weiter behandeln. Bei Variationskurven der vorliegenden Art, wo diskrete Varianten in Betracht kommen, sind nur lineare

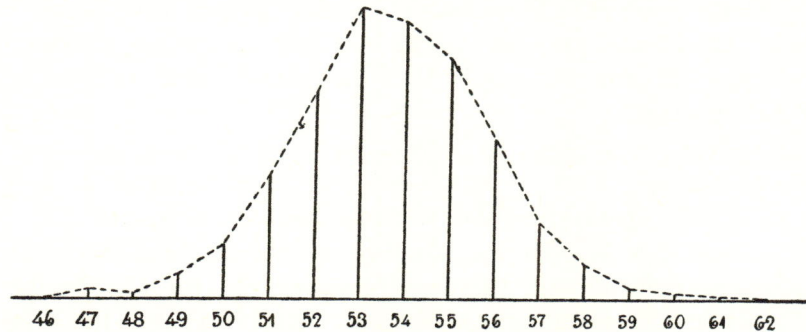

46 47 48 49 50 51 52 53 54 55 56 57 58 59 60 61 62

Fig. 2. Variationskurve zur Illustration der Verteilung ganzer (diskreter) Varianten; vergl. die Tabelle der Strahlenanzahl der Flossen, S. 11. Die Zahlen an der Grundlinie geben die absolute Größe der Varianten an — hier eben ganze Zahlen —; die Höhen der senkrechten Linien entsprechen der Anzahl der betreffenden Individuen.

Maße zu verwenden. Bei näherer Berechnung kommen Interpolationen verschiedener Art vor, was hier nur angedeutet werden soll. Und der Durchschnitt aller dieser „ganzen" Varianten ist sozusagen immer ein Bruch. Kein wirkliches Individuum kann also hier die wahre Durchschnittsbeschaffenheit haben.

Nicht selten, besonders wo das Material nicht sehr zahlreich, die Variabilität aber groß ist, ist man genötigt, die diskreten Varianten in Klassen einzuteilen. In solchen Fällen verfährt man, als wenn man es von vornherein mit Klassenvarianten zu tun hätte.

Die Konstruktion der Variationskurven bei Klassenvarianten geschieht in folgender Weise. Zunächst werden auf der Grundlinie die Klassengrenzen als äquidistante Punkte abgesetzt (Fig. 3). Über jeden Abschnitt der Grundlinie, dem Spielraum einer Klasse entsprechend, wird alsdann ein Rechteck gezeichnet, dessen Areal die in der Klasse gefundene Anzahl Individuen ausdrücken soll. Indem die Grundlinien aller Rechtecke gleich groß (nämlich gleich dem Klassenspielraum) sind, kann als Maß für die Höhe der Rechtecke die Individuenanzahl der betreffenden Klasse direkt benutzt werden. Die Areale der Rechtecke sind dann den betreffenden Individuen-

Anzahlen proportional. Alle diese Rechtecke bilden eine Figur, welche einer auf- und absteigenden Treppe gleicht: die „Treppenkurve" oder das „Treppenpolygon". Werden die Mittelpunkte der oberen Grenze dieser Rechtecke verbunden (vergl. Fig. 3), erhält man eine vorläufige Ausgleichung der Stufen; und diese Kurve hat ein

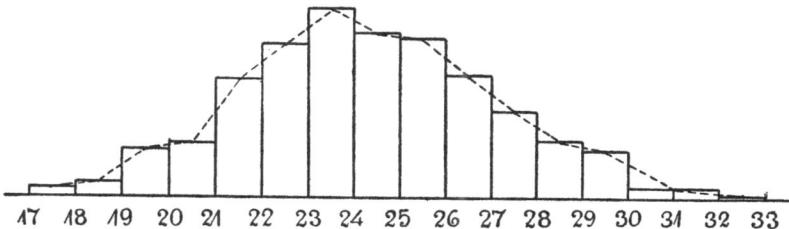

Fig. 3. Variationskurve von Klassenvarianten (vergl. die Tabelle der Längenmaße der Feuerbohnen, S. 13). Die Zahlen an der Grundlinie geben die Klassengrenzen (Maßstabskala) an, die Areale der Rechtecke geben die Anzahl der zu den betreffenden Klassen gehörenden Individuen an.

ähnliches Aussehen wie die Kurve der diskreten Varianten. Bei der Kurve der Klassenvarianten ist es aber das Flächenmaß, welches die Individuenanzahl ausdrückt; es ist die Summe aller Rechtecke; das gesamte Areal, welches von der Grundlinie und der ganzen Kurve begrenzt wird, entspricht der Summe aller vorliegenden Individuen.

Der Unterschied zwischen den beiden Kurventypen ist jedoch, näher betrachtet, eigentlich nur formeller Natur. Es ist dasselbe Zahlengesetz, welches für die Verteilung sowohl der diskreten Varianten als der Klassenvarianten zu Grunde liegt. Dies wird später klar hervortreten.

Bei der hier erwähnten rein empirischen Konstruktion der Variationskurven wählt man die Maßverhältnisse der Grundlinie und der Höhen ganz nach Belieben. Mit Anwendung von „Millimeterpapier" oder einfach karriertem Papier findet man sich sehr bald zurecht. Man mache die Kurven weder zu flach noch zu steil ansteigend; bestimmte Regeln liegen nicht vor. Bei der Klasseneinteilung der Varianten darf der Spielraum nicht so eng gemacht werden, daß einige der Klassen leer bleiben — abgesehen von den aller äußersten an beiden Seiten. Je größer die Anzahl der Individuen, desto engere Klassen, somit eine desto größere Anzahl von Klassen kann man bilden. Zeigt eine Klasseneinteilung sich zu eng, so lassen sich diese Klassen ja immer leicht vereinigen; so werden wir später sehen, daß die S. 13 erwähnten Bohnen (vergl. Fig. 3) besser in

Klassen mit einem Spielraume von 2 Millimetern eingeteilt werden. Wo bei den Messungen, Wägungen, Analysen usw. die Neigung sich findet, die letzte Ziffer der betreffenden Zahl auf 0 oder 5 abzurunden, muß selbstverständlich dafür gesorgt werden, daß jede Klasse über gleich viele dieser Grenzfälle spannt; sonst bekommt man leicht Unregelmäßigkeiten in der Verteilung. 8—10 Klassen sind oft genügend, um einen Überblick über die Variantenverteilung zu bekommen. Daß man genötigt sein kann diskrete Varianten in Klassen zu gruppieren, wurde schon oben erwähnt.

Wir müssen nun die Zahlen etwas näher betrachten, womit wir in der nächsten Vorlesung anfangen werden. Wir haben es zunächst mit quantitativen Unterschieden im Material zu tun. Wo von qualitativen Verschiedenheiten die Rede ist, sind besondere Maßregeln nötig.

Zweite Vorlesung.

Die Variationsweite. — Die Viertelgrenzen und das Quartil.

Wenn wir jetzt die Zahlenverhältnisse der fluktuierenden Variationen etwas näher beleuchten, so ist es am leichtesten, mit den Klassenvarianten anzufangen. Hier hat man ganz allmähliche Übergänge zwischen den Varianten; das Verständnis der Verteilungsgesetze wird dadurch sehr erleichtert. Wir wählen deshalb die S. 13 angeführten Längenmessungen an Bohnen als Ausgangspunkt.

Der ganze Spielraum, innerhalb welchem alle Varianten sich finden, wird die Variationsweite oder -Breite genannt. (Eine andere, erweiterte Bedeutung dieses Wortes werden wir später kennen lernen.) Im vorliegenden Beispiele ist die Variationsweite der Feuerbohnenlänge 33 mm ÷ 17 mm = 16 mm. Man wird aber sehr bald einsehen, daß die Variationsweite ein sehr unzuverlässiges Maß ist; denn sie muß sehr stark mit der untersuchten Anzahl von Individuen wechseln. Hätten wir 5000 Feuerbohnen gemessen, so würden wir unzweifelhaft einige gefunden haben, welche kürzer als 17 oder 16, ja wohl gar kürzer als 15 mm wären; ferner auch solche, welche eine Länge von mehr als 33 mm zeigten. Hätten wir nur 100 Bohnen gemessen, so wäre es ein besonderer Zufall gewesen, wenn wir die größte hier verzeichnete Bohne gefunden hätten; sehr wahrscheinlich hätten wir keine Bohne unter 18 mm und über 31 mm bekommen. Die Variationsweite steigt eben deshalb mit der Anzahl der untersuchten Individuen, weil man bei einer größeren Anzahl einige Repräsentanten der selteneren, größeren Abweichungen mitnehmen wird.

Zur Beleuchtung dieser Sache werde ich einige genaue Messungen einer Sorte brauner Bohnen (Prinzeßbohnen) aus dem Jahre 1900 anführen. Es wurden 12000 Samen mit Hilfe des in Fig. 1 abgebildeten Apparates gemessen und zwar mit einem Spielraum der Klassen von 0,25 mm. Die Variationsweite war

bei c.	120 ohne Auswahl gemessenen Samen	15,50 ÷ 10,75 mm = 4,75 mm
- - 2500	— — —	— 16,25 ÷ 8,25 — = 8,00 —
- - 5000	— — —	— 17,00 ÷ 8,25 — = 8,75 —
- - 10000	— — —	— 17,25 ÷ 8,25 — = 9,00 —
- allen 12000	— — —	— 17,25 ÷ 8,25 — = 9,00 —

Weil keine Vergrößerung der Variationsweite bei Messung der letzten 2000 Bohnen sich hier zeigte, ist damit nicht gesagt, daß eine wirkliche Grenze nun erreicht sein soll. Es ist nur zufällig, daß hier ein Halt gemacht wurde. Beim Vergleich dreier Portionen der Bohnen à ca. 2500 Stück, zeigte sich eine sehr schlechte Übereinstimmung der gefundenen Variationsweiten. Dieselben waren nämlich für die

1. Portion von 2500 Samen 16,25 ÷ 8,25 = 8,00
2. — — — — 17,00 ÷ 8,25 = 8,75
3. — — — — 17,00 ÷ 9,75 = 7,25

Diese Beispiele zeigen, daß ein sehr großes Material nötig ist, um mit einiger Sicherheit die Variationsweite bestimmen zu können, ja rein theoretisch betrachtet ist die Variationsweite überhaupt nicht scharf begrenzt. Sie ist aus allen diesen Gründen ein zu verwerfendes, unbrauchbares Maß der fluktuierenden Variabilität!

Ein ganz anders wertvolles Maß, welches GALTON in die Erblichkeitslehre eingeführt hat, ist das sog. Quartil. Um dies zu erhalten, teilt man zuerst das ganze gegebene Material in vier Gruppen: die beiden äußersten Viertel und die beiden inneren (oder mittleren) Viertel. Die Maße, welche diese vier Gruppen abgrenzen, geben in vielen Fällen einen völlig hinlänglichen Ausdruck für die Variation, und die betreffenden Berechnungen sind äußerst einfach.

Diese Berechnungen werden am leichtesten übersichtlich, wenn man von einer runden Zahl wie 100, 1000 oder 10000 ausgeht. Wir können deshalb die Anzahl der Varianten auf 1000 berechnen. Mit Benutzung der auf Seite 13 gegebenen Zahlen für Feuerbohnen erhalten wir die folgende Übersicht:

Maßstabskala	17	18	19	20	21	22	23	24	25	26	27	28	29	30	31	32	33
Indiv. pr. 1000	5	13	38	41	95	124	152	134	129	100	70	45	38	7	7	2	
Aufzählung ...	5	18	56	97	192	316	468	602	731	831	901	946	984	991	998	1000	

Wird die Variantenanzahl von Klasse zu Klasse summiert in der Weise, daß zur Anzahl jeder Klasse die Gesamtanzahl aller

Individuen der vorhergehenden Klassen addiert wird, so erhalten wir die Aufzählungsreihe, welche die untere Reihe der Tabelle bildet.

Die Zahlen dieser Reihe geben an, wie viele Individuen (hier in Promille) die betreffende obere Klassengrenze nicht überschreiten. Die hier vorliegende Reihe zeigt also, daß 5 Promille nicht das Längenmaß von 18 mm überschreiten, daß 18 Promille nicht das Maß von 19 mm überschreiten, daß ferner z. B. 192 Promille nicht das Maß von 22 mm überschreiten, 991 Promille nicht über 31 mm reichen, und daß alle hier vorliegenden Varianten — 1000 Promille — unter 33 mm liegen.

Es ist sehr wichtig zu bemerken, daß die Zahlen der Aufzählungsreihe sich zur oberen Grenze der betreffenden Klasse referieren, nicht aber zur Klassenmitte. Fehler in dieser Beziehung führen natürlicherweise zu unrichtigen Resultaten der Berechnungen.

Es kommt nun darauf an, die Grenzen zu finden, hier also die Längenmaße, welche die vier Viertel der Varianten abschneiden. Die erste Viertelgrenze, welche wir hier q_1 nennen werden, ist dasjenige Maß, welches von 250 Promille nicht überschritten wird (während 750 Promille es überschreiten), welches Maß also das kürzeste Viertel des vorliegenden Materials abschneidet. Diese Grenze muß hier zwischen 22 und 23 mm liegen; sie muß oberhalb 22 mm liegen, weil dieses Maß nur 192 Promille der Varianten abschneidet, und sie muß unterhalb 23 mm liegen, weil diese Grenze zu viel abschneidet, nämlich 316 Promille. Unter der Voraussetzung, daß die Varianten sich ganz gleichmäßig über die Klasse verteilen — eine Voraussetzung, die nur bei sehr schmalen Klassen richtig ist[1]) — kann man mittels einfacher Regel de tri die gesuchte Grenze finden:

Bis 22 mm finden sich 192 Promille; die fehlenden 250 ÷ 192 = 58 liegen oberhalb 22 mm und unterhalb 23 mm. Zwischen 22 und 23 mm liegen 124 Varianten (Promille), welche wir also als gleichmäßig in der Klasse verteilt uns denken. Diese 124 Va-

---

[1]) Die Varianten häufen sich in Wirklichkeit stärker in der einen — hier der rechten — Seite der Klasse. Die erste Viertelgrenze wird deshalb etwas niedriger gefunden, als sie wirklich ist. In entsprechender Weise bei der dritten Viertelgrenze; hier wird der Wert etwas zu hoch gefunden, indem die Varianten sich in der linken Seite der Klasse relativ stark häufen. $q_3 ÷ q_1$ wird also stets etwas zu groß gefunden.

rianten entsprechen einer Verschiebung der Grenze um eine Klasse nach rechts, von 22 bis 23 mm. Verschieben aber 124 Varianten die Grenze um 1 mm, so werden die 58 fehlenden Varianten die Grenze um $58:124 = 0{,}468$ mm verschieben. Die erste Viertelgrenze wird also $22 + 0{,}468$ mm sein, oder

$$q_1 = 22{,}47 \text{ mm.}$$

Die Grenze, welche nicht von der einen Hälfte der Varianten überschritten wird, oberhalb welcher aber die andere Hälfte der Varianten liegt, könnte als die Hälftegrenze bezeichnet werden. GALTON benutzt hier die Bezeichnung die „Mediane", welche wir akzeptieren wollen, indem wir die Abkürzung Med als Zeichen dafür benutzen. Die Mediane wird in ganz entsprechender Weise gefunden wie q_1; im vorliegenden Falle also wie folgt: 468 Varianten (Promille) liegen unterhalb 24 mm. Die in der Hälfte fehlenden $500 \div 468 = 32$ Promille sind $32:134$ der Variantenanzahl der rechten Nachbarklasse. Die Verschiebung der Grenze, welche 32 Varianten hier bedingen können, ist demnach $32:134$ eines Klassen-Spielraums, also 32 mm $:134 = 0{,}239$ mm. Die Mediane wird also $24 + 0{,}239$ mm sein, oder

$$Med = 24{,}24 \text{ mm.}$$

Die letzte oder dritte Viertelgrenze, diejenige also, welche hier die längsten 250 Promille der Varianten abschneidet, wird bei 26,19 mm liegen. Denn wie die Aufzählungsreihe zeigt, überschreiten 731 Varianten nicht 26 mm, und die restierenden $750 \div 731 = 19$ Varianten verschieben die Grenze $19:100 = 0{,}19$ mm, indem sich 100 Varianten in der rechten Nachbarklasse 26—27 mm finden. Wir haben also, indem wir die dritte Viertelgrenze als q_3 bezeichnen

$$q_3 = 26{,}19 \text{ mm.}$$

Selbstverständlich können die drei Grenzen, q_1, Med und q_3 auch mittels Aufzählung von der rechten Seite gefunden werden — das Resultat würde genau dasselbe sein.

GALTON benutzt die Mediane als Ausgangspunkt, d. h. als den festen Punkt, von wo aus alle Abweichungen gerechnet werden. Daß jedoch der arithmetische Durchschnittswert, das Mittel aller Varianten, dafür besser geeignet ist, wird weiter unten klar werden.

Die Grenzen q_1, Med und q_3 teilen das Variantenmaterial in seine vier Viertel. Das erste, Viertel liegt unterhalb q_1 — hier also unterhalb 22,47 mm — das letzte Viertel liegt oberhalb q_3 — hier also oberhalb 26,19 mm. Das erste und das letzte Viertel können als die beiden „Flügelviertel" bezeichnet werden. Zwischen q_1 und q_3 liegen die beiden mittleren Viertel (Zentralviertel) oder also die mittlere Hälfte aller Varianten. Der Abstand zwischen q_1 und q_3, also $q_3 \div q_1$, welcher hier 26,19 ÷ 22,47 = 3,72 mm beträgt, ist der Spielraum, innerhalb welchem die eine Hälfte, nämlich die am wenigsten vom arithmetischen Mittel abweichende Hälfte liegt.

Dieser „Hälftespielraum" (d. h. Spielraum der zentralen Hälfte) ist ein viel besseres Maß für die Variation als die S. 17 erwähnte absolute Variationsweite, deren Bestimmung ganz unsicher und eben deshalb wertlos ist. Der Hälftespielraum, wie er hier definiert ist, wird kaum mit der Variantenanzahl verändert, sobald nicht eine allzu geringe Anzahl vorliegt, die überhaupt jede Bestimmung ganz unsicher machen würde. Als Beispiel kann angeführt werden, daß für die Seite 18 erwähnten braunen Bohnen der Hälftespielraum für das Längenmaß war:

bei den   120 erst untersuchten Individuen . . . 1,26 mm
— —   2500 —   —   —   . . . 1,23 —
— allen 12 000   —   —   . . . 1,24 —

hier wurde also eine sehr gute Übereinstimmung gefunden.

GALTON benutzt jedoch nicht diesen Spielraum, $q_3 \div q_1$ als Variationsmaß, sondern diese Größe mit 2 dividiert. Dadurch erhält man eine Zahl, welche das Quartil genannt wird. Dieses werden wir mit Q bezeichnen. Im vorliegenden Beispiel war das Quartil also:

$$Q = \frac{q_3 \div q_1}{2} = \frac{26,19 \div 22,47}{2} = 1,86 \ mm.$$

Der Name Quartil drückt aus, daß hiermit ein die Viertel betreffendes Maß vorliegt.

Die Bedeutung des Quartils wird klar, wenn wir zunächst mit GALTON die Mediane als den festen Punkt betrachten, um welchen die Varianten sich gruppieren, von welchem also die Abweichungen gemessen werden sollen. Die Mediane wird alsdann der Nullpunkt sein, sie hat den (Abweichungs-) Wert 0, und alle Varianten werden von diesem 0-Punkt aus gerechnet. Varianten, welche die Mediane überschreiten, haben also positive Abweichung, sie sind „Plusvarianten", während Varianten, welche nicht die Mediane erreichen,

negative Abweichung haben, und als „Minusvarianten" zu bezeichnen sind.[1]) In der Praxis der Erblichkeitsforschung operiert
man nicht nur mit den Begriffen Plus- und Minusvarianten, sondern
stellt auch den Begriff „Mittelmaßvarianten" (resp. Durchschnitts-
individuen) auf. Darüber später weitere Auskunft.

Die erste Viertelgrenze, q_1, wird nun, von der Mediane aus
gemessen, mit einer negativen Zahl angegeben; die letzte
Viertelgrenze, q_3, mit einer positiven. Im vorliegenden Beispiel
wird in dieser Weise das Maß der ersten Viertelgrenze (also
$q_1 \div Med$) durch 22,47 $\div$ 24,24 $= \div$ 1,77 mm ausgedrückt;
und das Maß der letzten Viertelgrenze (also $q_3 \div Med$) durch
26,19 $\div$ 24,24 $= +$ 1,95 mm. Um nicht die Bezeichnungen q_1 und
q_3 in zweierlei Bedeutung zu benutzen, setzen wir $q_1 \div Med = Q_1$
und $q_3 \div Med = Q_3$. Die Viertelgrenzen, von der Mediane aus
gemessen, werden also mit Q_1 resp. Q_3 bezeichnet, und sie haben
im vorliegenden Beispiel die folgenden Werte:

$$Q_1 = \div 1,77 \text{ mm}$$
$$Q_3 = + 1,95 \text{ mm}$$

Diese Bestimmungen besagen, daß die erste Viertelgrenze bei
einer Minusvariation (von der Mediane gerechnet) von 1,77 mm
liegt, und daß die letzte Viertelgrenze bei einer Plusvariation (von
der Mediane) von 1,95 mm. Will man mit dem durchschnittlichen
numerischen Werte dieser beiden Ausdrücke, $\div$ 1,77 und $+$ 1,95,
den Mittelwert derjenigen Grenzen — von der Mediane gerechnet
— angeben, innerhalb welcher die mittlere Hälfte der Varianten
liegt, so bekommt man als Maß die Größe $\pm$ (1,77 $+$ 1,95) : 2
$= \pm$ 1,86 mm. Der Ausdruck

$$Q = \pm 1,86 \text{ mm}$$

gibt dann die wahre Bedeutung des Quartils an.

----

[1]) Denkt man sich Varianten, welche genau den Wert der Mediane
haben, so wird man die eine Hälfte derselben als Minusvarianten, die andere
Hälfte als Plusvarianten in Rechnung führen. Die Klasse, welche den
Medianwert umfaßt, wird selbstverständlich in Plus- und Minusvarianten
geteilt und zwar im Verhältnis zur Lage der Mediane in der Klasse. In
dem gewählten Beispiel liegt *Med* in der Klasse 24—25, deren Variantenanzahl 134 Promille ist. Indem der Wert von *Med* 24 $+$ 0,24 ist, werden
0,24 . 134 $=$ 32 der Varianten dieser Klasse als Minusvarianten zu rechnen
sein, während die übrigen 0,76 . 134 $=$ 120 als Plusvarianten zu betrachten sind.

Der numerische Wert dieses Ausdrucks ist derselbe, welchen wir erhalten durch direktes Halbieren des Spielraumes $q_3 \div q_1$) nach S. 21). Und daß dieser numerische Wert ganz unabhängig ist von der Lage der Mediane, kann wohl als selbstverständlich hingestellt werden — die Mediane muß ja immer zwischen q_1 und q_3 liegen.

Deshalb kann das Quartil offenbar auch dann gebraucht werden, wenn man nicht die Variation von der Mediane aus rechnen will, sondern, was immer richtiger ist, das arithmetische Mittel, den Durchschnittswert der Varianten, als Ausgangspunkt benutzen will. Im hier vorliegenden Beispiel ist der Durchschnittswert aller Varianten 24,36 mm. Der Abstand von M — so werden wir den Durchschnittswert bezeichnen — bis q_1 und q_3 ist beziehungsweise 22,47 $\div$ 24,36 mm und 26,19 $\div$ 24,36 mm, also bezw. $\div$ 1,89 und $+$ 1,83 mm. Daß diese Zahlen viel besser übereinstimmen als die Werte, welche wir mittels der Berechnung von der Mediane aus erhielten ($\div$ 1,77 und $+$ 1,95) ist augenfällig. Immer ist dies jedoch nicht der Fall. Selbstverständlich finden wir hier auch das Quartil, $Q = \pm$ 1,86 mm. Q gibt mit seinem doppelten Vorzeichen den ganzen Spielraum $q_3 \div q_1$ an, hier also $2 \cdot 1,86$ = 3,72 mm, innerhalb dessen die zentrale Hälfte aller Varianten liegt.

Denkt man sich das gegebene Material auf einen Haufen geworfen oder noch ungeordnet, und aufs geradewohl Individuen herausgenommen, dann sieht man leicht, daß, wenn die Hälfte aller Varianten innerhalb $\pm Q$ liegt, die andere Hälfte aber außenvor, ein ohne Auswahl herausgenommenes Individuum im großen und ganzen ebenso oft ein Maß haben wird, welches außerhalb des Spielraumes $\pm Q$ liegt, als innerhalb desselben. Deshalb bezeichnet das Quartil die sogenannte „w a h r s c h e i n l i c h e   A b - w e i c h u n g": es ist ja ebenso wahrscheinlich, daß ein beliebiges Individuum innerhalb als außerhalb des Spielraumes $\pm Q$ fällt. Ziehe ich ohne Auswahl Feuerbohne nach Feuerbohne aus dem hier erwähnten Material[1]), so ist bei jeder Ziehung die Wahrscheinlichkeit ebenso groß, daß ich eine Bohne erhalte, deren Längenmaß zwischen $M \pm Q$, d. h. 22,50 und 26,22 mm liegt, als daß ich eine Bohne ziehe, deren Maß kleiner als 22,5 oder größer als 26,22 mm ist.

---

[1]) Derart, daß die gezogene Bohne wieder in den Haufen zurückgelegt wird.

Indem die Wahrscheinlichkeit 1 Gewißheit bedeutet, so hat man die Wahrscheinlichkeit 0,5 für jede der beiden Alternative: innerhalb des Spielraums $\pm Q$ oder außerhalb desselben.

Das Quartil gibt einen G r e n z w e r t an, es ist ein berechneter Ausdruck. Das Quartil ist ferner eine b e n a n n t e Z a h l, es ist ein absolutes Maß für die Variabilität eines gegebenen Materials. Will man die Variabilität verschiedener gemessenen Eigenschaften einer gegebenen Rasse vergleichen, oder wünscht man gar die Variabilität verschiedener Organismenarten zu vergleichen, so muß man direkt zu vergleichende Maße haben. Als solche können die absoluten Werte der Quartilbestimmungen ja nicht benutzt werden; aber das Quartil, als Bruchteil des Durchschnittsmaßes ausgedrückt, $Q:M$, gibt einen r e l a t i v e n W e r t, eine unbenannte Zahl, die geeignet zum Vergleich ist. In dem als Beispiel gewählten Falle ist $Q:M = \pm 1{,}86$ mm $: 24{,}36$ mm $= 0{,}076$. Gewöhnlich gibt man hier das Quartil in Prozenten des Durchschnittsmaßes an, und benutzt nur zwei Ziffern; hier ist also $Q \cdot 100 : M = 7{,}6$. Dieser Ausdruck wird mitunter als „Variationskoeffizient" bezeichnet. Dieses Wort wird jedoch auch — wie wir später sehen werden — in anderem Sinne benutzt; wir werden deshalb hier Q u a r t i l k o e f f i z i e n t sagen.

Der Quartilkoeffizient ermöglicht einen Vergleich allerhand verschiedener Variationsreihen. Dieselben Bohnen, deren Längenmaßvariation hier als Beispiel benutzt wurde, hatten eine durchschnittliche Breite von 14,96 mm, und das Quartil der Breite war $\pm 1{,}06$ mm. In der Breite war also die Variation, absolut gemessen, viel kleiner als in der Länge; relativ gemessen aber, d. h. durch den Quartilkoeffizient ausgedrückt, waren die Variationen in der Breite und in der Länge ziemlich gleich groß. Für die Breite ergibt sich nämlich aus den angegebenen Zahlen der Quartilkoeffizient 7,1. Andere Vergleichsbeispiele werden weiter unten gegeben.

Bei der Quartilberechnung der Klassenvarianten sind die auszuführenden Interpolationen ganz selbstverständlich u n t e r V o r a u s s e t z u n g k o n t i n u i e r l i c h e r Übergänge zwischen den Varianten und gleichmäßiger Verteilung dieser in den Klassen, Voraussetzungen, die praktisch berechtigt sind. Allerdings hat in Wirklichkeit jedes Individuum, indem es beurteilt wird, sein ganz bestimmtes Maß, Gewicht usw. und es ist nur die Unvollkommenheit unserer ganzen Arbeitsart, u. a. die Grobheit unserer Maßeinheiten, welche uns zwingt, die Varianten in Klassen zu gruppieren. Praktisch sind deshalb Klassenvarianten als kontinuierliche Größen zu behandeln.

Hat man mit diskreten Varianten zu tun, so werden Interpolationen natürlicherweise auch nötig. Das Quartil ist wie der Durchschnitt (arithmetisches Mittel) nichts als ein berechneter Ausdruck; wenn der Durchschnitt der S. 11 erwähnten Flossenstrahlvarianten mit 53,67 angegeben wird, so wird man sofort einsehen, daß diese Bestimmung eine Abstraktion ist: kein einziger Fisch wird diese Strahlenanzahl haben können; diejenigen Tiere, welche der Durchschnittsbeschaffenheit am nächsten stehen, haben 54, danach 53 Strahlen usw. Ebenso geht es mit dem Quartil, hier hat man es immer nur mit einer Grenzbestimmung zu tun, welche mittels Interpolation zwischen faktisch gegebenen Größen ausgeführt werden muß.

Die Ausführung dieser Quartilbestimmung geschieht übrigens wie bei den Klassenvarianten, indem man die diskreten Varianten behandelt, als ob sie Klassenvarianten wären. Hat man z. B. in einer Variationsreihe etwa 26 Blütenkörbe mit *10* Randblüten, 63 Körbe mit *11* Randblüten usw., dann rechnet man als ob die 26 Körbe sich gleichmäßig zwischen *9,5* und *10,5* zu beiden Seiten der Blütenanzahl *10* verteilten, also als ob die Randblütenzahl von 13 dieser Körbe die Zahl *10* überschreiten, die Blütenanzahl der 13 übrigen Körbe aber die Zahl *10* nicht erreichen, ferner als ob 63:2 = 31,5 Körbe die Randblütenzahl *11* erreichten, die übrigen 31,5 Körbe aber die Zahl *11* überschreiten usw. Um also Grenzen für die Formation der Aufzählungsreihe zu bilden, nimmt man einfacherweise den halben Abstand (die Mittelwerte) derjenigen Zahlen, welche die Maße der diskreten Varianten ausdrücken. In dem soeben angeführten Beispiel würden die Grenzen also eine Randblütenanzahl von 10,5, 11,5, 12,5 usf. sein. Und nach dieser Einteilung ist die Berechnung ganz wie bei Klassenvarianten auszuführen.

Wir können die Rechnung mit dem S. 11 gegebenen Buttenmaterial ausführen. Werden die unmittelbar gefundenen Zahlen pro 1000 Individuen berechnet, so erhalten wir:

Strahlenanzahl	*47*	*48*	*49*	*50*	*51*	*52*	*53*	*54*	*55*	*56*	*57*	*58*	*59*	*60*	*61*
bei Individuen	7	3	19	33	82	137	190	180	158	105	53	23	6	3	1

Und wird diese Tabelle als Klassentabelle arrangiert, um die Aufzählungsreihe deutlich in der richtigen Weise zu zeigen, so erhält man die folgende Übersicht:

„Klassengrenzen" 46,5 47,5 48,5 49,5 50,5 51,5 52,5 53,5 54,5 55,5 56,5 57,5 58,5 59,5 60,5 61,5
Anzahl Individuen | 7 | 3 | 19 | 33 | 82 | 137 | 190 | 180 | 158 | 105 | 53 | 23 | 6 | 3 | 1 |
Aufzählung . . . 7 10 29 62 144 281 471 651 809 914 967 990 996 999 1000

Bei genau derselben Berechnungsweise, welche S. 19 u. 21 geschildert wurde, erhalten wir aus diesen Zahlen:

$$q_1 = 52,27, \; Med = 53,66 \; \text{und} \; q_3 = 55,13.$$

Die Formel $(q_3 \div q_1) : 2 = Q$ ergibt $Q = \pm 1,43$. Der Mittelwert ist hier $M = 53,67$, welche Zahl hier sehr genau mit der Mediane, $Med = 53,66$, übereinstimmt. Der Quartilkoeffizient, $Q \cdot 100 : M$ ist hier $\pm 1,43 \cdot 100 : 53,67 = 2,7$. Im Vergleich mit der Variation des früher erwähnten Feuerbohnenmaterials, dessen Quartilkoeffizienten für Länge und Breite 7,6 bezw. 7,1 waren, ist die Variabilität der Buttenflossenstrahlenanzahl etwa nur ein Drittel der Variabilität der Bohnendimensionen.

Bei diskreten Varianten muß nun aber eine Reservation in Bezug auf die Bedeutung „wahrscheinliche Abweichung" genommen werden. Hier sind ja keine kontinuierlichen Übergänge zwischen den Varianten; sondern scharf geschiedene, diskrete Zahlen treten als Charaktere auf. Deshalb kann man hier eben nicht ohne weiteres sagen, daß die eine Hälfte der Varianten außerhalb des Spielraumes $\pm Q$ liegt, und die andere Hälfte innerhalb desselben. Im vorliegenden Beispiel ist $M = 53,67$ und $Q = \pm 1,43$. Bei kontinuierlichen Klassenvarianten könnten wir demgemäß bei einem nicht zu kleinen Material die Hälfte zwischen den Grenzen $53,67 \div 1,43$ und $53,67 + 1,43$, also zwischen den Charakteren 52,25 und 55,10 wirklich erwarten. Hier bei den „ganzen" Varianten aber sehen wir gleich, daß zwischen diesen Grenzen die drei „ganzen" Varianten 53, 54 und 55 liegen, welche zusammen in einer Anzahl von $190 + 180 + 158 = 528$ pro Mille auftreten, also in immerhin zu großer Anzahl sich vorfinden. Das ist allerdings eine zufälligerweise recht gute Übereinstimmung; wäre der Durchschnittswert bei gegebenem Quartil etwa $M = 53,56$ statt 53,67 (was den Charakter der Variation durchaus nicht beeinflussen würde), so hätten wir als Grenzen für die zentrale Hälfte der Varianten die Werte $53,56 \div 1,43 = 52,13$ und $53,56 + 1,43 = 54,99$ gefunden. Alsdann hätten wir also nur die Varianten 53 und 54 zu berücksichtigen gehabt, demgemäß nur $190 + 180 = 370$ Varianten innerhalb der Grenzen $\pm Q$ gefunden, was eine gar schlechte Übereinstimmung ergeben würde.

Es ist ganz zufällig, ob man eine gute oder schlechte Übereinstimmung hier bekommt — und schon dadurch verliert „die wahrscheinliche Abweichung" ihren Wert. Um dies aber nicht nur an
einem dafür zurechtgelegten Beispiel zu sehen, können wir eine
Variationsreihe nehmen, wo die Sache schlagend hervortritt. So
fand PLEDGE für 1000 Blüten von *Ranunculus repens* die folgende
Variation der Kelchblätteranzahl:

Blätteranzahl   *3 4 5 6 7*
bei Individuen 1 20 959 18 2

Diese Reihe gibt den Durchschnittswert von genau 5; wir
finden $q_1 = 4,74$ und $q_3 = 5,26$; $Q = \pm 0,26$; demgemäß konnten
wir bei Klassenvarianten die Erwartung haben, daß die mittlere
Hälfte der Varianten zwischen den Grenzen $5 \pm 0,26$ läge. Hier
finden wir aber, daß 959 Promille innerhalb $\pm Q$ liegen, nämlich
5 Kelchblätter haben.

Es tritt in diesen Verhältnissen der Unterschied zwischen Klassenvarianten und Ganzvarianten deutlich hervor. Der reelle Unterschied ist nun aber nicht wesentlich. Es wurde schon gesagt, daß
Klassenvarianten eigentlich auch durch ganz bestimmte Zahlen
irgend einer sehr kleinen Maßeinheit charakterisiert sind, daß wir
aber wegen der Unvollkommenheit unserer Methoden diese Zahlen
nicht scharf bestimmen können. Diese Betrachtung ist allerdings
vom biologischen Standpunkt aus gesehen Haarspalterei; aber wir
können ohne einen solchen Vorwurf wohl sagen, daß Ganzvarianten
Gleichgewichtszustände repräsentieren. Der Zustand im gegebenen Organismus bestimmt, ob etwa 3 oder 4 oder 5 oder 6
usw. der betreffenden Organen (Kelchblätter, Randblüten, Flossenstrahlen usw.) gebildet werden. Wenn in derjenigen Entwicklungs-
phase, in welcher die betreffenden Organe angelegt werden sollen,
die Größe, die Form, die Stellung oder der Ernährungszustand,
sagen wir kurz der „Stoff", ein solcher ist, daß z. B. mehr als die
gewöhnliche normale Anzahl Organe, a, angelegt werden können,
dann treten verschiedene Möglichkeiten ein. Die Anzahl kann
die normale, a, bleiben, dafür werden die Organe aber wenigstens anfangs größer, oder die Organe können in größerer Zahl,
$a + n$, gebildet werden. Bei geringem Überschuß an „Stoff" werden
die Organe wohl nur größer, bei einem gewissen Überschuß aber
wird ein überzähliges Organ gebildet, $a + 1$; bei noch größerem
Überschuß werden die $a + 1$ Organe größer ausfallen, während

weiterer Stoffüberschuß in der betreffenden Bildungsphase zur Bildung von $a + 2$ Organen führt usw. Eine ganz kontinuierliche Steigerung der Bildungsfaktoren kann eben in solcher Weise sich einen stoßweisen, diskontinuierlichen Ausdruck geben. Und mit dieser Auffassung ist es nicht biologisch sinnlos, hier von der „wahrscheinlichen Abweichung" zu sprechen. In dem zuletzt angeführten Beispiel würde demnach $M = 5$ und $Q = \pm\ 0{,}26$ besagen, daß die Hälfte der Ranunkelblüten in dem Moment, wo die Bildung der Kelchblätter entschieden wurde, innerhalb derart bestimmter Grenzen sich befanden, daß einerseits an der unteren Grenze „Stoff" zur Bildung von 4,74 und an der oberen Grenze „Stoff" zur Bildung von 5,26 Kelchblättern vorhanden war. Es ist aber nur die Anzahl 4 oder 5 oder 6 realisierbar; und es ist recht naheliegend, sich vorzustellen, daß alles, was zwischen 4,5 und 5,5 liegt, sich fertig entwickelt als fünfzahlig präsentiert.[1]) Dieser Gedanke ist eben dadurch ausgesprochen, daß wir die Ganzvarianten 1, 2, 3, 4, 5 usw. zu den Grenzen 1,5, 2,5, 3,5 usw. aufzählen, vgl. S. 26.

Diese ganze an die „wahrscheinliche Abweichung" geknüpfte Auseinandersetzung mahnt uns aber, mit solchen Abstraktionen und Interpolationen vorsichtig umzugehen.

Eine sehr übersichtliche und zur Orientierung lehrreiche Methode der Quartilbestimmung ist die graphische Berechnung. Man konstruiert dafür — am leichtesten auf karriertem Papier (Millimeterpapier) eine Kurve, welche die Aufzählungsreihe darstellt; diese Konstruktion ist sehr einfach: Auf einer Grundlinie werden die Klassengrenzen abgesetzt — bei Ganzvarianten die den Klassengrenzen entsprechenden Mittelzahlen je zweier der ganzen Zahlen (vgl. die Aufzählungsreihe S. 26) — und in diesen Punkten werden senkrechte Linien errichtet, deren Höhe die Anzahl derjenigen Varianten entspricht, welche die betreffende Grenze nicht überschreiten. Die freien oberen Endpunkte dieser Linien werden alsdann verbunden und man hat die rohe, empirische Aufzählungskurve. Diese Kurve ist nur eine Linienmaßkurve; von einem umschlossenen Areal ist hier keine Rede.

Als Beispiel wählen wir wiederum die Längenmaße der oft erwähnten Feuerbohnen, deren Aufzählungsreihe also konstruiert

---

[1]) In vielen Fällen können besondere Ursachen, wie z. B. Verzweigungsverhältnisse u. a. morphologische Eigenschaften bestimmte Organanzahlen begünstigen; wir werden später davon sprechen.

werden soll. In den Punkten der Grundlinie, welche den oberen Grenzen der betreffenden Klassen entsprechen, werden die Senkrechten errichtet, deren Längen die Anzahl der Varianten in der Auf-

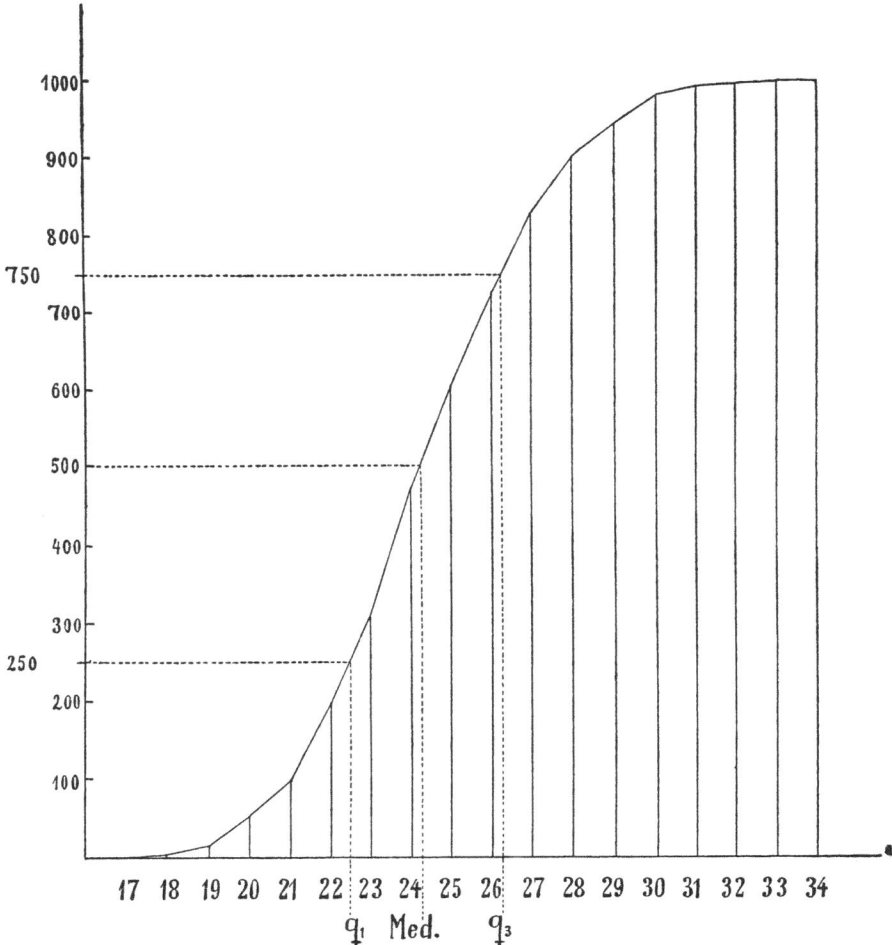

Fig. 4. Graphische Darstellung der Aufzählungsreihe der Feuerbohnen (S. 18) mit Berechnung der Viertelgrenzen q_1 und q_3 sowie der Mediane *Med.* — q_1 wird hier als kaum 22,5 mm (22,47), q_3 als etwa 26,2 (26,19) und *Med* als etwa 24,25 (24,24) gefunden.

zählungsreihe angeben sollen. Wenn man die freien Enden der Senkrechten verbindet, ist die Kurve fertig (Fig. 4). Diese S-förmige Kurve wird häufig die GALTON'sche „Ogive" (Spitzbogenkurve) genannt.

Werden nun parallel der Grundlinie und in einem Abstand von 250, 500 und 750 — in derselben Skala, nach welcher die Zahlen der Aufzählungsreihe als senkrechte Linien abgesetzt wurden — gerade Linien gezogen (vgl. Fig. 4), so werden die Schneidungspunkte dieser Linien mit der Kurve aussagen, daß die Individuenanzahl hier 250, 500 bezw. 750 erreicht. Werden diese Schneidungspunkte senkrecht auf die Grundlinie projektiert, so geben die betreffenden Punkte der Grundlinie die Lage der Grenzen q_1, Med und q_3. Die Werte dieser Grenzen sind ja benannte Zahlen, Größen ganz ähnlicher Art wie die Varianten, und sind deshalb wie diese durch ihren Platz auf der Grundlinie auszudrücken. Die Figur zeigt ganz deutlich, daß q_1 sehr nahe bei 22,5 mm liegt, Med nahe bei 24,25 und q_3 sehr nahe bei 26,2 mm. Die ganze Konstruktion ist sehr leicht auszuführen und gibt meist genügend genaue Bestimmungen.

Selbstverständlich braucht man weder bei der eigentlichen Rechnung noch bei der graphischen Berechnung die gegebene Individuen- oder Variantenanzahl in Promille (resp. Prozent oder pro Zehntausend) umzurechnen. Bei 558 Individuen, wie in dem hier benutzten Beispiel wird man q_1 bei $558 \cdot {}^1/_4 = 139,5$ Individuen haben und q_3 bei $588 \cdot {}^3/_4 = 418,5$ Individuen usw. Das Resultat der Berechnung bleibt das gleiche. Zur Orientierung über die Berechnungsart war es aber am leichtesten, und bei Darstellungen von Aufzählungskurven, welche verglichen werden sollen, sehr nötig, die Individuenzahl in Promille oder Prozenten anzugeben.

Die Quartilberechnung ist, wie aus dem mitgeteilten hervorgeht, durchaus nicht schwierig; und das Quartil gibt eine Übersicht über die fluktuierende Variabilität eines gegebenen Materials, welche einen ganz anderen wirklichen Wert hat, als die empirischen Tabellen und rohen Variationskurven, mit welchen die Biologen nur zu oft sich begnügen. Deshalb sollte die Quartilbestimmung nicht versäumt werden in den vielen Fällen, wo man nicht Gelegenheit hat, bessere und feinere Variationsmessungen vorzunehmen. Viele Mißverständnisse in Bezug auf die Variationsweite würden auch schwinden, wenn die Berücksichtigung der hier erwähnten sehr einfachen mathematischen Verhältnisse in biologischen Kreisen allgemeiner wären. Daß die Quartilbestimmung nicht die unbedingt beste Beurteilung der Variabilität abgibt, wird sich aus der nächsten Vorlesung ergeben.

Dritte Vorlesung.

Der Mittelwert. — Bedeutung der Binomialformel. — Die Standardabweichung oder „Streuung". — Der Variationskoeffizient.

Das Quartil, dessen Bestimmung wir in der vorhergehenden Vorlesung näher betrachtet haben, ist nun aber nicht das beste Maß der Variabilität. Bei mehr wissenschaftlichen Untersuchungen benutzt man die Standardabweichung (oder Streuung) als Maß, und die Bestimmung dieser Größe bildet das Hauptthema der jetzigen Vorlesung.

Man sieht leicht ein, daß das Quartil nicht notwendig geändert wird, selbst wenn die Verteilung der Varianten in vielen der Klassen bedeutend verändert wird. Es ist ja eben nur die Verteilung in gewissen der mittleren Klassen, welche das Quartil bestimmt. Falls, in unserem S. 18 benutzten Beispiel, die Bohnen, welche die Länge von 22 mm nicht erreichen, alle in der Klasse 21—22 mm lagen, oder — bezw. und — alle Bohnen mit einer Länge über 28 mm in der Klasse 28—29 mm lagen, so würde dies überhaupt keinen Einfluß auf die Quartilbestimmung haben; die Viertelgrenzen würden nämlich ganz unverändert bleiben. Nun ist die hier gemachte Voraussetzung allerdings ganz ungereimt — die fluktuierende Variabilität würde sich nie so zeigen — aber unser Gedankenexperiment zeigt uns am augenfälligsten, daß das Quartil nicht bestimmt wird durch den Einfluß aller Varianten, und dies ist natürlicherweise ein großer prinzipieller Mangel. Wenn auch die direkte Quartilbestimmung in vielen Fällen genügt, um uns einen Überblick über die Variabilität zu geben, so ist diese Bestimmung in zahlentheoretischer Beziehung nicht ein korrekter Ausdruck der Variabilität.

Ein vollgültiges Variabilitätsmaß muß auf alle Varianten Rücksicht nehmen, in ähnlicher Weise wie der Mittelwert (Durchschnittswert) ein Ausdruck für das Gesamtmaterial ist. Bei der Berechnung eines Variabilitätsmaßes muß demgemäß auch der Mittelwert das eigentliche Zentrum sein, von wo aus alle Variationen des gegebenen Materials gemessen werden müssen. Deshalb haben wir schon in der vorigen Vorlesung den Mittelwert, M, der Mediane, *Med*, vorgezogen.

Vielleicht ist es nicht überflüssig, einen Augenblick bei der Bestimmung des Mittelwertes zu verweilen. Diese Berechnung wird nämlich von Ungeübten oft mit ganz unnötiger Schwierigkeit ausgeführt. Wir halten uns zuerst an Ganzvarianten und nehmen als Beispiel die S. 11 erwähnten Flossenstrahlenreihe. Bei der gewöhnlichen Schulmethode nimmt man bei der Rechnung den Wert 0 als Ausgangspunkt; alle Varianten werden nämlich durch ihren absoluten numerischen Wert — d. h. ihren Abstand von 0 — ausgedrückt, also durch oft recht große positive Zahlen. In unserem Beispiel (siehe die Zahlen S. 11) sollte man nach der Schulmethode den Mittelwert so berechnen: $5.47 + 2.48 + 13.49 +$ usw. bis 1.61. Diese Summe wäre alsdann mit der Gesamtzahl der Varianten (703) zu dividieren. Aber diese Art des Rechnens ist ganz unpraktisch weitläufig. Selbstverständlich kann man nicht nur den Wert 0, sondern jeden beliebigen Wert als Ausgangspunkt für die Rechnung nehmen, wenn man dieselbe nur zuletzt dementsprechend berichtigt; und es ist dabei am natürlichsten, denjenigen Wert zu wählen, welcher von vornherein dem gesuchten Mittelwert am nächsten zu liegen scheint. In der Regel wird es derjenige Wert sein, welcher von der größten Variantenanzahl repräsentiert wird; in unserem Beispiel also der Wert 53 Flossenstrahlen. Der betreffende Wert, welchen wir mit A bezeichnen wollen, ist nun entweder etwas zu klein oder zu groß; die Frage ist also jetzt: wie viel soll zu der Größe A addiert (bezw. von ihr subtrahiert werden), um den wahren Mittelwert, M, zu erhalten?

Alle Varianten, welche oberhalb des gewählten Ausgangspunktes, A, liegen, weichen von diesem in positiver Richtung ab und die Größe dieser Abweichung ist ein Vielfaches des Spielraumes zwischen den benachbarten Varianten. Der Spielraum ist hier *1*. Die Varianten 54, 55, 56, 57 usw. weichen bezw. 1. *1*; 2. *1*; 3. *1*; 4. *1* usw., also 1, 2, 3, 4 usw. von 53 ab. In ganz entsprechender Weise verhalten sich die Varianten, welche unterhalb A liegen: 52, 51, 50, 49 usw., welche 1. $\div$ *1*; 2. $\div$ *1*; 3. $\div$ *1*; 4. $\div$ *1*; also $\div$ 1, $\div$ 2, $\div$ 3, $\div$ 4 von 53 abweichen.

Man ordnet nun das Zahlenmaterial derart, daß alle gleich großen Abweichungen, positive und negative, zusammengestellt werden.

Um das Verständnis der Operation zu erleichtern, sollen hier die Variantenwerte aufgeschrieben werden — was man in der Praxis der Berechnung natürlicherweise unterläßt. Man hat also jetzt die folgende Aufstellung:

Die Werte der Varianten	54 und 52	55 u. 51	56 u. 50	57 u. 49	58 u. 48	59 u. 47	60 (46)	61 (45)
Abweichung + oder ÷ von A (53) .	*1*	*2*	*3*	*4*	*5*	*6*	*7*	*8*
Anzahl Varianten mit + Abweichung	127	111	74	37	16	4	2	1
Anzahl Varianten mit ÷ Abweichung	96	58	23	13	2	5	.	.
Daraus ergibt sich { Differenz +	31	53	51	24	14	.	2	1
— ÷	.	.	.	.	.	1	.	.

Man multipliziert jetzt die gefundenen Differenzzahlen (d. h. die Unterschiede der Anzahl positiv und negativ abweichender Varianten) mit den Zahlen (hier *1, 2, 3* usw.), welche die Größe der betreffenden Abweichung vom Ausgangspunkt A angeben; dann erhält man:

negative Zahlen: positive Zahlen:
                                31 . 1 = 31
                                53 . 2 = 106
                                51 . 3 = 153
                                24 . 4 = 96
                                14 . 5 = 70
÷ 1 . 6 = ÷ 6
                                2 . 7 = 14
                                1 . 8 = 8

Summe ÷ 6   Summe = + 478
                   → . . ÷ 6

Gesamtsumme aller Abweichungen von A .   + 472

Es liegt im Wesen des wahren Mittelwertes, daß die Gesamtsumme aller Abweichungen von demselben 0 ist. Die durchschnittliche Abweichung vom Mittel ist ja eben 0.

Die Gesamtsumme der Abweichungen von A war hier aber durch die positive Zahl + 472 ausgedrückt, demnach ist A kleiner als der gesuchte Mittelwert M. Um wie viel soll nun A erhöht werden, damit wir M erreichen? Dazu dividieren wir die gefundene Gesamtsumme (+ 472) mit der Variantenanzahl 703; auf diese Weise erhalten wir + 472 : 703 = + 0,671, welche Größe die durchschnittliche Abweichung vom Ausgangspunkte A darstellt. Wenn wir also A mit 0,671 erhöhen, so erhalten wir offenbar M.

Denn hat die durchschnittliche Abweichung von A den Wert $+ 0,671$, so ist die durchschnittliche Abweichung von $(A + 0,671)$ selbstverständlich 0, d. h. hier $A + 0,671 = M$.

Die durchschnittliche Abweichung von A, welche je nach der Wahl von A positiv oder negativ ausfällt (und welche 0 wird, falls A gerade $= M$ sein sollte), werden wir fortan mit dem Buchstaben b bezeichnen; später wird viel mit dieser Größe operiert werden. Ganz allgemein haben wir sodann für das Mittel die Formel

$$M = A + b.$$

Im vorigen Beispiel wurde für A die Zahl 53 gewählt, mit diesem A wurde $b = + 0,671$ gefunden. Der gesuchte Mittelwert ist demnach $53 + 0,671$ oder

$$M = 53,67$$

da im schließlichen Resultat zwei Dezimalstellen genügen. (Hätten wir, für A etwa den Wert 54 gewählt, würden wir $b = \div 0,329$ gefunden haben usf., also $M = 54 + \div 0,329 = 53,67$).

In ganz derselben Weise verfährt man bei Klassenvarianten, nur muß man darauf achten, daß die Lage des Ausgangspunktes richtig präzisiert wird. In der Regel nimmt man die Mitte einer Klasse als Ausgangspunkt und wählt dafür diejenige Klasse, welche die größte Individuenanzahl aufweist oder dem Mittelwerte deutlich am nächsten steht. Als Beispiel nehmen wir die Längenmaße der oft zitierten Feuerbohnen (S. 18). Die Klasse 23 bis 24 mm hat die größte Variantenanzahl, die Klasse 24—25 mm umschließt aber offenbar den Mittelwert. Wir wählen deshalb diese letztere — das Endresultat wird selbstverständlich genau dasselbe bleiben. Der Wert der letztgenannten Klasse soll uns also jetzt als Ausgangspunkt dienen. A wird demnach 24,5 mm, die Mitte der genannten Klasse, sein — wir setzen ja stets bei allen Berechnungen gleichmäßige Verteilung der Varianten in den Klassen voraus! Vom Ausgangspunkt, $A = 24,5$ mm, werden nun die Werte der höher bezw. der niedriger stehenden Klassen gerechnet; wir haben dann, dem vorigen Beispiele ganz entsprechend:

Abweichungen	1	2	3	4	5	6	7	8
Anzahl der $+$	72	56	39	25	21	4	4	1
Anzahl der $\div$	85	69	53	23	21	7	3	.

Differenz								
$+$	.	.	.	2	0	.	1	1
$\div$	13	13	14	.	.	3	.	.

Und hieraus erhalten wir, entsprechend dem früheren Beispiel:

negative Zahlen	*positive* Zahlen
$13 . \div 1 = \div 14$	
$13 . \div 2 = \div 26$	
$14 . \div 3 = \div 42$	
	$2 . 4 = 8$
	$0 . 5 = 0$
$3 . \div 6 = \div 18$	
	$1 . 7 = 7$
	$1 . 8 = 8$
Summe $= \div 99$	Summe $= + 23$
	$\longrightarrow \quad \ldots \ldots \quad \div 99$
Gesamtsumme der Abweichungen	$\div 76$

Die Variantenanzahl war hier 558, wir haben demnach $b = \div 76 : 558 = \div 0{,}136$. A war 24,5; indem b hier negativ ausgefallen ist, haben wir für $A + b$ den Wert $24{,}5 \div 0{,}136$ einzusetzen, der gesuchte Mittelwert ist demnach $M = 24{,}36$ indem auch hier im Schlußresultat zwei Dezimalstellen genügen.

Diese ganze Berechnungsart fordert nur einen Bruchteil der für die schulmäßige Berechnung — mit 0 als Ausgangspunkt — nötigen Zeit. In den hier benutzten Beispielen waren die Spielräume der Varianten bezw. Klassen durch die Zahl 1 ausgedrückt. Wo dies nicht der Fall ist, wo etwa die Spielräume durch 2, 3, 5 usw. oder gar durch eine mehrstellige Ziffer ausgedrückt ist — was sehr leicht bei Klassenvarianten vorkommen kann — dann berechnet man die Größe b zunächst mit dem Spielraum als Einheit. Ist diese Berechnung fertig, so wird der wirkliche Wert des Spielraums eingesetzt und der absolute Wert von b zum gewählten A addiert (bezw. subtrahiert). Überhaupt rechnet man immer am besten mit den Spielräumen als Einheit, solange es angeht.

Es wurde schon früher gesagt, daß die Varianten einer gegebenen Reihe sich öfters mehr oder weniger genau nach der Binomialformel gruppieren, indem hier nur Binomien mit positiven ganzen Exponenten in Betracht kommen. Sowohl die Quartilberechnung als die Benutzung der bald zu erwähnenden „Standardabweichung" setzen eben voraus, daß die Binomialformel hier jedenfalls eine gewisse Bedeutung hat. Es wird deshalb zweckmäßig sein, für nicht mathematisch geschulte Leser hier einige Betrachtungen über die genannte Formel anzustellen.

3*

Wenn eins von zwei einander gegenseitig ausschließenden Ereignissen eintreffen muß, so ist das einfachste Verhältnis dasjenige, wo die beiden Fälle gleich leicht realisiert werden können. Bezeichnen wir die beiden alternativen Fälle mit verschiedenen Vorzeichen, $+$ und $\div$, und machen wir den Gedanken an einem bestimmten Beispiel klar — was vielleicht manchem Leser angenehm sein wird — so können wir das Spiel mit einer Münze „Kopf und Wappen" betrachten. Nennen wir „Kopf" $+$, „Wappen" $\div$, so wird niemand dagegen etwas einwenden, indem die Vorzeichen ja nur die beiden Gegensätze oder Richtungen des Ausschlags bezeichnen. Wir haben nun, im ersten Wurf entweder $+$ oder $\div$. Ob nun das eine oder das andere eintraf, so haben wir beim nächsten Wurf wiederum die beiden gleich wahrscheinlichen Möglichkeiten $+$ oder $\div$.

Bei zwei Würfen sind also im Ganzen 4 (2^2) Möglichkeiten, welche als gleich wahrscheinlich betrachtet werden können, nämlich diese: 1. das erste Mal $\div$, das zweite Mal $\div$, 2. das erste Mal $\div$, das zweite Mal $+$, 3. das erste Mal $+$, das zweite Mal $\div$ und 4. das erste Mal $+$, das zweite Mal $+$.

Nehmen wir noch einen Wurf, so wird es einleuchten, daß in jedem der vier soeben genannten Fälle zwei Möglichkeiten vorliegen, $\div$ oder $+$. In drei Würfen sind also im Ganzen 8 (2^3) Möglichkeiten für den Verlauf des Spieles, nämlich diese: 1. $\div$, $\div$, $\div$; 2. $\div$, $\div$, $+$; 3. $\div$, $+$, $\div$; 4. $\div$, $+$, $+$; 5. $+$, $\div$, $\div$; 6. $+$, $\div$, $+$; 7. $+$, $+$, $\div$; und 8. $+$, $+$, $+$.

Und so fort. Bei vier Würfen hat man 16 (2^4) Möglichkeiten für den Verlauf des Spieles, bei 5 Würfen 32 (2^5) Möglichkeiten usw., bei 20 Würfen $2^{20} = 1048576$ Möglichkeiten. Eine Übersicht darüber erhält man, wenn die möglichen Einzelfälle nacheinander in folgender Weise geordnet werden:

Wurf	Mög- lich- keiten	Übersicht der einzelnen Möglichkeiten
I	2	$\div$ $\qquad\qquad$ $+$
II	4	$\div$ $\quad$ $+$ $\qquad$ $\div$ $\quad$ $+$
III	8	$\div$ $\;$ $+$ $\;$ $\div$ $\;$ $+$ $\;$ $\div$ $\;$ $+$ $\;$ $\div$ $\;$ $+$
IV	16	$\div$ $+$ $\div$ $+$ $\div$ $+$ $\div$ $+$ $\div$ $+$ $\div$ $+$ $\div$ $+$ $\div$ $+$
V	32	$\div$ $+$ $\div$ $+$ $\div$ $+$ $\div$ $+$ $\div$ $+$ $\div$ $+$ $\div$ $+$ $\div$ $+$ $\div$ $+$ $\div$ $+$ $\div$ $+$ $\div$ $+$ $\div$ $+$ $\div$ $+$ $\div$ $+$ $\div$ $+$
VI	64	$\div$ $+$ $\div$ $+$ $\div$ $+$ $\div$ $+$ $\quad$ usf.

Will man jetzt beurteilen, wie man den Wert dieser Möglichkeiten nennen könnte, nämlich das summarische Schlußresultat
aller Fälle bei den Würfen, so wird man bald finden, daß viele
dieser zahlreichen verschiedenen Verlaufsmöglichkeiten denselben
summarischen Wert haben. Wir können, um eine Summierung
durchzuführen, jedem $+$ und jedem $\div$ den numerischen Wert 1 geben.
Die zwei Möglichkeiten eines einzigen Wurfes sind alsdann $\div 1$
und $+ 1$. Die vier Möglichkeiten zweier Würfe werden demnach folgendes ergeben: 1., $\div 1 \div 1 = \div 2$; 2., $\div 1 + 1 = 0$; 3., $+ 1 \div 1 = 0$
und 4., $+ 1 + 1 = + 2$. Da die beiden mittleren Fälle hier den-
selben summarischen Wert — nämlich 0 — haben, erhalten wir
die folgende Übersicht in Bezug auf zwei Würfe

Summarischer Wert . . $\div 2 \quad 0 \quad + 2$
Anzahl Fälle . . . . . $\quad 1 \quad 2 \quad 1$ im Ganzen 4.

Wenden wir uns zu dem Beispiel mit drei Würfen, so wird man
einsehen, daß das Resultat von 1., $\div \div \div$, durch $\div 3$ ausgedrückt
wird, ferner daß die Resultate von 2., $\div \div +$, von 3., $\div + \div$, sowie von 5., $+ \div \div$, wenn auch der Verlauf verschieden ist, alle
durch den summarischen Wert $\div 1$ ausgedrückt werden. In entsprechender Weise werden die Resultate der unter 4., 6. und 7.
angeführten Einzelfälle alle durch $+ 1$ ausgedrückt. Und schließlich
wird das summarische Resultat von 8., $+ + +$, durch $+ 3$ ausgedrückt. Die 8 Möglichkeiten des Spieles mit 3 Würfen lassen sich
also folgendermaßen gruppieren:

Summarischer Wert . . $\div 3 \div 1 + 1 + 3$
Anzahl Fälle . . . . . $\quad 1 \quad 3 \quad 3 \quad 1$ im Ganzen 8.

Man hat hier überall eine Einteilung der „summarischen Werte"
mit einem Spielraume von 2, und die Anzahl der betreffenden Fälle
zeigt ein Aufsteigen und darauf ein Absteigen — für dreimaliges
Spiel ganz dem Binomium $(a + b)^3 = a^3 + 3a^2b + 3ab^2 + b^3$
entsprechend, welches mit $a = b = 1$ eben $1 + 3 + 3 + 1$ gibt.
Für zwei Würfe entspricht das gefundene dem Ausdruck $(a + b)^2 =$
$a^2 + 2ab + b^2$, welches $1 + 2 + 1$ gibt, und für ein einmaliges
Spiel entspricht das Resultat — die summarischen Werte aller
Möglichkeiten — dem Ausdruck $(a + b)^1 = a + b$, also hier $1 + 1$,
vgl. S. 8.

Entwickelt man in ähnlicher Weise die 64 (2^6) Möglichkeiten
eines Spieles mit 6 Würfen, so erhält man:

Summarische Werte . .	$\div 6$	$\div 4$	$\div 2$	0	$+2$	$+4$	$+6$
Anzahl Fälle	1	6	15	20	15	6	1

welche Verteilung dem Binomium $(a + b)^6$ entspricht. Und so könnte man ins unendliche fortfahren.

Ein ausgezeichnetes Mittel, um diese symmetrische Zahlenverteilung zu demonstrieren, hat GALTON in seinem sehr einfachen Apparate gegeben, der etwa nach dem Prinzipe des bekannten Fortunaspiels eingerichtet ist (Fig. 5). Der Apparat besteht aus einem glatten,

polierten oder mit Papier bekleideten, umrahmten Brette, in welches, wie es die Figur zeigt, mehrere Reihen von Stecknadeln senkrecht zur Fläche eingestochen sind derart, daß die Nadeln jeder Reihe vor den Zwischenräumen der vorhergehenden Reihe stehen. Oben ist mittels Pappe oder Blechstreifen ein trichterartiger Eingang gebildet, durch welchen eine Portion nicht zu großer, ganz runder Schrotkörner in die Mittellinie der mit Nadeln versehenen Partie des Apparates eintreten kann. Der Apparat wird beim Gebrauch schräge — jedoch nicht zu steil — gehalten, mit dem Einguß nach oben. Die Schrotkörner laufen alsdann zwischen die Stecknadeln hinein, welche den Lauf der Körner stören, indem sie dieselben veranlassen, durch jeden Zusammenstoß mit einer Nadel entweder rechts ($+$) oder links ($\div$) zu gehen. Ganz unten findet sich eine Reihe Fächer, welche die Schrotkörner aufnehmen, wenn

Fig. 5. GALTON's Apparat zur Demonstration der binomialen Verteilung der Varianten. Etwa 6 mal verkleinert. Die starken schwarzen, regelmäßig gestellten Punkte bezeichnen Stecknadeln von oben gesehen.

die Stecknadelzone passiert ist. Man wird nun finden, daß die Ansammlung der Schrotkörner in diesen Fächern eine der „Treppenkurve" (S. 15) ähnliche Figur bildet.

Diese Schrotkurve ist ganz wie die soeben mitgeteilte Zahlenverteilung in Bezug auf die Möglichkeiten beim „Kopf- und Wappenspiel"; ein Ausdruck dafür, daß bei einer Reihe Einzelwirkungen — Zufälligkeiten —, welche eben so häufig[1]) in einer Richtung

---

[1]) Wir werden später finden, daß dieses Verhältnis ganz unwesentlich ist; zunächst aber halten wir daran fest.

wirken können als in der entgegengesetzten, die schließlichen
Resultate, falls sie überhaupt in Zahlen auszudrücken sind, sich
in einer Weise gruppieren, welche der Binomialformel — mit
irgend einer ganzen positiven Potenz — entspricht. Was für derartige nacheinander folgende Einzelwirkungen gilt (wie im Stecknadelapparat und im Kopf- und Wappenspiel) hat offenbar auch
Geltung, wenn die Wirkungen so kurz nacheinander folgen, daß
sie gleichzeitig werden. Die Zeitfolge ist hier nicht das maßgebende. Das wichtigste ist das Zusammenwirken, das Zusammentreffen zahlreicher voneinander unabhängiger und in
entgegengesetzten Richtungen ziehender Einwirkungen.
Jede für sich wird nur eine geringe Verschiebung hervorrufen
können, und im großen und ganzen heben sie sich auf; sie müssen
aber auch in einer gewissen Anzahl der Fälle so zusammentreffen,
daß nicht nur geringere, sondern auch ab und zu größere Verschiebungen in der einen oder der anderen Richtung daraus resultieren.

Derjenige Wert, um welchen alle Abweichungen, alle Verschiebungen sich gleichzeitig gruppieren, und von welchem aus man die
Abweichungen zunächst messen muß, kann am einfachsten als Abweichung 0 bezeichnet werden. Bei den summarischen Möglichkeiten des Kopf- und Wappenspieles ist dieser Wert, wenn „Kopf"
mit $+1$ und „Wappen" mit $\div 1$ bezeichnet wird, durch 0 ausgedrückt; denn der Fall, daß als Resultat aller Würfe gleich viele
„Köpfe" und „Wappen" erhalten werden, bildet die Mitte der ganzen
Reihe der Möglichkeiten; vgl. S. 37. Beim Stecknadelapparat —
vorausgesetzt, daß er nicht schief gehalten wird, wodurch die Schrotkügelchen vorzugsweise nach rechts oder nach links sinken werden
— liegt der Mittelpunkt in dem Fache, welches gerade vor der
Eingangsöffnung steht: dieses Fach umfaßt die Mitte, um welche
alle Schrotkörner sich verteilen, wenn sie in den verschiedenen
Fächern rechts und links zur Ruhe kommen. Die Mitte könnte
auch hier als die Abweichung 0 bezeichnet werden.

Wo die Verteilung um einen solchen Mittelpunkt genau den
Zahlenverhältnissen der Binomialformel folgt, ist der Mittelpunkt
natürlicherweise mit dem Mittelwert aller Fälle identisch. So z. B
mit den „Kopf- und Wappen"möglichkeiten, wo der Mittelwert 0 ist.
Dasselbe gilt beim erwähnten Stecknadelapparat, wenigstens theoretisch oder ideal gesehen, denn es „sollte" eine symmetrische Verteilung der Schrotkügelchen zu beiden Seiten des mittleren Faches

hervorrufen. In denjenigen Variationsreihen, welche wir vorläufig berücksichtigen, setzen wir voraus, daß die Zahlenverteilung der Binomialformel wenigstens annäherungsweise Gültigkeit hat; und dadurch wird der Nullpunkt, von welchem die Abweichungen am natürlichsten zu messen sind, gleich — oder doch fast gleich — dem Mittelwerte, M.

Es wurde schon besonders hervorgehoben, daß die Summe aller Abweichungen von demselben gleich 0 ist. Die Summe aller Abweichungen in negativer Richtung ist ja genau so groß wie die Summe aller Abweichungen in positiver Richtung. Darin zeigt es sich eben am klarsten, daß der arithmetische Mittelwert ein guter Ausgangspunkt für die Beurteilung der Richtung und Größe der Abweichungen ist.

Der Mittelwert hat aber eine andere charakteristische Eigenschaft, nämlich die, daß die Abweichungen von demselben die kleinste Quadratsumme gibt, welche Abweichungen überhaupt geben können. Es ist hier nicht unsere Aufgabe, dies mathematisch zu beweisen; jedermann kann leicht eine Probe mit beliebigen Zahlen machen. Nehmen wir die Zahlen 21, 22, 25 und 28, welche als arithmetisches Mittel $M = 24$ geben, so zeigen die vier genannten Zahlen von diesem Wert die Abweichungen ÷ 3, ÷ 2, + 1 und + 4, mit der Summe 0. Die Quadrate der Abweichungen sind 9, 4, 1 und 16, die Quadratsumme der Abweichungen ist also 30. Die Quadratsumme der Abweichungen von jedem anderen Werte als dem Mittel ist immer größer. Nehmen wir, in dem gewählten Beispiel 23 als Ausgangspunkt, dann haben wir die Abweichungen ÷ 2, ÷ 1, + 2 und + 5 (mit einer Summe, die jetzt selbstverständlich nicht 0 ist), deren Quadrate 4, 1, 4 und 25 die Summe 34 geben. Und so in allen anderen Fällen: die Quadratsumme der Abweichungen ist am kleinsten mit dem Mittelwert als Ausgangspunkt bei Messung der Abweichungen. Dieses Verhalten gibt der Quadratsumme eine besondere Bedeutung.

Es kann aber nicht unsere Aufgabe sein, die mathematischen Betrachtungen, welche der Behandlung dieser Sache als Grundlage dienen, auseinander zu setzen — hier muß auf Handbücher der Vermessungslehre und Statistik verwiesen werden. Auf die soeben erwähnte Eigenschaft des Mittelwertes wurde u. a. auch deshalb aufmerksam gemacht, um zu erklären, daß man von der „Methode der kleinsten Quadrate" spricht bei einer jetzt zu erwähnenden Berechnung, in welcher die Quadratsumme der Abweichungen vom Mittel eine Hauptrolle spielt.

Dasjenige Maß der Variabilität, welches besser als das Quartil den Forderungen entspricht, die eine wissenschaftliche Beobachtungslehre (Fehlertheorie) stellen muß, ist die Standardabweichung oder — mit einem neueren deutschen Worte — die Streuung, mit welchen Bezeichnungen man „die Wurzel der mittleren quadratischen Abweichung" bezeichnen kann. Man hat, wie z. B. Duncker, auch das Fremdwort „Variabilitätsindex" hier benutzt; diese Bezeichnung ist aber etwas zu vage, während „Standard deviation" in der englischen Literatur seine ganz bestimmte Bedeutung hat. Bei Standardabweichung ist die Zweideutigkeit ausgeschlossen, welche Ausdrücken wie „mittlere Abweichung" u. dergl. nur zu leicht anhaften.

Die Standardabweichuug ist die Quadratwurzel des durchschnittlichen Quadrates aller Abweichungen. Bezeichnen wir eine Abweichung vom Mittel im allgemeinen mit α, die Anzahl der Individuen, welche die betreffende Abweichung haben, mit p, während die Gesamtanzahl aller Individuen — die Summe aller p — mit n bezeichnet werden, so kann die Standardabweichung, welche wir mit σ bezeichnen werden, durch folgende Formel ausgedrückt werden

$$\sigma = \pm \; \sqrt{\frac{\Sigma\, p\alpha^2}{n}}$$

Der griechische Buchstabe Σ wird hier als „Summationszeichen" benutzt, d. h. er bezeichnet, daß alle α^2 — also sämtliche Gruppen von $p\alpha^2$ — summiert werden sollen. $\Sigma\, p\alpha^2$ bedeutet also bloß: die Summe der Quadrate aller Abweichungen; $\dfrac{\Sigma\, p\alpha^2}{n}$ bedeutet demnach — n ist ja die Gesamtanzahl aller Abweichungen — der Mittelwert der Quadrate aller Abweichungen oder, was dasselbe ist, das durchschnittliche „mittlere" Quadrat der Abweichungen. Es ist, wie erwähnt, die Wurzel des soeben angeführten Ausdruckes, welches wir hier fortan als Standardabweichung bezeichnen werden.

Bekanntlich haben Quadratwurzeln doppeltes Vorzeichen, man wird deshalb sofort einsehen, daß $\pm$ bei dem Ausdruck $\sqrt{\dfrac{\Sigma\, p\alpha^2}{n}}$ zu setzen ist. Die Standardabweichung ist ja eben ein Maß der Variationen sowohl in negativer wie in positiver Richtung!

Wir gehen jetzt an die Ausführung der Berechnung und wählen dafür die oft benutzte Bohnenreihe (S. 13). Die Länge der Bohnen variierte zwischen 17 und 33 mm und war im Mittel 24,36 mm. Um gleich eine Erleichterung beim Einüben der Berechnung zu gewinnen, runden wir die angeführte Durchschnittslänge zu 24,4 mm ab, wir rechnen also, als ob der Mittelwert 24,4 mm wäre. Ob eine solche Abänderung überhaupt erlaubt ist bei einer wirklichen Berechnung, wollen wir hier nicht diskutieren. Um nun die Berechnung einzuüben, stellen wir das ganze Material so auf:

Klassen-Grenzen in mm	Klassen-Wert in mm	Abwei-chung, α, in mm	Quadrat der Abwei-chung, α^2	Anzahl (p) Individuen	$p\alpha^2$ in mm²
17	17,5	÷ 6,9	47,61	3	142,83
18	18,5	÷ 5,9	34,81	7	243,67
19	19,5	÷ 4,9	24,01	21	504,21
20	20,5	÷ 3,9	15,21	23	349,83
21	21,5	÷ 2,9	8,41	53	445,73
22	22,5	÷ 1,9	3,61	69	249,09
23	23,5	÷ 0,9	0,81	85	68,85
24	24,5	+ 0,1	0,01	75	0,75
25	25,5	+ 1,1	1,21	72	87,12
26	26,5	+ 2,1	4,41	56	246,96
27	27,5	+ 3,1	9,61	39	347,79
28	28,5	+ 4,1	16,81	25	420,25
29	29,5	+ 5,1	26,01	21	546,21
30	30,5	+ 6,1	37,21	4	148,84
31	31,5	+ 7 1	50,41	4	201,64
32	32,5	+ 8,1	65,61	1	65,61
33					

Quadratsumme der Abweichungen . 4096,38 ($\Sigma p\alpha^2$)
Individuenanzahl . . . . 558 (n)

Durchschnittliches Quadrat der Abweichungen $\frac{\Sigma p\alpha^2}{n} = \frac{4096,38\,\text{mm}^2}{558} = 7,34\,\text{mm}^2$.

Die Standardabweichung $\sigma = \pm \sqrt{\frac{\Sigma p\alpha^2}{n}} = \pm \sqrt{7,34\,\text{mm}^2} = \pm 2,709$ mm; also $\sigma = \pm 2,71$ mm, wenn wir uns mit 2 Dezimalstellen begnügen.

Mit dem genauer bestimmten Mittelwerte als Ausgangspunkt würden wir recht unangenehme Zahlenoperationen gehabt haben. Mit $M = 24,36$ wären die Abweichungen in positiver Richtung + 0,14, + 1,14, + 2,14 usw. und in negativer Richtung ÷ 0,86, ÷ 1,86, ÷ 2,86 usw. Alle diese Zahlen zu quadrieren ist immerhin zeitraubend, selbst mit Tabellen oder anderen Hilfsmitteln. Noch unangenehmer wäre es, mit dem noch genaueren Wert $M = 24{,}364$ mm zu arbeiten. Wir brauchen uns mit solchen Schwierigkeiten aber gar nicht zu quälen, denn es gibt eine viel einfachere und dabei ganz genaue Methode, die wir anwenden wollen.

Man verfährt so, daß man die Abweichungen nicht direkt von M aus, sondern zunächst von A aus berechnet, d. h. von demselben Ausgangspunkt, welcher für die Berechnung des Mittels gewählt wurde (vgl. S. 34). Wenn wir die Abweichungen von A mit dem Buchstaben a bezeichnen, haben wir sodann zuerst die mittlere Quadratsumme aller a zu berechnen, also $\dfrac{\Sigma p a^2}{n}$. Dieser Wert ist stets größer als der gesuchte Wert, $\dfrac{\Sigma p \alpha^2}{n}$; denn wir erinnern uns, daß die Abweichungen vom wahren Mittel M immer die kleinste Quadratsumme haben (S. 40). Um wie viel aber soll der Wert $\dfrac{\Sigma p a^2}{n}$ verkleinert werden, damit wir $\dfrac{\Sigma p \alpha^2}{n}$ erhalten? Die Antwort auf diese Frage ist leicht zu geben. Bei Berechnung des Mittels benutzten wir die Formel $M = A + b$ (S. 34), wobei b selbst positiv oder negativ sein kann, je nach der Wahl von A. Diese Formel ist unsere Grundgleichung hier. Die Abweichung vom Mittel (M), welche irgend eine Variante, V, zeigt, ist $V \div M$. Diese Größe haben wir schon öfters mit α bezeichnet. Die betreffende Variante hat eine Abweichung vom Ausgangspunkt (A), welche $V \div A$ ist; und diese Größe nannten wir soeben a. Indem nun $M = A + b$ ist, wird $V \div M = V \div (A + b) = V \div A \div b$. Setzen wir für $V \div M$ und für $V \div A$ die Buchstaben α, bezw. a, ein, haben wir $\alpha = \mathrm{a} \div b$, und daraus:

$\alpha + b = \mathrm{a}$, welches für jeden einzelnen Wert von α mit dem entsprechenden Wert von a gilt; b ist ja konstant bei gegebener A.

Durch Quadrieren erhalten wir

$(\alpha + b)^2 = \mathrm{a}^2$, welches ausgeführt

$\alpha^2 + 2\,\alpha\,b + b^2 = \mathrm{a}^2$ ergibt.

Für die Summe aller dieser Werte (die Summe aller Abweichungsquadrate) haben wir sodann $\Sigma p\,(\alpha^2 + 2\,\alpha\,b + b^2) = \Sigma p \mathrm{a}^2$, und für deren Mittelwert $\dfrac{\Sigma p\,(\alpha^2 + 2\,\alpha\,b + b^2)}{n} = \dfrac{\Sigma p \mathrm{a}^2}{n}$ Wenn wir die linke Seite dieser Gleichung auflösen, erhält die Gleichung die Form:

$$\frac{\Sigma pa^2}{n} + \frac{\Sigma 2pab}{n} + \frac{\Sigma pb^2}{n} = \frac{\Sigma pa^2}{n}$$

An der linken Seite stehen jetzt drei Größen. Die erste dieser Größen ist eben das zu berechnende Quadrat der Standardabweichung. Und die zweite Größe, $\frac{\Sigma 2pab}{n}$, ist gleich 0. Denn die Summe aller Abweichungen vom Mittel ist 0; wir haben also $\Sigma pa = 0$; und jedes Produkt aus dieser Größe hat selbstverständlich auch den Wert 0, folglich ergibt sich $\frac{\Sigma 2pab}{n} = 0$. Die dritte Größe, $\frac{\Sigma pb^2}{n}$ ist aber gleich b^2. Denn b ist keine variable, sondern eine für das gewählte A konstante Größe; und die Summe aller einzelnen Varianten, Σp, ist ja eben die Gesamtzahl derselben, also gleich n. Somit wird die Gleichung sehr vereinfacht; wir haben:

$$\frac{\Sigma pa^2}{n} + b^2 = \frac{\Sigma pa^2}{n}$$

Und hieraus ergibt sich sofort für das Quadrat der Standardabweichung, σ^2,

$\sigma^2 = \frac{\Sigma pa^2}{n} = \frac{\Sigma pa^2}{n} \div b^2$; und daraus wieder die wichtige Berechnungsformel für die Standardabweichung selbst:

$$\sigma = \pm \sqrt{\frac{\Sigma pa^2}{n} \div b^2}$$

Wir gehen sofort an die Anwendung dieser Formel. Knüpfen wir deshalb unsere Betrachtungen wieder an das zuletzt benutzte Beispiel, die Länge der Feuerbohnen. Auf S. 35 berechneten wir das Mittel, M, und fanden, mit dem gewählten Ausgangspunkt, $A = 24,5$, für b den Wert $\div 0,136$; drei Dezimalstellen genügen vollkommen. Demnach ist $b^2 = 0,018\,496$. Wir sollen jetzt zuerst $\frac{\Sigma pa^2}{n}$ ausrechnen. Dafür benutzen wir eine Aufstellung ähnlicher Art wie die S. 34 angegebene.

Abweichungen, a,	0	1	2	3	4	5	6	7	8
Anzahl positiver (75)	72	56	39	25	21	4	4	1	
Anzahl negativer	85	69	53	23	21	7	3		
Summen p (75)	157	125	92	48	42	11	7	1	
Werte von a² (0)	1	4	9	16	25	36	49	64	

Produkte pa^2

$$
\begin{aligned}
(75 \cdot 0 &= 0) \\
157 \cdot 1 &= 157 \\
125 \cdot 4 &= 500 \\
92 \cdot 9 &= 828 \\
48 \cdot 16 &= 768 \\
42 \cdot 25 &= 1050 \\
11 \cdot 36 &= 396 \\
7 \cdot 49 &= 343 \\
1 \cdot 64 &= 64
\end{aligned}
$$

Quadratsumme, $\Sigma\, pa^2$	$= 4106$
Variantenanzahl, n	$= 558$
daraus durch Division $\dfrac{\Sigma\, pa^2}{n} =$	$7{,}358\,423$
wir hatten b^2 $=$	$0{,}018\,496$
erhalten jetzt $\sigma^2 = \dfrac{\Sigma\, pa^2}{n} \div b^2 =$	$7{,}339\,927$
und demnach σ $=$	$\sqrt{7{,}339\,927} = \pm\, 2{,}709$

In diesem Falle ist b^2 sehr klein, die Korrektur durch Subtraktion von b^2 demnach auch nur unbedeutend; wir hätten uns ruhig mit Abrundung des Mittels auf 24,5 begnügen können, es wäre dadurch $\pm 2{,}713$ für σ herausgekommen. Aber in sehr vielen Fällen ist es nicht so leicht, eine passende, berechtigte Abrundung von M anzuwenden — und in allen Fällen ist die soeben ausgeführte Berechnung vorzuziehen als genau und dabei einfach! Der „genau" bestimmte Wert der Standardabweichung ist immer der kleinste; nach Abrundung von M ausgeführte Rechnung gibt immer einen etwas zu großen Wert von σ.

Obwohl wir nun hier gar nicht eine solche Abrundung von M benutzen, sondern von A aus rechnen und schließlich mit b^2 korrigieren, so möchte ich doch ganz nachdrücklich darauf aufmerksam machen, daß man bei Rechnungen mit dem Mittelwerte M diesen nicht zu stark abrunden darf. Würden wir statt $M = 24{,}36$, $M = 24{,}4$ oder gar 24,5 sagen, so würden für uns daraus später Schwierigkeiten erwachsen. Der Mittelwert und die Standardabweichung der erwähnten Bohnen sind also für weitere Berechnungen so anzugeben:

$$M = 24{,}36 \text{ mm}; \quad \sigma = \pm\, 2{,}71 \text{ mm}.$$

In dem als Beispiel gewählten Falle war der Klassenspielraum der Varianten 1 mm. Die Klasseneinteilung kann aber ganz willkürlich sein und muß sich danach richten, welche Eigenschaft und wie viele Individuen man zu messen hat. Der Klassenspielraum kann deshalb in den verschiedenen Fällen durch ganz verschiedene Zahlen ausgedrückt werden, z. B. durch größere oder kleinere ganze Zahlen wie etwa 2, 3, oder 4, 7, 10, 25 usf., oder durch irgend einen Bruch, z. B. 0,25 oder 0,5, 0,75, 0,8 usw. In allen solchen Fällen ist es am leichtesten, die Standardabweichung mit dem Klassenspielraum als Einheit zu berechnen. Hat man erst die Standardabweichung in „Klasseneinheiten" ausgedrückt, so braucht man das Resultat nur mit dem wirklichen Wert des Klassenspielraums zu multiplizieren, um die Standardabweichung in richtiger Weise als eine in gleicher Art wie die Varianten benannte Zahl zu finden.

Denken wir uns als Beispiel die Länge der Bohnen in Viertelmillimetern als Maßeinheit ausgedrückt, so würde der Klassenspielraum 4 solcher Maßeinheiten umfassen. Der Durchschnittswert sowie die Abweichungen würden mit 4 mal so großen Zahlen als vorhin ausgedrückt werden; die Quadrate und die Quadratsumme würde 16 mal so groß werden. Und die Standardabweichung würde selbstverständlich durch eine 4 mal größere Zahl als vorhin ausgedrückt sein. Alle die damit verbundene Mühe umgeht man, indem man den Klassenspielraum $= 1$ setzt, und dann schließlich zu guterletzt die gewonnene Zahl — für σ also $\pm\,2{,}709$ — mit 4 Maßeinheiten multipliziert, welches $\pm\,10{,}84$ Viertelmillimeter (Maßeinheiten) gibt. Und so in allen anderen Fällen; es ist meistens am leichtesten, die Standardabweichung zuerst in Klasseneinheiten zu berechnen, deren Wert schließlich eingesetzt wird. Daß auch der Mittelwert zuerst in Klasseneinheiten (mit Berücksichtigung der Nummer der Klassen) berechnet werden kann, wurde S. 35 angedeutet.

In Bezug auf Ganzvarianten ist die Berechnung der Standardabweichung wie bei Klassenvarianten. Als Beispiel wählen wir die S. 11 mitgeteilte Flossenstrahlvariationsreihe. Wir hatten S. 34 $M = 53{,}67$ und, mit $A = 53$, wurde $b = +\,0{,}671$ gefunden. Daraus ergibt sich $b^2 = 0{,}450\,241$. Die Berechnung von σ geschieht nun nach folgender Aufstellung:

Abweichungen, a	0	1	2	3	4	5	6	7	8
Anzahl $+$	134	127	111	74	37	16	4	2	1
Anzahl $\div$		96	58	23	13	2	5		
Summen p	134	223	169	97	50	18	9	2	1
Wert von a^2	0	1	4	9	16	25	36	49	64

Produkte $p \cdot a^2$	134 . 0 $=$	0
	223 . 1 $=$	223
	169 . 4 $=$	676
	97 . 9 $=$	883
	50 . 16 $=$	800
	18 . 25 $=$	450
	9 . 36 $=$	324
	2 . 49 $=$	98
	1 . 64 $=$	64
Quadratsumme Σpa^2	$=$	3518
Variantenanzahl n	$=$	703

$$\text{Daraus der Mittelwert } \frac{\Sigma pa^2}{n} = 5{,}004\,267$$

$$\text{Wir fanden früher } b^2 = 0{,}450\,241$$

$$\text{und somit } \sigma^2 = \frac{\Sigma pa^2}{n} \div b^2 = 4{,}554\,026$$

$$\text{also } \sigma = \pm \sqrt{4{,}554\,026} = \pm 2{,}134$$

In diesem Beispiel war b eine durchaus nicht zu vernach-
lässigende Größe; diese ganze Art der Berechnung von σ ist nun
überhaupt so einfach, daß irgend eine Abrundung oder Abkürzung
ganz unnötig wird.

Ehe wir weiter gehen, wird es richtig sein, einen Augenblick
bei dem oft gebrauchten Ausdruck „Mittlere Abweichung" zu verweilen. Von einigen Autoren und in gewissen fremden Sprachen
wird mit einem solchen Ausdruck eben die Standardabweichung bezeichnet. Deshalb muß man, um Mißverständnissen zu entgehen,
stets über die Bedeutung des Wortes bei einem gegebenen Autor
klar sein. Im Sinne des Wortlauts sollte „mittlere Abweichung"
die durchschnittliche Abweichung der Varianten vom Mittel sämtlicher Varianten bedeuten. Dabei müßte das Vorzeichen der Abweichungen unberücksichtigt bleiben, denn wir wissen ja, daß mit
Berücksichtigung der Vorzeichen die Summe aller Abweichungen
vom Mittel eben $= 0$ ist. Die Formel für die „mittlere Abweichung"

ist demnach $m.\ Abw. = \dfrac{\Sigma pa}{n}$ wobei die Vorzeichen von a nicht zu

berücksichtigen sind. Wir haben aber keinen Grund, auf die betreffende Berechnung hier einzugehen. Nur sei bemerkt, daß bei
Berechnung der $m.\ Abw.$ alle Varianten einen relativ gleich großen
Einfluß haben, während bei Berechnung der Standardabweichung
die größeren Abweichungen relativ größeren Einfluß bekommen; deren Quadrate sind ja relativ größer als die Quadrate

kleiner Abweichungen. Diese Bevorzugung der größeren Abweichungen ist sodann eine Prinzipiensache der ganzen Methode. Bei binomialer Verteilung ist die Standardabweichung annähernd 1,25 mal größer als die mittlere Abweichung.

Die Standardabweichung wird jetzt ganz allgemein als Maß der Variabilität benutzt. Selbst in den Fällen, wo die Verteilung der Varianten um den durchschnittlichen Wert nicht in guter Übereinstimmung mit den „binomialen" Zahlenverhältnissen ist, muß die Standardabweichung als das mathematisch gesehen beste Maß der Variabilität angesehen werden, neben welchem man supplierende Bestimmungen in Bezug auf Schiefe in der Verteilung usw. ausführen kann. Wo die Variantenverteilung aber sehr stark von der binomialen Verteilungsweise abweicht — wenn z. B. zwei oder mehrere Gipfel auf den Variationskurven deutlich hervortreten, wofür später Beispiele gegeben werden — ist die Beurteilung der Variabilität eine verwickeltere Sache.

Ganz wie wir in der zweiten Vorlesung das Quartil in Prozenten des Durchschnittswertes ausdrückten und dabei ein relatives Maß, den Quartilkoeffizient, gewannen, so können wir auch die Standardabweichung in Prozenten des Durchschnitts ausdrücken. Das auf diese Weise erhaltene relative Maß könnte etwa der „Standardabweichungskoeffizient" genannt werden; gewöhnlich sagt man aber Variationskoeffizient, und diese Bezeichnung werden wir benutzen, indem wir den Buchstaben v als Zeichen dafür einsetzen. v wird also dadurch gefunden, daß man die Standardabweichung mit 100 multipliziert und mit dem Durchschnittswerte dividiert, oder:

$$v = 100 \; \sigma : M.$$

Als Beispiel kann angeführt werden, daß der Variationskoeffizient der schon öfters erwähnten Bohnen für deren Längenmaß durch $v = 100 \cdot 2,71 : 24,36 = 11,14$ ausgedrückt wird.

Für die Flossenstrahlen der als Beispiel ganzer Varianten benutzten Butten (S. 11) ist $v = 100 \cdot 2,134 : 53,67 = 3,97$.

Wie der Quartilkoeffizient kann der Variationskoeffizient zum Vergleich ganz verschiedener Variationsreihen benutzt werden. Bei der Besprechung dieses Verhältnisses können wir nicht umhin, die Frage zu streifen, ob im Tierreich die Männchen oder die Weibchen die größere Variabilität haben. In Darwin's „Animals and

Plants under Domestication" findet sich eine Äußerung der Auffassung, daß die Männchen mehr variabel sind als die Weibchen.
Auf diese mehr hingeworfene Äußerung hin, welche DARWIN nicht
näher begründet, haben verschiedene Autoren weitgehende Spekulationen aufgebaut. Es ist ja überhaupt spaßhaft — oder vielmehr
traurig, wenn man die Würde der Wissenschaft im Auge hält —
wie man in Abstammungsfragen oft in ganz loser Weise spekuliert!
K. PEARSON hat nun vor einigen Jahren in einer sehr interessanten
Abhandlung über die Variabilität bei Mann und Weib die Frage in
sachgemäßer Weise mittels eines sehr großen Materials beleuchtet.
Und er benutzt eben — als erster, soweit ich weiß — den Variationskoeffizienten als Grundlage beim Vergleich.

Hier können nur einige wenige Auszüge der reichen Angaben
PEARSON's mitgeteilt werden. So wurde in Bezug auf Körperlänge
folgendes bei einer Untersuchung von Engländern (1000 Individuen
jedes Geschlechts, Erwachsene, aber weniger als 65 Jahre alt) gefunden:

	Mittel M	Standard-Ab-abweichung, σ	v
Höhe der Männer . . .	172,81 cm	7,04 cm	4,07
Höhe der Frauen . . .	159,90 -	6,44 -	4,03

Und z. B. aus Bayern zeigte eine entsprechende Untersuchung
(von 390 Männern und 260 Frauen):

	M	σ	v
Höhe der Männer . . .	165,93 cm	6,68 cm	4,02
Höhe der Frauen . . .	153,85 -	6,55 -	4,26

Hier tritt kein ausgeprägter Unterschied in der Variabilität auf.
Die Variabilität der Frauen ist nicht kleiner als die der Männer.
Legen wir gleiches Gewicht auf die beiden soeben erwähnten Untersuchungsreihen, so erhalten wir als Hauptresultat die Variationskoeffizienten für Männer 4,05 und für Frauen 4,15.

Die Höhen der einzelnen Männer einer Bevölkerung werden
sich in ähnlicher Weise um ihr Mittel gruppieren als die Höhen
der einzelnen Frauen um die mittlere Höhe aller Frauen. Jede
dieser Reihen für sich würde eine ganz ähnlich gestaltete Variationskurve geben. Der wesentliche Unterschied ist nur der, daß die
Gipfelpunkte der beiden Kurven über einem verschiedenen Höhenmaße belegen sind.

Es findet sich eben ein durchschnittlicher, wir können sagen „durchgehender" Unterschied zwischen Männer- und Frauenhöhen-maßen. Sie verhalten sich nämlich durchschnittlich wie 172,81 : 159,90 im hier angeführten englischen Material und wie 165,93 : 153,85 im bayrischen Material. Wird die Frauenhöhe als Einheit genommen, so wird für die männliche Durchschnittshöhe im englischen Material der Wert 1,081 erhalten, im bayrischen Material 1,078, also etwa 1,08 in beiden Fällen. Derartige Zahlen können als geschlechts-relative Maßzahlen bezeichnet werden, wir können hier kürzer Sexualrelation sagen, ohne mißverstanden zu werden.

Eine Bestimmung derartiger Verhältniszahlen, welche — wie die zu erwähnenden Beispiele zeigen werden — nicht identisch für alle gemessenen Charaktere sind, hat eine gewisse Bedeutung beim Studieren vieler Erblichkeitsfragen. Will man z. B. untersuchen, ob große oder kleine Körperlänge eine erbliche Eigenschaft ist, so muß man selbstverständlich als Ausgangspunkt die Höhenmaße des betreffenden Elternpaares bezw. noch älterer Vorfahren nehmen. Aber die Körperlänge des Vaters und der Mutter können nicht ohne weiteres zusammengestellt werden, die Durchschnittshöhe eines Elternpaares kann nicht einfacherweise dadurch bestimmt werden, daß man die Höhenmaße der einzelnen Eltern addiert und die Summe halbiert. Erst nachdem man mittels der Sexual-relation die Höhe der Mutter in die entsprechende Männer-höhe umgerechnet hat (oder etwa des Vaters Höhenmaß als Frauen-höhe ausgedrückt hat), kann man ein adäquates Elterndurch-schnittsmaß ermitteln. Mittels der Sexualrelation werden also die Maße der Frauen bezw. der Weibchen — eventuell der weib-lichen Pflanzen — korrigiert, indem man meistens die Männer bezw. die Männchen als Ausgangspunkt nimmt. Ist nun also der Vater z. B. 69 englische Zoll hoch, die Mutter aber 66 Zoll, so ist dieses letztere Maß in korrigiertem Stande $66 \cdot 1,08 = 71,3$ Zoll; und die korrigierte Elterndurchschnittshöhe ist also hier $(69 + 66 \cdot 1,08) : 2 = (69 + 71,3) : 2 = 70,15$ Zoll.

Wie schon gesagt, braucht die Sexualrelation nicht stets ca. 1,08 zu sein. Die Relation muß von Fall zu Fall für jede Bevölkerung, Art, Lokalität usw. besonders ermittelt werden. Nach dieser kleinen Auseinandersetzung kehren wir zum Variationskoeffizienten bei Männern und Frauen zurück. Aus PEARSONS Zusammenstellungen sind die folgenden Angaben genommen:

Beispiele zur Beleuchtung der Variabilität bei Männern und Frauen.

Charakter	Sexual-Relation $\frac{\vec{\circ}}{\circ}$	Variationskoeffizient	
		Männer	Frauen
Körperlänge (vgl. oben) .	1,08	4,05	4,15
Spannweite	1,11	4,59	4,63
Körpergewicht	1,17	10,37	13,37
Hirngewicht	1,08	9,20	9,72
Schädelumfang . . .	1,04	2,89	2,73
Kraft des Handdrucks .	1,21	14,10	18,60
Gesichtsschärfe[1])	1,00	33,25	33,84

Diese Zahlen sollen hier nur als Illustration ganz im allgemeinen dienen. Bei näheren anthropologischen Studien müssen die betreffenden, oft recht stark schwankenden Quellenangaben näher geprüft werden. Im großen ganzen ist die Variabilität eher durchgehend ein wenig größer bei Frauen als bei Männern. Die eingangs erwähnte Auffassung, daß die Männer mehr variabel sind, und die daran geknüpften Spekulationen sind also gänzlich unbegründet. Sehr viele solcher loser Auffassungen machen sich noch in der Erblichkeitslehre breit — wir werden auch andere Beispiele finden.

---

[1]) Hier ist nur vom Abstand, innerhalb welchem Schrift noch deutlich gelesen werden kann, die Rede.

4*

Vierte Vorlesung.

Alternative Variation. — Wichtigkeit der Standardabweichung. — Ableitung der binomialen Variationskurve und Prüfung ihrer Übereinstimmung mit einer Beobachtungsreihe.

Wir haben bisher nur solche Fälle im Auge gehabt, wo die Variation als quantitativ betrachtet werden kann, es sei nun, daß von Ganzvarianten oder von Klassenvarianten die Rede ist. In diesen Fällen ergibt die Messung unmittelbar Variationsreihen, wie wir schon mehrere erwähnt haben. Aus jeder Variationsreihe wird die Variation nur einer einzigen Eigenschaft ersichtlich, oder, vorsichtiger ausgedrückt: innerhalb einer Variationsreihe sind die gefundenen Unterschiede durch dieselbe Maßeinheit ausgedrückt. Die Unterschiede treten eben als Quantitäten in die Erscheinung.

Es sind aber sehr viele Fälle, wo eine andere Variation sich zeigt, nämlich überall, wo qualitative Unterschiede vorhanden sind, d. h. wo die Unterschiede der betreffenden Individuen nicht ohne weiteres als quantitativ betrachtet werden können. Das einfachste Beispiel einer solchen alternativen Variation haben wir bei den eingeschlechtlichen Organismen; sie sind entweder männlich oder weiblich. Eine Frage tritt hier gleich auf: Wie viele sind männlich und wie viele weiblich? Erst durch eine zahlenmäßige Bestimmung der Häufigkeit der beiden Geschlechter haben wir im gegebenen Falle eine weiter verwendbare Übersicht dieser alternativen Variation.

Viele andere Fälle alternativer Variation werden wir finden, so ganz besonders bei den Nachkommen der Bastarde, ja hier ist die Beurteilung der Zahlenverhältnisse alternativer Variationen sogar öfters eine Hauptsache.

Und in vielen Fragen — auch außerhalb der eigentlichen Variabilitäts- und Erblichkeitslehre — spielen in der Biologie alternative Fälle eine so wichtige Rolle, daß eine sachgemäße Behand-

lung derselben von allgemeiner Bedeutung ist. Überall, wo von
Di- oder Polymorphismus die Rede ist, oder wo die verschiedenen
Bestandteile eines gemischten Bestandes der relativen Menge nach
beurteilt werden sollen, haben wir mit der zahlenmäßigen Behandlung alternativer Fälle zu tun.

Dabei können zwei oder aber mehrere Alternativen realisiert
sein. Einige Beispiele werden dieses illustrieren.

In der Kopenhagener Gebär-Stiftung kamen in den beiden
Jahren 1895 und 1896 Knaben- (♂) und Mädchen-(♀) Geburten mit
folgenden Häufigkeiten vor:

Jahr	♂	♀	Summe	Prozentisch ♂	♀
1895	857	785	1642	52,2	47,8
1896	775	796	1571	49,3	50,7

Stimmen diese Angaben genügend überein? Welche Tragweite
haben solche Angaben? Das sind Fragen, die wir erst weiter unten
beantworten können.

Durch Kreuzung einer weißblühenden, gelbsamigen Bohnenrasse
mit einer violettblühenden, schwarzsamigen Rasse wurde ein violett-
blühender, schmutzigschwarzsamiger Bastard erhalten. Die Nachkommen — im ganzen 558 Individuen — dieser Bastarde variieren
folgenderweise:

weißblühend 160		violettblühend 398	
Samenfarbe		Samenfarbe	
gelb	bronze	violett	schwarz u. schwärzlich
39	121	105	293

In Bezug auf Blütenfarbe fanden sich also zwei Alternativen; in
Bezug auf Samenfarbe aber 4 Alternativen. Wie sind solche Fälle
zu beurteilen, wie läßt sich die Variabilität hier ausdrücken oder
messen? Läßt sich die alternative Variabilität in derselben Weise
messen, wie die Variabilität der Variationsreihen? Können die bei
der „Reihenvariabilität" benutzten Zahloperationen auch auf die
„alternative Variabilität" Verwendung finden?

Diese Frage ist glücklicherweise mit einem ja zu beantworten!

Bei der alternativen Variabilität betrachtet man die eine
Alternative — gleichgültig welche — als die Maßeinheit. Haben

wir z. B. 160 weißblühende und 398 violettblühende Pflanzen, so können wir nämlich 160 weiß- und 398 nichtweißblühende sagen, oder aber 160 nichtviolett- und 398 violettblühende Pflanzen. Ferner in Bezug auf die anderen soeben erwähnten Beispiele: in 1895 wurden 857 Knaben und 785 Nichtknaben, oder — was hier dasselbe bedeutet — 857 Nichtmädchen und 785 Mädchen geboren usw.

Mit dieser Betrachtung wird man wohl am natürlichsten dazu geführt, die Alternativen in Prozenten auszudrücken, wodurch man eben eine klare Übersicht bekommt. Von den erwähnten Bohnenpflanzen, im Ganzen 558, waren 160 weißblühend, die übrigen nicht weißblühend. D. h. 28,7 Prozent sind weißblühend — und 71,3 Prozent sind es nicht. (Oder aber 71,3 Prozent sind violettblühend — und 28,7 Prozent sind es nicht.) Von den eben erwähnten Geburten in 1895, im Ganzen 1642, waren entsprechend ausgedrückt, 52,2 Prozent Knaben — und 47,8 Prozent Nichtknaben. (Oder 47,8 Prozent Mädchen — und 52,2 Prozent Nicht-Mädchen.)

„Prozent" bedeutet nun gar nichts anderes als „Hundertstel"; und am allereinfachsten wird es ja sein, daß man die relativen Mengen der Alternativen als Dezimalbrüche der Einheit angibt. Diesen Bruch nennt man die relative Häufigkeit der betreffenden Alternative. Sodann haben wir also in den soeben erwähnten beiden Beispielen:

0,287 weiß   und   0,713 nichtweiß

(oder 0,287 nichtviolett und   0,713 violett)

und, für die Geburten von 1895

0,522 Knaben   und 0,478 Nichtknaben

(oder 0,522 Nichtmädchen und 0,478 Mädchen),

je nachdem man das eine oder das andere der gegebenen Alternativen als Maßeinheit nimmt.

Wie man nun aber das Resultat einer Untersuchung über alternative Variation auszudrücken wünscht, eins darf man nie versäumen nämlich die absolute Gesamtanzahl der beurteilten Individuen (oder Fälle) anzugeben. Indem man die Alternativen kennt, genügt ja die Angabe der relativen Häufigkeit des einen sowie die absolute Gesamtanzahl.

Also z. B. 0,287 weißblühend, Gesamtanzahl 558 bezw.

0,522 Knaben,   Gesamtanzahl 1642

sind Angaben, die hier völlig genügen.

Indem wir vorläufig den einfachsten Fall berücksichtigt, wo nur zwei Alternativen vorhanden sind, gehen wir zur Bestimmung der Variabilität. Nimmt man die eine Alternative als Maßeinheit, so wird die andere den Wert 0 haben. Dann haben wir stets zwei Klassen, die 0-Klasse und die 1-Klasse (Klasse des Nichtzutreffens, worin jeder Fall 0 zählt, und Klasse des Zutreffens, in welcher jeder Fall 1 zählt).

Wir nehmen nun gleich die beispielsweise erwähnten Angaben in Arbeit. Wir fanden 160 weiß- und 398 violettblühende Pflanzen. Wählen wir violett als Einheit. Dann haben wir:

Klasse	0	1	Gesamtanzahl
Anzahl Fälle	160	398	558

Hieraus berechnen wir, ganz wie bei Reihenvariationen, den Mittelwert, M, und die Standardabweichung, σ. Nehmen wir Klasse 0 als Ausgangspunkt A, haben wir $+$ 398 als Gesamtsumme aller Abweichungen; die Variantenanzahl, n, ist 558, folglich finden wir für b (vgl. S. 34) den Wert $+$ 0,7133. Der Mittelwert, $M = A + b$, ist demnach $0 + 0,713 = 0,713$. Der Klassenwert ist ja „1 violett", also $M = 0,713$ violett.

Die Standardabweichung ist eben so leicht zu bestimmen. Von A aus gerechnet sind alle Abweichungen (welche nicht 0 sind) $a = 1$; a^2 ist folglich 1, $pa^2 = 398$; $\dfrac{\Sigma pa^2}{n} = \dfrac{398}{558} = 0,7133$. b war 0,7133, demnach $b^2 = 0,5088$. Die Standardabweichung, nach der Formel

$$\sigma = \pm \sqrt{\frac{\Sigma pa^2}{n} \div b^2}$$

(S. 44) berechnet, ist sodann $\sigma = \sqrt{0,7133 \div 0,5088}$

$= \sqrt{0,2045} = \pm 0,452$ violett. Wünschen wir die Bestimmungen in Prozenten auszudrücken, sagen wir:

$$M = \quad 71,3 \text{ Prozent violettblühend}$$
$$\text{und} \quad \sigma = \pm 45,2 \text{ Prozent violettblühend.}$$

Derart ist alles ganz wie bei Reihenvariation bestimmt. Nun aber fragt es sich, was bedeutet hier $\sigma = \pm 45,2$ Prozent violettblühend? Während es für den Mittelwert sofort eingesehen wird, daß 71,3 Prozent violettblühend ganz gleichbedeutend ist mit 28,7 Prozent nichtviolettblühend (indem die beiden Alternativen hier einander ausschließen, und es folglich wesentlich nur eine Formsache ist, ob man „violett" oder „nichtviolett" als Maßeinheit nimmt).

so liegt die Sache etwas anders in Bezug auf die Standardabweichung. Hier kann statt 45,2 Prozent violett nicht 54,8 Prozent weiß gesagt werden; hier ist ja die Alternative die, daß „÷ violett" dasselbe wie „+ weiß" bedeutet. Demnach muß $\sigma = + 45{,}2$ Prozent violett gleich $\sigma = \mp 45{,}2$ Prozent weiß (oder „nichtviolett") gestellt werden.

Daß die Sache so liegt, geht auch ganz unmittelbar aus der Berechnung hervor, wenn wir weißblühend (also nichtviolett) als Maßeinheit nehmen. Wir haben nämlich dann:

Klasse	(violett) 0	(weiß) 1	Gesamtanzahl
Anzahl Fälle	398	160	558

Und hieraus findet man durch Berechnung wie vorhin

$M =$ 0,2867 d. h. 28,7 Prozent weißblühend und
$\sigma = \pm 0{,}452$ d. h. $\pm 45{,}2$ Prozent weißblühend.

Bei Berechnung von σ ist es also ganz gleichgültig, welche von den beiden Alternativen man als Einheit setzt; hier ist nicht einmal ein formeller Unterschied vorhanden.

Wenn wir also das Resultat unserer Berechnungen bei dem gewählten Beispiel ausdrücken wollen, können wir sagen:

Der Mittelwert war $M = 71{,}3$ Prozent violett oder 28,7 Prozent weiß, und die Standardabweichung war $\sigma = 45{,}2$ Prozent (violett oder weiß).

Bei alternativer Variabilität hat man nun aber in sehr einfacher Weise Formeln zur Berechnung der Standardabweichung aufgestellt. Wir werden uns leicht selbst zu einer solchen Formel verhelfen, indem wir ganz allgemein das Material in zwei Klassen 0 und 1 verteilen können. Dabei ist es ganz gleichgültig, welche Alternative wir als 1 setzen. Bezeichnen wir mit p_0 und p_1 die Anzahl der Varianten der Klassen 0 bezw. 1, so ist $p_0 + p_1 = n$, d. h. die Gesamtsumme aller Varianten. Wir haben alsdann die Rechnung nach dieser Aufstellung durchzuführen:

Klasse	0	1	Gesamtanzahl
Anzahl Varianten	p_0	p_1	$p_0 + p_1 = n$

Mit Klasse 0 als Ausgangspunkt (A), wird $b = \frac{+p_1}{n}$, demnach $b^2 = \frac{p_1^2}{n^2}$. Die Summe der Quadrate aller Abweichungen von A wird $\Sigma pa^2 = p_1$ sein, indem a nur die Werte 0 und 1 hat; demnach $\frac{\Sigma pa^2}{n} = \frac{p_1}{n}$. Und daraus haben wir, indem $\sigma = \sqrt{\frac{\Sigma pa^2}{n} \div b^2}$ (vgl.

S. 44), hier $\sigma = \sqrt{\frac{p_1}{n} \div \frac{p_1^2}{n^2}} = \sqrt{\frac{np_1 \div p_1^2}{n^2}}$. Indem nun $n = p_0 + p_1$, wird

der soeben gegebene Ausdruck so geändert: $\sigma = \sqrt{\frac{(p_0 + p_1)p_1 \div p_1^2}{n^2}}$

Und hieraus erhalten wir durch Ausführung und Verkürzen die gesuchte Formel für die Standardabweichung bei alternierender Variabilität:

$$\sigma = \frac{\sqrt{p_0 \cdot p_1}}{n}$$

Mit Benutzung unseres Blütenbeispiels haben wir $\sigma = \frac{\sqrt{160 \cdot 398}}{558}$
$= \pm 0{,}452$ (45,2 Prozent), ganz wie auf S. 55.

Die soeben gegebene Formel hätten wir auch auf anderen Wegen ableiten können, hier war es aber von Wichtigkeit, zu sehen, daß die Rechnung ganz der Methode bei Reihenvariation entspricht!

Sehr häufig ist es am bequemsten, die Standardabweichung bei alternativer Variabilität von vornherein mit und als Prozentangaben (d. h. Hundertstel) zu berechnen, also so auszudrücken:

$$\sigma = \frac{100 \cdot \sqrt{p_0 \cdot p_1}}{n} \text{ Prozent.}$$

Diese Rechnung geht am leichtesten nach der hieraus sich ergebenden Formel $\sigma = \sqrt{\frac{100p_0}{n} \cdot \frac{100p_1}{n}}$ Prozent. D. h. man operiert einfacherweise mit den Prozentangaben des Untersuchungsresultats, was wir so ausdrücken können $\sigma = \sqrt{{}^0\!/_0\, p_0 \cdot {}^0\!/_0\, p_1}$. Bei den erwähnten Bohnenblüten, wo wir (S. 55) 28,7 Prozent weiß- und 71,3 Prozent violettblühende Pflanzen fanden, haben wir:

$$\sigma = \sqrt{28{,}7 \cdot 71{,}3} \text{ Prozent, d. h. } \sigma = 45{,}2 \text{ Prozent.}$$

Diese Art und Weise ist, glaube ich, für die praktische Ausführung die einfachste Art der Rechnung. Man muß aber stets im Auge behalten, ob man mit Prozenten (Hundertstel) oder mit Einheiten arbeitet!

Die Standardabweichung ist hier, wie immer, ein Maß der Variabilität; d. h. je größer σ ist, um so größer ist die betreffende Variabilität. Bei alternativer Variation ist die Variabilität selbstverständlich am größten, wenn die beiden Alternativen durch je 50 Prozent repräsentiert sind. Bei 100 Prozent der einen — oder der anderen — Alternative ist ja eben keine Variation vorhanden; die Standardabweichung muß demnach steigen vom Werte 0 bei 100 Prozent der einen Alternative (eben keine Variation!) bis zum Maximalwert bei je 50 Prozent beider Alternativen, um wieder zu fallen bis zum Wert 0 bei 100 Prozent der anderen Alternative. Die folgende Tabelle gibt eine Übersicht von diesem Verhältnis. Die Überschriften *0* und *1* bezeichnen die Alternativen, deren verschieden starke Repräsentation und damit sich ändernde Standardabweichung, σ, alles in Prozenten, dargestellt ist.

0	1	σ
100	0	$\sqrt{100 \cdot 0} = \quad 0$
99	1	$\sqrt{99 \cdot 1} = 9{,}95$
95	5	$\sqrt{95 \cdot 5} = 21{,}79$
90	10	$\sqrt{90 \cdot 10} = 30{,}00$
85	15	$\sqrt{85 \cdot 15} = 35{,}71$
80	20	$\sqrt{80 \cdot 20} = 40{,}00$
75	25	$\sqrt{75 \cdot 25} = 43{,}31$
70	30	$\sqrt{70 \cdot 30} = 45{,}83$
65	35	$\sqrt{65 \cdot 35} = 47{,}70$
60	40	$\sqrt{60 \cdot 40} = 48{,}99$
50	50	$\sqrt{50 \cdot 50} = 50{,}00$
40	60	$\sqrt{40 \cdot 60} = 48{,}99$

usw.

Um gleich Mißverständnisse zu verhüten, sei gesagt, daß, wo nur eine Alternative realisiert ist, sich selbstverständlich keine Variation findet. Aber wo man in einem gegebenen Material keine Variation findet, ist es doch möglich, daß weiteres Material eine solche aufdeckt. Darum ist der Fall $\sigma = \sqrt{100 \cdot 0} = 0$ mit großer Vorsicht zu betrachten; die Anzahl der vorliegenden Beobachtungen hat dabei eine hohe Bedeutung, wie weiter unter des näheren erwähnt werden soll.

Wir werden nun leicht einsehen, daß der bei Reihenvariation benutzte Variationskoeffizient (S. 48) hier bei alternativer Variabilität keine Verwendung finden kann, jedenfalls nicht direkt. Die Standardabweichung ist ja hier selbst ein relativer Wert, nicht wie bei Reihenvariation eine absolute Größe.

Und es wird auch klar sein, daß von einer direkten Quartilbestimmung bei alternativer Variabilität keine Rede sein kann; eine solche Bestimmung setzt ja ausdrücklich eine Reihe — mit nicht zu wenig Klassen — voraus.

Aus diesen Gründen verliert der Variationskoeffizient und namentlich auch das Quartil in allgemeiner Bedeutung, während die Standardabweichung uns noch wichtiger als früher erscheint. Die Standardabweichung ist eben das beste Maß der Variabilität, welches wir haben.

Es erübrigt uns nun, solche Fälle zu betrachten, wo mehrere Alternativen vorhanden sind. So hatten wir S. 53 vier verschiedene Samenfarben: 39 gelbe, 121 bronzene, 105 violette und 293 schwarze, im Ganzen 558 Samen.

In solchen Fällen hat man nur den Weg zu gehen, daß man je eine Alternative gegen alle anderen aufstellt. Wir haben demnach in unserem Beispiel:

$$
\begin{array}{llll}
39 \text{ gelbe} & \text{gegen } 121 + 105 + 293 = 519 \text{ nichtgelbe} \\
121 \text{ bronzene} & - \quad\ 39 + 105 + 293 = 437 \text{ nichtbronzene} \\
105 \text{ violette} & - \quad\ 39 + 121 + 293 = 453 \text{ nichtviolette} \\
\text{und } 293 \text{ schwarze} & - \quad\ 39 + 121 + 105 = 265 \text{ nichtschwarze.}
\end{array}
$$

Drücken wir diese Zahlen in Prozenten aus und berechnen wir die Standardabweichungen, so haben wir die folgenden Angaben, alle in Prozenten:

Gelb	7,0	gegen 93,0	$\sigma = \pm\,25{,}5$
Bronze	22,7	— 78,3	$\sigma = \pm\,41{,}2$
Violett	18,8	— 81,2	$\sigma = \pm\,39{,}1$
Schwarz	52,5	— 47,5	$\sigma = \pm\,49{,}9$

Die Bedeutung, das eigentliche Interesse, dieser Angaben wird ihre Würdigung finden, wenn wir auf die Zuverlässigkeit solcher Beobachtungsresultate zu sprechen kommen.

Die Standardabweichung, wie sie hier definiert wurde, ist nur eine Funktion der beobachteten relativen Verteilung im gegebenen Material und also insofern ganz unabhängig von der ab-

soluten Anzahl der Beobachtungen. Ob wir **7** gelbe und **93** nichtgelbe Samen oder bezw. **700** und **9300** Individuen haben, ist für
das unmittelbare Resultat der Berechnung ganz einerlei; beides ergibt $\sigma \pm 25{,}5$ Prozent. Ganz entsprechendes gilt für die Reihenvariationen.

Aber die Zuverlässigkeit der durch solche Bestimmung gewonnenen Zahlen ist von der Anzahl der zugrunde liegenden Beobachtungen (Individuen) abhängig. Eine größere Anzahl Beobachtungen gibt dem Resultate größere Zuverlässigkeit, und dabei gelten
besondere Gesetzmäßigkeiten, die von großer Wichtigkeit für uns
sind. Um hierüber klar zu werden, müssen wir aber weiter aus-
holen.

———

Zuerst müssen wir wiederum die „binomiale" Zahlenverteilung
betrachten, welche wir schon früher erwähnt haben (S. 36). Wir
gedenken dabei vorläufig nur der Fälle, wo $a = b$, wo also die
Verteilung ganz symmetrisch ist. Entwickeln wir z. B. $(a + b)^{20}$
mit $a = b = 1$, so erhalten wir die Summe $2^{20} = 1\,048\,576$. Die Glieder
a^{20}, $20a^{19}b$, $190a^{18}c^2$ usw., im Ganzen in einer Anzahl von 21,
haben dabei die Werte 1, 20, 190, 1140 usw.

Eine praktische, sehr bequeme Weise, die Zahlenverteilung des entwickelten Ausdrucks $(1 + 1)^n$ zu finden, wenn n nicht allzu groß ist, ergibt
sich aus der folgenden Aufstellung:

$n = 1$ gibt 2 Glieder $\quad 1 + 1 \quad\quad\quad = 2$

$n = 2$ - 3 - $\quad 1 + 2 + 1 \quad\quad = 4$

$n = 3$ - 4 - $\quad 1 + 3 + 3 + 1 \quad = 8$

$n = 4$ - 5 - $\quad 1 + 4 + 6 + 4 + 1 \quad = 16$ und ferner

$n = 5$ - .... $\quad 1 + 5 + 10 + 10 + 5 + 1 \quad = 32$

$n = 6$ - .... $\quad 1 + 6 + 15 + 20 + 15 + 6 + 1 = 64$ und so fort.

Um nun nicht mit zu großen Zahlen operieren zu müssen,
sind die Zahlenwerte der einzelnen Glieder $(1 + 1)^{20}$ hier auf die Gesamtsumme von 10000 reduziert, also in „Prozehntausend" angegeben.[1]) Die beiden ersten Glieder, sowie die ihnen entsprechenden
beiden letzten Glieder, werden alsdann so klein, daß sie vernachlässigt werden können (nämlich bezw. 0,01 und 0,2). Wir haben

———

[1]) Es kommt ganz auf dasselbe heraus, wenn man, wie in der Wahrscheinlichkeitslehre $(^1/_2 + ^1/_2)^n = 1$ ausführt, und die Werte der Glieder mit
mehreren Dezimalstellen angibt. Für nicht speziell mathematisch geschulte
Leser fällt die hier gegebene Entwicklung erfahrungsgemäß am leichtesten.

deshalb nur die 17 mittleren Glieder zu berücksichtigen. Diese haben die in der **oberen Reihe** der folgenden Übersicht ange- gebenen Werte — die untere Zahlenreihe werden wir später erwähnen.

2 11 46 148 370 739 1201 1602 1762 1602 1201 739 370 148 46 11 2
1 3 14 51 150 369 730 1193 1602 1774 1602 1193 730 369 150 51 14 3 1

Die Verteilung der Zahlen in der oberen Reihe werden wir nun dadurch näher betrachten, daß wir die Standardabweichung be- stimmen; diese ist offenbar von dem mittleren, größten Gliede aus, dem Repräsentanten des Mittelwertes zu berechnen. Es dreht sich hier um unbenannte Zahlen; den Abstand zwischen den Gliedern kann man sich nach Belieben groß oder klein vorstellen. Wir werden deshalb die Standardabweichung einfacherweise in „Spiel- raum“- oder Klassenwerten ausdrücken. Das mittlere Glied, welches genau M repräsentiert (weshalb wir hier bei der Rechnung weder A noch b brauchen!), hat die Abweichung 0, die nach rechts folgen- den Glieder die Abweichungen $+1, +2, +3$ usw., die nach links stehenden Glieder dagegen $\div 1, \div 2, \div 3$ usw. Hiernach wird die Standardabweichung wie auf S. 41 berechnet, und das Resultat wird alsdann

$$\sigma = \pm \sqrt{5} = \pm 2{,}236.$$

Dasselbe Resultat erhält man natürlicherweise auch, wenn man mit den unmittelbar gegebenen großen Zahlen für $(1+1)^{20}$ rechnen will. Die Standardabweichung für die Glieder des entwickelten Binomiums $(1+1)^n$ ist ganz im allgemeinen $\sigma = \pm \sqrt{\dfrac{n}{4}}$; für $(1+1)^{20}$ also $\pm \sqrt{\dfrac{20}{4}} = \pm \sqrt{5}$.

Wir denken uns nun das Binom $(a+b)$ zu einer sehr hohen Potenz erhoben, und die bei der Entwicklung des Ausdrucks $(1+1)^\infty$ resultierenden unübersehbaren Glieder in „Prozehntausend“ ange- geben, wie wir es für $(1+1)^{20}$ soeben ausgeführt haben. Wir würden dadurch eine unendlich lange Reihe von Zahlen erhalten, welche mit ganz verschwindend kleinen Werten — fast 0 — anfangend, regelmäßig zu einem relativen Höhepunkt steigen und dann wieder in ganz ebener Weise bis zu verschwindend kleinen Werten — 0 — abnehmen. Würde man mittels einer solchen Zahlenreihe eine den Variationskurven entsprechende Kurve konstruieren, so müßten schon aus Platzrücksichten die Spielräume unendlich schmal werden. Es würde deshalb die Konstruktion ganz gleich ausfallen, ob wir die Zahlenreihe als **ganze** Varianten behandelten oder die einzelnen Zahlenwerte als Mitte einer **Klasse** betrachteten. Nun sind wir aber am besten mit Klassenvarianten vertraut, und werden also hier mit „unendlich engen Klassen" operieren. Die Grenzen jeder Klasse sind also auf der Grundlinie als zwei fast zusammenfallende Punkte abzusetzen, und das Rechteck, welches den Zahlenwert der betreffenden Klasse (oder des Gliedes) ausdrückt, wird unendlich schmal, praktisch schmäler als jede gezeichnete Linie. Die oberen Kanten dieser nebeneinander stehenden, linienschmalen Rechtecke bilden alsdann eine völlig kontinuierliche Kurve. Diese Kurve (Fig. 6) kann deshalb die theoretische symmetrische Binomialkurve genannt

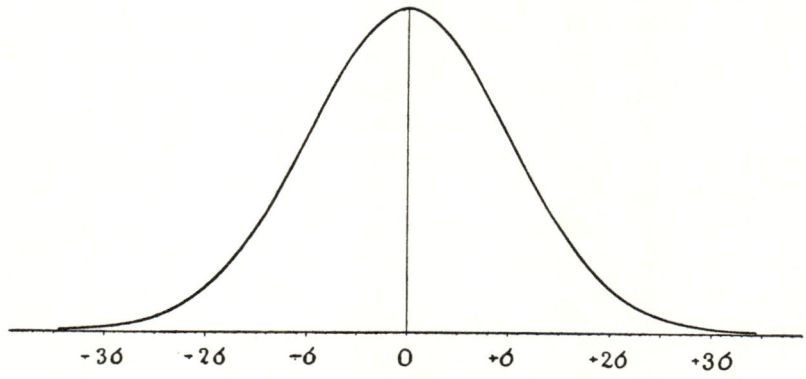

Fig. 6.   Die theoretische (ideale) Variationskurve ɔ: die Binomialkurve.

werden. Vom biologischen Standpunkt hat man sie mitunter als ideale Variationskurve bezeichnet.

Die Zahlenverhältnisse und Verteilungen, welche diese Kurve ausdrückt, haben den Gegenstand eingehender mathematischer Behandlung gebildet. Diese Sache können wir jedoch nicht tiefer verfolgen; nur die Bemerkung muß gemacht werden, daß die Kurve in der Mathematik und besonders von den Beobachtungstheoretikern „die Kurve des exponentiellen Fehlergesetzes" oder, einfacher die „Fehlerkurve" genannt wird. Wenn es also gesagt wird, daß diese oder jede Variantenverteilung dem exponentiellen Fehlergesetze folgt, bedeutet dies eben nur, daß die Variantenverteilung die hier öfters berührten Gesetzmäßigkeiten zeigt und also durch eine Kurve wie Fig. 6 ausgedrückt werden könnte.

Betrachten wir nun diese Kurve etwas näher, wird es verstanden, daß sie — wie ihre Konstruktion hier gedacht wurde — ein Areal von 10000 Einheiten abgrenzt, nämlich die Summe aller der linienschmalen Rechtecke, welche zusammen alle Glieder

(Klassen) im entwickelten Ausdruck $(a + b)^\infty = 10\,000.$[1]) Dieser Ausdruck, mit $a = b$, war ja der Ausgangspunkt der Konstruktion. Die Maßstäbe, nach welchen man die Kurve zeichnet, sind will-kürlich; einige belieben die Kurve relativ steil zu zeichnen, andere ziehen eine mehr abgeflachte Form vor. Eine Norm in dieser Be-ziehung hat man nicht festgestellt.

Derjenige Punkt an der Grundlinie, über welchem die Kurve ihren Gipfel erreicht, entspricht selbstverständlich dem mittleren, größten Gliede der entwickelten Formel, oder mit anderen Worten, dem Mittelpunkt der mittleren Klasse — kurz gesagt dem Mittel-wert aller Glieder, also der Abweichung 0. Die senkrechte Linie in Fig. 6, welche in dem betreffenden Punkte errichtet ist, teilt die ganze Kurve und damit das von ihr umschriebene Areal in zwei gleich große Teile. Rechts finden sich alle Abweichungen in posi-tiver Richtung (Plusvarianten) links alle negative Abweichungen (Minusvarianten).

In der Figur ist die Grundlinie, ausgehend von der Abwei-chung 0, in Abschnitte geteilt, welche Zehnteln der Standard-abweichung entsprechen. Die Punkte, welche σ, 2σ und 3σ be-zeichnen, sind stärker markiert. Man sieht gleich, daß fast das ganze Areal innerhalb der Grenzen liegt, welche durch $\pm 3\sigma$ angegeben sind. In Zahlen ausgedrückt wird es sagen, daß von 10\,000 Einheiten, welche das ganze Areal ausmachen, etwa nur 25 — also 0,25 Prozent — außerhalb der betreffenden Grenzen liegen, d. h. außerhalb einer Abweichung, dreimal größer als die Standard-abweichung. Außerhalb der Grenze $\pm 4\sigma$ liegt praktisch gesprochen gar nichts mehr; schon für $\pm 3,6\sigma$ kann gesagt werden, daß bei „idealer" Verteilung alle Varianten innerhalb dieser Grenzen liegen.

Ein charakteristischer Zug in der Gestalt der Kurve muß hier er-wähnt werden; man sieht, daß sie von der äußersten Linken kommend stärker und stärker steigt, die konvexe Seite nach unten wendend. Dieses dauert aber nur bis zu dem gerade über der Standardabwei-chung liegenden Punkte. Hier — also in der Figur senkrecht über $\div \sigma$ — verändert die Krümmung ihren Charakter, die Steigung nimmt ab und die konkave Seite kehrt jetzt nach unten. Eine entsprechende Änderung im Verlauf der Kurve zeigt sich selbst-verständlicherweise auch an der rechten Seite, senkrecht über $+ \sigma$. Die Standardabweichung charakterisiert also zwei Wendepunkte der

---

[1]) oder 1,0000, wenn man wie in der Anm. S. 60 verfährt.

Kurve an jeder Seite des Mittelwertes, während dieser selbst —
die Abweichung 0 — den Wendepunkt bestimmt, wo die Kurve
vom Ansteigen zum Absteigen übergeht. Durch diese an der Figur
leicht zu erkennenden Verhältnisse bekommt man eine graphische
Illustration der besonderen Bedeutung, welche der Standardabweichung und dem Mittelwerte zukommen in Bezug auf die Beurteilung
der Variabilität eines gegebenen Materials. Der Mittelwert und die
Standardabweichung sind „Kardinalpunkte" der Kurve. Wir werden
jedoch nicht auf derartige Fragen näher einzugehen haben.

Dagegen müssen wir jetzt untersuchen, in wie weit eine ge-
gebene Variationsreihe der idealen Variationskurve entspricht. Diese
Probe kann in zweierlei Art ausgeführt werden, durch Zahlenver-
gleich oder in graphischer Weise. Die Mathematiker haben nun
längst Tabellen berechnet, aus welchen man ersehen kann, wie viele
Prozehntausend (also für die Biologen wie viele Individuen von im
Ganzen 10000) bei der idealen Verteilung sich zwischen der
Abweichung 0 und irgend einer positiven oder negativen
Abweichuug finden.

Um dabei ein allgemeines Maß der Varianten zu haben —
welches jetzt natürlicherweise vom Mittelwert aus zu rechnen ist
— werden die Abweichungen der Varianten vom Mittel in Stan-
dardabweichungs-Einheiten ausgedrückt. Bezeichnen wir, wie
vorher, die Abweichungen vom Mittel mit α, so ist das gesuchte
Maß also $\alpha : \sigma$. Dieses bedeutet die Abweichung vom Mittel,
mit der Standardabweichung dividiert; $\alpha : \sigma$ wird mit 3 oder 4
Dezimalen ausgedrückt. Man schreitet sodann zur Benutzung der
erwähnten Tabellen. Eine solche findet sich nebenstehend.

Derartige Tabellen sind berechnet für die verschiedenen Werte
von $\alpha : \sigma$, die „Standardwerte" der Abweichungen, wie wir sie
nennen können. Der Wert 0 entspricht dem Mittelwerte — wir
rechnen ja hier alle Abweichung vom Mittelwerte aus — und
$0 : \sigma = 0$. Indem Abweichungen in positiver und in negativer Richtung sich hier symmetrisch gruppieren, braucht die Tabelle selbstverständlich nur nach einer Seite ausgeführt zu sein, die Angaben
für $\alpha : \sigma$ gelten sowohl für $\div \alpha : \sigma$ als für $+ \alpha : \sigma$.

Wir werden nun sehen, wie die Tabelle benutzt wird, indem
wir zuerst das Bohnenmaterial als Beispiel nehmen, vgl. die Zahlen
S. 42. Die Standardabweichung der Längenvariationen war $\sigma = \pm$
2,71 mm. Zu allererst bestimmt man den Klassenspielraum, durch
σ ausgedrückt, also den Standardwert des Klassenspielraums.

Der Spielraum war hier 1 mm, dessen Standardwert also $1:2,71$ $= 0,3690$.

Tabelle über die Anzahl der Abweichungen pro Zehntausend, welche zwischen dem Mittelwert (Abweichung 0) und einer gegebenen positiven oder negativen Abweichung $\alpha:\sigma$ liegt.

Die Differenzangaben sollen die Interpolation erleichtern.

$\alpha:\sigma$	Pro 10000	Differenz für 0,01	$\alpha:\sigma$	Pro 10000	Differenz für 0,01	$\alpha:\sigma$	Pro 10000
0,00	0	40	1,50	4332	12	3,0	4987
0,05	199	40	1,55	4394	11	3,1	4990
0,10	398	40	1,60	4452	11	3,2	4993
0,15	596	39	1,65	4505	10	3,3	4995
0,20	793	39	1,70	4554	9	3,4	4997
0,25	987	38	1,75	4599	8	3,5	4998
0,30	1179	38	1,80	4641	7	3,6	4999
0,35	1368	37	1,85	4678	7	3,7	4999
0,40	1554	37	1,90	4713	6	3,8	4999
0,45	1736	36	1,95	4744	6	3,9	5000
0,50	1915	35	2,00	4773	5	∞	5000
0,55	2088	34	2,05	4798	5		
0,60	2258	33	2,10	4821	4		
0,65	2422	32	2,15	4842	4		
0,70	2581	31	2,20	4861	3		
0,75	2734	30	2,25	4878	3		
0,80	2881	28	2,30	4893	3		
0,85	3023	27	2,35	4906	2		
0,90	3159	26	2,40	4918	2		
0,95	3289	25	2,45	4929	2		
1,00	3413	24	2,50	4938	2		
1,05	3531	22	2,55	4946	1		
1,10	3643	21	2,60	4953	1		
1,15	3749	20	2,65	4960	1		
1,20	3849	19	2,70	4965	1		
1,25	3944	18	2,75	4970	1		
1,30	4032	17	2,80	4974	1		
1,35	4115	15	2,85	4978	1		
1,40	4192	14	2,90	4981	1		
1,45	4265	13	2,95	4984			

Darauf sind die Grenzen derjenigen Klasse zu präzisieren, innerhalb welcher der Mittelwert liegt. In unserem Beispiele war $M = 24,36$ mm, welcher Wert also in der Klasse *24—25* mm liegt.

Die Klassengrenze *24* mm hat die Abweichung vom Mittel α = 24 ÷ 24,36 = ÷ 0,36 mm; die Klassengrenze *25* mm die Abweichung $\alpha = + 0,64$ mm. Diese beiden Abweichungen haben die Standardwerte $(\alpha : \sigma)$ ÷ 0,36 : 2,71 = ÷ *0,1328* bezw. + 0,64 : 2,71 = *0,2362.* (Die Differenz beider, 0,2362 ÷ ÷ 0,1328 = 0,3690, muß selbstverständlich gleich dem Standardwert eines Klassenspielraums sein. Dieses zur Kontrolle der Grenzenpräzisierung.)

Man schreitet alsdann zur Bestimmung der Standardwerte der Abstände der übrigen Klassengrenzen vom Mittel. Die Grenzen, welche in negativer Richtung liegen, sind *24, 23, 22* usw. bis *17* mm. Die Grenze *24* hat, wie soeben berechnet, die Abweichung ÷ 0,1328 σ; die Grenze *23* hat die Abweichung ÷ (0.1328 σ + 1 · 0,3690 σ [d. h. Spielraum einer Klasse]) = ÷ 0,502 σ; die Grenze *22* hat die Abweichung ÷ (0,1328 σ + 2 · 0,3690 σ) = ÷ 0,871 σ; die Grenze *21* hat die Abweichung ÷ (0,1328 σ + 3 · 0,3690 σ) = ÷ 1,240 σ usf. bis zur Grenze *17* mm, welche ÷ (0,1328 σ + 7 · 3690 σ) = ÷ 2,716 σ abweicht. In ganz entsprechender Weise werden die Klassengrenzen oberhalb des Mittels präzisiert, d. h. deren positive Abweichungen. Hier ist die nächstliegende Grenze *25* mm, deren Abweichung wir oben als + 0,2362 σ bestimmten; die Grenzen *26, 27, 28* mm usw. haben alsdann die Abweichungen + 0,2362 σ + 1 · 0,3690 σ = + 0.605 σ, bezw. + 0,2362 σ + 2 · 0,3690 σ = + 0,974 σ und 0,2362 σ + 3 · 0,3690 σ = + 1,343 σ usw. bis auf die Grenze *33* mm, welche + 0,2362 + 8 · 0,3690 σ = 3,188 σ abweicht.

Man erhält die beste Übersicht, wenn die Klassen in einer senkrechten Reihe geordnet werden, wie in der ersten Kolonne der nebenstehenden Übersicht. In deren zweiter Kolonne sind die Abweichungen, α, in Millimetern angegeben. Die Standardwerte derselben, $\alpha : \sigma$, hier also $\alpha : 2,71$ sind in der dritten Kolonne mit nur drei Dezimalen angeführt, was fast immer genügt. (Bei den Berechnungen wurden auch nur 3 Dezimale benutzt.) Mit Hilfe der Tabelle S. 65 ist es nun leicht, wo nötig mittels Interpolation, auszufinden, wie viele Prozehntausend nach der theoretischen „idealen" Verteilungsweise gefunden werden sollen zwischen der Abweichung 0 (dem Mittelwert) und den verschiedenen Klassengrenzen. Die betreffenden Zahlen finden sich in der vierten Kolonne der Zusammenstellung. Die fünfte Kolonne enthält die „berechnete" Anzahl Varianten **innerhalb jeder Klasse**; diese Zahlen werden durch Subtraktion der Nachbarzahlen der vierten Kolonne erhalten; selbstverständlich sind die zwei zwischen der Abweichung 0

1	2	3	Die berechnete Anzahl Individuen			7	8	9	10
Klassen-Grenzen mm	Abweich. in mm α	Abw. in Stand.-Wert α : σ	pro 10000 Summe b. z.äuß.Kl.-Grenze	zwischen den Kl.-Grenzen	pro 558 zwischen den Kl.-Grenzen	Gefundene Anzahl Individuen (558)	Gefundene Anzahl in Doppelklassen	Berechnet in Doppelklassen	Gefunden pro 10000
			5000	33	2	0	0	2	
17	÷ 7,36	÷ 2,716							
			4967	62	3	3			
18	÷ 6,36	÷ 2,347					10	11	179
			4905	145	8	7			
19	÷ 5,36	÷ 1,978							
			4760	298	16	21			
20	÷ 4,36	÷ 1,609					44	46	789
			4462	537	30	23			
21	÷ 3,36	÷ 1,240							
			3925	844	47	53			
22	÷ 2,36	÷ 0,871					122	112	2186
			3081	1159	65	69			
23	÷ 1,36	÷ 0,502							
			1922	1393	78	85			
24	÷ 0,36	÷ 0,133					160	160	2867
			529	1462	82	75			
Mittel	0	0							
			933	1341	75	72			
25	+ 0,64	+ 0,236					128	135	2294
			2274	1076	60	56			
26	+ 1,64	+ 0,605							
			3350	754	42	39			
27	+ 2,64	+ 0,974					64	68	1147
			4104	462	26	25			
28	+ 3,64	+ 1,343							
			4566	247	14	21			
29	+ 4,64	+ 1,712					25	20	448
			4813	116	6	4			
30	+ 5,64	+ 2,081							
			4929	47	3	4			
31	+ 6,64	+ 2,450					5	4	90
			4976	17	1	1			
32	+ 7,64	+ 2,819							
			4993	7					
33	+ 8,64	+ 3,188							
			5000						

und den beiden nächsten Klassengrenzen gefundenen Zahlen zu addieren, um die „berechnete" Anzahl der das Mittel enthaltenden Klasse zu finden.

Die Zahlen der vierten und fünften Kolonne gelten der Summe von 10000 Varianten. In der sechsten Kolonne sind aber die Zahlen der fünften Kolonne auf die Summe von 558 (die gemessene Anzahl Bohnen) reduziert, und in der siebenten Kolonne ist die wirklich gefundene Verteilung der Bohnen angegeben. Die Übereinstimmung der „theoretischen" σ: aus der Standardabweichung berechneten Zahlen mit den gefundenen ist, in Betracht der nicht sehr großen Anzahl der Bohnen und der relativ engen Klasseneinteilung, recht zufriedenstellend. Dieses wird deutlicher, wenn wir die Klassen paarweise vereinigen. Die Kolonnen *8* und *9* geben einen Vergleich der „theoretischen" mit der gefundenen Verteilung in solchen Doppelklassen. Eine viel bessere Übereinstimmung ist selten, wenn das Material nicht zahlreicher ist.

Das soeben behandelte Beispiel zeigte das Verhalten einer Reihe Klassenvarianten. Bei ganzen Varianten kann man in völlig entsprechender Weise vorgehen.

Wir haben somit ein empirisches Material mit der „theoretischen" Verteilung nach der entwickelten Formel $(a + b)\infty$ verglichen. Es ist nun von Interesse, zu sehen, wie nahe die genannte theoretische Verteilung erreicht wird, wenn statt $(a + b)\infty$ nur etwa $(a + b)^{20}$ entwickelt wird. Wir haben schon auf S. 61 $(1 + 1)^{20}$ auf 10000 reduziert angegeben. Die dort unterhalb der betreffenden Zahlenreihe angeführte Reihe gibt die entsprechenden „theoretischen" Zahlen an, d. h. $(1 + 1)\infty$ auf 10000 reduziert und solcherart in Klassen eingeteilt, daß in beiden Zahlenreihen der Wert für σ gleich ist. Diese untere Zahlenreihe ist leicht aus der Standardabweichung des entwickelten Ausdrucks $(1 + 1)^{20}$ zu berechnen, nämlich in ganz ähnlicher Weise, wie wir die theoretische Zahlenreihe aus der Standardabweichung der Bohnenlängsmaße berechneten.

Der Ausdruck $(1 + 1)^{20}$ könnte also einigermaßen den Ausdruck $(1 + 1)\infty$ vertreten. Besser würde $(1 + 1)^{40}$ oder noch höhere Potenzen von $(1 + 1)$, auf 10000 reduziert, mit den theoretischen Zahlen übereinstimmen. Die Hauptsache ist hier aber nur, zu verstehen, daß die „theoretischen Zahlen" sich aus einer hohen Potenz von $(a + b)$ ableiten.[1]) Zu diesem Verständnis ist also, wie man sieht, höhere Mathematik nicht nötig!

---

[1]) Einstweilen denken wir uns dabei $a = b$; später werden wir erfahren, daß diese Voraussetzung unwesentlich ist.

Fünfte Vorlesung.

Graphische Methode. — Wahrscheinlicher Fehler und Mittelfehler.

Einige Statistiker vergleichen die Aufzählungsreihe (vgl. S. 19) des gegebenen Materials mit der Aufzählungsreihe der entsprechenden theoretischen Zahlen. Nach der soeben mit einem Beispiele durchgeführten Berechnung wird diese letztere Reihe durch Aufzählung der Zahlen in der neunten Kolonne der Tabelle S. 67 erhalten. Und die achte Kolonne gibt die gefundenen Zahlen — alles mit Doppelklassen als Grundlage. Wir haben sodann die beiden Aufzählungen:

Maßstabskala in mm	17	19	21	23	25	27	29	31	33
Theoretische Zahlen	2	13	59	171	331	466	534	554	558
Gefunden	0	10	54	176	336	464	528	553	558

Wünscht man in dieser Weise mehrere Variationsreihen zu vergleichen, so wird es sich empfehlen, die Aufzählungen pro Mille auszuführen.

Man könnte oft wünschen, anschaulicher als es die Zahlen tun, die Übereinstimmung — oder Nichtübereinstimmung — eines gegebenen Materials mit der binomialen Verteilung zu demonstrieren. Dafür hat man eben die Variationskurven, welche mit der „idealen" Kurve, Fig. 6, S. 62, verglichen werden können.

Die einfachste Art, dieses zu erreichen, ist die Konstruktion zweier Kurven über eine gemeinsame Grundlinie, auf welcher die Klassen, bezw. die Werte der Ganzvarianten markiert sind, wie in den Fig. 2 oder 3, S. 14 und 15. Die eine Kurve wird mit Benutzung der gefundenen Zahlen konstruiert, ganz wie auf S. 14, die andere mit Benutzung der berechneten (theoretischen) Zahlen. Die Linien, mit welchen man diese letztere Kurve ebnen könnte, sind passend krumm zu machen, in Übereinstimmung mit dem Verlauf der „idealen" Kurve. Die Treppenkurve oder Linienmaßkurve der gefundenen Zahlen (die „empirische" Kurve) läßt sich in ähnlicher Weise abrunden, was jedoch nicht nötig ist.

Auf solche Art ist es recht bequem, eine graphische Übersicht über die Variationen zu erhalten; und bald wird man bessere, bald weniger gute Übereinstimmung der empirischen und idealen Kurve finden.

Bei vergleichenden Untersuchungsreihen, oder wo man in einheitlicher Art arbeiten will, um die Resultate von allerhand Variationsstudien direkt vergleichbar bei der Hand zu haben, ist es aber viel besser, ein für alle Mal eine ideale Variationskurve konstruiert zu haben, welche in passender Größe vervielfältigt ist. An einem solchen graphischen Schema kann dann die bei der einzelnen Untersuchung gefundene Variantenverteilung eingezeichnet werden. Jedermann kann nach der Tabelle S. 65 ohne Schwierigkeit eine derartige Kurve in ganz willkürlichen Maßverhältnissen konstruieren:

Man zieht eine wagerechte Linie und markiert auf derselben — etwa um die Mitte — einen Punkt, welche den Mittelwert, M, also die Abweichung 0 bezeichnen soll. Von diesem Punkte aus wird nun rechts und links in beliebigen aber gleich großen Abständen eine Reihe von Punkten abgesetzt, welche wie der 0-Punkt deutlich markiert werden und deren äquidistanten Spielraum einen bestimmten Bruchteil der Standardabweichung — z. B. $0{,}1\ \sigma$ — ausdrücken soll. In allen diesen Punkten werden senkrechte Linien errichtet. Diese sind die Seiten der Rechtecke, deren Areal der Anzahl Varianten entspricht, welche bei idealer Verteilung zwischen den betreffenden Grenzen liegt. Die Punkte zur rechten Seite des 0-Punkts markieren die Werte $0{,}1\ \sigma$, $0{,}2\ \sigma$, $0{,}3\ \sigma$ usw.; zur linken Seite die Werte $\div 0{,}1\ \sigma$, $\div 0{,}2\ \sigma$, $\div 0{,}3\ \sigma$ usw. Die Tabelle S. 65 zeigt, daß, wenn die Kurve ein Areal von 10000 umfaßt (d. h. die ideale Verteilung 10000 Varianten ausdrückt), sich 398 Varianten zwischen 0 und $+ 0{,}1\ \sigma$, bezw. zwischen 0 und $\div 0{,}1\ \sigma$ finden. Wenn man nun, was am einfachsten ist, den Abstand $0{,}1\ \sigma$ der Grundlinie — den Abstand zwischen je zwei markierten Punkten — als Maßeinheit der Grundlinie nimmt, so muß das Rechteck, welches über das Grundlinienstück von 0 bis $0{,}1\ \sigma$ (bezw. von 0 bis $\div 0{,}1\ \sigma$) zu errichten ist, eine Höhe von 398 Höhenmaßeinheiten haben, wenn es 398 Arealeinheiten umfassen soll.[1]) — Den nächst-

---

[1] Das Areal eines Rechtecks ist ja durch Grundlinie $\times$ Höhe gegeben. Es ist leicht einzusehen, daß wir hier ganz freie Wahl haben in Bezug auf die Maßverhältnisse. Wir können nach Belieben die Kurve relativ

folgenden Rechtecken, mit der Grundlinie von 0,1—0,2 σ, bezw. von ÷ 0,1 — ÷ 0,2 σ muß man die Höhe 395 geben (nämlich 793 ÷ 398, vgl. die Tabelle S. 65). Und so fort; z. B. bei der Grundlinie 1,0—1,1 σ wird die Höhe 230 (nämlich 3643 ÷ 3413); bei 2,0—2,1 σ ist die Höhe des Rechtecks auf 48 zu setzen usf., bis die Höhe verschwindend klein wird bei 3,6 σ und darüber.

Schließlich verbindet man mit einer krummen Linie die Mittelpunkte der oberen Seite aller Rechtecke und die Figur ist fertig. Die Kurve wird aufgezogen, ebenso die Grundlinie mit den markierten Abteilungen und die senkrechte Linie über den 0-Punkt; alle übrigen Hilfslinien werden entfernt und die Kurve kann nun reproduziert werden, indem man auch das benutzte Höhenmaß einzeichnet. Selbstverständlich wird die Konstruktionsarbeit am leichtesten auf Millimeterpapier ausgeführt. Für den eigenen Gebrauch habe ich eine solche Kurve ausführen lassen, welche umstehend abgedruckt ist (Fig. 7)[1]) und wovon Fig. 6 eine verkleinerte Wiedergabe darstellt mit näherer Bezeichnung der Hauptpunkte der Grundlinie.

Wünscht man nun ein gegebenes Zahlenmaterial in das Kurvenschema einzuführen, muß zuerst die ganze Verteilung pro 10 000 berechnet sein, indem die Kurve ein Areal von 10 000 umschreibt, 10 000 Individuen entsprechend. (Selbstverständlich kann man auch mit pro 1000 arbeiten, der Höhenwert gibt dann aber nicht 50, 100, 150 usw. an, sondern 5, 10, 15 usw.) Nun bestimmt man die Standardwerte der Klassengrenzen ganz wie es zu machen wäre, wenn man die Tabelle S. 65 zum Vergleich benutzen wollte — die Kurve ist ja eben nur diese Tabelle in Zeichnung ausgedrückt. Hat man, wie es auf S. 66 näher erklärt wurde, die Standardwerte der Klassengrenzen berechnet, so sind damit die Plätze dieser Grenzen auf der Grundlinie bestimmt, und sie werden auf derselben markiert. In diesen Punkten — also bei den Klassengrenzen — werden nun senkrechte Linien errichtet, welche die Seiten derjenigen Rechtecke bilden sollen, deren Areal der Individuenanzahl der betreffenden Klasse entspricht. Die Frage ist also nur: welche Höhe ist den verschiedenen Rechtecken zu geben, deren gleich große Grundlinien soeben markiert wurden? Indem wir 0,1 σ als

---

breit und niedrig oder schmal und hoch machen, der allgemeine Charakter der Kurve bleibt davon unberührt. Die Grundlinieneinheit mit der Höhenmaßeinheit multipliziert, gibt immer die Arealeinheit.

[1]) Separatabdrücke dieser Kurve können durch die Verlagshandlung bezogen werden.

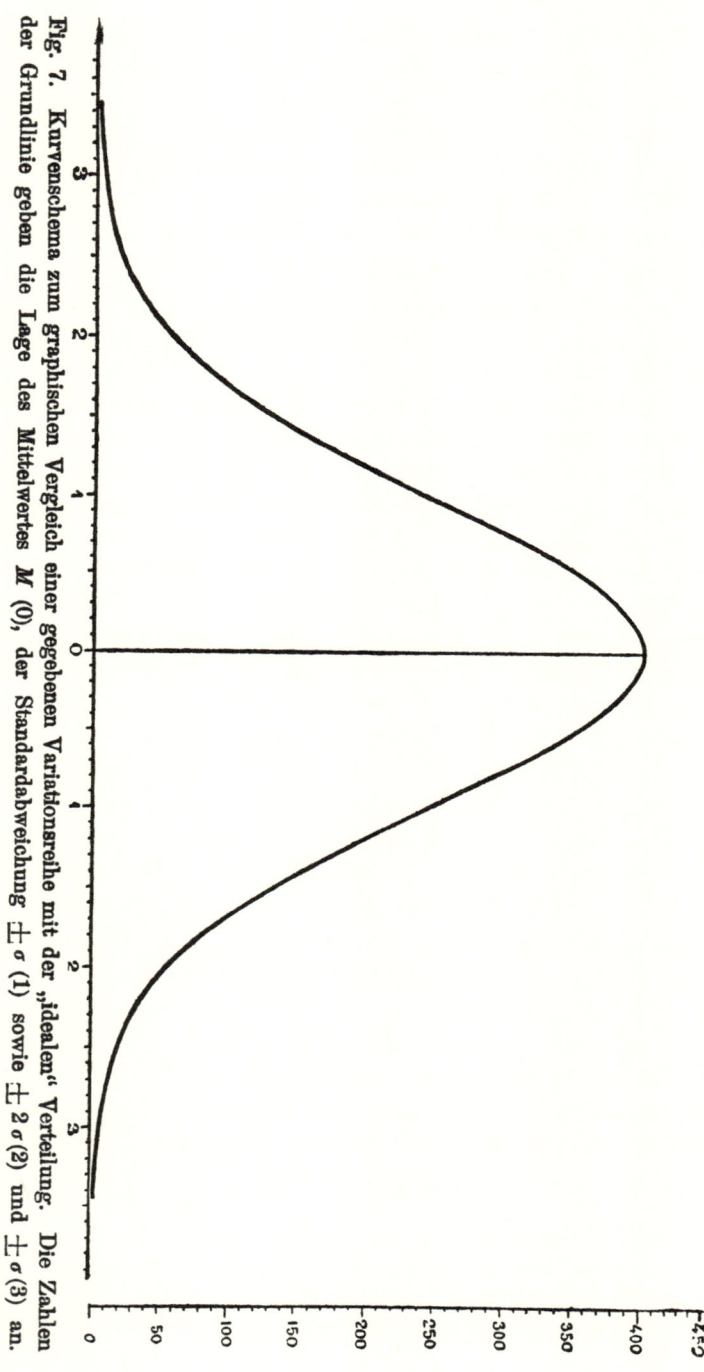

Fig. 7. Kurvenschema zum graphischen Vergleich einer gegebenen Variationsreihe mit der „idealen" Verteilung. Die Zahlen der Grundlinie geben die Lage des Mittelwertes M (0), der Standardabweichung $\pm \sigma$ (1) sowie $\pm 2\sigma$ (2) und $\pm \sigma$ (3) an.

Einheit der Grundlinie angenommen haben, ist der Klassenspielraum hier auch mit 0,1 σ als Einheit auszudrücken; mit anderen Worten: Der Standardwert des Klassenspielraums mit 10 multipliziert. Dann haben wir das richtige Grundlinienmaß der Rechtecke. Die Anzahl Individuen (pro 10 000) in jeder Klasse, mit der so ausgedrückten Grundlinienmaßzahl dividiert, gibt die Höhe des betreffenden Rechtecks an.

In dem öfters benutzten Beispiele, das Längenmaß der Feuerbohnen betreffend, fanden wir S. 65 den Standardwert des Klassenspielraums $= 0,369$ σ, also 3,69 Zehntel von σ. Die Anzahl Individuen in jeder Klasse (pro 10000) sollte demnach hier mit 3,69 dividiert werden, um die Anzahl Höheneinheiten — kurz die Höhenmaße — zu ergeben, welche bei Konstruktion der Rechtecke benutzt werden sollen.

Hat man aber — wie auf S. 67 — die Klassen paarweise vereinigt, dann wird die Anzahl (pro 10000) der betreffenden Individuen in jeder Doppelklasse selbstverständlich mit zwei Mal 3,69, also mit 7,38 zu dividieren sein, indem die Doppelklassen ja das doppelte Grundlinienmaß haben. So haben wir denn, mit Benutzung der Angaben S. 67 folgende Übersicht, in welcher mit Doppelklassen operiert wird. Die Grenzen der Doppelklassen sind in Standardwerten angegeben, wie in der Tabelle S. 67; die betreffende Anzahl Individuen pro 10000 entnehmen wir der zehnten Kolonne der soeben genannten Tabelle.

Klassen-Grenzen	$\div 2,716 \div 1,978 \div 1,240 \div 0,502 + 0,236 + 0,974 + 1,712 + 2,450 + 3,188$							
Die gefundene Anzahl Individuen pro 10000 (p) .	179	789	2186	2867	2294	1147	448	90
Die Höhe der Rechtecke, berechnet als $\frac{p}{7,38}$	24	107	296	388	311	155	61	12

Nach diesen Zahlen ist die umstehende Fig. 8 ausgeführt; d. h. die Rechtecke wurden in das gegebene Schema, Fig. 7, eingezeichnet und die Zeichnung ist hier verkleinert reproduziert.

Bisher haben wir nur von Klassenvarianten gesprochen. In Bezug auf „Ganzvarianten", deren empirische Kurve nicht eine Arealkurve, sondern eine Linienmaßkurve ist (vgl. S. 14), hat man in besonderen Tabellen die Höhe der senkrechten Linien (Ordinaten) angegeben, welche die Individuenanzahl bei den verschiedenen Abweichungen vom Mittelwert, M, ausdrücken sollen. Eine solche Tabelle gibt z. B. Davenport in seiner Methodik. Es ist aber nicht nötig, auf diese Sache näher einzugehen, denn erstens hat man sehr viel häufiger mit Klassenvarianten als mit Ganzvarianten zu tun, und zweitens kann man ohne weiteres mit diesen arbeiten, als ob sie Klassenvarianten wären. Wenden wir uns deshalb an

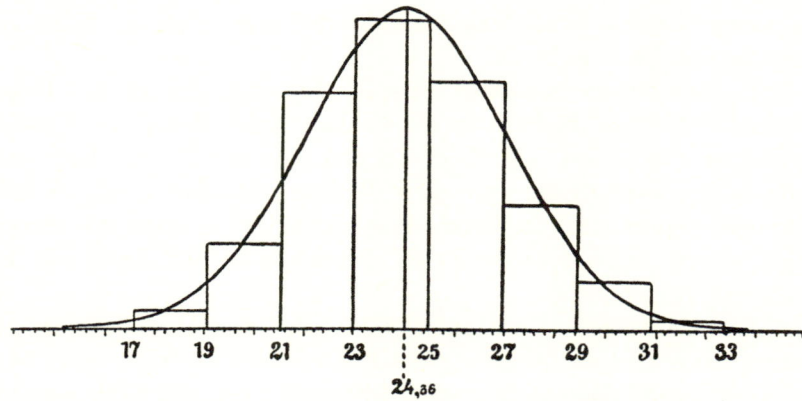

Fig. 8. Variationskurve der Längenmaße einer Serie von Feuerbohnen, vgl. die Tabelle S. 13 und 67. Die Treppenkurve — mit Doppelklassen — auf die ideale Variationskurve gezeichnet. Die Klassengrenzen der Doppelklassen sind, sowie der Mittelwerte, 24,36 hier in absoluten Werten (Millimetern) angegeben.

das früher benutzte Buttenmaterial (S. 11), in welchem die Varianten — Flossenstrahlenanzahl — durch die ganzen Zahlen 47, 48, 49 usw. ausgedrückt werden, so ziehen wir „Klassengrenzen" bei 46,5, 47,5, 48,5 usw. bis zu 61,5. Die betreffenden Ganzvarianten stehen alsdann in der Mitte ihrer „Klasse", wie wir es ja auch bei der Quartilberechnung arrangierten, vgl. S. 26. Und nun wird alles wie bei echten Klassenvarianten ausgeführt, nur daß man klar darüber sein muß, daß die Klassengrenze nichts als Rechnungsausdruck ist. Die theoretischen Zahlen der „Klassen" sind hier also als theoretische Zahlen der Ganzvarianten (der Klassenmitte) anzugeben.

Und will man das Beobachtungsmaterial nicht mit den theoretischen Zahlen, sondern mit dem Kurvenschema vergleichen, dann arbeitet man genau wie mit echten Klassenvarianten bis zur Bestimmung der Höhe der Rechtecke. Anstatt nun aber ein Rechteck über jeden Klassenspielraum einzuzeichnen, wird in der Mitte jedes auf der Grundlinie markierten „Klassen"spielraumes eine senkrechte Linie errichtet; und diese Linie erhält die

Höhe, welche für das Rechteck berechnet wurde. Man kann darauf die oberen Endpunkte dieser Linien verbinden und erhält dadurch eine Linienmaßkurve wie in Fig. 2 S. 14, aber jetzt mit der Idealkurve direkt verglichen.

Für das erwähnte Beispiel der Buttenflossen fanden wir S. 47 die Standardabweichung $\sigma = 2{,}13$. Der „Klassen"spielraum war 1, dessen Standardwert also $1 : 2{,}13 = 0{,}470\ \sigma$. Die Individuenanzahl jeder „Klasse" (pro 10000)[1]) ist also mit 4,70 (dem Wert der „Klasse" in Zehnteln von σ ausgedrückt) zu dividieren, um die Höhen der betreffenden senkrechten Linien zu erhalten, welche in der Mitte jeder auf der Grundlinie des Schemas richtig markierten „Klassen" errichtet werden sollen. In dieser Weise ist die folgende Fig. 9 konstruiert.

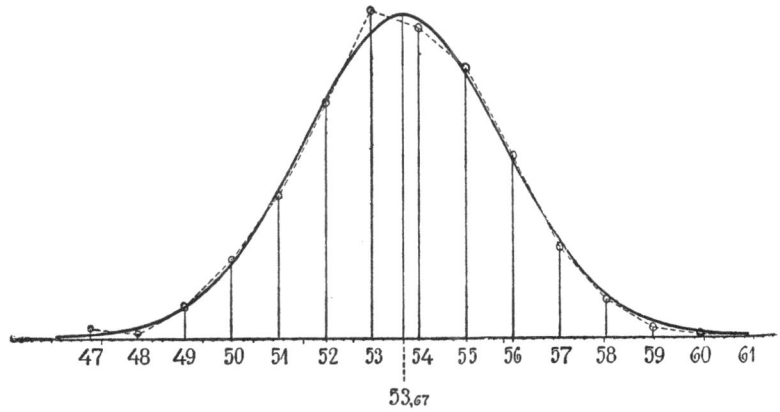

Fig. 9. Variationskurve der Flossenstrahlen der Butten.
(vgl. die Tabelle S. 11).

Selbstverständlich kann man auch für den graphischen Vergleich der beobachteten Variation mit der „idealen" Verteilung die ideale Aufzählungskurve benutzen. Diese Methode findet jedoch viel weniger Anwendung als die soeben geschilderte Methode, die gewissermaßen mehr unmittelbar instruktiv ist.

Bei mehr eingehender Untersuchung kann man wünschen, einen präziseren Ausdruck dafür zu erhalten, wie nahe — bezw. wie wenig gut — die gefundene Variantenverteilung mit der hier als ideal bezeichneten binomialen Verteilung übereinstimmt. Es würde uns

---

[1]) S. 25 sind die Individuen in pro Mille angegeben. Vgl. übrigens die Bemerkung auf S. 71 über pro 1000 statt pro 10000.

hier zu weit führen, auf diese biologisch weniger wichtige Sache näher einzugehen; in DAVENPORT's, schon S. 10 erwähntem Buche wird man das Nötigste finden. Wir werden aber später die Bestimmung der Schiefheit sowie der Hochgipfeligkeit bezw. der Tiefgipfeligkeit, welche bei vielen Variationskurven hervortreten, näher erwähnen (vgl. die zwölfte und dreizehnte Vorlesung).

In sehr vielen Fällen ist nämlich die gefundene Variantenverteilung eine solche, daß dieselbe nicht direkt mit der „idealen" Verteilung verglichen werden kann. Es ist dies der Fall bei sehr schiefer Verteilung oder gar ganz einseitiger Variation, ferner auch in den Fällen, wo zwei bis mehrgipfelige Kurven gefunden werden. Vorläufig aber halten wir uns an Variationen, wo die Übereinstimmung mit der Idealkurve einigermaßen gut ist. Wo dies nicht der Fall ist, hat man immer Grund, besondere Verhältnisse zu vermuten. Die reine Betrachtung der Kurve, selbst mit den besten mathematischen Hilfsmitteln, gibt dabei aber keine Erklärung dieser Verhältnisse; wie denn auch, wie wir es sehen werden, eine sehr „ideale" Verteilung durchaus keinen Beweis dafür abgibt, daß etwa nur ein einziger „Typus" oder nur ein einziger Mittelwert vorliegt, um welchen die Individuen variieren. In dieser Beziehung herrschen noch große Mißverständnisse, wenn auch eine Klärung auf diesem Punkte schon im vollen Gange ist. Wir stehen dabei an einer wichtigen Sache, welche später des näheren beleuchtet werden muß.

Soviel sei hier nur vorausgeschickt, daß ein Studium der Variabilität nicht ohne das Erforschen des Erblichkeitsmomentes durchgeführt werden kann, indem Varianten, die persönlich gesehen ganz identisch sind, dennoch ganz verschieden sein können, wenn sie durch das Erblichkeitsverhalten analysiert werden.

———

Ehe wir aber den Erblichkeitsfragen näher treten und bevor wir die wichtigsten Formen der vom „idealen" binomischen Schema abweichenden Variationskurven studieren, müssen wir einige Hauptpunkte der kollektiven Maßlehre erwähnen. Diese ganze Lehre, wozu eben die Variabilitätsmessung gehört, hat sich auf der Basis der Wahrscheinlichkeitslehre entwickelt, und diese fußt wiederum für einen großen Teil in den Diskussionen der Mathematiker über die Binomialformel. Diese behält sodann trotz aller Abweichungen der Variationsweisen eine gewisse fundamentale Bedeutung für die ganze statistische Variationslehre.

Die allerwichtigste Frage, welche uns sofort begegnet, wenn aus einer Reihe von Varianten der Mittelwert und die Standardabweichung berechnet sind, ist diese: Mit welchem Grade von Zuverlässigkeit können wir die berechneten Werte als Ausdruck für die Beschaffenheit der betreffenden Organismen betrachten?

Wir werden zunächst nur solche Fälle im Auge haben, wo die Varianten sich einigermaßen symmetrisch um ihren Mittelwert verteilen, in der Weise, wie wir es in verschiedenen Beispielen schon gefunden haben. In solchen Fällen hat man eine ein-gipfelige Variationskurve; der Mittelwert kann hier meistens mit gewisser Berechtigung als ein typischer Wert — nennen wir ihn hier den Zahlentypus — der Variationsreihe bezeichnet werden, indem die Varianten sich um diesen Wert in der oft erwähnten Weise gruppieren.

Wo man hingegen zwei- oder mehrgipfelige Variationskurven findet, sind die Verhältnisse verwickelter und von einem einzigen Zahlentypus ist dann nicht die Rede.

Es ist vor allen Dingen der Mittelwert, M, einer eingipfeligen Variationsreihe, dessen Zuverlässigkeit uns hier interessiert.

Die gemessenen Individuen, die beobachteten Varianten, sind meistens nur ein kleiner Teil der betreffenden Organismen; und selbst, wenn man, wie bei vielen Experimenten, alle Nachkommen einer gegebenen engen Abstammung hat, repräsentieren die gegebenen Individuen jedoch nur einen Teil der im betreffenden Falle möglichen Nachkommen. Selbst unter möglichst gleichmäßigen Lebensverhältnissen muß jede gegebene Variationsreihe als Probe einer noch zahlreicheren Reihe von Wirklichkeiten oder Möglichkeiten aufgefaßt werden. Wir können nun selbst ausfinden, mit wie großer Zuverlässigkeit diese Probe uns die wahre Beschaffenheit ausdrücken kann.

Wir erinnern, daß das Quartil, $\pm Q$ (S. 21), die Grenzen — an jeder Seite des Mittelwertes — angibt, innerhalb deren die Hälfte der Varianten einer Variationsreihe belegen sind. Nimmt man also aufs Geratewohl ein einzelnes Individuum einer solchen Reihe, so hat man im voraus gleich große Wahrscheinlichkeit dafür, daß die betreffende Variante innerhalb des durch $\pm Q$ angegebenen Spielraums liegt, als dafür, daß die Variante außerhalb desselben liegt. Darum wird das Quartil auch die wahrscheinliche Abweichung genannt.

Es wurde aber gezeigt (S. 31), daß die direkte Quartilbestimmung kein so berechtigter Ausdruck für die Beschaffenheit der verschiedenen Variationsreihen gibt als die Standardabweichung. Bei einer der Binomialformel $(a + b)^n$ entsprechenden Variantenverteilung sind Quartil und Standardabweichung gleich gut, und in solchem Falle stehen die beiden Ausdrücke in einem ganz bestimmten Verhältnis, nämlich $Q : \sigma = 0{,}6745$.

Dieses können wir leicht prüfen, und zwar aus den Zahlenreihen S. 61. Die untere („theoretische") Reihe gibt $Q = 1{,}509$, während wir ja dort $\sigma = 2{,}236$ als Ausgangspunkt hatten. Hieraus erhalten wir $Q : \sigma = 0{,}675$. — Die obere Reihe, $(1 + 1)^{20}$, gibt $Q = 1{,}514$, und daraus $Q : \sigma = 0{,}677$. (Beispielsweise kann angeführt werden, daß für die hier oft zur Demonstration benutzte Bohnenreihe S. 22 und 45, $Q = 1{,}861$ mm war, $\sigma = 2{,}709$ mm, daraus $Q : \sigma = 0{,}687$, was also schon eine deutliche Abweichung vom „Ideal" zeigt.)

Es ist nun wohl am richtigsten, stets die Standardabweichung als Grundlage für die zahlenmäßige Beurteilung unserer Variationsfragen zu benutzen. Man könnte denn das „theoretische" Quartil durch Multiplikation mit 0,6745 erhalten, falls man die Quartilbestimmung nicht entbehren möchte. Das Quartil hat den — ich möchte sagen „pädagogischen" — Vorteil, daß man damit operierend sich leichter mit nicht mathematisch geschulten Studierenden verständigt. Denn es ist ja sehr einfach einzusehen, daß irgend ein zufällig genommenes Individuum eben so häufig weniger als $\pm Q$ vom Mittelwert abweicht, als es mehr abweicht. Man hat Gewißheit, was durch die Wahrscheinlichkeit 1 ausgedrückt wird, daß eine Variante entweder innerhalb oder außerhalb des Spielraums $M \pm Q$ liegt — denn irgendwo liegt ja die Variante! Sodann ist also die Wahrscheinlichkeit, daß die beliebig genommene Variante innerhalb $M \pm Q$ liegt = 0,5 und ebenfalls 0,5 dafür, daß die Variante außerhalb dieses Spielraums liegt. Die Wahrscheinlichkeit ist 0,25, daß die Variante jenseits der Grenze $+ Q$ und ebenso 0,25, daß sie unterhalb der Grenze $\div Q$ liegt.

Man kann somit auf der gegebenen Grundlage mit einer gewissen Wahrscheinlichkeit schließen, innerhalb welcher Grenzen eine Variante liegen muß, wenn man den Mittelwert, M, und die Standardabweichung, σ (bezw. das daraus berechnete Quartil $Q = 0{,}6745\ \sigma$) kennt.

In ganz derselben Weise aber kann man, wenn eine Variante bestimmt wird, und die Standardabweichung gegeben ist, einen Schluß ziehen in Bezug auf die Grenzen, innerhalb welcher der Mittelwert aller Varianten liegen muß.[1]) Denn selbstverständlich hat der Abstand der Variante vom Mittel denselben numerischen Wert wie der Abstand des Mittels von der Variante!

Die Zuverlässigkeit — oder hier viel eher die „Unzuverlässigkeit" —, mit welcher eine zufällig genommene Variante, V, den Mittelwert aller Varianten, M, repräsentiert, wird demnach durch $\pm Q$ (also 0,6745 σ) ausgedrückt; denn es ist ja eben so wahrscheinlich, daß M außerhalb als innerhalb des Spielraumes $V \pm Q$ liegt. Beide Wahrscheinlichkeiten haben den Wert je 0,5 und man kann darum auch 1 gegen 1 wetten, daß M innerhalb oder außerhalb der genannten Grenzen liegt.

Darum hat man auch $\pm Q$ als den „wahrscheinlichen Fehler" der beliebigen (einzelnen) Variante bezeichnet. Das Wort „Fehler" gibt eben an, daß die Variante unsicher ist als Repräsentant des Mittelwerts. An sich mag ja die Variante ganz fehlerfrei (oder doch genügend richtig) bestimmt sein.

Indem wir nun Q als 0,6745 σ bestimmen, können wir leicht aus der Tabelle S. 65 berechnen, wie viele Varianten — bei „binomialer Verteilung" — in den Spielräumen $M \pm Q$, $M \pm 2\,Q$, $M \pm 3\,Q$ usw. gefunden werden sollen. Im Spielraum $M \pm Q$ sollen ja die Hälfte der Varianten, also 50 Prozent, vorkommen, welches wir auch leicht aus der Tabelle sehen können, indem $\frac{\alpha}{\sigma} = 0{,}65$ 2422 pro Zehntausend gibt, und $\frac{\alpha}{\sigma} = 0{,}70$ 2580 gibt, woraus durch Interpolation gefunden wird, daß $\frac{\alpha}{\sigma} = 0{,}6745$ (Q) 2500 pro Zehntausend gibt. Diese Zahl gilt für den Spielraum $M + Q$ oder $M \div Q$, demnach hat man für den ganzen Spielraum $M \pm Q$ 5000 pro Zehntausend, also 50 Prozent der Varianten. In entsprechender Weise finden wir, durch Interpolation aus der Tabelle S. 65 und nach Multiplikation mit 2, folgende Werte:

---

[1]) Daß man von einer beliebigen Variante bei gegebener Standardabweichung diesen Schluß ziehen kann, erscheint vielleicht im ersten Augenblick verblüffend. Es muß aber verstanden werden, daß die Standardabweichung selbst ein auf den Mittelwert sich referierender Ausdruck der Variabilität einer ganzen Variantenreihe ist. Aus einer einzigen Variante kann σ ja nicht gefunden werden! Hier ist also gewissermaßen nur die Rede von einer Rechnungsaufgabe.

Bei den unten angegebenen Spielräumen verteilen sich die Varianten folgendermaßen, prozentisch ausgedrückt:

Bei dem Spielraum	innerhalb des Spielraums	außerhalb des Spielraums
$M \pm Q$	50,0	50,0
$M \pm 2\,Q$	82,3	17,7
$M \pm 3\,Q$	95,7	4,3
$M \pm 4\,Q$	99,3	0,7
$M \pm 5\,Q$	99,93	0,07

Aus dieser Zusammenstellung ersehen wir, daß man mit großer Wahrscheinlichkeit behaupten kann, der Mittelwert weiche höchstens $\pm 5\,Q$ von einer beliebig herausgenommenen Variante ab. Man kann 9993 gegen 7 wetten, d. h. also 1400 gegen 1 darauf halten, daß der Mittelwert nicht ferner als $\pm 5\,Q$ von der zufällig gefundenen Variante liegt. Schon bei $\pm 4\,Q$ kann man etwa 140 gegen 1 halten, bei $\pm 3\,Q$ 24 gegen 1 wetten, daß der betreffende Spielraum bei Beurteilung des Mittelwertes mittels der zufälligen Variante nicht überschritten wird. 24 gegen 1 ist jedoch schon keine große Sicherheit: ein Mal in 25 Fällen würde man einen Fehlschluß machen! Und die Fehler können ja hier sehr groß sein. Selbst wo man vorsichtig ist und nur mit dem Spielraum $\pm 4\,Q$ beurteilt, hat man durchaus keine absolute Garantie, man könnte ja eben „Pech" haben, und eine Variante gefunden haben, welche einen sehr unrichtigen Ausdruck des Mittelwertes gibt.

Eine je größere Anzahl von Varianten gemessen werden können — eine um so größere Zuverlässigkeit erhält natürlicherweise die auf diesen Messungen sich stützende Beurteilung des „wahren" Mittelwertes der betreffenden Variationsreihe! Haben wir z. B. zwei beliebig genommene Varianten gemessen, wird die Unzuverlässigkeit des Messungsresultats offenbar meistens geringer sein, als wenn nur eine einzige Variante untersucht wurde. Denn der Durchschnittswert zweier Varianten liegt selbstverständlich häufiger dem Mittel aller Varianten näher als das Maß einer einzigen, zufällig genommenen Variante es tun wird.

Es hat sich nun gezeigt, sowohl bei mathematischen Berechnungen als auch bei zahlreichen praktischen Prüfungen, daß der wahrscheinliche Fehler nicht einfach proportional der Anzahl der bei einer Untersuchung berücksichtigten Varianten abnimmt. Indem aber der wahrscheinliche Fehler der beliebigen einzelnen Variante mit Q bezeichnet wird ($Q = 0,6745\,\sigma$), wird der wahrscheinliche Fehler des Durchschnitts zweier beliebiger Varianten nicht etwa $Q : 2$ sein, sondern dagegen $Q : \sqrt{2}$. Für den Durchschnittswert von 3, 4, 5 . . . n beliebiger Varianten hat man die wahrscheinlichen Fehler bezw. $Q : \sqrt{3}$, $Q : \sqrt{4}$, $Q : \sqrt{5}$, . . bis $Q : \sqrt{n}$.

Bei n Messungen, also bei einer Reihe von n Varianten, deren Standardabweichung σ ist, hat also der Mittelwert einen wahrscheinlichen Fehler. $w.F$, von der Größe $Q : \sqrt{n}$, welcher Ausdruck auch

$$w.F = 0,6745\,\sigma : \sqrt{n}$$

geschrieben werden kann.

Es versteht sich nun von selbst, daß es einfacher ist, direkt mit σ zu operieren, anstatt mit $Q = 0,6745\,\sigma$. Wie wir das Quartil Q hier als wahrscheinlichen Fehler der beliebigen einzelnen Variante bezeichnet haben, so könnten wir jetzt die Standardabweichung, σ, hier als „Standardfehler" der beliebigen einzelnen Variante be- zeichnen. Dafür hat man nun längst ein anderes Wort in die mathematische Literatur eingeführt; die Standardabweichung, σ, wird nämlich auch als mittlerer Fehler oder Mittelfehler der beliebigen Einzelvariante bezeichnet.

Somit haben wir also die zweifache Bedeutung der Größe σ erwähnt: erstens als „Standardabweichung" σ: Variationsmaß, und zweitens als „Fehler" σ: Maß der Unsicherheit, mit welcher wir von einer beliebigen Variante auf den Mittelwert der Variations- reihe schließen.

Ganz wie für Q als wahrscheinlicher Fehler betrachtet, können wir jetzt eine Tabelle aus den Zahlen S. 65 zusammenstellen, in welcher wir die Variantenanzahl angeben, welche innerhalb der Spielräume $M + \sigma$, $M + 2\,\sigma$ usw. sich finden. Wir haben dadurch folgendes:

Bei den unten angegebenen Spielräumen verteilen sich die Varianten, prozentisch ausgedrückt, derart:

Bei dem Spielraum	innerhalb des Spielraums	außerhalb des Spielraums
$M +\ \ \sigma$	68,3	31,7
$M + 2\,\sigma$	95,5	4,5
$M + 3\,\sigma$	99,7	0,3

Außerhalb $M + 4\,\sigma$ finden sich nur etwa 6 pro 100 000.

Der mittlere Fehler des Mittelwertes von 2, 3, 4 . . . n-Vari- anten wird, ganz entsprechend dem vorher für den wahrscheinlichen

Fehler gesagten, folgendermaßen ausgedrückt, $m = \sigma : \sqrt{2}$, $\sigma : \sqrt{3}$ $\sigma : \sqrt{4}, \ldots \sigma : \sqrt{n}$, indem wir mit m ganz allgemein den mittleren Fehler eines Mittelwertes aus n beliebigen Varianten bezeichnen. Wir haben sodann die sehr wichtige Formel festzuhalten:

$$m = \sigma : \sqrt{n}$$

Diese Formel werden wir in der nächsten Vorlesung näher diskutieren und praktisch prüfen.

Sechste Vorlesung.

Über die Zuverlässigkeit des Mittelwertes der Varianten. — Die Bedeutung der mittleren Fehler.

In der vorigen Vorlesung sahen wir, daß man bei einer ein-gipfeligen, annähernd binomialen Variationsreihe, wenn der Mittel-wert, M, und die Standardabweichung, σ, bekannt sind, mit einer gewissen Wahrscheinlichkeit sagen kann, daß die überwiegende An-zahl der Varianten innerhalb bestimmter Grenzen liegt. Mehr als 99 Prozent werden sich in dem Spielraume $M \pm 3\sigma$ finden.

Und also: Kennen wir das Maß eines Individuums und die be-treffende Standardabweichung, so können wir etwa 100 gegen 1 wetten, daß der Mittelwert M nicht weiter als 3σ von der als be-kannt vorliegenden Variante liegt.

Wir benutzen, wie erwähnt, das Wort „mittlerer **Fehler**" für die Standardabweichung, wenn die betreffende Variante zur Ab-schätzung des Mittelwertes sämtlicher Varianten gebraucht wird, wenn also ein weiteres Urteil auf Grundlage der Variante abge-geben werden soll. Die Variante an sich mag richtig bestimmt sein — für den Mittelwert ist sie immer ein unzuverlässiger Aus-druck; und diese Unzuverlässigkeit wird eben mit σ gemessen: Bei großer Variabilität ist eine Variante ein äußerst unsicheres Maß des Mittelwertes; wäre gegebenen Falles aber keine Variabilität vor-handen ($\sigma = 0$), so wären alle Varianten gleich und jede beliebige Variante auch gleich dem Mittelwerte. Dies zur Illustration des Begriffs „mittlerer Fehler der beliebigen Variante".

Je mehrere Varianten man untersucht, desto größer wird selbst-verständlich die Zuverlässigkeit, mit welcher deren Mittelwerte als Ausdruck für den wahren Mittelwert aller Varianten gelten kann. Wir haben die Formel für diese größere Genauigkeit am Ende der letzten Vorlesung angeführt. Da diese Formel von fundamen-taler Bedeutung für das Gesamtgebiet der biologischen (und anderen kollektiven) Messungen ist, müssen wir der Sache etwas näher treten.

Zunächst ist es leicht einzusehen, daß, wenn man eine Variante multipliziert, man auch deren mittlere Fehler mit derselben Größe zu multiplizieren haben wird. Denken wir uns irgend ein Beispiel, etwa eine Bohne aus der S. 45 erwähnten Reihe, wo wir $\sigma = 2{,}71$ mm fanden, so können wir zufällig eine Variante 21,5 mm greifen. Das wäre also, in Millimeter ausgedrückt, 21,5 mit mittlerem Fehler 2,71.

Würden wir dies in Zehntelmillimeter ausdrücken, hätten wir: 215 und mittler Fehler 27,1, wie es sofort eingesehen wird. Und ebenso bei Division: Etwa in Meter ausgedrückt hätten wir: 0,0215 und mittlerer Fehler 0,00271.

Es dreht sich hier selbstverständlich nur um Multiplikation und Division gegebener Werte. (Eine ganz andere Sache ist, daß man, falls die Individuen durch einen feineren — oder gröberen — Maßstab gemessen wurden, etwas verschobene Resultate hätte bekommen können. Hier haben wir aber nur mit der rein zahlenmäßigen Behandlung vorliegender Daten zu tun.)

Schwieriger liegt die Sache, wenn es sich um Addition oder Subtraktion handelt. Addiert man zwei beliebig genommene Varianten, α_1 und α_2, deren mittlere Fehler σ_1 bezw. σ_2 sind, wie groß wird dann der mittlere Fehler der Summe $S = \alpha_1 + \alpha_2$?

Es würde zu viel Raum beanspruchen, diese Frage hier völlig und dabei doch ganz elementar zu beleuchten. Wir können aber das Resultat durch eine repräsentative Methode anschaulich machen. Die Unzuverlässigkeit der Addenden wird durch $\pm \sigma_1$ bezw. $\pm \sigma_2$ ausgedrückt. Wir können darum die Größen $+ \sigma_1$ und $\div \sigma_1$ bezw. $+ \sigma_2$ und $\div \sigma_2$ als Repräsentanten gleich häufiger Fehler der betreffenden Addenden wählen.[1] Für die möglichen Werte der beiden Addenden hätten wir alsdann die Repräsentanten $\alpha_1 + \sigma_1$ und $\alpha_1 \div \sigma_1$ bezw. $\alpha_2 + \sigma_2$ und $\alpha_2 \div \sigma_2$. Die möglichen Werte der Summe $S = \alpha_1 + \alpha_2$ würden sodann durch vier Größen repräsentiert sein:

$$\alpha_1 + \sigma_1 + \alpha_2 + \sigma_2 = S + \sigma_1 + \sigma_2$$
$$\alpha_1 + \sigma_1 + \alpha_2 \div \sigma_2 = S + \sigma_1 \div \sigma_2$$
$$\alpha_1 \div \sigma_1 + \alpha_2 + \sigma_2 = S \div \sigma_1 + \sigma_2$$
$$\alpha_1 \div \sigma_1 + \alpha_2 \div \sigma_2 = S \div \sigma_1 \div \sigma_2$$

---

[1] Wollte man, was vielen wohl natürlicher erscheinen möchte, als Repräsentanten die wahrscheinlichen Fehler nehmen, so würden wir ganz dasselbe erreichen.

Diese vier Größen bilden eine Reihe, welche die Summe, S, und ihre Variationen hier repräsentieren kann. Aus den rechten Seiten der vier Gleichungen ersehen wir, daß der Mittelwert aller vier Größen S ist; und die Standardabweichung (also der mittlere Fehler der einzelnen Summen $(\alpha_1 \pm \sigma_1) + (\alpha_2 \pm \sigma_2)$ läßt sich leicht berechnen. Die Quadrate der Abweichungen vom Mittelwert, S, sind ja:

$$(\sigma_1 + \sigma_2)^2 = \sigma_1{}^2 + \sigma_2{}^2 + 2\,\sigma_1\,\sigma_2$$
$$(\sigma_1 \div \sigma_2)^2 = \sigma_1{}^2 + \sigma_2{}^2 \div 2\,\sigma_1\,\sigma_2$$
$$(\div \sigma_1 + \sigma_2)^2 = \sigma_1{}^2 + \sigma_2{}^2 + 2\,\sigma_1\,\sigma_2$$
$$(\div \sigma_1 \div \sigma_2)^2 = \sigma_1{}^2 + \sigma_2{}^2 \div 2\,\sigma_1\,\sigma_2$$

Die Summe dieser vier Größen ist $4\,(\sigma_1{}^2 + \sigma_2{}^2)$, das mittlere Quadrat der Abweichungen ist $\sigma_1{}^2 + \sigma_2{}^2$; die Standardabweichung sodann $\sigma = \sqrt{\sigma_1{}^2 + \sigma_2{}^2}$, welcher Ausdruck demnach den mittleren Fehler der Summe, $S = (\alpha_1 \pm \sigma_1) + (\alpha_2 \pm \sigma_2)$, bedeutet.

Selbstverständlich gilt genau dasselbe für Subtraktion, welche ja nur Addition einer negativen Größe ist.

Was für die Summe oder Differenz zweier Größen gilt, läßt sich hier auch auf beliebig viele Additions- oder Subtraktionsglieder ausdehnen. Hat man drei Glieder α_1, α_2 und α_3 mit den mittleren Fehlern σ_1, σ_2, σ_3, so braucht man nur die beiden ersten zuerst zu vereinigen, um einzusehen, daß der mittlere Fehler der Gesamtsumme die Größe $\sqrt{\sigma_1{}^2 + \sigma_2{}^2 + \sigma_3{}^2}$ erhält.

Sodann haben wir ganz allgemein für eine Summe aus n-Gliedern α_1, α_2 ... α_n, mit den Mittelfehlern σ_1, σ_2 ... σ_n folgende Formel, aus welcher der mittlere Fehler sich berechnen läßt:

$$S = \alpha_1 + \alpha_2 \ldots + \alpha_n \pm \sqrt{\sigma_1{}^2 + \sigma_2{}^2 + \ldots + \sigma_n{}^2}.$$

Wird diese Summe mit n dividiert, dann erhalten wir den Mittelwert aller Glieder, α_1 bis α_n, und zugleich ersehen wir den mittleren Fehler dieses Mittelwertes, indem wir haben:

$$M = \frac{S}{n} = \frac{\alpha_1 + \alpha_2 \ldots + \alpha_n}{n} \pm \frac{\sqrt{\sigma_1{}^2 + \sigma_2{}^2 \ldots + \sigma_n{}^2}}{n}.$$

Wo wir nun denselben Mittelfehler für alle Glieder in Rechnung ziehen dürfen, wie es ja innerhalb einer gegebenen Variationsreihe selbstverständlich ist, erhalten wir, indem $\sigma_1 = \sigma_2 = \sigma_3 = \sigma_n$, für den mittleren Fehler, m, des Mittelwertes einer Variationsreihe:

$$m = \frac{\sqrt{n\,\sigma^2}}{n} = \frac{\sigma}{\sqrt{n}},$$

wie wir es schon S. 82 erwähnt haben.

Diese Formel ist eine der allerwichtigsten Grundformeln der messenden Biologie. Und daraus ergibt sich eine andere Formel, welche überall Bedeutung hat, wo zwei Mittelwerte verglichen werden sollen. Der mittlere Fehler, m_{Diff}, einer Differenz zweier unabhängig von einander bestimmter Mittelwerte M_1 und M_2 mit ihren Mittelfehlern m_1 und m_2, hat die Größe

$$m_{\text{Diff}} = \sqrt{m_1{}^2 + m_2{}^2}.$$

Diese verschiedenen Formeln müssen wir nun aber jedenfalls teilweise prüfen. Denn obwohl hervorragende Mathematiker uns die Formel als Resultate ihrer Überlegungen gegeben haben, so hat es doch Bedeutung, nachzusehen, ob sie nun auch leistungsfähig sind in solchen Fällen, wo wir sie zu benutzen haben; d. h. bei biologischen Variationsreihen.

Es wird leicht eingesehen, daß Mittelwerte aus z. B. vier Messungen, falls die Formel $m = \dfrac{\sigma}{\sqrt{n}}$ gültig ist, zwei (nämlich $\sqrt{4}$) mal so zuverlässig den „wahren" Mittelwert sämtlicher Varianten ausdrückt, als die einzelne beliebige Variante es tut. Und Mittelwerte aus zwei Messungen müssen durchgehends 1,414 (nämlich $\sqrt{2}$) mal so zuverlässig als Maß des „wahren" Mittelwertes sein, als es die einzelne Variante ist.

Ob diese Gesetzmäßigkeiten nun wirklich in der Praxis unserer Messungen passen, läßt sich sehr leicht an Beispielen prüfen. Wir können nämlich irgend eine nicht zu kleine Reihe Varianten ganz ohne Auswahl in Gruppen zu zweien bezw. zu vieren vereinigen und daraus je eine neue Variationsreihe bilden. Beispielsweise kann ich folgendes mitteilen: Bei 384 Bohnenpflanzen wurde das Samengewicht (relatives Gewicht in Zentigrammen) bestimmt. Die Varianten verteilten sich folgendermaßen in Klassen, welchen — um eine passende Anzahl zu erhalten — drei Zentigramm Spielraum gegeben wurden.

Klassengrenzen: *41,5 44,5 47,5 50,5 53,5 56,5 59,5 62,5 65,5 68,5* Ztgr.
Anzahl: 2 8 34 70 123 97 41 7 2

Hieraus $n = 384$, $M = 55,30$ Zentigramm, $\sigma = \pm\, 3,94$ Zentigramm.

Diese letztere Größe, die wir hier mit σ_1 bezeichnen werden, ist ja auch als mittlerer Fehler der einzelnen beliebigen Variante aufzufassen.

Die Pflanzen-Nummern — in der Ordnung wie sie zufällig gemessen waren — wurden nun in Gruppen von je zwei vereinigt:

dadurch wurden 192 Paare erhalten, deren durchschnittliche Gewichte so variierten (jetzt in Klassen mit zwei Zentigramm Spielraum):

Klassengrenzen: *46 48 50 52 54 56 58 60 62 64* Ztgr.
Anzahl: 1 8 24 34 53 49 14 8 1

Hieraus $n = 192$, $M = 54,97$ Zentigramm, $\sigma = \pm 2,99$ Zentigramm; diese Größe, welche wir hier deutlichkeitshalber mit σ_2 bezeichnen, ist also der mittlere Fehler der Varianten dieser Reihe, welche aber aus Mittelwerten je zweier einzelner Bohnenvarianten besteht.

Nun wurden diese Paare wiederum paarweise vereint und der Mittelwert jeder dieser Gruppen von vier Pflanzen gefunden; somit hatten wir hier 96 Varianten, lauter Gruppen von Mittelwerten je vier einzelner Wägungen. Diese Vierergruppen variierten folgendermaßen, in Klassen mit einem Spielraum von 1,5 Zentigramm eingeteilt:

Klassengrenzen: *49,5 51 52,5 54 55,5 57 58,5 60*
Anzahl: 4 7 19 25 24 11 6

Hieraus, indem $n = 96$, $M = 55,05$ Zentigramm, $\sigma = \pm 2,18$ Zentigramm.

Dieser letzte Wert, den wir hier σ_4 nennen können, ist somit der gefundene mittlere Fehler des Mittelwertes von je vier Pflanzen.

Die Resultate unserer kleinen Untersuchung lassen sich hier übersichtlich darstellen:

Anzahl der Varianten (Gruppen), n.	Gefundene Standardabweichungen d. Varianten, also auch mittl. Fehl. derselben.	Mittelfehler d. Gruppen (2) und (4), aus σ_1 berechnet.	Mittlerer Fehler der Bestimmungen der zweiter Kolonne (vgl. den Text)
$n_1 = 384$ (1)	$\sigma_1 = \pm 3,94$ Ztgr.		$\sigma_1 : \sqrt{2\,n_1} = 0,14$ Ztgr.
$n_2 = 192$ (2)	$\sigma_2 = \pm 2,99$ -	$\sigma_1 : \sqrt{2} = \pm 2,78$ Ztgr.	$\sigma_2 : \sqrt{2\,n_2} = 0,15$ -
$n_4 = 96$ (4)	$\sigma_4 = \pm 2,18$ -	$\sigma_1 : \sqrt{4} = \pm 1,97$ -	$\sigma_4 : \sqrt{2\,n_4} = 0,16$ -

Diese Zahlen zeigen einigermaßen gute Übereinstimmung zwischen Theorie und Probe, obwohl hier nur mit relativ wenigen Varianten operiert wurde. Ja, weitere theoretische Betrachtungen lassen uns einsehen, daß nicht nur der beobachtete Mittelwert, sondern auch die Standardabweichung selbst — welche doch eben aus diesem „unzuverlässigen" Mittelwert berechnet wird — eine nicht genau bestimmbare Größe ist.

Es würde uns viel zu weit führen, die Zuverlässigkeit der Bestimmung der Standardabweichungen näher zu diskutieren. Hier müssen wir uns damit begnügen, die Angaben der Mathematiker ohne weitere Prüfung anzunehmen. Der mittlere Fehler einer Standardabweichung, den wir mit $m(\sigma)$ bezeichnen können, hat den Wert

$$m(\sigma) = \frac{\sigma}{\sqrt{2n}}$$

Dies ist der mittlere Fehler der aus einer Reihe von n-Varianten gefundenen Standardabweichung. Diese Formel können wir nun für unsere soeben gegebene Vergleichstabelle verwerten, wenn wir die Zuverlässigkeitsspielräume der dort tabulierten Daten zu kennen wünschen. Die mittleren Fehler der gefundenen Standardabweichung σ_1, σ_2 und σ_4 erhält man leicht nach der soeben gegebenen Formel; diese Werte sind in der letzten Kolonne der obigen Tabelle angeführt. (Die Werte, welche aus den berechneten Zahlen — dritte Kolonne der Tabelle — gewonnen werden, sind selbstverständlich alle identisch; nämlich gleich 0,14 Zentigramm.)

Jedenfalls sieht man aus dieser Fehlerbestimmung, daß die gefundenen Werte für σ_2 und σ_4 nicht wesentlich von den dafür berechneten Werten, bezw. $\sigma_1 : \sqrt{2}$ und $\sigma_1 : \sqrt{4}$ abweichen. Wir haben nämlich die Differenz $\sigma_2 \div (\sigma_1 : \sqrt{2}) = 0{,}21$ Zentigramm; aber der mittlere Fehler dieser Differenz ist (vgl. S. 86) $m_{\text{Diff}} = \sqrt{0{,}15^2 + 0{,}14^2}$ $= \pm 0{,}21$ Zentigramm, also so groß wie die Differenz selbst. Dies bedeutet eben, daß die Differenz so unzuverlässig ist, daß sie nicht als sicher erwiesen betrachtet werden kann. Und für den Vergleich zwischen dem gefundenen σ_4 und dem entsprechenden berechneten Werte $\sigma_1 : \sqrt{4}$, haben wir die Differenz 0,21 Zentigramm mit m_{Diff} $= \sqrt{0{,}16^2 + 0{,}14^2} = \pm 0{,}21$ Zentigramm, ganz wie vorher. Wir werden diese Sache nicht näher betrachten, nur resumierend feststellen, daß die kleine Untersuchung uns nur darin stützen konnte, die Berechtigung der betreffenden Formeln anzunehmen. Und dies war ja hier nur der Zweck!

Also: Ein Mittelwert beliebig genommener Varianten wird im allgemeinen um so zuverlässiger sein, je größer die Anzahl der betreffenden Varianten ist; der mittlere Fehler des Mittelwertes verkleinert sich aber nicht proportional der Variantenanzahl, n, sondern proportional der Quadratwurzel dieser Anzahl, $\sqrt{n}$.

Aus diesem Lehrsatz, den wir auch noch ferner prüfen und bestätigen werden, läßt sich vieles ableiten.

Zunächst werden wir uns daran gewöhnen, die Mittelwerte der verschiedenen Variationsreihen immer nur mit Angabe ihrer zahlenmäßigen Zuverlässigkeit anzugeben, d. h. also, wir wollen neben dem Mittelwert, M, immer dessen mittleren Fehler $\pm m$ anführen!

Wir nehmen einige Beispiele aus den früher erwähnten Variationsreihen. Das Bohnenmaterial, S. 13 und 45 haben wir so zu charakterisieren:

$$M = 24{,}36 \text{ mm}, \quad \sigma = \pm 2{,}71 \text{ mm}, \quad n = 558,$$

$$\text{daraus} \quad m = \frac{2{,}71 \text{ mm}}{\sqrt{558}} = 0{,}11 \text{ mm}.$$

Der Mittelwert allein ist also derart anzugeben

$$M = 24{,}36 \pm 0{,}11 \text{ mm.}[1]$$

Aus dieser Angabe wissen wir (indem ganz allgemein für den „wahren Mittelwert" der Spielraum $M \pm 3\,m$ gesetzt werden kann, vgl. auch die Tabelle S. 81), daß der wahre Mittelwert aller solcher Bohnen[2] zwischen $24{,}36 \div 3 \cdot 0{,}11$ mm und $24{,}36 + 3 \cdot 0{,}11$ mm liegen wird; d. h. wir können etwa 100 gegen 1 wetten, daß der wahre Mittelwert zwischen **24,03** und **24,69** mm (kurz **24 — 24,7** mm) liegen wird.

In ganz entsprechender Weise haben wir für das von Skagen herrührende Buttenmaterial, S. 11, indem $M = 53{,}67$ Strahlen, $\sigma = \pm 2{,}134$ und $n = 703$:

$$M = 53{,}67 \pm 0{,}080 \text{ Strahlen.}$$

Denken wir uns nun eine Menge verschiedener Messungs- oder Zählungsreihen ausgeführt, sagen wir etwa 100 Reihen von Zählungen der Flossenstrahlen je 700 Butten, so erhalten wir aus jeder dieser Reihen einen Mittelwert. Und diese Mittelwerte würden nicht alle übereinstimmen, sondern um den „Generalmittelwert" variieren, ganz wie Einzelvarianten um ihren M — nur daß die Variation der Mittelwerte um den „Generalmittelwert" natürlicherweise viel beschränkter ist. Diese Variation ist ja eben durch $m = \dfrac{\sigma}{\sqrt{n}}$ ausgedrückt, wie es aus dem früher hier Gesagten hervorgehen wird. Was z. B. für eine Reihe von Mittelwerten aus je vier Wägungen

---

[1] Es muß darauf aufmerksam gemacht werden, daß immer noch viele Verfasser den „wahrscheinlichen Fehler" so angeben.

[2] D. h. Bohnen derselben Natur, unter denselben äußeren Verhältnissen entwickelt.

gilt — vgl. S. 87 — gilt ganz allgemein für eine Reihe Mittelwerte aus n Bestimmungen.

Daraus haben wir ein Kriterium für die sehr oft vorkommende Prüfung, ob zwei Mittelwerte zahlenmäßig verschieden sind oder nicht.

Bei 597 im Großen und Kleinen Belt gefangenen Butten wurden von C. G. Joh. Petersen die Flossenstrahlen gezählt, ganz entsprechend der soeben erwähnten Bestimmungen bei Butten von Skagen. Das Resultat war:

Strahlenanzahl	44	45	46	47	48	49	50	51	52	53	54	55	56	57
	3	6	18	36	75	98	116	104	77	32	18	10	3	1

Hieraus $M = 50,04 \pm 0,086$ Strahlen, indem $\sigma = \pm 2,11$ und $n = 597$.

Nun haben wir die Frage zu beantworten: Sind diese „Belt-butten" in Bezug auf die Strahlenanzahl verschieden von den „Skagen-butten"? Wir bilden die Differenz der betreffenden Mittelwerte und bestimmen aus den gegebenen Daten den mittleren Fehler dieser Differenz. Wir haben (vgl. die Formel S. 86)

$$53,67 \div 50,04 \pm \sqrt{0,080^2 + 0,086^2} = 3,63 \pm 0,12 \text{ Strahlen.}$$

Die Differenz ist mehr wie dreißig Mal größer als deren mittlerer Fehler, ihre Realität ist somit außer Zweifel. Die beiden Reihen von Butten können also nicht „als Proben einer einzigen „Sorte" oder „Ware", wie man nun sagen will, aufgefaßt werden; die Zahlen weisen auf einen charakteristischen Unterschied hin.

Was aber der Grund für diesen nachgewiesenen Unterschied ist — ja darüber können solche Zahlenreihen überhaupt gar nichts aussagen!! Sind das Rassenunterschiede? Sind das verschiedene Lebenslagen? Oder sollten in beiden Reihen dieselben zwei oder drei oder mehrere Rassen, aber in verschiedenen Mengenverhältnissen vorhanden sein? In solchen Fragen können wir aus den hier gegebenen Daten nichts schließen. Es ist einfach nur ein Unterschied konstatiert, nicht aber erklärt.

Wir nehmen ein anderes Beispiel. Eine Rasse zweizeiliger Gerste ist sehr „schartig", d. h. viele der Blüten setzen keine Frucht; die Ähren sind somit lückenhaft mit Körnern besetzt. Die beste Methode, den Grad dieser Abnormität zahlenmäßig auszudrücken, ist diese: bei jeder Pflanze werden an den reifen Ähren alle „Scharten", (Lücken oder „Sprünge", wie man auch sagt) gezählt, diese Anzahl mit der Gesamtanzahl der „Kornplätze" dividiert und der Bruch als

Prozent angegeben. Mit „Kornplätzen" werden solche Blüten bezeichnet, aus welchen bei Abwesenheit von Schartigkeit ein Korn zu erwarten wäre. Z. B. 29 schartige Stellen auf 141 Kornplätze einer Pflanze gibt 20,6 Prozent Schartigkeit.

Durch einige Generationen wurden nun teils Pflanzen, so wenig schartig wie möglich, teils aber solche, welche am meisten schartig waren, ausgewählt und deren Körner weiter gebaut. Im Jahre 1904 hatten diese beiden Serien folgende durchschnittliche Beschaffenheit:

I. Nach geringster Schartigkeit ausgewählt: 35,63 Proz. Sch.

II. - größter Schartigkeit ausgewählt: 37,99 - -

Hier ist also eine Differenz von 2,37 vorhanden. Bedeutet das etwa eine Wirkung der Auswahl? Das läßt sich aus derart gegebenen Zahlen nicht bestimmt sagen. Wir müssen immer erst probieren, ob eine solche Differenz wirklich zuverlässig ist. Die absolute Größe der Differenz sagt nichts, auch nicht deren Größe im Verhältnis zu den Bestimmungen, aus welchen die Differenz hervorgeht.[1]) Wir müssen die Variationen im Material kennen und daraus den Mittelwert und deren mittleren Fehler bestimmen.

Für die beiden Gerstenserien haben wir folgende Angaben, wenn wir das Material in Klassen, 0—10 Prozent, 10—20 Prozent usw. einteilen:

Schartigkeit in Prozent	0	10	20	30	40	50	60	70	80
Serie I		2	11	37	47	28	11	8	
Serie II		2	10	14	44	31	12	9	2

Hieraus berechnen sich die gewünschten Werte für

	n	M	σ	$m = \sigma : \sqrt{n}$
Serie I	144	35,63	12,98	1,08
Serie II	134	37,99	13,98	1,21

Und wir erhalten für die Differenz die Bestimmung

$$\text{Diff. II} \div \text{I} = 2,36 \pm 1,62.$$

---

[1]) Die hier vorliegende Differenz, 2,36, beträgt 6,7 Prozent der niedrigsten der beiden Bestimmungen, 35,62. Bei den beiden Reihen von Butten, S. 90, betrug die Differenz (3,63) 7,1 Prozent der niedrigsten Bestimmung, 50,04. Sollte man hieraus beurteilen, würde man diese beiden Differenzen wohl als ungefähr gleich „gut" schätzen. Eine solche Art der Beurteilung ist aber ganz und gar falsch und irreleitend. Wo man mit Variationen arbeitet (und dies ist ja meistens der Fall!), muß man die Zuverlässigkeit der Mittelwerte stets rational prüfen!

Die Differenz ist allerdings größer als ihr mittlerer Fehler; jedoch nur 1,45 Mal. Aus der Tabelle S. 65 können wir leicht berechnen[1]), daß man etwa 85 gegen 15 — also 6 gegen 1 — wetten kann, eine Differenz positiver Art sei hier wirklich vorhanden. Aber dies ist wahrlich keine genügende Sicherheit! Die hier gefundene Differenz ist nicht so zuverlässig, daß man behaupten könnte, sie sei nach Größe und Richtung mehr als eine Zufälligkeit bei dem sehr variablen Material.[2])

Faktisch hat es sich nun auch gezeigt, daß in den folgenden Jahren eine gleiche Differenz zwischen den beiden Gerstenserien nicht wieder erscheint. Damit ist auch der Weg gewiesen, in solchen Fällen eine Entscheidung zu erhalten: Wiederholung oder Fortsetzung der Untersuchung, womöglich auch mit einer größeren Individuenanzahl.

Unsere Betrachtungen galten den Reihenvarianten; wir müssen nun die alternative Variabilität berücksichtigen. Bei alternativer Variabilität ist die Standardabweichung laut der Formel S. 57 $\sigma = \sqrt{{}^0\!/_0\,p_0 \cdot {}^0\!/_0\,p_1}$. Und der mittlere Fehler des Mittelwertes wird, ganz wie bei Reihenvariation $m = \sigma : \sqrt{n}$ sein, folglich hier $m = \sqrt{{}^0\!/_0\,p_0 \cdot {}^0\!/_0\,p_1} : \sqrt{n}$, welches auch so zu schreiben bezw. auszuführen ist:

$$m = \sqrt{\frac{{}^0\!/_0\,p_0 \cdot {}^0\!/_0\,p_1}{n}}$$

Diese Formel wollen wir zunächst prüfen. Es wurden in einem Behälter 300 braune Bohnen mit 250 schwarzen Bohnen von durchgehend gleicher Form gemengt. Es enthielt also das Gemenge 54,55 Prozent brauner Bohnen und 45,45 Prozent schwarzer. Daraus $\sigma = \sqrt{54,55 \cdot 45,45} = 49,79\ {}^0\!/_0$.

Wenn wir nun etwa 50 Bohnen ohne Auswahl aus dem Behälter nehmen, und darin den Prozentgehalt z. B. an braunen Bohnen bestimmen, wie zuverlässig wird dann eine solche Bestimmung sein? Aus dem $\sigma = 49,79$ Prozent erhalten wir für den Mittelwert einer Probe von 50 Bohnen den mittleren Fehler $m = 49,79 : \sqrt{50} = 7,04$ Prozent. Nehmen wir deshalb eine ganze

---

[1]) bei $\frac{\alpha}{\sigma} = 1,45$ steht 4265; also nach $+$ und $\div$ zusammen 8530 pro 10000.

[2]) Der Variationskoeffizient (S. 48) beträgt hier etwa 37, während derselbe für die Strahlenanzahl der Buttenflossen nur etwas über 4 ist.

Serie von solchen Proben, so müssen alle die dadurch gewonnenen Mittelwerte um den wahren Mittelwert (54,545 Prozent braune Bohnen) variieren, derart, daß eine Variationsreihe gebildet werden kann, in welcher die Standardabweichung ungefähr 7 Prozent betragen wird — falls die theoretischen Betrachtungen richtig sind. Es versteht sich von selbst, daß man die jedesmal aus dem Behälter geholte Probe wieder zurücklegen und das Gemenge umrühren muß. Sonst würde ja die Beschaffenheit des Bestandes im Behälter stets geändert werden. (In der Natur z. B. bei dem Einfangen von Butten zur Untersuchung usw. spielen die gewonnenen Proben keine solche Rolle, weil sie ein verschwindend kleiner Teil des Bestandes sind.) Mittels eines passenden Becherglases wurden nun 100 Proben der genannten Bohnen genommen; die Anzahl der Bohnen konnte nicht genau 50 bleiben, sondern schwankte ein wenig zwischen höchstens 56 und wenigstens 43, gewöhnlich aber lag sie zwischen 48 und 52. Die 100 Proben ergaben, in Ausziehungs-Orden (Zeile nach Zeile) angeführt, folgende Mittelwerte, Prozente brauner Bohnen bedeutend:

51,4	68,4	58,0	56,3	54,4	59,6	60,0	65,2	60,0	42,5
46,2	45,3	48,2	58,6	43,7	53,0	60,8	53,0	66,8	59,6
53,0	60,5	60,8	51,0	54,5	63,2	61,5	66,0	55,5	43,2
48,8	58,8	54,6	56,0	49,0	48,3	62,3	50,0	54,5	47,1
51,0	45,1	54,0	51,0	51,8	50,0	52,8	47,2	61,5	62,5
54,3	54,5	39,7	44,0	48,0	61,8	60,4	43,4	57,2	52,8
51,8	50,8	57,6	59,6	48,2	56,0	62,8	71,1	48,2	59,2
58,8	62,8	64,2	55,1	60 8	51,8	49,0	51,0	56,8	54,0
61,5	53,8	53,0	43,2	55,8	56,6	62,0	57,1	56,8	50,8
58,2	55,3	53,0	53,5	58,8	46,0	65,3	57,8	43,8	48,2

Ordnen wir diese Werte zu einer Variationsreihe mit einem Spielraume der Klassen von 5 Prozent, haben wir die 100 Fälle so verteilt:

Klassengrenzen	35	40	45	50	55	60	65	70	75
Anzahl Bestimmungen	1	7	17	27	26	16	5	1	

Hieraus $M = 54,65$ Prozent brauner Bohnen, $\sigma = 6,83$ Prozent.

Indem diese Bestimmung von σ selbst etwas unzuverlässig ist (vgl. S. 88), müssen wir gestehen, daß sie sehr gut mit dem theoretisch geforderten Werte, etwa 7, stimmt.

Eine solche Probe mit passenden Objekten läßt sich leicht machen und gibt dem Biologen gleich mehr Anregung als die obligaten Würfelspiel- oder Roulettenexperimente. Wo etwa Fälle eintreten, die wesentlich von dem theoretisch zu erwartenden abweichen, sind besondere Verhältnisse vorhanden, deren Aufklärung eben eine besondere Aufgabe wird.

Unser kleines Beispiel zeigt sehr instruktiv, wie große Fehler man machen könnte, wenn man hier aus einer einzigen Probe von 50 Bohnen auf die Zusammensetzung des Gemenges schließen wollte. Obwohl gegen 55 Prozent braune Bohnen vorhanden sind, gaben uns $1 + 7 + 17 = 25$ Fälle von 100 den falschen Eindruck, daß weniger braune als schwarze Bohnen vorhanden sind — eben weil die Variation so groß ist. Es mahnt dies wiederum zur Vorsicht in Bezug auf die Schlüsse, welche aus Durchschnittszahlen variierender Einzelbestimmungen gezogen werden.

Wir sehen auch aus dem Beispiel, daß alternative Variation und Reihenvariation in methodischer Hinsicht nicht wesentlich verschieden sind. Sobald man bei alternativer Variation eine Serie von Proben, beide Alternativen enthaltend, zu beurteilen hat, bekommt man, wie hier, eine Variationsreihe von Mittelwerten. Wo die Proben nicht gleich groß sind, d. h. wo die Gesamtanzahl der Varianten in jeder Probe nicht einigermaßen gleich groß ist, haben die verschiedenen Proben nicht dasselbe „Gewicht" für die Beurteilung. Selbstverständlich haben die größten Proben das größte „Gewicht" o: ihr Resultat ist im allgemeinen zuverlässiger als das Resultat einer kleineren Probe. Dies hängt ja eben damit zusammen, daß der mittlere Fehler einer Bestimmung mit der Quadratwurzel der betreffenden Variantenanzahl abnimmt.

Hätten wir statt je 50 Bohnen etwa je 200 untersucht[1]), würden wir für solche Bestimmungen eine 2 mal größere Genauigkeit erhalten als mit 50 Bohnen.

Um nun auch ein direkt aus dem Leben geholtes Beispiel alternativer Variabilität zu demonstrieren, können wir die Knaben- und Mädchengeburten berücksichtigen.

In den Jahren 1886—1904 wurden in der Kopenhagener Gebärstiftung 32410 Kinder (ohne Mißbildungen) geboren. Davon waren 16883 Knaben und 15527 Mädchen, oder bezw. 52,09 Prozent

---

[1]) Es könnte hier in dem gewählten Beispiel nicht angehen, 200 Bohnen als Probe auszunehmen, weil die ganze Menge nur 450 betrug (vgl. S. 92). Aber wir denken uns die Resultate von je vier Proben von 50 Bohnen addiert. Der Leser wird dies leicht mittels der Angaben S. 93 ausführen können.

♂ und 47,91 Prozent ♀.[1]) Hieraus, wenn wir den Mittelwert in Knabengeburten ausdrücken:

$$M = 52,09; \quad \sigma = \sqrt{52,09 \cdot 47,91} = \pm\, 49,96\ ^0/_0 \text{ und ferner,}$$

indem $n = 32410$, wird der mittlere Fehler des Mittelwertes m = 49,96 $^0/_0 : \sqrt{32410} = \pm\, 0,28\ ^0/_0$.

Die Anzahl der Geburten stieg in den 19 Jahren langsam und schwankend; wir machen keinen großen Fehler, wenn wir die Jahresanzahl ohne weiteres als $^1/_{19}$ der Gesamtanzahl, also als 1706 berechnen. Dies würde für die Bestimmung des einzelnen Jahres einen mittleren Fehler von 49,96 $^0/_0 : \sqrt{1706} = \pm\, 1,21\ ^0/_0$ geben.

Bei einer solchen Jahresanzahl können wir sodann erwarten, daß die Jahresbestimmungen derart schwanken, daß wir ab und zu Abweichungen von sogar $\pm\, 3 \cdot 1,21\ ^0/_0$ erhalten. Es müssen also ab und zu Jahresbestimmungen vorkommen, in welchen Mädchengeburten das Übergewicht haben; denn $52,09 \div 3 \cdot 1,21 = 48,46$.

Sehen wir uns nun die Jahresdaten an. Sie waren:

Jahreszahl	$^0/_0$ ♂	$^0/_0$ ♀	n	$\sqrt{n}$	m
1886	51,39	48,61	1555	39,4	1,27
1887	51,75	48,25	1457	38,2	1,31
1888	50,97	49,03	1391	37,3	1,34
1889	53,76	46,26	1544	39,4	1,27
1890	52,22	47,78	1507	39,8	1,25
1891	51,10	48,90	1501	39,8	1,25
1892	53,31	46,69	1465	38,3	1,31
1893	52,65	47,35	1605	40,0	1,25
1894	50,67	49,33	1648	40,7	1,23
1895	52,19	47,81	1642	40,5	1,23
1896	49,33	50,67	1571	39,6	1,27
1897	53,53	46,47	1603	40,0	1,25
1898	51,30	48,70	1727	41,5	1,21
1899	51,36	48,64	1795	42,3	1,18
1900	52,03	47,97	1799	42,4	1,18
1901	50,34	49,66	2044	45,2	1,11
1902	53,80	46,20	2169	46,5	1,08
1903	54,81	45,19	2171	46,5	1,08
1904	52,17	47,83	2216	47,1	1,06
1886—1904	52,09	47,91	32410	180,0	0,278

[1]) Man gibt solche Daten öfters auch so an, daß z. B. die Anzahl von Knabengeburten auf 100 Mädchengeburten berechnet wird. Dies würde hier 108,7 Knaben auf 100 Mädchen geben. Diese Art der Berechnung ist

Die Abweichung des Jahres 1896 wundert uns nun gar nicht; sie braucht durchaus kein Ausdruck besonderer abnormer Verhältnisse im Jahre 1896 zu sein, sondern sie ist, was man „reine Zufälligkeit" nennt. Ebenso wenig wundert uns die viel zu große Knabenanzahl des Jahres 1903. Alles ist Folge der großen Variabilität; bei alternativer Variation hat man ja in Fällen, wo die beiden Alternativen ungefähr gleich häufig auftreten, das Maximum der Variabilität, wie auf S. 58 näher beleuchtet.

Obwohl 19 Jahre keine lange Reihe ist, können wir doch hier eine Variationsreihe bilden, indem wir die Jahre als gleichberechtigt ansehen. Wir haben dann, wenn die Jahresmittel in Klassen mit 1 Prozent als Spielraum eingeteilt werden, die folgende Reihe:

Knabengeburten in Prozent *49 50 51 52 53 54 55*
Anzahl von Jahresmitteln   1 3 5 5 4 1

Hieraus $M = 52,08 \,{}^0/_0$, $\sigma = \pm 1,27$ und $m = 1,27 : \sqrt{19} = \pm 0,29$.

Diese ganze Auseinandersetzung zeigt sehr gut, wie richtig die Methode des mittleren Fehlers ist. Und was schließlich das Gesamtergebnis aller 19 Jahre betrifft, so haben wir gefunden:

direkt aus der Summe: $M = 52,09 \pm 0,28$
aus der Jahresmittelreihe: $M = 52,08 \pm 0,29$

So schön stimmen derartig verglichene Zahlen durchaus nicht immer, vgl. die früheren Fälle S. 87 und 91. Das Gesamtergebnis sagt nun, daß weitere Forschung (natürlicherweise unter der Voraussetzung, daß die uns noch ganz unbekannten Verhältnisse, welche die Geschlechtsbestimmung bedingen, nicht geändert werden) bestätigen werde, daß die „wahre" Prozentanzahl der Knabengeburten zwischen den Grenzen $52,1 \pm 3 \cdot 0,28$, d. h. zwischen 51,26 und 52,94 liegen wird.

Noch ein Beispiel nehmen wir vor. RAUNKIÄR bestimmte bei drei Primulaarten die Anzahl Individuen mit langen bezw. kurzen Griffeln in den Blüten. In der folgenden Tabelle sind die Befunde angegeben sowie die daraus berechnete Standardabweichung und mittlerer Fehler der Bestimmungen. Der Leser möge nachprüfen!

---

aber bei Variationsstudien eine ganz verwerfliche, schon weil sie verschiedene Angaben auf verschiedene Gesamtanzahl referiert! $108,7 \,\male + 100 \,\female$ gilt als 208,7 Kinder, während z. B. die Angabe $102,5 \,\male + 100 \,\female$ sich auf 202,5 Kinder referiert. Die Berechnung von σ und m wird auch dadurch schwieriger gemacht. Es ist immer das rationellste, solche Daten als Prozente (oder allgemein als Brüche) der Gesamtanzahl anzugeben.

Art	Prozentzahl der Individ. mit lang. Gr.	mit kurz. Gr.	Gesamt- anzahl n	σ in $^0/_0$	$\sigma : \sqrt{n}$ $= m$ in $^0/_0$
a) *P. elatior*	50,0	50,0	3465	50,0	0,85
b) - *officinalis*	46,4	53,6	934	49,9	1,58
c) - *farinosa*	50,9	49,1	320	50,0	2,79

Sind nun diese Bestimmungen Ausdrücke von Verschiedenheiten der drei Arten? Die größte Differenz ist zwischen den mit b und c bezeichneten Arten. Hier haben wir

$$c \div b = 4,5 \pm \sqrt{2,79^2 + 1,58^2} = 4,5 \pm 3,21.$$

Dies ist entschieden eine sehr unzuverlässige Differenz. Bei einer bedeutend größeren Anzahl P. *farinosa*-Individuen hätten wir Klarheit erhalten können. Die Differenz $a \div b = 3,6 \pm \sqrt{0,85^2 + 1,58^2}$ $= 3,6 \pm 1,75$ ist immerhin sicherer, jedoch ist die Differenz nur etwa 2 mal so groß wie deren mittlerer Fehler: absolut sicher gestellt ist diese Differenz auch nicht. Die Differenz $c \div a = 0,9$ $\pm \sqrt{2,79^2 + 0,85^2} = 0,9 \pm 2,92$ ist selbstverständlich überhaupt wertlos. Somit haben diese Bestimmungen keine Sicherheit gegeben, daß nicht alle drei Arten in Bezug auf die relative Häufigkeit von Kurz- und Langgrifflichkeit sich gleich verhalten. Wahrscheinlich ist es allerdings, daß P. *officinalis* der betreffenden Lokalität relativ weniger langgrifflig war als die beiden andern Artern, aber bewiesen wurde es nicht.

———

Unsere Betrachtungen über die Mittelwerte variierender Einzelbestimmungen begründen die Regel, daß immer der mittlere Fehler des Mittelwertes zu bestimmen ist, und daß man in Bezug auf die Feststellung des wahren Mittelwertes mit einem Spielraum von wenigstens 2, lieber aber 3 mal den mittleren Fehler rechnen muß. Auch für andere Gebiete der Biologie als die enger umgrenzte Variationslehre hat diese Sache Interesse. Wir haben hier darauf weiter nicht einzugehen; nur sei betont, daß die Lehre vom mittleren Fehler ganz besonders wichtig für alle solche Studien ist, wo in irgend einer Weise statistisch gearbeitet werden muß. Bei vielen vergleichenden Untersuchungen über das Wachstum und andere Lebensäußerungen in ihrer Abhängigkeit von äußeren Faktoren, bei der Prüfung von Samen in Bezug auf Keimfähigkeit u. a. mehr wird man immer und immer mit Durchschnittsresultaten zu arbeiten haben und da ist es wichtig, einen Mittelwert richtig beurteilen zu können. Darum sollte beim Studium der biologischen Disziplinen die elementare Mittelfehlerberechnung immer eingeübt werden; dasselbe gilt für medizinische Disziplinen und überhaupt für Studien, wozu exakte Versuchstätigkeit wünschenswert ist. In der Folge werden wir vielfache Verwendung für die hier erwähnten Formeln und Lehren haben.

Der größere oder kleinere Grad der Unsicherheit, welcher jedem Mittelwerte variierender Einzelbestimmungen eigentümlich ist, und welcher eben durch den mittleren Fehler gemessen wird, ist nun aber nicht der einzige Umstand, welcher die Beweiskraft eines Vergleiches zwischen verschiedenen Mittelwerten affizieren kann. Außer der, man könnte sagen zahlentechnisch bestimmbaren Unzuverlässigkeit der Mittelwerte, finden sich viele Faktoren, welche die Genauigkeit der Mittelwerte stören können. Es ist unmöglich, alle solche Faktoren aufzuzeichnen. Lokaler Insekten- oder Pilzschaden in den Versuchsbeeten, Beschädigung durch Frost u. a. Einflüsse können ein einziges oder mehrere Pflanzenindividuen derart beeinflussen, daß die betreffenden Individuen oder deren Samen sehr stark von der durchschnittlichen Beschaffenheit abweichen, und solche „gröbere“ Störungen, die nicht immer sofort zu erkennen sind, können die betreffenden Mittelwerte mehr unzuverläßlich machen, als sie sonst sein würden. Dasselbe gilt in Bezug auf Tiere und Menschen; Mißbildungen und Infektionen u. a. m. können bedeutende Unregelmäßigkeiten hervorrufen. Sind diese Unregelmäßigkeiten groß und augenfällig, werden sie leicht entdeckt, und man kann sich vor unrichtigen Schlüssen hüten; solche Fälle aber wo Unregelmäßigkeiten nicht unmittelbar erkannt werden, können leicht zu unrichtigen Schlüssen führen. Es ist eben eine besondere „biologische“ oder „praktische“ Kritik jedes gegebenen Materials nötig, neben der hier näher diskutierten rein zahlenmäßigen Kritik des zur Berechnung gelangten Materials.

Hierher gehört z. B. der Umstand, daß die besondere Stelle der Mutterpflanze, an welcher ein Organ sich entwickelt hat, Einfluß haben kann auf das ganze individuelle Gepräge dieses Organs usw. Es gilt hier die Regel, daß man bei vergleichenden Untersuchungen stets bis in die kleinsten Details in ganz gleicher Weise arbeiten muß; und dabei darf man nie versäumen, Kontrollbestimmungen auszuführen, um zu erkennen, wie genau man arbeitet. Spezielle Regeln hier aufzustellen würde weitläufig, schwierig und doch nicht erschöpfend sein; es muß dem einzelnen Forscher überlassen bleiben, Mittel zu finden, die besonderen Fehlerquellen und Schwierigkeiten des gegebenen speziellen Falles zu erkennen bezw. zu überwinden. Man hat, im Anfange einer Untersuchung, wohl meistens keinen anderen Weg einzuschlagen, als mit „biologischem Takt" die Frage anzugreifen — die Methode entwickelt sich beim Arbeiten weiter. Man kann nicht erwarten, sofort die für den gegebenen Fall beste Methode zu finden; jede besondere Aufgabe verlangt ihre tastenden Vorversuche, welche wahrlich viel Zeit und Arbeit kosten können. Vorversuche lohnen sich aber auf keinem Gebiete besser als in der Erforschung von Variabilität und Erblichkeit. Sehr viele in der biologischen Literatur vorliegende Untersuchungen haben übrigens nur den Wert von Vorversuchen!

Zahlenmäßige Kritik für sich allein kann nicht die Fallgruben der Erblichkeitsforschung überbrücken, biologisches Verständnis oder Taktgefühl aber auch nicht; ein Zusammenwirken beider ist nötig, um festen Grund für die Forschung zu schaffen. Die Studien über Erblichkeitsfragen haben sehr darunter leiden müssen, daß die Biologen oft ganz verblüffend wenig zahlentechnisch gebildet waren — aber fast ebensoviel darunter, daß mathematisch geschulte einschlägige Forscher gar keine morphologische und physiologische Vorkenntnisse besaßen!

Bei feinerer Behandlung eines gegebenen Zahlenmaterials müssen die Biologen fachmathematische Hilfe suchen; die hier angegebenen Berechnungsmethoden sollen den nur elementarmathematisch geschulten Biologen über die ersten Schwierigkeiten helfen — und auch ihnen zeigen, daß fehlertheoretische Studien eine sehr wichtige Seite der wissenschaftlichen Bildung sind.

———

Siebente Vorlesung.

Erste Orientierung über die Erblichkeitsfragen. — Das GALTON'sche Rückschlagsgesetz. — Selektion in Populationen.

Wir haben bisher solche Variationen im Auge gehabt, welche
in Bezug auf die Zahlenverteilung dem binomialen Schema $(1 + 1)^n$
einigermaßen entsprechen. Bevor wir Variationen, welche andere
Verteilungsarten zeigen, näher betrachten, wird es zweckmäßig
sein, einige Erblichkeitsfragen zu beleuchten. Vorläufig haben wir
nur mit solchen Fällen zu tun, in welchen die Variation nicht
wesentlich vom binomialen Schema abweicht; und wir halten uns
dabei an Reihenvariationen.

Die ganz naheliegende, anscheinend einfachste Frage der Erblichkeitsforschung ist in solchen Fällen diese: Kann man aus dem
Charakter eines Individuums in Bezug auf eine gegebene Eigenschaft, z. B. Größe, Gewicht, Organanzahl, Farbenintensität usw.,
einen Schluß ziehen betreffend diejenige Beschaffenheit, welche die
Nachkommenschaft des Individuums erhalten wird?

Diese Frage ist aber in der Wirklichkeit eine sehr komplizierte.
Denn ein gegebenes Individuum, d. h. dessen ganze Beschaffenheit,
würde ja im Laufe der Ontogenese durch eine lange Reihe von
größtenteils unbekannten Faktoren bestimmt oder beeinflußt. Das
Individuum erhält sein Gepräge teils durch die Summe und das
Zusammenspiel der „Anlagen", welche die das Individuum grundlegenden Gameten (Ei- und Samenzelle) mitbrachten, und teils durch
die Nuanzierungen der äußeren Verhältnisse, unter welchem das
Individuum sich von der Grundlegung an entwickelt hat. Deshalb
ist es in sehr vielen Fällen unmöglich, bei reiner Inspektion eines
Individuums anzugeben, ob das individuelle Gepräge wesentlich
durch die in den Gameten gegebenen „Anlagen" oder durch die
äußeren Verhältnisse bedingt ist. Nimmt man z. B. eine große
Bohne und eine kleine Bohne derselben Kultur irgend einer Aus-

saat, so wird man im voraus gar nicht wissen können, ob die Bohne groß bezw. klein ist, weil die betreffenden Pflanzen „Anlage" zur Produktion großer bezw. kleiner Samen hatten; oder ob es lokal verschiedene äußere Verhältnisse sind, welche die eine Bohne größer als die andere machten, während die „Anlagen" vielleicht identisch wären. Ja nichts steht der Möglichkeit im Wege, daß die größere Bohne einer Pflanze entstammt, welche „Anlage" zur Produktion kleiner Bohnen hatte, während die kleine Bohne von einer Pflanze stammt, welche an und für sich „Anlage" zur Großsamigkeit hat. Die äußeren Verhältnisse hätten hier die Veranlagung ganz überwältigt. Schon diese kleine Überlegung zeigt uns, daß wir nicht ohne weiteres erwarten können den Individuen anzusehen, wie ihre „Veranlagung" ist. Was wir unter „Anlagen" verstehen sollen, können wir hier noch nicht des näheren definieren, wir haben zuerst mehrere Erfahrungen kennen zu lernen, welche die Sache klarer stellen werden.

Beim Studium der Erblichkeit sowie der Variabilität begegnet uns demnach gleich die Frage: Wie beeinflussen die äußeren Verhältnisse den Charakter des Individuums? Selbst wenn wir danach streben, das Milieu — mit diesem Worte werden wir häufig den Inbegriff äußerer Verhältnisse bezeichnen — ganz gleich für die in unseren Versuchen sich entwickelnden Individuen zu machen, so können wir solches nie erreichen. Das ist eine der wichtigsten Ursachen der Unsicherheit in den Einzelnheiten, welche so vielem, was Erblichkeitsfragen betrifft, anhaftet. Eine einzelne Erfahrung, für sich allein betrachtet, kann als grader Gegensatz zu einer anderen Erfahrung stehen oder doch zu stehen scheinen, selbst in den schönsten Versuchen.

Darum wird eine statistische Behandlung der Erfahrungsgruppen notwendig, wobei man hoffen kann, daß die mehr zufälligen Einwirkungen lokaler Schwankungen im Milieu eliminiert werden können — selbstverständlich unter der Voraussetzung, daß alles mögliche getan wird, um das Milieu für alle zu vergleichenden Individuen so gleich zu halten, wie es überhaupt hier tunlich ist.

Die Herbeischaffung der Erfahrungsgruppen, welche in statistischer Weise verwendet werden sollen, wird offenbar Sache der experimentierenden Biologie; und hier darf eine möglichst genau durchgeführte Beurteilung jedes Einzelfalles nicht versäumt werden. Kurz gesagt, eine biologische Analyse muß der statistischen Behandlung vorausgehen, sonst wird das Resultat leicht biologisch wertlos. Die Mathematik soll hier eine helfende Hand reichen, nicht der leitende Geist sein. Wie schon gesagt: mit Mathematik, nicht als Mathematik treiben wir unsere Studien.

Den ersten Versuch einer exakten Behandlung der Erblichkeitsfragen verdanken wir Francis Galton. Galton ging von der hier als „binomial" geschilderten Variantenverteilung aus, und er hat, wie schon S. 18 erwähnt, sehr viel dazu beigetragen, die Variabilität und deren Messung in klareres Licht zu stellen. Galton hat auch das Verdienst, die Erblichkeitsfragen so präzisiert zu haben, daß sie Gegenstand zahlenmäßiger Behandlung werden konnten. Galton muß deshalb stets als einer der Grundleger der wissenschaftlichen Erblichkeitslehre verehrt werden, während Quetelet's Forschung die erste Grundlage einer exakten Forschung der Variabilitätsfragen bildete.

Galton lehrte uns bei Erblichkeitsfragen zuerst die einzelnen Eigenschaften jede für sich zu behandeln, derart, daß man mit Gradesunterschieden zu tun hat. Er führte wahre quantitative Messung in die Erblichkeitslehre ein. Und ganz besonders wurde die Erblichkeitsforschung bei Reihenvariationen, wo es ja stets quantitative Unterschiede (Gradesunterschiede) je einer einzelnen Eigenschaft sind, welche in Frage kommen, durch Galton gefordert. Auch die Erblichkeit bei alternativer Variation, wo eben Qualitätsunterschiede vorliegen (oder doch vorliegen können) zog Galton in Betracht — diese Frage werden wir aber erst später behandeln können. Auch eine weitere Frage, ob die verschiedenen Eigenschaften eines Organismus in Zusammenhang variieren, wurde von Galton behandelt. Auch diese sehr wichtige Frage werden wir einstweilen liegen lassen.

Wir haben hier vorläufig nur die anscheinend am leichtesten zugänglichen Fälle zu behandeln, in welchen die Erblichkeit in Bezug auf die meßbaren Grade, die Intensitäten einer einzigen Eigenschaft untersucht werden soll. Hier liegt eine rein quantitative Frage vor: Werden Individuen, welche in Bezug auf irgend eine Eigenschaft Plusabweicher (bezw. Minusabweicher) sind, Nachkommen erhalten, welche ebenfalls Plus- (bezw. Minus-) abweicher sind? Oder kann die Relation zwischen Abweichung der Eltern und Abweichung der Nachkommen von der mittleren Beschaffenheit der betreffenden Rasse in anderer gesetzmäßiger Weise ausgedrückt werden?

Diese Frage ist eigentlich die Hauptfrage der ganzen Erblichkeitsforschung; denn von ihrer Beantwortung hängt die ganze Auffassung des Wesens der Erblichkeit ab. Hier ist GALTON der erste gewesen, welcher versucht hat, bestimmte Gesetze zu finden.

GALTON fing vor etwa dreißig Jahren seine diesbezüglichen Untersuchungen an, und zwar zuerst mit Samen der wohlriechenden Platterbse, „sweet-peas" der Engländer (*Lathyrus odoratus*). Die fast vollkommene Kugelform dieser Samen erlaubt eine leichte Bestimmung der Größe, indem nur der Diameter zu messen ist, ohne die Orientierung der Samen zu berücksichtigen. GALTON säte nun Samen verschiedener Größenklassen aus, und die Nachkommensamen jeder dieser Klasse wurden wiederum gemessen. Das Resultat wird aus folgender Tabelle ersichtlich, in welcher die Diameter der Samen in Hundertstel von englischen Zollen angegeben sind.

Größe der Muttersamen	15	16	17	18	19	20	21
Mittlere Größe der Nachkommen	15,3	16,0	15,6	16,3	16,0	17,3	17,5
GALTON's Ausgleichung der Zahlen	15,4	15,7	16,0	16,3	16,6	17,0	17,3

Viele Faktoren des betreffenden Jahres, was wir kurz „den Jahrgang" nennen können, haben großen Einfluß auf die Korngröße, darum können wir uns nicht verwundern, daß die Nachkommen als Ganzes durchgehends viel kleiner als die Muttersamen waren — in einem folgenden Jahre hätte es umgekehrt ausfallen können. Man muß die Nachkommen im Verhältnis zu dem Mittelwert der ganzen Nachkommengeneration beurteilen, oder, was korrekter ist, im Vergleich mit den Nachkommen derjenigen Muttersamen, welche den Mittelwert der Muttergeneration repräsentierten.

Der Mittelwert der Muttergeneration kann nun allerdings bei GALTON nicht direkt gesehen werden, er wird aber sehr nahe bei 0,18 Zoll gelegen haben. Wir nehmen darum dieses Maß als Ausgangspunkt für den Vergleich innerhalb der Muttergeneration und setzen ihn für den Vergleichszweck = 100. Die betreffende Klasse wird zur Zentralklasse der Muttersamen. In der Nachkommengeneration setzen wir aber 0,163 Zoll = 100, denn diesen Wert finden wir als Mittelbeschaffenheit der Nachkommen der soeben erwähnten Mutterzentralklasse. Bei der Muttergeneration wird also 18 der Tabelle = 100, bei der Nachkommengeneration 16,3 = 100 gesetzt. Dadurch erhalten wir die folgende Übersicht, in welcher der Jahreseinfluß eliminiert ist[1]), und aus welcher die Relation zwischen

---

[1]) Natürlicherweise unter der Voraussetzung, daß dieser Einfluß relativ gleich groß bei allen Klassen gewesen ist. Hier ist wohl diese Voraussetzung zulässig.

Größe der Mutterklassen und der durchschnittlichen Größe der entsprechenden Nachkommen hervorgeht.

Größe der Muttersamen	83	89	94	100	106	111	117
Mittlere Größe der Nachkommen	94	98	96	100	98	106	107
Nach Galton's Ausgleich der Zahlen	94	96	98	100	102	104	106

Werden alle diese Zahlen als Abweichungen von der Zentralklasse berechnet, so haben wir folgende Zahlen:

Abweichung der Muttersamen	÷17	÷11	÷6	0	+6	+11	+17
Abweichung d. Mittelgröße d. Nachkommen	÷6	÷2	÷4	0	÷2	+ 6	+ 7
Nach Galton's Ausgleichung	÷6	÷4	÷2	0	+2	+ 4	+ 6

Ob wir mit GALTON die Zahlen ausgleichen oder nicht, ist unwesentlich; es tritt ganz deutlich hervor, daß die Abweichungen von der Zentralklasse bei den Muttersamen viel größer sind als bei den entsprechenden Nachkommen-Mittelgrößen. Benutzen wir die ausgeglichenen Zahlen, so wird es aus den Brüchen $\frac{6}{17}$, $\frac{4}{11}$ und $\frac{2}{6}$, deren Mittelwert, $0,35$, etwa $\frac{1}{3}$ ist, sofort deutlich, daß die durchschnittliche Größe der Nachkommen jeder Mutterklasse nur etwa ein Drittel so viel von der Zentralklasse des betreffenden Jahrgangs abweicht als die Größe der Muttersamen selbst es tat. Werden wir aber die faktisch gefundenen Zahlen anwenden, erhalten wir doch als Hauptresultat ungefähr dasselbe. In Bezug auf die Minusvarianten erhalten wir die Brüche: $\frac{\div 6}{\div 17}$, $\frac{\div 2}{\div 11}$ und $\frac{\div 4}{\div 6}$; hieraus der Mittelwert $0,40$, und für die Plusvarianten finden wir: $\frac{\div 2}{6}$ (man merke hier das negative Vorzeichen im Zähler) $\frac{6}{11}$ und $\frac{7}{17}$, deren Mittel $0,21$ ist. Die Bestimmungen bei Plus- und Minusvarianten stimmen hier nicht besonders schön. Der Mittelwert aller Einzelbestimmungen, $0,31$, sollte die Erblichkeitsziffer sein, d. h. das Verhältnis zwischen Abweichung der Mütter (Eltern) und Abweichung der Nachkommen (Kinder) von der durchschnittlichen Beschaffenheit der „Rasse".

Hiernach könnte man also sagen: Im vorliegenden Falle wäre etwa ein Drittel der Abweichung der Eltern von den Kindern „geerbt". Zwei Drittel der elterlichen Abweichung sind aber nicht bei den Kindern zu spüren.

Diese Versuchsreihe ist GALTON's älteste und wohl seine einzige publizierte experimentelle Untersuchung. Leider sind keine Angaben über die Variabilität der Nachkommensamen vorhanden, die Beurteilung der Mittelwerte usw. läßt sich nicht unseren jetzigen Ansprüchen gemäß ausführen. Jedoch ist es keinem Zweifel unterworfen, daß diese Versuche richtig sind, daß deren Ergebnis großes Interesse beanspruchen kann.

Bei *Lathyrus odoratus* geschieht Selbstbestäubung; und darum wählte GALTON diese Pflanzenart. Hier hat man nicht die Schwierigkeit, welche uns begegnet, wo jedes Individuum zwei verschiedene Eltern hat. So ist der Fall ja meistens, u. a. auch bei Menschen.

Bei Menschen hat GALTON eine ganze Reihe von Eigenschaften näher untersucht, z. B. Körperlänge, Augenfarbe, gewisse Krankheiten u. a. Wir halten uns hier an den einfachsten, am besten behandelten Fall, die Körperlänge; auch gehören z. B. die Augenfarbe und verschiedene Krankheiten zu den alternativ variierenden Eigenschaften, welche hier noch nicht behandelt werden sollen.

Es wurde nun bei 204 Elternpaaren und deren 928 erwachsenen Kindern, alle aus der englischen Bevölkerung, die Körperlänge und deren Erblichkeit untersucht. Die verschiedenen Schwierigkeiten und Fehlerquellen einer solchen Untersuchung sollen hier nicht näher beleuchtet werden, mit Ausnahme der Tatsache, daß hier mit zwei Eltern in jedem einzelnen Falle zu rechnen ist. Indem nun die Größe der Frauen durchgehend geringer als die Größe der Männer ist, mußte notwendigerweise ein gemeinsames Maß gefunden werden, um die durchschnittliche Körperlänge eines Elternpaares einheitlich ausdrücken zu können. Nach vorausgegangenem Nachweise, daß — in GALTON's Material — die Körperlänge der Männer sich durchschnittlich zur Körperlänge der Frauen wie 1,08 : 1 verhielt, und unter der offenbar richtigen Voraussetzung, daß die Variation der Körperlänge der Frauen denselben allgemeinen Charakter hat wie bei Männern, hat GALTON einfacherweise alle Frauengrößen zu Männergrößen korrigiert durch Multiplikation mit der Sexual-Relation 1,08 (vgl. S. 50). GALTON ordnet sodann sein Material nach Körperlänge der „Elternmittel" (mid-parents). Darunter versteht er die halbe Summe der Körperlänge des Vaters und der korrigierten Körperlänge der Mutter, in Formel also: $\frac{1}{2} (\male + 1,08 \female)$, wobei ♂ und ♀ die Körperlänge des Vaters bezw. der Mutter bedeutet.

Das Resultat dieser Behandlungsweise ist aus den folgenden Tabellen ersichtlich. Die Zahlen geben die Körperlängen in englischen Zollen an

Elternmittel	64,5	65,5	66,5	67,5	*68,5*	69,5	70,5	71,5	72,5
Mittlere Körperlänge der Nachkommen	65,8	66,7	67,2	67,6	*68,3*	68,9	69,5	69,9	72,2

Berechnen wir hiernach die Zahlen für jede der beiden Generationen (deren Mittel hier fast ganz übereinstimmen) in Prozenten der den Mittelwert repräsentierenden Zentralklasse, ganz wie wir es für die *Lathyrus*samen ausführten, so erhalten wir diese Übersicht:

Elternmittel	94	95,5	97	98,5	*100*	101,5	103	104,5	106
Mittlere Länge der Nachkommen	96	97,5	98,5	99	*100*	101	101,5	102	105,5

Und hieraus erhalten wir wieder, in ganz entsprechender Weise wie bei den *Lathyrus*samen, die folgende Übersicht der Relation zwischen Abweichung der Eltern und Abweichung der mittleren Körperlänge der betreffenden Nachkommen:

Abweichung der Eltern	÷ 6	÷ 4,5	÷ 3	÷ 1,5	0	+ 1,5	+ 3	+ 4,5	+ 6
Abweichung der Kinder	÷ 4	÷ 2,5	÷ 1,5	÷ 1	0	+ 1	+ 1,5	+ 2	+ 5,5

In ganz entsprechender Weise wie früher ausgeführt (S. 104), erhalten wir für die Minusvarianten die Erblichkeitsziffer aus den Brüchen $\frac{4}{6}$, $\frac{2,5}{4,5}$, $\frac{1,5}{3}$ und $\frac{1}{1,5}$, deren Mittelwert *0,60* ist, und für die Plusvarianten aus den Brüchen $\frac{1}{1,5}$, $\frac{1,5}{3}$, $\frac{2}{4,5}$ und $\frac{5,5}{6}$, deren Mittelwert *0,63* ist. Als Hauptresultat erhalten wir hier die Erblichkeits-Relation *0,62*, welche also aussagt, daß die Nachkommen durchschnittlich gesehen eine Abweichung vom Mittel der betreffenden Population zeigen, welche gegen $\frac{2}{3}$ derjenigen Abweichung ist, welche die betreffenden Eltern zeigten.

Diese Resultate bilden die wesentlichsten Grundlagen des sogenannten Galton'schen Rückschlagsgesetzes. In Bezug auf die hier im Auge gehaltenen Fragen sagt das Gesetz folgendes aus: Eltern, welche in positiver oder negativer Richtung von der mittleren Beschaffenheit der „Rasse" abweichen, erzeugen Nachkommen, welche in gleicher Richtung, jedoch in geringerem Grade, abweichen. Die Nachkommen zeigen einen „Rückschlag" gegen die mittlere Beschaffenheit der gegebenen Rasse. Es ist dabei wichtig, festzustellen, daß hier die Nachkommen irgend einer Elternklasse als Ganzes betrachtet werden; d. h. es ist das Mittel der betreffenden Nachkommen, welches in gleicher Richtung abweicht, aber in geringerem Grade als die Eltern. Innerhalb jeder Serie von solchen Nachkommen ist, wie wir weiter unten sehen werden, die Variabilität nicht viel kleiner oder häufig gar eben so groß wie in der ganzen Rasse.

Das GALTON'sche Rückschlagsgesetz kann in den beiden hier erwähnten Fällen folgendermaßen ausgedrückt werden. Für die Körperlänge und andere gemessenen Eigenschaften der Menschen gilt (in GALTON's Material) das Gesetz, daß die Kinder durchgehends (d. h. wenn wir das Mittel ihrer Beschaffenheit in Betracht ziehen) etwa $^2/_3$ der Abweichungen der Eltern „erben" während sie also so weit gegen die mittlere Beschaffenheit der Rasse „zurückschlagen", daß ungefähr $^1/_3$ der Abweichung der Eltern verschwindet, oder kurz ausgedrückt: Erbe $^2/_3$, Rückschlag $^1/_3$ der Abweichung — d. h. der persönlich charakteristischen Beschaffenheit — der Eltern. Für die *Lathyrus*samen wurde dagegen gefunden, daß das Erbe $^1/_3$, der Rückschlag $^2/_3$ der persönlichen Beschaffenheit (Abweichung) der Eltern ausmachten. Die Summe von Erbe und Rückschlag muß selbstverständlich der ganzen Abweichung der Eltern gleich sein. Erbe $+$ Rückschlag der Nachkommen $=$ elterliche Abweichung vom Mittel der Rasse unter gegebener Lebenslage.

GALTON neigte zu der Auffassung, daß überall gleiche Zahlenverhältnisse bei den Erscheinungen Erbe und Rückschlag sich geltend machen würden. Er hatte nämlich gefunden, daß, wenn man in seinem Material die Väter und die Mütter (korrigiert) jede für sich nach Körperlänge gruppiert, so werden die Nachkommen, durchschnittlich gesehen, eine Abweichung vom Mittelwert der Population zeigen, welche nur $^1/_3$ der Abweichung des Vaters oder der Mutter ist. Dieses ist leicht zu verstehen, denn in GALTON's Material fand sich keine Andeutung einer „aussuchenden" Vermählung derart, daß große Männer etwa große Frauen (oder gerade kleine Frauen) genommen hätten. Die Eheschließungen waren hier von den Körperlängen-Verhältnissen ganz unabhängig.[1]) Folglich waren alle Größenklassen der Väter und auch die Größenklassen der Mütter, jede für sich betrachtet, mit durchschnittlich gleich großen Gatten vermählt. Infolge dessen wichen die den Größenklassen des einen Gatten entsprechenden Elternmittel durchgehends nur halb so viel von der mittleren Größe der Population ab, als die betreffende Väter- oder Mutterklasse. Und sodann wird es ganz natürlich, daß die durchschnittliche „Erblichkeit" der Abweichung der Väter oder der Mütter nur halb so groß ist als wie bei gleich abweichenden Elternmittel.

Da nun aber die *Lathyrus*samen die Erblichkeitsrelation $^1/_3$ hatten, ganz wie bei den Menschen, wenn hier nur einer der Eltern in Betracht gezogen wird, lag es für GALTON nahe zu vermuten, daß eine tiefere Übereinstimmung sich hier äußere. Davon ist aber gar nicht die Rede. Die Größe eines *Lathyrus*samens kann gar nicht mit der Größe je eines der Eltern verglichen werden, sondern mit dem Elternmittel; denn der *Lathyrus*same repräsentiert ja sowohl Vater als Mutter. Wäre die Erblichkeitsrelation auch hier $^2/_3$, so hätten wir Übereinstimmung mit dem GALTON'schen Menschenmaterial gehabt. Übrigens hat es sich gezeigt, daß man bei ähnlichen Untersuchungen mit anderen Arten andere Zahlen bekommt; ich habe z. B. bei Bohnen gefunden, daß die Erblichkeitsrelation etwa $^1/_4$ sein kann. Es liegt gar kein Gewicht auf diesen Zahlen, sie sind, wie wir sehen werden, höchst zufälliger Natur und haben keinen biologischen Wert.

Beim ersten Blick könnte man vermuten, daß dieses von GALTON gefundene „Rückschlagsgesetz" bedingen müßte, daß jede folgende Generation weniger variabel würde, also eine kleinere Standardabweichung zeigen würde. Davon ist aber gar keine Rede.

Erstens zeigt schon GALTON's Menschenmaterial, daß die ganze Nachkommengeneration, als Ganzes gesehen, dieselbe Variabilität hat wie die Elterngeneration. Zweitens ist bei Erwähnung der Nachkommenreihen nur deren Mittelwert in Betracht gezogen worden. Selbstverständlich findet sich eine gewisse, gar nicht kleine Variabilität bei den Nachkommen je einer Klasse von Eltern (bezw. von Mutterpflanzen). So hatten z. B. die Nachkommen aller Eltern-

---

[1]) Dies trifft nicht allgemein zu; es findet sich unzweifelhaft nicht selten „aussuchende" Vermählung („assortive mating" der Engländer). Wir brauchen hierauf aber nicht näher einzugehen.

mittel, deren Körperlänge 67,5 Zoll war, allerdings die d u r c h -
s c h n i t t l i c h e Körperlänge von 67,6″, aber die Variabilität war dabei
sehr groß. Diese Nachkommen (mit korrigierten Frauengrößen) verteilten sich nämlich über die folgenden Maßklassen:

Körperlänge[1])	62,2	63,2	64,2	65,2	66,2	67,2	68,2	69,2	70,2	71,2	72,2
Anzahl Individuen	3	5	14	15	36	38	28	38	19	11	4

Hieraus $M = 67{,}59″$ $n = 211$ und $\sigma = \pm\, 2{,}15″$.

Das gesamte Nachkommenmaterial hatte (wie S. 120 zu sehen
ist) eine Standardabweichung $\sigma = \pm\, 2{,}54″$; die Variabilität der Nachkommen einer sogar sehr eng begrenzten Elternklasse ist sodann
nicht übermäßig viel kleiner als bei den Gesamtnachkommen. Selbst
wenn also die mittlere Beschaffenheit verschoben wurde, wenn
Nachkommen nur von Eltern einer bestimmten Maßklasse ausgewählt
wurden, so wird die Variabilität dadurch nicht so viel geändert
werden, wie man vielleicht ohne Voraussetzungen es erwarten
möchte.

Und ferner hat GALTON bei seinen eignen Zahlenzusammen-
stellungen gefunden, daß man eine auch als „Rückschlag" zu be-
zeichnende Erscheinung hat, wenn man zuerst d i e N a c h k o m m e n ,
jedes Individuum für sich, in Maßklassen ordnet, und darauf prüft,
wie die Mittelwerte der entsprechenden Elternmaße sich stellen.
Es zeigte sich hier, daß Individuen, welche vom Mittelwert der
ganzen Population abweichen, Eltern gehabt haben, welche durchschnittlich w e n i g e r abwichen. Und es stellte sich heraus, daß die
Eltern, als Ganzes gesehen, eine Abweichung vom Mittel der Population hatten, welche durchschnittlich nur ¹/₃ der Abweichung
der Kinder ausmachte.

Also wird die Regel diese: M e n s c h e n , w e l c h e v o m M i t t e l
d e r P o p u l a t i o n m e r k b a r a b w e i c h e n , w e r d e n a m h ä u f i g s t e n
E l t e r n g e h a b t h a b e n , w e l c h e w e n i g e r a b w i c h e n , u n d s i e
w e r d e n a u c h a m h ä u f i g s t e n K i n d e r e r z e u g e n , w e l c h e
w e n i g e r a l s s i e a b w e i c h e n w e r d e n . Dasselbe zeigt sich auch
ganz deutlich bei den Pflanzen.

Das anscheinend Paradoxale in diesem Verhalten schwindet,
wenn man sich nur klar macht, daß mittelmäßige Individuen, also

---

[1]) GALTON teilte sein Nachkommenmaterial nicht in Klassen mit ganzen
Zahlen als Grenzwerte ein, sondern in Klassen, deren Wert 61,7″, 62,7″ usw.
war; weil er hier bei den Maßangaben eine Neigung fand, die Zahlen auf
ganze Zoll auszudrücken. Vgl. S. 16. Die Werte 62,2″, 63,2″ sind demnach
die Klassenmittel.

Individuen, welche wenig vom Mittel abweichen, in ganz über-
wiegender Anzahl vorkommen, wie es ja aus der öfters genannten
binomialen Verteilung hervorgeht Denn es wird hiernach verstanden, daß Individuen, welche wesentlich vom Mittel abweichen,
notwendigerweise öfters von näher dem Mittel stehenden Eltern geboren sein müssen, als von den seltener vorkommenden, noch weiter
vom Mittel stehenden. Und es wird ebenfalls begreiflich, daß stark
abweichende Individuen meistens weniger abweichende Kinder erhalten. Alles dieses ist nun aber reine Statistik, welche nichts
aussagt — und auch nichts aussagen kann — in Bezug auf den
einzelnen Fall, wo eben Ausnahmen vorkommen müssen.

GALTON ging noch weiter in Betrachtungen über Ähnlichkeit
zwischen Verwandten. Bei Menschen — und ebenfalls bei Haustieren, z. B. Rassepferden und Hunden — hat man das Material
vielfach allein nach den Vätern oder allein nach den Müttern geordnet, ferner auch mitunter Söhne für sich und Töchter für sich
betrachtet, um in dieser Weise statistische Durchschnittsgesetze
nachzuweisen. Es hat sich dabei gezeigt, daß der Vater und die
Mutter im großen ganzen gleich großen Einfluß auf den „erblichen"
Charakter der Nachkommen haben. Dieses ließe sich auch nach
unseren jetzigen Kenntnissen auf dem Gebiete der Befruchtungs-
lehre voraussehen, wobei aber noch nichts über einen mehr persönlichen, namentlich den Ernährungszustand betreffenden Einfluß der
Mütter während der Trächtigkeitsperiode gesagt wird. Und was
Bastarde betrifft, müssen wir auf eine spätere Vorlesung verweisen.

Aber GALTON und im Anschluß an ihn auch der bekannte
Mathematiker KARL PEARSON sind noch weiter gegangen. Sie haben
die Ähnlichkeitsgrade zwischen den Nachkommen und noch ferneren
Generationen ausgerechnet, alles auf statistische Zusammenstellungen
basiert. GALTON meinte bewiesen zu haben, daß der Charakter der
Nachkommen, d. h. deren Abweichung vom Mittel der Population[1]),
durch folgende Zahlenverhältnisse ausgedrückt werden konnte: Die
Nachkommen erhalten ihr Gepräge derart, daß die Eltern allein $\frac{1}{2}$
beitragen (sodann $\frac{1}{4}$ von jedem der Eltern, durchschnittlich gesehen), die Großeltern $\frac{1}{4}$, durchschnittlich $\frac{1}{16}$ für jeden der Großeltern), die Urgroßeltern $\frac{1}{8}$ usw. Dieses sind rein und bar Durch-

---

[1]) Hier, wo wir nur je einer Eigenschaft gedenken, wird der Charakter
eines Individuums selbstverständlich durch die Abweichung vom Mittel
bestimmt.

schnittswerte statistischer Art. PEARSON hat ähnliche, etwas abweichende Zahlen berechnet; für Hunde und Pferde z. B.: die Eltern bedingen $^1/_2$, die Großeltern $^1/_8$, die Urgroßeltern $^2/_9$ usw.

Alle solche Angaben sind nur Ausdrücke für Wahrscheinlichkeitsgesetze: aber sie können ihre große Bedeutung haben, z. B. in Bezug auf Lebensversicherungsfragen u. dergl. mehr; teils vielleicht auch in Bezug auf die Sicherheit, mit welcher man bei Gestüten u. dergl. Anstalten die Resultate verschiedener „Partien" zwischen den Zuchttieren voraussagen kann. Aber alle solche Berechnungen sind und bleiben Konjekturen ganz wie beim Lotteriespiel, wo die allgemeinen Gesetze klar sind, der einzelne Fall aber doch ganz und gar „zufällig" bleibt. PEARSON sagt sogar selbst: „Die Ursachen bei dem einzelnen Fall der Erblichkeit sind zu verwickelt, um eine exaktere Behandlung zu erlauben; und bis jetzt sind nur geringe Fortschritte gemacht bezüglich unseres Überblicks der Umstände, unter welchen größere oder geringere Ähnlichkeit zwischen Eltern und Nachkommen erwartet werden können." Und ferner: „Wir müssen bei der Untersuchung eher von den Erscheinungen der Erblichkeit in Massen zur Erblichkeit in engeren Kreisen schreiten als den Versuch machen, allgemeine Gesetze durch Beobachtungen einzelner Fälle auszufinden. Kurz gesagt, wir müssen mit der Methode der Statistik arbeiten, anstatt typische Einzelfälle zu berücksichtigen." PEARSON redet auch von dem wenig ermunternden darin, daß die Erblichkeitslehre — wie PEARSON sie studiert! — nur noch mit durchschnittlichen Bestimmungen und Wahrscheinlichkeiten rechnen kann.

In entsprechender Weise, wie man solcherart den durchschnittlichen Ähnlichkeitsgrad zwischen den Nachkommen und deren Vorfahren (oder allgemein zwischen Aszendenten und Deszendenten) berechnet hat, hat man auch den Ähnlichkeitsgrad zwischen Geschwistern, Vettern (bezw. Cousinen) und noch ferneren Verwandten berechnen wollen. Diese Relationen werden wir aber gar nicht näher betrachten. Sie mögen Ausdrücke gewisser statistischer Gesetzmäßigkeiten sein, aber die Variation bei diesen Durchschnittsbestimmungen ist sehr groß. Und wir werden sehen, daß man auf diese Weise nicht zu einer wahren Einsicht in die biologischen Erblichkeitsgesetze kommen kann. Es ist ein Irrtum, zu meinen, daß Verwandtschaft und Ähnlichkeit sich ohne weiteres durch einander ausdrücken kann. Besonders wo — später — von alternativen Fällen die Rede ist, wird dieses sich ganz deutlich zeigen.

Ein Gesetz, welches die Relation zwischen der Beschaffenheit der Nachkommen und der Eltern ausdrücken könnte, würde selbstverständlich der Haupteckstein der Erblichkeitslehre sein. Darum verdient Galton's hier erwähntes „Rückschlags"gesetz, wie es sich beim Verhalten der Nachkommen zu den Eltern zeigt, das größte Interesse. Man versteht, daß die Tragweite dieses Gesetzes — ihre Richtigkeit vorausgesetzt — sehr groß sein muß. Denn hiernach mußte man annehmen, daß eine durch mehrere Generationen fortgesetzte Auswahl (Selektion) von Individuen, welche in bestimmter Richtung vom Mittel der Population abweichen, zur Bildung einer so zu sagen neuen Population führen muß, d. h. einer Population, deren Mittelwert bezüglich der fraglichen Eigenschaft, z. B. der Größe, gegenüber dem Mittelwert der ursprünglichen Population in der Selektionsrichtung verschoben wäre.

Und es gelingt auch meistens durch Selektion in der Plus- und in der Minusrichtung, aus einer gegebenen Population neue „Rassen" hervorzuzüchten, deren Mittelwerte bedeutend von dem ursprünglichen abweichen. Dabei sind aber doch Ausnahmen öfters vorgekommen und namentlich hat es sich häufig gezeigt, daß die Selektionswirkung bald eine Grenze erreicht.

Wie dem nun sei, die Anschauung hat feste Wurzel in der allgemeinen Auffassung, daß die Wirkung einer Selektion sehr mächtig ist, und daß man durch fortgesetzte Selektion allmählich den „Typus" der betreffenden Population recht wesentlich ändern kann. In Darwin's Werke sowie in den Schriften Weismann's, der „Biometrischen" Schule u. m. a., vielleicht besonders unter den Zoologen, z. B. Plate, findet man Stützen bezw. eifrige Anhänger dieser Anschauung. Meist wird sie mit deszendenztheoretischen Spekulationen kombiniert.

Wir werden aber in der nächsten Vorlesung sehen, daß diese Anschauung, welche lange Zeit eine herrschende war, einer Kritik sehr stark bedürftig war. Diese Kritik mußte, um exakt geführt zu werden, mit einer Analyse gegebener Populationen anfangen, wie wir es weiter unten sehen werden.

Achte Vorlesung.

Weiteres über Selektion. — Der Typus im QUETELET'schen Sinne. — Wird der Typus durch Selektion verschoben? — Phänotypen, Gene (Pangene) und genotypische Unterschiede. — Homozygoten und Heterozygoten.

Eine immer noch recht verbreitete Ansicht ist die, daß bei jeder Spezies oder Rasse die stets auftretenden persönlichen Abweichungen vom „Typus" (ɔ: der mittleren Beschaffenheit in Bezug auf irgend eine Eigenschaft) Ausgangspunkte für eine Verschiebung dieses Typus werden können, sobald nur eine bestimmt gerichtete Selektion hinzutritt.

Wäre diese Ansicht richtig, so müßte man konsequenterweise sich vorstellen, daß die Selektion selbst eine wichtige Bedingung sei für das Auftreten stärker und stärker vom ursprünglichen Typus abweichender Individuen. Das heißt, man müßte gewissermaßen die Selektion selbst als Ursache einer nach der Selektionsrichtung sich weiter und weiter streckenden Variabilität ansehen.

Dieses geht aus den Gesetzmäßigkeiten hervor, welche wir schon bei Erwähnung der gewöhnlichen Variationsreihen gefunden haben. Denken wir uns eine beliebige Variationsreihe gegeben, für deren Mittelwert und Standardabweichung wir bezw. $M = 50$ Maßeinheiten und $\sigma = 2$ haben[1]), und folgt diese Reihe der binomialen Verteilung, so haben wir in der Tabelle S. 65 ein Mittel, die Reihe selbst zu konstruieren. Falls wir im ganzen 1000 Individuen zu betrachten haben, wird keine Variante außerhalb des Spielraums $M \pm 3{,}5\,\sigma$ gefunden, d. h. alle finden sich innerhalb 43 bis 57 Maßeinheiten. Und wir würden z. B. zwischen den Grenzen 54 und 55 Maßeinheiten (welche bezw. $+2\,\sigma$ und $+2{,}5\,\sigma$ entsprechen), 16,5 oder rund 17 Varianten haben.[2]) Der Mittelwert dieser 17 plusabweichenden Individuen ist als 54,5 in Rechnung

---

[1]) Das Beispiel schließt sich am nächsten an die S. 90 erwähnten Butten.
[2]) Nämlich pro 10000 4938 ÷ 4773, vgl. die Tabelle S. 65.

zu stellen. Denken wir sie für Weiterzucht allein ausgewählt und erhalten wir etwa aus ihnen 1000 Nachkommen (was bei vielen Tieren und Pflanzen leicht zutreffen könnte), so würde, falls das GALTON'sche Gesetz mit etwa $^1/_3$ als Erblichkeitsrelation hier Gültigkeit hätte, die betreffende Nachkommen-Generation den Mittelwert $50 + ^1/_3 \cdot 4,5 = 51,5$ Maßeinheiten haben. Ist auch hier die Standardabweichung $\sigma = 2$, was einem nur ganz wenig verkleinerten Variabilitäts-Koeffizienten entspräche, so würde das aussagen, daß alle 1000 Individuen, zwischen dem Spielraum $M \pm 3,5\,\sigma$ liegend, hier innerhalb der Grenzen 44,5 und 58,5 Maßeinheiten sich fänden.

Bei diesen durch Plusselektion der Eltern gewonnenen Nachkommen würden wir also Individuen zwischen den Grenzen 57 bis 58,5 Maßeinheiten finden, während dieses nicht der Fall in der Elterngeneration sein konnte, wo andererseits Individuen zwischen 43 und 44,5 auftraten. Und die Anzahl der solcherart bei den Nachkommen neu in die Erscheinung tretenden Varianten würde nach der Tabelle S. 65 etwa 3 pro 1000 sein, also keineswegs eine verschwindende Anzahl.

Falls GALTON's Gesetz gültig wäre und falls die Variabilität nicht durch Selektion wesentlich abnehmen sollte (wofür kein Grund vorliegt), muß sodann die Selektion, eben indem sie eine Verschiebung des Typus bewirken soll, notwendigerweise — wir können „mit logischer Notwendigkeit" sagen — Variationsmöglichkeiten realisieren, welche nicht ohne Selektion in die Erscheinung treten würden. Denn ohne eine Typenverschiebung in der betreffenden Richtung wäre die Wahrscheinlichkeit für die Verwirklichung dieser Möglichkeiten unendlich klein. Insofern brächte die Selektion Neues hervor.

Bei dieser Auseinandersetzung wurde natürlicherweise vorausgesetzt, daß die Lebenslage der betreffenden Organismen unverändert dieselbe in beiden Generationen ist. Sonst hörte der unmittelbare Vergleich ja auf, und besondere Korrektionen wären einzuführen. Diese Reservation ändert aber an der Sache selbst gar nichts.

Durch Selektion in bestimmter Richtung — und namentlich wenn sie durch mehrere Generationen weiter geführt würde — wäre also mit Anwendung einer relativ kleinen Zucht die Verwirklichung einer die ursprünglichen Grenzen überschreitenden Variation zu erreichen; ohne Selektion würde dieses nur durch außerordentlich vergrößerte Zucht (Massenkulturen im größten Maßstabe) zu erreichen sein, wobei die betreffenden Varianten relativ äußerst selten sein würden. Somit hätte also die Selektion — indem sie etwas sonst nicht Erschienenes realisiere — eine, praktisch gesprochen, neuschaffende Wirkung!

Eine solche Auffassung der Selektionswirkung ist recht allgemein verbreitet und ist formell völlig berechtigt als Schlußfolgerung von GALTON's Gesetz. Dieses Gesetz selbst ist aber nur ein statistisches Gesetz, kein biologisches, wie wir bald sehen werden.

Wir haben soeben ein Wort benutzt, dessen nähere Bedeutung wir betrachten müssen, das Wort Typus. Dieses Wort wird in recht verschiedener Weise gebraucht und leider oft in solcher Weise, daß Verwirrung entsteht. Was die praktischen Züchter mit „Typus" in verschiedenen Fällen meinen, wenn es als Schlagwort benutzt wird, ist nicht immer leicht klarzustellen. Diese Frage werden wir nicht weiter untersuchen; es mußte nur betont werden, daß „Typus" in der Praxis oft in sehr vager Bedeutung gebraucht wird. Aber auch in wissenschaftlichen Abhandlungen wird „Typus" in sehr verschiedener Bedeutung verwendet.

Jedoch bedeutet das Wort immer nur eine Beschaffenheit oder, — da wir ja vorläufig hier nur mit quantitativen Unterschieden zu tun haben — genauer ausgedrückt, ein Maß einer Beschaffenheit. Man darf durchaus nicht an den Begriff „Typus" Vorstellungen bestimmter Abstammungs-Verhältnisse knüpfen. Dann wäre man sofort in das Labyrinth der Unklarheit geraten. „Typus" gilt nur der Beschaffenheit und hat nichts mit dem Begriff „Verwandtschaft" im genealogischen Sinne zu tun.

Ein bestimmter „Typus" kann in verschiedener Weise entstanden sein, und selbst Geschwister können, wie wir es später sehen werden, zu ganz verschiedenen „Typen" gehören. Je nachdem es Forscher sind, welche die in der Natur selbst vorliegenden Erscheinungen beschrieben oder etwa die statistisch gesammelten Daten in mathematischer Weise bearbeiteten, kurz Forscher, welche wesentlich die Variabilität betrachteten — oder aber Forscher, welche experimentierend auch in die genetischen Fragen einzudringen suchten, kurz Erblichkeitsforscher sind, ist der Begriff „Typus" etwas verschieden ausgefallen. Wir müssen deshalb prüfen, was die beschreibenden und mathemathisch-statistisch arbeitenden Forscher einerseits und andererseits die genetisch-experimentierenden Forscher mit „Typus" meinen. Es ist dies eine sehr wichtige Sache.

Fangen wir mit demjenigen Typusbegriff an, welcher besonders bei Forschern repräsentiert ist, welche wesentlich mit der Variabilität gegebener Bestände (Populationen) arbeiteten. Hier können wir sagen, daß man durch „Typus" dasjenige Maß einer Beschaffenheit (oder diejenige Intensität einer Eigenschaft) versteht, um welches die zum betreffenden, einheitlich aufgefaßten Bestande gehörigen Individuen variieren, derart, daß dieses Beschaffenheitsmaß, rein zahlenmäßig gesehen, die Mitte oder das Zentrum der Abweichungen ist. Ein solcher Typus wird gewissermaßen Ausdruck der „Einheit in der Mannigfaltigkeit" sein. So war z. B. der Mittelwert 24,36 mm der Typus der Länge der S. 13 erwähnten Feuerbohnen, und bei den S. 11 erwähnten Butten war der Typus der Strahlenanzahl etwa 54. Die mittleren Fehler dieser Werte geben dabei die Zuverlässigkeit an, mit welcher diese Typen bestimmt sind.

QUETELET legte diesem Typenbegriff große Bedeutung bei. Für diesen Forscher war die Tatsache, daß die Bevölkerung einer gegebenen Nation in Bezug auf Körperlänge und viele andere Messungsresultate nach der binomialen Verteilungsweise gruppiert werden konnte, gleichbedeutend mit einem Beweise dafür, daß solche Populationen einen einzigen Typus hatten in Bezug auf die näher untersuchten Eigenschaften. Und der Typus wurde in solchen Fällen durch den Mittelwert ausgedrückt. Der Typus der einzelnen Eigenschaft bei einer gegebenen Population oder Rasse ist sodann, nach QUETELET, dasjenige Maß, dessen Abweichung den Wert 0 hat.

Dieses trifft allerdings nur dann zu, wenn die Varianten sich symmetrisch um den Mittelwert verteilen, wie es bei binomialer Verteilung der Fall ist; nur so darf man davon reden, daß die Abweichungen dem Gesetz der „zufälligen Fehler" folgen, derart, daß die Abweichung 0, der Mittelwert, als bester Ausdruck des „wahren" Mittels — des Typus — anzusehen ist.

Wir werden später verschiedene Fälle finden, wo die Variantenverteilung nicht „binomial" ist, und wo man der Verteilung gleich ansehen kann, daß der Mittelwert nicht als Grundlage für die nähere Untersuchung zu verwenden ist. Je nachdem die Verteilung, also die Variationskurve, eine mehr oder weniger ausgeprägte Schiefheit (Asymmetrie) oder sogar zwei bis mehrere Gipfel zeigte, hat man verschiedene Wege zu gehen. Hier werden wir aber vorläufig nur solche Fälle im Auge haben, wo die Varianten sich einigermaßen regelmäßig binomial verteilen. Indem wir immer nur je eine Eigenschaft in Betracht ziehen, wird dasjenige Maß oder diejenige Intensität der betreffenden Eigenschaft, welche als Mittelwert „typisch" für die in Frage kommende Variationsreihe ist, als Einfachtypus zu bezeichnen sein.[1]) Die soeben hier genannten Typen für Bohnenlänge bezw. Flossenstrahlanzahl sind sodann Beispiele zweier Einfachtypen, weil in jedem dieser Beispiele nur eine einzige Eigenschaft berücksichtigt wurde.

Es sind solche Einfachtypen, mit welchen wir hier zu tun haben. Wenn also vorläufig von Typen die Rede ist, wird dieser, den Erscheinungen der Reihenvariation entsprungene zahlenmäßige Typusbegriff gemeint.

Die Frage wird sodann diese: Wird man durch Selektion von Plus- oder Minusabweichern Nachkommen erhalten, deren Typus verschoben ist bezw. in positiver oder negativer Richtung? Galton's Versuche scheinen diese Frage bejahend zu beantworten. Und es ist eine ganz besonders in England sehr verbreitete Auffassung, daß Galton bei seinen Untersuchungen der Anschauung festen Grund gegeben hat: Selektion, in einigen Generationen durchgeführt, könne zur Bildung einer neuen Rasse führen, d. h. zu einer solchen, deren Typus von der ursprünglichen abweicht.

Es ist zur Genüge bekannt, daß Darwin — besonders aber mehrere der spekulierenden Biologen, welche „darwinistischer" als Darwin selbst sind, die sogenannten „Ultradarwinisten", vor allem Wallace und Weismann — eine natürliche Auswahl gerade der kleinen individuellen Abweichungen — eben der Ausschläge der fluktuierenden Variabilität — als sehr bedeutungsvoll für die Evolution ansehen. Daß Darwin auch, besonders in seinen späteren Jahren, offenen Blick für die Bedeutung plötzlicher stoßweiser Variationen (seiner *single variations*, Mutationen) sowie für die Möglichkeit einer direkten Beeinflussung des Milieus hatte, muß hier ausdrücklich betont werden.

Die Galton'schen Arbeiten und die sich daran nahe anschliessenden Studien Pearson's u. a. bilden nun aber die Basis, auf welcher in der Jetztzeit die Lehre von einer Selektionswirkung bei fluktuierender Variabilität sich stützt. Diese Lehre wird auch die Lehre von der „kontinuierlichen" Evolution genannt, indem sie eben nicht stoßweise („diskontinuierliche") Variation als nötig

---

[1]) Zusammengesetzte Typen (Komplextypen) bezw. Gesamttypen werden wir in der neunzehnten Vorlesung erwähnen.

für die Entstehung neuer Typen ansieht. Ja, die Anhänger der Auffassung einer „kontinuierlichen" Evolution zweifeln meistens an der Existenz eines Unterschiedes zwischen reinen Fluktuationen und stoßweisen Variationen. Diese Frage können wir hier nicht sofort ausführlich erledigen, nur sei kurz gesagt, daß ein Unterschied eben nur durch die Erblichkeitsverhältnisse hervortreten kann.

Jedenfalls muß man aber PEARSON ganz Recht geben, wenn er folgendes aussagt: „Ist der Darwinismus eine wahre Auffassung der Evolution, d. h. sollen wir die Evolution mittels natürlicher Selektion in Verbindung mit Erblichkeit beschreiben, so ist dasjenige Gesetz, das klar und bestimmt die typische Beschaffenheit der Nachkommen als Funktion der Beschaffenheit der Vorfahren ausdrückt, zugleich ein Grundstein der Biologie und die Basis, auf welcher die Erblichkeitslehre eine exakte Disziplin wird".

Wir müssen deshalb die Sachen so prüfen, daß wir darüber ganz klar werden, ob in der Wirklichkeit der Typus durch einseitige Selektion und Fortpflanzung der Plus- (oder Minus-) Abweicher verschoben wird. Wir betrachten darum GALTON's Menschenmaterial etwas näher. Werden alle Nachkommen von Eltein (-Mitteln), deren Körperlänge 70 Zoll überstieg, zusammengestellt, so erhalten wir die folgende Variationsreihe der erwachsenen Kinder, wo selbstverständlich die Angaben für Töchter wie stets bei GALTON korrigiert sind. Das Material ist hier in Klassen mit dem Spielraum 2 Zoll eingeteilt.

Körperlänge der Nachkommen der Elternmittel über 70″.

Klassengrenzen	60,7″	62,7″	64,7″	66,7″	68,7″	70,7″	72,7″	(74,2″)[1]
Anzahl Individuen	1	1	6	23	50	34	19	
Theoretische Zahlen		1	8	26	45	36	18	

Der Mittelwert aller 134 Varianten ist $M = 70,15''$, $\sigma = \pm 2,29''$ und daraus m des Mittelwertes $\pm 0,20''$.

Die „theoretischen" Zahlen sind wie üblich nach M und σ berechnet, vgl. S. 67. Mit etwas gutem Willen wird man einräumen müssen, daß die gefundenen und berechneten Zahlen genügend übereinstimmen. Die Schiefheit der Verteilung ist nur anscheinend; sie findet sich ja auch hier bei den theoretischen Zahlen. Solche Verteilung werden wir später betrachten. Der summarische Abschluß rechts stört natürlicherweise etwas. Aber leugnen kann man nicht, daß diese Nachkommenreihe ihren „Typus" im QUETELET'schen Sinne hat.

---

[1] Diese obere Grenze ist bei GALTON nicht bestimmt angegeben.

Dasselbe finden wir bei den Nachkommen der Minusabweicher unter 67″, wie es aus der folgenden Tabelle hervorgeht:

Körperlänge der Nachkommen der Elternmittel unter 67″.

Klassengrenzen	59,7″	61,7″	63,7″	65,7″	67,7″	69,7″	71,7″	73,7″
Anzahl Individuen		3	22	29	70	45	11	1
Theoretische Zahlen		3	16	45	61	41	13	2

Aus diesen 181 Varianten haben wir $M = 66,57″$, $\sigma = \pm 2,31″$ und $m = \pm 0.17$.

Auch hier können wir von einem „Typus" reden. Und was die Nachkommen der mittelgroßen Eltern betrifft, so haben wir aus GALTON's Material diese Zusammenstellungen gemacht:

Körperlänge der Nachkommen mittelgroßer Eltern, 67″—70″.

Klassengrenzen	59,7″	61,7″	63,7″	65,7″	67,7″	69,7″	71,7″	73,7″	75,7″
Anzahl Individuen	1	16	76	174	201	114	26	5	
Theoretische Zahlen	2	17	77	173	196	112	32	5	

Aus diesen 613 Individuen ist $M = 68,06″$, $\sigma = \pm 2,34″$ und des Mittelwertes $m = \pm 0,094″$ berechnet.

Sehr gut ist hier die Übereinstimmung mit der theoretischen Verteilung. Der „Typus" stimmt hier mit demjenigen der ursprünglichen Population überein — eine Auswahl von „mittelmäßigen" Eltern sollte ja auch keine Typenänderung hervorrufen.

GALTON's Material zeigt uns somit, daß wir durch Selektion der Plusabweicher über 70″, der Minusabweicher unter 67″ und der Mittelmaßindividuen zwischen 67—70″ drei Nachkommengruppen erhielten, deren Körperlängen-Typen diese waren (die Angaben in englischen Zollen):

nach Plusabweichern   : 70,15 ± 0,20
  - Mittelmaßeltern   : 68,06 ± 0,09
  - Minusabweichern : 66,57 ± 0,17

Die Differenzen zwischen diesen drei Bestimmungen sind, wie es nach den Angaben S. 86 leicht nachzuprüfen ist, im Verhältnis zu deren mittleren Fehlern so groß, daß hier ganz klare Unterschiede vorliegen, die eben als Folgen der Selektion zu betrachten sind.

Und was bei GALTON für die Körperlänge gilt, wird auch für andere Eigenschaften bestätigt.

Lassen wir uns also von den Mathematikern oder denjenigen mathematisch geschulten Forschern führen, welche — wie QUETELET, GALTON, PEARSON u. a. — Einfluß auf die Auffassung der Begriffe „Typus" und „typisch" in der Erblichkeitslehre gehabt haben, so werden wir sagen müssen, daß eine Selektion wirklich den Typus in der Selektionsrichtung verschieben kann.

Jedoch wird schon ein kritischer Blick auf diese GALTON'schen Resultate uns zeigen, daß man aus einer mit der binomialen Verteilung sehr gut übereinstimmenden Verteilung durchaus nicht auf die Gegenwart nur eines einzigen Typus schließen kann.[1]) Nehmen wir nämlich das hier näher betrachtete Nachkommenmaterial als Ganzes, so finden wir, daß die Individuen der gefundenen drei Typen sehr schön um nur einen gemeinsamen Typus sich gruppieren. Vereinigen wir die drei genannten Gruppen, erhalten wir die folgende Übersicht:

Die Nachkommen aller Eltern in GALTON's Material.

Körperlängen-Klassengrenzen	59,7"	61,7"	63,7"	65,7"	67,7"	69,7"	71,7"	73,7"	75,7"
I. nach Plusabweichern[2])		1	1	2	11	41	38	31	9
II. - Mittelmaßeltern		1	16	76	174	201	114	26	5
III. - Minusabweichern		3	22	29	70	45	11	1	
Alle Nachkommen		5	39	107	255	287	163	58	14
Theoretische Zahlen	1	6	35	123	244	272	172	61	13	1

Der Mittelwert aller 928 Varianten ist $M = 68,086''$, $\sigma = \pm 2,54''$ und m des Mittelwertes ist $\pm 0,085''$. Die theoretischen Zahlen, wie üblich berechnet, stimmen sogar besser mit den gefundenen überein, als bei den beiden Sondergruppen I und II für sich allein. Dieses ist jedoch nur durch die größere Anzahl Varianten bedingt.

Die Nachkommen als Ganzes machen also den Eindruck, einem einzigen Typus anzugehören, obwohl wir wissen, daß wenigstens drei Typen anwesend sind! Der einzige Unterschied zwischen einerseits den drei Sondergruppen I—III und andererseits dem ganzen Material ist der, daß die Standardabweichung beim

---

[1]) Ganz abgesehen von einer „Verunreinigung" der Variationsreihen durch die Anwesenheit eines einzelnen oder nur weniger Individuen eines anderen Typus. Eine solche Verunreinigung würde ja nur wenig den QUETELET'schen Typus der betreffenden Reihe ändern.

[2]) Die Einteilung ist hier etwas anders als auf S. 118 ausgeführt, um mit den Gruppen II und III zu stimmen.

letzteren größer ist, auch relativ, indem der Variationskoeffizient der Gruppen I—III 3,3—3,4 ist, im Material als Ganzes aber 3,7 beträgt. (Berechnung nach den Angaben S. 48.)

Es findet sich also hier eine größere Variabilität im Gesamtmaterial als in allen Sondergruppen [1]); aber irgend ein Zeichen dafür, daß das Gesamtmaterial mehrere Typen enthalten sollte, ist nicht vorhanden.

Wir können demnach schon jetzt feststellen, daß man einer Variationsreihe, deren Variantenverteilung der binomialen Verteilung entspricht, gar nicht ansehen kann, ob sie nur einen Typus oder deren mehrere enthält. Und folglich können wir auch gar nicht wissen, ob die Sondergruppen I—III nicht selbst Gemenge sind!

Der „Typus" im QUETELET'schen Sinne ist somit ein bloßer statistischer Begriff. Ein solcher Typus ist allerdings für die unmittelbare Betrachtung eines vorliegenden Bestandes oder einer gegebenen Population das Zentrum, um welches die Plus- und Minusvarianten der in Frage kommenden Eigenschaft gruppiert sind. Dieses ist aber nur eine Erscheinung rein deskriptiver Art; nichts kann im voraus gesagt werden in Bezug auf die wichtige Frage, ob ein solcher Typus einheitlich ist oder ob er die Anwesenheit von Gruppen verschiedener Natur maskiert. Diese Frage kann überhaupt nur durch weitere biologische Analyse beantwortet werden und zwar, wie wir sehen werden, durch Prüfung der Erblichkeit.

Allerdings kann behauptet werden, daß bei Variationsreihen, um deren Mittelwert keine im QUETELET'schen Sinne typische Verteilung vorhanden ist — wo hingegen die Variationskurven große Schiefheit oder gar zwei bis mehrere Gipfel zeigten — der Mittelwert überhaupt keine Bedeutung als „typischer" Wert hat.[2]) Umgekehrt aber kann nicht geschlossen werden; selbst die schönste „typische" Verteilung beweist gar nichts in Bezug auf Einheitlichkeit des derart in Erscheinung tretenden Typus.

---

[1]) Dies ist durchaus nicht immer der Fall. Eine oder einige der Sondergruppen können mehr variabel sein als das betreffende Gesamtmaterial. Ein kleiner Variationskoeffizient kann nicht als Zeichen der Eintypigkeit gelten.

[2]) Beispiele solcher Variationsreihen werden in der 12. bis 14. Vorlesung gegeben werden.

So geben die hier als Beispiele benutzten recht schön „typisch" aussehenden Verteilungskurven (Figg. S. 74 und S. 75) gar keine Garantie dafür, daß die mittlere Länge der gemessenen Bohnen, bezw. die mittlere Strahlenanzahl der untersuchten Butten, Ausdrücke für typische Eigenschaften einheitlicher Natur der betreffenden Gruppen von Pflanzen bezw. Fischen seien.

Und um einen Fall anzuführen, wo erwiesenermaßen verschiedene biologische Typen zusammen auftreten, wo aber nichts desto weniger eine schöne binomiale Verteilung sich findet, kann hier ein Gemenge von Bohnenindividuen als Beispiel benutzt werden. Die betreffenden Bohnen waren alle Nachkommen eines Bastardes, welcher durch Kreuzung einer langsamigen und kurzsamigen Rasse entstanden war. Die Längen dieser Nachkommen sind in der folgenden Tabelle in Millimetern angegeben:

Nachkommen einiger Bastarde kurzer und langer Bohnen.

Klassengrenzen in mm	9	10	11	12	13	14	15	16	17	18
Anzahl Individuen		2	20	136	540	1068	1125	636	180	18
Theoretische Zahlen		2	22	149	544	1060	1108	621	187	30	2

Der Mittelwert aller 3718 Varianten ist $M = 14,072$ mm, $\sigma = \pm 1,232$ mm und der Mittelfehler von M ist $m = \pm 0,020$ mm.

Die theoretischen Zahlen, wie üblich aus M und σ berechnet, stimmen gut mit den gefundenen überein. Es erscheint hier also ganz deutlich ein einziger Typus in QUETELET'schen Sinne. In der Wirklichkeit waren aber in Bezug auf Längenmaß drei biologisch verschiedene Typen vorhanden, nämlich der Typus der kurzen Bohnen, der Typus der langen Bohnen und ein Typus, welcher hier als Bastardtypus genannt werden kann. Die Variationen um diese drei Typen sind in folgender Tabelle zusammengestellt, aus welcher auch die Mittelwerte mit ihren Mittelfehlern sowie die Standardabweichung zu sehen sind.

Die Nachkommen der erwähnten Bastarde nach ihren biologisch verschiedenen Typen geordnet.

Klassengrenzen in mm	9	10	11	12	13	14	15	16	17	18	$M + m$ in mm	σ in mm
Anzahl Individuen:												
des kurzen Typus	1	15	98	277	229	50	1				$12,800 \pm 0,035$	0,901
Bastardtypus	1	5	34	236	729	758	229	15	2		$13,971 \pm 0,021$	0,954
langen Typus			4	27	110	317	406	165	16		$15,082 \pm 0,032$	1,031
Im Ganzen		2	20	136	540	1068	1125	636	180	18	$14,072 \pm 0,020$	1,232

Es könnten sehr viele weitere Beispiele gegeben werden, welche zeigen würden, daß gerade bei Populationen gemengter Natur die Variationsreihen häufig am besten in Übereinstimmung mit der binomialen Verteilung sind.

Sodann erkennen wir, daß der „Typus" im QUETELET'schen Sinne nur eine Erscheinung oberflächlicher Natur ist, welche täuschen kann; erst durch weitere Untersuchungen wird entschieden, ob ein einziger oder mehrere biologisch verschiedene Typen vorhanden sind. Darum könnte man den statistisch hervortretenden Typus passend als Erscheinungstypus bezeichnen oder, kurz und klar, als „Phaenotypus".[1]) Solche Phaenotypen sind an und für sich meßbare Realitäten: eben was als typisch beobachtet werden kann; also bei Variationsreihen die Zentren, um welche die Varianten sich gruppieren. Durch das Wort Phaenotypus ist nur die notwendige Reservation genommen, daß aus der Erscheinung selbst kein weiter gehender Schluß gezogen werden darf. Ein gegebener Phaenotypus mag Ausdruck einer biologischen Einheit sein; er braucht es aber durchaus nicht zu sein. Die in der Natur durch variationsstatistische Untersuchungen gefundenen Phaenotypen sind es wohl in den allermeisten Fällen nicht!

Indem wir nun das Wort Phaenotypus in der hier präzisierten Bedeutung benutzen, können wir sagen: bei GALTON's Untersuchungen wurden durch Selektion die Phaenotypen in der Selektionsrichtung verschoben. Das Wesen und die Tragweite dieser Tatsache bleibt aber noch zu prüfen.

Bevor wir dazu schreiten, müssen noch einige Punkte geklärt werden. Der Unterschied zwischen verschiedenen Spezies oder Gattungen, z. B. zwischen Hund und Katze, Rose und Lilie — oder zwischen Katze und Rose, Hund und Lilie — ist (wenigstens zum großen Teil) durch entsprechende Unterschiede in den Geschlechtszellen der betreffenden Lebewesen bedingt. Es hat nie bezweifelt werden können, daß die Geschlechtszellen — die Gameten, wie man jetzt mit einem gemeinsamen Namen für Ei- und Spermazelle sagt — „etwas" enthalten, welches den Charakter des durch die Befruchtung gegründeten Organismus bedingt oder sehr wesentlich beeinflußt. Die Zygote — das Vereinigungsprodukt der beiden bei der Befruchtung beteiligten Gameten — enthält eben dasjenige, welches von den betreffenden Gameten bei der Vereinigung mit-

---

[1]) Von φαίν-ομαι, scheinen.

gebracht wurde. Dieses „etwas" in den Gameten bezw. in der Zygote, welches für den Charakter des Organismus wesentliche Bedeutung hat, nennt man gewöhnlich mit einem recht mehrdeutigen Ausdruck „Anlagen". Man hat viele andere Ausdrücke in Vorschlag gebracht, meistens leider in genauer Verbindung mit bestimmten hypothetischen Auffassungen. Das von Darwin eingeführte Wort „Pangene" wird wohl am häufigsten statt „Anlagen" benutzt. Jedoch ist das Wort „Pangen" nicht glücklich gewählt, indem es eine Doppelbildung ist, die Stämme Pan (neutr. von Πᾶς, all, jeder) und Gen (von γί-γ(ε)ν-ομαι, werden) enthaltend. Nur der Sinn dieses letzteren kommt hier in Betracht; bloß die einfache Vorstellung soll Ausdruck finden, daß durch „etwas" in den Gameten eine Eigenschaft des sich entwickelnden Organismus bedingt oder mitbestimmt wird oder werden kann. Keine Hypothese über das Wesen dieses „etwas" sollte dabei aufgestellt oder gestützt werden. Darum scheint es am einfachsten, aus Darwin's bekanntem Wort die uns allein interessierende letzte Silbe „Gen‘" isoliert zu verwerten, um damit das schlechte, mehrdeutige Wort „Anlage" zu ersetzen. Wir werden somit für „das Pangen" und die „Pangene" einfach „das Gen" und „die Gene" sagen. Das Wort Gen ist völlig frei von jeder Hypothese; es drückt nur die sichergestellte Tatsache aus, daß jedenfalls viele Eigenschaften des Organismus durch in den Gameten vorkommende besondere, trennbare und somit selbständige „Zustände", „Grundlagen", „Anlagen" — kurz, was wir eben Gene nennen wollen — bedingt sind.

Der Unterschied zwischen Rose und Lilie, zwischen Hund und Katze usw. ist jedenfalls teilweise dadurch bedingt, daß die betreffenden Gameten bezw. Zygoten verschiedene Gene haben. (Welches durchaus nicht sagen soll, daß nicht ähnliche oder gar identische Gene auch dabei vorhanden sein könnten; gemeinsame Eigenschaften und Züge finden sich ja häufig bei sonst recht verschiedenen Organismen.)

Es wird sich zeigen, daß das kurze Wort „Gen" viele Vorzüge bietet wegen der leichten Kombinierbarkeit mit anderen Bezeichnungen. Und wenn wir an eine Eigenschaft denken, welche durch ein bestimmtes „Gen" (durch eine bestimmte Art von Genen) bedingt ist, können wir am leichtesten „das Gen der Eigenschaft" sagen, statt umständlicherer Phrasen wie „das Gen, welches die Eigenschaft bedingt" oder derartige Ausdrücke zu benutzen.

Keine bestimmte Vorstellung über die Natur der „Gene" ist

zur Zeit genügend begründet. Dies ist aber ganz ohne Einfluß auf die Wirksamkeit der Erblichkeitsforschung; es genügt, daß es sicher festgestellt ist, daß solche „Gene" vorhanden sind. Es ist diese Feststellung, welche uns später näher beschäftigen wird, eine der wichtigsten Errungenschaften der exakten Forschung über Kreuzungen, welche durch Gregor Mendel geschaffen wurde. Wir werden dabei finden, daß die Gene sehr vieler Eigenschaften glatt trennbar sind, während andere nicht oder nicht glatt sich trennen. Dies alles erinnert an das Verhalten chemischer Körper. Damit ist aber noch gar nicht gesagt, daß die Gene selbst chemische Gebilde oder Zustände seien — darüber wissen wir vorläufig noch gar nichts.

Nur dieses ist sicher: Die einzelne Gamete enthält besondere, voneinander trennbare „Gene" verschiedener Eigenschaften. Die Gameten z. B. der *Lychnis diurna* enthalten Gene der Haarbildung, Gene der Rotfärbigkeit, Gene der Chlorophyllbildung usw. Jede Eigenschaft, für welche ein besonderes Gen (Gene besonderer Art) zugrunde liegt, kann als Einzeleigenschaft bezeichnet werden. Es ist Sache der Forschung, in jedem speziellen Falle zu prüfen, was in diesem Sinne Einzeleigenschaft ist. Kreuzungsexperimente sind hierbei ein sehr wichtiges Verfahren.

Am leichtesten ist es über die Sache klar zu werden in Fällen, wo es sich um deutlich qualitativ verschiedene Eigenschaften handelt. Obwohl solche verschiedene Eigenschaften mitunter verknüpft auftreten, sind sie meist leicht in ihren Einzelcharakteren zu präzisieren. Daß „Rotfärbigkeit" sowie „Haarigkeit" bei *Lychnis diurna* Einzeleigenschaften sind, durch verschiedene Gene bedingt, war leicht zu ermitteln und bietet dem unmittelbaren Verständnis gar keine Schwierigkeit. Daß die verschiedenen Farbstoffe, welche z. B. Bohnensamenschalen gelb, violett, bronze usw. machen, durch besondere Gene bestimmt sind, läßt sich auch leicht konstatieren; ebenso daß es besondere Gene gewisser Erbsenvarietäten sind, welche bestimmen, daß grüne bezw. gelbe Samen produziert werden usw. Ferner sind viele der morphologischen Charaktere der Pflanzen- und Tierspezies durch besondere Gene bezw. Komplexe von solchen bestimmt usw. Und auch rein negative Charaktere, wie z. B. Hornlosigkeit bei Rinderrassen oder Farblosigkeit (Weißheit) bei vielen Blüten, können durch Ausfall (bezw. Unwirksamkeit) von Genen oder aber durch besondere Gene hemmender Wirkung bedingt sein.

Alle solche Eigenschaften sind augenfällig; darum am leichtesten der Forschung zugänglich und dem unmittelbaren Beobachter verständlich. In diesen Beispielen hat man wesentlich mit unzweideutig qualitativ verschiedenen Eigenschaften zu tun; es handelt sich um alternative Fälle.

In dieser Vorlesung haben wir aber zunächst nur mit Reihenvariabilität zu tun. Es dreht sich hier um quantitative Unterschiede der Varianten, welche mit einer und derselben Maßeinheit gemessen werden. Hier kommt also nicht die alternative Variabilität in Frage; sondern die Rede ist von Graden oder Intensitäten einer quantitativ bestimmbaren Größe.

Wenn wir verschiedene Spezies oder Rassen vergleichen, so finden wir außer morphologischen und anderen deutlich qualitativen Unterschieden auch Gradesunterschiede in Bezug auf Dimensionen, Farbenintensitäten, chemischen Inhalt und allerlei andere dem Grade nach zahlenmäßig zu präzisierende Eigenschaften. Auch kann es vorkommen, daß zwischen zwei nahestehenden Rassen nur ein Unterschied solcher Art, also ein Unterschied quantitativ ausdrückbarer Art, vorhanden ist oder allein in Betracht gezogen wird.

Als Beispiel können verschiedene Bohnenrassen erwähnt werden, welche sich nur (oder fast nur) dadurch unterscheiden, daß die Samen verschieden in Länge und Breite sind. So wurden z. B. im Jahre 1903 bei vier gleichzeitig nebeneinander kultivierten rein gezüchteten Nachkommenserien brauner Prinzeßbohnen (*Phaseolus vulgaris*) für die Länge und Breite folgende Mittelwerte, in Millimeter angegeben, gefunden.

Bezeichnung der Serie	Länge der Bohnen $M \pm m$	σ	Breite der Bohnen $M \pm m$	σ	Anzahl Individuen
BB	$11,206 \pm 0,008$	0,726	$8,091 \pm 0,004$	0,400	8491
E	$12,793 \pm 0,011$	0,747	$9,379 \pm 0,007$	0,468	4949
GG	$12,942 \pm 0,015$	0,813	$8,152 \pm 0,007$	0,405	2937
MM	$14,405 \pm 0,009$	0,900	$7,976 \pm 0,004$	0,348	9440

Es sind hier ganz deutliche Unterschiede vorhanden; die mittleren Fehler (m) der Mittelwerte (M) sind wegen des großen Materials relativ klein. Wir haben sodann, unmittelbar gesehen, z. B in Bezug auf die Länge, hier 4 verschiedene Phaenotypen. Was ist Ursache dieser Verschiedenheit?

Ein weiteres Beispiel mag erwähnt werden. Auf dem gleichen Felde im gleichen Jahre (1904) waren zwei reingezüchtete Nach-

kommenserien, A und D, einer zweizeiligen Gerstensorte (Lerchenborggerste) nebeneinander kultiviert, um die Schartigkeit[1]) der Ähren
dieser Pflanzen zu vergleichen. Der Vergleich stellte sich so:

Schartigkeits-prozent		0	5	10	15	20	25	30	35	40	45	50	55	Anzahl Individuen
Individuen	A	209	9	4	1									223
der Serie	D					9	49	63	33	12	4	5		175

Für die Serie A ist der Mittelwert $M = 2,95 \pm 0,13$ Prozent
Schartigkeit, mit $\sigma = 1,90$ Prozent; für die Serie D finden wir M
$= 33,13 \pm 0,48$ Prozent, mit $\sigma = 6,32$ Prozent. Ganz deutlich liegen
hier zwei verschiedene Phaenotypen vor. Und auch hier fragen
wir: was ist der Grund dieses Unterschiedes? Für die Serie A ist
offenbar hier eine angenäherte Fehlerfreiheit phaenotypisch, für
Serie D dagegen eine starke Schartigkeit.

Es hat sich nun nach besonderen Untersuchungen gezeigt, daß
in diesen zwei Beispielen dem Unterschiede der verglichenen Phaenotypen wirklich ein Unterschied der Gene entspricht. Wo man
Sicherheit dafür bekommen hat, daß Unterschiede zwischen
Phaenotypen durch Anwesenheit verschiedener Gene bestimmt
(oder mitbedingt) sind, ist sofort auch gezeigt, daß die betreffenden
Phaenotypen nicht nur oberflächlich verschieden sind, sondern daß
die Unterschiede tiefer gehen. Solche Unterschiede sind sozusagen
genotypischer Natur, indem die betreffenden Organismen hier in
Bezug auf Gene typisch verschieden sind.

Wir werden ferner aber vielfach finden, daß phaenotypische
und genotypische Unterschiede sich durchaus nicht zu
decken brauchen. In jedem einzelnen Fall muß die nähere
Untersuchung zeigen, ob genotypische Unterschiede vorhanden sind
oder nicht; eine Inspektion allein kann hier nichts entscheiden.

Ehe wir weitergehen, seien hier einige Ausdrücke erwähnt, welche
in der Erblichkeitslehre eine allgemeine Verwendung finden. Wenn
Befruchtung stattfindet, sind in Bezug auf die Gene zwei Fälle
möglich: 1. die beiden konjugierenden Zellen haben Gene gleicher

---

[1]) Als Schartigkeit bezeichnet man die Erscheinung, daß bisweilen
eine Anzahl der jungen Fruchtknoten sich nicht zu Körnern entwickeln.
Die reifen Ähren enthalten dann leere Stellen, sogenannte Scharten oder
Sprünge. Die Schartigkeit einer Pflanze wird gemessen durch die Anzahl
der Scharten in Prozenten der Gesamtanzahl der „Kornplätze" dieser Pflanze.

Natur oder 2. sie haben Gene verschiedener Natur. Im ersten Falle wird eine Zygote „homogener" Natur gebildet, im zweiten Falle eine Zygote „heterogener" Natur. Weil bekanntlich die Wörter homo- bezw. heterogen vielfach in anderen Bedeutungen benutzt werden, wäre es sehr umpraktisch, diese Wörter hier als spezielle Bezeichnung zu verwenden. Darum sagt man nach BATESON's Vorschlag „Homozygote" und „Heterozygote", wenn man angeben will, daß die beiden zur Zygote vereinigten Gameten (Eizelle bezw. Spermazelle) in Bezug auf Gene gleich sind, bezw. ungleich waren.

Ein homozygotisches Wesen ist also aus der Vereinigung von Gameten hervorgegangen, welche gleiche Gene mitbrachten, und ist demnach als rein oder rassenrein zu bezeichnen. Ein heterozygotisches Wesen ist aus Gameten produziert, welche nicht identisch in Bezug auf Gene waren. Ein solches Wesen hat Bastardnatur. Je nachdem die betreffenden Gameten in einem oder zwei bis mehreren Punkten in Bezug auf Gene verschieden waren, ist das durch die Befruchtung entstandene Wesen in einer, zwei oder mehreren Beziehungen heterozygotisch. Näheres in der 22. Vorlesung.

Neunte Vorlesung.

Reine Linien. — Selektion ruft keine genotypische Änderung hervor. — Vilmorin's Prinzip der individuellen Nachkommen-Prüfung.

In der vorhergehenden Vorlesung haben wir hauptsächlich Phaeno-typen, welche quantitativ charakterisiert waren, im Auge gehabt. Solche bilden auch den wesentlichsten Gegenstand dieser und der nächsten Vorlesungen.

Um jedoch gleich einen weiteren Blick auf die Natur zu werfen, können hier einige Beispiele von Phaenotypen qualitativer Natur angeführt werden. Solche sind fast immer augenfällig, und es ist alsdann einem gegebenen Individuum ohne weiteres anzusehen, ob es zu diesem oder jenem qualitativ verschiedenen Phaenotypus ge-hört. Man hat beispielsweise braune, blaue, gelbe, violette usw., ferner verschieden marmorierte Bohnen; und aus einem Gemenge lassen sich leicht die Individuen nach solchen Farben- oder Farben-muster-Typen ordnen. Hier sind eben die Phaenotypen qualitativ verschieden und leicht erkennbar.

Auch viele Fälle von „Polymorphie" geben augenfällige Bei-spiele qualitativ verschiedener Phaenotypen. Die von Hugo de Vries studierten Zwangsdrehungen bei *Dipsacus silvestris* sind u. a. dadurch merkwürdig, daß die tordierten Individuen stets neben normalen dekussiert gebauten vorkommen und daß dabei auch eine kleine Anzahl dreireihig gebauter Individuen auftreten. Jedem erwachsenen Individuum ist es aber sofort anzusehen, ob es zwangsgedreht (tor-diert), dekussiert oder dreizählig ist: hier sind drei qualitativ ver-schiedene Phaenotypen vorhanden, deren Unterscheidung Sache der einfachsten Inspektion ist. Ob aber solchen verschiedenen Phaeno-typen verschiedene Gene entsprechen, ist eine Sache für sich, die wir durchaus nicht mittels Inspektion der phaenotypisch verschiedenen Individuen entscheiden können.

Das allergewöhnlichste Beispiel verschiedener Phaenotypen selbst innerhalb des allerengsten und gleichmäßigsten Kreises von Organismen bietet uns der sexuelle Dimorphismus. Die Geschlechtscharaktere bilden auffällige Phaenotypen, welche meistens als qualitativ verschieden bezeichnet werden können, insofern eine direkte Inspektion genügt, die ♂ von den ♀ zu unterscheiden. In Bezug auf viele der sekundären Geschlechtsunterschiede hat man es aber mit quantitativ verschiedenen Phaenotypen zu tun; so z. B. bei Menschen in Bezug auf die Körperlänge u. a. quantitiv ausdrückbaren Eigenschaften, für welche man Sexual-Relationen berechnet hat, wie auf S. 50 näher erwähnt. Beim Vergleich der beiden Geschlechter treffen wir also in Betreff der einzelnen Eigenschaften sowohl Phaenotypen, welche qualitativ, als Phaenotypen, welche quantitativ verschieden sind. Sind nun alle diese mehr oder wenig augenfälligen phaenotypischen Unterschiede auch genotypisch?

Die Beantwortung dieser Fragen schieben wir einstweilen auf.

Die Art, wie die Phaenotypen sich manifestieren, ob sie sich durch qualitative oder quantitativ zu prüfende Eigenschaften zeigen, sagt im voraus absolut nichts über die Gene. Es können sehr augenfällige phaenotypische Unterschiede sich zeigen, wo kein genotypischer Unterschied vorhanden ist; und es gibt auch Fälle, wo bei genotypischer Verschiedenheit die Phaenotypen gleich sind. Gerade darum ist es von der größten Wichtigkeit, den Begriff Phaenotypus (Erscheinungstypus) von dem Begriff Genotypus (Anlagetypus könnte man sagen) klar zu trennen. Mit diesem letzteren Begriff werden wir allerdings nicht operieren können — ein Genotypus tritt eben nicht rein in die Erscheinung; der abgeleitete Begriff genotypischer Unterschied wird uns aber vielfach von Nutzen sein.

Vorläufig halten wir uns an Phaenotypen, welche quantitativ bestimmt sind, welche also für unsere Beobachtungsweise als Intensitäten irgend einer Eigenschaft erscheinen. Es handelt sich hier in jedem besonderen Falle zunächst nur um je eine einzige Eigenschaft; und die Phaenotypen sind nur der Ausdruck eines Mehr oder eines Weniger dieser Eigenschaft, welche durch eine gegebene Maßeinheit ausgedrückt wird: also z. B. Dimensionen, Gewicht, Anzahl von Organen, absoluter oder prozentischer Inhalt an irgend einem Stoff, Farbenintensität usw.

Gerade hier, wo man nicht unmittelbar an jedem Individuum dessen Phaenotypus erkennen kann, sind die Schwierigkeiten für die Forschung am größten und die Fehlerquellen die ergiebigsten gewesen. Darum ist es von der größten Wichtigkeit, zuerst die quantitativ verschiedenen Phaenotypen zu studieren. —

Die persönliche Beschaffenheit eines Individuums ist nun nicht allein durch die Gene bestimmt, welche die grundlegenden Gameten in die Zygote zusammenführten. Auch die ganze Lebenslage, das Milieu (der Inbegriff aller auf die Entwicklung Einfluß habenden Zustände, sämtliche „Faktoren" der Umgebung), spielt eine große Rolle. Es ist leicht einzusehen, daß, selbst wenn man die äußeren Faktoren so gleichmäßig wie möglich macht, der Entwicklungsgang — vom Momente der Befruchtung bis zum Abschluß der Gestaltungsvorgänge — mannigfachen größeren oder kleineren Beeinflussungen „zufälliger" Natur ausgesetzt sein wird. Und sie werden bald eine fördernde, bald eine hemmende oder störende Wirkung auf die Seiten des Entwicklungsvorgangs haben, welche die verschiedenen Gene betreffen. Daraus folgt aber, daß Individuen mit identischen Genen ungleich werden können — ja es wird jetzt verstanden, daß alles, was in der 3. Vorlesung über fluktuierende Variabilität (S. 35—38) gesagt wurde, im Grunde voraussetzt, daß nur Individuen mit — wenigstens von Anfang — gleichen Genen verglichen werden.

Wir verstehen also leicht, daß Individuen, welche sich aus Zygoten mit identischen Genen entwickeln, eine fluktuierende Variabilität zeigen können, welche der oft erwähnten binomialen Zahlenverteilung einigermaßen folgt. Aber, wie das schon zur Genüge hervorgehoben ist, kann die Zahlenverteilung allein nicht entscheiden, ob in Bezug auf die fragliche Eigenschaft nur Individuen mit identischen Genen oder aber ein Gemenge von genotypisch verschiedenen Individuen vorliegen.

In allen solchen Fällen — welche die größte Bedeutung sowohl für die züchterische Praxis als für die Lehre von der Selektionswirkung haben — kann man nicht durch Inspektion der Individuen entscheiden, ob hinter einem gegebenen Phaenotypus nur eine einzige oder mehrere genotypische Einheiten sich verstecken. Und selbst wo man weiß, daß mehrere genotypische Einheiten vorhanden sind, kann die persönliche Beschaffenheit des einzelnen Individuums uns nicht sagen, zu welchen von diesen Einheiten es gehört. Als Beispiel darauf können wir die Tabelle S. 122 benutzen. Die Zusammenstellung der drei Variationsreihen (des kurzen, des langen und des Bastard-Typus) zeigt ganz klar, daß die Variationen der drei Gruppen so zusammenfließen, daß es unmöglich ist, mit Sicher-

9*

heit zu sagen, zu welcher Gruppe ein zufällig ausgewähltes Individuum gehört. Eine Bohne aus der Klasse 13—14 mm würde z. B. Plusabweicher des kurzen Typus, Minusabweicher des langen Typus und Mittelmaß-Individuum des Bastardtypus sein können usw. Es ist aber unmöglich, direkt zu entscheiden, wohin die Bohne gehört. Nur durch Anbau und Untersuchung der Nachkommen — also mit Hilfe des Erblichkeitsmoments — kann die Frage entschieden werden.

Wo Variationen um verschiedene Phaenotypen einer Eigenschaft solcherart zusammenfließen, spricht man von transgressiver Variabilität (transgressiven Fluktuationen oder bloß Transgression). Die Transgression kann alle Grade haben, sie kann sehr weitgehend sein wie im soeben erwähnten Beispiel, oder aber so wenig ausgesprochen sein, daß sie sich nicht immer zeigt, wie z. B. bei den beiden Schartigkeitsreihen S. 127. Hier ist ein größeres Material nötig, um die Berührung der beiden Reihen wirklich transgressiv zu machen. Selbstverständlich kommen alle Übergänge vor zwischen weitgehender Transgression und völligem Getrenntsein zweier Variationsreihen.

Daß transgressive Variation eine sehr allgemeine Erscheinung ist, geht aus den letzten Vorlesungen schon ganz deutlich hervor. Wir haben jetzt nur ein spezielles Wort dafür verwendet, welches DE VRIES eingeführt hat und welches allgemein benutzt wird.

Damit sind wir gerüstet, an die fundamentalen Erblichkeitsfragen heranzutreten.

In früheren Vorlesungen haben wir erfahren, daß durch Selektion von Plus- oder Minusabweichern Nachkommen erhalten werden können, welche einen anderen — nämlich in der Selektionsrichtung verschobenen — Phaenotypus haben als die betreffende ursprüngliche Population. Wir verstanden aber, daß dieses durchaus nichts sagt in Betreff der wichtigsten Frage, ob durch Selektion von Plus- oder Minusabweichern auch eine genotypische Änderung erhalten werden kann.

Diese fundamentale Frage verlangt eine viel feinere Analyse, als es die eigentlich recht oberflächliche Behandlung ist, welche die Sache durch die Methoden GALTON's, PEARSON's und anderer statistisch arbeitender Forscher erhalten kann. Eine Population von Menschen kann selbstverständlich nicht experimentell behandelt werden — eine Zucht von Riesensoldaten, wie Friedrich Wilhelm I. es wünschte, läßt sich in der Jetztzeit nicht denken. Bezüglich der Menschen

müssen wir uns leider damit begnügen, in bester Weise die geringe
Einsicht zu verwerten, welche aus statistischen Daten erhalten werden kann. Daß aber diese Daten in vielen Beziehungen sehr großes
praktisches Interesse haben können, ist einleuchtend; man gedenke
nur der vielen die Medizin und das Versicherungswesen betreffenden Erblichkeitsfragen.

Aber statistische Untersuchungen solcher Art eignen sich wahrlich nicht dazu, die bei Erblichkeitsfragen uns begegnenden biologischen Grundprobleme richtig zu beleuchten. Es ist ein
sehr großes Mißverständnis, wenn man glauben könnte, daß die
Methode der Erblichkeitsforschung rein statistischer Natur sei, wie
es PEARSON verschiedentlich behauptet hat (vgl. S. 111). Die
Statistik allein kann nur zu leicht Verschiedenheiten im Material
verwischen, derart, daß man glaubt, eine Einheit zu haben,
wo Gemenge vorliegen. Statt — oder jedenfalls neben — der
Statistik müssen feinere Analysen verwendet werden, und dieses ist
nur durch biologische Experimente möglich. Die Erblichkeitslehre kann sich nur in ganz gleicher Weise wie die übrigen Zweige
der Biologie weiter entwickeln: durch Studium der Einzelheiten zur
komplizierten Totalität.

In Populationen (Beständen) von Tieren oder Pflanzen, irgend
einer Spezies oder Rasse gehörend, bei welchen mehr oder weniger
freie Paarungswahl geschieht — wie z. B. in der menschlichen Gesellschaft — oder wo gar völlig zufällige Befruchtung stattfindet —
wie z. B. bei sehr vielen Meerestieren und besonders auch bei
windbestäubenden Pflanzen — da wird eine nähere Analyse der
Erblichkeitsverhältnisse schwierig oder gar unmöglich durchzuführen
sein. Wo man Selbstbefruchtung hat, wie bei selbstbestäubenden
Pflanzen, ist die fluktuierende Variabilität durchaus nicht kleiner
als wo Fremd- oder Kreuzbefruchtung Regel ist. (Ähnliches scheint
für Pflanzen mit Parthenogenesis zu gelten.) Rein statistisch gesehen
wird es wohl kaum ein nachweisbarer Unterschied sein zwischen
den Erblichkeitsverhältnissen bei Selbstbefruchtern und Fremdbefruchtern — was ja auch die prinzipielle Übereinstimmung zwischen GALTON's Menschen- und *Lathyrus*-Material illustriert.

Wo aber Selbstbefruchtung sich findet, hat man den großen
Vorteil, mit dem, was ich Reine Linien nenne, arbeiten zu können.
Eine „Reine Linie" ist der Inbegriff aller Individuen, welche
von einem einzelnen absolut selbstbefruchtenden homozygotischen Individuum abstammen. Und dabei ist es selbst-

verständlich eine Voraussetzung, daß Selbstbefruchtung auch fortan geschieht — sonst hätte man Kreuzung.

Es ist einleuchtend, daß eine Population von homozygotischen absoluten Selbstbefruchtern aus lauter reinen Linien besteht, deren Individuen in der Natur (bezw. in der Kultur) wohl miteinander vermengt sein können, jedoch einander nicht durch gegenseitige Befruchtung stören — oder „verunreinen", wie man sagen könnte. Es kann nun wohl nicht geleugnet werden, daß das Verhalten reiner Linien die erste Grundlage für die Erblichkeitsforschung sein muß, selbst wenn in den meisten Fällen, vor allem in den menschlichen Populationen, überhaupt nicht reine Linien isoliert werden können. Selbst aber hier, wo Kreuzungen stets vorkommen, muß jedoch das Verhalten reiner Linien die erste Grundlage sein für die Verwertung und für das richtige Verständnis der auf statistischem Wege gewonnenen unsicheren oder wenigstens mehrdeutigen Resultate.

Diese Betrachtung war maßgebend für die Behandlung der Erfahrungen, welche ich für eine Reihe verschiedener Eigenschaften und Organismen durch Untersuchungen des letzten Dezenniums gewonnen habe. Ich werde hier zunächst nur eine einzelne Untersuchungsreihe zur Illustration vorlegen. Sie entspricht am nächsten GALTON's Versuchen mit *Lathyrus*-Samen.

Es sollte u. a. beleuchtet werden, wie man durch Selektion von großen, bezw. kleinen Bohnen (einer gegebenen Rasse) den „Typus" in der Plus- bezw. in der Minusrichtung verschieben könnte, und ich war ursprünglich völlig von der Richtigkeit von GALTON's Auffassung überzeugt. Es sollte nur ein weiteres Beispiel gewonnen werden, um die Zahlenverhältnisse zu prüfen und um ferner auch die Selektion in weiteren Generationen zu verfolgen.

Braune Prinzeßbohnen, eine der gewöhnlichsten Kruppbohnensorten *(Phaseolus vulgaris nana)* wurden für den Versuch gewählt. Im ersten Versuchsjahre (1901) wurden 287 Pflanzen geerntet, welche aus Samen sehr verschiedener Größe sich entwickelt hatten. Die geernteten Bohnen wurden gewogen, indem die Samen jeder Pflanze für sich gehalten wurden. Die Bedeutung dieser Veranstaltung wird später klar werden. Einstweilen sehen wir nur auf das summarische Resultat, ganz wie wir es in der siebenten Vorlesung (S. 103) bei GALTON's Versuch mit *Lathyrus*-Samen getan haben. Die Muttersamen wurden in Gewichtsklassen mit einem Spielraum von 10 Zentigrammen eingeteilt; wir erhielten dadurch 6 Klassen,

25—35 Ztgr., 35—45 Ztgr. usw. bis 75—85 Ztgr. Die Mittelpunkte
dieser Klassen sind bezw. 30, 40, 50, 60, 70 und 80 Ztgr. Und
das Mittel der Gewichte aller Muttersamen war sehr nahe 50 Ztgr.
Die Klasse mit dem Mittelpunkt 50 Ztgr. ist sodann als „Zentralklasse" der Muttersamen aufzufassen. Ganz entsprechend der Tabelle
S. 104 haben wir jetzt das Resultat dieses Bohnenversuchs darzustellen; die Zahlen bedeuten hier Zentigramme.

Gewicht der Mutterbohnen	30	40	50	60	70	80
Mittleres Gewicht der Nachkommen	37,1	38,8	40,0	43,4	44,6	45,7

Setzen wir, wie auf S. 103 näher begründet, in den beiden
Generationen den Wert der zentralen Klasse gleich 100, so haben
wir die folgende Übersicht:

Gewicht der Mutterbohnen	60	80	100	120	140	160
Mittleres Gewicht der Nachkommen	91	97	100	108	111	114

Und hieraus ergibt sich für die Abweichungen von der Zentralklasse:

Abweichung der Mutterbohnen . . .	÷40	÷20	0	+20	+40	+60
Abweichung des mittleren Gewichts der Nachkommen	÷ 9	÷ 3	0	+ 8	+11	+14

Ganz wie auf S. 104 erhalten wir hier eine Reihe von Brüchen:
$\frac{9}{40}$, $\frac{3}{20}$, $\frac{8}{20}$, $\frac{11}{40}$ und $\frac{14}{60}$, deren Mittelwert 0,257, also etwa $^1/_4$, ist.

Indem GALTON etwa $^1/_3$ als Erblichkeitsziffer für die Größe
seiner *Lathyrus*-Samen fand, könnte das hier gewonnene Resultat
als Bestätigung seiner Auffassungen gelten; es liegt kein Grund vor
für die Annahme, daß die Erblichkeitsziffer überall gleich sein
sollte. Für Menschen fand ja GALTON selbst die Ziffer $^2/_3$.

Bei Ausführung dieses Vorversuches bemerkte ich aber, daß
Pflanzen, welche aus gleich großen Mutterbohnen hervorgegangen waren, ihrerseits sehr verschieden große Samen produzierten. So waren z. B. die nach den allergrößten Mutterbohnen
(ca. 80 Ztgr.) gewonnenen Pflanzen mit auffällig verschieden großen
Samen versehen; das durchschnittliche Gewicht der Samen je
einer dieser Pflanzen variierte nämlich zwischen 35 und 60 Zentigramm. Und wenn die Gewichte aller einzelnen Bohnen dieser
Serie in einer Variationsreihe aufgestellt werden, zeigt sich eine

Verteilung, die weniger gut der binomialen Verteilung entspricht. Die 598 Samen, alle also Nachkommen von etwa 80 Zentigramm schweren Bohnen, verteilten sich nämlich so in Gewichtsklassen mit einem Spielraum von 5 Zentigramm:

Klassen:	10	15	20	25	30	35	40	45	50	55	60	65	70	75	80
Anzahl Samen:				5	18	46	144	127	70	70	63	28	15	8	4
Theoret. Zahlen:	1	3	11	26	53	85	109	112	91	59	30	13	4	1	

$$M = 45,44 \pm 0,43 \text{ Ztgr.}, \quad \sigma = 10,40 \text{ Ztgr.}$$

Sofort sieht man, daß diese Verteilung sehr schief — rechts ausgezogen — ist. Und das gab Veranlassung zu einem ernsten Zweifel an der biologischen Berechtigung von GALTON's Auffassung. Denn diese Variationsreihe schien mir nicht gut als Ausdruck für nur einen Typus gelten zu können. Hier wurde es gleich nahe gelegt, daß ein Gemenge vorliegt. Mit anderen Worten, bei den Nachkommen der großen Bohnen zeigte gleich die Variabilität, daß es zweifelhaft ist, ob hier ein einheitliches Gepräge vorhanden ist.

Diese Sachlage wurde der Ausgangspunkt einer weiteren Kritik. Was nun — um auch die entgegengesetzte Selektionsrichtung zu berücksichtigen — zunächst die Nachkommen der kleinsten Mutterbohnen (ca. 30 Zentigramm) betrifft, so zeigten sie keine solche augenfällige Unregelmäßigkeit wie die Nachkommen großer Bohnen. (Vielleicht liegt das nur daran, daß etwa 20 Pflanzen mit im ganzen 611 Samen hier vorlagen, während die Nachkommen der größten Bohnen nur 11 Pflanzen ausmachten.) Die Nachkommensamen der kleinen Mutterbohnen, jeder einzelne Same für sich gewogen, variierten nämlich folgendermaßen, in Klassen mit einem Spielraum von 5 Zentigramm geordnet:

Klassen:		15	20	25	30	35	40	45	50	55	60	65
Anzahl Samen:		8	18	71	156	172	127	35	15	3	6	
Theoret. Zahlen:	1	6	27	77	139	162	121	57	17	3	1	

$$M = 36,68 \pm 0,30 \text{ Ztgr.}, \quad \sigma = 7,33 \text{ Ztgr.}$$

Diese Verteilung deutet nicht ein Gemenge an, sondern könnte sehr gut mit der Vorstellung vereint werden, daß etwa ein ursprünglich einheitlicher Gewichtstypus der Bohnen durch Selektion in der Minusrichtung verschoben wäre.

Das Gesamtresultat dieser Voruntersuchung war also allerdings eine Art Bestätigung des GALTON'schen Rückschlages; aber zugleich wurde der Zweifel erweckt, ob nicht die betreffende Population ein heterogenes Gemenge sei, bei welchem die Selektion ganz einfach sortierend auf schon existierende, verschiedene Typen wirke.

Deshalb mußte diese Frage gestellt werden: Wird Selektion von Plus- oder Minus-Varianten innerhalb reiner Linien eine Typenverschiebung bezw. eine GALTON'sche Regression hervorrufen?

Diese Frage wurde im folgenden Jahre geprüft, indem eine Reihe von 19 reinen Linien für den hier beispielsweise zu erwähnenden Versuch benutzt wurde. Jede dieser reinen Linien stammte von je einer Bohne aus der Ernte 1900; im Herbst 1901 war also jede Linie durch die Samen je einer Pflanze repräsentiert. Im ganzen wurden 524 Samen ausgesät, deren Gewicht (mit einem Spielraum von 5 Zentigramm) vorher bestimmt war. Jeder Same wurde auf numeriertem Platze gelegt, und die daraus hervorwachsende Pflanze isoliert geerntet. Sodann kann das Gesamtmaterial in allen Einzelheiten gegliedert werden; jede reine Linie, jede Pflanze, ja jede einzelne Bohne wurde gesondert gehalten und numeriert.

Zuerst können wir das Material als Ganzes betrachten, genau wie wir es beim Vorversuche getan haben.

Wir erhalten dadurch die folgende Übersicht, ganz der ersten Tabelle S. 135 entsprechend:

Gewicht der Mutterbohnen	20	30	40	50	60	70
Mittleres Gewicht der Nachkommen	44,0	44,3	46,1	49,0	51,9	56,1
Anzahl der Nachkommensamen . . .	180	835	2238	1138	609	494

Daraus ist deutlich ein ähnliches Resultat zu ersehen, wie wir es aus der Tabelle S. 135 erhielten. Wir würden auch hier etwa $^1/_4$ als Erblichkeitsziffer erhalten.[1]

Untersuchen wir nun die Variabilität innerhalb jeder Serie von Nachkommen, so sehen wir, daß die Varianten sich sehr „korrekt" um die betreffenden Mittelwerte gruppieren, ganz wie in GALTON's Menschenmaterial (S. 120). Dieses geht aus folgender Tabelle hervor, in welcher ein Spielraum von 10 Zentigramm benutzt ist. (Die daraus berechneten Mittelwerte weichen deshalb ein wenig von den soeben angeführten Werten ab; die Tabelle wird aber leichter übersichtlich.)

---

[1] Wird das Durchschnittsgewicht der Muttersamen (44,29) als 100 in der Muttergeneration, und das Durchschnittsgewicht aller Tochtersamen (47,92) als 100 in der Tochtergeneration gesetzt, ergibt sich 0,24 als Erblichkeitsziffer, wenn die Berechnung wie auf S. 135 ausgeführt wird.

Variation der Nachkommen (1902) verschiedener Gewichtsklassen der Muttersamen (1901).

Klassen der Muttersamen	Klassen der Nachkommen-Samen, in Ztgr.										An-zahl n	Mittel u. σ in Ztgr.		Verteilungsform [1]	
	5	15	25	35	45	55	65	75	85	95		$M \pm m$	σ	S	E
15—25 Ztgr.		1	15	90	63	11					180	43,78 ± 0,56	7,47	+0,06	+0,10
25—35 -		15	95	322	310	91	2				835	44,47 ± 0,31	9,03	÷0,18	÷0,10
35—45 -	5	17	175	776	956	282	24	3			2238	46,17 ± 0,19	8,93	÷0,14	+0,64
45—55 -		4	57	305	521	196	51	4			1138	48,94 ± 0,28	9,34	+0,17	+0,33
55—65 -		1	23	130	230	168	46	11			609	51,87 ± 0,42	10,42	+0,17	÷0,01
65—75 -			5	53	175	180	64	15	2		494	56,03 ± 0,45	10,02	+0,25	+0,24
Alle; 15—75 Ztgr.	5	38	370	1676	2255	928	187	33	2		5494	47,92 ± 0,13	9,87	+0,16	+0,53

Die Variation in den sechs Nachkommenserien sowie im Gesamtmaterial folgt leidlich gut der „binomialen“ Verteilung und macht durchaus nicht den Eindruck, daß ein heterogenes Material vorliegen sollte.

Dies ist aber nichtsdestoweniger der Fall. Das zeigt sich sofort, wenn wir das Material nach den reinen Linien ordnen. Um die Selektionswirkung innerhalb der reinen Linien zu prüfen, müssen wir ja dieses ohnehin tun. Die summarische Tabelle S. 137 war durch die Addition aller hier verwendeten reinen Linien entstanden; die folgende Tabelle spezifiziert nun die Daten aller dieser Linien. Sie sind nach Samengröße geordnet (siehe umstehend).

Diese Spezifikation der einzelnen reinen Linien zeigt ganz deutlich, daß die Selektion hier innerhalb der Linien gar nicht gewirkt hat: in einzelnen Linien (I, X, XI) scheint eine schwache Wirkung eingetreten zu sein, in anderen aber sieht man sogar eine entgegengesetzte Wirkung (VI, IX, XII u. a.); wieder andere sind unregelmäßig (II, III, XIII) — im großen ganzen ist eine Wirkung nicht zu spüren. Die mittleren Fehler aller dieser Bestimmungen sind von der Größe, daß kein Unterschied zwischen den verschiedenen Abteilungen der einzelnen Linie nachgewiesen ist. Die Unterschiede, welche in der Tabelle sich zeigen, sind eben rein „zufälliger“ Art — darum gehen sie bald in einer, bald in anderer Richtung oder sie sind irregulär. In diesem Versuch war also in reinen Linien keine Wirkung von Selektion der Plus- oder Minusabweicher zu spüren.

---

[1]) Diese Rubrik wird in der 12. u. 13. Vorlesung erklärt.

Übersicht einer Selektionswirkung in reinen Linien.

Die großgedruckten Zahlen geben das mittlere Gewicht (in Ztgr.), die kleingedruckten Zahlen die Anzahl der betreffenden Samen an. Die Tabelle entspricht ganz der Tabelle S. 137, deren Zahlen sich in der untersten Zeile hier wiederfinden.

Die reinen Linien	Gewicht (in Ztgr.) der Mutterbohnen						Mittl. Gewicht der Linien
	20	30	40	50	60	70	
I	.	.	.	.	63,1 54	64,9 91	64,2 145
II	.	.	57 2 86	54,9 195	56,5 120	55,5 74	55,8 475
III	.	.	.	56,4 144	56,6 40	54,4 98	55,4 282
IV	.	.	.	54,2 32	53,6 163	56,6 112	54,8 307
V	.	.	52,8 107	49,2 29	.	50,2 119	51,2 255
VI	.	53,5 20	50,8 111	.	42,5 10	.	50,6 141
VII	45,9 16	.	49,5 262	.	48,2 27	.	49,2 305
VIII	.	49,0 20	49,1 119	47,5 20	.	.	48,9 159
IX	.	48,5 117	.	47,9 124	.	.	48,2 241
X	.	42,1 28	46,7 412	46,9 93	.	.	46,5 533
XI	.	45,2 114	45,4 217	46,2 87	.	.	45,5 418
XII	49,6 14	.	.	45,1 42	44,0 27	.	45,5 83
XIII	.	47,5 93	45,0 219	45,1 205	45,8 95	.	45,4 712
XIV	.	45,4 21	46,9 51	.	42,8 34	.	45,3 106
XV	46,9 18	.	.	44,6 131	45,0 39	.	45,0 188
XVI	.	45,9 147	44,1 90	41,0 36	.	.	44,6 278
XVII	44,0 78	.	42,4 217	.	.	.	42,8 295
XVIII	41,0 54	40,7 203	40,8 100	.	.	.	40,8 357
XIX	.	35,8 72	34,8 147	.	.	.	35,1 219
I—XIX	44,0 180	44,3 835	46,1 2238	49,0 1138	51,9 609	56,1 494	47,9 5494

Für reine Linien wurde also hier bei Plus- und Minusvarianten eine Erblichkeitsziffer von 0 gefunden und ein Rückschlag, der vollständig ist, also = 1 zu setzen wäre. Kurz gesagt: die Ausschläge der fluktuierenden Variabilität waren hier nicht erblich! Bei Betrachtung des Materials als Ganzes wurden aber GALTON's Angaben ganz gut bestätigt. Wie läßt sich dieses erklären? Haben wir hier nicht einen Widerspruch? Durchaus nicht! Die soeben gegebene Tabelle zeigt, wie alles zugeht: In den niedersten Gewichtsklassen der Muttersamen waren vorzugsweise, aber bei weitem nicht ausschließlich, Linien repräsentiert, welche sich durch kleine Samen auszeichnen; in den höheren Klassen der Muttersamen waren hauptsächlich Linien mit durchschnittlich großen Samen vertreten und in den mittleren Klassen traf sich die Mehrzahl aller Linien. Es wurde also bei der Selektion der Muttersamen eine nur unvoll-

kommene Isolierung kleinsamiger, bezw. mittelgroß- und großsamiger
Linien erreicht: Jede Selektionsklasse repräsentiert eine mehr oder
weniger bunte Vermengung der Individuen verschieden beschaffener
Linien!

Und die Nachkommen dieser unreinen Selektionsklassen machen,
wie wir auf S. 138 gesehen haben, einen ganz einheitlichen Eindruck!
Sie bilden mit ihrer regelmäßigen Variabilität je einen, ich möchte
sagen statistischen Phaenotypus, wohl geeignet, dem Beobachter die
Vorstellung zu geben, die Selektion habe den ursprünglichen „Typus"
in den Selektionsrichtungen verschoben.

Gewiß: der Phaenotypus ist verschieden in den verschiedenen
Nachkommenklassen! Insofern ist GALTON's Gesetz des teilweisen
Rückschlags Ausdruck einer Wahrheit; und es ist sehr natürlich,
daß man gelehrt hat, eine Auswahl von Plus- oder Minusabweichern
könne allmählich den „Typus" einer Rasse verschieben. Ich habe
dasselbe in einer Reihe von Jahren doziert, im guten Glauben an
GALTON's Arbeit und in Übereinstimmung mit den landläufigen Auffassungen. Hier ist aber nur die Rede von rein statistischen Regeln'
von Änderungen gegebener genotypischer Charaktere ist durchaus
nichts gesagt.

In der Wirklichkeit ist noch niemals ein Beweis dafür
geliefert, daß Selektion von Plus- oder Minusabweichern
genotypische Unterschiede hervorrufen könnte. Wo solche
nicht schon vorhanden sind, hat die Selektion keine Wirkung erblicher Art.

Ist diese Auffassung richtig — und dies werden wir weiter
unten stets finden —, dann müssen wir auch annehmen, daß GALTON's
„Rückschlagsgesetz", wie es sich an der Relation zwischen Eltern
und Nachkommen zeigt, nur ein Ausdruck dafür ist, daß die betreffenden Populationen (Bestände) in der Wirklichkeit nicht gleichartig, nicht einheitlich in genotypischer Beziehung waren, sondern
ein mehr oder wenig buntes Gemenge ausmachten, selbst wo die
Individuen schön um nur einen Phaenotypus gruppiert sich darboten.

Hier wo wir mit quantitativen Unterschieden operieren, ist es
schon wegen der transgressiven Variabilität ganz untunlich, unmittelbar an einem Individuum sicher zu erkennen, wie es genotypisch charakterisiert ist. Zwei gleich große Bohnen können in
Bezug auf Größe genotypisch ganz verschieden sein: die eine mag
z. B. einer kleinsamigen Linie angehören, in dieser also Plusabweicher

sein, die andere könnte gar Minusabweicher aus einer sehr großsamigen Linie sein. Bohnen mit dem Gewichte 50 Zentigramm
würden z. B. in der Linie I Minusabweicher, in der Linie XIX
aber Plusabweicher sein. In Bezug auf Größe persönlich ganz
gleich, wären sie sodann genotypisch recht verschieden.
Und dieser Unterschied zeigt sich erst in der Beschaffenheit der
Nachkommen. Die beiden Bohnen werden Nachkommen mit
wesentlich verschiedener mittlerer Samengröße erhalten. Nur dadurch wird der genotypische Unterschied erkannt.

Aus einem Bestande, welcher in genotypischer Beziehung nicht
einheitlich ist — und welche natürliche Population wäre einheitlich?
— kann man in der Regel schnell Resultate einer Selektion erwarten. Denn werden z. B. Minusabweicher gewählt, so erhält man
offenbar relativ viele Individuen, deren Minusabweichung vom Phaenotypus des Bestandes wenigstens teilweise durch den genotypischen
Charakter dieser Individuen bedingt ist. Solche Individuen müssen
aber selbstverständlich eine Serie von Nachkommen bilden, deren
Mittelwert in Bezug auf die betreffende Eigenschaft ein anderer
ist als der Mittelwert des ursprünglichen Bestandes, und zwar ist
die Änderung nach der Selektionsrichtung hin erfolgt.

Mit anderen Worten: Der Phaenotypus vieler nach Selektion in
einer Population gewonnenen Nachkommenserien erscheint in der
Selektionsrichtung verschoben; und dies ist einfach eine Folge davon,
daß die Population (der Bestand) in genotypischer Beziehung gemengt, also unrein war!

Mit dieser Auffassung, deren Richtigkeit in der nächsten Vorlesung weiter diskutiert werden soll, verstehen wir die Berechtigung
des vom hervorragenden französischen Gärtnerforscher Louis Leveque
de Vilmorin aufgestellten sogenannten „Isolationsprinzips". Dieses
Prinzip bezeichnen wir besser als Vilmorin's Prinzip der individuellen Nachkommenbeurteilung. Vilmorin, dessen Wirksamkeit vorwiegend der Zeit vor Darwin's „Origin of Species" gehört, und welcher in Bezug auf Zuckerrübenzucht sehr große Verdienste hat, betont sehr scharf, wie alle seine Erfahrungen über
Erblichkeit ihm die Auffassung gegeben haben, daß es notwendig ist,
die Nachkommen jedes einzelnen Individuums getrennt zu beobachten.
Man sieht, daß diese Arbeitsweise den diametralen Gegensatz zu
Pearson's statistischer Methode (S. 111) ist. Vilmorin's Prinzip bedeutet eine wirkliche Analyse der Tatsachen, Pearson's ein Zusammenwerfen ohne Prüfung im einzelnen.

Vilmorin fand vor mehr als 60 Jahren, daß z. B. Rüben, deren Zuckerinhalt ganz gleich war, sehr verschiedenwertige Nachkommen erzeugten. Zuckerreiche Rüben hatten Nachkommen, welche teilweise reich, teilweise aber sogar sehr arm an Zucker waren, und es fanden sich auch viele, welche mittelmäßig in Bezug auf Zuckergehalt waren. Darum erntete Vilmorin die Samen jeder einzelnen Pflanze für sich und beurteilte die Nachkommen jeder Pflanze für sich. Dabei bemerkte er, daß unter den anfangs ausgewählten guten Rüben einige viel bessere Nachkommen als andere erhielten, und diese wurden darum für die Weiterzucht gewählt. Vilmorin erklärte sich die Sache, indem er eine verschieden große „Vererbungskraft" bei verschiedenen Individuen annahm. Diese Auffassung war damals gut motiviert — jetzt aber nicht mehr. Man sieht leicht, daß wir mit den Bohnen — und mit allen ähnlich sich verhaltenden Organismen — Resultate erhalten müssen, welche Vilmorin's Erfahrungen bestätigen: Persönlich gleich beschaffene Individuen (in Bezug auf eine bestimmte Eigenschaft) sind oft genotypisch sehr verschieden — und darum erhalten sie verschieden charakterisierte Nachkommen. „Verschieden große Erblichkeitskraft" bei Vilmorin ist nur ein Ausdruck für diese Sache, ein Ausdruck, welcher jetzt überflüssig und dabei, als mehrdeutig, sogar recht störend ist; wir werden darum das Wort nicht weiter verwenden.

Aber Vilmorin's Prinzip der individuellen Nachkommenprüfung hat sich bei den referierten Untersuchungen mit reinen Linien vorzüglich bewährt. Und wir werden finden, daß auch, wo von Fremd- und Kreuzbefruchtung die Rede ist, die Anwendung von Vilmorin's Prinzip überhaupt erst die Möglichkeit einer biologischen Analyse der Erscheinungen bedingt.

Zehnte Vorlesung.

Beispiele fortgesetzter Selektion in genotypisch einheitlichen reinen Linien.

Die in der vorigen Vorlesung auseinandergesetzten Daten zeigten uns, wie GALTON's Rückschlagsgesetz, betreffend die Relation zwischen Kindern und Eltern[1]) — jedenfalls in dem erwähnten Beispiele — einfach zu verstehen ist: Das genannte Gesetz war nur ein Ausdruck dafür, daß der betreffende Bestand (die Population) nicht einheitlicher Natur war; in den geprüften reinen Linien wurde dagegen keine Wirkung der Selektion nachgewiesen.

Es wird jetzt erforderlich sein, die Frage zu beantworten, ob diese Resultate etwa nur Ausnahmefälle bilden oder ob sie allgemein gültig sind. Diese Frage ist für die Erblichkeitslehre von höchster prinzipieller Bedeutung; sie steht außerdem in genauer Verbindung mit dem großen Hauptproblem, ob, oder inwieweit die Evolution im Laufe der Zeiten durch kontinuierliche Verschiebungen oder mittelst diskontinuierlicher Änderungen, sprungweise, vorschreitet. In der Jetztzeit ist die Auffassung, daß Selektion einen typenverschiebenden Einfluß haben muß, so fest im „allgemeinen Bewußtsein" eingewurzelt, daß sie nicht ohne weiteres aufgegeben werden kann. Eine ganze Reihe von Spezialfragen müssen wir schon deshalb diskutieren.

Zunächst könnte man gegen die in der vorhergehenden Vorlesung erwähnten Resultate einwenden — auch zugeben, die Selektion in reinen Linien wirke nicht gleich in der ersten Generation — daß eine durch mehrere Generationen fortgesetzte Selektion Resultate bringen müsse. Nun, GALTON's hier interessierendes Gesetz, welches von vielen als die Grundlage der ganzen

---

[1]) Auch andere Relationen, z. B. zwischen Geschwistern untereinander, sind von GALTON und PEARSON studiert. In diesem Verband haben sie aber kein Interesse.

Erblichkeitslehre aufgefaßt wird (vgl. S. 118), sollte ja eben für die erste Nachkommengeneration gelten, das Verhalten der Kinder-eigenschaften zu den Elterneigenschaften ausdrückend. Wirkt die Selektion nun aber nicht sofort in der ersten Generation, so paßt ja das GALTON'sche Gesetz gar nicht; und die darauf gestützten Lehren sind hinfällig! Aber die Selektion als „typenverschiebender Faktor" möchte man wohl gerne gerettet sehen — auch unabhängig von GALTON's und seiner Schule Lehren.

Prüfen wir darum, wie es bei fortgesetzter Selektion in reinen Linien geht. In der Literatur liegt noch nicht viel zur Beleuch-tung der Sache vor. Obwohl das VILMORIN'sche Prinzip schon vor mehr als 50 Jahren aufgestellt wurde, hat es nur wenig Einfluß gehabt. Eine exakte Erblichkeitsforschung auf Grund der Ge-danken und Erfahrungen VILMORIN's und MENDEL's hat erst im letzten Jahrzehnt sich zu entwickeln begonnen.

Deshalb muß ich hauptsächlich auf eigenen Erfahrungen fußend die aufgestellte Frage beleuchten, da es ja hier darauf ankommt, die Verhältnisse bei „quantitativen" Unterschieden zu klären.

Wir können gleich an die schon referierten Untersuchungen anknüpfen, indem wir die Tabelle S. 139 wieder betrachten. Die dort zusammengestellten 19 reinen Linien können hier nicht alle weiter verfolgt werden. Es genügt, als Beispiele zunächst die ex-tremen Linien I und XIX näher zu studieren, später wird auch eine mittelgroße Linie in Betracht gezogen.

Von 1901 an wurde die Selektion in zweifacher Richtung durchgeführt, mit der Absicht, die Größe (das Samengewicht) wo-möglich zu ändern; und zwar wurde sowohl in negativer als in positiver Richtung ausgewählt. Die beiden betreffenden Nach-kommenserien innerhalb jeder der reinen Linien können wir die Plusreihe bezw. die Minusreihe nennen. Das Resultat der Selektion im ersten Jahre (1902) ist schon in der Tabelle S. 139 angegeben. Aus den Nachkommen der kleinen Bohnen wurden nun die klein-sten Samen ausgewählt, aus den Nachkommen der großen Bohnen aber die größten. Und so wurde jedes folgende Jahr operiert: immerfort die kleinsten Samen aus der Minusreihe und die größten aus der Plusreihe ausgewählt. Wäre eine Selektion wirksam, so müßte nach diesem Verfahren die Wirkung sich allmählich steigern, sich also jedenfalls deutlicher und deutlicher zeigen. Die Minus-reihe erhält ja allmählich eine Ahnenserie sehr kleiner Bohnen, die Plusreihe aber eine Ahnenserie sehr großer Bohnen. Und man müßte doch erwarten, daß wenigstens nach 5—6 Generationen eine Beeinflussung kenntlich wäre. Aber eine Wirkung ist ausgeblieben; jedenfalls ist sie nicht zu spüren!

Es ist dieses aus den beiden folgenden Tabellen ersichtlich. In diesen Tabellen, welche nach Jahrgängen geordnet sind, findet man die Unterschiede der Plus- und Minusreihe, sowohl bei den zur Aussaat gewählten Muttersamen als bei den betreffenden Nachkommensamen, direkt angeben. Die Gewichtsangaben bedeuten Zentigramme. Wir betrachten zuerst die Linie I.

Selektionswirkung in 6 Generationen der reinen Linie I. (Prinzeßbohnen, vgl. S. 139).

Jahrgang (Ernte- jahr)	Gesamt- anzahl d. Bohnen	Mittleres Gewicht d. Muttersamen der Selektionsreihe:		Differenz b ÷ a	Mittleres Gewicht ± m d. Nachkommensamen der Selektionsreihe:		Differenz β ÷ α
		a *Minus*	b *Plus*		α *Minus*	β *Plus*	
1902	145	60	70	10	63,15 ± 1,02	64,85 ± 0,76	+ 1,70 ± 1,27
1903	252	55	80	25	75,19 ± 1,01	70,88 ± 0,89	÷ 4,31 ± 1,35
1904	711	50	87	37	54,59 ± 0,44	56,68 ± 0,36	+ 2,09 ± 0,57
1905	654	43	73	40	63,55 ± 0,56	63,64 ± 0,41	+ 0,09 ± 0,69
1906	384	46	84	38	74,38 ± 0,81	73,00 ± 0,72	÷ 1,38 ± 1,08
1907	379	56	81	25	69,07 ± 0,79	67,66 ± 0,75	÷ 1,41 ± 1,09

Man sieht sofort, daß der Jahrescharakter ganz wesentlich die Ernte prägt, wie es ja schon längst bekannt ist. Aber innerhalb jedes Jahrganges sind die Nachkommen der Minus- und der Plusreihe durchgehends von gleicher Beschaffenheit, obwohl die Differenz der betreffenden Muttersamen meist sehr bedeutend war. Es geht aus den Differenzen $\beta \div \alpha$ (in der letzten Kolonne) hervor, daß keine Wirkung der Selektion gefunden wurde; ja hier ist eher an eine inverse Wirkung der Selektion zu denken als an eine „richtige". Die meistens recht unsicheren Ausschläge gehen am stärksten in „verkehrter" Richtung! Dieses ist namentlich in den letzten Generationen der Fall, wo man gerade die stärkste „richtige" Wirkung der Selektion erwarten sollte, falls die GALTON-PEARSON'schen Auffassungen nur die geringste Berechtigung hier hätten! Denn die Ahnenserie der Minusreihe hat ja einen ganz anderen Charakter als die Ahnenserie der Plusreihe, wie aus den Kolonnen a und b der Tabelle zu ersehen ist. — Verlangen wir aber gar keinen Einfluß der Ahnenserie vor den Mutterbohnen, sondern betrachten wir nur die Größe der Nachkommen im Vergleich mit den betreffenden Mutter-

bohnen, so können wir aus allen Jahrgängen die Mittelwerte berechnen. Wir erhalten dadurch für die Nachkommen der Plusreihe
den Mittelwert 66,12 $+$ 0,28 Zntgr., und für die Nachkommen der
Minusreihe 66,66 $+$ 0,33 Zntgr. Die Differenz ist $\div$ 0,54 $+$
0,43 Zntgr., also ganz unsicher.[1]) Es ist in Linie I keine Wirkung
der Selektion nachgewiesen, eher eine Andeutung inverser Wirkung
gefunden!

Wenden wir uns jetzt an die Linie XIX, deren Samen das
kleinste Gewicht haben.

Selektionswirkung in 6 Generationen der reinen Linie XIX.
(Prinzeßbohnen, vgl. S. 139.)

Jahrgang (Ernte-jahr)	Gesamt-anzahl d. Bohnen	Mittleres Gewicht d. Muttersamen der Selektionsreihe:		Differenz b ÷ a	Mittleres Gewicht $+m$ d. Nachkommensamen der Selektionsreihe:		Differenz $\beta \div \alpha$
		a *Minus*	b *Plus*		α *Minus*	β *Plus*	
1902	219	30	40	10	35,83$+$0,44	34,78$+$0,38	$\div$1,05$+$0,58
1903	200	25	42	17	40,21$+$0,65	41,02$+$0,43	$+$0,81$+$0,78
1904	590	31	43	12	31,39$+$0,29	32,64$+$0,21	$+$1,25$+$0,36
1905	1657	27	39	12	38,26$+$0,16	39,15$+$0,17	$+$0,89$+$0,23
1906	1367	30	46	16	37,92$+$0,22	39,87$+$0,16	$+$1,95$+$0,27
1907	594	24	47	23	37,36$+$0,30	36,95$+$0,21	$\div$0,41$+$0,37

Diese Tabelle gibt ein ähnliches Bild wie die Tabelle S. 145
für Linie I. Schwankende Ausschläge, hier etwas stärker in der
„richtigen" Richtung als umgekehrt. Hier sind aber die mittleren
Fehler der Differenzen $\beta \div \alpha$ kleiner als in der Tabelle für Linie I
und die Ausschläge erscheinen darum zuverlässiger. Wenn wir, auch
hier den Gedanken eines Einflusses älterer Generationen absichtlich
beiseite lassend, die Mittelwerte für die beiden Nachkommenreihen
aller Jahrgänge bilden, erhalten wir für die Nachkommen der Plusreihe 37,40 $+$ 0,11 Zntgr. und für die Nachkommen der Minusreihe
36,83 $+$ 0,15 Zntgr. Die Differenz ist hier sodann $+$ 0,57 $+$
0,19 Zntgr., welche allerdings klein ist, aber doch in der richtigen
Richtung zeigt. Dieser schwache Ausschlag ist aber, experimental
kritisch gesehen, ganz belanglos. Denn das Material ist in der
Wirklichkeit mehr ungleichmäßig, als es die berechneten mittleren

---

[1]) Über die Berechnung der mittleren Fehler bei Summen, Differenzen
und Quotienten (Mittelzahlberechnung) ist alles Nötige in der fünften und
sechsten Vorlesung gegeben.

Fehler zeigen. Um nur eine einzige Beobachtung zur Beleuchtung dieser Sache hier zu geben, sei angeführt, daß im Jahrgang 1904 zwei nicht ausgewählte Proben mittelgroßer Muttersamen der Linie XIX folgende Nachkommen erhielten:

Probe 1. 235 Samen, mittleres Gewicht 31,05 ± 0,25 Zntgr.

„ 2. 383 „ „ „ 32,85 ± 0,21 „

Die beiden Proben, deren Gesamtanzahl an Nachkommensamen 618 war, dienten als Parallele für den vergleichenden Anbau der Plus- und Minusreihe des Jahres 1904 mit im ganzen 590 Nachkommensamen. Die Differenz der Parallelernten 32,85 ± 0,21 ÷ (31,05 ± 0,25) = 1,80 ± 0,33 Zntgr. ist ganz gleicher Ordnung wie die Differenzen $\beta \div \alpha$ der Tabelle. Es sind eben in den Versuchsbeeten Unregelmäßigkeiten vorhanden, welche die Abweichungen größer machen, als sie ohne solche Unregelmäßigkeiten wären. Wir tangieren dabei die Frage der experimentellen Kritik der Berechnungsmethoden, eine Frage, welche wir weiter unten zu berücksichtigen haben; vgl. auch S. 98.

Jedenfalls gaben uns die durch 6 Generationen festgesetzten Selektionen in den reinen Linien I und XIX keine Wirkung, welche als Bestätigung der landläufigen Anschauung über Selektion dienen könnte. Ja, vereinigen wir die summarischen Resultate beider betreffenden Tabellen, ÷ 0,54 und + 0,57, so erhalten wir fast den Wert 0 als Ausdruck für die Selektionswirkung: im einen Falle eine Spur inverser Wirkung, im anderen eine Andeutung richtiger Wirkung — im ganzen aber keine Wirkung. So verhielten sich die in Größe extremen beiden Linien.

Eine viel umfassendere Untersuchung wurde aber mit verschiedenen anderen Bohnenlinien durchgeführt. Das Gewicht einer Bohne — oder irgend eines Organismus oder Organs — ist wohl nie eine einheitliche Eigenschaft; das Gewicht ist offenbar eine Summe der Bestandteile und wird wohl u. a. auch eine Funktion des Produktes der Dimensionen sein. Schon deshalb wäre es gut, andere Charaktere hier in Betracht zu ziehen, welche auch quantitativ messbar sind. Als solche sind Dimensionen und zahlenmäßig ausdrückbare Formcharaktere die zugänglichsten, während z. B. Farbenintensitäten oder chemische Zusammensetzung viel schwieriger zu behandeln sind.

Für Bohnen sind die absolute Länge und die maximale Breite sozusagen Hauptdimensionen, welche meist auch die Form genügend charakterisieren, da der Breitenindex (die Breite als Prozente der Länge angegeben) ein zahlenmäßiger Ausdruck der relativen Schmalheit oder Breite ist.

Die Bohnenschale gleicht — wenn die Samen gut ausgereift sind — einem strotzenden Säckchen, in welchem der die Schale prall ausfüllende Keim entwickelt ist. Die Schale setzt der erreichbaren Größe und Form eine Grenze. Wie nun Größe und Form eines ganz gefüllten Sackes nur von zwei Dimensionen bestimmt wird, nämlich von der Länge und von der Breite des Materials, woraus der Sack genäht wurde — wodurch eben Höhe und Umfang des Sackes gegeben wird — so sind die Größe und Form der Bohne ganz wesentlich oder allein durch die Länge und den Umfang der Schale bestimmt. Die Länge ist leicht zu bestimmen, mittels eines Apparates wie in Fig. 1, S. 12 illustriert; und für den Umfang kann man die Breite (in liegender Stellung) substituieren, wie bei praller Füllung eines Sackes die Breite, neben der Höhe, ein hinlänglich charakterisierendes Dimensionsmaß ist. Die für viele Bohnenvarietäten eigentümliche nierenförmige Krümmung der Samen — wohl durch einen besonderen Faktor bestimmt — kommt bei dem vorliegenden Untersuchungsmaterial nicht in Betracht.

Länge und Breite, für sich betrachtet, bilden jedenfalls zwei meßbare Eigenschaften, und der Breitenindex, 100 · Breite : Länge, ist ein Ausdruck für die Form. Im Jahre 1900 wurden nun 12 000 Prinzeßbohnen aus einer eingekauften Partie (mit Ausschluß aller stumpfen oder sonst unregelmäßigen Samen) der Länge und Breite nach mit einer Genauigkeit von $1/4$ mm gemessen. Für jede Bohne war demnach sowohl Länge als Breite bekannt und somit auch der Breitenindex. Es ist nicht nötig, hier die Details dieser zahlreichen Messungen anzuführen. Als Mittelwerte und Standardabweichung ergab sich:

für die Länge M $\pm$ m = 12,806 $\pm$ 0,009
„ „ Breite M $\pm$ m = 8,312 $\pm$ 0,006
und hieraus als durchschnittlicher Breitenindex 64,91 $\pm$ 0,07.[1]

Aus den längsten aller dieser Bohnen wurde u. a. die reine Linie I isoliert, aus den kürzesten u. a. die Linie XIX; diese beiden reinen Linien haben wir soeben in Bezug auf Gewichtsverhältnisse in 6 Generationen verfolgt. Nach dem schon hierüber Angeführten

---

[1] Über den mittleren Fehler des Quotienten zweier mit Fehlern behafteten Größen siehe die Noten zur 6. Vorlesung. Man kann auch den Mittelwert sämtlicher Breitenindices aller einzelnen Bohnen als durchschnittlichen Ausdruck des Breitenindex gelten lassen. Die beiden Bestimmungen weichen nicht viel voneinander ab; für unsern jetzigen Zweck ist es praktisch, wie hier zu rechnen.

ist es wohl unnötig zu bemerken, daß auch die Dimensionen Länge und Breite trotz aller Selektion bei den verschiedenen Nachkommenklassen dieser beiden Linien gleich blieben.

Es sollte aber auch versucht werden, die Form, nämlich den Breitenindex, durch Selektion der schmälsten bzw. der breitesten Bohnenindividuen zu ändern; d. h. es sollte aus dem gegebenen Material eine schmalsamige und eine breitsamige Rasse „gezüchtet" werden.

Als Aussaat wurden deshalb drei Sortimente ausgewählt: die relativ schmälsten Bohnen, die relativ breitesten und eine Probe aus der zentralen Klasse, d. h. der Klasse, welche den Mittelwert (sowohl der Länge als der Breite) des ganzen Materials umfaßte. Diese drei Sortimente hatten folgende mittlere Beschaffenheit:

Sortiment	Anzahl	Längen in mm	Breite in mm	Breiten-Index
„Schmal"	85	13,84	7,79	56,3
„Breit"	64	12,83	9,45	73,7
Zentralklasse	100	12,88	8,38	65,1

Daraus ergibt sich als Differenz der Indices bei „Schmal" und „Breit" 73,7 ÷ 56,3 = 17,4. Nach dieser Aussaat wurden (in 1901) folgende drei Ernten erhalten:

Nach Aussaat der Sortimente	Anzahl	Mittlere Länge $\pm m$; in mm	Mittlere Breite $\pm m$: in mm	Breiten-Index $\pm m$
„Schmal"	1679	12,206 + 0,025	7,525 + 0,013	61,65 + 0,17
„Breit"	1600	11,701 + 0,029	7,740 + 0,017	66,15 + 0,22
Zentralklasse	2771	11,965 + 0,016	7,477 + 0,008	62,49 + 0,11

Man sieht sofort, daß die Selektion sehr stark gewirkt hat, insofern die Nachkommen der breitsamigen Aussaat ganz bedeutend breiter sind als die Nachkommen der Zentralklasse und der schmalsamigen Aussaat; der Phaenotypus ist ganz wesentlich in der Selektionsrichtung verschoben! Weniger ausgeprägt war die Wirkung der Selektion in der Richtung nach größerer Schmalheit. Immerhin haben wir hier zwischen den Nachkommen der Sortimente „Breit" und „Schmal" die Differenz der Indices 66,15 ± 0,22 ÷ (61,65 ± 0,17) = 4,50 ± 0,26, eine Differenz, deren Realität völlig sichergestellt ist. Vergleichen wir diese Differenz mit der Differenz der beiden betreffenden Aussaatsortimente (17,4), so erhalten wir hier als Erblichkeitsziffer — d. h. der Unterschied der Kinder durch den Unterschied der betreffenden Eltern gemessen — die Relation 4,50 : 17,4 = 0,26, also etwa $^1/_4$. Diese Relation stimmt an und für sich wohl mit GALTON's Befunden: die Selektion hat sofort, in einer Generation, den Phaenotypus ganz bedeutend verschoben!

Aber diese ganze Wirkung der Selektion ist auch hier nichts als eine unvollkommene Sortierung der in dem ursprünglichen Material schon vorhandenen Verschiedenheiten. Unter den Nachkommen des schmalen Sortiments fanden sich nur 2 Pflanzen, deren Samen durchgehends schmal waren (mittlerer Index unter 57), darum war der Phaenotypus nur wenig in der Richtung nach Schmalheit verschoben. Unter den Nachkommen des breiten Sortiments aber fanden sich 14 Pflanzen mit durchgehends wirklich breiten Samen (mittlerer Index über 67) — darum die starke Verschiebung des Phaenotypus bei Selektion nach größerer Breite. Die allermeisten Pflanzen der beiden Sortimentsnachkommen stimmten mit denjenigen der Zentralklasse überein (Indices zwischen 57—67).

Die gefundene Selektionswirkung ist hier also ganz gleicher Art, wie wir es für die Selektion nach Gewicht fanden! Und die Hauptfrage wird denn auch hier diese sein: Kann in reinen Linien eine Selektion in Bezug auf Länge, Breite und Form (Index) eine Verschiebung des typischen Mittelwertes der betreffenden Nachkommen hervorrufen. Zur Beleuchtung dieser Frage verfügen wir über ein ziemlich großes Material, welches nur teilweise hier Erwähnung finden kann. Nicht weniger als 7 reine Linien sind bis heute weiter kultiviert; viele andere wurden nach in 3 Generationen ganz erfolgloser Selektion aufgegeben. Als Beispiele könnten wir verschiedene reine Linien anführen, lang- und schmalsamige, kurz- und breitsamige und auch eine intermediäre Linie.

Es wurden aus jeder der betreffenden reinen Linien meistens gleich von Anfang an 4 spezielle Aussaat-Sortimente gebildet, nämlich ein schmales, ein breites, ein kurzes und ein langes Sortiment. Jahr auf Jahr wurde in ähnlicher Weise gearbeitet, und zwar so, daß jedes Sortiment immer aus den Nachkommen des vorjährigen gleichsamigen Sortiments ausgewählt wurde. Also wurde z. B. das schmale Sortiment für jedes Jahr aus den Nachkommen des vorjährigen schmalen Sortiments ausgewählt, das lange Sortiment aus den Nachkommen des vorjährigen langen Sortiments usw.

Dadurch wurde innerhalb jeder Selektionsserie allmählich eine Ahnenreihe erhalten, welche von dem alljährlichen Mittelmaß der betreffenden reinen Linie so weit wie möglich in der Selektionsrichtung abweicht. Die Glieder dieser Ahnenreihen sind in absteigender Folge mit kleinen Zahlen numeriert, z. B. breit$_1$, breit$_2$, breit$_3$ usw., was ohne weiteres verständlich sein wird. Sowohl nach den landläufigen Auffassungen als nach GALTON-PEARSON's Theorien müßte eine solche methodisch durchgeführte Selektion allmählich die mittleren Beschaffenheiten der betreffenden Nachkommenserien ganz wesentlich in die Selektionsrichtung verschieben.

Speziell sei eine reine Linie erwähnt, welche als Repräsentant der mittleren Beschaffenheit des ursprünglichen Bestandes gelten kann. In keiner Beziehung ist also diese reine Linie vorher einer künstlichen Selektion nach Größe oder Form ausgesetzt gewesen. Diese Linie ist mit GG in den Versuchsprotokollen bezeichnet; sie stammt von einer Bohne (in 1900), aus welcher sich in 1901 eine Pflanze entwickelte, deren 77 Samen folgende Dimensionen hatten: Mittlere Länge $11{,}982 \pm 0{,}075$ mm, mittlere Breite $7{,}404 \pm 0{,}041$ mm; woraus der Breitenindex $61{,}79 \pm 0{,}51$ hervorgeht. Es wurden nun die 8 schmälsten und die 8 breitesten Bohnen für Aussaat in 1902 ausgewählt. Diese beiden Aussaat-Sortimente hatten folgende Beschaffenheit:

Sortiment für 1902	Anzahl	Länge in mm	Breite in mm	Index
Schmal$_1$	8	12,03	6,97	57,9
Breit$_1$	8	12,50	8,00	64,0

Die aus diesen Sortimenten in 1902 erhaltenen Nachkommenserien hatten folgende mittlere Beschaffenheit:

Nachkommen 1902 des Sortiments	An- zahl	Mittlere Länge $\pm m$; in mm	Mittlere Breite $\pm m$; in mm	Indices der Mittelwerte
Schmal$_1$	76	$12{,}947 \pm 0{,}083$	$8{,}543 \pm 0{,}053$	$65{,}98 \pm 0{,}59$
Breit$_1$	91	$12{,}581 \pm 0{,}063$	$8{,}328 \pm 0{,}043$	$66{,}20 \pm 0{,}48$
Alles	167	$12{,}748 \pm 0{,}053$	$8{,}426 \pm 0{,}035$	$66{,}10 \pm 0{,}39$

Die Differenz der Indices der Aussaatsortimente (breit $\div$ schmal) war $64{,}0 \div 57{,}9 = 6{,}1$; die Differenz der Indices der betreffenden Nachkommen ist $66{,}20 \pm 0{,}48 \div (65{,}98 \pm 0{,}59) = 0{,}22 \pm 0{,}76$. Diese Differenz ist ohne Belang, wie es aus deren großen mittlerem Fehler hervorgeht. In der ersten Generation wurde also keine Selektionswirkung nachgewiesen.

Für Aussaat im nächsten Jahre (1903) wurden aus den Nachkommen sowohl des schmalen als des breiten Sortiments$_1$ wiederum ein schmales bezw. ein breites Sortiment ausgewählt (also Schmal$_2$

bezw. Breit$_2$). Ferner wurde nun auch — aus dem Rest beider Nachkommenserien — ein kurzes und ein langes Sortiment (Kurz$_1$, bezw. Lang$_1$) ausgewählt. Die vier Sortimente sowie der Rest — alle Samen sollten nämlich ausgesät werden — hatten folgende mittlere Beschaffenheit:

Sortiment für 1903	Anzahl	Länge in mm	Breite in mm	Indices
Schmal$_2$	17	12,934	8,052	62,3
Breit$_2$	18	12,861	8,819	68,6
Kurz$_1$	10	11,075	—	—
Lang$_1$	9	13,986	—	—
Rest	113	12,751	8,421	66,0

Diese kleine Tabelle gibt nur die hier interessierenden Daten. Man sieht, daß die Indexdifferenz Breit$_2 \div$ Schmal$_2 = 6{,}3$, und daß die Längendifferenz Lang$_1 \div$ Kurz$_1 = 2{,}91$ mm ist.

Die aus den verschiedenen Sortimenten im Jahre 1903 erhaltenen Nachkommenserien hatten die folgenden mittleren Beschaffenheiten (die Nachkommen des „Restes" wurden in Nummerfolge in 4 Gruppen [a—d] geteilt):

Nachkommen 1903 des Sortiments	Anzahl	Mittlere Länge $\pm m$; in mm	Mittlere Breite $\pm m$; in mm	Indices des Mittelwertes
Schmal$_2$	252	13,023 $\pm$ 0,054	8,176 $\pm$ 0,025	62,78 $\pm$ 0,33
Breit$_2$	389	12,973 $\pm$ 0,042	8,161 $\pm$ 0,020	62,91 $\pm$ 0,26
Kurz$_1$	154	12,896 $\pm$ 0,059	8,209 $\pm$ 0,026	63,65 $\pm$ 0,35
Lang$_1$	176	12,911 $\pm$ 0,061	8,097 $\pm$ 0,030	62,71 $\pm$ 0,38
Rest a	615	12,788 $\pm$ 0,032	8,054 $\pm$ 0,017	62,98 $\pm$ 0,20
Rest b	373	12,922 $\pm$ 0,041	8,137 $\pm$ 0,021	62.97 $\pm$ 0,26
Rest c	465	12,983 $\pm$ 0,040	8,171 $\pm$ 0,018	62,94 $\pm$ 0,24
Rest d	843	12,998 $\pm$ 0,026	8,206 $\pm$ 0,014	63,13 $\pm$ 0,17
Alles	2937	12,942 $\pm$ 0,015	8,152 $\pm$ 0,007	62,99 $\pm$ 0,09

Ein Blick auf diese Tabelle zeigt gleich, daß keine Wirkung der Selektion hier nachweisbar ist: Die Nachkommen des Sortiments schmal$_2$, bezw. breit$_2$, kurz$_1$ und lang$_1$ sind nicht die schmälsten, bezw. die breitesten, kürzesten oder längsten! Die Betrachtung der 4 Nachkommengruppen des Restes — Nachkommen nicht ausgewählter Mutterbohnen, der zentralen Klassen des Aussaatmaterials entsprechend — zeigt, daß die Variation so groß ist, daß alle gefundenen Unterschiede sehr wohl „zufällig", d. h. hier von der ausgeführten Selektion unabhängig sein können.

Die Selektion wurde aber weiter geführt. Es wurden wieder Aussaatsortimente gebildet, jetzt also für den Jahrgang 1904. Diese Sortimente hatten folgenden uns hier interessierenden Charakter:

Sortiment für 1904	Anzahl	Länge in mm	Breite in mm	Index
Schmal₃	34	12,674	7,588	60,0
Breit₃	48	12,750	8,474	66,5
Kurz₂	11	10,602	—	—
Lang₂	18	14,264	—	—

Die Differenz Breit₃ ÷ Schmal₃ in Bezug auf Index ist 6,5; die Differenz Lang₂ ÷ Kurz₂ in Bezug auf Länge ist 3,66 mm. Es wurde auch ein „zentrales Sortiment" — nämlich 189 Bohnen von durchgehends mittleren Dimensionen — zur Kontrolle ausgesät, und die Nachkommen dieser mittelmäßigen Bohnen wurden ganz wie in 1903 in mehrere Gruppen ohne Auswahl nach Reihenfolge der Nummern geteilt, um als Vergleichsernten dienen zu können. Die aus allen diesen Sortimenten entstandenen Nachkommenserien waren folgendermaßen charakterisiert:

Nachkommen 1904 des Sortiments	Anzahl	Mittlere Länge $\pm m$; in mm	Mittlere Breite $\pm m$; in mm	Indices der Mittelwerte
Schmal₃	507	12,229 $\pm$ 0,028	7,343 $\pm$ 0,015	60,05 $\pm$ 0,18
Breit₃	616	12,163 $\pm$ 0,026	7,292 $\pm$ 0,013	59,95 $\pm$ 0,17
Kurz₂	147	12,060 $\pm$ 0,054	7,227 $\pm$ 0,027	59,93 $\pm$ 0,35
Lang₂	389	12,294 $\pm$ 0,035	7,340 $\pm$ 0,018	59,70 $\pm$ 0,23
Zentral a	443	12,211 $\pm$ 0,028	7,277 $\pm$ 0,018	59,59 $\pm$ 0,20
do. b	323	12,195 $\pm$ 0,038	7,288 $\pm$ 0,021	59,76 $\pm$ 0,25
do. c	430	12,266 $\pm$ 0,032	7,285 $\pm$ 0,017	59,39 $\pm$ 0,21
do. d	292	12,195 $\pm$ 0,038	7,299 $\pm$ 0,021	59,85 $\pm$ 0,25
do. e	441	12,134 $\pm$ 0,031	7,282 $\pm$ 0,017	60,01 $\pm$ 0,21
do. f	410	12,094 $\pm$ 0,032	7,248 $\pm$ 0,018	59,93 $\pm$ 0,22
do. g	370	12,164 $\pm$ 0,033	7,298 $\pm$ 0,018	60,00 $\pm$ 0,22
do. h	557	12,092 $\pm$ 0,027	7,298 $\pm$ 0,015	60,40 $\pm$ 0,18
Alles	4924	12,177 $\pm$ 0,009	7,293 $\pm$ 0,005	59,89 $\pm$ 0,06

Was die Indexselektion betrifft, wird es gleich aus der letzten Kolonne der Tabelle klar, daß keine Wirkung nachzuweisen ist. Dagegen scheint die Selektion nach „Kürze" und „Länge" hier ein wenig gewirkt zu haben, insofern die Nachkommen des Sortiments Lang₂ die längsten und die Nachkommen des Sortiments Kurz₂ die kürzesten aller Nachkommenserien sind. Die Nachkommen der Zentralsortimente f und h sind allerdings nur wenig länger als die „kurze" Serie, und die Nachkommen des Zentralsortimentes c sind

nur wenig kürzer als die „lange" Serie — aber es wäre sehr gesucht, nicht zuzugeben, daß eine Wirkung der Selektion nach Länge
bezw. Kürze hier sehr wahrscheinlich gemacht war.

Jedenfalls gab dieser Jahrgang der Hoffnung Stütze, eine weiter
geführte Selektion müsse eine durchschlagende, unzweideutige Wirkung haben. Also: weiter ausgewählt!

Als Sortimente für diese Aussaat in 1905 wurden folgende
Proben gebildet:

Sortiment für 1905	Anzahl	Länge in mm	Breite in mm	Index
Schmal$_4$	35	12,354	6,854	55,5
Breit$_4$	42	11,845	7,637	64,5
Kurz$_3$	31	11,149	—	—
Lang$_3$	31	13,569	—	—

Die Differenz Breit$_4$ ÷ Schmal$_4$ in Bezug auf Index ist 9,0,
die Differenz Lang$_3$ ÷ Kurz$_3$ in Bezug auf Länge ist 2,42 mm.

Ferner wurde, wie gewöhnlich, ein großes „zentrales" Sortiment
zum Vergleich ausgewählt. Die aus diesen verschiedenen Sortimenten erhaltenen Nachkommenserien sind in der untenstehenden
Tabelle zusammengestellt:

Nachkommen 1905 des Sortiments	Anzahl	Mittlere Länge $\pm m$; in mm	Mittlere Breite $\pm m$; in mm	Indices der Mittelwerte
Schmal$_4$	813	12,563 + 0,023	7,905 + 0,013	62,92 + 0,15
Breit$_4$	1087	12,577 + 0,019	7,951 + 0,012	63,22 + 0,13
Kurz$_3$	408	12,565 + 0,030	7,907 + 0,018	62,93 + 0.21
Lang$_3$	988	12,690 + 0,019	7,970 + 0,012	62,81 + 0,13
Zentral a	559	12,523 + 0,026	7,918 + 0,016	63,23 + 0,18
do. b	649	12,545 + 0,021	7,999 + 0,014	63,76 + 0,15
do. c	622	12,571 + 0,025	7,908 + 0,016	62.91 + 0,18
do. d	500	12,571 + 0,024	7,922 + 0,015	63,02 + 0,17
Alles	5626	12,584 + 0,008	7,939 + 0,005	63,09 + 0,06

In Bezug auf Index hat die Selektion auch hier keine nachweisbare Wirkung gehabt, und was die Selektion nach Länge und
Kürze betrifft, so sind hier allerdings die Nachkommen des langen
Sortiments die längsten; die Nachkommen des kurzen Sortiments
sind aber nicht die kürzesten der Nachkommenserien. Und der
Unterschied zwischen den Nachkommen der Sortimente Lang$_3$ und
Kurz$_3$ ist ganz bedeutend kleiner als der entsprechende Unterschied
im Vorjahre. Der Jahrgang 1905 gibt also wieder Veranlassung
zu gesteigertem Zweifel an die Selektionswirkung. Die Untersuchung
wurde aber fortgeführt; ganz wie früher wurden auch jetzt für Aus-

saat in 1906 die 4 gewöhnlichen Sortimente — außer eines Zentralsortimentes — gebildet. Sie hatten diese Beschaffenheit:

Sortiment für 1906	Anzahl	Länge in mm	Breite in mm	Index
Schmal$_5$	37	12,497	7,233	57,9
Breit$_5$	44	12,301	8,551	69,5
Kurz$_4$	25	11,095	—	—
Lang$_4$	33	14,109	—	—

Hier ist die Differenz der Indices Breit$_5$ $\div$ Schmal$_5$ = 11,6
und die Differenz Lang$_4$ $\div$ Kurz$_4$ in Bezug auf Längenmaß ist
3,01 mm. Das Resultat ergibt sich aus der folgenden Tabelle:

Nachkommen 1906 des Sortiments	Anzahl	Mittlere Länge $\pm m$; in mm	Mittlere Breite $\pm m$; in mm	Indices der Mittelwerte
Schmal$_5$	797	12,950 $\pm$ 0,027	8,407 $\pm$ 0,017	64,92 $\pm$ 0,19
Breit$_5$	769	12,951 $\pm$ 0,028	8,448 $\pm$ 0,017	65,23 $\pm$ 0,19
Kurz$_4$	570	13,023 $\pm$ 0,031	8,531 $\pm$ 0,018	65,51 $\pm$ 0,21
Lang$_4$	854	12,926 $\pm$ 0,029	8,433 $\pm$ 0,017	65,24 $\pm$ 0,19
Zentral	746	12,962 $\pm$ 0,030	8,378 $\pm$ 0,017	64,64 $\pm$ 0,20
Alles	3736	12,959 $\pm$ 0,013	8,434 $\pm$ 0,008	65,08 $\pm$ 0,09

Aus dieser Tabelle ist keine Spur einer Selektionswirkung zu
ersehen, obwohl wir jetzt in mehreren Generationen ausgewählt haben.

Wir können jetzt das Gesamtresultat dieser Selektionen in zwei
Übersichtstabellen zusammenstellen; die eine Tabelle bezieht sich
auf die Indexselektion, die andere auf die Längenmaßselektion der
reinen Linie GG. Diese Tabellen entsprechen den S. 145 u. 146 angeführten Übersichtstabellen über die Gewichtsselektion der Linien I und
XIX und sind hier ohne nähere Erklärung verständlich. Die detaillierten Daten finden sich ja in den soeben mitgeteilten Spezialtabellen:

Selektion in 5 Generationen der reinen Linie GG.
Bohnen in Bezug auf Breitenindex der Samen.

Ernte-jahr	Indices d. Aussaat-Sortimente:		Differenz b $\div$ a	Mittlere Indices der Nachkommenserien der Sortimente:		Differenz $\beta \div \alpha$	Indices der Zentral-klasse[1]
	a Schmal	b Breit		α Schmal	β Breit		
1902	57,9	64,0	6,1	65,98 $\pm$ 0,59	66,20 $\pm$ 0,48	+ 0,22 $\pm$ 0,76	—
1903	62,3	68,6	6,3	62,78 $\pm$ 0,33	62,91 $\pm$ 0,26	+ 0,13 $\pm$ 0,42	63,00 $\pm$ 0,11
1904	60,0	66,5	6,5	60,05 $\pm$ 0,18	59,95 $\pm$ 0,17	$\div$ 0,10 $\pm$ 0,25	59,87 $\pm$ 0,08
1905	55,5	64,5	9,0	62,92 $\pm$ 0,15	63,22 $\pm$ 0,13	+ 0,30 $\pm$ 0,20	63,23 $\pm$ 0,09
1906	57,9	69,5	11,6	64,92 $\pm$ 0,19	65,23 $\pm$ 0,19	+ 0,31 $\pm$ 0,27	64,64 $\pm$ 0,20

[1]) Wo mehrere zentrale Klassen vorhanden waren (z. B. 1904 u. 1905),
ist der Mittelwert aller berechnet; d. h. die mittlere Länge und Breite wurde
berechnet und daraus der Index gebildet.

Bilden wir, wie auf S. 146, auch hier die Mittelwerte der beiden Selektionsserien für alle 5 Jahrgänge, erhalten wir für die Nachkommen der breiten und schmalen Sortimente die Indices bezw. 63,33 ± 0,15 und 63,50 ± 0,12, und hieraus die Differenz + 0,17 ± 0,19, welche höchstens eine schwache Andeutung einer „richtigen" Selektionswirkung gibt. Und betrachtet man die Zentralklassen, so sieht man, daß in den Jahren 1903 und 1905 deren Indices größer sind als die Indices der breiten Serie, in 1904 und 1906 dagegen kleiner als die Indices der schmalen Serie. Eine Wirkung der Selektion findet sich hier nicht sichergestellt, und jedenfalls paßt die GALTON-PEARSON'sche Auffassung gar nicht mit den hier gefundenen Resultaten, welche am natürlichsten so gedeutet werden müssen, daß die Selektion wirkungslos war.

Sehen wir jetzt auf die Selektion nach absoluter Länge. Wir können die betreffenden Daten in der folgenden Tabelle zusammenstellen:

Selektionen in 4 Generationen der reinen Linie *GG*.
Bohnen in Bezug auf absolute Länge der Samen.

Ernte- jahr	Länge in mm der Aussaatsortimente:		Differenz $b \dotdiv a$	Mittlere Länge in mm der Nachkommen- serien der		Differenz $\beta \dotdiv \alpha$	Mittlere Länge der Zentralklasse
	a Kurz	b Lang		α kurzen	β langen		
1903	11,08	13,99	2,91	12,896 ± 0,059	12,911 ± 0,061	+ 0,015 ± 0,085	12,923 ± 0,017
1904	10,60	14,26	3,66	12,060 ± 0,054	12,294 ± 0,035	+ 0,234 ± 0,064	12,169 ± 0,012
1905	11,15	13,57	2,42	12,565 ± 0,030	12,690 ± 0,019	+ 0,125 ± 0.035	12,553 ± 0,012
1906	11,10	14,11	3,01	13,023 ± 0,031	12,926 ± 0,029	÷ 0,097 ± 0,042	12,962 ± 0,030

Bilden wir auch hier die Mittelwerte für alle die betreffenden Jahrgänge, so erhalten wir für die „lange" Serie die mittlere Länge 12,705 ± 0,020 mm und für die „kurze" Serie die mittlere Länge 12,636 ± 0,023 mm, woraus die Differenz + 0,069 ± 0,031 sich ergibt. Daß diese Differenz so relativ bedeutend ist, stammt nur von der Ernte 1904, während die beiden späteren Jahre eine — wohl zufällig — stark abnehmende, im letzten Jahre sogar inverse Wirkung zeigen; hätte aber GALTON-PEARSON's Auffassung hier Berechtigung, so müßte man eine zunehmende Wirkung spüren.

Die mittlere Länge der „Zentralklasse" war in 1903 und 1906 größer als die Länge der „langen" Serie; in 1905 war sie kleiner als die Länge der „kurzen" Serie. Alles in allem ist auch hier eine Selektionswirkung nicht sichergestellt; die Annahme k'einer Wirkung erblicher Art ist die natürlichste und ungezwungenste.[1])

Die ganze Frage ist aber von so fundamentaler Wichtigkeit, daß auch andere Versuchsobjekte berücksichtigt werden müssen.

Als Schluß dieser Vorlesung sei bloß gesagt, daß die Reihe anderer reiner Linien von Bohnen ganz entsprechende Resultate ergaben. Nur eine einzige Linie zeigte ein wesentlich abweichendes Verhalten. Hier traten nämlich stoßweise bei den Nachkommen ganz vereinzelter Individuen Änderungen auf. Wäre nicht genaue Buchführung über die Nachkommen jedes einzelnen Individuums gehalten, dann hätte hier die irrige Auffassung Platz greifen können, daß Selektion typenverschiebend wirke. Jetzt aber zeigt diese abweichende Linie sehr klar, daß keine Verschiebung genotypischer Art durch Selektion hervorgebracht worden ist. Die nähere Erwähnung der Sache muß aber aufgeschoben werden, bis wir in der 24. Vorlesung die stoßweisen Änderungen überhaupt zu behandeln haben.

Zunächst müssen wir — in der folgenden Vorlesung — einige andere Selektionsexperimente und Erfahrungen erwähnen.

---

[1]) Die Ernte vom Jahre 1907 schließt sich den Jahrgängen 1902 bis 1906 ganz an.

Elfte Vorlesung.

Weitere Erfahrungen. — „Persönliche" Wirkungen einer Selektion. — Unterschied zwischen Züchtung und Ausnutzung.

In der vorigen Vorlesung wurden einige Beispiele gegeben, welche demonstrierten, daß Selektion in den betreffenden reinen Linien keine nachweisbare erbliche Wirkung hatte.

Hier können wir ganz andere Beispiele betrachten. Schon in der achten Vorlesung, S. 127, wurde die Schartigkeit bei zweizeiliger Gerste erwähnt und daselbst (in einer Anmerkung) gesagt, wie die Schartigkeit zahlenmäßig auszudrücken ist.

Die Schartigkeit ist eine Abnormität, welche recht bedeutende Verluste bedingen kann, wo sie stark auftritt; verschiedene Pflanzenzüchter haben schon lange ihre Aufmerksamkeit auf die Sache gelenkt. Die Schartigkeit kann durch recht verschiedene Störungen in den Fruktifikationsorganen hervorgerufen sein; sie äußert sich dadurch, daß ein Teil der Fruchtknoten in einem mehr oder weniger frühen Stadium absterben und vertrocknen.

Durch verschiedene pflanzliche oder tierische Schädlinge können Sprünge in den Ähren hervorgerufen werden, welche meistens sehr leicht von den hier interessierenden — unabhängig von solchen Schädlingen auftretenden — Sprüngen unterschieden werden können.

Aus verschiedenen Rassen zweizeiliger Gerste sind von mir reine Linien isoliert worden, welche u. a. in Bezug auf Schartigkeit sich sehr verschieden verhalten. Schon hier S. 127 wurden zwei als Serie A und Serie D bezeichnete reine Linien einer und derselben dänischen Rasse (Lerchenberg-Gerste) erwähnt, deren Schartigkeitsprozent unter gleichen äußeren Verhältnissen sehr verschiedene Größe hat. Es ist unmittelbar einleuchtend, daß man aus einem Gemenge von Individuen solcher verschiedener Linien durch Selektion (sowohl nach geringerem als nach größerem Schartigkeitsgrad) den Phaenotypus des Bestandes in der Selektionsrichtung — sei es nun zum besseren oder zum schlimmeren — verschieben kann. Wie geht es aber innerhalb der reinen Linien? Läßt

sich z. B. die hochgradige Schartigkeit der einen der beiden erwähnten reinen Linien, D, durch Selektion der Minusabweicher
(also der fehlerfreiesten Individuen) verkleinern? Oder könnte eine
Selektion der abnormsten Pflanzen etwa die Schartigkeit weiter
steigern?

Durch 4 Generationen wurde ein Versuch dieser Art ausgeführt. Die reine Linie D stammt aus einer Gerstenpflanze vom
Jahre 1900. Aus dem in 1901 geernteten Material, dessen mittleres Schartigkeitsprozent 31,80 + 0,62 war, wurden drei Sortimente
gebildet, und zwar ein „gutes" ($\div$), ein „schlechtes" ($+$) und ein
zentrales. Die beiden erstgenannten Sortimente hatten die Schartigkeitsprozente von bezw. 17,5 und 42,4.

Die Nachkommen, im Jahre 1902 geerntet, hatten folgende
Beschaffenheit:

Schartigkeitsprozente	10	15	20	25	30	35	40	45	50	Gesamt-angabe
Individuen der Minusreihe	5	7	33	35	31	8	3	1		123
„ „ Plusreihe	1	4	25	52	40	7	2			131

Hieraus ergibt sich für die Minusreihe 27,42 + 0,59
und für die Plusreihe 28,42 + 0,44
Differenz 1,00 + 0,74

Es wurden nun stets aus der Minusreihe die am wenigsten,
und aus der Plusreihe die am meisten schartigen Pflanzen als Aussaatsortimente gewählt. Statt nun für jedes Jahr die Details zu
geben, sei hier gleich in einer Übersichtstabelle das Gesamtresultat
aller 4 Generationen gegeben. In zwei der Jahre wurde eine
Zentralklasse gebildet, um auch dadurch eine Kontrolle zu haben:
Das Material ist bei allen solchen Untersuchungen stets sehr variabel.

Ganz den früher (S. 145) gegebenen Übersichtstabellen entsprechend zeigt die folgende Tabelle alles, was hier von Bedeutung ist.

Selektion in 4 Generationen der reinen Linie D (Lerchenberg-
Gerste) in Bezug auf Schartigkeitsprozent der Pflanzen.

Ernte-jahr	Schartigkeit der Aussaatsorti-mente		Diffe-renz b $\div$ a	Schartigkeit der Nach-kommen d. Sortimente		Differenz $\beta \div \alpha$	Schartigkeit der Zentral-Klasse
	a Minus	b Plus		α Minus	β Plus		
1902	17,5	42,4	24,9	27,42 + 0,59	28,42 + 0,44	1,00 + 0,74	28,18 + 0,52
1903	12,8	31,8	19,0	30,71 + 1,64	30,92 + 0,60	0,21 + 1,73	—
1904	24,8	50,7	25,9	33,06 + 0,62	33,18 + 0,68	0,12 + 0,92	—
1905	27,0	50,0	23,0	25,83 + 0,78	27,53 + 0,71	1,70 + 1,05	25,57 + 0,89

Bilden wir die Mittelwerte der Minus- und Plusserie in allen 4 Jahrgängen, so erhalten wir $29{,}26 \pm 0{,}50$ bezw. $30{,}01 \pm 0{,}31$, woraus sich die Differenz $0{,}75 \pm 0{,}58$ ergibt, welche eine schwache Andeutung einer Selektionswirkung anzeigt. Aber betrachtet man die Zentralklasse des Jahres 1905 — welches Jahr die gefundene Differenz bedingt — so ersieht man, daß diese Zentralklasse nicht zwischen der Minus- und Plusreihe steht, sondern eher einen niedrigeren Schartigkeitsprozent als die Minusreihe aufweist. Das Material ist eben so variabel, daß die gefundenen Differenzen nichts sicheres aussagen. Eine Selektionswirkung ist nicht nachgewiesen.[1]

Ein weiteres Beispiel mag erwähnt werden. Eine andere Gerstenrasse, die Glorupgerste, welche angeblich aus einer einzigen Pflanze stammt, ist im hohen Grade geneigt, schartig zu werden. Während die soeben genannte schartige Linie der Lerchenberggerste jedes Jahr — und auf jedem von mir bei den Versuchen benutzten Boden — gegen 30 Prozent Schartigkeit aufweist, zeigt die Glorupgerste ein ganz anderes, wechselndes Verhalten. In einigen Jahren, bezw. an einigen Lokalitäten, ist die Schartigkeit sehr groß, in anderen Jahren, bezw. an anderen Lokalitäten, ist die Abnormität ganz gering, selbst wenn dieselbe reine Linie kultiviert wird. Darum wurde eine reine Linie der Glorupgerste für Selektion der üblichen Art benutzt. Die Selektion fing in 1901 an und dauerte 4 Generationen. Das Resultat läßt sich aus der folgenden Übersichtstabelle erkennen; diese Tabelle entspricht ganz der soeben für Lerchenberggerste gegebenen.

Selektion in 4 Generationen der reinen Linie B (Glorupgerste) in Bezug auf Schartigkeitsprozent der Pflanzen.

Ernte-jahr	Schartigkeit der Aussaatsortimente		Diffe-renz $b \div a$	Schartigkeit der Nach-kommen d. Sortiments		Differenz $\beta \div \alpha$	Schartigkeit der Zentral-klasse
	a Minus	b Plus		α Minus	β Plus		
1902	11,8	31,6	19,8	$9{,}28 \pm 0{,}33$	$9{,}35 \pm 0{,}17$	$+0{,}07 \pm 0{,}37$	
1903	0,8	27,3	26,5	$20{,}94 \pm 0{,}55$	$18{,}69 \pm 0{,}68$	$\div 2{,}25 \pm 0{,}87$	$21{,}51 \pm 0{,}69$
1904	7,5	45,0	37,5	$35{,}63 \pm 1{,}08$	$37{,}99 \pm 1{,}21$	$+2{,}36 \pm 1{,}62$	$35{,}62 \pm 0{,}62$
1905	10,6	64,3	53,7	$8{,}13 \pm 0{,}38$	$7{,}76 \pm 0{,}35$	$\div 0{,}37 \pm 0{,}52$	

[1] Anmerkung, während der Drucklegung eingefügt: Dispositionen über das Versuchsareal erlaubten nicht Gerstekulturen in 1906 und 1907. In 1908 wurde aber der Versuch wieder aufgenommen. In unmittelbarem Anschluß an die Daten S. 159 sei nebenstehend das Resultat angegeben:

Diese Tabelle zeigt überhaupt keine Spur einer Selektionswirkung. Die Mittelwerte der Minus- und Plusserie in allen 4 Jahrgängen sind $18,50 \pm 0,33$ bezw. $18,45 \pm 0,36$. Die Differenz ist
$\div 0,05 \pm 0,49$. Keine Spur einer richtigen Selektionswirkung ist
zu sehen, eher das Gegenteil.

Die beiden Versuchsreihen mit schartiger Gerste zeigen also,
als Ganzes betrachtet, keine Wirkung der Selektion in reinen Linien.

Verschiedene andere Objekte sind, teilweise in mehreren Generationen, untersucht. Stets aber ergab sich das gleiche Resultat:
Eine erbliche Wirkung der Selektion in reinen Linien, derart,
daß durch Selektion genotypische Unterschiede erzeugt werden
könnten, ist niemals nachgewiesen.

In solchen reinen Linien, in welchen — unabhängig von jed-
weder Selektion — durch stoßweise Änderungen oder Spaltungen
genotypische Unterschiede sich bilden, kann selbstverständlich Selektion eine sortierende Wirkung haben, ganz wie in einer Population, welche von vornherein zwei oder mehrere verschiedene Genotypen enthält. Beispiele solcher Sortierung werden wir sowohl
bei Erwähnung der Mutationen als der Hybride treffen, und alle
diese Beispiele geben unserer Anschauung nur weitere Stützen.

Wir kommen also zu der Auffassung, daß die Selektion
nicht im Stande ist, genotypische Unterschiede hervorzurufen. Wo durch Selektion Änderungen der Phaenotypen hervorgebracht sind, ist dieses wohl nur Ausdruck einer mehr oder
weniger durchgeführten Sortierung verschiedener Elemente eines
genotypisch nicht einheitlichen Materials!

Es fragt sich nun, ob diese Auffassung eine allgemeine Be-
deutung hat, oder ob sie nur für die speziell in Betracht gezogenen
Objekte gilt. Diese Objekte sind allerdings von sehr verschiedener
Natur; es sollte Wunder nehmen, wenn hier rein zufällige Überein-
stimmung zwischen lauter Ausnahmefällen vorhanden wäre. Etwas
Generelles müssen wir doch wenigstens gefunden haben.

Sehen wir deshalb nach, ob die hier mitgeteilten Erfahrungen

| Jahr | Aussaatsortiment | | Diffe-renz | Nachkommen der Sortimente | | Differenz |
	a Minus	b Plus	b $\div$ a	α Minus	β Plus	$\beta \div \alpha$
1908	20,7	38,9	18,2	$29,74 \pm 0,63$	$29,72 \pm 0,63$	$\div 0,02 \pm 0,88$

Also nach Selektion in 5 Generationen gar keine Wirkung der Selektion
zu spüren.

über Nichtwirkung einer Selektion vielleicht von anderer Seite bestätigt werden können.

Zunächst wenden wir uns an die Praktiker, deren Erfahrungen bekanntlich für Darwin viel bedeutet haben. In der Praxis wirkt eine Selektion meistens schnell in der beabsichtigten Richtung — eben weil die Bestände oder Populationen fast immer Gemische sind. Mitunter aber finden sich Angaben, daß die Selektion nicht gewirkt hat. Die älteste der mir bekannten Angaben betrifft den bekannten Züchter Le Couteur in England, welcher verschiedene Pflanzen aus seinem Weizenbestand isolierte. Le Couteur hielt die Nachkommen dieser Pflanzen sorgfältig unvermengt und wählte für weiteren Anbau diejenige Nachkommenserie, welche er als die beste erkannte. Hallet konnte später trotz zehnjähriger Kultur diesen Le Couteur'schen Weizen nicht weiter verbessern, obgleich er sonst bei mehr als siebzig Weizenvarietäten von allen Weltteilen niemals ohne Erfolg Selektion getrieben hatte. Es ist dieses Verhalten jetzt sehr leicht zu verstehen: Le Couteur hatte eine reine Linie[1]) gebildet — die siebzig Weizenvarietäten aus allen Weltteilen waren aber Gemenge!

Die neuesten Untersuchungen, welche mit meinen Erfahrungen stimmen, sind die von Fruwirth mitgeteilten Erfahrungen, welche sich auf Erbsen und Getreide beziehen; ferner können Krarup's Arbeiten mit Hafer erwähnt werden.

Ganz wesentlich aber fällt die hier vorgetragene Auffassung mit den Erfahrungen der schwedischen Saatzucht-Anstalt in Svalöf zusammen. Der Direktor dieser Anstalt Hjalmar Nilsson hat in den letzten 15 Jahren, mit Unterstützung besonders der Herren Tédin und Ehle nach Vilmorin'schem Prinzip gearbeitet, um die Getreide- und Hülsenfruchtrassen zu verbessern.

Unzweifelhaft in ganz selbständiger Weise hat Nilsson angefangen, mit einzeln ausgewählten Pflanzen und deren getrennt gehaltenen Nachkommen zu arbeiten. Und dadurch hat man in Svalöf bei selbstbefruchtenden Pflanzen ganze Reihen von mehr oder weniger differenten „Typen" in den angeblich „reinen" Rassen der verschiedensten Kulturpflanzen gefunden und isoliert. Und beim näheren Studium der zahlreichen Fälle, welche sich der Untersuchung hier darboten, haben die Svalöf-Forscher schon vor Jahren

---

[1]) Wir müssen hinzufügen: eine reine Linie, welche nicht Spaltungen oder stoßweise Änderungen zeigte!

die Auffassung gewonnen, daß eine Selektion der Plus- und Minusvarianten nicht diese „Typen" ändert; sondern daß neue „Typen"
ganz unabhängig von einer Selektion durch stoßweise Änderungen
— eventuell auch durch Kreuzung — entstehen.

In Svalöf hat man vorzugsweise mit morphologischen Charakteren gearbeitet, also mit qualitativen Unterschieden der betreffenden
Organismenreihen; auf diesem Gebiete kommt man offenbar am
leichtesten zur Auffassung einer Konstanz der „Typen"; während es,
wie wir gesehen haben, bei quantitativen Unterschieden wegen
der transgressiven Variabilität sehr viel schwieriger ist, Klarheit zu
erhalten. Aber auch in Svalöf hat man mit quantitativ zu bestimmenden Unterschieden einige Erfahrungen gemacht, welche zeigen,
daß Selektion den Typus der reinen Linien nicht verschiebt. Besonders schön hat dieses sich bei Untersuchung der Winterfestigkeit
der Weizenrassen gezeigt. Bei reinen Linien war eine Selektion
derjenigen Individuen, welche die ungünstigen Winter überlebt
haben, nicht imstande, die „Festigkeit" der betreffenden Linien zu
verbessern. Arbeitet man aber mit einer gemengten Population,
welche Linien verschiedenen Festigkeitsgrades enthält, dann ist es
leicht, durch Selektion die winterfestesten Formen herauszuzüchten,
ganz wie wir es für die Bohnenpopulation in Bezug auf Größe oder
Breitenindex erwähnt haben. Sowohl in Svalöf als an der dänischen
Versuchsstation in Tystofte hat man durch solches Sortieren verschiedener Bestände reine Linien winterfester Natur isoliert. Selektion
verschiebt aber nicht den Typus der reinen Linien!

Die Zuchtanstalt in Svalöf hat überhaupt das Verdienst, schon
1892 behauptet zu haben, daß ihre „Pedigreekulturen" (d. h. reine
Linien) durch Selektion nicht geändert werden. Allerdings stützt
sich diese Behauptung nicht auf vorliegendes exaktes Zahlenmaterial, und gerade darum könnten diese Angaben keine weitere
Beachtung in wissenschaftlichen Kreisen finden; zumal war hier
das GALTON'sche Gesetz im Wege. Von GALTON war ja vermeintlich
in exakter Weise bewiesen, daß eine Selektion wirke, und zwar
nach ganz bestimmten Zahlenverhältnissen!

Erst als es mir durch die eigenen Forschungen klar wurde,
daß GALTON's Gesetz gar kein biologisches Gesetz ist, sondern nur ein statistischer Ausdruck dafür, daß bei den
betreffenden Untersuchungen mit unreinem Material gearbeitet war, konnte der Zweifel an der Richtigkeit der Svalöfer
Anschauung schwinden.

11*

Auch die vielfach gemachte Erfahrung, daß in der Praxis eine Selektion nur wirkt, bis eine gewisse, mitunter recht enge Grenze erreicht wird, ist jetzt verständlich. De Vries hat in seiner „Mutationstheorie" eine Reihe sehr instruktiver Beispiele solcher Grenzen gegeben. Meiner Meinung nach beruhen diese Grenzen im wesentlichen darauf, daß durch die Selektion schließlich eine annähernde Isolation der vom Mittel des ursprünglichen Bestandes am meisten in der Selektionsrichtung abweichenden Typen eintritt.

In der „Mutationstheorie" sind übrigens auch von De Vries gelegentlich Erfahrungen mitgeteilt, welche reinen Linien gelten könnten, indem sie Unwirksamkeit der Selektion zeigen; z. B. bei Tricotylie (Vorkommen von drei statt zwei Keimblättern) und anderen Abnormitäten. Hier sind aber mehr komplizierte Verhältnisse vorhanden, welche erst später näher betrachtet werden können.

Je exakter die praktische Züchtungsarbeit ausgeführt wird, um so deutlicher wird es sich zeigen, daß die Selektion der Plus- und Minusabweicher keine erbliche Wirkung hat, wo nicht schon vorhandene genotypische Unterschiede mit im Spiele sind. Auch bei vegetativer Vermehrung zeigt sich die Wertlosigkeit der Selektion der gewöhnlichen Plus- oder Minusabweicher. So finden sich Angaben aus dem englischen Westindien (von D. Morris und F. A. Stockdale), daß die Selektion zuckerreicher Stecklinge einer gegebenen reinen Zuckerrohrsorte nicht nachweisbare Wirkung gehabt hat.

Weitere Beispiele ließen sich schon herbeiholen; es wird wohl unnötig sein.

Das eigentlich Neue der hier vorgetragenen Anschauungen ist durchaus nicht, daß Selektion der Plus- und Minusabweicher in reinen Linien keine Wirkung hat. Allerdings ist diese Sache durch die hier erwähnten Untersuchungen schärfer präzisiert und deren Wichtigkeit hoffentlich in ein klares Licht gestellt. Die Hauptsache meiner Untersuchung ist aber die Erklärung des Galton'schen Rückschlags (im Verhalten der Kinder zu den Eltern) durch die Anwesenheit genotypischer Unterschiede in einem vermeintlich einheitlichen Material; und ferner die Revision und Kritik des Begriffs „Typus", welche dadurch nötig wurde (vgl. die achte Vorlesung).

Galton's Gesetz ist aber als Fundament der exakten Erblichkeitslehre aufgefaßt worden (S. 118). Darum wird bei oberflächlicher Betrachtung — und eine solche hat leider immer die Majorität — die hier vertretene Auffassung als unvereinbar mit Galton's empirischen Resultaten aufgefaßt. Daß dieses aber nicht der Fall ist, sondern daß GALTON's Gesetz erst hier seine natürliche Erklärung bekommen hat als nur statistische Regel, wird hoffentlich aus dem Vorgetragenen klar. Es muß nur noch hervorgehoben werden, daß der angesehene Statistiker UDNY YULE schon 1902 den Gedanken geäußert hat, daß GALTON's Gesetz durch die Anwesenheit verschiedener Typen in der Population bedingt sein könnte. YULE ist also früher als ich (1903) zu dieser Vorstellung gekommen; dieselbe wird aber nicht durch Experimente näher geprüft, und dieser englische Forscher hat dabei auch die von der meinigen abweichende Auffassung, daß eine fortgesetzte Selektion der Plus- und Minusabweicher dieser Typen in der Selektionsrichtung verschieben könne. YULE's Standpunkt ist ein interessanter Übergang: die Kombination eines richtigen Gedankens mit der fast überall festsitzenden Vorstellung einer sukzessiven, typenverschiebenden Wirkung der Selektion.

Diese Vorstellung sitzt eben auch deshalb recht fest, weil sie wenigstens in den letzten 40 Jahren eifrig in das Bewußtsein aller Jünger der Biologie geimpft worden ist. Die Vorstellung ist zum sicheren Glauben geworden; darum ist es ketzerisch zu behaupten, sie sei ganz unsicher oder gar irrig! Die Zurückführung des GALTON'schen Gesetzes (betreffend Eltern und Kinder) auf das Vorkommen genotypischer Unterschiede in vermeintlich einheitlichen Populationen könnte schon von eifrigen Selektionisten akzeptiert werden — YULE's entsprechende Auffassung wird hier eine Stütze sein — aber wird ein orthodoxer Selektionist jemals zugeben können, daß Typenkonstanz (feste Genotypen) vorkommt, ja sogar die Regel ist? Kaum. Selbst wenn die Selektion äußerst langsam wirkt, selbst wenn durch 100 oder 1000 Generationen durchgeführte Selektion nötig sein sollte: die selektionsprinzipielle Typenverschiebung soll und muß dogmatisch festgehalten werden: alles ist ja fließend; keine Sprünge, nur kontinuierliche Übergänge können die Ultradarwinisten annehmen!

Eine Diskussion über mögliche säkuläre Wirkung einer Selektion in reinen Linien wäre. hier ganz sinnlos. Zumal gilt die DARWIN-WALLACE'sche Selektionslehre ja nur für die unkontrollierten bezw. unkontrollierbaren gemischten Populationen und Bestände der Natur mit ihrem Reichtum genotypisch verschiedener Formen, auf welche eine Selektion irgend welcher Art schnell sortierend wirken muß, ganz wie in unseren Versuchen. Also: wo schon genotypische

Unterschiede in einer Population sich finden (in der Natur wohl fast überall), wird eine Selektion selbstverständlich wirken müssen. Bis auf den heutigen Tag ist aber keine einzige Tatsache bekannt, welche andeuten könnte, daß durch Auswahl von Plus- oder Minusvarianten einer genotypisch einheitlichen Population erbliche Unterschiede erzeugt werden. Die fluktuierende Variation einer genotypisch einheitlichen Population hat keine erbliche Bedeutung, keine Bedeutung für das Entstehen neuer Rassen.

Es ist in der Geschichte der neueren Biologie auffallend, daß zu einer Zeit, wo man, in Bezug auf Mikroorganismen, durch „Reinkultur" (ɔ: durch Kultur mit einer einzigen Zelle als Ausgangspunkt) äußerst wichtige Resultate erhielt, in der Erblichkeitsforschung die höheren Organismen fortwährend in weit gröberer, summarischer oder statistischer Weise behandelt wurden. Was aber die Arbeitsmethoden eines KOCH oder eines HANSEN für das exakte Studium der Mikroorganismen bedeutet haben, dasselbe bedeutet auch für die Erblichkeitsforschung die Reinkultur, d. h. die individuelle Nachkommenbeurteilung, wie sie VILMORIN und MENDEL präzisiert haben: Ohne Reinkultur keine klare Einsicht, sondern Konfusion und Irrtum! Während aber in der Mikrobiologie Reinkultur relativ bald als oberstes methodisches Prinzip anerkannt wurde, war es VILMORIN's und MENDEL's Schicksal, — obwohl sie viel älter als die wissenschaftliche Mikrobiologie waren —, bis gegen die Jahrhundertwende übersehen zu bleiben! Ja, wenn jemand heute „Reinkultur" sagt, denkt man sofort und fast ausschließlich an Mikroorganismen!

Sowohl in der Mikrobiologie als beim Studium der höheren Organismen stellen sich oft große Schwierigkeiten in den Weg für die Durchführung von Reinkulturen. Für die höheren Organismen haben wir die Fremdbefruchtung als störenden Faktor zu erwähnen: bei allen eingeschlechtlichen Organismen kann sie ja überhaupt nicht umgangen werden. Gerade hier hat aber die individuelle Nachkommenprüfung in MENDEL's Art ihre schönsten Resultate erzielt, wie wir es bei Erwähnung der Bastarde sehen werden. Hier kam es aber nur darauf an, die Einheit der Methodik aller wissenschaftlichen Züchtungs- und Kulturexperimente zu pointieren.

———

Hat nun nach unserer, wie wir hoffen, hier genügend motivierten Auffassung die Selektion keine erbliche Wirkung, wo der

Bestand genotypisch einheitlich ist, so kann die Frage, ob die Selektion eine Wirkung überhaupt hat, durchaus nicht mit
Nein beantwortet werden. Die Selektion kann unter Umständen sehr
große Bedeutung haben! Dieses müssen wir etwas näher betrachten,
um nicht einseitig zu werden.

Die Selektion kann nämlich, auch innerhalb reiner Linien, eine
besonders für die Praxis nicht zu unterschätzende Wirkung rein
„persönlicher" Art haben. Werden z. B. kleine Samen (etwa kleine
Weizenkörner) ausgewählt, so bleiben die daraus entwickelten Pflanzen
häufig kleiner als Pflanzen aus großen Samen. Die Sterblichkeits-
ziffer kann bedeutend geringer, der Widerstand gegen Parasiten
u. a. m. viel größer bei diesen als bei jenen sein und damit auch
der Ertrag am Felde höchst verschieden ausfallen, wie es unter
anderem EHLE in Svalöf sehr schön gezeigt hat.

Würden also alljährlich zwei gleiche Felder mit Samen einer
genotypisch einheitlichen Linie bestellt, das eine Feld immer mit
kleinen, das andere dagegen immer mit ausgewählten großen Samen,
so würde man alljährlich einen — je nach Natur der Felder und
der Jahre schwankenden — Unterschied finden; im allgemeinen
wohl sehr zu Gunsten der großsamigen Aussaat. Das wäre eine
augenfällige Wirkung der Selektion, und wenn dieselbe aufhört,
wird auch die Wirkung gleich oder bald aufhören: Alles dieses hat
aber durchaus nichts mit Erblichkeit zu tun, sondern ist Ausdruck
rein persönlicher Eigenschaften — hier wohl Ernährungszustände —
der ausgewählten Samenindividuen. Von eigentlicher Rassenver-
änderung ist hier gar keine Rede.

Wir haben sodann die anscheinend paradox klingende Auffassung: In der genotypisch einheitlichen reinen Linie bedeutet
Selektion nichts für Rassenverbesserung erblicher Art, sehr viel
aber für den Wert des betreffenden Bestandes in Bezug auf dessen
augenblickliche Ausnutzung. Die Rassenbildungs-Bestrebungen (die
eigentliche Züchtung) einerseits, die Veranstaltungen zur augenblicklichen Verwertung der für den Gebrauch gegebenen Organismen andererseits, diese beiden Dinge sind eben nicht zu verwechseln, wie es leider noch vielfach geschieht. Daß ein Nicht-
beachten dieser sowohl für Praxis als für Wissenschaft wichtigen
Sache — welche ein Ausdruck des fundamentalen Unterschiedes „persönlicher" und „erblicher" Charakter ist —
große Verwirrung erzeugen muß, geht wohl zur Genüge aus den
letzten beiden Vorlesungen hervor.

Da die Nachkommen wenigstens in den allerersten Lebens-stadien von der Mutter ernährt werden[1]), könnte es natürlich er-scheinen, daß die Beschaffenheit des mütterlichen Organismus einen besonderen Einfluß auf gewisse Charaktere der Nachkommen haben müsse: nämlich auf solche Charaktere, welche besonders leicht durch die Art der Ernährung beeinflußt werden. Hierher gehört wohl namentlich die Totalgröße sowie die Dimensionen der ver-schiedenen Teile des sich entwickelnden jungen Organismus. Darum glaubte ich, es sollte gelingen, durch Selektion z. B. kleiner Bohnen verhungerte Pflanzen zu erhalten, deren Samen schlecht ernährt und deshalb klein bleiben würden. Eine solche Wirkung ist nun aber im ganzen ausgeblieben; vielleicht geben doch die in der vorigen Vorlesung erwähnten Tabellen eine schwache Andeutung einer Hungerwirkung in den Fällen, wo die Nachkommen kleiner Bohnen wesentlich kleiner als die Parallelproben ausgefallen sind; vgl. z. B. S. 153 (Kurz$_2$). Durchgehend ist eine solche Wirkung aber nicht; sie wäre auch nicht als „erblich" anzusehen, sondern nur als „per-sönlich" zu bezeichnen. Bei den Bohnen war die Wirkung der Selektion kleiner bezw. großer Samen nur die, daß die aus kleinem Samen erwachsenen Pflanzen meist eine geringere Anzahl Bohnen produzierten als die aus großen Samen entwickelten Pflanzen. Auch dies ist eine „persönliche" Wirkung nicht erblicher Natur.

Denken wir uns, daß z. B. bei Säugetieren, etwa Kühen irgend einer Rasse, die Jungen größerer Mütter — wegen reichlicherer Ernährung und größerem Raum in den betreffenden Organen der Mütter — durchgehend größer bei der Geburt seien als die Jungen kleinerer Mütter. Möglicherweise haben dann die anfangs größeren Jungen einen Vorsprung bei der weiteren Entwicklung, derart, daß sie auch als Erwachsene durchgehends etwas, wenn auch nicht viel größer wären als die Nachkommen kleinerer Mütter. Wäre dieses der Fall, so hätten wir hier „persönliche" Wirkungen, welche eine Übereinstimmung mit — oder sagen wir eine Bestätigung — der GALTON'schen Rückschlagsgesetze ergeben könnten. Möglicherweise spielen solche Verhältnisse eine Rolle bei verschiedenen Erfahrungen der Praxis über Selektion. Übrigens fand GALTON in seinem Menschen-material keinen besonderen Einfluß der Größe der Mütter auf die Größe der (erwachsenen) Kinder; hier war der Einfluß des Vaters

---

[1]) Schon das Ei hat ja von der Mutter den Vorrat zur ersten Ernäh-rung des durch die Befruchtung gebildeten Organismus.

und der Mutter durchgehends gleich. Es ist aber wichtig, die Aufmerksamkeit auf Verhältnisse, wie die hier nur „gedachten" zu richten; denn es könnten nur zu leicht derartige Fälle vorkommen, welche oberflächlich betrachtet als erbliche Selektionswirkung gelten könnten!

Schließlich sei noch darauf hingewiesen, daß bei Massenkultur oder -Brut immer eine viel größere Variationsweite erreicht wird als bei Kulturen in kleinerem Maßstabe, vgl. des näheren die zweite Vorlesung S. 18. Darum kann bei Selektion aus einer Massenkultur immer die „beste Auswahl" sehr weit vom Mittel abweichende Sortimente erhalten und zum Verkauf ausgeboten werden. Erst im Großbetrieb kann man mit einer gewissen Wahrscheinlichkeit die „großen Lose der Variationslotterie", d. h. sehr stark vom Mittelmaß abweichende „ausgezeichnete" Individuen erwarten. Wo solche Individuen großen Gebrauchswert oder Schönheitswert haben und deshalb von hohem Verkaufswert sind, bedeutet ihr Vorkommen einen großen Gewinn für den Züchter — aber über die Erblichkeit der betreffenden „ausgezeichneten" Eigenschaften ist dabei gar nichts gesagt! War nur von Plus- oder Minusvariation — sie sei nun so groß wie sie wolle — in einer genotypisch einheitlichen Population die Rede, dann ist auch das ausgezeichnete, persönlich kaum mit Gold aufzuwägende Individuum ohne besonderen Wert für die weitere Züchtung! Immer neue Selektion und Erziehung persönlich hervorragender Individuen ist nötig, um Bestände allerhöchster Qualität zu rekrutieren. Dieses Rekrutieren geschieht wesentlich durch die Gewinne der gewöhnlichen Variationslotterie — die Erblichkeitslotterie ist eine ganz andere Institution der Natur: das Mutationswesen, welches mit genotypischen Unterschieden spielt. Später werden wir daran gehen, diese Sache des näheren zu betrachten.

Hier sei nur noch auf eine Fehlerquelle verwiesen, welche viel Irrtum verursachen kann. Es ist der große Einfluß, welchen die verschiedenen Jahrgänge auf die Beschaffenheit der bei den Untersuchungen benutzten Pflanzen haben können. Seite 160 wurde in der dort erwähnten Tabelle u. a. demonstriert, daß die Glorupgerste in einem Jahre sehr stark schartig ist, in einem folgenden Jahre aber ziemlich frei von Schartigkeit sein kann. Würde man nun — ohne unsere Erfahrungen zu besitzen — z. B. im „schlechten" Jahre 1904 denken: „Dieser Fehler muß ausgerottet werden, ich muß die fehlerfreisten Pflanzen für die Nachzucht auswählen", und würde man dementsprechend auch handeln, dann würde man im Jahre 1905 ein sehr erfreuliches Bild haben: Der Fehler ist ja sehr stark reduziert! Wäre auch 1906 ein günstiges Jahr, so würde der betreffende Gerstenbauer glauben können, es sei ihm gelungen, seine Gerste durch Selektion zu verbessern. Nun kommt aber einmal ein schlechtes Jahr mit großer Schartigkeit — dann sagt er vielleicht: „Meine Gerste degeneriert jetzt; ich muß fortan Selektion ausführen, um sie auf der Höhe zu halten." Hätte der Mann aber vergleichende Versuche — Selektion nach beiden hier interessierenden Richtungen: gut und schlecht — angestellt, so wäre er nicht in den groben Irrtum verfallen.

Es ist dieses Beispiel durchaus nicht ein von mir konstruierter Fall. Viele vermeintliche Erfahrungen sind — eben weil Vergleichsmaterial fehlt — von keinem größeren Wert als die hier skizzierte „Erfahrung" einer vorläufigen „Verbesserung" und späteren „Degeneration": die erste vermeintlich als Folge einer Selektion, die zweite vermeintlich als Folge versäumter Selektion!

So flechten sich manche Verhältnisse zusammen, um ein Netz zu bilden, in welchem viele in den Erblichkeitsfragen praktisch oder wissenschaftlich interessierte Leute festgehalten werden, die dann an eine Art „Allmacht der Selektion" glauben, während Selektion nichts anderes ist als Sortierung der Personen. Über deren genotypische Charaktere entscheidet die Selektion aber gar nicht.

Es wird diese Auffassung in den folgenden Vorlesungen immer neue Bestätigung finden. Besonders aber auch dort, wo in den gezüchteten Linien mehrere Genotypen repräsentiert sind. Zunächst müssen wir aber verschiedene Abweichungen der Variationskurven betrachten, welche für die ganze Lehre vom „Typus" von Wichtigkeit sind.

Zwölfte Vorlesung.

Abweichende Variationskurven. — Schiefheit der Verteilung. — KAPTEYN's Auffassung. — Die Schiefheitsziffer, S, und ihre Berechnung.

Variationsreihen natürlich vorkommender Individuen gleicher Art werden wohl in den meisten Fällen — oder wenigstens recht häufig — eine mehr oder weniger regelmäßige binomiale Verteilung um einen mittleren Wert zeigen, sei es nun, daß dieser als Phaenotypus auftretende Mittelwert Ausdruck einer genotypischen Einheit oder eines Gemenges ist.

Man trifft aber oft Fälle, wo die gefundenen Varianten eine Verteilung zeigen, welche so wesentlich von der „idealen" Variationskurve abweicht, daß diese gar nicht oder jedenfalls nicht unmittelbar als Schema verwendet werden kann. Die direkt nach den Beobachtungen konstruierte rohe Variationskurve kann nämlich mehr schief oder am Gipfel mehr zugespitzt — oder mehr flach sein, als mit der Vorstellung einer bloß annähernd idealen Verteilung vereinbar ist. Die Kurve kann sogar ganz einseitig sein und in anderen Fällen können zwei oder mehrere deutlich ausgeprägte Gipfel gefunden werden.

In allen solchen Fällen sollte immer eine biologische Analyse mittels Isolation und Reinkultur einer mathematischen Behandlung der Kurven vorangehen. Dies ist aber in der Regel nicht geschehen; und daraus ist viele Unklarheit in der betreffenden Literatur entstanden.

Was nun zunächst die schiefen Variationskurven betrifft, so müssen wir zwischen echter Schiefheit oder bloß anscheinender Asymmetrie unterscheiden. Anscheinende Schiefheit, welche recht bedeutend sein kann, muß immer auftreten, wenn der Mittelwert nicht in der Mitte einer Variationsklasse — oder an der Grenze zweier solcher — liegt; und, bei Ganzvarianten, wenn der Mittelwert nicht entweder eine der betreffenden ganzen Zahlen ist oder in der Mitte zwischen zwei solchen Nachbarzahlen liegt. Zur Illustration genügt es, ein Beispiel von einer Klassenvariationsreihe zu wählen. Eine Partie schwarzer belgischer Kruppbohnen, im ganzen 1522 Individuen, wurden mittelst des in Fig. 1, S. 12 erwähnten Apparates gemessen, indem die Länge aller Bohnen mit dem Spielraume von 0,25 mm bestimmt wurde. Der Mittelwert sämtlicher Messungen war 12,25 mm. Falls wir, mit diesem Wissen, das Material in Klassen mit dem Spielraum von 1 mm einteilen sollen, wählen wir am natürlichsten die Klassengrenzen derart, daß der bekannte Mittelwert in die Mitte einer Klasse fällt: wir nehmen für die betreffende Klasse die Grenzen 11,75 und 12,75 mm. Der Wert 12,25 mm liegt dann in der Klassenmitte; und die Klassengrenzen weiter nach rechts und links ergeben sich jetzt von selbst. Durch eine solche Einteilung wurde die folgende, recht symmetrische Verteilung der Varianten erhalten:

Klassengrenzen	8,75	9,75	10,75	11,75	12,75	13,75	14,75	15,75	16,75
Anzahl Individuen	2	43	314	809	316	30	6	2	
Theoretische Zahlen	2	49	361	697	361	49	2		

M war, wie gesagt, 12,25 mm; und σ wird $\pm 0,82$ mm.

Hätte man aber die Klassengrenzen bei 8, 9, 10 mm usw. gesetzt — was ohne Kenntnis des Mittelwertes das einfachste gewesen wäre — dann würde dasselbe Material die folgende Verteilung gezeigt haben:

Klassengrenzen	9	10	11	12	13	14	15	16	17
Anzahl Individuen	7	67	466	761	201	15	5	1	
Theoretische Zahlen	5	92	482	669	249	24	1		

Auch hier haben wir $M = 12,25$ und $\sigma = \pm 0,82$ mm.

Hier tritt aber keine Symmetrie hervor — und doch sind es ganz dieselben Messungen in beiden Fällen, nur verschiedenerweise eingeteilt. Die „theoretischen Zahlen", d. h. die Zahlen, welche nach der Standardabweichung berechnet sind, zeigen im letzten Falle selbstverständlich auch nicht ihre Symmetrie. Diese anscheinende Asymmetrie steht also in keiner Weise als Gegensatz der idealen Verteilung, sondern bildet nur einen Sonderfall — durch asymmetrische Einteilung bedingt. Grade weil man meistens ohne Rücksicht auf den Mittelwert ein gegebenes Material willkürlich klassifizieren muß, findet man meistens eine anscheinende Asymmetrie, selbst wo die Verteilung recht „ideal" ist. Die früher mitgeteilten

Variationsreihen haben meistens eine deutliche „anscheinende" Asymmetrie.

(Das hier soeben gegebene Beispiel zeigt übrigens darin eine wesentliche Abweichung von der idealen Verteilung, daß in der Mittelklasse zu viele Individuen vorhanden sind: die entsprechende Kurve würde „hochgipfelig" sein. Diese Abweichung, die später besprochen werden soll, hat aber nichts mit der Symmetrie zu tun.)

Es finden sich aber sehr häufig echte Schiefheit, wirkliche Asymmetrie in der Variantenverteilung. Wo dieses der Fall ist, findet sich die Schiefheit bei allen Einteilungsweisen, und der Mittelwert wird sogar häufig nicht in derjenigen Klasse liegen, in welcher die größere Variantenanzahl haust. Ferner sind die Varianten auf der einen Seite des Mittelwertes viel mehr zerstreut als auf der anderen Seite.

Echte Schiefheit in der Variantenverteilung kann durch sehr verschiedene Verhältnisse bedingt sein. In Populationen, welche genotypisch nicht einheitlich sind (oder in welchen verschiedene Gruppen von Individuen in typisch verschiedener Lebenslage sich entwickelt haben), kann die Schiefheit der Variationskurve ein Ausdruck ungleich starker Repräsentation verschiedener Typen sein. Dieses werden wir in einer der nächsten Vorlesungen näher diskutieren.

Aber auch in reinen Linien genotypisch einheitlicher Natur, selbst wo die Individuen sich unter möglichst gleichmäßigen äußeren Verhältnissen entwickelt haben, wo also überhaupt nur von einem einzigen Typus[1]) die Rede sein kann, findet sich — sogar als Regel — eine echte Schiefheit.

Als Beispiel seien die Variationen der Längen etwa 5000 brauner Bohnen, alle der gleichen reinen Linie angehörend, hier näher betrachtet. Diese Bohnen stammten alle aus einer Bohne des Jahres 1900 und waren in dritter Generation im Jahre 1903 im gleichen Versuchsbeet gewachsen. Die Messung wurde mittels des Apparates Fig. 1, S. 12 mit 0,25 mm Spielraum ausgeführt. Um Raum zu sparen, ist das Material hier pro 1000 Individuen berechnet und in Klassen mit dem Spielraum von 0,5 Millimeter eingeteilt.

---

[1]) Hier hat man also einen einzigen Phaenotypus genotypisch einheitlicher Natur. Ein solcher Fall bildet die größte Einfachheit der Variation — und nichtsdestoweniger stimmen solche Fälle meist sehr schlecht mit der idealen Verteilung.

Es wurde die folgende Verteilung gefunden:

Einteilung	10	10,5	11	11,5	12	12,5	13	13,5	14	14,5	15	15,5	16	16,5	17	17,5	18
Individuen	1	3	6	8	17	30	68	145	206	246	175	77	16	2	.	.	
Theoret. Zahlen .	.	1	4	14	42	96	164	210	200	145	79	32	10	2	1		

Daraus ergeben sich $M = 14{,}43$ mm und $\sigma = \pm\, 0{,}925$ mm.

Die theoretischen Zahlen — in der stets hier benutzten Weise berechnet — sind angegeben, um zu zeigen, wie wenig die binomiale Verteilung hier paßt; die Ausbreitung nach links ist viel größer als nach rechts.

Um auch das Tierreich zu berücksichtigen und um ferner auch eine andere Eigenschaft als absolute Maßangaben in Betracht zu ziehen, seien hier einige relative Zahlen erwähnt, welche WELDON bei Untersuchungen von Krappen bei Neapel erhielt. Hier wurde die Relation zwischen Kopfbreite und Körperlänge bestimmt. Wir können diese Relation in Prozenten der Körperlänge ausdrücken. Das Material variierte, so gemessen, zwischen 58 und 70. Die folgenden Zahlen, auf 1000 Individuen berechnet, zeigen die Schiefheit der Verteilung

Klassengrenzen	58	59	60	61	62	63	64	65	66	67	68	69	70	71
Individuen		7	12	34	57	104	147	203	222	140	60	13	1	.
Theoret. Zahlen	2	9	27	65	123	178	201	176	120	63	26	8	2	

Der Mittelwert war 64,48 und $\sigma = \pm\, 1{,}96$; hieraus sind die theoretischen Zahlen berechnet. Indem M sehr nahe in der Mitte der Klasse 64—65 liegt, werden die theoretischen Zahlen fast ganz symmetrisch erscheinen, wodurch die echte Schiefheit des untersuchten Materials besonders deutlich in die Augen springt.

In den beiden soeben erwähnten Beispielen haben wir — bezw. bei einer reinen, genotypisch einheitlichen Linie und bei einer Tierart, welche nicht auf ihren Inhalt genotypischer Unterschiede geprüft ist (wahrscheinlich aber wenigstens zwei verschiedene Typen enthält) — echte Schiefheit ganz ähnlicher Natur konstatiert! Es ist wichtig, in Bezug auf die Deutungen, welche man auf Schiefheiten der Verteilung anwenden möchte, diese Tatsache festzuhalten; sie illustriert, neben den in der achten Vorlesung näher auseinandergesetzten Verhältnissen, daß man aus der Variantenverteilung allein nichts Sicheres über die An- oder Abwesenheit genotypischer Unterschiede im gegebenen Material schließen kann.

Schon QUETELET fand Fälle, wo die Variabilität bei Menschen schiefe Verteilung zeigte. Er suchte die Sache dadurch zu erklären, daß die Einflüsse, welche die Abweichungen vom „typischen" Mittel hervorrufen, stärker in der einen als in der anderen Richtung gewirkt hätten. Während die „ideale" Verteilung durch die Formel $(a + b)^n$ mit $a = b$ ausgedrückt wird, (welches bedeutet, daß die Wirkungen in den beiden entgegengesetzten Richtungen, $+$ und $\div$, im großen ganzen gleich stark sind, vgl. S. 36), wird die Entwicklung des Ausdrucks $(a + b)^n$ mit $a > b$ oder $a < b$ eine schiefe Verteilung geben. Setzen wir $a = 2$ und $b = 1$ (welches bedeuten würde, daß die Einflüsse in der einen Richtung zweimal so groß wären als in der anderen), erhalten wir z. B. aus $(a + b)^6 = a^6 + 6 a^5 b + 15 a^4 b^2 + 20 a^3 b^3 + 15 a^2 b^4 + 6 ab^5 + b^6$, wenn die Werte für a und b eingesetzt werden, die folgenden 7 Glieder, welche eine ganz deutliche, echte Schiefheit zeigen:

Nummer des Gliedes . .	1	2	3	4	5	6	7
Zahlenwert	64	192	240	160	60	12	1

Soweit ich die betreffenden Arbeiten verstanden habe, hat unter den Mathematikern namentlich PEARSON, mit ähnlichen Voraussetzungen wie QUETELET, Formeln gebildet zur näheren mathematischen Analyse der Schiefheit. Der holländische Astronom J. C. KAPTEYN hat aber darauf aufmerksam gemacht, daß diese Voraussetzung unrichtig ist. Nur für niedrige Potenzen des Ausdrucks $(a + b)$ gilt es, daß Ungleichheit von a und b eine wesentliche Schiefheit in der Zahlenverteilung ergibt. Für höhere Potenzen, z. B. $(a + b)^{20}$ und weiter, ist die Schiefheit ganz ohne Belang.

Es ist dieses ein für das Verständnis der Variationsgesetze äußerst wichtiger Satz, welcher näher beleuchtet werden muß. Darum habe ich die Berechnung von $(a + b)^{40}$ ausgeführt. In den 41 Gliedern, welche daraus hervorgehen, wurden die Werte für $a = 2$ und für $b = 1$ eingesetzt. Um nicht mit den großen Ziffern arbeiten zu müssen, wurde die Summe aller Glieder auf 1000 reduziert.[1] Die äußersten Glieder werden dadurch so verschwindend klein, daß sie überhaupt keine Bedeutung haben, wir können hier sogar die ersten 4 und die letzten 17 Glieder vernachlässigen. Wir haben sodann die folgende Übersicht der Werte in Promille der Glieder *5—24* des Binomiums $(2 + 1)^{40}$:

---

[1] D. h. es wurde der Ausdruck $\left(\dfrac{2}{3} + \dfrac{1}{3}\right)^{40} = 1{,}000$ entwickelt.

Nr. des Gliedes .	5	6	7	8	9	10	11	12	13	14	15	16	17	18	19	20	21	22	23	24
Berechnet	1	2	6	13	27	48	75	102	123	133	128	111	87	61	39	23	12	6	2	1
Theoret. Zahlen .	1	3	7	14	27	47	72	98	121	133	130	114	90	63	39	22	11	5	2	1

Aus den berechneten Werten, als Variationsreihe behandelt, findet sich der Mittelwert bei 14,324 liegend, und σ wird $= \pm 2,98$ (die Gliedernummern sind dabei als Klassenwerte betrachtet). In gewöhnlicher Weise sind nun die „theoretischen" Zahlen gewonnen, um als Vergleich zu dienen.

Außer der anscheinenden Asymmetrie, welche sich ja auch bei den theoretischen Zahlen zeigt, wird eine ganz kleine echte Schiefheit in der aus $(2+1)^{40}$ berechneten Zahlenverteilung gespürt — die Glieder *11—13* sind ein wenig zu zahlreich, die Glieder *15—18* ein bischen zu sparsam repräsentiert im Vergleich mit den theoretischen Zahlen. Die Übereinstimmung mit diesen ist aber doch so gut, daß eine natürliche Variationsreihe mit einer solchen Übereinstimmung ungemein „ideal" sein würde.

Während also niedere Potenzen von $(a+b)$ mit ungleichen Werten von a und b eine schiefe Verteilung geben, schwindet diese Schiefheit bei steigenden Potenzen allmählich ganz. Und indem, falls überhaupt ein biologischer Sinn darin sein soll, die Binomialformel als Grundlage für unsere Betrachtungen über die Variantenverteilung anzusehen, nur hohe Potenzen in Frage kommen — nämlich als Ausdruck der zahllosen in entgegengesetzten Richtungen wirkenden Einflüsse während der Entwicklung der einzelnen Individuen, vgl. S. 39 — gewinnen wir die Auffassung, daß es ganz verfehlt wäre, eine Schiefheit dadurch zu erklären, daß die genannten Einflüsse in einer Richtung stärker als in der anderen Richtung wirken.[1]

Selbstverständlich hat ein einseitig stärkerer Einfluß seine Wirkung. Diese zeigt sich aber nicht als Schiefheit der Verteilung, sondern dadurch, daß die ganze Variantenreihe in der betreffenden Richtung verschoben wird! So gibt ja $(a+b)^{40}$ mit $a = b$ (wo die Einflüsse in beiden Richtungen gleich sind) 41 Glieder, deren zentrales, Nr. *21*, die höchste Anzahl repräsentiert und wegen der symmetrischen Verteilung auch dem Mittelwert entspricht, also $M = 21$. Bei $(a+b)^{40}$ mit $a = 2b$, erhalten wir aber,

---

[1] Damit ist nicht gesagt, daß die rein mathematische Analyse der Verteilungsart bezw. der Kurvenform nicht mit niederen Potenzen eines Binomiums arbeiten könne; aber mathematische Analyse einer Variationskurve bedeutet an sich gar nichts für deren biologische Deutung.

wie soeben erwähnt, als Mittelwert $M = 14{,}33$ und Glied Nr. *14* als durch die höchste Anzahl repräsentiert. Die zweimal größere Beeinflussung in der negativen Richtung hat also eine Verschiebung des Mittelwertes von $14{,}33 \div 21$, d. h. von $\div 6{,}67$ Klasseneinheiten veranlaßt, aber keine erwähnenswerte Schiefheit hervorgerufen. Auch die Standardabweichung wird ein wenig geändert; aber der ganze Charakter der Variabilität bleibt unverändert.

So macht z. B. das eine Jahr — wie aus den Tabellen S. 145 und 146 zu ersehen ist — die Bohnen kleiner, das andere Jahr aber macht sie größer als etwa für ein „Normaljahr" typisch; dabei behält aber die Variabilität der Samengröße im einzelnen Jahre denselben allgemeinen Charakter.

Wo aber Grenzen vorhanden sind, welche nicht von den betreffenden Charakteren überschritten werden können, da kann Schiefheit sehr starker Natur durch einseitige Beeinflussung auftreten: dies ist aber durch die Grenzen bedingt, nicht durch die einseitige Verschiebung an sich. Als Beispiele können hier die verschiedenen Jahrgänge der S. 160 erwähnten Glorupgerste dienen. Einige Jahre waren für die Entwicklung fehlerfreier Ähren günstiger als andere, welche die Schartigkeit begünstigten. Die vier Jahrgänge zeigten im Gesamtmaterial jedes Jahres die folgende Variation:

Variation der Schartigkeit einer reinen Linie von Glorupgerste 1902—1904.

Jahr-gang	Schartigkeitsprozente der Pflanzen																
	0	5	10	15	20	25	30	35	40	45	50	55	60	65	70	75	80
1902	181	441	292	97	11	7	.	2									
1903	4	30	77	99	107	76	31	13	2	2							
1904	4	9	16	40	80	87	111	112	75	86	40	25	16	9	6	1	
1905	91	160	69	16	3	.	1	1									

Die Resultate der Berechnung dieser vier Variationsreihen derselben reinen Linie in verschiedenen Jahren gestalten sich so:

Jahrgang	Anzahl n	$M \pm m\,\%$	$\sigma\,\%$	V [1]	Schiefe [2]	Exzeß [2]
1902	1031	$9{,}333 \pm 0{,}154$	4,938	52,9	$+0{,}914$	$+2{,}244$
1903	441	$20{,}641 \pm 0{,}372$	7,821	37,9	$+0{,}295$	$+0{,}034$
1904	717	$36{,}133 \pm 0{,}491$	13,133	36,3	$+0{,}245$	$\div 0{,}011$
1905	341	$7{,}940 \pm 0{,}258$	4,763	60,0	$+1{,}514$	$+5{,}579$

[1] Der Variationskoeffizient, vgl. S. 48.
[2] Diese Ausdrücke werden weiter unten erklärt, vgl. S. 186 bezw. S. 200.

Die ganz augenfällige Schiefe in den Jahrgängen 1902 und 1905 wird sofort ersichtlich, während der Jahrgang 1903 eine viel schwächere und der Jahrgang 1904 keine auffällige Schiefheit zeigen. Die große Schiefheit in den „guten" Jahrgängen 1902 und 1905 läßt sich wohl biologisch dadurch begreiflich machen, daß erstens weniger als 0 Prozent Schartigkeit nicht realisierbar ist, die Natur der Sache selbst setzt hier eine absolute Grenze; zweitens aber sind die ganz niederen Grade der Schartigkeit relativ schwer realisierbar, teils weil eben diese Gerstenlinie äußerst leicht schartig wird, teils aber weil schädliche Einflüsse zufälliger Art bei allen Gerstensorten nur zu leicht eine oder zwei Scharten bei jeder Pflanze, wenn auch nicht in jeder Ähre, hervorbringen. Dadurch ist eine Hinderung für die absolute Fehlerfreiheit selbst den besten Individuen der besten Sorten gesetzt.

Jedenfalls ist aber die große Verschiedenheit der Variation dieser reinen Linie in verschiedenen Jahren interessant; in vielen anderen Beispielen ist eine solche nicht zu beobachten. Einige Organismen sind eben — in gewissen Charakteren — weit mehr schwankend als andere.

Unsere bisherigen Auseinandersetzungen über die Schiefheit machen die Bedeutung der Binomialformel noch größer als sie uns früher erschien; denn jetzt brauchen wir gar nicht die immerhin recht „gesuchte" Voraussetzung festzuhalten, daß die zahllosen Einflüsse entgegengesetzter Natur einander aufheben. Diese Voraussetzung war uns sehr nützlich für die Entwicklung der ganzen Lehre von der Variabilität und deren Messung; jetzt geben wir sie mit gutem Gewissen auf. Wir können aber sagen: Wo zahlreiche größere oder kleinere, kurze oder andauerndere, voneinander unabhängige Einflüsse in zwei entgegengesetzten Richtungen auf die Beschaffenheit der sich entwickelnden Organismen wirken, da sollte man doch erwarten, daß die symmetrische binomiale Zahlenverteilung als schematische Grundlage für die Beurteilung der Variabilität gelten konnte, falls nicht ganz besondere Verhältnisse, wie z. B. unübersteigbare Grenzen u. a. m., vorhanden sind.

Das stimmt nun aber alles nicht, denn die faktisch sehr allgemein vorkommende Schiefheit haben wir ja noch nicht erklärt. Hier hat uns aber Kapteyn einen Weg zur Klärung des Widerspruches gezeigt. Von den Betrachtungen dieses Mathematikers müssen wir uns an die in biologischer Beziehung natürlichsten halten. Die Organismen sind nicht den äußeren Beeinflussungen passiv untergeben; sie reagieren aktiv. Beim ehrlichen Spiel mit Würfeln u. dergl. können wir davon ausgehen, daß die zufälligen äußeren Verhältnisse, welche im gegebenen einzelnen Fall — z. B. im einzelnen Wurf — das Resultat bestimmen, keinen weiteren Einfluß auf die späteren Fälle haben. Das Resultat im nächsten Wurf ist nicht vom Resultat des vorhergehenden Wurfes beeinflußt. Ganz anders aber steht die Sache bei den Organismen. Ein Organismus, welcher während seiner persönlichen Entwicklung auf eine bestimmte Beeinflussung reagiert hat, ist schon dabei nicht mehr identisch mit einem ursprünglich gleichen Organismus, welcher auf einen anderen Eingriff reagiert hat. Diese unbestreitbare Tatsache der Physiologie hat hier fundamentale Bedeutung.

Wir denken uns eine Reihe ganz gleicher junger Organismen in Entwicklung begriffen. Im Laufe eines Tages — oder einer Stunde — sind einige der Organismen vielleicht stärkerem Schatten oder größerer Feuchtigkeit ausgesetzt als andere; einige von ihnen erhalten zufällig mehr Nahrung als andere usw. Hätten nun alle solche ersten Verschiedenheiten keinen Einfluß auf die Reaktion der Organismen im nächsten Zeitabschnitt, so würde das Resultat eine Reihe Unterschiede zwischen den Organismen werden, welche sich als eine „ideale" binomiale Variantenverteilung zeigen würde, unseren vorausgehenden Betrachtungen entsprechend.

So liegt die Sache aber nicht. Allerdings hat man noch keine durchgeführten Untersuchungen, welche uns sagen können, wie groß die Reize sein müssen, um deutliche Nachwirkungen hervorzurufen. Falls aber die allgemeine physiologische Regel auch hier Gültigkeit hat, daß die Reaktionen der Organismen, sowohl in Bezug auf den Stoffwechsel als auf Entwicklung, Wachstum und Bewegungserscheinungen — um gar nicht von der Sinnesphysiologie zu sprechen — im hohen Grade von vorausgehenden Beeinflussungen abhängig sind, kann eben dadurch eine Schiefheit der Variantenverteilung bedingt werden.

Um dieses zu veranschaulichen, denken wir uns einen ganz jungen Organismus, anfangs von einer Größe, welche wir mit 10 bezeichnen. Der Organismus fängt jetzt zu wachsen an. Die allereinfachste Reihe von Möglichkeiten, welche wir aufstellen können in Bezug auf Einzelwirkungen äußerer Umstände beim Wachstum, ist diese: entweder wird das Wachstum gefördert oder gehemmt durch die betreffende Einwirkung. Wie stark das Wachsen gefördert wird, bezw. ob die Hemmung vollkommen oder nur teilweise ist, als Folge

12*

der betreffenden, in entgegengesetzten Richtungen wirkenden Einzel-einflüsse, bleibt hier ganz gleichgültig.

Um aber den Gedanken festzuhalten und gleichzeitig mit mög-lichst einfachen Zahlen zu operieren, können wir annehmen, daß in der ersten Zeiteinheit der Organismus entweder die Größe *10* behalten hat, oder aber er wird um 1 gewachsen sein, also die Größe *11* erreicht haben. Wir haben also zwei Möglichkeiten für die Größe der Organismen

10 und *11*.

Sollten wir jetzt keine Rücksicht auf den nun eingetretenen Unterschied nehmen, so würden wir am Schluß der folgenden Zeit-einheit — indem der Organismus wiederum entweder gar nicht oder nur um die Größe 1 wächst — die folgende Aufstellung als Ausdruck der Möglichkeiten haben:

$$\text{Nach 1. Zeiteinheit} \quad \underbrace{10 \qquad 11}$$
$$\text{- 2. \quad „} \quad \underbrace{10 \quad 11} \quad \underbrace{11 \quad 12}$$

Und nach 3 Zeiteinheiten hätten wir die folgende Übersicht:

$$\text{Nach 1. Zeiteinheit} \quad \underbrace{10 \qquad\qquad\qquad 11}$$
$$\text{- 2. -} \quad \underbrace{10 \qquad 11} \quad \underbrace{11 \qquad 12}$$
$$\text{- 3. -} \quad \underbrace{10 \quad 11} \; \underbrace{11 \quad 12} \; \underbrace{11 \quad 12} \; \underbrace{12 \quad 13}$$

Man bemerkt hier sofort, daß die gewöhnliche binomiale Ver-teilung herauskommt; denn wir haben jetzt

Organismengröße . . .	*10*	*11*	*12*	*13*
Anzahl Fälle	1	3	3	1

Und so würde es weiter gehen.

Wir müssen aber annehmen, daß der durch jede neue Be-einflussung geänderte Zustand des Organismus Bedeutung hat für das Geschehen in der nächstfolgenden Zeiteinheit. Ein Organismus der Größe *11* wächst alsdann nicht genau so wie ein Organismus der Größe *10* oder *12*, selbst bei ganz gleichem äußerem Zustand; in irgend einer Weise wird das Wachstum eine Funktion der schon erhaltenen Größe sein. Wenn also die zweite Zeiteinheit beginnt, werden sich die beiden Organismengrößen *10* und *11* in verschiedener Weise ändern.

Die leichteste Berechnung erhalten wir, wenn wir hier das weitere Wachstum proportional mit der schon erreichten Größe setzen. Das allgemeine Resultat unserer Erwägungen wird aber im Prinzip das gleiche bleiben auch mit anderen Relationen. Wir nehmen nun an, daß das Wachstum in der Zeiteinheit entweder 0 oder $^1/_{10}$ der schon erhaltenen Größe sein wird.

In ganz entsprechender Weise, wie in den soeben gegebenen Zusammenstellungen, sehen wir jetzt, daß die Organismengrößen folgende Werte haben nach Verlauf von 1—4 Zeiteinheiten, indem wir nur eine Dezimalstelle verwenden.

1. Zeiteinheit   10   11

2.   -   10   11   11   12,1

3.   -   10   11   11   12,1   11   12,1   12,1   13,3

4.   -   10 11   11 12,1   11 12,1   12,1 13,3   11 12,1   12,1 13,3   12,1 13,3   13,3 14,6

Eine Summierung nach der 4. Zeiteinheit ergibt

Organismengröße	10	11	12,1	13,3	14,6
Anzahl Fälle	1	4	6	4	1

Und betrachten wir — ganz wie auf S. 38 — das Resultat nach 6 Zeiteinheiten, so erhalten wir die folgende Tabelle:

Organismengröße	10	11	12,1	13,3	14,6	16,1	17,7
Anzahl Fälle	1	6	15	20	15	6	1

In diesen Tabellen haben wir — selbstverständlich — die Anzahl der Fälle, unmittelbar betrachtet, steigend und fallend in der gewohnten symmetrischen Weise; a b e r d i e E i n t e i l u n g i s t e i n e a n d e r e a l s d i e g e w o h n t e. Die Spielräume sind eben n i c h t äquidistant, sondern von links nach rechts steigend: 1,0 — 1,1 — 1,2 — 1,3 — 1,5 — 1,6 usw. Und dieses wird, wie man leicht sehen kann, falls hier eine Linienmaßkurve konstruiert würde (vgl. S. 14), eine s c h i e f e K u r v e ergeben. Diese Schiefheit ist allerdings bei 6 Zeiteinheiten nur gering; aber je mehr Zeiteinheiten in Betracht gezogen werden, desto größer wird die Schiefheit.

Ziehen wir z. B. nur 20 Zeiteinheiten in Betracht — also $(a+b)^{20}$ entsprechend — so würden wir bei der Aufzählung, wie immer aus $(a+b)^{20}$ 21 Glieder erhalten; diese Glieder würden aber ferner und ferner und ferner voneinander rücken, größere und größere Zwischenräume zeigen, je weiter sie nach rechts stehen. Die Glieder, mit einer Dezimalstelle angegeben, und die ihnen entsprechende Anzahl der Fälle, würden die folgenden sein:

Nummer des Gliedes	1	2	3	4	5	6	7	8	9	10	11
Größe d. Gliedes	10	11	12,1	13,3	14,6	16,1	17,7	19,5	21,4	23,6	25,9
Anzahl Fälle	.	0,2	1	5	15	37	74	120	160	176	

und ferner:

Nummer des Gliedes	12	13	14	15	16	17	18	19	20	21
Größe d. Gliedes	28,5	31,4	34,5	38,0	41,8	45,9	50,5	55,6	61,2	67,3
Anzahl Fälle	160	120	74	37	15	5	1	0,2	.	.

Die den Gliedern entsprechenden Anzahlen der Fälle sind hier pro 1000 angegeben, auf Grundlage der S. 61 gegebenen (oberen) Zahlenreihe, welche 10000 gilt.

Eine Linienmaßkurve dieser „Variationsreihe" würde eine sehr deutliche Schiefheit zeigen, und hätte man 30, 40 oder eine noch höhere Anzahl Zeiteinheiten in Betracht gezogen, so würde die Schiefheit stärker und stärker geworden sein, ganz im Gegensatz zu dem S. 175 erwähnten Verhalten, wo die Schiefheit mit steigenden Potenzen von $(a + b)$ allmählich aufhört.

Vielleicht aber befriedigt diese Art der Manifestation einer Schiefheit den biologischen Leser nicht. Denken wir uns — was viel mehr der Wirklichkeit entspricht als das soeben behandelte schematische Verhalten — daß die Einzeleinflüsse alle möglichen Gradationen aufweisen. Zwischen den behandelten Extremen: kein Wachstum und volles Wachstum, würden dann alle Zwischenstufen vorkommen. Wir hätten sodann in unserer Entwicklung der Möglichkeiten nicht die bestimmte Anzahl (hier 21) Glieder genau präzisierter Größen, sondern wir müßten mit Klassen operieren. Selbstverständlich würden aber auch hier die Fälle nach rechts weit mehr — und im steigenden Grade — zerstreut auftreten als nach der linken Seite zu. Wenn wir deshalb in Klassen mit äquidistantem Spielraum einteilen, was immer richtig ist, so werden die gleich breiten Klassen relativ weniger und weniger Varianten umfassen, je weiter wir nach rechts schauen. Das ist aber gleichbedeutend mit einer Schiefheit bei äquidistantem Spielraume.

Um dieses zu illustrieren, können wir die letzte hier gegebene Tabelle durch einfache Interpolation zu einer Klassentabelle mit äquidistanten Spielräumen umrechnen.

Nur die mittleren 17 Glieder brauchen hier berücksichtigt zu werden. Die Größe der somit äußersten Glieder, Nr. *3* und Nr. *19*, setzen wir dann als Mittelwerte je einer Klasse (also 12,1 und 55,6), und der Abstand zwischen diesen Werten, mit 16 dividiert, gibt uns den bei allen 17 Klassen zu verwendenden gleichen Spielraum. Wir haben demnach $(55,6 \div 12,1) : 16 = 2,72$ als Spielraum für die Einteilung. Die erste der hier zu bildenden äquidistanten Klassen soll also die Grenzen $12,1 \div \frac{2,72}{2}$ bezw. $12,1 + \frac{2,72}{2}$, d. h. 10,74—13,46 haben. Die nächste Klasse hat die Grenzen 13,46—16,18, und so ferner mit dem Spielraum 2,72.

Die in der Tabelle angeführten nicht äquidistanten Glieder Nr. 3 bis Nr. 19 werden zu einer *Klassen*tabelle umgeformt dadurch, daß Grenzen halbwegs zwischen je zwei Glieder eingeführt werden. Sodann erhält man für die Glieder Klassen mit nach rechts steigendem Spielraum. Z. B. die

Klasse des Gliedes Nr. *4* hat die Grenzen 12,70 und 13,95; während für das Glied Nr. *16* die Klassengrenzen 39,90 und 43,85 sind. Der Spielraum war also bezw. 1,25 und 3,95.

Indem wir in einfachster Weise interpolieren, d. h. mit gleichmäßiger Verteilung innerhalb jeder dieser Klassen rechnen, wird es ein leichtes, das ganze Zahlenmaterial in die oben genannten äquidistanten Klassen (mit Spielraum 2,72) einzuteilen. Diese Interpolation ähnelt ganz der Interpolation bei der Quartilberechnung, vgl. S. 19 ff.

Durch diese Behandlung erhalten wir das Zahlenmaterial folgendermaßen in äquidistanten Klassen verteilt:

Klasse-Nr.	*1*	*2*	*3*	*4*	*5*	*6*	*7*	*8*	*9*	*10*	*11*	*12*	*13*	*14*	*15*	*16*	*17*	*18*	*19*
Anzahl Fälle		1	13	56	130	183	195	160	112	68	41	21	13	4	3	.	.	.	
Theoret. Zahlen	1	2	9	25	57	104	153	182	176	136	86	43	18	6	2	.	.	.	.

Aus der angegebenen Anzahl Fälle (Varianten) wird der Mittelwert $M = 8,319$ gefunden, und die Standard-Abweichung wird $\sigma = \pm 2,144$ Klassenspielräumen. Hiernach sind die „theoretischen" Zahlen berechnet, welche bloß zeigen sollen, daß hier eine bedeutende echte Schiefheit vorhanden ist.

Unsere Voraussetzungen in diesem ganzen Beispiel führen zu einer größeren Ausbreitung der Varianten nach der rechten Seite hin (positive Schiefheit); in anders gewählten Beispielen würde man größere Ausbreitung nach links (negative Schiefheit) erhalten. Falls der Zuwachs oder, ganz allgemein, die Vergrößerung derjenigen Intensität, welche gemessen werden soll, etwa in umgekehrtem Verhältnis zum Quadrate der augenblicklich erreichten Größe vorginge[1]), würde man, nach sechs Zeiteinheiten, als Pendant zum Beispiel Seite 181, die folgende Übersicht haben:

Größe	*10*	*11*	*11,9*	*12,8*	*13,6*	*14,3*	*15*
Anzahl Fälle	1	6	15	20	15	6	1

Hier ist der Spielraum nach rechts abnehmend, die Ausbreitung also nach links am stärksten.

In der Wirklichkeit dürfte kaum eine einzige Variationskurve ganz symmetrisch sein; die Schiefheit ist wohl Regel, sie kann aber oft recht gering sein. Besonders wo Variationskurven eines nicht einheitlichen Materials vorliegen, wird die Schiefheit oft aufgehoben. So wurde fast keine Schiefheit in dem Gemenge reiner Linien (S. 138) gefunden, während innerhalb der einzelnen reinen

---

[1]) Es wird leicht eingesehen, daß einfache umgekehrte Proportionalität in dem gedachten Beispiel keine Schiefheit, sondern normale binomiale Verteilung bedingen würde. Statt umgekehrtem Verhältnis zum Quadrat können aber viele andere Verhältnisse gewählt werden.

Linien die Schiefheit meistens recht groß ist. Jedenfalls aber kann aus der größeren oder kleineren Schiefheit gar nichts geschlossen werden in Bezug auf die Frage, ob das betreffende Material genotypisch einheitlich sei oder nicht. Der Vergleich der verschiedenen Jahrgänge der Glorup-Gerste (S. 177) redet hier stark genug.

In Bezug auf die Bedeutung der Binomialformel müssen wir noch anführen, daß unsere Betrachtungen deutlich zeigen, daß die Schiefheiten der Verteilung nicht in Widerspruch stehen mit den Konsequenzen der Anwendung der Binomialformel als Grundlage für die Lehre von der fluktuierenden Variabilität. Dies wird sich auch ferner bestätigen.

Jetzt aber müssen wir eine Frage beantworten, welche sich dem Leser aufgedrängt haben wird: wie drückt man den Grad der Schiefheit einer Verteilung in passender zahlenmäßiger Weise aus?

Man könnte meinen, die Stellung der Mediane (vgl. S. 20) zum Mittelwert sei hier als Maß brauchbar. Bei idealer Verteilung sind die beiden Werte ja gleich, $Med = M$; bei Schiefheit in der Verteilung wird offenbar entweder $Med > M$ oder $Med < M$ sein. Die Differenz $M \div Med$ wäre somit ein Maß der Schiefheit und deren Richtung. So wird auch diese Differenz ab und zu benutzt. Wir wollen das aber nicht tun, denn die Lage der Mediane ist, wie die Größe des Quartils, nicht durch Rücksichtnahme auf alle Varianten bestimmt. Ebenso wie das Quartil der Standard-Abweichung als besserem Variationsmaß weichen mußte, so muß auch die relative Medianlage, als ungenügend für Charakterisierung der Schiefheit des ganzen Materials, einer besseren Bestimmungsweise weichen. Diese nimmt, wie die Standardabweichung, auf alle Varianten Rücksicht, wie es jetzt erwähnt werden soll:

Die Summe aller Abweichungen vom Mittelwerte einer gegebenen Variantenreihe ist 0. Das liegt eben im Begriff des Mittelwertes. Bei Betrachtung aller Abweichungen als solche (d. h. in ihrer ersten Potenz) können wir deshalb die Bestimmung des Mittelwerts kontrollieren: die Summe aller Abweichungen soll und muß 0 sein. Durch Summierung der zweiten Potenzen aller Abweichungen erhalten wir immer eine positive Zahl (die Quadrate negativer Abweichungen sind ja selbst positiv), welche die Grundlage für Berechnung der Standardabweichung, σ, sowie des mittleren Fehlers (m) des Mittelwertes abgibt, wie das in früheren Vorlesungen näher ausgeführt worden ist. Dadurch wird ein sehr wichtiges und ganz notwendiges Maß sowohl der Variabilität als der

Zuverlässigkeit des Mittelwertes erhalten. Aber dabei ist noch nichts über die Schiefheit gesagt.

Dafür verwenden wir die Summe der dritten Potenzen aller Abweichungen. Bei vollkommener Symmetrie der Variantenverteilung wird die Summe aller dritten Potenzen der Abweichungen 0 sein; denn jeder Minusvariante entspricht eine Plusvariante gleicher Größe. Wo anscheinende Asymmetrie vorhanden ist, wird aber auch die Summe der dritten Potenzen aller Abweichungen 0 sein (oder in praxi 0 sehr nahe kommen; durch die Klasseneinteilung als Ausgangspunkt für die Berechnung wird das Material ja immer etwas willkürlich behandelt). Bei echter Schiefheit stellt sich die Sache aber ganz anders. Hier geben die genannten dritten Potenzen eine positive oder negative Größe als Summe; und eben diese Größe, mit Berücksichtigung des Vorzeichens, ist die einfachste Grundlage für die Messung des Grades der Schiefheit und für die Bestimmung ihrer Art: ob positiv oder negativ.

Lassen wir zuerst ein paar Beispiele reden. Die (mit Äquidistanz der Klassen vorausgesetzte) symmetrische Reihe:

Klassenwert	1 2 3 4 5 6 7	Gesamtanzahl
Anzahl	1 6 15 20 15 6 1	64

deren Mittelwert *4* ist, hat als dritte Potenzen der Abweichungen vom Mittel nach beiden Richtungen $+1^3$, $+2^3$ und $+3^3$ (also *1, 8* und *27*), bezw. $\div 1^3$, $\div 2^3$ und $\div 3^3$ (also $\div 1$, $\div 8$ und $\div 27$). Die Summe aller Abweichungen dritter Potenz nach rechts sind somit: $15 \cdot 1 + 6 \cdot 8 + 1 \cdot 27 = +90$, und links haben wir $15 \cdot \div 1 + 6 \cdot \div 8 + 1 \cdot \div 27 = \div 90$. Die Gesamtsumme ist also 0.

Die schiefe Reihe aber:

Klassenwerte	2 3 4 5 6 7	Gesamtanzahl
Anzahl	5 18 21 14 4 2	64

deren Mittelwert auch *4* ist, hat folgende Summen für alle Abweichungen in dritter Potenz: nach r e c h t s $14 \cdot +1$, $4 \cdot +8$ und $2 \cdot +27$, zusammen $+100$; und nach links $18 \cdot \div 1$ und $5 \cdot \div 8$, zusammen $\div 58$. Die Gesamtsumme aller Abweichungen in dritter Potenz ist sodann $+42$ (Klassenspielräume[3]). Dieses ist der Ausdruck einer p o s i t i v e n Schiefheit ⊙: relativ weite Ausziehung oder Verbreitung nach r e c h t s in der Variantenreihe.

Die absolute Summe der dritten Potenzen der Abweichungen kann offenbar ebensowenig hier als Maß der Schiefheit dienen, als

die absolute Summe aller Quadrate der Abweichungen als Standardabweichung zu gebrauchen wäre. Der Mittelwert der dritten Potenzen der Abweichungen muß zuerst bestimmt werden. Im hier
gegebenen Beispiel, mit 64 als Gesamtanzahl, haben wir sodann als
Mittelwert der dritten Potenzen der Abweichungen, indem wir an
die früher benutzte Ausdrucksweise anknüpfen (vgl. S. 41)

$$\frac{\Sigma p\alpha^3}{n} = \frac{+42}{64} = +0,656 \text{ (Klassenspielräume}^3)$$

Nun ist es aber recht verständlich, daß man diesen Ausdruck
in Relation zur Standardabweichung bringt, welche ja als Hauptfaktor bei der ganzen Variationsbeurteilung wirkt. Die einfachste
Art dieses zu tun, ist offenbar die Standardabweichung in die dritte
Potenz zu heben und damit — als positiver Wert — den gefundenen mittleren Wert der dritten Potenzen der Abweichungen
vergleichend zu messen.

Dividiert man demnach σ^3 (positiv gedacht) in die Größe $\frac{\Sigma p\alpha^3}{n}$,
so erhält man eine unbenannte Zahl mit positivem oder negativen
Vorzeichen, welche als Schiefheitsziffer, S, bezeichnet werden
kann. Wir haben also die Definition der Schiefheitsziffer:

$$S = \left(\frac{\Sigma p\alpha^3}{n}\right) : \sigma^3$$

Indem für die hier als Beispiel benutzte kleine Reihe die
Standardabweichung diesen Wert hat: $\sigma = 1,16$ (Klassenspielräume),
wird S folgendermaßen ausgedrückt:

$$S = +0,656 : 1,16^3 = +0,42.$$

Das Prinzip dieser Berechnung ist sehr einfach, und wenn der
Mittelwert einer Variationsreihe gerade in der Mitte einer Klasse
liegt — wie in den hier benutzten Beispielen — so ist die Ausführung der ganzen Rechnung, wie wir gesehen haben, äußerst leicht.

Meistens aber liegt der Mittelwert ja nicht so bequem. Dann
benutzen wir ein Vorgehen, das ganz dem entspricht, welches bei
Bestimmung der Standardabweichung verwendet wurde. Wir erinnern uns (vgl. S. 44), daß das mittlere Quadrat der Abweichungen,
$\frac{\Sigma p\alpha^2}{n}$, nach der Formel

$$\frac{\Sigma p\alpha^2}{n} = \frac{\Sigma pa^2}{n} \div b^2$$

in sehr praktischer Weise berechnet wird. Die mittlere dritte Potenz der Abweichungen $\frac{\Sigma p a^3}{n}$, ist eine dieser höheren Potenz entsprechende Funktion der hier vorkommenden Größen, a (allgemeiner Ausdruck der Abweichung vom gewählten Ausgangspunkt A) und b (die Differenz zwischen dem wahren Mittelwert, M, und dem Ausgangspunkt A; also $b = M \div A$). Wir brauchen nicht näher zu beweisen, daß diese Funktion durch die folgende Gleichung ausgedrückt wird:

$$\frac{\Sigma p a^3}{n} = \frac{\Sigma p \mathrm{a}^3}{n} \div 3\,b\,\frac{\Sigma p \mathrm{a}^2}{n} + 2\,b^3 \qquad ^1)$$

Daraus ergibt sich als Berechungsformel für die Schiefheitsziffer

$$S = \left(\frac{\Sigma p \mathrm{a}^3}{n} \div 3\,b\,\frac{\Sigma p \mathrm{a}^2}{n} + 2\,b^3 \right) : \sigma^3$$

Die einzelnen Glieder der Parenthese dieser Gleichung sind leicht zu erhalten. Haben wir im voraus den Mittelwert und die Standard-Abweichung mit Benutzung eines gewählten Ausgangspunktes, A, berechnet, so sind schon die Werte für b und für $\frac{\Sigma p \mathrm{a}^2}{n}$ bestimmt. Nur die Bestimmung von $\frac{\Sigma p \mathrm{a}^3}{n}$ ist jetzt auszuführen, bevor die Ausführung der in der Formel angegebenen zusammenfassenden Rechnung möglich ist.

$^1)$ Es ergibt sich dieses leicht aus den S. 43—44 gegebenen Relationen. Wir hatten dort $a + b = \mathrm{a}$. Daraus ersehen wir, da $\Sigma p(a + b)^3 = \Sigma p \mathrm{a}^3$ sein muß, daß

$$\Sigma p a^3 + 3\,b\,\Sigma p a^2 + 3\,b^2\,\Sigma p a + b^3 = \Sigma p \mathrm{a}^3.$$

Das dritte Glied der linken Seite wird 0, weil $\Sigma p a = 0$, vgl. S. 44. Und indem $\Sigma p a^2 = \Sigma p \mathrm{a}^2 \div b^2$ (vgl. dieselbe Seite), läßt sich das zweite Glied der linken Seite so zerlegen: $3\,b\,\Sigma p a^2 = 3\,b\,\Sigma p \mathrm{a}^2 \div 3\,b^3$. Wir haben sodann

$$\Sigma p \mathrm{a}^3 + 3\,b\,\Sigma p \mathrm{a}^2 \div 3\,b^3 + b^3 = \Sigma p \mathrm{a}^3.$$

Durch Zusammenziehung und Umordnung erhalten wir daraus die hier in Frage kommende Formel:

$$\Sigma p a^3 = \Sigma p \mathrm{a}^3 \div 3\,b\,\Sigma p \mathrm{a}^2 + 2\,b^3.$$

In ganz ähnlicher Weise erhalten wir in Bezug auf die vierte Potenz der Abweichungen die folgende Entwicklung. $\Sigma p(a + b)^4 = \Sigma p \mathrm{a}^4$. Daraus:

$$\Sigma p a^4 + \underbrace{4\,b\,\Sigma p a^3}_{= 4b(\Sigma p \mathrm{a}^3 \div 3b\,\Sigma p \mathrm{a}^2 + 2b^3)} + \underbrace{6\,b^2\,\Sigma p a^2}_{= 6\,b^2\,(\Sigma p \mathrm{a}^2 \div b^2)} + \underbrace{4\,b^3\,\Sigma p a}_{= 0} + b^4 = \Sigma p \mathrm{a}^4.$$

Werden die für das zweite und dritte Glied eingesetzten Ausdrücke ausgeführt, alles zusammengestellt und geordnet, erhalten wir die Formel: $\Sigma p a^4 = \Sigma p \mathrm{a}^4 \div 4\,b\,\Sigma p \mathrm{a}^3 + 6\,b^2\,\Sigma p \mathrm{a}^2 \div 3\,b^4$. Wir werden später dafür Gebrauch haben.

Um gleich ein Beispiel zu nehmen, können wir dasselbe Bohnen-material benutzen, mit welchem wir die Mittelwerts- und Standard-abweichungs-Bestimmungen zuerst einübten.

Wir knüpfen deshalb unsere Rechnung direkt an die früheren Aufstellungen. Die dort gefundenen Differenzzahlen (also Unter-schiede der Anzahl in den positiv und negativ vom Ausgangspunkt A gleich viel abweichenden Variantenklassen) waren — wie auf Seite 34 vom Leser zu kontrollieren ist, — diese:

Abweichungen von A	1	2	3	4	5	6	7	8
Differenzen $\{$ +	·	·	·	2	0	·	1	1
$\div$	13	13	14	·	·	3	·	·

Wir müssen jetzt diese Differenzen mit den Werten multi-plizieren, welche die dritten Potenzen der betreffenden Ab-weichungen vom Ausgangspunkte A angeben, hier also: $1^3 = 1$, $2^3 = 8$, $3^3 = 27$, $4^3 = 64$, $5^3 = 125$, $6^3 = 216$, $7^3 = 343$ und $8^3 = 512$. Ganz der Aufstellung Seite 35 entsprechend haben wir sodann hier:

negative Werte der pa^3

$\div 13 \cdot \quad 1 = \div \quad 13$
$\div 13 \cdot \quad 8 = \div \quad 104$
$\div 14 \cdot 27 = \div \quad 378$

$\div \quad 3 \cdot 216 = \div \quad 648$

positive Werte der pa^3

$+ 2 \cdot \quad 64 = + \quad 128$
$0 \cdot 125 = \qquad 0$

$+ 1 \cdot 343 = + \quad 343$
$+ 1 \cdot 512 = + \quad 512$

Summe . . $\div 1143$ Summe . . $+ \quad 983$

. . . . $\div 1143$

Gesamtsumme, Σpa^3 . . . . $\div \quad 160$

Indem die Individuenanzahl, n, hier 558 war, erhalten wir

$$\frac{\Sigma pa^3}{n} = \div 160 : 558 = \div 0{,}2867 \quad \text{(Klassenspielräume}^3\text{)}$$

Für das hier in Frage kommende Beispiel haben wir schon S. 35 $b = \div 0{,}136$ (Klassenspielräume) gefunden, und (vgl. S. 45) den Wert $\dfrac{\Sigma pa^2}{n} = 7{,}3584$ bestimmt. Daselbst wurde auch $\sigma = \pm 2{,}709$ gefunden. Mit diesen Daten gehen wir jetzt an die Anwendung der Seite 187 gegebenen Berechnungsformel für die Schiefheitsziffer S.

Die drei Glieder dieser Formel stellen wir in dieser Art zu-sammen:

$$\frac{\Sigma p \mathrm{a}^3}{n} \cdot \quad \ldots \ldots \ldots \ldots \div 0,2867$$

$$\div 3b \, \frac{\Sigma p \mathrm{a}^2}{n} = \div (3 \cdot \div 0,136 \cdot 7,3584) = + 3,0022$$

$$+ \quad 2b^3 = \quad (2 \cdot \div 0,136^3) = \quad \div 0,0050$$

$$\frac{\Sigma p \mathrm{a}^3}{n} \div 3b \, \frac{\Sigma p \mathrm{a}^2}{n} + 2b^3 \qquad = + 2,7105$$

Und daraus, durch Division mit $\sigma^3 = 2,709^3 = 19,8805$, erhalten wir die Schiefheitsziffer: $S = + 0,136$, wenn drei Dezimalstellen benutzt werden.

Hier haben wir sodann den Ausdruck einer positiven Schiefheit, die nicht groß ist. Schiefheiten unter 0,25 sind nur klein zu nennen. Oberhalb 0,50 können wir von bedeutender Schiefheit reden, ob nun das Vorzeichen positiv oder negativ ist. Somit ist jetzt auch Seite 138 zahlenmäßig ausgedrückt, daß die Schiefheit in einem Gemenge sehr klein sein kann, während S innerhalb reiner Linien meistens recht bedeutend ist.

Würden wir die Schiefheit des zweiten zur Einübung der Standard-Abweichungsberechnung benutzten Beispiels bestimmen, die Schiefheit also bei der Variation der Flossenstrahlen, so hätten wir direkt an Seite 33 anzuknüpfen, wo sich die zu benutzenden Differenzzahlen finden.

Wie es im vorhergehenden Beispiel gemacht wurde, würden wir hier finden:

negative Werte der pa³	*positive* Werte der pa³	
	$+31 \cdot \quad 1 = +$	31
	$+53 \cdot \quad 8 = +$	424
	$+51 \cdot \quad 27 = +$	1377
	$+24 \cdot \quad 64 = +$	1536
	$+14 \cdot 125 = +$	1750
$\div 1 \cdot 216 = \div 216$		
	$+ 2 \cdot 343 = +$	686
	$+ 1 \cdot 512 = +$	512
Summe $\quad \div 216$	Summe $\quad +$	6316
$\longrightarrow$	$\div$	216
Gesamtsumme, Σpa³ $\ldots \ldots \ldots +$		6100

Da die Variantenanzahl, n, 703 war, erhalten wir

$$\frac{\Sigma p \mathrm{a}^3}{n} = + \, 6100 : 703 = + 8,6771$$

Da nun (S. 33) $b = + 0,671$, und (S. 47) $\dfrac{\Sigma pa^2}{n} = 5,0043$, sowie $\sigma = 2,134$, haben wir die Daten für Benutzung der Schiefheitsziffer, S. Die Berechnung gestaltet sich so:

$$\frac{\Sigma pa^3}{n} \quad \cdots \quad\cdots \quad\cdots \quad + 8,6771$$

$$\div 3b \; \frac{\Sigma pa^2}{n} = \div (3 \cdot + 0,671 \cdot 5,0043) = \div 10,0737$$

$$+ \quad 2b^3 = + (2 \cdot + 0,671^3) = \quad + 0,6042$$

$$\frac{\Sigma pa^3}{n} \div 3b \frac{\Sigma pa^2}{n} + 2b^3 \quad = \quad \div 0,7978$$

Und daraus, durch Division mit $\sigma^3 = 2,134^3 = 9,7181$, die Schiefheitsziffer:

$$S = \div 0,082.$$

Diese Schiefheit ist sehr unbedeutend; wie wir es schon aus der Figur 9 S. 75 ersehen konnten, stimmt diese Variationsreihe schön mit der „idealen" Verteilung (was aber durchaus kein Beweis genotypischer Einheit ist!).

Von großer Wichtigkeit ist es festzuhalten, daß während der Schiefheits-Bestimmung immer nur mit Klassenspielräumen (bezw. Abständen zwischen Ganzvarianten) operiert wird.[1]) Während der ganzen Berechnungsarbeit soll nirgends der Wert der Spielräume eingesetzt werden. In den beiden benutzten Beispielen war der Spielraum $= 1$; wo er aber einen anderen Wert hat, muß man darauf achten, daß z. B. für die Division mit σ^3 nur der Spielraumwert der Standardabweichung verwendet wird, nicht der absolute Wert.

Um schließlich noch ein paar Beispiele anzuführen, sei erwähnt, daß die als typisch schief charakterisierte Reihe S. 183, welche im Anschluß an KAPTEYNS Auffassung gebildet wurde, die Schiefheitsziffer $S = + 0,582$ hat. Dagegen zeigt die aus $(2 + 1)^{40}$ gebildete Reihe S. 176, welche wir als kaum schief bezeichneten, nur die kleine Schiefheitsziffer $S = + 0,078$. Die daselbst zum Vergleich berechnete „theoretische" (ideale) Reihe hat $S = + 0,006$; diese ganz bedeutungslose Schiefheit ist nur ein Ausdruck der unvollkommenen Interpolation bei der Aufstellung dieser Reihe.

---

[1]) Aus der Rechnung geht ja eine unbenannte Zahl, die Relation S, hervor; darum wäre es sinnlos die Werte der Klassenspielräume zeitweilig einzusetzen.

Die Tabelle S. 177 zeigt Beispiele sehr verschiedener Schiefheit einer und derselben reinen Linie in verschiedenen Jahren. In anderen Fällen hält sich die Schiefheit recht charakteristisch von Jahr zu Jahr, so z. B. bei der Längenmaßvariation vieler reinen Linien von Bohnen. Die beispielsweise S. 174 erwähnte Bohnenreihe hat die Schiefheit $\acute{S} = \div\, 0{,}376$ und die daselbst erwähnte Weldon'sche Indexreihe ergibt $S = \div\, 0{,}465$, wie es dem Leser überlassen bleibt nachzuprüfen!

Somit haben wir jetzt ein einfaches Mittel in der Hand, die Schiefheit einer Variantenreihe dem Grade und der Richtung nach zu präzisieren. Wir verdanken den Mathematikern bezw. Astronomen Pearson, Thiele und Charlier die betreffenden Arbeitsmethoden. Es versteht sich von selbst, daß die hier benutzte Ausdrucksweise für die Schiefheit eine rein empirische ist, gänzlich unabhängig von aller Theorie über Natur oder Ursachen der Schiefheiten bei Variantenverteilungen.

Es mag noch hinzugefügt werden, daß die Differenz $M \div Med$ (vgl. S. 184) nicht immer dasselbe Vorzeichen wie S hat, wenn dies auch meistens der Fall ist.

Dreizehnte Vorlesung.

Einseitige Kurven. — Hochgipfelige und tiefgipfelige Kurven. — Der „Exzeß", *E*, und seine Bestimmung. — Die Quartilrelation $Q:\sigma$. — Die Wichtigkeit des mittleren Fehlers.

Die Schiefheit der Verteilung von Varianten kann so weit gehen, daß die Variationskurven ganz einseitig aussehen. Es gibt sehr viele Beispiele solcher Kurven; DE VRIES fand z. B. an einer holländischen Lokalität, daß die Kronblätteranzahl bei *Ranunculus bulbosus* zwischen 5—9 variierte, derart aber, daß die allermeisten Blüten 5 Kronblätter hatten und sodann die Variation nur nach der Plusrichtung sich zeigte.

Bei im Ganzen 337 Blüten wurde gefunden:

Kronblätter	5	6	7	8	9
bei Individuen	312	17	4	2	2

Der ganze Bauplan der Blüte ist wohl ein solcher, daß unter der gegebenen Lebenslage nicht weniger als 5 Kronblätter gebildet werden können. Als Beispiel einer Kurve mit Einseitigkeit in der entgegengesetzten Richtung sei, ebenfalls nach DE VRIES, die folgende Reihe mitgeteilt. Bei *Weigelia amabilis* wurden bei 1145 Blüten gefunden:

Anzahl der Kronenzipfel	3	4	5
bei Blütenindividuen	61	196	888

In diesen beiden Fällen, wo es sich um Ganzvarianten handelt, sind wir offenbar berechtigt von völlig einseitiger Variation zu sprechen. Dies natürlich unter der Voraussetzung, daß in Bezug auf die betreffenden Anzahlen der Organe in beiden Fällen ein einheitliches Material vorliegt. Die beiden Variationsreihen könnten ja zusammengesetzter Natur sein; die letzte Reihe ließe sich z. B. aus einer 5-zipfeligen und einer 4-zipfeligen Rasse komponiert denken:

Anzahl der Kronenzipfel ...	3	4	5
Individuen einer Rasse	46	156	873
„ „ anderen ...	15	40	15
Zusammen	61	196	888

Die Gesamtkurve wäre in solchen Fällen nicht Ausdruck einer einzigen, völlig einseitig verlaufenden Variation! Wo aber Gewißheit vorliegt, daß genotypische Unterschiede nicht vorhanden sind (und daß ferner auch nicht Gruppen von sehr verschiedener Lebenslage zusammengebracht sind), kann man, hier bei Ganzvariationen, mit gutem Grunde von reiner Einseitigkeit der Variation reden. Und dabei bekommt offenbar diejenige Variante, welche am zahlreichsten repräsentiert ist (hier also 5 Zipfel), eine besondere Bedeutung als „typischer" Wert, während der Mittelwert aller Varianten diese Bedeutung, unmittelbar gesehen, hier nicht behaupten kann. Daß z. B. der Mittelwert der Zipfelanzahl des *Weigelia*-Beispiels 4,72 ist, hat bei einer unmittelbaren Betrachtung weniger Interesse, als das Resultat, daß 5 die typische Zahl ist.

Jedoch behält der Mittelwert immer seine eigene Bedeutung als ein Ausdruck für die Gesamtheit der betreffenden Varianten. Und es wäre nicht richtig, die Standardabweichung mit dem „typischen Wert" (hier 5) als 0-Punkt zu berechnen. Die einseitigen Kurven sind nämlich nicht einfach als „halbe GALTON-Kurven" aufzufassen, wie es ursprünglich von verschiedenen Verfassern getan wurde; sie sind als schiefe Kurven zu betrachten, wie u. a. CHARLIER näher gezeigt hat.

Sehr häufig ist die Variation einseitig, wo von Abnormitäten bei an und für sich typisch fehlerfreien Rassen die Rede ist. Namentlich DE VRIES hat viele Beispiele erwähnt: Fasciationen, Tricotylie u. a. Abnormitäten. Die Norm, das Fehlerfreie, wird hier durch den Abnormitätsgrad 0 (oder fast 0) charakterisiert sein, welcher sowohl der biologisch „typische" als auch der häufigste Fall ist. Nehmen wir z. B. von einem Gerstenfelde eine Anzahl Pflanzen, um nachzusehen, wie viele „Scharten" die Individuen einer normalen Gerstenrasse zeigen können, werden wir bei sehr vielen Pflanzen keine oder nur eine geringe Schartigkeit finden. (Über die Bestimmung vgl. S. 127.) Die Schartigkeit bei einer reinen Linie von Goldthorpe-Gerste war bei 769 Pflanzen des Versuchsgartens im Jahre 1900 folgenderweise repräsentiert:[1]

---

[1] Das Material hätte eben so gut nach Prozenten der normal entwickelten Körner gruppiert werden können. Wir hätten sodann:

Schartigkeitsprozent *0   5   10   15   20   25   30   35   40   45*
Anzahl Pflanzen 315 232 120 49 27 14   6   4   2
Hieraus $M = 8,20\,^0/_0$ $\sigma = 6,93\,^0/_0$ und $S = + 1,71$.

Hier haben wir eine Reihe Klassenvarianten, welche, flüchtig
gesehen, rein einseitige Variation zeigen. Das ist aber nicht der
Fall. Das „theoretisch Normale" — die Fehlerfreiheit nämlich —
ist hier nicht das in der Natur (bezw. im Felde) „Typische". Eine
geringe Schartigkeit, etwa 2—3 Prozent, war hier das in Praxi
Normale, für das Leben im betreffenden Beete „Typische". Das ersehen wir ganz unzweideutig daran, daß eine feinere Einteilung des
Materials nicht mehr ganz einseitige Variation gibt. Begrenzen
wir uns an die Individuen, welche 0—10 Prozent Schartigkeit
zeigten, so ergibt eine feinere Einteilung des Materials (im Ganzen
also die $315 + 233 = 547$ besten Pflanzen) die folgende Verteilung:

Schartigkeitsprozent . . . . *0   2   4   6   8   10* usw.
Anzahl Pflanzen . . . . . . 116 138 106 103 84   —

welche zeigt, daß hier nicht von reiner Einseitigkeit die Rede ist,
sondern nur von großer Schiefheit.

Zwischen den beiden Extremen völliger Einseitigkeit und völliger
Symmetrie finden sich alle möglichen Übergänge. Und dabei kann
man genotypisch einheitliche Bestände oder aber Bestände sogar mit
großen genotypischen Unterschieden haben, ohne daß es möglich
wäre, aus den Variantenverteilungen allein eine Entscheidung zu
treffen, ob das Material einheitlich ist oder nicht.

Die Auffassung, daß Einseitigkeit in der Variantenverteilung
ein Zeichen dafür wäre, die betreffende Rasse sei zur Bildung
neuer Rassen besonders geneigt, ist ganz unbegründet. Und wenn
man — wie u. a. DE VRIES — durch Selektion den einseitigen

Prozente guter Körner *55 60 65 70 75 80   85   90   95   100*
Anzahl Pflanzen 2   4   6 14 27 49 120 232 315
Hieraus $M = 91,80\,^0/_0$ Körner, $\sigma = 6,93\,^0/_0$ und $S = \div 1,71$.

Diese Aufstellung zeigt wesentlich Minusvariation von der „normalen"
Körneranzahl ($100\,^0/_0$), während die Aufstellung im Texte Plusvariation von
der „normalen" Fehlerfreiheit (Schartigkeitsgrad 0) zeigt. Man wählt natürlich die Aufstellung, die im gegebenen Falle am zweckmäßigsten ist. Dann
aber muß die gewählte Darstellungsweise auch durchgeführt werden. Wir
sehen hier übrigens einen Fall, wo der Variationskoeffizient (vgl. S. 48)
irre führen kann. Beide Aufstellungen geben $\sigma = \pm 6,93\,^0/_0$ (Schartigkeit
bezw. Körnerprozent); die eine Aufstellung gibt aber $V = 6,93 \cdot 100 : 8,20$
$= 84,6$, die andere $V = 6,93 \cdot 100 : 91,80 = 7,5$. Solche Fälle mahnen zur
Vorsicht.

Charakter der Verteilung hat ändern können, so bedeutet das nur,
daß der ursprüngliche Bestand ein Gemenge von allseitig und einseitig variierenden Elementen war, wie es schematisch in der
zweiten Zahlenreihe S. 193 angedeutet wurde.

Innerhalb genotypisch einheitlicher reiner Linien ist noch keine
derartige Selektionswirkung nachgewiesen, meine Untersuchungen
hatten stets nur negative Resultate.

Die ganze Lebenslage und deren einzelne Faktoren, welche
die sich entwickelnden Individuen beeinflussen, können in vielen
Fällen die Variantenverteilung wesentlich ändern. Wie der Mittelwert einer Variantenreihe sehr stark von der Lebenslage abhängen
kann, so auch die Verteilungsart der Varianten.

Als Beispiele können die folgenden Fälle erwähnt werden. Die
Nachkommen desselben Gerstenmaterials, welches in 1900 die quasi einseitige Variantenverteilung zeigte, die wir soeben betrachteten, zeigten
im folgenden Jahre bei 749 Pflanzen die nachstehende Variation:

Schartigkeitsprozent	0	5	10	15	20	25	30	35	40	45	50	55
Anzahl Pflanzen	53	131	180	170	111	50	22	22	7	2	1	

welche den Mittelwert $M = 16,29\,{}^0/_0$ und $\sigma = 8,75\,{}^0/_0$ ergibt. Die
daraus konstruierte Kurve, Fig. 10, kann durchaus nicht einseitig
genannt werden, sie nähert sich der „idealen" Kurve, obwohl sie
noch recht schief ist. Die Schiefheitsziffer ist hier $S = + 0,78$, wie
der Leser kontrollieren möge.

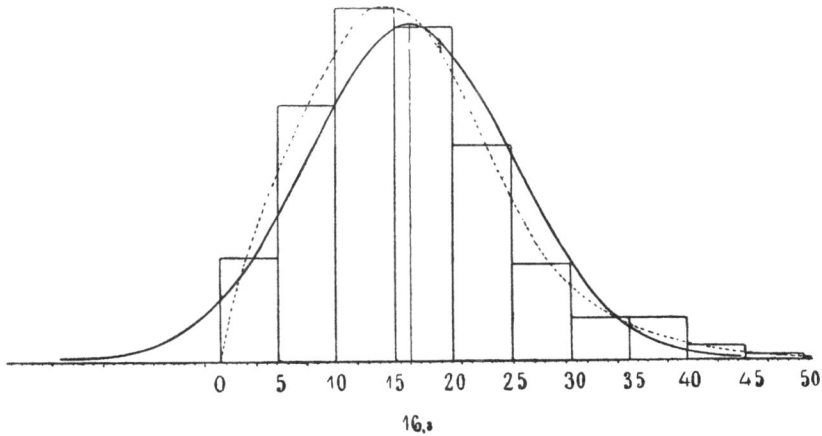

Fig. 10. Schiefe Verteilung, mit der „idealen" Kurve verglichen, vgl. die
obenstehende Tabelle. Die aufgezogene Figur in der S. 71 näher angegebenen
Weise konstruiert. Punktiert eingezeichnet ist eine Abrundung der empirischen Treppenkurve.

13*

Im Jahre 1902, welches für die Körnerentwicklung dieser Gerstenrasse günstig war, wurde wiederum eine ganz einseitig erscheinende Verteilung erhalten, nämlich:

Schartigkeitsprozent *0   5   10   15*
Anzahl Pflanzen 261 39   1

mit $M = 3{,}18\,^0/_0$ $\sigma = 1{,}76\,^0/_0$ und $S = +\,2{,}34$. Auch hier ist die Verteilung nicht absolut einseitig; eine feinere Klassenverteilung — hier mit Spielraum von $1\,^0/_0$ — würde Ähnliches zeigen, wie für den Jahrgang 1900, vgl. S. 194.

Sodann sehen wir, daß einseitige Kurven nur als Spezialfälle schiefer Kurven aufzufassen sind; und ferner, daß eine biologische Analyse notwendig ist, um über die Natur der Variantenverteilung einen Begriff zu erhalten. Mathematik allein hilft hier nichts.

Die Variationskurven können aber in verschiedenen anderen Weisen als durch Schiefheit von der „idealen" Kurve abweichen. Sie können nämlich viel steiler oder höher als das Ideal sein oder aber am Gipfel flacher als „ideal", ja sogar eingesenkt sein. Der letzte Fall führt uns zu den zwei- und mehrgipfeligen Kurven, die wir zunächst nicht in Betracht ziehen werden.

Ganz besonders häufig treffen wir bei Variationsreihen aus dem **Pflanzenreich** Verteilungen, bezw. Kurven, welche als **hochgipfelig** bezeichnet werden können.[1]) Als Beispiel sei hier gleich eine solche Reihe mitgeteilt. Ludwig fand an einer Lokalität die folgenden Anzahlen von Randblüten in den endständigen Blütenständen von *Chrysanthemum segetum*.

Bei 1000 Individuen wurde folgende Verteilung gefunden:

Randblüten . . .	*7*	*8*	*9*	*10*	*11*	*12*	*13*	*14*	*15*	*16*	*17*	*18*	*19*	*20*	*21*
bei Individuen .	1	6	3	25	46	141	**529**	129	47	30	15	12	8	6	2
Theoret. Zahlen . .		2	9	37	100	188	**243**	215	132	55	16	3	.	.	.

Hieraus haben wir $M = 13{,}183$ Randblüten, $\sigma = 1{,}609$, $S = +\,1{,}157$ und als Exzeß finden wir $E = +\,4{,}810$, wie wir es gleich näher erwähnen werden. Nach M und σ sind, wie gewöhnlich, die „theoretischen" Zahlen berechnet, welche als Vergleich dienen sollen, um die recht große Abweichung der Verteilungsart zu zeigen. Noch deutlicher zeigt sich die Abweichung bei graphischer Darstellung in der hier gewohnten Weise, vgl. Fig. 11.

---

[1]) Auch als „hyperbinomiale", „gipfelsteile" oder „exzessive" Kurven bezeichnet.

Es war dies ein Beispiel mit Ganzvarianten, einer natürlichen Population angehörend. Hier sei darum auch eine Klassen-

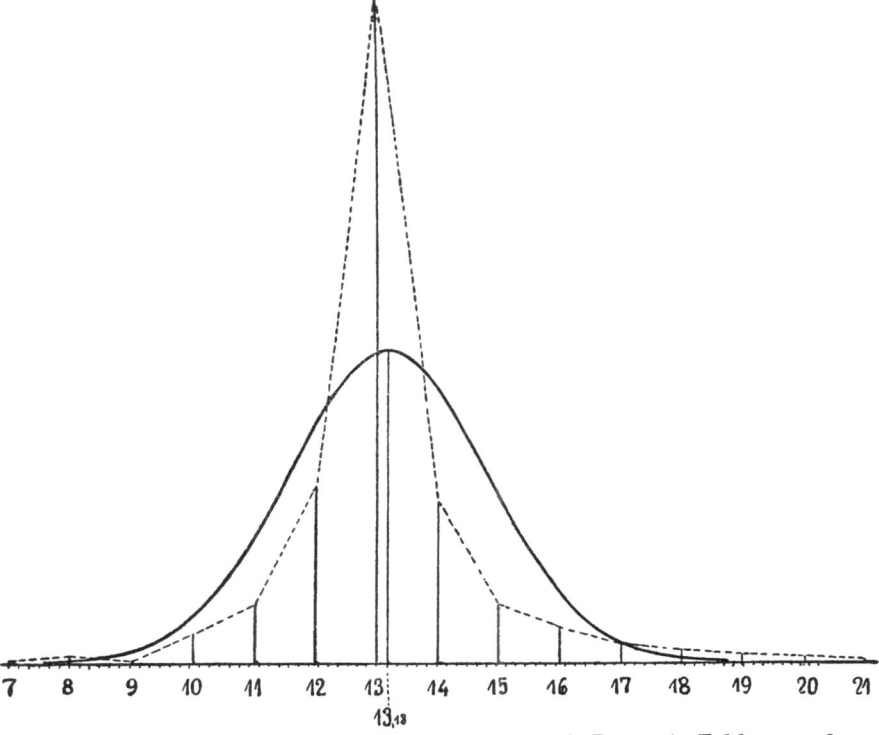

Fig. 11. Eine hochgipfelige Variationskurve (nach Ludwig's Zählungen der Randblüten vom *Chrysanthemum segetum,* vgl. oben) mit der idealen Binomialkurve verglichen.

variationsreihe mitgeteilt. Die Variation des Gewichts von 533 Bohnen einer reinen Linie zeigte folgende Verteilung:

Klasseneinteilung	20	25	30	35	40	45	50	55	60	65	70	75	80 Ztgr.
Bohnenindividuen	3	9	28	51	111	174	101	44	6	0	1	5	
Theoretische Zahlen	2	8	29	71	117	132	100	52	18	4	.	.	

Hieraus $M = 46{,}51$ Zntgr., und $\sigma = \pm\,7{,}81$ Zntgr.; aus diesen Werten sind die theoretischen Zahlen berechnet. Ferner finden wir $S = +\,0{,}18$ und den „Exzeß", $E, = +\,1{,}96$. Die Fig. 12 zeigt auch hier eine ganz deutliche Hochgipfeligkeit.

Ludwig hat diese Kurvenformen, welche er „hyperbinomial" nennt — offenbar weil sie gewissermaßen viel zu „gut" in der

Mitte sind, mathematisch behandelt unter der Voraussetzung, daß
hier, neben der Verteilung nach der Binomialformel, eine Anzahl
„Invarianten", d. h. nicht oder wenig vom Mittel abweichender Individuen vorhanden sind. Diese Voraussetzung ist aber nicht zutreffend. Ganz abgesehen davon, daß die Hochgipfeligkeit recht
launisch ist, derart, daß man in einer reinen Linie unter verschiedenen Verhältnissen recht verschiedene Grade von Hochgipfeligkeit

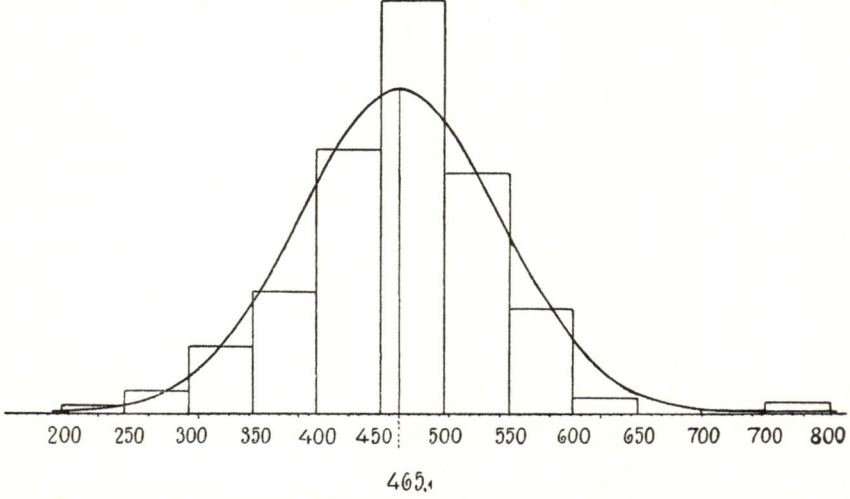

200 250 300 350 400 450 500 550 600 650 700 700 800

465.₁

Fig. 12. Hochgipfelige Variationskurve bei Klassenvarianten. (Gewicht von
Bohnen einer reinen Linie. Die Zahlen an der Abszisse geben Milligramme an.)

erhalten kann, redet der Umstand, daß hochgipfelige Kurven besonders bei Charakteren gefunden wurden, welche leicht von äußeren
Zufälligkeiten beeinflußt werden, gegen die Ludwig'sche Auffassung
von einer Überzahl sogenannter „Invarianten". Die Sache ist wohl
aber so zu verstehen, daß die äußeren Zufälligkeiten das Vorkommen
einer relativ großen Anzahl stark abweichender Individuen bedingen. Dadurch könnte alles leicht verständlich werden, indem
nämlich die vielen großen Abweichungen die Standardabweichung
gewissermaßen „ungerecht" vergrößern. Wir sehen leicht an Fig. 12,
daß die Grundlinien der den Klassen entsprechenden Rechtecke
(welche ja in σ-Einheiten ausgedrückt sind) bei etwas kleinerem
Werte von σ vergrößert, die Höhen also verkleinert, und die Grenzen
etwas nach beiden Seiten verschoben werden müssen. Alle diese
Änderungen würden aber eine bessere Übereinstimmung mit der
normalen Binomialkurve bedingen.

So weit wir biologisch über die Hochgipfeligkeit urteilen können, ist diese „Abweichung" wesentlich dadurch bedingt, daß die am meisten beeinflußbaren Eigenschaften der Pflanzen (Dimensionen, Gewichte u. a. Quantitäten) öfters stark vom mittleren Werte abweichen. Die Hochgipfeligkeit ist demnach nicht Ausdruck eines besonderen Variationsgesetzes bei Pflanzen. Die Tiere, deren Formen im Ganzen viel mehr geschlossen, und deren Entwicklung schärfer begrenzt und feiner reguliert ist, zeigen dementsprechend seltener derartige Störungen.

Um aber gleich ein Beispiel vom Tierreiche anzuführen, sei die Anzahl der Strahlenkanäle der Hydromeduse *Pseudoclytia pentata* (nach den Angaben von A. G. Mayer) hier mitgeteilt. Es wurde gefunden bei im Ganzen 996 untersuchten Individuen:

Anzahl der Kanäle	*2*	*3*	*4*	*5*	*6*	*7*	*8*
bei einer Individuenanzahl	1	8	56	860	64	6	1

Hieraus $M = 5{,}004$; $\sigma = 0{,}441$; $S = \div 0{,}121$ und $E = + 10{,}404$.

Dieser bedeutende Exzeß ist wohl als Beispiel vom Tierreich sehr selten. Daß aber hoher Exzeß nur eine bei Pflanzen zu beobachtende Eigenschaft der Variationskurven sei, läßt sich hiernach nicht behaupten. Prinzipieller Unterschied besteht hier nicht zwischen Tieren und Pflanzen.

Bei hochgipfeliger Verteilung finden sich viel mehr Varianten außerhalb der Grenzen $\pm 3 \cdot \sigma$, als der Tabelle S. 65 entsprechend; dies zeigt sich z. B. ganz deutlich an der Chrysanthemum-Kurve Fig. 11 und an der entsprechenden Variantentabelle S. 196.

Das Charakteristische der Hochgipfeligkeit ist also, daß die Variantenanzahl zu groß in der Mitte und zu groß an den beiden Flügeln der Variantenreihe (bezw. der Kurve) ist. Halbwegs zu beiden Seiten muß darum ein Defizit eintreten, wie es am deutlichsten aus Fig. 11 ersichtlich ist.

Für den Vergleich verschiedener Variationsreihen sowie für die Charakteristik einer gegebenen Verteilung oder Kurve ist es oft erwünscht, eine zahlenmäßige Präzision des Grades der Hochgipfeligkeit zu haben. Hierfür benutzt man als Ausgangspunkt das Mittel der vierten Potenz aller Abweichungen von M. Es wird sodann der Ausdruck $\frac{\Sigma p a^4}{n}$ zu bestimmen sein.

Ehe wir daran gehen, sei nur bemerkt, daß die geraden Potenzen (2., 4. usw.) aller Abweichungen, sowie der negativen als der positiven, nur positive Werte haben. Bei normaler, idealer

Verteilung ergeben die ungeraden Potenzen aller Abweichungen von M stets den Wert 0, eben weil die Symmetrie vollkommen ist. Darum sind die ungeraden Potenzen ein Mittel, die Schiefheit der Verteilung zu prüfen. Wir begnügten uns mit Anwendung der 3. Potenz; bei feineren statistischen Arbeiten und Präzisionsbestimmungen operiert man aber vielfach mit der 5. Potenz usf.

Je höher die Potenz wird, um so gewaltsamer wird der Einfluß der größeren Abweichungen; eine Schiefheit, welche bei der 3. Potenz nur gering erscheint, wird sich bei der 5. Potenz viel stärker äußern.

Bei den geraden Potenzen haben bei ideal binomialer Verteilung die Werte $\Sigma p\alpha^2$, $\Sigma p\alpha^4$, $\Sigma p\alpha^6$ usf. ganz bestimmte Relationen zu einander. Wir halten uns aber allein an das Verhältnis zwischen 2. und 4. Potenz. Wie es sehr leicht an einer idealen Reihe nachzuprüfen[1]) ist, hat man hier

$$\Sigma p\alpha^4 = 3\sigma^2(\Sigma p\alpha^2),$$

sodann
$$\frac{\Sigma p\alpha^4}{n} = \frac{3\sigma^2(\Sigma p\alpha^2)}{n} = 3\sigma^4$$

und daraus
$$\frac{\Sigma p\alpha^4}{n} : \sigma^4 = 3.$$

Findet sich nun eine größere Anzahl stark abweichender Varianten, als mit „idealer" Verteilung vereinbar ist, dann wird diese Relation gestört; die 4. Potenzsumme wird dabei im Verhältnis zur 2. Potenzsumme wesentlich vergrößert und wir erhalten

$$\frac{\Sigma p\alpha^4}{n} : \sigma^4 > 3.$$

Somit wird die genannte Relation, welche bei „idealer" Verteilung 3 ist, ein Maß für die Hochgipfeligkeit, d. h. für den Grad der „Überschreitung", für den „Exzeß", welchen die Variantenverteilung im Vergleich mit der idealen Verteilung zeigt. Der Exzeß — wie wir fortan den Grad der Überschreitung nennen wollen — ist bei idealer Verteilung als $E = 0$ zu bezeichnen. Für diesen Fall müssen wir also den Exzeß so angeben:

$$E = \left(\frac{\Sigma p\alpha^4}{n} : \sigma^4\right) \div 3 = 0.$$

Es liegt in der Formel, daß der Exzeß eine unbenannte Zahl ist.

---

[1]) Wegen Unvollkommenheit der Interpolation erhält man nicht genau $\frac{\Sigma p\alpha^4}{n} : \sigma^4 = 3$, sondern eine Annäherung an diese Relation, welche bei Anwendung höherer Analysis gefunden wird.

Wir prüfen jetzt den Exzeß einiger hochgipfeliger Kurven. Vorerst stellen wir die zu verwendende Rechnungsformel für die 4. Potenzsumme auf. In der Anmerkung S. 187 haben wir die Richtigkeit dieser Formel bewiesen:

$$\Sigma pa^4 = \Sigma pa^4 \div 4\, b\, \Sigma pa^3 + 6\, b^2\, \Sigma pa^2 \div 3\, b^4.$$

Sie setzt die Bestimmungen von b, Σpa^2 und Σpa^3 voraus, die Elemente, aus welchen M, σ und S berechnet wurden. In der Tat wünscht man immer diese Konstanten der Verteilung in Betracht zu ziehen, wenn man überhaupt so weit geht, den Exzeß zu bestimmen. Die Exzeßbestimmung bildet also eine einfache Fortsetzung der Schiefheitsbestimmung; und das einzige Element, welches uns jetzt fehlt, ist das Glied Σpa^4. Dieses Glied wird am einfachsten im Zusammenhang mit Σpa^2, d. h. mit der 2. Potenzsumme der Abweichungen von A bestimmt.

Um aber gleich die Gesamtberechnungen auszuführen, können wir die beiden vorhin gegebenen Beispiele hochgipfeliger Verteilung näher betrachten.

Für die Chrysanthemum-Reihe, vgl. S. 196, nehmen wir als Ausgangspunkt $A = 13$. Wir stellen dann die Rechnung so auf:

Abweichung von A	1	2	3	4	5	6	7	8
+	129	47	30	15	12	8	6	2
÷	141	46	25	3	6	1		
Differenzen	÷12	+1	5	12	8	7	6	2
für Σpa Multiplikation mit	1	2	3	4	5	6	7	8
für Σpa^3 „ „	1	8	27	64	125	216	343	512
Summen	270	93	55	18	18	9	6	2
für Σpa^2 Multiplikation mit	1	4	9	16	25	36	49	64
für Σpa^4 „ „	1	16	81	256	625	1296	2401	4096

Führen wir diese 4 Multiplikationsserien aus, so haben wir:

$\Sigma pa\ \ = + 183$ und $\Sigma pa^3 = + 6243$

$\Sigma pa^2 = \ \ \ 2621$ und $\Sigma pa^4 = \ \ \ 56333.$

Durch Division mit n (hier 1000, vgl. S. 196) erhalten wir die nötigen Elemente [1]): $b = +0{,}1830$, $\dfrac{\Sigma pa^2}{n} = 2{,}6210$, $\dfrac{\Sigma pa^3}{n} = +6{,}2430$

und $\dfrac{\Sigma pa^4}{n} = 56{,}3330.$

---

[1]) Während der Rechnung operiert man hier meistens mit 4 Dezimalstellen. Die Derivate der 2. und 4. Potenz sind immer positiv. Für die beiden anderen sind die Vorzeichen zu beachten!

Daraus ergeben sich die zu bestimmenden Werte:

$$M = A + b \quad = 13 + 0{,}1830 = 13{,}183 \text{ Blüten}$$

$$\sigma = \sqrt{\frac{\Sigma p\mathrm{a}^2}{n} \div b^2} = \sqrt{2{,}5875} \quad = 1{,}609 \quad \text{,,}$$

$$S = \left(\frac{\Sigma p\mathrm{a}^3}{n} \div 3\,b\,\frac{\Sigma p\mathrm{a}^2}{n} + 2\,b^3\right) : \sigma^3 = + 1{,}157 \text{ (Koeffizient)}$$

und, E betreffend, zuerst

$$\frac{\Sigma p\alpha^4}{n} = \left(\Sigma p\mathrm{a}^4 \div 4\,b\ \Sigma p\mathrm{a}^3 + 6\,b^2\ \Sigma p\mathrm{a}^2 \div 3\,b^4\right) : n = 52{,}2865;$$

und dann:

$$E = \left(\frac{\Sigma p\alpha^4}{n} : \sigma^4\right) \div 3 = (52{,}2865 : 2{,}5875^2) \div 3 = 7{,}8096 \div 3$$
$$+\ 4{,}810 \text{ (Koeffizient)}.$$

Die Chrysanthemum-Reihe LUDWIGS zeigt also einen positiven Exzeß, durch die Zahl $E = + 4{,}810$ ausgedrückt, und hat auch noch die bedeutende Schiefheit von $S = + 1{,}157$.

In ganz entsprechender Weise berechnen sich die betreffenden Werte für das zweite Beispiel. Während wir soeben Ganzvarianten (und darum den Spielraum 1) hatten, finden wir im Bohnenbeispiel einen Klassenspielraum von 5 Ztgr. Die Rechnung selbst wird dabei nicht geändert; nur zu allerletzt setzen wir bei M und bei σ den absoluten Klassenwert ein.

Schließen wir also direkt S. 197 an, das dort gegebene Beispiel einer Variantenreihe berechnend. Als Ausgangspunkt nehmen wir $A = 47{,}5$ Ztgr. Wir machen dann, mit Klassenspielräumen operierend, diese Aufstellung:

Abweichung von A ..	1	2	3	4	5	6
+	101	44	6	0	1	5
÷	111	51	28	9	3	.
für ungerade Potenzen: Differenz ÷	10	÷7	÷22	÷9	÷2	+5
für Σpa Multiplikation mit	1	2	3	4	5	6
für Σpa³ ,, ,,	1	8	27	64	125	216
Für gerade Potenzen: Summe	212	95	34	9	4	5
für Σpa² Multiplikation mit	1	4	9	16	25	36
für Σpa⁴ ,, ,,	1	16	81	256	625	1296

Werden die 4 Multiplikationsreihen ausgeführt, erhalten wir:

$$\Sigma p a = \div 106 \text{ und } \Sigma p a^3 = \div 406$$
$$\Sigma p a^2 = 1322 \text{ und } \Sigma p a^4 = 15\,770$$

Durch Division mit n (hier 533, vgl. S. 197) bekommen wir die nötigen Elemente: $b = \div 0,1989$, $\dfrac{\Sigma pa^2}{n} = 2,4803$, $\dfrac{\Sigma pa^3}{n} = \div 0,7617$ und $\dfrac{\Sigma pa^4}{n} = 29,5873$.

Daraus wie früher

$M = A + b \qquad = 47,5 \div 0,1989$ (Klassenspielräume) $= 46,506$ Ztgr.

$\sigma = \sqrt{\dfrac{\Sigma pa^2}{n} \div b^2} = \sqrt{2,4407}$ Kl.-Sp. $= 1,5623$ Kl.-Sp. $= 7,812$ -

$S = \left(\dfrac{\Sigma pa^3}{n} \div 3\,b\,\dfrac{\Sigma pa^2}{n} + 2\,b^3\right) : \sigma^3$ (alles in Kl.-Sp. zu rechnen!) $= +0,184$

und, um E zu bestimmen, zunächst

$\dfrac{\Sigma p\alpha^4}{n} = (\Sigma pa^4 \div 4\,b\,\Sigma pa^3 + 6\,b^2\,\Sigma pa^2 \div 3\,b^4) : n = 29,5657$

indem alle Angaben mit Klassenspielräumen als Einheit berechnet werden. Und schließlich, auch nur mit Klassenspielräumen operierend:

$$E = \left(\dfrac{\Sigma p\alpha^4}{n} : \sigma^4\right) \div 3 = 4,9632 \div 3 = +1,9632$$

Wir finden also $M = 46,506$ Ztgr., $\sigma = 7,812$ Ztgr.; ferner $S = +0,184$ und $E = +1,963$. Hier haben wir also einen bedeutend kleineren Exzeß als im vorigen Beispiel.

Es gibt, theoretisch gesehen, keine obere Grenze für den Exzeß; so zeigt das folgende Beispiel einen sehr hohen Wert von E. Für *Linaria*-Blüten fand Vöchting bei 61581 untersuchten Einzelblüten die folgende Variation in Bezug auf die Kronenzipfel-Anzahl.

Kronenzipfel	2	3	4	5	6	7	8
bei Blüten	1	6	283	61060	221	9	1

Hieraus $M = 4,999$, $\sigma = 0,097$, $S = \div 0,644$ und $E = +162,3$!

Es ist dies allerdings ein Ausnahmefall, und man versteht leicht, daß es hier nahe liegt, von „hyperbinomialer" Verteilung zu reden: Die nichtabweichenden Blüten sind ja in überwältigender Anzahl vorhanden. Die früher gegebene Betrachtung bleibt aber zum Rechten bestehen. Die Fünfzähligkeit ist eine hier offenbar sehr schwierig störbare Eigenschaft; wenn sie aber gestört wird, ist die Abweichung relativ bedeutend. (Im vorliegenden Falle liegen wahrscheinlich auch genotypische Unterschiede vor.) In Bezug auf den Exzeß sowohl als auf die Schiefheit ist es aber im allgemeinen ganz untunlich, der Verteilungsweise anzusehen, ob die

betreffende Variationsreihe genotypisch einheitlich ist
oder nicht. Genotypisch nicht einheitliche Bestände zeigen gerade
oft sehr kleine Werte von E sowie von S (vgl. die Tabelle S. 138).

Als nur schwach hochgipfelig können Variationsreihen bezw.
-Kurven bezeichnet werden, deren Exzeß weniger als etwa $+0{,}4$
beträgt. So hat die Kurve der Buttenflossen, Fig. 9 S. 75 (Tabelle S. 11) dem Exzeß $E = +0{,}319$. Da die Schiefheit dieser
Kurve auch ganz gering ist, nämlich $S = \div 0{,}079$, konnte sie als
dem Ideale genügend entsprechend angesehen werden.

Den Gegensatz zu den hochgipfeligen Kurven bilden die tiefgipfeligen. Sie gehen in der Mitte niedriger, tiefer, als die
Normalkurve, und erreichen früher als diese die Grundlinie. Halbwegs aber sind sie höher (beiderseits, wenn von Schiefheit abgesehen wird). Den äußersten Grad der Tiefgipfeligkeit haben wir,
wenn die Variationsreihe zwei völlig getrennte Gipfel zeigt — also
eigentlich zwei nebeneinander stehenden Kurven entspricht. Es
finden sich nun alle Übergänge von den hochgipfeligsten Kurven
einerseits (durch weniger hochgipfelige Kurven, normale Kurven,
schwach tiefgipfelige bis deutlich zweigipfelige Kurven) bis zu reinen
Doppelkurven andererseits. Für uns haben unter den tiefgipfeligen
Kurven besonders die zweigipfeligen das größte Interesse. Diese
Kurven werden wir in einer folgenden Vorlesung besprechen.

Um jedoch nicht ein Beispiel einer geringgradigen Tiefgipfeligkeit zu vermissen, sei erwähnt, daß die öfters hier erwähnte Bohnen-
variantenreihe, welche durch die Fig. 8, S. 74 illustriert wurde,
schon deutlich tiefgipfelig ist. Wir würden nämlich den Exzeß
hier als $E = \div 0{,}217$ finden (und $S = +0{,}137$). Die erwähnte
Figur zeigt uns auch ziemlich deutlich, daß die Mitte der Treppenkurve nicht ganz die entsprechende Partie der Idealkurve ausfüllt,
und daß auch die Variantenreihe nicht so weit nach rechts und
links Repräsentanten hat, als es die Idealkurve verlangt.

In diesem Beispiel liegt eine gemengte Population vor; bei
verschiedenen genotypisch einheitlichen reinen Linien kann man
aber ganz gleiche Werte finden; immer und immer zeigt es sich,
daß die Kurvenform nicht als Kriterium in Bezug auf Einheitlichkeit
des variierenden Materials benutzt werden kann.

Der Exzeß kann niemals kleiner als $\div 2$ sein.[1]) Bei $E = \div 2$

---

[1]) Weil wir hier nie negative Ordinatenwerte haben: weniger als keine
Repräsentanten einer Klasse kann nicht vorkommen. Rein mathematisch

haben wir schon zwei völlig getrennte Kurven. Die Zahlenwerte, welche einen negativen Exzeß ausdrücken, haben dementsprechend auch mehr Gewicht als die Zahlenwerte positiver Exzesse. Schon ein Exzeß von $\div 0{,}2$ ist ganz deutlich, wie es ja auch die Fig. 8, S. 74 zeigt.

Hochgipfeligkeit und Tiefgipfeligkeit äußern sich auch sehr deutlich darin, daß die Relation zwischen dem Quartil und der Standardabweichung, bei der idealen binomialen Verteilung $Q:\sigma = 0{,}6745$ (vgl. S. 78), geändert ist, und zwar derart, daß diese Quartilrelation bei Hochgipfeligkeit verkleinert, bei Tiefgipfeligkeit vergrößert wird. So hatten wir für die LUDWIG'sche Chrysanthemum-Reihe, S. 196, $\sigma = 1{,}609$; das Quartil wird leicht als $Q = 0{,}473$ bestimmt; daraus $Q:\sigma = 0{,}294$ statt dem „theoretischen" Wert 0,675! Die viel weniger hochgipfelige Bohnenreihe S. 197 ergibt $\sigma = 7{,}811$ Ztgr., $Q = 4{,}895$ Ztgr., daraus die Quartilrelation $Q:\sigma = 0{,}627$. Die schwach tiefgipfelige Bohnenreihe, für welche wir soeben $E = \div 0{,}217$ fanden, zeigt schon eine etwas zu große Quartilrelation $Q:\sigma = 0{,}687$, vgl. S. 78. Wenn auch die Bestimmung der Quartilrelation kein rationelles Maß für Hoch- oder Tiefgipfeligkeit abgeben kann, so ist sie doch in vielen Fällen nützlich zur vorläufigen Übersicht.

Wir haben schon in der dritten Vorlesung gesehen, daß das Quartil ein im Vergleich mit der Standardabweichung geringwertiges Maß der Variabilität ist. Und jetzt finden wir Beispiele sehr großer Divergenzen in der Aussage dieser beiden Werte. Während man bei idealer und annähernd idealer Verteilung das Quartil als „wahrscheinliche Abweichung" benutzen kann und darum auch für den Mittelwert den „wahrscheinlichen Fehler" direkt aus der Quartilbestimmung ableiten kann (vgl. S. 81 ff.), so geht das hier, bei abweichender Verteilung, gar nicht an.

Es läßt sich sowohl mathematisch nachweisen als auch durch allerlei experimentelle Prüfungen konstatieren[1]), daß die Standardabweichung allein maßgebend ist für die Berechnung der Zuverlässigkeit des Mittelwertes. Selbst bei so großer Hochgipfeligkeit, wie sie die LUDWIG'sche Chrysanthemum-Reihe zeigt, gibt der mittlere Fehler des Mittelwertes, $m = \sigma : \sqrt{n}$, einen völlig hinreichen-

---

gesehen kann der Exzeß einer Kurve auch jeden negativen Wert haben, solche Kurven entsprechen aber nicht Variationsreihen.

[1]) Ich habe, um mit der Sache persönlich vertraut zu werden, viele spezielle Untersuchungen gemacht; es würde aber zu weit führen, die betreffenden Experimente hier mitzuteilen.

den Ausdruck für die Zuverlässigkeit von *M*. Die Ableitung aus dem Quartil gibt aber hier einen viel zu niedrigen Wert für den wahrscheinlichen Fehler! Gerade darum, und weil das Quartil nicht bei alternativer Variabilität in Verwendung kommen kann (vgl. S. 59), haben wir in diesen Vorlesungen den Begriff „wahrscheinlicher Fehler" bei Seite geschoben. Es ist richtiger und klarer, immer nur mit dem „mittleren Fehler" zu operieren.

Wo man viele Serien von Berechnungen der Werte *M*, σ, *S* und *E* auszuführen hat, empfiehlt es sich in hohem Grade, die Berechnungen mit Hilfe eines von CHARLIER für diesen Zweck gebildeten Rechenschemas auszuführen. Sehr wertvoll ist dabei CHARLIER's schönes Kontrollsystem für das Rechnen. Bei Übungen in Variationsrechnung sind diese Schemata von sehr großem Nutzen. Namentlich auch wo Rechenmaschinen Verwendung finden, bedeuten solche Schemata eine sehr große weitere Hilfe.

Vierzehnte Vorlesung.

Zwei- und mehrgipfelige Kurven. — Der Fußpunkt der Kurvengipfel („mode"). — Die Kurven können nur durch die Erblichkeitsverhältnisse analysiert werden.

I.

Sehr häufig kommt es vor, daß eine Variantenreihe zwei Maxima der Verteilung zeigt, daß also die Variationskurve zwei Gipfel hat. Ein klassisches Beispiel bilden Bateson's Messungen der Ohrwurmscheeren. An den Farne-Inseln bei Northumberland leben sehr viele Ohrwürmer (*Forficula*), deren Scheerenlängen gelegentlich gemessen wurden. Für die männlichen Individuen wurde bei 582 Individuen Folgendes gefunden:

Scheerenlänge in mm[1] .	3	3,5	4	4,5	5	5,5	6	6,5	7	7,5	8	8,5	9
Anzahl der Individuen . .	64	125	52	7	12	24	42	42	90	68	44	8	6

Die Verteilung ist durch die nebenstehende Kurve, Fig. 13, veranschaulicht.

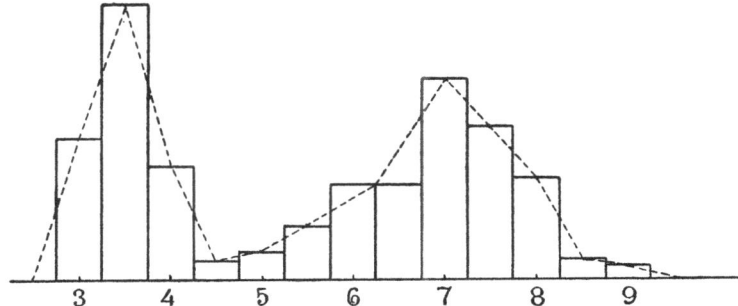

Fig. 13. Bateson's Ohrwurmmaterial: die zweigipfelige Variations-„Treppenkurve" und deren rohe Ausgleichung, wie in den Fig. 2 u. 3, S. 15. Die Zahlen der Grundlinie geben die Scheerenlängen in mm an.

---

[1] Die Messungen sind in ganzen und halben Millimetern angegeben. Es muß bedeuten, daß z. B. Längen zwischen 2.75—3,25 als 3 mm, 3,25—3,75 als 3,5 mm berechnet werden. Hier ist ja eben von Klassenvarianten die Rede. Die Fig. 13 ist dementsprechend ausgeführt.

Die Berechnung der Variationsreihe als Ganzes ergibt: $M = 5{,}48$ mm, $\sigma = 1{,}84$ mm, $S = \div\, 0{,}01$ und $E = \div\, 1{,}56$. Diese Resultate werden hier nur mitgeteilt, um auf den hohen negativen Exzeß hinzuweisen, vgl. S. 204. Es ist sofort einleuchtend, daß der einer solchen Variationsreihe entnommene Mittelwert für sich allein gar keine Berechtigung hat als Charakteristikum der betreffenden Population! Wie die Reihe sich zeigt, in zwei fast selbständige Teile gespalten, treten gleich zwei Phaenotypen hervor: Männchen mit kurzen — etwa durchschnittlich 3,5 mm langen — Scheeren und Männchen mit langen Scheeren, etwa 7 mm im Mittel. Und um jeden dieser beiden Phaenotypen zeigt sich eine Variation ganz gewöhnlicher Natur.

An der Grenze zwischen diesen beiden Variationsbezirken ist es aber unmöglich zu entscheiden, ob ein Individuum, mit z. B. einer 4,5 mm langen Scheere, als Plusvariante des kleinen oder als Minusvariante des großen Phaenotypus zu betrachten ist.

Ein zweites klassisches Beispiel zweigipfeliger Variation ist eine von DE VRIES mitgeteilte Kurve der Randblütenanzahl eines Bestandes von *Chrysanthemum segetum*. Hier zeigten sich zwei Gipfel, bezw. bei 13 und bei 21 Randblüten. Hieraus könnten zwei Rassen durch Selektion isoliert werden; die eine mit 13, die andere mit 21 Blüten als phaenotypisch bei der gegebenen Lebenslage. Es war die ursprüngliche Population ein Gemenge wenigstens zweier Rassen und eventuell auch deren Bastarde. Durch reichliches Düngen konnten übrigens noch höhere Anzahlen der Randblüten erhalten werden.

Somit haben wir ein Beispiel zweigipfeliger Kurven bei Tieren und bei Pflanzen angegeben und zugleich bezw. bei Klassenvarianten und Ganzvarianten.

Wo bei zwei- oder mehrgipfeligen Kurven die Grenzen der verschiedenen Kurvenabweichungen zusammenfließen, wie das meistens der Fall ist, hat der Mittelwert der ganzen Variationsreihe gar keine Bedeutung als typischer Wert. Und da die Abgrenzung der verschiedenen Kurvenabteilungen (Gipfelbezirke) meistens ganz unscharf ist, läßt sich der Mittelwert derselben gewöhnlich nicht genau präzisieren. Hier kann es von Interesse sein, die Fußpunkte der Gipfel, also der höchsten Stellen der Kurve, als typische Ausdrücke für die Zentren der Variationen zu verwenden. Auch bei deutlich schiefer Verteilung kann der Fußpunkt des Gipfels als typischer Wert Bedeutung haben.

Der Fußpunkt der ausgeglichenen Variationskurve fällt bei idealer Verteilung mit dem Mittelwert und der Mediane zusammen: $M = Med = Mo$, wenn wir mit Mo den genannten Fußpunkt bezeichnen. Englische Mathematiker nennen denselben die „Mode"; darum die Verkürzung. Die Bezeichnungen „monomodale", di- und polymodale Kurven der Engländer sind also einfach als ein-, zwei- und mehrgipfelige Kurven zu übersetzen.

Die empirischen, mehr oder weniger vom „Ideal" abweichenden Kurven, mögen sie nun Kurven über Ganz- oder Klassenvarianten sein, zeigen natürlich nur „empirische Gipfel"; nämlich die Anzahl bezw. die Klasse, welche durch die größte Individuenanzahl repräsentiert wird. Es dreht sich aber darum, die Fußpunkte der theoretischen Gipfel zu ermitteln. Für feinere Ermittlung dieser Werte sind recht weitgehende Berechnungen nötig; die Gleichung der in Frage kommenden speziellen Variationskurve müßte zunächst bestimmt werden, was nicht Sache jedes Biologen ist.

In den allermeisten Fällen ist aber eine solche feinere Ausgleichung gar nicht nötig. Für eingipfelige schiefe Variationskurven hat PEARSON eine Regel gegeben, welche als erste Annäherung genügt: Der Fußpunkt des Gipfels, Mo, liegt auf der anderen Seite der Mediane als der Mittelwert, und dabei in doppelt so weiter Entfernung als dieser. Also ist, nach PEARSON's Regel, annähernd $Mo \div Med = 2\ (Med \div M)$, und aus dieser Relation ergibt sich als Berechnungsformel für die angenäherte Bestimmung des gesuchten Fußpunktes:

$$Mo = 3\ Med \div 2\ M.$$

Wie Med und M bestimmt werden, haben wir schon öfters erwähnt. Als Beispiel für die hier interessierende Bestimmung sei die schiefe Reihe (Krabben-Beispiel) S. 174 erwähnt. Dort wurde $M = 64{,}48$ gefunden, die Mediane findet sich leicht als $Med = 64{,}68$; daraus $Mo = 3 \cdot 64{,}68 \div 2 \cdot 64{,}48 = 65{,}08$.

Bei zwei- und mehrgipfeligen Kurven kann diese Art der Bestimmung selbstverständlich nicht ausgeführt werden; jeder Kurvenbezirk muß für sich in Anspruch genommen werden. Hier empfiehlt es sich, als erste Annäherung, einfache lineäre Interpolation anzuwenden. Man nimmt für jeden Gipfelbezirk diejenige Klasse, welche die größte Variantenanzahl enthält sowie deren beide Nachbarklassen. Mit diesen drei Klassen (und in entsprechender Weise bei Ganzvariationen) operiert man nun, als ob man bei ihnen allein die

Mediane bestimmen sollte. Das Resultat gibt eben den gesuchten Fußpunkt in erster Annäherung. So finden wir z. B. bei der Ohrwurmscheerenreihe, S. 207, für das erste Gipfelbezirk:

$$\begin{matrix} 3 & 3,5 & 4 \\ 64 & 125 & 52 \end{matrix} \text{ den Wert } Mo = 3,48;$$

und für das zweite Gipfelbezirk:

$$\begin{matrix} 6,5 & 7 & 7,5 \\ 42 & 90 & 68 \end{matrix} \text{ den Wert } Mo = 7,13.$$

Hier stimmen die Werte so ziemlich mit den empirischen Werten, 3,5 und 7, überein.

Diese Methode läßt sich auch für eingipfelige schiefe Kurven verwenden, so gibt die Krabbenreihe S. 174 in dieser Weise $Mo = 65,36$. Nach PEARSON's Regel wurde soeben 65,08 gefunden. Empirisch wurde 65,5 erhalten; unsere hier vorgenommene einfache Interpolation ist also jedenfalls als eine Verbesserung zu nennen. Wo statt einer Maximalklasse zwei gleich zahlreiche Klassen vorhanden sind, zieht man 4 Klassen in Betracht bei der genannten Interpolation. Auch geschieht dies, wenn die eine Nachbarklasse der Maximalklasse dieser sehr nahe kommt, etwa nur um 10 Prozent davon abweichend. Solche Regeln sind aber sehr willkürlich. Eine graphische Ausgleichung gibt meistens die besten Resultate. (Wichtig ist es zu verstehen, daß nur der Fußpunkt selbst hier in Frage kommt; nicht aber die Höhe der Kurve über dem Fußpunkt.)

Wo es nötig sein sollte, feinere Ausgleichungsmethoden zu verwenden, muß spezielle mathematische Hilfe gesucht werden.

Finden sich zwei oder mehrere Gipfel an den Kurven, zeigt also die Variationstabelle zwei oder mehrere Maxime, so kann man ohne weiteres sagen, daß zwei bezw. mehrere Phaenotypen im betreffenden Material nachgewiesen sind. Schon um eine solche Übersicht zu erhalten, sollte man stets kollektive Messungen in Reihen ordnen, bevor man an die nähere Betrachtung der Zahlenwerte geht. Wo nun zwei oder mehrere Phaenotypen gefunden wurden, ist damit aber gar nichts gesagt in Bezug auf die Frage, ob diese Phaenotypen Ausdrücke genotypischer Unterschiede sind. Die Beschaffenheiten, die Grade der betreffenden Eigenschaft, welche durch die Fußpunkte der Gipfel als „typische Werte" bezeichnet werden, können in genotypischer Beziehung höchst verschiedene Bedeutung haben, und die Betrachtung der Kurven oder Variationstabellen allein gibt keine Klärung. Die Mathematik allein läßt uns hier wieder völlig im Stich!

Wir gewannen aus der Pflanzenwelt allmählich eine ganze Reihe von Erfahrungen zur Beleuchtung des Wesens der mehrgipfeligen Kurven, Erfahrungen, welche zeigen, in wie verschiedener Weise solche Kurven entstehen, und wie nötig es ist, die Erblichkeitsverhältnisse hier experimentell zu studieren. Denn nur durch Untersuchung der Erblichkeit kann konstatiert werden, was die Zwei- oder Mehrgipfeligkeit im einzelnen Falle bedingt. Die Inspektion der Kurven kann uns höchstens Winke darüber geben, in welchen Richtungen die Ursachen zu suchen sind.

Diese Ursachen können sehr verschieden sein. Am nächsten liegt die Vorstellung, daß die Zwei-, Drei- oder, ganz allgemein, die Mehrgipfeligkeit durch Anwesenheit verschiedener Rassen, also genotypisch verschiedener Individuen, bedingt ist. Bekanntlich können selbst „gute" Arten nicht immer scharf unterschieden werden in allen Eigenschaften, selbst nicht in solchen, in welchen sie doch durchgehends bedeutend von einander abweichen. Man findet Individuen, welche in Bezug auf eine gegebene Eigenschaft nicht mit Sicherheit zur einen oder zur andern Art hingeführt werden können; die Artbestimmung ist also unsicher, falls nicht auch andere Charaktere zur Bestimmung vorliegen. Dieser Ausweg kann ja häufig alles klären, interessiert uns hier aber nicht. Als Beispiel können die beiden *Typha*-Arten, *T. latifolia* und *T. angustifolia* genannt werden; die Namen selbst deuten an, daß u. a. die Blätter verschiedene Breite haben. Meistens ist dieser Unterschied genügend, um die Individuen zu bestimmen, aber die Plusvarianten (in Bezug auf Blattbreite) der *T. angustifolia* fließen mit den Minusvarianten der *T. latifolia* derart zusammen, daß es auf dem Grenzengebiet unmöglich ist, eine Unterscheidung durchzuführen. Wachsen die beiden Arten zusammen, und wird bei einer Anzahl gemengter Individuen die Blattbreite gemessen, so erhält man, wie DAVENPORT und BLANKINSHIP angeben, eine schön zweigipfelige Kurve, etwa der Ohrwurmkurve BATESON's (Fig. 13) ähnlich. Die Fußpunkte der Gipfel waren in diesem Falle ca. 6 mm und ca. 16 mm, den „Typus" (bei gegebener Lebenslage) von bezw. *T. angustifolia* und *T. latifolia* entsprechend.

Hierher gehört auch die DE VRIES'sche *Chrysanthemum*-Kurve, welche zwei (oder mehrere) verschiedene Rassen umfaßte, vgl. S. 208. HEINCKE gibt in seinem großen Werke über die Naturgeschichte des Herings ein Beispiel einer zweigipfeligen Kurve, welche entstehen würde, falls man die Wirbelkörper-Zählungen bei Heringen aus dem Weißen Meere und bei norwegischen Frühlingsheringen zusammenstellen wollte. Es würde dabei je ein Gipfel bei bezw. 54 und 58 Wirbeln entstehen. Individuen mit 55 finden sich dabei in beiden Rassen, — welche übrigens leicht durch die Größe der Fische zu unterscheiden sind.

Ein Gemenge verschiedener Rassen oder Spezies kann also zwei- (oder mehr-) gipfelige Kurven hervorrufen. Es muß aber nicht notwendig so sein. Es geschieht nur, wenn die betreffenden Rassen hinlänglich verschieden sind in Bezug auf den in Frage kommenden Charakter, und selbstverständlich nur, wenn eine genügende Repräsentation beider (bezw. aller) Rassen vorhanden ist. Bei weniger ausgeprägten Unterschieden können die Kurven ganz zu einer eingipfeligen zusammenfließen, welche dann sehr schief sein kann, oder sonst unregelmäßig wird (tief- oder hochgipfelig).

Zur Illustration dieser Verhältnisse, wenn die Rede nur von zwei verschiedenen Rassen ist, seien hier einige Zahlenexperimente angestellt, in welchen wir aus Bequemlichkeit $(1 +)^6$ als Ausdruck der Variabilität in beiden Rassen benutzen. Die Klasseneinteilung ist hier ganz willkürlich und braucht gar nicht als Überschrift markiert zu werden.

Wir haben zwei Hauptfälle: Zwei sehr verschiedene und zwei weniger verschiedene Rassen.

A. Rassen, sehr verschieden in Bezug auf die in Frage kommende Eigenschaft.

a. Gleich starke Repräsentation beider Rassen

												Summe
Rasse I 1	6	15	20	15	6	1	.	.	.	.	.	64
— II	.	.	.	.	1	6	15	20	15	6	1	64
I + II 1	6	15	20	15	7	7	15	20	15	6	1	128
Prozent . . . 1	5	12	15	12	5	5	12	15	12	5	1	100

Gemeinsames Gebiet

Hier tritt eine schöne Zweigipfeligkeit hervor.

b. Ungleiche Repräsentation, im Verhältnis 1 : 9

												Summe
Rasse I 1	6	15	20	15	6	1	.	.	.	.	.	64
— II	.	.	.	.	9	54	135	180	135	54	9	576
I + II 1	6	15	20	15	15	55	135	180	135	54	9	640
Prozent 1	2	3	2	2	9	21	28	21	9	1		100

Gemeinsames Gebiet

Hier ist die Zweigipfeligkeit fast verwischt.

B. **Rassen, weniger verschieden.**

a. Gleich starke Repräsentation beider Rassen

											Summe
Rasse I	1	6	15	20	15	6	1	.	.	.	64
— II			.	.	1	6	15	20	15	6	1	64
I + II	1	6	15	21	21	21	21	15	6	1	128
Prozente	1	5	12	16	16	16	16	12	5	1	100

Gemeinsames Gebiet

Hier ist nicht Zweigipfeligkeit vorhanden, sondern ausgeprägte Tiefgipfeligkeit; E würde etwa $\div 0{,}8$ sein.

b. Ungleiche Repräsentation, wie oben 1:9

											Summe
Rasse I	1	6	15	20	15	6	1	.	.	.	64
— II			.	.	9	54	135	180	135	54	9	576
I + II	1	6	15	29	69	141	181	135	54	9	640
Prozente	1	2	5	10	22	28	21	9	1	100

Gemeinsames Gebiet

Hier ist keine Andeutung einer Zweigipfeligkeit, aber sehr deutliche Schiefheit.

An diesen letzten Fall können wir die Analyse anknüpfen, welche WELDON einer schiefen Variationskurve unterwarf. Bei Strandkrabben, *Carcinus maenas* wurde von dem genannten Forscher, in Bezug auf die Kopfbreiten in neapolitanischem Material, eine zwei Gipfel andeutende unregelmäßige schiefe Variationskurve gewonnen. Sie ließ sich zunächst durch mathematische Betrachtung in zwei übereinander greifenden (transgressiven, vgl. S. 132) Kurven auflösen; die eine Kurve entsprach einer breiten, die andere einer schmäleren Form. Wir werden aber sehen, daß hier nicht z w e i R a s s e n vorlagen; die beiden Phaenotypen sind in anderer Weise zu erklären. Nur als Beispiel eines unseren Zahlenexperimenten entsprechenden Falles gehört WELDON's Arbeit hierher.

In entsprechender Weise, wie wir hier in vier Hauptbeispielen operiert haben, könnte man durch weiteres Probieren, mit verschiedenen Abweichungen zwischen Rassen, mit verschieden starker Repräsentation, mit verschieden großer Variabilität der verschiedenen Rassen usw., höchst verschiedene Kurven erhalten. Und was mit z w e i verschiedenen Rassen geht, kann auch mit drei, vier oder vielen gemacht werden. Bald würde man deutlich ausgesprochene Mehrgipfeligkeit erhalten, bald schiefe und andere Unregelmäßigkeiten, sehr oft aber k e i n Zeichen darauf, daß mehrere

Typen im Gemenge repräsentiert sind; schon auf S. 138 haben wir dieses näher beleuchtet.

Stets muß man durch andere Mittel als die bloße Inspektion der Kurven und deren mathematische Analyse, es sei nun durch Betrachtung anderer Charaktere oder durch Isolations- und Kulturversuche, die Frage zu beleuchten suchen, ob nur eine einzige oder mehrere Rassen (genotypische Unterschiede) vorhanden sind.

Besonderes Interesse haben die soeben berührten Verhältnisse für das Studium der wirklich oder vermeintlich verschiedenen Rassen von Heringen, Butten und anderen Fischen, welche die verschiedenen Gebiete des Meeres bewohnen. Eine stattliche Reihe von Forschern, wie z. B. Heincke, Duncker, C. H. Joh. Petersen, Broch u. a. haben in verschiedener Weise gesucht, die betreffenden Fragen zu klären. Durch gleichzeitiges Heranziehen mehrerer Eigenschaften für die Untersuchung finden sich Kriterien für die Analyse, welche nicht in zuverlässiger Weise durchgeführt werden kann bei Betrachtung — auch mit den besten mathematischen Hilfsmitteln — der Variation eines Merkmals.

––––

Selbst innerhalb reiner Linien kann aber Mehrgipfeligkeit vorkommen, und wir werden sehen, daß die Sache in sehr verschiedener Weise zustande kommen kann. Es ist einleuchtend, daß allerlei Dimensionen und andere Intensitäten irgend einer Eigenschaft, welche sich während der Ontogenese ändert, zwei- bis mehrgipfelige Kurven geben können, falls scharf begrenzte verschiedene Altersklassen gemengt vorkommen.

In der Natur wird dieses äußerst leicht eintreten, wo eine Art zur einigermaßen bestimmten Jahreszeit sich fortpflanzt. Die verschiedenen Jahrgänge vieler junger Bäume — z. B. Fichten — einer Baumschule werden offenbar, falls ihre Messungen zusammengeworfen werden, Kurven der Stammhöhe oder Dicke geben, welche so viele Gipfel haben als Jahrgänge vorhanden sind. (Bei älteren Bäumen wird der Unterschied aber allmählich verwischt.) Das gleiche paßt für solche Tiere, welche scharf in Jahrgängen gesondert werden können, z. B. für sehr viele Fische. Petersen u. a. haben hübsche Beispiele darauf gegeben, z. B. bei jungen Dorschen, Schollen u. a.

Eine solche Mehrgipfeligkeit — selbst bei genotypischer Einheitlichkeit — ist sehr einfach zu verstehen, und es ist ganz natürlich, daß sich Individuen finden, welche z. B. in den zwei ersten Jahren ebenso groß werden, wie andere im Laufe von drei Jahren usw.

Eine scharfe Abgrenzung der Jahrgänge läßt sich sodann nicht mit Hilfe der Variationskurve oder -Tabelle durchführen. Bei den Bäumen kann man aber die Anzahl der Jahrringe zu Hilfe nehmen, bei Fischen mitunter den Grad der Geschlechtsreife u. a. m.

Wo die Organismen Generationswechsel oder Heterogonie haben, oder wo besonders ausgeprägte „Jugendformen" oder Larvenzustände vorhanden sind, wird man natürlicherweise nicht die Repräsentanten verschiedener „Zustände" bei der Untersuchung zusammenwerfen. Hier sollen wir auch nicht diskutieren, inwiefern diese verschiedenen „Zustände" nur phaenotypisch verschieden sind.

———

Ganz abgesehen von den Einflüssen verschiedener Altersklassen, kann bei Individuen gleicher genotypischer Natur eine zwei- oder mehrgipfelige Variantenverteilung auftreten, wenn die Entwicklung bei verschiedenen Gruppen solcher Individuen unter wesentlich verschiedener Lebenslage erfolgte. Jede dieser Individuengruppen, genotypisch ganz gleich, kann dadurch ihr eigenes, besonderes Gepräge erhalten: für jede Lebenslage ein besonderer Phaenotypus. Werden Individuen verschiedener solcher Gruppen zusammengebracht, so können sie nur zu leicht mehrgipfelige Kurven geben.

Es können sogar so große Unterschiede auftreten, daß man geneigt sein könnte, an Arten- oder Rassenunterschiede zu glauben, bis die Sache richtig aufgeklärt wird. Hierher gehören sehr viele Fälle von „Standortmodifikationen" von Tieren und Pflanzen, welche häufig als Beispiele von „Anpassung" (im engeren Sinne des Wortes) angeführt werden. Volle Klarheit über das Verhalten kann in jedem einzelnen Falle nur erhalten werden durch isolierten Anbau bezw. Zucht der Individuen der betreffenden Rasse oder Linie bei verschiedener Lebenslage.

Als bestimmte, näher beleuchtete Beispiele können wir zunächst das schon S. 174 erwähnte Krabbenmaterial anführen. Hier wies GIARD nach, daß die eine der phaenotypischen Formen durch Infektion einer Gregarine hervorgebracht sei. Diese Zweigipfeligkeit (bezw. große Schiefheit der Kurve) ist also der Ausdruck eines Gemenges von Individuen, durch verschiedene Einwirkungen (Infektion oder Nichtinfektion) in zwei phaenotypische Gruppen geteilt, welche Gruppen aber starke transgressive Variabilität zeigen.

Auch zusammengebrachte Messungen von Pflanzenorganen gleicher Art (bezw. Rasse), welche sich in verschiedenen Jahren mit abweichender Witterung entwickelten, zeigen oft Mehrgipfeligkeit. Sehr viele Beispiele könnten hier genannt werden. Welche schöne Zweigipfeligkeit würde man nicht erhalten, falls die S. 177 erwähnten Jahrgänge 1904 und 1905 der schartigen Gerste vereinigt würden: der eine Gipfel bei etwa 7 Prozent, der andere bei etwa 35 Prozent Schartigkeit. Vereinten wir das Material aller dort erwähnten vier Jahrgänge, hätten wir dagegen eine nur eingipfelige Verteilung sehr schiefer Natur, mit etwa 8 Prozent als Gipfelfußpunkt. Jeder Jahrgang hat hier seinen eigenen Phaenotypus — genotypisch ist hier aber alles gleich; weder das eine noch das andere kann aus dem in einer Tabelle zusammengestellten Material gesehen werden; und die genotypische Einheitlichkeit läßt sich hier — wie immer — nur experimentell nachweisen.

Jedes Jahr wurden früher einige Kilogramm Feuerbohnen (*Phaseolus multiflorus*) für die Praktikantenübungen in meinem Laboratorium eingekauft. Die Mittelwerte der verschiedenen Jahrgänge wechseln dabei sehr, mitunter waren die Bohnen phaenotypisch lang, mitunter kurz, bezw. schmal oder breit usw. Hier könnten offenbar verschiedene Rassen vorliegen. Wahrscheinlich sind die gekauften Partien auch Gemenge — aber ganz entsprechende Jahres-Phaenotypen kommen bei reinen Bohnenlinien vor; wir brauchen nur die Tabelle S. 145 einen Augenblick zu betrachten um zu sehen, daß eine reine Linie in einem Jahre das mittlere Samengewicht von etwa 55 Zentigramm haben kann, in einem anderen Jahre durchschnittlich 75 Zentigramm wiegen kann! Und doch ist hier genotypische Einheitlichkeit.

Grade weil der Jahres-Phaenotypus bei den Pflanzenrassen so äußerst verschieden sein kann, muß stets der Mittelwert des einzelnen Jahrgangs berücksichtigt werden, und für die Forschung sowie für die praktische Beurteilung der Erfolge einer Selektion gilt die wichtige Regel: Die zu prüfende Selektion muß immer in entgegengesetzten Richtungen ausgeführt werden, oder wenigstens derart, daß auch die Nachkommen mittelmäßiger Individuen beurteilt werden können. Wie könnte man sonst entscheiden, was Wirkung der Lebenslage oder des Jahrgangs ist und was Selektionswirkung ist. Verstöße gegen diese Regel sind leider nicht selten; vgl. auch den Schluß der elften Vorlesung.

Durch Experimente im Laboratorium, Garten und Grünhaus haben viele Forscher der „experimentellen Morphologie" (unter den Botanikern Sachs, Vöchting, Göbel, und in den späteren Jahren

namentlich auch KLEBS), unter den Zoologen eine Reihe von Forschern z. B. DAVENPORT, LOEB u. a.) oft große Abweichungen vom
Norm der Organismen hervorgerufen. In solchen Experimenten
waren die Lebensverhältnisse und Störungen viel mehr verschieden
als unter den in der Natur vorkommenden Verschiedenheiten der
Lebenslage. Und es hat sich dabei gezeigt, daß eine gegebene
Organismenart oft Möglichkeiten („Potenzen" wie man mitunter sagt)
für Entwicklungen und Reaktionen besitzt, welche sich in der Natur
nicht zeigen. Es ist dies für das Verständnis der Organisationen
von sehr großem Interesse. Die experimentell verwendete „abnorme"
Lebenslage ruft mitunter Unterschiede vom Normalen hervor, welche
nicht nur quantitativ zu beurteilen sind, sondern auch als qualitativ zu bezeichnen sind, in Betreff auf welche wir also auch mit
alternativer Variabilität zu tun haben usw. Der Einfluß äußerer
Eingriffe auf die Variabilität der Organismen hat sich bei allen
solchen Arbeiten als sehr groß gezeigt; daraus folgt aber noch gar
nicht, daß die genotypische Grundlage geändert wird. Die durch
alle diese künstlichen und natürlichen Mittel hervorgerufenen neuen
Eigentümlichkeiten sind, insoweit sie typisch sind, zunächst nur als
Phaenotypen zu bezeichnen, deren Interesse für die Erblichkeitsfrage noch zu probieren ist. Wir müssen hier stark betonen, daß
Variabilitätsstudien an sich gar nicht das Erblichkeitsproblem klären
können.

Man hat oft das Wort „Variationsweite" gebraucht, um die
verschiedenen Formen (oder „Typen") zusammenzufassen, welche
eine gegebene Organismenart oder Rasse bei durchgehend verschiedenen Lebenslagen annehmen kann, indem man jedoch nur dauernd
lebensfähige Formen mitrechnet (z. B. totales Etiolement über-
schreitet diese Grenze). In engerer Fassung bedeutet die Variationsweite, wie schon S. 17 angeführt, den Spielraum zwischen
äußerster Plus- und Minusvariante einer gegebenen Eigenschaft bei
einem vorliegenden Material. Das Wort hat nicht viel Wert als
Terminus. Wären die Chemiker etwa geneigt, mit einer Variationsweite des Wassers (Eis, flüssiges Wasser, Dampf) oder des Schwefels
u. a. Allotropie zeigenden Stoffen zu operieren?

Um nun aber den Gedanken wieder zu fixieren, wählen wir
als Beispiel die Entwicklung des Getreides nach identischer Aussaat an einem reichen, wohlgedüngten Acker einerseits und an
einem mageren, sandigen Felde andererseits. Im ersten Falle wird
der prozentische Inhalt an stickstoffhaltigen Körpern groß werden,

im zweiten Falle gering, und viele andere Eigenschaften der Pflanzen werden vom Charakter des Bodens beeinflußt werden, z. B. die Bestockungsart, die Länge der Halme, Größe der Ähren usf. In beiden Fällen ist aber innerhalb jeder dieser beiden Bestände die Variabilität so groß, daß die stärker abweichenden Plusvarianten vom „armen" Boden höher kommen als die stärker abweichenden Minusvarianten vom „reichen" Boden. Konstruiert man für jede Gruppe in Bezug auf irgend eine dieser Eigenschaften eine Kurve, so würden diese beiden Kurven — falls sie an derselben Grundlinie gezeichnet werden — zusammenfließen und eine zweigipfelige Figur bilden. Dieselbe Figur würde resultieren, falls man ein Gemenge solcher zwei Ernten untersuchte.

In solchen Fällen ist die Zweigipfeligkeit ein Ausdruck dafür, daß zwei verschiedene Typen der Lebenslage gewirkt haben. Die betreffenden Organismen sind durchgehend verschiedenen Einflüssen ausgesetzt gewesen und sind eben darum durchgehend verschieden geprägt. Die zwei Gipfel entsprechen hier je einer „Lebenslage": armem bezw. reichem Boden. Die Plusvarianten vom armen Boden sind Fälle, wo die betreffenden Individuen „zufälligerweise" ebenso günstige Ernährungsbedingungen gefunden haben, wie die minus-abweichenden Individuen des reichen Bodens.[1]) Und in sofern kann es mit Recht gesagt werden, daß Übergänge zwischen den Lebenslagen der beiden Felder vorhanden waren. Diese Übergänge repräsentieren nun aber relativ wenige Fälle; es wird leicht eingesehen, daß eben die getrennte Lage der beiden Kurvengipfel den durchgehenden, „typischen" Unterschied der beiden Standorte demonstriert.

Die eingipfelige Kurve, welche wir, in dem hier gedachten Falle, bei Musterung der Individuen je eines der Felder erhalten würden, oder welche wir bei Zusammenstellung von Individuen verschiedener aber ähnlich beschaffenen Feldern erhalten würden, bedeuten dahingegen, daß die Variationen nur durch „zufällige" Ungleichheiten im Felde und in der Beschaffenheit der Samenindividuen bedingt sind — alles unter der Voraussetzung, daß die Individuen in genotypischer Beziehung einheitlich sind.

---

[1]) Ordnungshalber mag hier bemerkt sein, daß Minusvarianten der verschiedenen Eigenschaften durchaus nicht immer einer weniger guten Lebenslage entsprechen. Das Ausmaß gewisser Eigenschaften kann durch gute Lebenslage vergrößert werden, das Ausmaß anderer aber verkleinert werden. Minusvariante bedeutet durchaus nicht immer persönliche Minderwertigkeit.

Es ist unmöglich — oder jedenfalls sehr schwierig — zu entscheiden, inwieweit das Hervortreten von Plus- oder Minusabweichern durch Variation der Lebenslagefaktoren am gegebenen Standort oder Lokalität, bezw. im gegebenen Jahre, bedingt ist, und inwieweit die Ursache der Variabilität der betreffenden Organismen in „angeborenen" Eigenschaften derselben (z. B. schon in der Aussaat) gesucht werden muß. Die „angeborenen" Eigenschaften könnten aber, ihrerseits, durch Einfluß der Lebenslagevariationen auf die Elterngeneration oder auf noch früheren Generationen mitbedingt sein. Im Voraus läßt sich hier keine Grenze für den Einfluß der Variation der verschiedenen Faktoren setzen, welche zusammen die Lebenslage ausmachen.

Hier stoßen wir an die große und schwierige Frage von der Erblichkeit der durch die besondere Lebenslage bedingten persönlichen Eigenschaften, die Frage nach der Erblichkeit „erworbener Eigenschaften", wie sie gewöhnlich genannt wird. Diese Frage werden wir in der einundzwanzigsten Vorlesung behandeln. Hier muß nur bemerkt werden, daß die Grenze zwischen gewöhnlicher fluktuierender Variabilität einerseits und die durch die besondere Lebenslage bedingte Variabilität andererseits selbstverständlich ganz vage sein muß. Verschiedene Forscher, wie DE VRIES, RAUNKIÄR, KLEBS u. a. trennen überhaupt nicht diese Variabilitätserscheinungen. Es ist dieses an und für sich wohl berechtigt; aber es scheint doch praktisch zu sein, die zwei verschiedenen Erscheinungen der Variabilität durch besondere Bezeichnungen zu präzisieren, nämlich:

1. die kollektive Variabilität oder „Gruppenvariabilität", d. h. die durch nachweisbar durchgehends verschiedener Lebenslage hervorgerufene durchgängige Verschiedenheit zwischen zwei oder mehreren Individuengruppen (Beständen, Populationen). Durch Wanderungen, oder nur durch Einsammlung an verschiedenen Lokalitäten, können Individuen verschiedener solcher Gruppen gemengt werden und dadurch zu zweigipfeligen — oder mehrgipfeligen — Kurven Veranlassung geben.

2. die fluktuierende Variabilität der Individuen innerhalb der einzelnen, bei gegebener Lebenslage entwickelten Gruppe (Bestand, Population). Hier wird gewöhnlich eingipfelige Verteilung erscheinen, wenn wir mit genotypisch einheitlichen Organismen zu tun haben, und Dimorphismus u. dergl. nicht in Frage kommt.

Die kollektive Variabilität umfaßt den Unterschied der Individuengruppen; die fluktuierende Variabilität umfaßt die Variation von Einzelindividuen innerhalb einer Gruppe. Variation in der Lebenslage mag in beiden Fällen die Variabilität völlig oder nur zum Teil bedingen.

II.

Somit haben wir als Ursachen für Zwei- oder Mehrgipfeligkeit das Vorhandensein verschiedener Rassen (also genotypischer Unterschiede), ferner die Co-Existenz verschiedener Altersklassen und soeben lokal verschiedene Lebenslagen erkannt.

Damit sind aber bei weitem nicht alle Gründe einer Mehrgipfeligkeit erwähnt. Es ist nicht merkwürdig, daß durchgehends verschiedene Lebenslage oder, wie wir auch sagen können, „stoßweise" Verschiedenheiten der Lebenslage entsprechend durchgängig oder stoßweise verschiedene Gruppen von Individuen hervorrufen können, selbst bei genotypischer Einheitlichkeit. Aber stoßweise verschiedene Individuengruppen können in ganz anderer Weise in Abhängigkeit von äußerer Faktorenvariation entstehen.

Es gibt nämlich Charaktere, deren Grad nicht stetig verschiebbar ist, sondern nur stoßweise oder etappenweise geändert werden kann, selbst bei relativ kleinen Änderungen der Lebenslagefaktoren. Dadurch müssen wahrscheinlich verschiedene der mehrgipfeligen Kurven erklärt werden, welche namentlich von Ludwig, bei Untersuchung der Blüten- bezw. Strahlenanzahl in den Infloreszenzen der Kompositen, Umbelliferen u. a. gefunden sind.

Für die Aster-Gruppe, welche hier ein klassisches Untersuchungsmaterial ist, hat es sich gezeigt, daß die Randblütenanzahl am häufigsten 5, 8, 13, 21, 34 usw. ist, welche Zahlen die bekannte Braun'sche Hauptreihe oder „Fibonacci-Reihe" bildet: jede Zahl, wenn die Reihe mit 1, 2 und 3 anfängt, ist die Summe der zwei vorausgehenden. Es werden auch Individuen mit anderen Zahlen als diesen Hauptzahlen gefunden, und relativ häufig finden sich Individuen mit einer Anzahl, welche das Doppelte einer der genannten Zahlen ist, z. B. 10, 16, 26.

Als Beispiel sei *Chrysanthemum Leucanthemum* erwähnt, dessen Randblüten eine Variationskurve mit Gipfelfußpunkten bei 21, 26 (2·13) und 34 zeigten, nicht selten auch bei 13. Eine solche mehrgipfelige Kurve läßt mehrere Deutungen zu. Sie könnte Ausdruck eines Gemenges verschiedener Rassen sein, jede mit einer bei der gegebenen Lebenslage bestimmten Anzahl Blüten als „typischem" Wert. Die Kurve könnte aber auch die Existenz verschiedener

Stufen oder Etappen in Bezug auf Intensität oder Ergiebigkeit der betreffenden Organbildung sein. Falls, wie Ludwig geneigt ist anzunehmen, die hier in Frage gezogenen Organanlagen durch wiederholte Verzweigungen oder Teilungen in den embryonalen Stadien der Infloreszenzen gebildet werden, wäre es wohl verständlich, daß, je nach der mehr oder weniger günstigen Lebenslage, eine größere oder geringere Anzahl solcher Verzweigungs- oder Teilungsserien vollzogen werden, wodurch die Anzahl der Organanlagen stoß- oder „satzweise" vermehrt werden; und jeder neue „Satz" wäre in gesetzmäßiger Weise umfassender als der vorige, weil durch jede Verzweiguug neue teilungsfähige Gebilde produziert werden.

Es müssen also entweder einmal oder zwei-, drei-, viermal usw. Verzweigungs- oder Teilungsserien vor sich gehen; selbst bei ganz ebenen stetigen Übergängen in der Intensität der beeinflussenden Faktoren treten, wenn gewisse Grenzwerte — sagen wir „kritische Punkte" — überschritten werden, stoßweise Unterschiede in der Anzahl der gebildeten Organanlagen hervor. Dadurch kann, jedenfalls teilweise, eine Mehrgipfeligkeit erklärlich werden, selbst unter relativ gleichmäßiger Lebenslage, bei welcher die meisten Charaktere eine ganz gewöhnliche eingipfelige Variabilität zeigen werden.

Zur Illustration des Gedankens sei hier ein Beispiel angeführt. Bei einer reinen Linie zweizeiliger Gerste variierte die Anzahl ährentragender Halme bei ca. 250 Individuen zwischen 1 und 10 mit Gipfelfußpunkt bei ca. 3 Ähren. Die Anzahl der Körner pro Pflanze gab aber eine ausgeprägt mehrgipfelige Verteilung, wie aus dieser fragmentarischen Übersicht hervorgeht:

Anz. Körner pro Pflanz.	20	30	40	50	60	70	80	90	100	110	120	130	140	150
Anzahl der Pflanzen	16	0	14	26	16	23	29	4	17	23	9	14	13	4

Die Fußpunkte der Gipfel liegen etwa bei *28, 56, 84, 112* und *140*, entsprechend der mittleren Anzahl von etwa 28 Körnern pro Ähre. Die kleine Variation von einer Ähre bedingt einen stoßweisen Unterschied von etwa 20—30 Körnern!

Die Anzahl solcher serienweise zunehmenden Organe ist wohl nicht das einzige Beispiel stoßweiser Reaktion bei allmählichen Unterschieden der Lebenslagefaktoren. Wahrscheinlich gehören mehrere andere Verhältnisse hierher. So vielleicht Ph. de Vilmorin's Beobachtungen über das Schossen der wilden Mohrrübe (*Daucus Carota*). Bei früher Aussaat schossen alle Pflanzen im Sommer; bei

sehr später Aussaat bleiben alle betreffenden Individuen Rosettenpflanzen mit kurzem Stengel, wie für zweijährige Pflanzen typisch.
Aber bei Aussaat im Spätfrühling oder im Frühsommer wurden beide
Formen erhalten: einige blieben kurz, andere schossen hoch. In
Bezug auf die Stengelhöhe haben wir hier also Zweigipfeligkeit:
1. Gipfelbezirk entspricht Rosettenpflanzen, 2. Gipfelbezirk den Stock-
läufern. Dieses Beispiel wird wohl als stoßweise Reaktion bei einer
kritischen Grenze aufgefaßt werden — dabei darf aber nicht vergessen werden, daß auch genotypische Unterschiede mit im Spiel
waren.

Nach mündlichen Mitteilungen meines werten Freundes Prof.
A. OPPERMANN können in jungen Buchenbeständen die gleich alten
Bäumchen in zwei oder drei Größengruppen geordnet werden, die
zusammen eine zwei- bezw. dreigipfelige Kurve repräsentieren. Stoßweise verschiedene Lebenslage ist wohl kaum hier die Ursache, von
verschiedenen Altersklassen ist hier auch nicht die Rede; ob aber
stoßweise Reaktionen hier gewirkt haben oder genotypische Unterschiede im Spiele sind, läßt sich im Voraus nicht entscheiden. Auch
der Kampf und die Konkurrenz zwischen den Individuen (ein Lebens-
lagemoment also!) mag hier Einfluß haben. Jedenfalls sagt dieses
Beispiel deutlich, daß erst eine Untersuchung der Erblichkeitsverhältnisse die Frage lösen kann, ob verschiedene Rassen vorliegen
oder nicht.

———

Wieder eine andere Veranlassung zur Zweigipfeligkeit haben
wir im Dimorphismus vieler Organismen. Selbst innerhalb genotypisch einheitlichen Beständen kann Dimorphismus auftreten. Das
augenfälligste Beispiel ist der Geschlechts-Dimorphismus der diö-
zischen Spezies. Sehr viele Messungen würden unzweifelhaft zweigipfelige Kurven ergeben, wenn Männchen und Weibchen gemengt
untersucht werden. Wird z. B. die Armkraft oder die Kraft des
Handdrucks bei Männern und Frauen gemessen, erhält man eine
schöne zweigipfelige Kurve, wo die Frauen durch einen Gipfel bei
geringerer Kraft, die Männer durch einen bei größerer Kraft repräsentiert sind. Die Variationen und die beiden Gipfel fließen aber
im zwischenliegenden Tale zusammen: eine kräftige Frau kann
manchen nicht starken Mann hier überwinden. In sehr vielen
Fällen aber erhält man bei Zusammenstellung der Messungen von
beiden Geschlechtern keine zweigipfelige Kurve, sondern nur eine
mehr flach verlaufende, tiefgipfelige Kurve, oder gar eine recht

normale Kurve; vergleiche die eingangs dieser Vorlesung angestellten Zahlenoperationen.

Ganz ähnlich bei Tieren und Pflanzen. Wo man den Geschlechts-Dimorphismus erkennt, ist eine dadurch bedingte Zweigipfeligkeit nicht mehr unklar. An frühen Entwicklungsstufen ist diese Erkennung aber nicht immer leicht.

Der Geschlechts-Dimorphismus ist dauernd oder fest (inhärent) d. h. er gehört zu den festen, bei den betreffenden Arten oder Rassen immer wieder auftretenden Eigenschaften. Hier sollen wir nicht untersuchen, in welcher Weise dieser Dimorphismus genotypisch bedingt ist; die schönen Untersuchungen von CORRENS mit anderen Tatsachen zusammengestellt zeigen uns jedenfalls, daß die Bestimmung des Geschlechts schon mit der Befruchtung entschieden wird. Was der geschlechtsbestimmende Faktor ist, wissen wir noch nicht.

Wir kennen nun auch andere Beispiele fester Dimorphismen So hat DE VRIES das eigentümliche Verhalten nachgewiesen, daß viele Pflanzenrassen mit erblichen Monstrositäten, wie Fasziation (Bandbildung, d. h. Verflachung der Stengel) und Zwangsdrehung (Tordierung der Stengel in eigentümlicher Weise) u. a. m. fest dimorph sind, derart, daß eine gewisse Prozentanzahl von der Abnormität geprägt sind, der Rest aber nicht. Die Festheit des Dimorphismus zeigt sich nun darin, daß diese letzteren „persönlich" nicht monströsen Individuen sich ganz wie ihre monströsen Geschwister verhalten in Bezug auf die Beschaffenheit ihrer Nachkommen. Denn die persönlich nicht monströsen Individuen erzeugen die gleiche Prozentanzahl monströser Nachkommen wie die Individuen, welche selbst monströs waren. So wurde aus tordierten *Dipsacus sylvestris* etwa 40 Prozent tordierte Nachkommen, aus nicht tordierten ebenfalls etwa 40 Prozent tordierte Nachkommen erhalten. Dasselbe Zahlenverhältnis habe ich bei Wiederholung der Untersuchung mit DE VRIES's Material gefunden, und auch mit verschiedenen Rassen, welche an trikotylen Keimlingen reich sind (z. B. Rassen von *Calendula*, Ringelblume), fand ich ganz gleiche Prozente trikotyler Individuen bei Nachkommen normaler und trikotyler Mutterpflanzen gleicher Abstammung.

Das erbliche Verhalten muß erkannt sein, ehe von festerem Dimorphismus geredet werden kann. Zwischenformen der beiden Typen „normal" und „monstros" finden wir in geringerer Anzahl und derart, daß einige fast normale Individuen mehr oder weniger deutliche Neigung zur betreffenden Monstrosität zeigen. Und bei den unzweifelhaft monstrosen sind immerhin Gradesunterschiede vorhanden, sodaß man eine Variantenreihe bilden kann mit Monstrositätsgraden von 0 bis irgend einer Zahl, welche die größte Monstrosität passend ausdrücken könnte. Diese Kurve würde sodann zweigipfelig sein mit meistens großer Tiefe oder völliger Trennung zwischen den Gipfeln. Die beiden Typen von Individuen hätten aber hier den gleichen Wert als Nachkommenerzeuger: die Individuen beider Gipfelbezirke bilden Nachkommen, welche die ganze Doppelkurve reproduzieren. Dieses ist die Pointe beim festen Dimorphismus.

Es wird leicht eingesehen, daß normale Individuen einer überhaupt nicht monströsen Rasse gar nicht von persönlich normalen Individuen einer monströsen Rasse zu unterscheiden sind. Aber eben darum wird es klar, daß man an der zweigipfeligen Kurve selbst gar nicht sehen kann, ob die Individuen des normalen Gipfels zu einer normalen oder monströsen Rasse gehören. Nur das Erblichkeitsverhalten kann hier Klarheit geben, Statistik allein genügt nicht.

Der feste Dimorphismus im hier gemeinten Sinne gibt eine Beispielserie der sogenannten „latenten" Eigenschaften, d. h. Eigenschaften, welche sich in Individuen nicht zeigen, obwohl dieselben „etwas" in sich haben, wodurch das Hervortreten der Eigenschaft hätte realisiert werden können. Mit anderen Worten: die genotypischen Bedingungen für die betreffende Eigenschaft sind vorhanden, aber durch irgend eine Hemmung oder durch das Fehlen eines adäquaten äußeren Anstoßes (eines Reizes) wird sie nicht verwirklicht. Darum redet man oft von „schlummernden Anlagen", „Dispositionen" usw. für irgend eine Eigenschaft, und sind die in Frage kommenden Eigenschaften schlecht oder unglücklich, hat man solchen Verhältnissen gegenüber ein unheimliches Gefühl. In vielen Fällen solcher „Latenz" der Eigenschaften — so möglicherweise bei den hier als Beispiel gewählten Monstrositäten — könnte der Dimorphismus vielleicht auf „stoßweise Reaktion" bei gewissen kritischen Grenzen der Lebenslage-Faktoren zurückgeführt werden, entsprechend demjenigen, welches kürzlich diskutiert wurde. Sollte eine solche Erklärung allgemeine Bedeutung haben, so wäre der feste Dimorphismus nur eine provisorische Kategorie von Variationserscheinungen.

Die namentlich von DE VRIES mit klarem Verständnis hervorgehobene sensible Periode während der Ontogenese hat in dieser

Verbindung ganz besonderes Interesse. DE VRIES hat in verschiedenen Fällen nachgewiesen, daß für die Erscheinung gewisser Eigenschaften, meist Monstrositäten, die Lebenslage in ganz bestimmten Entwicklungsphasen maßgebend ist. Diese für das spätere Auftreten der betreffenden Eigenschaft wichtige Lebensperiode wird die sensible Periode in Bezug auf die Eigenschaft genannt; und die sensible Periode fällt wohl häufig mit einem recht frühen Entwicklungszustand zusammen.

Für die sogenannte Polycephalie gewisser *Papaver*-Rassen (das Auftreten mehrerer kleiner Carpide neben dem zentralen Gynaeceum in der Blüte) hat DE VRIES nachgewiesen, daß die sensible Periode schon ganz kurze Zeit nach der Keimung der Samen eintritt, später entfaltet sich nur, was in der sensiblen Peride sozusagen determiniert wurde.

Ein grobes Beispiel einer sensiblen Periode mag die Periode der Bestimmung der Winterknospen unserer frühblühenden Sträucher und Bäume zu Blüten- oder zu Laubknospen sein. Die vom Wetter beeinflußten Ernährungszustände der Pflanze in der betreffenden Periode entscheiden, vielleicht neben anderen Einflüssen, ob Blütenbildung erfolgt oder nicht. Später kann daran nichts geändert werden — allerdings können Blütenanlagen sich später schlecht entfalten oder gar vertrocknen — das ändert aber nichts in der Disposition, welche in der betreffenden sensiblen Periode getroffen wurde.

Das Individuum erhält wohl im allgemeinen sehr frühzeitig durch seine genotypische Natur $+$ die Lebenslage in sensiblen Perioden sein Gepräge; die spätere Entwicklung entfaltet dann, was in der sensiblen Periode determiniert wurde. Das Wie dieser Sensibilität kennen wir nicht; die Phantasie bildet aber unwillkürlich Vorstellungen etwa katalytischer Vorgänge oder chemischer Umbildungen als Glieder einer Wirkungskette zwischen Faktoren der Lebenslage und die determinierenden Vorgänge in der sensiblen Periode.

Selbstverständlich spielt die Lebenslage eine große Rolle bei der ganzen Ontogenese; die mehr „charakterisierende" Einwirkung ist aber offenbar im wesentlichen an relativ frühe Stadien der Entwicklung gebunden. Dieses gilt nicht nur dem Individuum als Ganzem — wie bei Tieren — sondern auch den einzelnen neugegründeten Trieben und Organen der Pflanzen mit fortdauernder Verzweigung.

Früher würde man geneigt gewesen sein, die Geschlechtsbestimmung als von einer sensiblen Periode abhängig anzusehen; jetzt denkt man anders, vgl. S. 223. Die Frage der sensiblen Periode ist überhaupt nur wenig durchforscht; bei Betrachtung des Problems der Erblichkeit „erworbener" Eigenschaften in einer späteren Vorlesung kommen wir darauf zurück.

———

Nicht nur ein Dimorphismus fester Natur, sondern auch Dimorphismus (bezw. Polymorphismus) mit „Abspaltung" von Eigenschaften kommt häufig vor. Die bekanntesten Beispiele dieses Verhaltens findet man bei den sogenannten MENDEL'schen Bastarden, welche wir des näheren in der zweiundzwanzigsten Vorlesung behandeln werden. Aber auch bei Organismen, welche nicht als Bastarde in der gewöhnlichen genealogischen Bedeutung dieses Wortes aufgefaßt werden können, hat man Beispiele von schönen Abspaltungen von Eigenschaften.

Schon mehrmals wurde Schartigkeit zweizeiliger Gerste erwähnt, zuletzt als Beispiele der Übergänge zwischen einseitigen und symmetrischen Kurven, vgl. S. 194. Wir betrachteten dort eine Rasse,

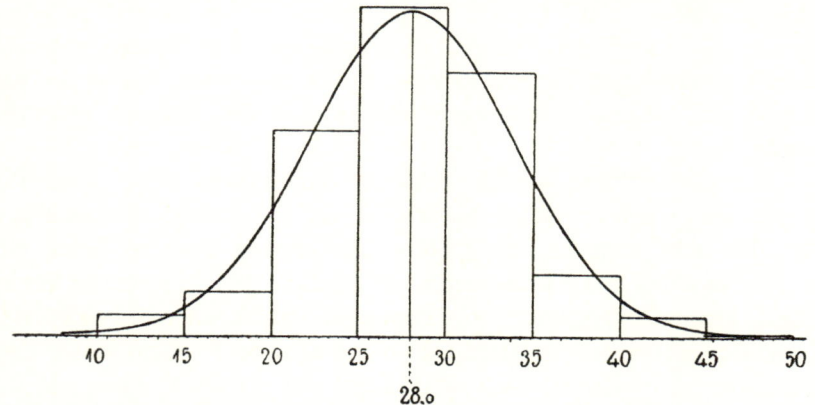

Fig. 14. Variationskurve der Schartigkeit einer reinen Linie aus Lerchenborggerste. Die Schartigkeitsprozente sind als Klassengrenzen an der Grundlinie angegeben. $M = 28^0/_0$, $\sigma = 5,80$. Danach die Treppenkurve auf das Schema S. 72 eingezeichnet.

welche sehr stark von der Lebenslage in Bezug auf Schartigkeit beeinflußt wurde. In anderen Fällen ist die Schartigkeit viel weniger beeinflußbar. Es sind hier offenbar andere Ursachen zur Schartigkeit wirksam. Dabei mag ausdrücklich betont werden, daß von In-

fektionen durch Pilze oder andere Parasiten hier keine Rede ist.
Umfassende Untersuchungen meines werten Freundes Prof. KÖLPIN
RAVN haben uns gezeigt, daß hier verschiedene Abnormitäten nicht-
parasitärer Natur vorliegen können.

Bei gewissen als ausgeprägt erblich schartigen Rassen (bezw.
reinen Linien aus gewissen Rassen) gibt die Aufzählung der Schartigkeitsprozente eine recht ideale Verteilung. Als Beispiel sei die
nebenstehende Fig. 14 hingestellt; nähere Zahlenangaben sind überflüssig.

In anderen Fällen zeigt sich die Variabilität aber in ganz anderer Weise. So zeigen andere reine Linien, welche ich aus Lerchen-
borg-Gerste isoliert habe, zweigipfelige Kurven. Namentlich aber
bei reinen Linien[1]) aus der von England importierten Carters
Goldthorpe-Gerste habe ich schöne zwei- und dreigipfelige Schartig-
keitskurven erhalten. Als Beispiel sei folgende Reihe mitgeteilt.
999 Pflanzen ergaben:

Schartigkeitsprozent	0	5	10	15	20	25	30	35	40	45	50	55	60
Anzahl der Individuen	442	17	.	.	12	35	93	145	122	93	17	23	

Dieser Reihe entspricht die umstehende Fig. 15. In Jahrgängen, welche die Schartigkeit begünstigen, wird namentlich der linke
Teil der Kurve — wie bei fehlerfreien Rassen, vgl. S. 195 — breiter
und nach rechts verschoben werden, derart, daß man sich der idealen
Kurve nähert. Im Jahre 1901 zeigte dieselbe reine Linie, welche
in 1902 durch Fig. 15 illustriert wurde, folgende Verteilung:

Schartigkeitsprozent	0	5	10	15	20	25	30	35	40	45	50	55	60	65	70
Individuen	76	131	105	87	14	53	128	147	135	70	28	11	6	6	

Hier fließen die Gipfelbezirke zusammen, wie es auch die hier-
zu gehörige Fig. 16 zeigt. Dieser Fall ähnelt, statistisch gesehen,
vielen anderen zweigipfeligen Kurven. Die Fig. 15 u. 16 könnten
sehr wohl Ausdrücke eines gewöhnlichen Gemenges (aus verschiedenen Rassen oder aus kollektiv verschiedenen Gruppen usw.) sein;
aber man hat hier bei der Goldthorpe-Gerste ein ganz anderes
Erblichkeitsverhalten.

Es zeigt sich nämlich, daß die Individuen des ersten, linken
Gipfelbezirks, also des am nächsten fehlerfreien Teiles der Vari-

---

[1]) Die Bezeichnung „reine Linie" ist S. 133 näher definiert als genealogischer Begriff. Alle hier erwähnten Reihen stammten ursprünglich
von einem selbstbefruchteten homozygotischen Individuum ab. Später ist
die eigenartige heterozygotische Natur aufgetreten.

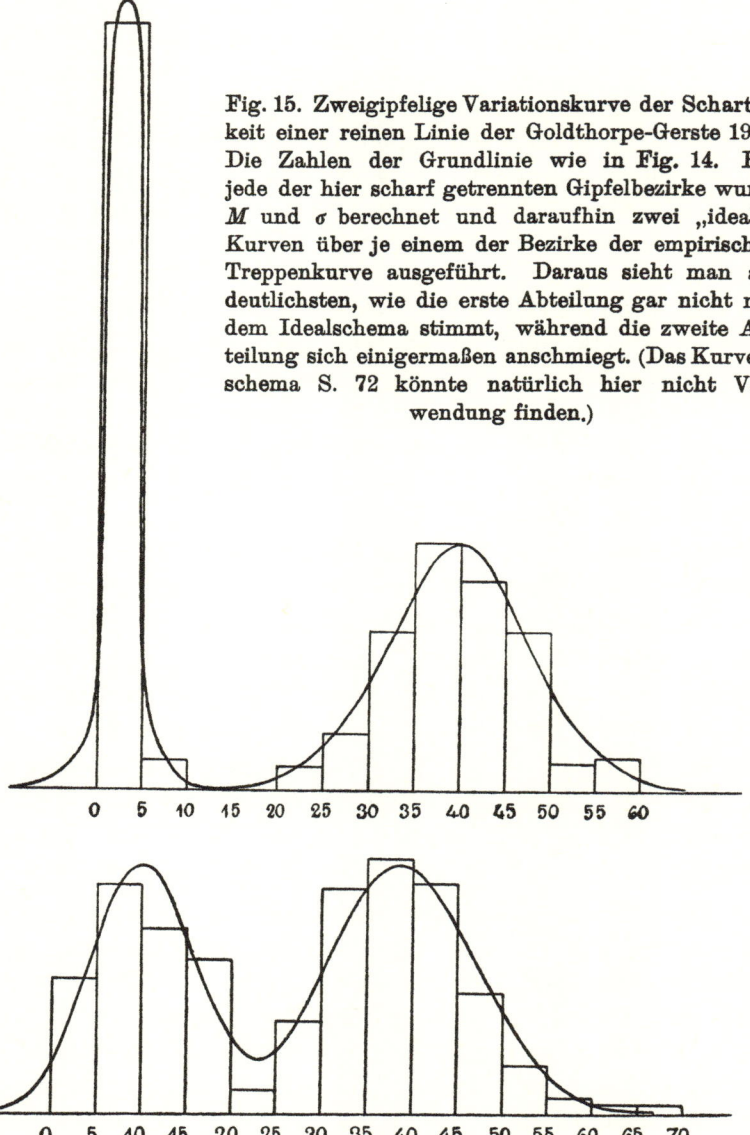

Fig. 15. Zweigipfelige Variationskurve der Schartigkeit einer reinen Linie der Goldthorpe-Gerste 1902.
Die Zahlen der Grundlinie wie in Fig. 14. Für
jede der hier scharf getrennten Gipfelbezirke wurde
M und σ berechnet und daraufhin zwei „ideale"
Kurven über je einem der Bezirke der empirischen
Treppenkurve ausgeführt. Daraus sieht man am
deutlichsten, wie die erste Abteilung gar nicht mit
dem Idealschema stimmt, während die zweite Abteilung sich einigermaßen anschmiegt. (Das Kurvenschema S. 72 könnte natürlich hier nicht Verwendung finden.)

Fig. 16. Zweigipfelige Kurve der Schartigkeit in 1901 derselben reinen
Linie Goldthorpe-Gerste, deren Schartigkeit in 1902 durch die Fig. 15 illustriert
wurde. Nach einer — auf Untersuchung der Erblichkeit basierten —
Verteilung der Varianten der Grenzdistrikte 15—30 auf die beiden Gipfelbezirke, wurde für diese beiden M und σ bestimmt und daraus die Ideal-
kurven, bezw. die Resultante an der Grenze ausgeführt.

anten, Nachkommen nur einer „Sorte", nur eines Typus, erhalten. Diese Nachkommen werden eben fehlerfrei, ebenso fehlerfrei wie Nachkommen einer guten, nicht schartigen Rasse. Und die weiteren Generationen dieser Nachkommen verhalten sich fortan in gleicher Weise.

Dagegen werden die Individuen des zweiten Gipfelbezirks, welche also vom Fehler geprägt sind, Nachkommen erhalten, welche in zwei Gruppen geteilt sind: fehlerfreie u n d schartige. Die Beschaffenheit dieser Nachkommen wird also durch die ganze zweigipfelige Kurve illustriert, während die Nachkommen des ersten Gipfelbezirks nur durch diesen Bezirk allein repräsentiert werden.

Und in jeder Generation geht die Sache weiter in gleicher Weise: die Individuen des ersten Gipfels reproduzieren den ersten Gipfel allein; die Individuen des zweiten Gipfels geben gemengte Nachkommen, d. h. reproduzieren sowohl den ersten als zweiten Gipfel. Es geschieht hier also eine S p a l t u n g; fehlerfreie Individuen, deren Nachkommen auch ganz fehlerfrei sind, werden sozusagen „abgespalten".

Hier haben wir also ein ganz anderes Verhalten als bei den von DE VRIES studierten Monstrositäten, wo feste Zweigipfeligkeit, fester Dimorphismus vorhanden war: die Individuen jedes Kurvenbezirks reproduzierten dort die ganze Doppelkurve.

In Bezug auf dieses Beispiel einer „Abspaltung" ist es nicht entschieden, ob eine Trennung von Genen ganz rein geschieht; ja es ist noch gar nicht bewiesen, daß eine Trennung in der eigentlichen Bedeutung dieses Wortes überhaupt hier vor sich geht. Es könnte nämlich gedacht werden, daß diese deutliche Trennung in zwei typisch verschiedenen Gruppen von Individuen darauf beruhe, daß die Grundlage der Schartigkeit in gewissen Prozenten der Individuen in irgend einer Weise gehemmt oder unterdrückt wurde und daß dieser Zustand fortan sich so erhält. In der gewöhnlichen biologischen Ausdrucksweise würde das heißen: die „Anlage" der Schartigkeit werde bei einem Teil der Nachkommen schartiger Individuen „latent". Wie dem auch sei, eine Abspaltung fehlerfreier Individuen erfolgt und diese Abspaltung ist Ausdruck für d a s E i n - t r e t e n e i n e s g e n o t y p i s c h e n U n t e r s c h i e d e s. Ganz anders bei dem festen Dimorphismus, wo die Unterdrückung des einen in Frage kommenden Charakters rein persönlich ist, also nicht einen genotypischen Unterschied bedeutet.

Da die durch Abspaltung von der schartigen Goldthorpe-

Gerste fehlerfrei gewordenen Nachkommen keine besondere Neigung zur Schartigkeit zeigen, selbst nicht in vielen Generationen, liegt wohl die Annahme am nächsten, daß es sich um wirkliche Trennung von Genen handelt. Das Verhalten ähnelt, wie wir sehen werden, dem Verhalten vieler Bastarde.

Hier mag ferner angeführt werden, daß in einer der reinen Linien aus Goldthorpe-Gerste die Schartigkeit eine dreigipfelige Kurve ergab. Die betreffende Linie zeigte bei 378 Pflanzen in 1903 folgende Verteilung:

Schartigkeitsprozent	0	5	10	15	20	25	30	35	40	45	50	55	60	65	70	75	80
Individuen	117	10	.	.	1	8	16	46	**60**	40	11	16	**28**	19	4	2	

Es zeigte sich bei Untersuchung der Erblichkeit hier, daß zwei verschiedene Abnormitäten vorliegen, oder richtiger zwei Ursachen der Schartigkeit[1]); bei Inspektion der Ähren bemerkt man dieses aber nicht. Individuen, welche entweder die eine oder die andere Schartigkeitsursache mitführen, bilden den mittleren Gipfelbezirk, Individuen, welche von beiden Ursachen betroffen sind, und demzufolge eine hohe Schartigkeit haben, bilden den letzten Gipfelbezirk, während fehlerfreie Individuen dem ersten Gipfelbezirk angehören. Als Nachkommen der Pflanzen des dritten Gipfelbezirks erhält man 1. fehlerfreie Pflanzen, 2. Pflanzen, welche aus der einen Ursache schartig sind, 3. Pflanzen, welche aus der anderen Ursache schartig sind und 4. Pflanzen, welche aus beiden Ursachen schartig sind. Die Gruppen 2 und 3 sind nur durch besondere Untersuchungen der abortierten Fruchtknoten zu trennen; sie bilden wie gesagt den mittleren Gipfel der dreigipfeligen Kurve.

Aus solchen Individuen erhält man, wie vorhin erwähnt, eine zweigipfelige Kurve: 1. fehlerfreie Pflanzen und 2. schartige Pflanzen (aus der einen oder der anderen Ursache, je nach Natur der Mutterpflanze).

Die fehlerfreien Pflanzen geben ihrerseits nur fehlerfreie als Nachkommen.

Diese dreigipfelige Kurve zeigt also, kurz gesagt, folgendes: Der dritte Gipfelbezirk reproduziert die ganze dreigipfelige Kurve; der zweite Gipfelbezirk reproduziert eine zweigipfelige Kurve und der erste Gipfel reproduziert die eingipfelige Kurve der fehlerfreien Individuen.

---

[1]) Bei der einen Ursache abortieren die Fruchtknoten sehr früh, bei der anderen auf einem späteren Zustand: die Scharten sehen aber gleich aus, nur feinere Untersuchung der abortierten Fruchtknoten zeigt den Unterschied.

In diesen Schartigkeitsbeispielen ist es nun wohl ziemlich gleichgültig, ob wir eine wirkliche Abspaltung von Genen oder eine bleibende Unterdrückung irgend welcher Natur haben. Die Hauptsache
ist, daß hier — entgegengesetzt dem Verhalten bei festem Dimorphismus — in jeder Generation eine Ausscheidung von Individuen
geschieht, welche einen ganz anderen „Erblichkeitswert" haben als
ihre genealogisch gleich gestellten Geschwister, d. h. also,
welche von ihnen genotypisch verschieden sind. Wie solche
genotypischen Unterschiede realisiert werden, wissen wir noch nicht.
Für die Präzision der Begriffe „genotypisch" und „Gene" (vgl. S. 130)
ist diese Frage aber an und für sich belanglos.

Was übrigens hier ein besonderes Interesse hat, ist der Umstand, daß wir bei reinen Linien eine solche Ausscheidung genotypisch differenter Individuen haben können. Diese Beispiele stehen
aber durchaus nicht allein, auch bei Bohnenlinien habe ich ähnliches
erhalten, und DE VRIES hat bei einer seiner *Oenothera*formen ein
entsprechendes Verhalten beobachtet, welches später noch näher erwähnt werden muß.

Ob man nun die feste Zweigipfeligkeit oder die Zwei- (bezw.
Mehr-)gipfeligkeit mit Abspaltung betrachtet, so wird eine Selektion in diesen verschiedenen Fällen gar nichts ausrichten können,
welches als Verschiebung der Typen aufgefaßt werden müßte.
Im ersten Falle bleiben die Nachkommen dimorph, ob die Eltern
zum einen oder anderen Gipfelbezirk gehört haben. Im zweiten
Falle, wo „Abspaltung" vor sich geht, isoliert die Selektion nur die
Individuen, welche den einen oder den anderen erblichen Charakter
haben. Die Realisation dieser genotypischen Charakteränderung hat
mit Selektionswirkung überhaupt gar nichts zu tun; sie liegt außerhalb der Wirkungssphäre der Selektion.

Hier treffen wir ganz dieselbe Erscheinung, welche wir in gemengten Populationen oder Beständen fanden. Man kann, hier wie
dort, wo die Rede von quantitativen Unterschieden ist, am Individuum persönlich nicht — oder jedenfalls nicht immer — sicher
entscheiden, wie das Individuum genotypisch charakterisiert ist. Ein
Blick auf Fig. 16 zeigt, daß die zwei Teile der Doppelkurve im
Tale bei 20—25 Prozent Schartigkeit zusammenfließen. Auch an
beiden Seiten dieser Klasse können persönlich ganz gleiche Individuen zu je einer der hier vorkommenden genotypisch verschiedenen
Gruppen gehören. Meine hier über sieben Generationen spannenden
Erfahrungen zeigen dementsprechend, daß Individuen der betreffen-

den Grenzklasse entweder nur fehlerfreie oder sowohl fehlerfreie als schartige Nachkommen erzeugen.

Würde man aber, nach veralteter Methode der statistischen Erblichkeitsforscher, die Individuen jeder Klasse, oder etwa in Gruppen dreier benachbarter Klassen vereinigen, dann könnte man allerdings eine Art Resultat der Selektion erhalten: Die erste Klassengruppe, zwischen 0—15 Prozent Schartigkeit, würde fehlerfreie Nachkommen ergeben, selbstverständlich mit dazu gehöriger Variation (vgl. S. 194 ff.). Eine zweite Gruppe, zwischen 15—30 Prozent, würde Nachkommen ergeben, deren mittlerer Schartigkeitsprozent etwas höher als bei den Nachkommen der ersten Klassengruppe wäre, und die dritte, vierte und fünfte Gruppe, bezw. 30—45, 45—60, 60 und mehr, würden die höchsten Prozente der Schartigkeit ergeben.

Dabei wäre aber schon eine Aberration auffällig; die Nachkommen der drei letzten Gruppen wären übereinstimmend: die fünfte Gruppe würde nicht stärker schartige Nachkommen ergeben als die dritte Gruppe. Wir verstehen dieses gleich: die drei letzten Gruppen umfassen Individuen, genotypisch gleichgestellt, und die Nachkommen dieser drei Gruppen reproduzieren die ganze Doppelkurve in gleicher Weise. Daß die erste Gruppe „fehlerfreie" Nachkommen erhielt, verstehen wir ebenso leicht als Folge der Abspaltung. Und was die Nachkommen der zweiten Gruppe, der Grenzgruppe 15—30 Prozent betrifft, so wird die intermediäre Stellung des Mittelwertes — mehr schartig als die fehlerfreien, weniger schartig als die Nachkommen der schartigsten Pflanzen, was eben eine Selektionswirkung andeuten sollte, — einfach darauf beruhen, daß diese Nachkommen aus einem anderen Mengenverhältnis fehlerfreier und schartiger Individuen bestehen als die Nachkommen der oberen Klassengruppen. In den Grenzklassen waren nämlich beide genotypisch verschiedenen Individuengruppen repräsentiert; darum enthalten die Nachkommen relativ mehr fehlerfreie Pflanzen als die Nachkommen der höheren Schartigkeitsklassen. Die Grenzklassengruppe reproduziert also die zweigipfelige Kurve derart, daß der erste, „fehlerfreie", Gipfel relativ höher sein wird als bei den Nachkommen der höheren Klassen.

Solche Beispiele, welche um näher diskutiert zu werden, viel Raum nehmen würden, sind vielleicht die schlagendsten Illustrationen zur völligen Machtlosigkeit der Selektion die genotypischen Grundlagen erblicher Eigenschaften zu ändern.

Und das hier gewählte Beispiel zeigt zugleich, daß die A bstammung als solche nicht unbedingt über die genotypische Beschaffenheit entscheiden muß, selbst nicht innerhalb ursprünglich reiner Linien.

Übrigens kann die Frage der Schartigkeit der Getreidearten natürlicherweise nicht auf allgemeineres Interesse Anspruch erheben; das Interesse war hier an das Prinzipielle der Sache geknüpft.

———

Noch findet sich eine Möglichkeit als Ursache mehrgipfeliger Variantenverteilung; nämlich zahlentechnische Mängel und Zufälligkeiten. Ein nicht zahlreiches Material wird, in zu enge Klassen eingeteilt, sehr leicht den Eindruck von Zwei- oder Mehrgipfeligkeit geben. Jeder Anfänger der Statistik weiß dieses; die ersten Aufzählungen geben unregelmäßige Verteilung, welche allmählich schwindet. Selbst bei reinen Linien eingipfeliger Natur erhält man solche Unregelmäßigkeiten bei Aufzählung einer geringeren Variantenanzahl. Auch wo mit relativen Zahlen gearbeitet wird, z. B. bei den Längen-Breiten-Indices verschiedener Organe, können wegen der Berechnungsweise (mit angenäherter Interpolation und Abkürzung von Dezimalstellen) Unregelmäßigkeiten zwei- oder mehrgipfeliger Art hervortreten.

Wir werden aber darauf nicht weiter eingehen, nur wurde auf diese Sache verwiesen, weil es dadurch nochmals betont wird, daß die Ursachen der Mehrgipfeligkeit sehr verschieden sein können. Die mathematisch-zahlentechnische Analyse sagt meistens gar nichts über die Richtung, in welcher die biologische Erklärung zu finden ist. Die biologische Analyse sucht die Prämissen aufzudecken; sie läßt sich dabei nicht durch mathematische Behandlung ersetzen, ebensowenig wie die reine Logik das Beobachten ersetzen kann.

III.

Einen Rückblick auf das weite Gebiet der mehrgipfeligen Kurven müssen wir uns noch gestatten, indem wir das Erblichkeitsmoment als analytischen Faktor benutzen. Dabei genügt es, zweigipfelige Kurven allein zu behandeln. Und um diesen Rückblick so kurz und klar wie möglich zu machen, bedienen wir uns schematischer Kurven gleicher Form für alle Fälle. Da die spezielle Kurvenform der Gipfelbezirke hier ohne Interesse ist, genügt es, mit den Buchstaben a und b die in Frage kommenden Gipfelfußpunkte zu bezeichnen.

Wir haben dabei zwei Hauptfälle; nämlich erstens den, daß ein Gemenge zweier von vornherein verschiedener Rassen vorliegt, und zweitens, daß eine wenigstens genealogisch einheitliche Population bezw. reine Linie vorliegt.

A. Die Zweigipfeligkeit ist durch Anwesenheit verschiedener Rassen bedingt (vgl. S. 211).

Die Lebenslage denken wir uns gleichartig. Dieser Fall wird durch die nebenstehende Fig. 17 illustriert.

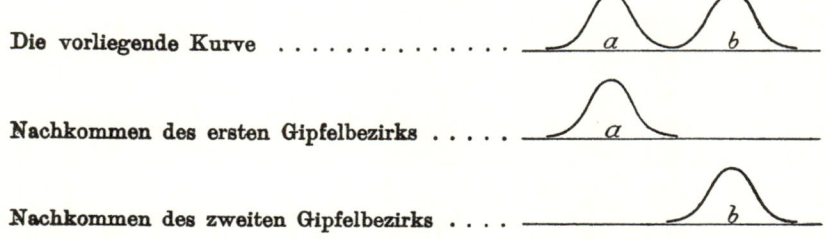

Die vorliegende Kurve . . . .

Nachkommen des ersten Gipfelbezirks . . . . .

Nachkommen des zweiten Gipfelbezirks . . . .

B. Zweigipfeligkeit in genealogisch einheitlichen Beständen (reinen Linien).

1. Gemenge zweier Altersklassen (vgl. S. 214). Lebenslage gleichartig (Fig. 18).

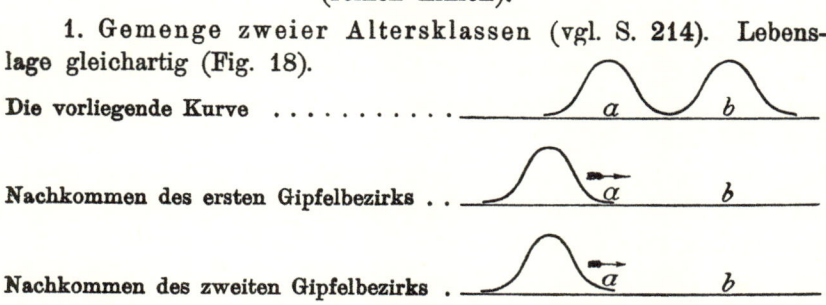

Die vorliegende Kurve . . . .

Nachkommen des ersten Gipfelbezirks . .

Nachkommen des zweiten Gipfelbezirks .

Falls überhaupt bei den Individuen des ersten Gipfelbezirks Fruchtbarkeit vorkommt, werden die Nachkommen höchst wahrscheinlich bei beiden Altersklassen sehr gleich sein, also auch ähnlich wachsen ɔ: der Mittelwert ihrer Größe verschiebt sich nach oben, wie durch den Pfeil angedeutet. (Für diesen Fall fehlt mir ein spezielles Beispielsmaterial.)

2. Stoßweise verschiedene Lebenslage, also kollektiver Unterschied (vgl. S. 215). Als Bezeichnungen der verschiedenen Lebenslage seien die Ausdrücke „arm" und „reich" benutzt, vgl. S. 218 (Fig. 19).

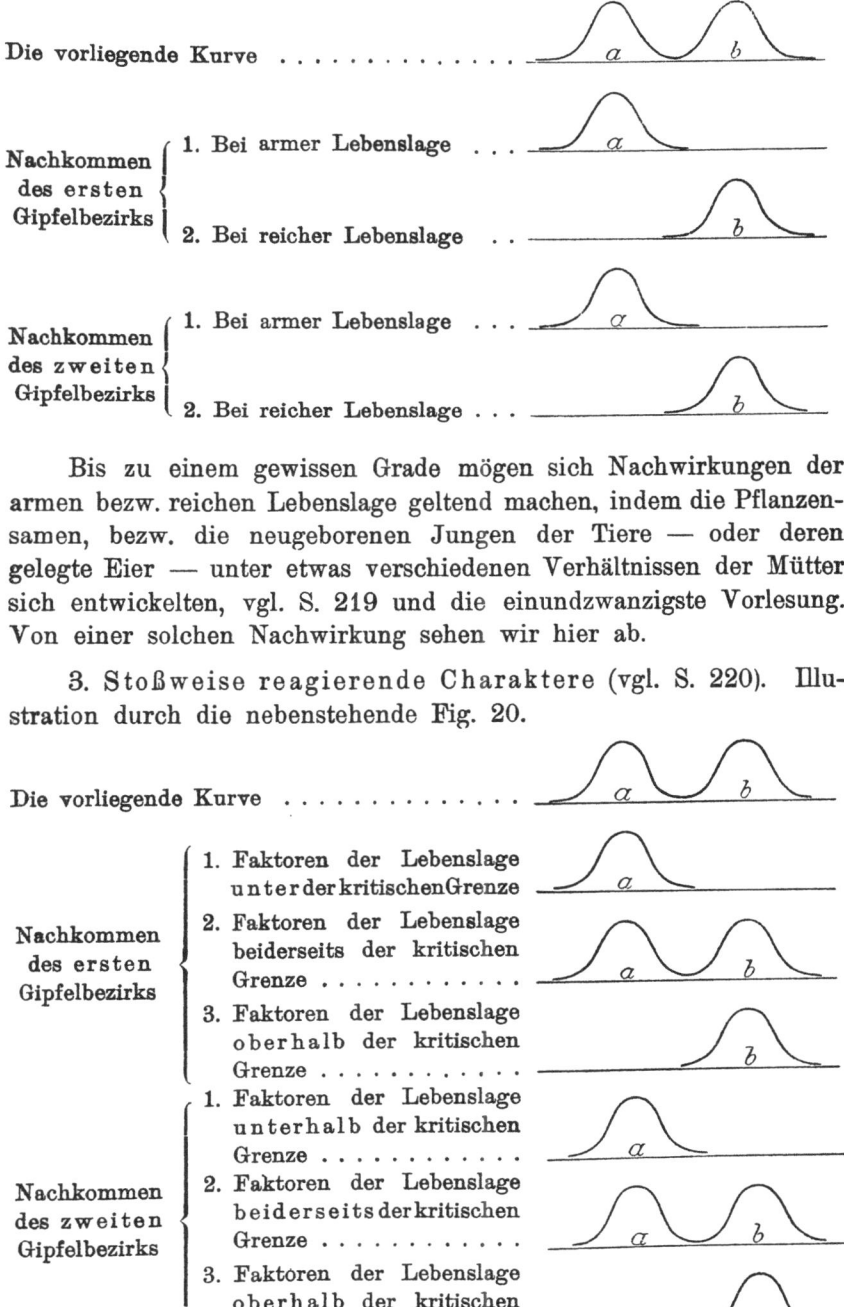

Bis zu einem gewissen Grade mögen sich Nachwirkungen der armen bezw. reichen Lebenslage geltend machen, indem die Pflanzensamen, bezw. die neugeborenen Jungen der Tiere — oder deren gelegte Eier — unter etwas verschiedenen Verhältnissen der Mütter sich entwickelten, vgl. S. 219 und die einundzwanzigste Vorlesung. Von einer solchen Nachwirkung sehen wir hier ab.

3. Stoßweise reagierende Charaktere (vgl. S. 220). Illustration durch die nebenstehende Fig. 20.

Hier können die Faktoren der Lebenslage auch durch die Mutter auf die sich entwickelnden Samen bezw. Jungen wirksam sein; eine sensible Periode wird hier wohl meistens existieren.

4. **Fester Dimorphismus** (vgl. S. 222). Lebenslage hier gleichartig vorausgesetzt; fester Dimorphismus mag aber vielleicht nur ein Beispiel stoßweiser Reaktion bei wenig scharf ausgesprochener kritischer Grenze sein, vgl. S. 224. Illustration durch die neben-stehende Fig. 21.

Die vorliegende Kurve ....

Nachkommen des ersten Gipfelbezirks ....

Nachkommen des zweiten Gipfelbezirks ...

Bei wirklich festem Dimorphismus bleiben die Individuen beider Gipfelbezirke genotypisch gleich, und sie reproduzieren alle die ganze Doppelkurve. Ganz anders in dem folgenden Falle:

5. **Zweigipfeligkeit mit Abspaltung** (bezw. Unterdrückung) **von Eigenschaften**, vgl. S. 226. Die Lebenslage gleichartig gedacht. Dieser Fall wird durch die Fig. 22 u. 23 illustriert.

Die vorliegende Kurve ....

Nachkommen des ersten Gipfelbezirks .....

Nachkommen des zweiten Gipfelbezirks ....

Die Nachkommen des Grenzgebiets würden sich nach den Auseinandersetzungen auf S. 232 solcher Art gestalten, Fig. 23.

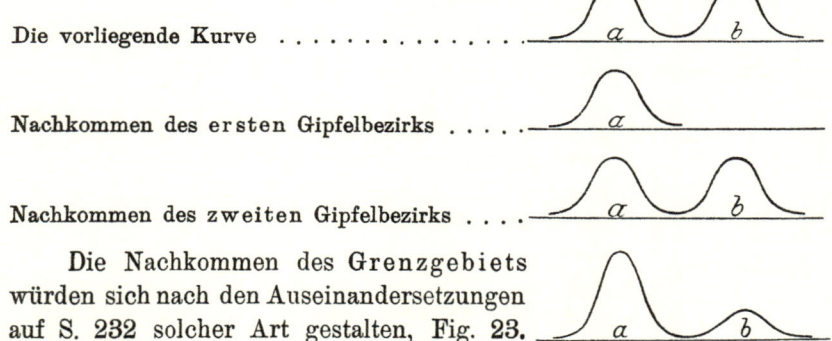

Die Figuren zeigen, daß die Nachkommen des ersten Gipfelbezirks frei sind von derjenigen Eigenschaft (bezw. Grad der Eigenschaft), welche den zweiten Gipfelbezirk charakterisiert. Daß die Fluktuation beider Bezirke transgressiv ist, betrifft ja nicht das hier maßgebende genotypische Verhalten.

Selbstverständlich könnten Fälle vorkommen, wo der zweite Gipfelbezirk eine Abspaltung repräsentiert (man braucht nur in diesem Beispiel statt der Schartigkeit den prozentischen Ansatz der Körner zahlenmäßig auszudrücken, um die Bezirke umzulagern, vgl. S. 193, Anm). Wie das Beispiel gewählt ist, wird eben der erste Gipfelbezirk „rein abgespalten" sein. Dies ist der Fall, wo die Nachkommen der betreffenden Individuen fortan allein den Charakter des ersten Gipfelbezirks zeigen.[1])

In den hier zu Grunde liegenden Beispielen war das der Fall. Die folgenden Fig. 24—27 illustrieren das ganze Verhalten sukzessiver Generationen. Die Buchstaben a und b bezeichnen wie gewöhnlich hier die Gipfelfußpunkte, den Charakter also des Bezirks. Wo über diesen Buchstaben kleine Parenthesen angebracht sind, bezeichnet der Inhalt dieser den Charakter der älteren Glieder der Ahnenreihe der betreffenden Individuen. Die Bezeichnung $\frac{(a)}{a}$ sagt sodann, daß die betreffenden Individuen den Charakter a (erster Gipfelbezirk) haben, und daß deren Mütter auch den Charakter a hatten. Die Bezeichnung $\frac{(bb)}{a}$ gibt an, daß die Individuen den Charakter a haben, daß aber die Mutter-, sowie die Großmutterindividuen den Charakter b (zweiter Gipfelbezirk) hatten usw. Die Schemen Fig. 24—27 werden nun das Verhalten genügend verdeutlichen, vgl. S. 229.

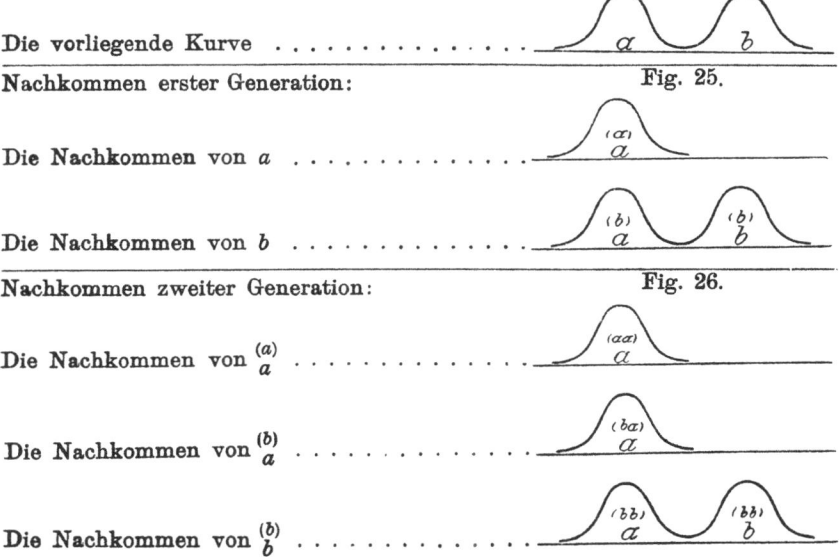

Fig. 24.

Die vorliegende Kurve . . . . $\quad a \quad b$

Nachkommen erster Generation: Fig. 25.

Die Nachkommen von a . . . . $\quad \genfrac{}{}{0pt}{}{(a)}{a}$

Die Nachkommen von b . . . . $\genfrac{}{}{0pt}{}{(b)}{a} \quad \genfrac{}{}{0pt}{}{(b)}{b}$

Nachkommen zweiter Generation: Fig. 26.

Die Nachkommen von $\genfrac{}{}{0pt}{}{(a)}{a}$ . . . . $\genfrac{}{}{0pt}{}{(aa)}{a}$

Die Nachkommen von $\genfrac{}{}{0pt}{}{(b)}{a}$ . . . . $\genfrac{}{}{0pt}{}{(ba)}{a}$

Die Nachkommen von $\genfrac{}{}{0pt}{}{(b)}{b}$ . . . . $\genfrac{}{}{0pt}{}{(bb)}{a} \quad \genfrac{}{}{0pt}{}{(bb)}{b}$

[1]) Allerdings könnte später durch „Mutation" der Charakter des zweiten Gipfelbezirks auftreten, ohne daß darin ein Beweis für unreine Abspaltung zu finden wäre. Vgl. die vierundzwanzigste Vorlesung.

Nachkommen dritter Generation: Fig. 27.

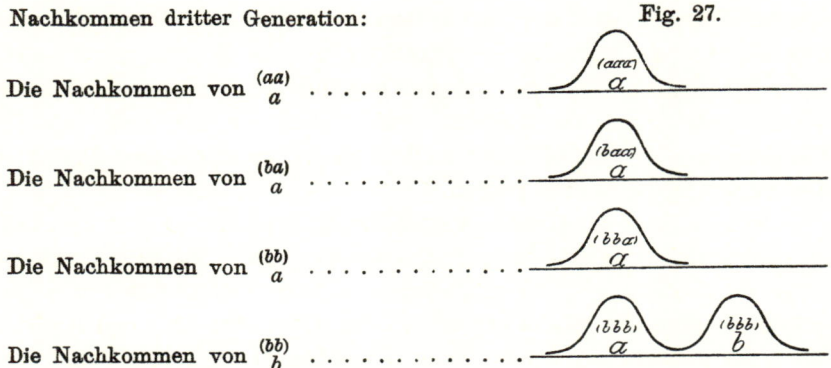

Die Nachkommen von $\frac{(aa)}{a}$ . . . .

Die Nachkommen von $\frac{(ba)}{a}$ . . . .

Die Nachkommen von $\frac{(bb)}{a}$ . . . .

Die Nachkommen von $\frac{(bb)}{b}$ . . . .

Die Schemata zeigen, daß, in Bezug sowohl auf persönliche Beschaffenheit als Zeugerwert, kein Einfluß früherer Generationen auf Individuen mit dem Charakter a nachzuweisen ist. Die Individuen $\frac{(bbb)}{a}$ weichen weder persönlich noch als Mutterpflanzen von den Individuen $\frac{(aaa)}{a}$ ab. Dieses ist — eben auf Grund der Abspaltung — ein Beispiel von Erblichkeit ohne Einfluß der besonderen Eigenschaft der Eltern, Erblichkeit ohne „ancestralen" Einfluß, da Individuen mit der Abstammung $\frac{(aaaa \ldots a)}{a}$ ganz mit Individuen der Abstammung $\frac{(bbbb \ldots b)}{a}$ übereinstimmen werden. In diesem Verhalten haben wir ein Seitenstück zum Verhalten vieler Bastarde, wie in der zweiundzwanzigsten Vorlesung des Näheren zu erwähnen ist. Es ist aber einzusehen, daß die künstliche Bastardierung in diesen Fällen an und für sich nichts prinzipiell Neues mitführt. Es kommt hier wie dort auf die genotypische Grundlage an; die „Abspaltung" ist ein Ausdruck dafür, daß die betreffenden Organismen in Bezug auf die in Frage kommende Eigenschaft „b" heterozygotischer Natur sind. In dem hier schematisierten Falle werden von den heterozygotischen Organismen mit dem Charakter „b" homozygotische Organismen mit dem Charakter „a" abgespalten. (Homozygotische „b"-Organismen traten hier nicht auf; offenbar weil sie nicht existenzfähig sind.) Wie in solchen Fällen die heterozygotische Natur ohne Kreuzung ursprünglich entsteht, wissen wir nicht.

Als Hauptresultat unserer Betrachtungen geht hervor, daß das Erblichkeitsmoment unerläßlich ist für das Verständnis der biologischen Bedeutung einer zwei- oder mehrgipfeligen Kurve.

Hier hatten wir nur diejenigen Fälle im Auge, wo von quantitativ ausdrückbarer Variabilität die Rede ist. Aber auch bei alternativer Variabilität, wo qualitativ sich äußernde Unterschiede vorliegen, muß behauptet werden, daß das Vorkommen qualitativer
Unterschiede an und für sich noch nicht berechtigt, genotypische
Unterschiede anzunehmen. Sehr viele Beispiele von festem Dimorphismus sagen dieses deutlich. Ja, eigentlich gehören die ausgeprägtesten
Beispiele DE VRIES's, wie die dimorphe tordiert - nichttordierte
Dipsacus-Rasse hierher, als Beispiel alternativer Variabilität. Oben
gingen wir absichtlich in etwas gesuchter Weise daran, vom „Tor-
dierungsgrade" zu sprechen.

Die Betrachtung qualitativer und quantitativer Variationen ergeben hier aber wie immer prinzipielle Übereinstimmung.

Fünfzehnte Vorlesung.

Korrelation. — Einleitende Übersicht; physiologische Korrelationen und korrelative Variabilität. — Korrelationstabellen und deren graphische Darstellung. — GALTON's Methode.

Wir haben bis jetzt die verschiedenen, einzelnen Charaktere eines Organismus gesondert, jeden für sich, betrachtet. Die gewöhnlichen Variationskurven betreffen ja meist nur je eine Eigenschaft, deren Gradationen — Intensitätsvariationen — eben durch die Kurve ausgedrückt werden. Allerdings drückt man auch oft durch eine Variationskurve die Fluktuationen in der Relation zwischen zwei verschiedenen Dimensionen (oder anderen Quantitäten) aus; so haben wir hier auf S. 174 als Beispiel einer schiefen Kurve einen solchen Fall benutzt. Die betreffende Relation wird dabei als die zu messende Einheit behandelt. In vielen Fällen mag dieses zulässig sein, prinzipiell richtig ist eine solche Arbeitsart aber eigentlich nicht; man erhält stets eine bessere und richtigere Übersicht, wenn man die beiden in Frage kommenden Dimensionen oder — allgemein gesagt — Eigenschaften solcher Art zusammenstellt, daß es beleuchtet wird, ob und in welcher Weise die beiden Eigenschaften voneinander beeinflußt werden.

Dies ist das Problem: Sind die verschiedenen Eigenschaften eines Organismus gegenseitig abhängig oder unabhängig? Oder, anders gesagt: Kann man aus der Beschaffenheit in Bezug auf eine Eigenschaft Schlüsse ziehen über die Beschaffenheit in Bezug auf eine andere Eigenschaft?

Man wird sofort verstehen, daß wir hier bei Fragen der größten praktischen und biologischen Wichtigkeit stehen. Man findet in der Praxis Auffassungen, die einander schroff gegenüber stehen; und die „Gelehrten" sind hier auch sehr uneinig. In den weitesten Kreisen ist die Vorstellung recht verbreitet, daß, sowohl in Bezug auf rein persönliche Eigenschaften, als mit Rücksicht auf die Gaben

Fortunas eine Kompensationsregel sich geltend macht, eine Art Ausgleichung der verschiedenen Fähigkeiten, Charakterelemente, Glücksmomente und Schicksale im Leben.

Diese ganze Auffassung hat ein etwas moralisches, dabei allerdings auch fatalistisches Gepräge und wurzelt wohl tief im Volksbewußtsein. Sie hat Ausdruck gefunden in zahlreichen Sprüchen und Redensarten; jedenfalls ist meine Muttersprache an diesbezüglichen Redensarten sehr reich und die dänischen Dichter haben sehr oft diesen Gedanken Ausdruck gegeben. So sagt OEHLENSCHLÄGER (in seiner eigenen — übrigens recht schlechten — Übersetzung von „Aladdin"):

> „Zerstreuet sind des Glücks holdsel'ge Gaben,
> Als Funken sie allein gefunden werden,
> Und wen'ge nur vereinigt alles haben."

Betreffen diese Worte wesentlich die Lebenslage, so finden wir bei vielen anderen die persönlichen Eigenschaften berücksichtigt. Von POUL MÖLLER stammt das bei uns vielfach — aber vielfach auch sehr ungerechtfertigt benutzte Wort „Prunkblume ohne Duft". Hier in einer deutschen Ausgabe lassen wir aber besser deutsche Dichter reden. So sagt HEINE:

> „Nichts ist vollkommen hier auf dieser Welt.
> Der Rose ist der Stachel beigesellt;
> Ich glaube gar, die lieben holden Engel
> Im Himmel droben sind nicht ohne Mängel.
>
> Der Tulpe fehlt der Duft. Es heißt am Rhein:
> Auch Ehrlich stahl einmal ein Ferkelschwein.
> Hätte Lucretia sich nicht erstochen,
> Sie wär' vielleicht gekommen in die Wochen.
>
> Häßliche Füße hat der stolze Pfau — usw."

Und wer kennt nicht — wenn er überhaupt ein bißchen mit der deutschen Literatur vertraut ist — das schöne Gedicht „Behüt Dich Gott" aus SCHEFFEL's „Trompeter von Säckingen", welches so beginnt:

> „Das ist im Leben häßlich eingerichtet,
> Daß bei den Rosen gleich die Dornen steh'n,
> Und was das arme Herz auch sehnt und dichtet,
> Zum Schlusse kommt das Voneinandergeh'n."

In allem diesem sieht man Ausdrücke einer Vorstellung von kompensierender Verteilung sowohl der persönlichen Eigenschaften als der Güter und Mängel im gesamten Lebenslauf. Diese Kompensationen werden jedoch nicht als absolut aufgefaßt; sie bilden nur die Regel; — OEHLENSCHLÄGER hatte, wie wir hörten, Platz für die „wenigen", welche vereinigt alles haben; und auch für eine Kombination reiner Nieten im Spiel des Lebens hat unsere Poesie gesorgt (POUL MÖLLER), wenn der Mads ganz uneigennützig die Mette „nur ihretwegen" liebte, nämlich:

> Nicht Schönheit und nicht Gold ward ihr gegeben,
> Viel weniger Verstand und tugendliches Streben.

Die angeführten Zitate genügen völlig, um zu zeigen, daß wir hier bei einer Sache von fundamentaler Wichtigkeit stehen, daß aber auf diesem Gebiete die Splitter von allerlei Erfahrungen, Spekulationen und Gefühlen ohne Ordnung zusammengeworfen sind. Wir treffen hier Biologie und Weltweisheit in einem Haufen. Und daraus hat sich viele Unklarheit entwickelt.

Hier haben wir es nur mit der biologischen Seite dieser Fragen zu tun. Der große Dichter-Forscher GOETHE ist vielleicht der erste gewesen, welcher die Auffassung eines Kompensationsgesetzes bei der Entwicklung der Organismen präzisiert. Seine diesbezüglichen Betrachtungen wurden schon in 1795 und 1796 niedergeschrieben, aber erst viel später publiziert. Darum muß wohl ETIENNE GEOFFROY-DE SAINT-HILAIRE als wissenschaftlicher Autor der Lehre von „balancement organique" anerkannt werden; er drückt (1807) seine Auffassung folgendermaßen aus: „Ein normales oder krankes Organ erreicht niemals eine außerordentliche Größe, ohne daß ein anderes Organ — von demselben oder einem ähnlichen Systeme — in entsprechender Weise darunter leidet." Bald nachher nahmen die Botaniker diesen Gedanken auf, zuerst wohl der ältere DE CANDOLLE. Und ALPHONSE DE CANDOLLE schrieb in seiner Einleitung zur Botanik (1835): „Wenn ein Organ aus irgend einer Ursache eine ungewöhnliche Entwicklung erhalten hat, dann leiden die Nachbarorgane darunter, sie bleiben verkleinert." Noch mehr allgemein wird von demselben Verfasser später (1862) gesagt, daß „durch das bekannte Gesetz des Gleichgewichts der Organe und der Funktionen, wenn eine nützliche Änderung an einem Punkte des Lebewesens entsteht, auf einer anderen Stelle eine Änderung in gegensätzlichem Sinne hervorgebracht wird."

So ging die Lehre vom „balancement organique" siegreich durch die Zoologie und Botanik; nur einzelne Stimmen erhoben sich dagegen, wie z. B. BLAINVILLE und MAUPIED, welche meinten, das genannte „Gesetz" sei falsch, denn z. B. bei den Affen sind einige lang geschwänzt, andere ganz schwanzlos, und — sagen sie — was sollte man wohl bei den ersten als Mangel stempeln, um das Gleichgewicht zu retten? Ähnliches führen sie für die Fledermaus an.

In der Jetztzeit benutzt man das Wort Korrelation, um die Wechselbeziehungen und Gegenseitigkeiten im Organismus zu bezeichnen. Dieses Wort bedeutet ganz allgemein eine gegenseitige Abhängigkeit oder Zusammengehörigkeit verschiedener Dinge, „das normale Zusammentreffen einer Erscheinung, eines Charakters usw. mit einem anderen", wie es in DALLAS' Glossarium zur 6. Auflage von DARWIN's Origin of Species heißt. In etwas engerer Bedeutung wird mit Korrelation nach GOEBEL die Gegenseitigkeit, die Wechselwirkung zwischen den verschiedenen Teilen des Organismus bezeichnet. Diese Gegenseitigkeit kann von verschiedener Natur sein und äußert sich teils durch morphologische Erscheinungen (Entwicklungs- und Wachstumskorrelationen), teils durch physiologische Wechselwirkungen im erwachsenen Organismus (funktionelle Korrelationen). Bald erscheinen sie als ganz einleuchtend und notwendig, bald ist ihre Bedeutung ganz dunkel und rätselhaft.

Die Korrelationen sind ein Ausdruck dafür, daß der betreffende Organismus ein Ganzes ist: „Im lebenden Organismus ist alles zusammenhängend, es findet sich keine unabhängige Funktion, kein Organ, dessen Form und Bau nicht von allen anderen Körperteilen beeinflußt ist." Diese, von DELAGE besonders für die Tiere pointierte Auffassung hat auch Gültigkeit für die Pflanzen, was u. a. durch GOEBEL's experimental-morphologische Forschungen sowie durch die Resultate vieler pflanzenphysiologischer Arbeiten der letzten Dezennien zur Genüge gezeigt ist.

Bei einem gegebenen Individuum findet sich stets Korrelation zwischen den Teilen, Korrelation zwischen den Wirksamkeiten und dabei notwendigerweise auch Korrelation zwischen dem Grade der persönlichen Einzeleigenschaften. Ein Organismus ist wenigstens in normalen Fällen, eine Einheit; die Selbsttätigkeit bei den Teilen, bei den Wirksamkeiten oder bei der Manifestation der Einzeleigenschaften kann nicht absolut sein: Alles ist koordiniert, d. h. zusammengeordnet zu einem Ganzen, welches ein gewisses Einheitsgepräge besitzt. Grade dieses ist ja eben das Wesen der Organisation: die Organismen sind Systeme in dynamischem Gleichgewicht.

Bei dem gegebenen Individuum wird eine Änderung in einem Punkte Änderungen auf anderen Gebieten mitführen, öfters als deutliche Regulationserscheinungen.

Das ist offenbar der wahre Kern in der Lehre vom balancement organique. DARWIN behandelt (in Origin) recht eingehend das Kompensationsprinzip sowie die Erscheinungen, welche er als Beispiele korrelativer Variabilität zusammenfaßt. Mit diesem Ausdruck werden von DARWIN hauptsächlich allerlei funktionelle Korrelationen sowie namentlich Wachstumskorrelationen gemeint. Es ist für DARWIN's Umsicht charakteristisch, daß er das betreffende Kapitel mit der Warnung schließt: Man dürfe eine Vereinigung oder ein Zusammentreffen erblicher Charaktere nicht ohne weiteres als wirkliche Korrelation auffassen; solche Charaktere könnten ja jeder für sich — und vielleicht in verschiedenen Epochen der Stammesgeschichte — für die betreffende Rasse oder Sippe eigentümlich geworden sein.

Diese Reservation hat ein Seitenstück in GOEBEL's klarem Ausdruck: „Wir können mit Sicherheit von einer solchen (Korrelation) nur dann sprechen, wenn sie experimentell feststellbar ist."

Mit anderen Worten, Korrelationen müssen mehr als bloßes Zusammentreffen ausdrücken; es muß in der Relation Festigkeit, Gesetzmäßigkeit sein.

Hier muß eine kleine, aber lehrreiche Abhandlung des französischen Botanikers D. CLOS erwähnt werden: „Examen critique de la loi dite de balancement organique dans le règne végétal" (1864). Durch ein recht reiches Vergleichsmaterial wird das Kompensationsprinzip derart beleuchtet, daß man jedenfalls in Bezug auf die Pflanzen einräumen muß, daß für die vergleichende Morphologie eine durchgeführte Anwendung dieses Prinzips illusorisch ist. CLOS zeigt, wie oft es ganz untunlich ist zu entscheiden, ob und wie eine Kompensation eintritt, wenn ein Organ stark entwickelt und andere „unterdrückt" sind, und nachdem er zahlreiche Beispiele angeführt hat, welche die Auffassung stützen können, daß Kompensationen eine Rolle spielen, teilt er andere mit, welche mit einer solchen Auffassung gar nicht stimmen. Um seine ganze Diskussionsweise zu illustrieren, seien die folgenden Zeilen wiedergegeben: „Würde man etwa sagen, daß bei den *Valerianella*-Arten der Abortus zweier Samenknospen eine Vergrößerung der betreffenden beiden Räume im Fruchtknoten bedingen muß, dann würde man allerdings dieses bei *V. auricula* DC. bestätigt finden, aber bei *V. ornata* sind

die beiden sterilen Fächer kleiner als das fertile, und man findet
kaum Spuren der beiden erstgenannten Fächer bei *V. dentata* Soy.-
Will. und *V. eriocarpa* Desv. usw." Und z. B. das von Darwin
öfters erwähnte Verhalten, daß kernloses Obst größer werden soll
als kernhaltiges, verliert schon die Bedeutung dadurch, daß, wie
Clos anführt, die Corinthen ein Beispiel des Gegensatzes geben.
Spätere Untersuchungen, z. B. von Müller-Thurgau, bestätigen
übrigens gar nicht Darwin's Angaben.

A. R. Wallace ist wohl derjenige Verfasser gewesen, welcher
(in seinem Werke „Darwinism", 1889, S. 81 ff.) am weitesten geht in
der Richtung, das Kompensationsprinzip zu ignorieren; und es kann
auch nicht geleugnet werden, daß seine zahlreichen Beispiele von
Variationen nicht geeignet sind, die Idee der Kompensation zu
stützen; er meint, daß jeder Teil, jedes Organ in bedeutendem Maße
unabhängig von anderen Teilen variiert.

Diese Meinung steht beim ersten Blick im schärfsten Gegensatz
zu Delage's oben (S. 243) zitierter Auffassung, daß alles im Organismus zusammengekettet ist, eine Auffassung, die als absolut richtig
von jedem Physiologen anerkannt wird. Näher betrachtet ist aber
kein Gegensatz vorhanden. Die soeben erwähnte Auffassung hat
Gültigkeit für die Zustände innerhalb jedes einzelnen Individuums: das gegebene Individuum ist eine Einheit, ein Ganzes in
seinem bestimmten dynamischen Gleichgewichtszustand. Wallace's
Auffassung betrifft aber den Vergleich verschiedener Organismen, Individuum mit Individuum, oder Varietät mit Varietät,
oder Species mit Species; und schon die wenigen hier von Clos
genommenen Beispiele zeigen, daß nahe stehende Species sich sehr
verschieden verhalten können.

Es sind also zwei ganz verschiedene Sachen unter demselben
Namen Korrelation zusammengeworfen: Einerseits die stets wirken-
den physiologischen Verkettungen in jedem gegebenen individuellen
Organismus, und andererseits die durch den Vergleich verschiedener
Individuen zu beleuchtende Variabilität in den Verkettungsweisen.

Das erste können wir physiologische Korrelation in enge-
rem Sinne nennen, und darunter gehören auch als besondere Art die
in späteren Vorlesungen näher zu betrachtenden Wechselwirkungen
der von den beiden Gameten gelieferten Gene in der gebildeten
Zygote, sei diese nun eine Homozygote oder Heterozygote (vgl. S. 128).

Das zweite nennen wir korrelative Variabilität. Ein
Hauptproblem ist hier die Frage, ob die verschiedenen Einzeleigen-

schaften in gegenseitigem Zusammenhang variieren, d. h. also, ob eine Korrelation sich findet zwischen den Abweichungen der verschiedenen Eigenschaften von ihren mittleren, unter der gegebenen Lebenslage „typischen" Werten. Hierher gehört auch die Frage, ob Fälle vorkommen, wo an und für sich selbständige (durch besondere Gene repräsentierte) Einzeleigenschaften in besonderer Weise gesetzmäßig bei der Gametenbildung verknüpft sind; während, wie die Bastardlehre uns zeigen wird, freie Kombination der Gene bei der Gametenbildung die allgemeine Regel ist. Diese Frage müssen wir aber zunächst warten lassen.

Die eigentlichen „physiologischen Korrelationen" brauchen wir hier nicht näher zu betrachten, es geschieht dies zur Genüge in den physiologischen Lehrbüchern. Nur wo diese Erscheinungen das Bild der Variabilität und Erblichkeit stören können, werden wir sie berücksichtigen.

Sodann bleibt für unsere Behandlung hier die schärfer umschriebene Frage der korrelativen Variabilität zurück: Inwieweit variieren die verschiedenen Eigenschaften bezw. Organe unabhängig — oder abhängig voneinander? Und wie ist eine solche gegenseitige Abhängigkeit der Variation verschiedener Charaktere zahlenmäßig auszudrücken?

Wir müssen uns damit begnügen, hier die Variationen je zweier Charaktere zu berücksichtigen. Die gleichzeitige Zusammenstellung der Variationen dreier oder gar mehrerer Charaktere ist eine sehr schwierige Sache, zu deren Ausführung höhere Mathematik unumgänglich nötig ist. Meistens liegt aber nur die Gegenseitigkeit je zweier variierender Eigenschaften als zu beantwortende Frage vor.

Will man nun untersuchen, ob die Variationen zweier Charaktere einander beeinflussen — bezw., in welcher Richtung und in welchem Grade ein solcher Einfluß vorhanden ist, dann ordnet man das Beobachtungsmaterial zu einer sogenannten Korrelationstabelle. Indem wir zunächst nur Reihenvariation berücksichtigen und alternative Fälle erst später behandeln wollen, arbeitet man in folgender Weise. Man teilt das Material in Klassen nach den Variationen des einen Charakters und untersucht darauf, wie der andere Charakter innerhalb jeder dieser Klassen sich verhält.

Als erstes Beispiel kann hier die Variation 173 in 1893 untersuchten Gerstenähren in Bezug auf Gewicht und Stickstoffprozent der Körner dienen (vgl. die umstehende Tabelle).

Korrelationstabelle der Variationen einiger Gerstenähren

in Bezug auf Körnergewicht und Stickstoffprozent. Die Zahlen in den Rubriken der Haupttabelle geben die Anzahl der betreffenden Individuen an. Die Gewichtsklassen der Körner sind in Milligrammen angegeben (ein Spielraum von 5 mg), der Stickstoffprozent in Klassen mit einem Spielraum von 0,2 Prozent.

Korn- gewichtskl.	Stickstoff-Prozentklassen						Summe	Mittlerer Stick- stoffproz.
	1,1	1,3	1,5	1,7	1,9	2,1		
40								
	.	.	1	.	.	.	1	(1,40)
45								
	.	4	15	2	.	.	21	1,38
50								
	.	5	49	25	.	.	79	1,45
55								
	.	.	18	30	7	.	55	1,56
60								
	.	.	.	10	4	2	16	1,70
65								
	.	.	.	.	1	.	1	(1,80)
70								
Summe....	.	9	83	67	12	2	173	1,502
Mittleres Gewicht	.	50,3	52,6	56,1	60,0	62,5	54,44	

Ein Blick auf diese Tabelle, in welcher das Material zuerst in Korngewichtsklassen geordnet (von oben nach unten) und innerhalb jeder Korngewichtsklasse nach Stickstoffprozent (von links nach rechts) gruppiert ist, zeigt gleich, daß mit steigendem Korngewicht der mittlere Stickstoffgehalt vergrößert wird, vgl. die letzte Kolonne rechts. Die unterste Zeile der Tabelle zeigt auch, daß mit steigendem Stickstoffgehalt das Korngewicht wächst. Hier ist also eine ganz deutliche korrelative Variabilität vorhanden; Korngröße und Stickstoffprozent variieren nicht unabhängig voneinander, sondern eine nicht zu verkennende Gegenseitigkeit ist vorhanden. Hier variieren die beiden Charaktere durchschnittlich in gleicher Richtung, Plusabweichung in Bezug auf Korngewicht wird — durchschnittlich gesehen — auch Plusabweichung in Bezug auf Stickstoffgehalt mitführen und umgekehrt.

Sehr häufig gehen jedoch die Variationen zweier korrelativ variierender Charaktere in entgegengesetzter Richtung. Als Beispiel sei gleich hier eine Korrelationstabelle mitgeteilt, die aus KRARUP's Untersuchungen über Beseler Hafer zusammengestellt ist.

Korrelationstabelle über die Variation von Haferpflanzen in Bezug auf Gewicht und prozentischen Fettgehalt ihrer Körner. Die Zahlen der Rubriken der Haupttabelle geben die Anzahl der betreffenden Individuen an. Gewichtsklassen der Körner in Milligrammen, mit einem Spielraume von 5 mg; die Fettgehaltklassen haben einen Spielraum von 0,5 Prozent.

Korn-gewichtskl.	Fett-Prozentklassen									Summe	Mittlere Fett-Prozente
	4,5	5	5,5	6	6,5	7	7,5	8	8,5		
30											
	.	.	.	.	8	2	1	.		11	6,93
35											
	.	1	6	22	33	10	2	1		75	6,62
40											
	1	2	10	48	37	8	1	.		107	6,43
45											
	.	1	12	11	2	.	.	.		26	6,02
50											
	.	2	1	1	.	.	.	.		4	5,63
55											
	.	.	1	.	.	.	.	.		1	(5,75)
60											
Summe....	1	6	30	82	80	20	4	1		224	6,46
Mittl. Korn-gewicht	(42,5)	45,8	44,3	41,9	40,1	39,0	37,5	(37,5)		41,12	

Diese Tabelle zeigt, daß die mittleren Fettprozente mit steigender Körnergröße fallen, und, umgekehrt, daß die Körnergröße mit steigenden Fettprozenten fällt. Hier wird also Plusabweichung einer Eigenschaft durchschnittlich von Minusabweichung der anderen Eigenschaft begleitet sein.

Hier spricht man demnach von negativ gerichteter oder bloß von negativer Korrelation, während die vorige Tabelle ein Beispiel positiver Korrelation darbot.

Solche Tabellen geben in vielen Fällen ganz unmittelbar eine hinlängliche Entscheidung über das Vorkommen und die Richtung einer korrelativen Variabilität.

Wünscht man die Durchschnittsresultate graphisch auszudrücken, so ist die allereinfachste Methode diese: Auf einer graden horizontalen Linie markiert man äquidistant die Klassen (bezw. die Ganzvarianten, falls solche vorliegen) derjenigen Eigenschaft, welche man als Ausgangspunkt wählt, und setzt die entsprechenden mittleren Werte der zweiten Eigenschaft als Höhen (Ordinate) über die Mitten der zuerst abgesetzten Klassenspielräume. Alles kann in ganz willkürlichem Maßstab geschehen. In dieser Weise sind in der beistehenden Fig. 28 die Fettprozentwerte der letzten Kolonne der soeben erwähnten Haferkorrelationstabelle als Ordinaten über die

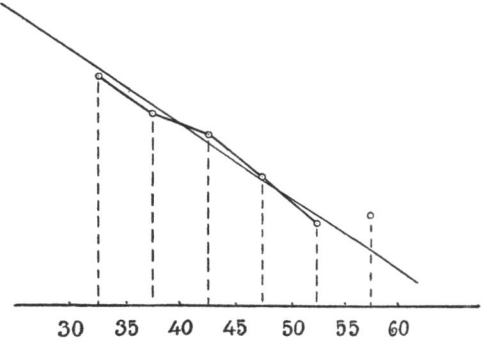 entsprechenden, an der horizontalen Linie markierten Gewichtsklassen eingelegt.

Die Neigung der graden Linie, welche die Vereinigungslinie der Ordinaten ebnet (vgl. die Figur), ist dann ein Ausdruck für die gefundene Korrelation. Ist diese Grade nach rechts steigend, so hat man positive Korrelation, fällt sie nach rechts, dann hat man negative Korrelation, wie hier. Und verliefe die

Fig. 28. Korrelationslinie, das durchschnittliche Verhältnis zwischen Körnergewicht und Fettprozent ausdrückend; vgl. die Tabelle S. 248. Der Wert 5 Proz. diente hier als Nullpunkt für die Ordinaten.

Grade parallel der Grundlinie, so wäre keine Korrelation vorhanden, wie leicht eingesehen wird.

Ganz abgesehen davon, daß man nicht immer durch eine grade Linie die als Fall oder Steigung auszudrückende Korrelation ebnen kann, ist diese graphische Methode bei genauerer Prüfung zu primitiv. Hier muß man, in Übereinstimmung mit unseren allgemeinen Prinzipien der Variationslehre, die Mittelwerte der beiden Charaktere als Ausgangspunkt nehmen und für jeden der beiden Charaktere die Abweichungen mittels der Standardabweichung ausdrücken. Für jede Eigenschaft hat man also mit dem Mittelwerte und den Standardwerten der Abweichungen (vgl. S. 64) zu operieren.

Diejenige Eigenschaft, deren Variation als erste Einteilung der Korrelationstabelle benutzt wird, nennt man die supponierte (gegebene) Eigenschaft oder die X-Eigenschaft; die andere nennt man die relative (abhängige) Eigenschaft oder die Y-Eigenschaft; ihre Variationen sind ja hier in Relation zu den Variationen der ersten Eigenschaft zu beurteilen. Man kann selbstverständlich ganz frei die supponierte Eigenschaft wählen, wo nicht in dieser Beziehung eine bestimmt formulierte Aufgabe vorliegt. In den beiden schon erwähnten Beispielen, wo chemische Beschaffenheit in ihrer Abhängigkeit von der Korngröße illustriert wurde, nimmt man ja ganz unwillkürlich das Gewicht als die supponierte Eigenschaft (X), die Beschaffenheit als die relative (Y).

Man hat nun verschiedene Methoden zur Berechnung der Korrelation. GALTON's graphische Methode ist die folgende.

Entsprechend der doppelten Einteilung einer Korrelationstabelle, (welche ja die Varianten in eine Fläche verteilt, während eine einfache Variationsreihe die Varianten längs einer Linie gruppiert) kann man zwei sich rechtwinklig kreuzende Linien (die X-Achse und die Y-Achse der analytischen Geometrie) als Grundlage für die graphische Darstellung der korrelativen Variationen benutzen, wie das ja eigentlich schon in der Figur 28 (S. 249) geschehen ist; die dortige Grundlinie entspricht der X-Linie.

Die horizontale Linie X—X drückt die Variation der supponierten Eigenschaft aus, die senkrechte Linie Y—Y dagegen bezieht sich auf die relative Eigenschaft, vgl. Fig. 29. Der Schneidepunkt der beiden Linien wird dabei als Nullpunkt für die Abweichungen beider Eigenschaften gesetzt. Dieser Nullpunkt bedeutet (ganz wie bei unseren theoretischen Variationskurven, vgl. Fig. 7, S. 72) den mittleren Wert o: die Abweichung 0, hier für beide Eigenschaften.

Das vorliegende Variationsmaterial ist ja zuerst nach den Klassen derjenigen Eigenschaft geordnet, welche als „supponiert" genommen wurde. Deshalb markiert man an der Linie X—X die Klassenwerte (nicht Klassengrenzen) dieser Eigenschaft, indem deren Standardwerte, wenn positiv zur rechten Seite, wenn negativ zur linken Seite des Nullpunkts angebracht werden.

Wir knüpfen gleich unsere weiteren Betrachtungen an das letzte der beiden gegebenen Beispiele. Das Mittel aller Körnergewichte der Tabelle S. 248 war $M_x = 41{,}12$ mg[1]), und als Standardabweichung finden wir $\sigma_x = 4{,}15$ mg. Die Werte der X-Klasse, bezw. 32,5; 37,5; 42,5; 47,5; 52,5 und 57,5 mg haben folgende absolute Abweichungen (α_x) von M_x: $\div 8{,}62$; $\div 3{,}62$; $+ 1{,}38$;

[1]) Mit dem Index x bezeichnen wir alle Ausdrücke, welche die supponierte Eigenschaft betreffen, mit dem Index y alle Angaben für die relative Eigenschaft.

$+6,38$; $+11,38$ und $+16,38$; diese letztere wird aber nicht hier berücksichtigt, weil nur ein einziges Individuum in der betreffenden Klasse vorkam. Die Standardwerte dieser Abweichungen $(\alpha_x : \sigma_x)$, welche wir einfach als x-Werte bezeichnen können, sind:

$$x = \div 2,077; \ \div 0,872; \ +0,333; \ +1,537 \ +2,742.$$

Diese selbstverständlich äquidistanten Werte werden nun nach beliebigem Maßstab (und passend abgerundet) an der X-Linie mar-

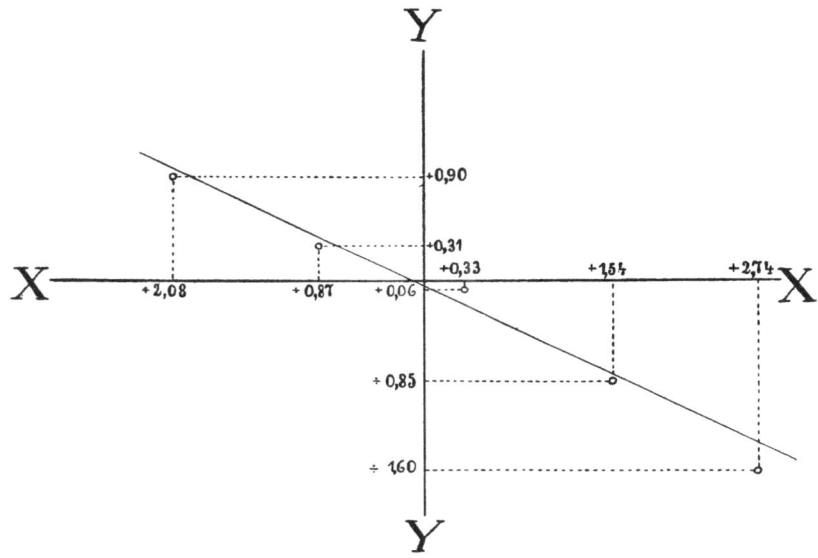

Fig. 29. Zur graphischen Berechnung der Korrelation nach GALTON; vgl. den Text und die Tabelle S. 248. Um die Methode so einfach wie möglich zu demonstrieren, wurde die nur wenige Klassen und Individuen umfassende genannte Tabelle als Beispiel benutzt. Selbstverständlich gehört ein viel größeres Material dazu, eine solche graphische Berechnung schön durchzuführen.

kiert, vgl. die nebenstehende Fig. 29. Damit sind wir mit der supponierten Eigenschaft fertig.

Nun geht man an die relative Eigenschaft; im gewählten Beispiele also den Fettprozent der Haferkörner. Man soll mit denjenigen Mittelwerten der relativen Eigenschaft operieren, welche den verschiedenen Klassen der supponierten Eigenschaft entsprechen. Diese speziellen Mittelwerte sind hier (vgl. die Tabelle S. 248) bezw. 6,93, 6,62, 6,43, 6,02 und 5,63 Prozent. Der Mittelwert aller Fettbestimmungen war $M_y = 6,46$ Prozent; die soeben angegebenen speziellen Werte haben sodann von M_y die folgenden absoluten Abweichungen (a_y): $+0,47$, $+0,16$, $\div 0,03$, $\div 0,44$ und $\div 0,83$ Prozent. Mit der Standardabweichung $\sigma_y = \pm 0,52$ Prozent erhalten wir die Standardwerte ($a_y : \sigma_y$), welche wir y nennen können:

$$y = +0,904, \ +0,308, \ \div 0,058, \ \div 0,846 \text{ und } \div 1,596.$$

Diese Zahlen (also allgemein gesprochen: die Standardwerte der den X-Klassen entsprechenden mittleren Y-Werte) werden (abgerundet) auf der Y-Linie markiert und zwar mit Benutzung desselben Maßstabs, welcher für die Markierung der Standardwerte der X-Klassen benutzt wurde.[1]) Auf der Y-Linie wird Plusabweichung nach oben, Minusabweichung nach unten abgesetzt; auch hier ist selbstverständlich der Schneidepunkt der X- und Y-Linie der Nullpunkt.

Man erhält sodann eine Reihe paarweise korrespondierender Marken auf der X- und Y-Linie. Z. B. das Maß $x = +2,742$ der X-Linie korrespondiert mit dem Maße $y = \div 1,596$ der Y-Linie, und z. B. $x = \div 0,872$ entspricht $y = +0,308$ usf.

Zieht man nun senkrechte Linien von den x-Punkten und horizontale Linien von den y-Punkten, so finden sich leicht die Schnittpunkte der Linien, welche von korrespondierenden Punkten, x und y, ausgehen. Diese Schnittpunkte, welche in der Figur angegeben sind, liegen meistens ungefähr in einer graden, geneigten Linie. Und eben diejenige grade Linie, welche die Neigung am richtigsten ausdrückt, also als bester Ausdruck der mittleren Neigung gelten kann, gibt das Maß der Korrelation.

Der Grad der Steigung oder — wie hier — des Falles ist das Korrelationsmaß; Steigung bedeutet positive, Fall negative Korrelation. Mathematisch ausgedrückt: die Tangente des Winkels, welcher die geneigte Linie mit der X-Linie bildet, ist ein Ausdruck der Korrelation nach Größe und Vorzeichen.

In dem gewählten Beispiel wird nach der Konstruktion von Fig. 29 die Korrelation etwa $\div 0,48$, die Neigung der „Korrelationslinie" ist nämlich beinahe $\div 1 : 2,1$. Hier hat man also die Gleichung $x = 2,1\,y$ als angenäherten Ausdruck für die durchschnittliche

---

[1]) Es ist dies eben die Pointe, daß die Variationen beider Eigenschaften als Standardwerte einheitlich (als reine Zahlen) ausgedrückt werden und darum mit identischem Maßstab graphisch direkt zusammengestellt und verglichen werden können.

gegenseitige Abhängigkeit der x- und y-Werte (also der Variationen der X- und Y-Eigenschaften, als Standardwerte angegeben).

Wo aber keine Korrelation vorhanden ist, wo also die x- und y-Werte gegenseitig unabhängig sind, müssen für alle x-Werte die y-Werte durchgehend übereinstimmend und darum auch dem Wert M_y gleich sein. Alle y werden sodann $= 0$ und die Korrelationslinie wird mit der X-Linie zusammenfallen; die Steigung (die Tangente des Neigungswinkels) wird selbstverständlich auch 0.

Die Fig. 29 zeigt keine besonders gute Verteilung der Schnittpunkte; wo ein zahlreicheres Material vorliegt, ist oft — aber nicht immer — eine bessere Annäherung an eine gerade Linie zu beobachten. GALTON begnügt sich übrigens nicht damit, die eine Eigenschaft als supponiert zu nehmen, sondern operiert zweimal, indem er das eine Mal die eine, das andere Mal die andere Eigenschaft als X-Charakter nimmt. Die ganze Doppelbestimmung wird auf dasselbe Schema ausgeführt; das eine Mal geben die Klassen der einen Eigenschaft die x-Werte, das andere Mal die Klassen der anderen Eigenschaft. Die Neigung und Richtung der graden Linie, welche mitten durch den Haufen aller Schnittpunkte läuft, oder, genauer gesagt, welche am besten die mittlere Verteilung aller Schnittpunkte ausdrückt, ist nun ganz wie vorhin als „Korrelationslinie" aufzufassen, deren Neigung ein Ausdruck der Korrelation ist. Selbstverständlich müssen alle Schnittpunkte einigermaßen in der Nähe der Linie liegen, wenn das Material nicht ganz unregelmäßig ist.

Diese GALTON'sche graphische Methode der Korrelationsmessung kann natürlicherweise auch als Zahlenberechnung durchgeführt werden. Man könnte, wie es auch vielfach geschieht[1]), die gefundenen y-Werte (die Werte für $\alpha_y : \sigma_y$, vgl. S. 252) mit den gegebenen x-Werten (die Werte für $\alpha_x : \sigma_x$, S. 251) zusammenstellen; in dem gewählten Beispiele hatten wir sodann:

$$y = + 0{,}904 \quad + 0{,}308 \quad \div 0{,}058 \quad \div 0{,}846 \quad \div 1{,}596$$
$$x = \div 2{,}077 \quad \div 0{,}872 \quad + 0{,}333 \quad + 1{,}537 \quad + 2{,}742$$

Durch Division der y-Werte mit den entsprechenden x-Werten würde man eine Reihe Brüche erhalten:

---

[1]) So z. B. bei REITSMA, welcher übrigens, GALTON direkt folgend, mit Quartilwerten der Abweichungen operiert. Dieses ändert im Prinzip der Methode nichts. REITSMA's Tabellen illustrieren sehr schön die hier zu erörternden Unregelmäßigkeiten der Brüche $y : x$.

$$\frac{y}{x} = \div\, 0{,}435 \quad \div\, 0{,}353 \quad \div\, 0{,}174 \quad \div\, 0{,}550 \quad \div\, 0{,}582$$

welche in ihrer Totalität die Korrelation ausdrücken sollte.

In dem speziell vorliegenden Falle gibt der Mittelwert dieser Brüche, $\div 0{,}42$, allerdings annähernd dieselbe Zahl, $0{,}49$, welche uns die graphische Methode gab; meistens wird man aber in dieser Weise eine recht abweichende, oft sinnlose Zahl erhalten. Um dies einzusehen, denke man an den Fall, daß ein x-Wert 0 ist (d. h., daß der betreffende X-Klassenwert gleich M_x wäre, was gar leicht vorkommen könnte). Jeder positive oder negative y-Wert würde dabei $+\infty$ bezw. $\div\infty$ geben. Findet sich, für irgend einen x, ein y-Wert $=0$, so wird der betreffende Bruch $y:x=0$, was auch störend wirken wird. Gerade weil die x-Werte bezw. y-Werte der mittleren X-Klassen oft sehr klein sind, sind die Brüche $y:x$ hier meistens ganz unregelmäßig und als Korrelationsausdruck sinnlos. Darum werden diese „zentralen" Brüche nicht mitberechnet. Entfernen wir hier den zentralen Bruch $\div 0{,}174$, so geben uns die vier anderen den Mittelwert $\div 0{,}48$, welche Zahl besser ist.

Richtiger ist es jedoch, in dieser Art vorzugehen: Den negativen x-Werten wird zuerst positives Vorzeichen gegeben, und für die entsprechenden y-Werte wird das Vorzeichen ebenfalls umgekehrt. Alsdann werden alle x-Werte summiert und ebenfalls die Summe aller y-Werte gebildet (mit Berücksichtigung des Vorzeichens! Der „zentrale" y-Wert kann oft abweichendes Vorzeichen haben). Die summierten y-Werte, Σ_y, werden darauf mit der Summe der x-Werte, Σ_x dividiert. Im vorliegenden Beispiel erhalten wir $\Sigma_x = 7{,}561$ und $\Sigma_y = \div 3{,}712$. Daraus $\Sigma_y : \Sigma_x = \div 0{,}49$ als Korrelationsmaß, welches mit dem Ergebnis der graphischen Methode stimmt.

Ganz wie bei der graphischen Methode erwähnt, kann man hier die ganze Rechnung in doppelter Weise ausführen, indem man das erste Mal die eine Eigenschaft als die supponierte (X) wählt, und das zweite Mal die andere Eigenschaft als X nimmt.

Diese Art der Berechnung — graphisch oder mit durchgeführter Rechnung — eines zahlenmäßigen Ausdrucks der Korrelation ist die elementarste Methode, welche man verwenden kann, falls man die Korrelation als Koeffizienten ausdrücken und dabei die Standardabweichung als Maß der Abweichungen benutzen will. Ein prinzipieller Mangel der Methode ist aber der, daß der Einfluß, welchen jede X-Klasse auf das Resultat ausübt, nicht im Verhältnis zur Individuenanzahl steht; auch andere mathematische Mängel haften dieser Methode an.

Wo von gewöhnlicher, normaler positiver (oder negativer) Korrelation die Rede ist, d. h., wo die den X-Klassen entsprechenden Y-Werte einigermaßen proportional der X-Werte steigen (oder fallen) — und dies ist meistens der Fall, Ausnahmen werden wir später erwähnen — gibt die Anwendung der sogenannten Bravais'schen Formel viel wertvollere Resultate, und dabei haben wir von Pearson auch noch eine Formel für die Genauigkeit der betreffenden Bestimmungen, ↄ: für deren mittleren Fehler erhalten. In der folgenden Vorlesung werden wir dieser Sache näher treten.

Sechzehnte Vorlesung.

Berechnung des Korrelationskoeffizienten mittels Bravais' Formel. — Schemata vollkommener und ganz fehlender Korrelation. — Gradlinige und nicht gradlinige Korrelation. — Die Regression.

Korrelation im Sinne korrelativer Variabilität ist eine Erscheinung, die nicht nur biologisches Interesse hat; solche Korrelationen spielen nämlich eine große Rolle in sehr vielen statistisch-ökonomischen Untersuchungen, wo das gegenseitige Verhalten zweier (oder mehrerer) variabler Erscheinungen beurteilt werden soll. So zeigt sich z. B. ganz augenfällige (negative) Korrelation zwischen Heiratshäufigkeit und dem Grade der Arbeitslosigkeit im betreffenden Jahre usw. Wo eine Variabilität vorhanden ist, kann man nichts sicheres aus der Beschaffenheit eines einzigen Individuums (bezw. aus einem individuellen Falle) schließen, — darum operiert man ja mit dem Mittelwert verschiedener individueller Bestimmungen und dessen mittleren Fehler. Noch viel weniger kann man Korrelationen aus einem einzigen Falle beurteilen; erst nach Zusammenstellung vieler Fälle erhält man einen Überblick.

Darum haben die Statistiker seit lange Prinzipien und Methoden ausgearbeitet, um Korrelation nachzuweisen und zu messen. So hat schon in 1846 Bravais die Formel $r = \dfrac{\Sigma\, a_x \cdot a_y}{n \cdot \sigma_x \cdot \sigma_y}$ angegeben als Ausdruck für die Korrelation zwischen zwei variablen Größen. Und Pearson, Yule u. a. haben uns gelehrt, mit dieser Formel zu arbeiten. Wir folgen hier am nächsten Yule's praktischen Anleitungen.

Zunächst sei aber die Bravais'sche Formel als solche betrachtet. Die Größe r, welche eine unbenannte Zahl ist, wird Korrelationskoeffizient genannt und weicht meistens nicht viel von Galton's graphisch oder durch Rechnung ermitteltem Korrelationsmaß ab. Der Korrelationskoeffizient kann positiv, negativ oder Null sein, aber nur zwischen $+1$ und $\div 1$ gefunden werden, wie wir weiter unten bestätigt finden.

Die Formel $r = \dfrac{\Sigma \alpha_x \cdot \alpha_y}{n \cdot \sigma_x \cdot \sigma_y}$ sagt aus, daß jede Abweichung (α_x) vom Mittel (M_x) der einen, supponierten Eigenschaft mit der — dasselbe Individuum betreffenden — Abweichung (α_y) vom Mittel (M_y) der zweiten, relativen Eigenschaft multipliziert werden soll; und daß alle diese Abweichungsprodukte ($\alpha_x \cdot \alpha_y$) summiert werden sollen. Das wäre $\Sigma \alpha_x \cdot \alpha_y$. Diese „Abweichungsprodukt-Summe" ist demnach mit $n \cdot \sigma_x \cdot \sigma_y$ zu dividieren; d. h. sie wird mit der Gesamtanzahl aller Individuen (n) mal die Standardabweichung (σ_x) der supponierten Eigenschaft mal die Standardabweichung (σ_y) der relativen Eigenschaft dividiert. So wäre die Berechnung von r beendet.

Der Nenner des Bruches $\dfrac{\Sigma \alpha_x \cdot \alpha_y}{n \cdot \sigma_x \cdot \sigma_y}$ ist leicht zu berechnen. Wie Standardabweichungen (σ_x bezw. σ_y) gefunden werden, ist aus der dritten Vorlesung bekannt. Als „Berechnungsformel" für die Standardabweichung benutzen wir ja am einfachsten die Formel $\sigma = \sqrt{\dfrac{\Sigma p a^2}{n} \div b^2}$ (vgl. S. 44). Man rechnet also von dem Ausgangspunkt A (vgl. S. 43), wodurch die Rechnungen vereinfacht werden; wir hatten ja schon auf S. 43 $a = \mathrm{a} \div b$ usw. Für die Standardabweichungen der supponierten Eigenschaft haben wir also die Rechnung $\sigma_x = \sqrt{\dfrac{\Sigma p a_x^2}{n} \div b_x^2}$ und für die relative Eigenschaft die Rechnung $\sigma_y = \sqrt{\dfrac{\Sigma p a_y^2}{n} \div b_y^2}$ auszuführen. Als Ausgangspunkte A_x und A_y wählt man am bequemsten diejenigen Klassen der supponierten bezw. der relativen Eigenschaft, welche den Mittelwerten M_x bezw. M_y am nächsten zu stehen scheinen. Der Nenner $n \cdot \sigma_x \cdot \sigma_y$ ist also sehr leicht zu ermitteln.

Was nun den Zähler $\Sigma \alpha_x \alpha_y$ der BRAVAIS'schen Formel betrifft, so schreiben wir in Übereinstimmung mit unserer gewöhnlichen Ausdrucksweise hier lieber $\Sigma p (\alpha_x \cdot \alpha_y)$. Mit p bezeichnen wir die Anzahl der Individuen (die Häufigkeit des Vorkommens) in jeder Rubrik, vgl. S. 42; und bei den Korrelationstabellen haben wir ja das Zahlenmaterial in den Rahmen einer doppelten Einteilung rubriziert. Jedenfalls wird der Ausdruck $\Sigma p \alpha_x \alpha_y$ nicht mißverstanden werden können, ob der Buchstabe p auch vielleicht überflüssig sein sollte, um den Sinn zu präzisieren.[1])

Um nun den Zähler $\Sigma p\alpha_x \alpha_y$, also die Summe der Produkte aller korrespondierenden Abweichungen α_x und α_y, zu bestimmen, operiert man — ganz wie bei der Bestimmung von σ — zuerst mit den Abweichungen von den schon gewählten Ausgangspunkten A_x und A_y, also mit den korrespondierenden Werten a_x und a_y, welche in ganzen Klassenspielräumen: 1, 2, 3 usw. angegeben werden, statt mit den wahren Werten α_x und α_y, welche unangenehmes Rechnen mit vielen Dezimalstellen bedingen würden. Nachher korrigiert man die ermittelte Produktensumme $\Sigma p a_x a_y$ mittels der Bestimmungen von b_x und b_y, wie es aus der folgenden kleinen Auseinandersetzung hervorgehen wird.

Aus der öfters erwähnten Gleichung $\alpha = a \div b$ (S. 43) und deren Derivat $a = \alpha + b$ folgt, daß wir $a_x = \alpha_x + b_x$ und $a_y = \alpha_y + b_y$ haben. Daraus ergibt sich das Produkt $a_x a_y = (\alpha_x + b_x)(\alpha_y + b_y)$ $= \alpha_x \alpha_y + \alpha_x b_y + \alpha_y b_x + b_x b_y$. Die Summe aller dieser Produkte (d. h. aller korrespondierender a_x und a_y) ist dann diese:

$$\Sigma p a_x a_y = \Sigma p \alpha_x \alpha_y + \Sigma p \alpha_x b_y + \Sigma p \alpha_y b_x + \Sigma p b_x b_y.$$

Ganz dem entsprechend, was wir auf S. 44 fanden, sind hier die Größen $\Sigma p \alpha_x b_y$ und $\Sigma p \alpha_y b_x$ gleich Null (die Summe aller Abweichungen vom Mittelwerte — die Werte $\Sigma p \alpha$ — sind ja $= 0$), und da sowohl b_x als b_y konstante Größen sind, wird $\Sigma p b_x b_y$ $= n \cdot b_x b_y$. Sodann haben wir $\Sigma p a_x a_y = \Sigma p \alpha_x \alpha_y + n b_x b_y$, und daraus $\Sigma p \alpha_x \alpha_y = \Sigma p a_x a_y \div n b_x b_y$. Die gesuchte Korrektion ist damit gefunden und den Zähler $\Sigma p \alpha_x \alpha_y$ berechnen wir sodann nach dieser Formel:

$$\Sigma p \alpha_x \alpha_y = \Sigma p a_x a_y \div n\, b_x\, b_y.$$

Die Berechnung der Werte b (b_x und b_y) kennen wir zur Genüge (vgl. besonders S. 32—35). Die Produktensumme $\Sigma p a_x a_y$ ist aus der Korrelationstabelle unschwer zu erhalten. Statt vielen Worten zur Beschreibung sei gleich an unser Haferbeispiel die Hand gelegt; vgl. die Tabelle S. 248.

Wir wählen als Ausgangspunkt der supponierten Eigenschaft (Korngewicht) die Klasse 40—45 mg, also $A_x = 42{,}5$ mg und für

---

[1]) Wo die Daten nicht erst in der Korrelationstabelle rubriziert sind, sondern jedes α_x mit dem entsprechenden α_y für sich allein angegeben ist, wird jedes $p = 1$, und sodann $\Sigma p \alpha_x \alpha_y = \Sigma \alpha_x \alpha_y$. So ist der Sinn der BRAVAIS'schen Formel zu verstehen, welche nicht doppelte Tabulierung des Materials voraussetzt; vgl. das Beispiel S. 270.

die relative Eigenschaft (Fettprozent) die Klasse 6—6,5 Proz., also $A_y = 6,25$ Proz. Die Tabelle erhält dann folgendes Aussehen, indem wir hier nur mit Klassenspielräumen zu operieren brauchen (die Klassenwerte werden ja durch Verkürzung eliminiert, $r = \dfrac{\Sigma p a_x\, a_y}{n\,\sigma_x\,\sigma_y}$ muß ja eine unbenannte Zahl sein):

Die Korrelationstabelle der S. 248, zur Berechnung des Korrelationskoeffizienten r fertiggestellt.

A_y
6,25

$a_x=$	$a_y =$	$\div 3$	$\div 2$	$\div 1$	0	$+1$	$+2$	$+3$	$+4$	Summe	
$\div 2$	$+$	.	.	.	.	8_2	2_4	1_6	$.\div$	11	
$\div 1$		.	1_2	6_1	22_0	33_1	10_2	2_3	1_4	75	
$A_x = 42,5$ · 0		1_0	2_0	10_0	48_0	37_0	8_0	1_0	.	107	} X-Reihe
$+1$		.	1_2	12_1	11_0	2_1	.	.	.	26	
$+2$		.	2_4	1_2	1_0	.	.	.	.	4	
$+3$ $\div$		.	.	1_3	.	.	.	.	$.+$	1	
Summe		1	6	30	82	80	20	4	1	224	

Y-Reihe

Zuerst berechnet man b und σ sowohl der X-Reihe als der Y-Reihe — beide für sich, ganz wie üblich. Wir werden finden:

$$b_x = \div\, 0{,}268, \text{ und } \sigma_x = 0{,}829, \text{ sowie}$$
$$b_y = +\, 0{,}406, \text{ und } \sigma_y = 1{,}031.$$

Sodann haben wir die Produkte $p a_x\, a_y$ zu berechnen. Um dieses auszuführen, teilen wir die Tabelle in 4 Quadranten mittels des Kreuzes der beiden Reihen A_x und A_y. In diesem Kreuze selbst sind ja alle Produkte $a_x \cdot a_y = 0$, weil hier entweder a_x oder a_y — oder beide — gleich Null sind. Da Plusvarianten positiv und Minusvarianten negativ zu rechnen sind, erhalten die Produkte $a_x \cdot a_y$ offenbar positives Vorzeichen im Quadrant links oben und rechts unten: dort treffen Minusvarianten der X-Reihe Minusvarianten der Y-Reihe, und hier begegnen sich Plusvarianten beider Reihen. Im Quadrant rechts oben und links unten treffen Minusvarianten der einen Reihe mit Plusvarianten der anderen Reihe zusammen; diese Produkte erhalten also negatives Vorzeichen. Dieses Verhalten wird mit dem in jedem Quadranten eingeschriebenen Vorzeichen markiert. Der Zahlenwert des Produktes $a_x\, a_y$ wird darauf in jeder einzelnen Rubrik neben der Anzahlangabe, p, eingeschrieben — hier ist das mit kleinen Zahlentypen getan. Diese

17*

Wertzahlen sind leicht zu finden, z. B. ist für die Rubrik mit p = 8 Varianten in der obersten Zeile der $a_x\, a_y$ - Wert $= \div 2$; indem $a_x = \div 2$ und $a_y = + 1$ usw. Man multipliziert nun in jeder Rubrik die Individuenanzahl p mit der Wertzahl und summiert für jeden Quadranten separat, was für die Revision der Rechnung sehr praktisch ist. Wir haben sodann:

Für die Plusquadranten:		Für die Minusquadranten	
Links oben	Rechts unten	Rechts oben	Links unten
$p \cdot a_x\, a_y$	$p \cdot a_x\, a_y$	$p \cdot a_x\, a_y$	$p \cdot a_x\, a_y$
$1 \cdot 2 = 2$	$2 \cdot 1 = 2$	$8 \cdot 2 = 16$	$1 \cdot 2 = 2$
$6 \cdot 1 = 6$	$\overline{2}$	$2 \cdot 4 = 8$	$12 \cdot 1 = 12$
$\overline{8}$		$1 \cdot 6 = 6$	$2 \cdot 4 = 8$
		$33 \cdot 1 = 33$	$1 \cdot 2 = 2$
		$10 \cdot 2 = 20$	$1 \cdot 3 = 3$
		$2 \cdot 3 = 6$	$\overline{27}$
		$1 \cdot 4 = 4$	
		$\overline{93}$	

Alle positive Werte $\qquad + 10$
Dazu die negativen Werte $\div 120$
Totale Produktensumme
$\qquad\qquad\qquad \Sigma p a_x\, a_y = \div 110$

Alle negative Werte $\div 120$.

Damit sind die Vorbereitungen fertig. Die theoretische Korrelationsformel war $r = \dfrac{\Sigma p a_x\, a_y}{n\, \sigma_x\, \sigma_y}$, woraus wir die Rechnungsformel

$$r = \frac{\Sigma p a_x\, a_y \div n\, b_x\, b_y}{n\, \sigma_x\, \sigma_y}$$ gebildet haben. In dieser Formel setzen wir nun alle die speziell gefundenen Bestimmungsstücke ein, wodurch wir folgendes erhalten:

$$r = \frac{\div 110 \div (224 \cdot \div 0{,}268 \cdot 0{,}406)}{224 \cdot 0{,}829 \cdot 1{,}031} = \frac{\div 110 \div (\div 24{,}373)}{191{,}453} = \div 0{,}447.$$

Der Korrelationskoeffizient zwischen Körnergewicht und Fettprozent des betreffenden Hafermaterials war sodann $r = \div 0{,}447$; während die GALTON'sche graphische Methode gegen $\div 0{,}49$ ergab.

Die hier benutzte genauere Berechnungsmethode ist schon deshalb besser, weil alle Varianten gleichviel Einfluß auf die Bestimmung üben müssen. Wie man sieht, ist die hier benutzte Methode gar nicht schwierig. Wegen der bei größeren Tabellen zahlreichen kleinen Multiplikationen und Additionen muß natürlich gut aufgepaßt werden. Die beste Kontrolle ist, die Berechnung zweimal auszuführen, aber mit verschieden gewählten A_x und A_y! Dieses ist auch „frischer" als die Rechnung rein zu wiederholen.

Nach PEARSON und FILON ist der mittlere Fehler des Korrelationskoeffizienten $m_r = \dfrac{1 \div r^2}{\sqrt{n}}$; in dem gewählten Beispiel also haben wir $m_r = \dfrac{1 \div 0,447^2}{\sqrt{224}} = \pm\,0,053$. Demnach ist der hier gefundene Korrelationskoeffizient für die Variationen der Körnergröße und des prozentischen Fettgehalts bei Hafer folgendermaßen anzugeben: $r = \div\,0,447 \pm 0,053$.

In ganz entsprechender Weise würden wir, für die Variationen der Körnergröße und des prozentischen Stickstoffgehalts bei Gerste, nach der Tabelle S. 247, den Korrelationskoeffizienten $r = +\,0,593 \pm 0,027$ finden. Es möge der Leser dieses kontrollieren!

Der Korrelationskoeffizient sagt uns, ob Korrelation vorhanden ist oder nicht[1]), d. h. also, ob die Variation der zwei betreffenden Charaktere in gegenseitigem Abhängigkeitsverhältnis stehen oder unabhängig sind; und das Vorzeichen sagt, in welcher Richtung eine gefundene Abhängigkeit sich zeigt: hat r positives Vorzeichen, so variieren die beiden Charaktere gleichsinnig, hat r negatives Vorzeichen, so variieren sie in entgegengesetzter Richtung. Für die Bestimmung von r ist es ganz gleichgültig, welche Eigenschaft als supponierte, und welche als relativ gewählt wird, wie das wohl ohne weiteres einleuchten wird.

Die numerische Größe von r gibt ein Maß der Vollkommenheit der Korrelation; mit $r = 1$ ($+1$ oder $\div 1$) ist die Korrelation ganz vollkommen oder absolut, d. h. jede einzelne Variante stimmt völlig mit dem durchschnittlichen Verhalten des ganzen Materials überein, oder — mit anderen Worten — in der Korrelation ist keine Variabilität. Eine solche vollkommene Korrelation kommt wohl in der Natur nicht vor; jedoch hat man sehr bedeutende Annäherungen; so gibt REITSMA an, er habe bei Untersuchung von 2500 Blättern von *Trifolium pratense* als Korrelationskoeffizient zwischen Länge des linken Blättchens und Länge des Endblättchens $r = +\,0,992$ gefunden.

Durch die Güte des Herrn Dr. REITSMA war es möglich, seine diesbezüglichen nicht detailliert publizierten Zahlen zur Disposition zu erhalten. Die Messungen waren mit einer Genauigkeit (einem Spielraume) von 1 mm ausgeführt. Dies ergibt eine Korrelationstabelle, die viel zu groß wäre, um hier reproduziert zu werden. Darum sind alle Messungen in Klassen mit dem Spielraume von 5 mm eingeteilt und hier in der nebenstehenden Korrelations-

---

[1]) Hier ist nur die Rede von normaler, gradliniger Korrelation, vgl. auch S. 265.

tabelle geordnet, welche als Beispiel einer ungemein hohen Korrelation dienen kann.

Korrelationstabelle

der Längen des Endblättchens und des linken Seitenblättchens bei *Trifolium pratense*. Mit Benutzung der Originalmessungen REITSMA's zusammengestellt.

Länge des linken Blättchens in mm : X (Zeilen) — **Länge des Endblättchens in Millimeter : Y.** (Spalten)

X	5	10	15	20	25	30	35	40	45	50	55	60	65	70	Summe
5	3	2	.	.	.	.	.	.	.	.	.	.	.	.	5
10	1	57	14	.	.	.	.	.	.	.	.	.	.	.	72
15	.	9	209	63	.	.	.	.	.	.	.	.	.	.	281
20	.	.	17	348	70	.	.	.	.	.	.	.	.	.	435
25	.	.	.	25	367	111	.	.	.	.	.	.	.	.	503
30	.	.	.	.	28	351	104	2	.	.	.	.	.	.	485
35	.	.	.	.	.	49	219	80	3	.	.	.	.	.	351
40	.	.	.	.	.	.	20	137	49	2	.	.	.	.	208
45	.	.	.	.	.	.	1	14	66	26	.	.	.	.	107
50	.	.	.	.	.	.	.	.	2	28	10	.	.	.	40
55	.	.	.	.	.	.	.	.	.	7	3	.	.	.	10
60	.	.	.	.	.	.	.	.	.	.	.	2	.	.	2
65	.	.	.	.	.	.	.	.	.	.	.	1	.	.	1
70	.	.	.	.	.	.	.	.	.	.	.	.	.	.	
Summe	4	68	240	436	465	511	344	233	120	56	17	6	.		2500

Aus dieser Tabelle ergeben sich für das linke Blättchen die Werte $M_x = 30{,}076$ mm und $\sigma_x = 1{,}8567$ Klassenspielräume à 5 mm $= 9{,}284$ mm; und für das Endblättchen $M_y = 30{,}832$ mm und $\sigma_y = 1{,}9154$ Klassenspielräume $= 9{,}577$ mm. Ferner findet sich $\Sigma p a_x a_y = 8558{,}75$ (mit Klassenspielräumen als Einheiten ausgedrückt) und $n \sigma_x \sigma_y = 8890{,}75$ (in gleicher Weise ausgedrückt).[1]) Sodann der Korrelationskoeffizient:

$$r = +\,0{,}9627 \pm 0{,}0015.$$

REITSMA hat die Korrelation zu hoch angegeben; auch der direkt nach den Originalzahlen berechnete Korrelationskoeffizient erreicht nicht den angegebenen Wert $+0{,}992$ sondern nur $+0{,}975$.

---

[1]) Zur Kontrolle der Rechnung sei angeführt, daß, mit $A_x = A_y = 32{,}5$ als Ausgangspunkten, erhält man — alles mit Klassenspielräumen — $b_x = \div 0{,}4848$, $b_x^2 = 0{,}2350$; $\frac{\Sigma p a_x^2}{n} = 3{,}6824$, also $\sigma_x = \sqrt{3{,}6824 \div 0{,}2350} = 1{,}8567$. Ferner $b_y = \div 0{,}3336$, $b_y^2 = 0{,}1113$; $\frac{\Sigma p a_y^2}{n} = 3{,}7800$, also $\sigma_y = \sqrt{3{,}78 \div 0{,}1113} = 1{,}9154$. $\Sigma p a_x a_y = 8963$ und $n b_x b_y = 404{,}25$. Damit sind die Elemente der Berechnung gegeben.

Dieser immerhin ungewöhnlich große Korrelationskoeffizient wird dadurch mehr verständlich, daß wir hier mit den Teilen eines und desselben Organs zu tun haben. Die Form und Dimensionsverhältnisse der Teile des zusammengesetzten Blattes sind hier offenbar sehr fest in Korrelation. Nach GALTON's Methode würden wir sehr nahe den Wert 1 erhalten; aber gerade hier zeigt sich die BRAVAIS'sche Methode als die strengere und präzisere. —

Ganz fehlende Korrelation, welche $r = 0$ ergibt, werden wir weiter unten mit Beispielen aus den Erblichkeitsuntersuchungen illustrieren. Hier sei nur rein schematisch demonstriert, wie die Varianten zweier Charaktere, X und Y sich gruppieren müssen, wenn vollkommene Korrelation zwischen ihnen vorhanden ist, und ferner auch wie sie sich beispielsweise gruppieren können, wenn eine Korrelation gänzlich fehlt.

Denken wir uns zwei Charaktere, ganz regelmäßig „ideal" variierend, mit M_x bezw. M_y als Mittelwerte und σ_x bezw. σ_y als Standardabweichungen, so können wir das Material in Bezug auf beide Charaktere in gleich viele Klassen mit relativ gleichem

Schematische Korrelationstabelle bei vollkommener Korrelation. (Siehe die folgende Seite.)

Y-Klassen

	÷5	÷4	÷3	÷2	÷1	M_y	+1	+2	+3	+4	+5	Summe
÷5	1	.	.	.	.	.	.	.	.	.	.	1
÷4	.	9	.	.	.	.	.	.	.	.	.	9
÷3	.	.	29	.	.	.	.	.	.	.	.	29
÷2	.	.	.	60	.	.	.	.	.	.	.	60
÷1	.	.	.	.	95	.	.	.	.	.	.	95
M_x	.	.	.	.	.	112	.	.	.	.	.	112
+1	.	.	.	.	.	.	95	.	.	.	.	95
+2	.	.	.	.	.	.	.	60	.	.	.	60
+3	.	.	.	.	.	.	.	.	29	.	.	29
+4	.	.	.	.	.	.	.	.	.	9	.	9
+5	.	.	.	.	.	.	.	.	.	.	1	1
Summe	1	9	29	60	95	112	95	60	29	9	1	500

X-Klassen (links)

Hieraus $\sigma_x = \sigma_y = \sqrt{\dfrac{1530}{500}}$, darum $n\,\sigma_x\,\sigma_y = 1530$; indem ferner $\Sigma p\alpha_x\,\alpha_y = 1530$, erhält man $r = \dfrac{\Sigma p\alpha_x\,\alpha_y}{n\,\sigma_x\,\sigma_y} = +1$. Wäre die Anordnung der Zahlenreihe derart, daß sie von unten links nach oben rechts ginge (die vorliegende Ordnung also kreuzend), so würde $r = \div 1$ sein. Für jeden Klassenspielraum, um welchen x geändert wird, ändert sich auch der entsprechende Wert von y ein Klassenspielraum.

Spielraum (nämlich mit Spielraum gleicher Standardwerte) einteilen, und dann eine Korrelationstabelle ordnen.

Sagen wir, es seien etwa 500 Individualfälle untersucht und für beide Charaktere gäbe die gewählte Einteilung diese Variantenverteilung:

$\div5$	$\div4$	$\div3$	$\div2$	$\div1$	M	$+1$	$+2$	$+3$	$+4$	$+5$
1	9	29	60	95	112	95	60	29	9	1

so können wir damit die Rahmen einer Korrelationstabelle aufstellen. Um nun die Korrelation vollständig, also $r = 1$ zu haben, wird das gesamte Material so in der Korrelationstabelle zu verteilen sein, wie es die vorhergehende Tabelle zeigt.

Man findet aus der Tabelle $r = +1$. Jede wenn auch ganz kleine Abweichung von dieser Anordnung wird r verkleinern; $r = 1$ sagt eben aus, daß in der Korrelation keine Variation sich findet.

Dasselbe gilt, wenn $r = \div 1$. Man prüfe nur, ob es tunlich ist, durch irgend welche Manöver höhere Werte für r als 1 zu erhalten, — das Resultat wird nur verneinend ausfallen! Man sieht, wie stark die S. 262 gegebene Tabelle (betreffend die Rotkleeblätter) sich der Verteilung bei vollkommener Korrelation nähert.

Die folgende Tabelle aber zeigt eine Anordnung ohne Korrelation.

Schematische Korrelationstabelle bei völlig fehlender Korrelation.

		$\div5$	$\div4$	$\div3$	$\div2$	$\div1$	M_y	$+1$	$+2$	$+3$	$+4$	$+5$	Summe
	$\div5$	.	.	.	.	.	1	.	.	.	.	.	1
	$\div4$	.	.	.	1	2	3	2	1	.	.	.	9
	$\div3$	.	.	1	3	6	9	6	3	1	.	.	29
	$\div2$	.	1	3	6	13	14	13	6	3	1	.	60
	$\div1$	.	2	6	13	17	19	17	13	6	2	.	95
X-Klassen	M_x	1	3	9	14	19	20	19	14	9	3	1	112
	$+1$	.	2	6	13	17	19	17	13	6	2	.	95
	$+2$	.	1	3	6	13	14	13	6	3	1	.	60
	$+3$	.	.	1	3	6	9	6	3	1	.	.	29
	$+4$	.	.	.	1	2	3	2	1	.	.	.	9
	$+5$	.	.	.	.	.	1	.	.	.	.	.	1
		1	9	29	60	95	112	95	60	29	9	1	500

Y-Klassen

Aus dieser Tabelle, welche, ganz wie die Tabelle vollkommener Korrelation, $\sigma_x = \sigma_y = \sqrt{\dfrac{1530}{500}}$, und sodann $n \cdot \sigma_x \cdot \sigma_y = 1530$ ergibt, erhalten wir aber $\Sigma p\alpha_x \alpha_y = 0$, somit auch $r = 0$. Der Leser prüfe das nur selbst. Damit stimmt es auch, daß für jede X-Klasse derselbe Y-Wert (M_y) gefunden wird. x und y sind gegenseitig ganz unabhängig.

Diese Tabelle ist als Schema ganz regelmäßig gemacht, wie es eine wirkliche Untersuchungsreihe niemals ergeben würde. Sehr viele andere Gruppierungen, welche $r = 0$ ergeben, könnten arrangiert werden, was wohl hier unnötig wäre.

Dagegen muß scharf betont werden, daß eine Voraussetzung der Korrelationsberechnung mit BRAVAIS' Formel die ist, daß die Korrelation geradlinig sei, d. h. die durchschnittliche Zunahme (bezw. bei negativer Korrelation die Abnahme) der Intensität des einen Charakters muß der entsprechenden Zunahme der Intensität des anderen Charakters einfach proportional sein. Jedenfalls muß dies annähernd der Fall sein. Gegenseitige Abhängigkeit wesentlich abweichender Art läßt sich nicht völlig mit der BRAVAIS'schen Formel ausdrücken.

Diese Sache verdient bei feineren statistischen Untersuchungen volle Aufmerksamkeit; aber auch in der biologischen Variationsstatistik muß man sie im Auge behalten, um vorkommende Fälle richtig auffassen zu können.

Schematische Korrelationstabelle
bei einem Falle nicht geradliniger Korrelation.

	$\div5$	$\div4$	$\div3$	$\div2$	$\div1$	M_y	$+1$	$+2$	$+3$	$+4$	$+5$	Summe	mittlere y-Werte
$\div5$	.	.	.	.	.	.	.	.	1	.	.	1	$+3$
$\div4$	.	.	.	.	.	1	1	3	3	1	.	9	$+2,22$
$\div3$	.	.	.	1	2	7	7	7	4	1	.	29	$+1,14$
$\div2$	.	.	1	3	13	17	15	8	2	1	.	60	$+0,32$
$\div1$	.	1	6	16	21	21	17	9	3	1	.	95	$\div0,28$
M_x	1	7	15	20	23	20	15	6	3	1	1	112	$\div0,88$
$+1$	.	1	6	16	21	21	17	9	3	1	.	95	$\div0,28$
$+2$	.	.	1	3	13	17	15	8	2	1	.	60	$+0,32$
$+3$	.	.	.	1	2	7	7	7	4	1	.	29	$+1,14$
$+4$	.	.	.	.	.	1	1	3	3	1	.	9	$+2,22$
$+5$	.	.	.	.	.	.	.	.	1	.	.	1	$+3$
Summe	1	9	29	60	95	112	95	60	29	9	1	500	
mittlere x-Werte	0	0	0	0	0	0	0	0	0	0	0		

Hieraus, wie in den beiden vorhergehenden Tabellen, ergibt sich $\sigma_x = \sigma_y = \sqrt{\dfrac{1530}{500}}$ und somit $n\sigma_x \sigma_y = 1530$. $\Sigma p\alpha_x \alpha_y$ wird $= 0$ gefunden, und demnach auch $r = 0$. Demnach sollte man behaupten, hier sei keine Korrelation vorhanden. Dies ist jedoch nicht richtig, wie es im Text näher beleuchtet wird.

Wir können gleich hier ein schematisches Beispiel geben, welches den beiden soeben diskutierten Schematen, in denen wir bei geradliniger Korrelation $r = + 1$ bezw. $r = 0$ fanden, sich anschließen kann. Ganz dieselben X- und Y-Reihen werden wir benutzen, aber sie sozusagen in krummliniger oder gebogener Korrelation anordnen. Die vorhergehende Tabelle illustriert einen solchen Fall.

Die Durchschnittsbestimmung $r = 0$ ist hier kein berechtigter Ausdruck der Korrelation. Wie die den verschiedenen X-Klassen entsprechenden Y-Werte (siehe die letzte Kolonne der Tabelle) es zeigen, ist eine besondere Korrelation hier vorhanden: Bei Plusabweichung von X steigt der mittlere Y-Wert mit steigendem Werte vom X. Umgekehrt aber bei Minusabweichung von X: hier steigt der mittlere Y-Wert mit abnehmendem Werte von X[1])

Wir stehen eben hier bei einem Falle nicht geradliniger Korrelation. Weil solche Fälle vorkommen können, ohne daß man bei Inspektion der Korrelationstabelle diese Sachlage sofort entdecke, ist es immer ratsam, die mittleren Y-Werte für jede X-Klasse zu berechnen (bezw. die X-Werte für jede Y-Klasse), wie wir es hier und in den Tabellen S. 247 und 248 getan haben. Zeigen diese Mittelwerte wesentliche Abnormitäten der Korrelation an, dann muß man vorsichtig sein: Anwendung von Formeln, deren Voraussetzung nicht paßt, gibt irrige oder unsinnige Resultate, seien sie auch „formell" korrekt.

Die Bestimmung der Korrelationskoeffizienten solcher abnormer oder komplizierter Fälle kann eine sehr schwierige Sache sein, die wir nicht verfolgen können. Nur sei gesagt, daß in Fällen, wie sie die soeben gegebene Tabelle illustriert, es offenbar die Abweichung vom Mittel M_x ist, d. h. die Größe der Abweichung selbst, einerlei ob sie in positiver oder negativer Richtung geht (also der „Abweichungsgrad" an sich, wie man sagen könnte!), welche in Korrelation steht zu der Intensität der Eigenschaft Y. „Je mehr ein Individuum vom M_x abweicht (einerlei ob positiv oder negativ), desto größer wird durchschnittlich dessen Y-Wert", wäre hier ein einfacher Ausdruck der Korrelation. Ob diese Korrelation wieder

---

[1]) Dagegen ist im vorliegenden Beispiele mit Änderungen von Y keine Änderung von X verbunden; die X-Werte aller Y-Klassen sind gleich $M_x =$ Abweichung 0, vgl. die Tabelle. Mit anderen Worten: die Änderungen der X-Werte im entgegengesetzten Sinne heben einander auf; nur variieren die X-Werte sehr viel stärker — sogar zweigipfelig — in den höheren Y-Klassen als in den niederen Y-Klassen.

geradlinig ist oder nicht, ist eine andere Frage; im gegebenen Beispiele trifft es allerdings einigermaßen zu.

Nach diesen konstruierten Fällen und den daraus gezogenen
Lehren und Warnungen, wenden wir uns wieder an die in der
Natur vorkommenden Korrelationen.

Hat man nun gegebenen Falles eine Korrelation gefunden und
deren Größe, r, bestimmt, dann könnte man zu wissen wünschen,
in welchem Verhältnis die relative Eigenschaft sich durchgehends
verändert, wenn die Intensität der supponierten Eigenschaft sich um
irgend eine Maßeinheit ändert.

Dieses Verhältnis nennt man die Regression der relativen
zur supponierten Eigenschaft. Und diese Regression wird
durch die Formel

$$R_{\frac{y}{x}} = r \frac{\sigma_y}{\sigma_x}$$

ausgedrückt, d. h. in Worten: Der Korrelationskoeffizient mal
Standardabweichung der relativen Eigenschaft, dividiert mit Standardabweichung der supponierten Eigenschaft. [1]

Hält man sich an die Einteilung der in einem gegebenen Falle
vorliegenden Tabelle, und genügt es, mit den Klassenspielräumen
(bezw. der supponierten und relativen Eigenschaft) als Maßeinheiten
der Änderungen zu operieren, so werden schon durch die Berechnung
von r alle Elemente zur Regressionsberechnung ermittelt. Um uns
hier nur an das Haferbeispiel zu halten, fanden wir S. 259 $\sigma_x =$
0,829 und $\sigma_y = 1,031$. Indem $r = \div 0,447$ (S. 260), wird die gesuchte Regression

$$R_{\frac{y}{x}} = \div 0,447 \cdot 1,031 : 0,829 = \div 0,556.$$

Der mittlere Fehler von $R_{\frac{x}{y}}$ ist angenähert [2] $m_R = m_r \frac{\sigma_y}{\sigma_x}$, hier also
(vgl. S. 260) $\pm 0,053 \cdot 1,031 : 0,829 = \pm 0,066$. Als Ausdruck

---

[1] Man kann ja ganz nach Belieben die eine oder die andere Eigenschaft als supponiert nehmen; darum genügt die gegebene Formel. Ganz
allgemein könnte man sagen, daß $R_{\frac{y}{x}} = r \frac{\sigma_y}{\sigma_x}$ (und dementsprechend $R_{\frac{x}{y}} =$
$r \frac{\sigma_x}{\sigma_y}$) drücken die Regressionen aus, einerseits der relativen zur supponierten
Eigenschaft, andererseits der supponierten zur relativen Eigenschaft.

[2] Vergl. über den mittleren Fehler eines Produktes bezw. eines
Quotienten S. 84. Hier aber ist zu merken, daß auch die Größen σ_x und
σ_y mit Fehlern belastet sind, welches den Fehler von R etwas vergrößern muß.

für die hier in Frage kommende Regression (des prozentischen Fettgehaltes zur Körnergröße bei den untersuchten Haferproben) haben wir sodann

$$R_{\frac{y}{x}} = \div 0{,}556 \pm 0{,}066.$$

Dies würde sagen, für jeden Körnergröße-Klassenspielraum, um welchen das Korngewicht zunimmt, nimmt der prozentische Fettgehalt durchschnittlich um den Wert $\div$ 0,556 Fettgehaltklassen zu ; d. h. also der Fettgehalt nimmt in diesem Verhältnis ab. (Die Regression ist hier negativ; deren Vorzeichen stimmt immer mit dem Vorzeichen des Korrelationskoeffizenten überein.) Ein solcher Ausdruck mag in vielen Fällen, beim Vergleiche verschiedener identisch eingerichteter Tabellen usw. genügen. Meistens aber wünscht man die Regression absolut zu messen, und dies geschieht, indem man in die Regressionsformel $R_{\frac{y}{x}} = r \cdot \dfrac{\sigma_y}{\sigma_x}$ die absoluten Werte der Standardabweichungen einsetzt. Im vorliegenden Beispiele erhalten wir, indem die Klassenspielräume der Körnergröße und des Fettgehaltes bezw. 5 Milligramme und 0,5 Prozent sind, diesen Ausdruck der Regressionen:

$$R_{\frac{y}{x}} = \div 0.447 \; \frac{1{,}031 \cdot 0{,}5 \; \text{Proz. Fett}}{0{,}829 \cdot \; 5 \; \text{mg}}$$

$$= \div 0{,}0556 \; \text{Proz. Fett für jedes Milligramm Körnergewicht;}$$

also in Worten: Für jedes Milligramm, um welches das Körnergewicht steigt, vermindert sich der Fettgehalt durchgehends um 0,056 Prozent.

Die Regression des Körnergewichts zum Fettgehalte des Hafers ergibt sich umgekehrt als:

$$R_{\frac{x}{y}}{}^1) = \div 0{,}447 \cdot \frac{0{,}829 \cdot \; 5 \; \text{mg}}{1{,}031 \cdot 0{,}5 \; \text{Proz. Fett}}$$

$$= \div 3{,}594 \; \text{mg für jeden Prozent des Fettgehalts; also in}$$
Worten: Für jeden Prozent, um welchen der Fettgehalt steigt, vermindert sich das Körnergewicht durchschnittlich um 3,594 mg.

Für das Gerstenmaterial der Tabelle S. 247 finden wir die absoluten Standardabweichungen — bezw. σ_x = 4,29 mg und σ_y = 0,150 Prozent Stickstoff. Der Korrelationskoeffizient war r = $+$ 0,593 (vergl. S. 261); absolut ausgedrückt war sodann die Regression des Stickstoffgehaltes zum Körnergewicht:

---

¹) Vergl. die Anmerkung S. 267.

$$R_{\frac{y}{x}} = + 0{,}593 \frac{0{,}15 \text{ Proz. Stickstoff}}{4{,}29 \text{ mg Körnergewicht}}$$

$= + 0{,}021$ **Proz. Stickstoff für jedes Milligramm Körnergewicht**;

und die Regression des Körnergewichts zum Stickstoffgehalt findet sich als

$$R_{\frac{x}{y}} = + 0{,}593 \frac{4{,}29 \text{ mg Körnergewicht}}{0{,}15 \text{ Proz. Stickstoff}}$$

$= + 16{,}94$ **Milligramm Körnergewicht für jeden Prozent Stickstoff.**

In diesen beiden Beispielen bezw. negativer oder positiver Korrelation und Regression war das Zahlenmaterial nur klein; die Beispiele wurden aber gerade deshalb gewählt, um leicht ausführliche Rechnungen zur Einübung der Methoden zu benutzen. Es versteht sich von selbst, daß, je größer das Zahlenmaterial ist, welches eine in Frage stehende Korrelation beleuchten soll, sich die korrelativen Beziehungen desto gleichmäßiger und sicherer zeigen. Dies äußert sich ja auch darin, daß die mittleren Fehler aller Bestimmungen kleiner werden. —

Selbst aber, wenn eine so geringe Anzahl Individualfälle vorliegen, daß es nicht angeht, das Material in Klassen einzuteilen — geschweige denn in den Rahmen einer Korrelationstabelle zu ordnen —, läßt sich immerhin die Ermittelung eines eventuell vorliegenden korrelativen Verhältnisses mittels der BRAVAIS'schen Formel ausführen. Hätten wir z. B. nur 25 Beobachtungen, so würden wir sie doch für die Korrelationsberechung verwenden können. Die folgende Zusammenstellung zeigt die Art und Weise einer solchen Berechnung. Als Beispiel sind die zufälligerweise zuerst analysierten 25 Gerstenindividuen des Materials genommen, welche in der Tabelle der S. 247 zusammengeordnet sind. Die erste Kolonne (X) gibt das Körnergewicht in Milligrammen an, die zweite Kolonne (Y) den Stickstoffgehalt in Prozenten. Daraus die Summen $\Sigma(X)$ und $\Sigma(Y)$, aus welchen durch Division mit n (hier 25) $M_x = 54{,}48$ mg., bezw. $M_y = 1{,}474$ Proz. Stickstoff gefunden werden. Die Abweichungen von diesen Mitteln sind, bezw. für X und Y in die Kolonnen α_x und α_y eingeführt; die Produkte $\alpha_x \alpha_y$ finden sich — je nachdem sie positiv oder negativ ausfallen — in der folgenden Doppelkolonne eingetragen, und schließlich sind die Werte $\alpha_x{}^2$ und $\alpha_y{}^2$ — um die Standardabweichungen σ_x und σ_y zu berechnen — in den letzten Kolonnen eingetragen.

Beispiel einer Korrelationsberechnung ohne Klassen-einteilung.

Analyse Nummer	Körner-Gewicht	Stickst.-Prozent	Abweichungen vom Mittel		Produkte $\alpha_x \alpha_y$		Quadrate der Abweichung	
	X	Y	α_x	α_y	positiv:	negativ:	α_x^2	α_y^2
1	66,0	1,71	$+$ 11,52	$+0,236$	2,719		132,7102	0,0557
2	62,4	1,57	$+$ 7,92	$+0,096$	0,760		62,7264	0,0092
3	58,8	1,66	$+$ 4,32	$+0,186$	0,804		18,6624	0,0346
4	53,4	1,52	$-$ 1,08	$+0,046$		0,050	1,1664	0,0021
5	51,1	1,36	$-$ 3,38	$-0,114$	0,385		11,4244	0,0130
6	51,2	1,41	$-$ 3,28	$-0,064$	0,210		10,7584	0,0041
7	49,0	1,29	$-$ 5,48	$-0,184$	1,008		30,0304	0,0339
8	51,2	1,31	$-$ 3,28	$-0,164$	0,538		10,7584	0,0269
9	55,2	1,45	$+$ 0,72	$-0,024$		0,017	0,5184	0,0006
10	55,3	1,42	$+$ 0,82	$-0,054$		0,044	0,6724	0,0029
11	48,5	1,31	$-$ 5,98	$-0,164$	0,981		35,7604	0,0269
12	52,4	1,44	$-$ 2,08	$-0,034$	0,071		4,3264	0,0012
13	54,8	1,31	$+$ 0,32	$-0,164$		0,052	0,1024	0,0269
14	51,8	1,33	$-$ 2,68	$-0,144$	0,386		7,1824	0,0207
15	59,6	1,74	$+$ 5,12	$+0,266$	1,362		26,2144	0,0708
16	56,8	1,51	$+$ 2,32	$+0,036$	0,084		5,3824	0,0013
17	53,4	1,67	$-$ 1,08	$+0,196$		0,212	1,1664	0,0384
18	54,8	1,39	$+$ 0,32	$-0,084$		0,027	0,1024	0,0071
19	51,8	1,49	$-$ 2,68	$+0,016$		0,043	7,1824	0,0003
20	51,8	1,45	$-$ 2,68	$-0,024$	0,064		7,1824	0,0006
21	55,4	1,53	$+$ 0,92	$+0,056$	0,052		0,8464	0,0031
22	51,0	1,24	$-$ 3,48	$-0,234$	0,814		12,1104	0,0548
23	54,6	1,41	$+$ 0,12	$--0,064$		0,008	0,0144	0,0041
24	50,2	1,45	$-$ 4,28	$-0,024$	0,103		18,3184	0,0006
25	61,4	1,87	$+$ 6,92	$+0,396$	2,740		47,8864	0,1568
Summe	1361,9 $\underbrace{\qquad}_{\Sigma(X)}$	36,84 $\underbrace{\qquad}_{\Sigma(Y)}$			$+$ 13,081	$\div$ 0,453	453,2060	0,5966
					$\Sigma(\alpha_x \alpha_y) = +12,628$		$\Sigma(\alpha_x^2)$	$\Sigma(\alpha_y^2)$

Aus dieser Zusammenstellung haben wir nun direkt den Wert $\Sigma \alpha_x \alpha_y = + 12,628^1$) erhalten. σ_x und σ_y sind bezw. $\sqrt{\dfrac{\Sigma \alpha_x^2}{n}}$

$$= \sqrt{\frac{453,2060}{25}} = 4,258 \text{ mg} \quad \text{und} \quad \sqrt{\frac{\Sigma \alpha_y^2}{n}} = \sqrt{\frac{0,5966}{25}} = 0,154 \text{ Proz.}$$

Sodann wird $r = \dfrac{\Sigma \alpha_x \alpha_y}{n \sigma_x \sigma_y} = \dfrac{+ 12,628}{25 \cdot 4,258 \cdot 0,154}$, welches, ausge-rechnet, $r = + 0,770$ ergibt. Der mittlere Fehler wird hier (vgl.

---

¹) Korrekterweise „12,628 Milligramm-Prozente" zu lesen.

S. 260) $m_\mathrm{r} = \dfrac{1 \div r^2}{\sqrt{n}} = \dfrac{0{,}407}{5} = \pm\, 0{,}081.$ Während also die ersten

25 ohne Auswahl genommenen Individuen $r = +\,0{,}770 \pm 0{,}081$ er-gaben, fanden wir im Totalmaterial, 173 Individuen umfassend, $r = +\,0{,}593 \pm 0{,}027.$[1])

Selbstverständlich sind Korrelationsbestimmungen mit so wenigen Individuen nur annähernd; sie haben aber immerhin Wert als mehr oder weniger deutlicher Hinweis auf eine korrelative Gesetzlichkeit, wo r einen von 0 wesentlich abweichenden Wert hat. Ohne eine Berechnung hat man keine sichere Grundlage. Wir werden ein Beispiel darauf in der folgenden Vorlesung treffen.

————

Es würde viel zu weit in mathematische Diskussionen geführt haben, wenn hier die Ableitung der BRAVAIS'schen Formel gegeben, und der prin-zipielle Unterschied zwischen den Methoden von GALTON und BRAVAIS näher betrachtet werden sollten. Einige Bemerkungen müssen jedoch hier Platz finden. Bei BRAVAIS erhält jede einzelne Variante einen ähnlichen Einfluß wie bei der Berechnung von σ, während bei GALTON jede Klasse gleich großen Einfluß hat. Und während GALTON schon in der Berechnungsarbeit selbst mit der Relation der relativen Eigenschaft zu den Klassen der sup-ponierten Eigenschaft operiert (weshalb die ganze Rechnung korrekterweise zweimal ausgeführt wird, das einemal mit der einen, das anderemal mit der anderen Eigenschaft als „supponiert"), so unterscheidet die Berechnung nach BRAVAIS nicht zwischen supponierter und relativer Eigenschaft, sondern kombiniert gleich von Anfang die im Material (in der Tabelle) gegebenen individuellen Abweichungen α_x und α_y von beiden Mittelwerten (M_x und M_y). Deshalb ist nur eine Rechnung nötig, um aus dem Material den gesuchten Ausdruck zu haben. Bei der Berechnung nach BRAVAIS tritt darum aber auch gewissermaßen ein Mangel hervor: man sieht gar nicht, ob die Korre-lation sich genügend dem geradlinigen Verlauf nähert, um überhaupt als geradlinig behandelt zu werden. Bei Verwendung der GALTON'schen Me-thode würde eine krummlinige Korrelation (wie z. B. die S. 265 erwähnte) sich sofort als solche enthüllen. Meistens aber wird es sich empfehlen, nach BRAVAIS zu arbeiten in allen den Fällen, wo ein einigermaßen gerad-liniger Verlauf der Korrelation sich findet.

————

[1]) Die Differenz der beiden hier verglichenen Bestimmungen ist 0,770 $\div$ 0,593 $\pm \sqrt{0{,}081^2 + 0{,}027^2} = 0{,}177 \pm 0{,}085.$ Sie können also nicht als ganz unverträglich betrachtet werden; vgl. S. 97.

Siebzehnte Vorlesung.

Korrelation und Regression bei alternativer Variabilität. — Erblichkeit als
Korrelation ausgedrückt. — Homotyposis.

In den beiden letzten Vorlesungen haben wir die korrelative
Variabilität näher betrachtet, indem wir allein mit Variationsreihen
operierten. Jetzt müssen wir die Korrelation bei alternativer
Variabilität berücksichtigen. Wie schon ausführlich in der vierten
Vorlesung erwähnt, operiert man bei alternativer Variabilität immer
nur mit je zwei Alternativen, dem Zutreffen eines Falles oder
dem Nichtzutreffen. Ein Zutreffen führen wir mit dem Werte
1 in die Rechnung, ein Nichtzutreffen hat den Wert *0*. Das allgemeine Schema eines Systems alternativer Variabilität, für die Berechnung fertig gemacht, ist demnach diese:

Klassen	*0*	*1*	Gesamtanzahl
Anzahl Varianten	p_0	p_1	$p_0 + p_1 = n$

Daraus Mittel $M = \frac{p_1}{n}$ und Standardabweichung $\sigma = \frac{\sqrt{p_0 \cdot p_1}}{n}$, wie
es alles auf S. 56 ff. näher erklärt wurde.

Sollte ein Material in Bezug auf zwei verschiedene Variationsreihen zu einer Korrelationstabelle zusammengestellt werden, so bezeichneten wir die eine Reihe als *X*-Reihe und die andere als *Y*-
Reihe. So auch hier, wo nach einer Korrelation zwischen den
Alternativen zweier Systeme alternativer Variabilität die Frage ist;
wir haben die beiden *X*-Alternative und die beiden *Y*-Alternative.
Im ersten System haben wir die Fälle 0_x und 1_x (für Nichtzutreffen
bezw. Zutreffen) und im zweiten System die Fälle 0_y und 1_y.

Sagen wir, es seien 450 Männer untersucht, davon hatten **348**
blondes Haar und 102 nichtblondes Haar, so wäre diese Angabe,
wenn blondes Haar Zutreffen genannt wird, als $102 \cdot 0_x$ und $348 \cdot 1_x$ in

Rechnung zu führen, indem wir diese alternative Variation als X-System annehmen. Als Y-System wählen wir z. B. die alternative Variation der Augenfarbe; es könnten z. B. von den 450 Männern 300 Individuen helle (blaue und graue) Augen haben, während 150 Individuen nichthelle (braune, gelbmelierte usw.) Augen besitzen. Dies ergäbe sodann — mit „hell" als Zutreffen — $150 \cdot 0_y$ und $300 \cdot 1_y$ als Werte für die Rechnung in Bezug auf die Augenfarbe. Nach der soeben erwähnten Formel haben wir in diesem Beispiel:

$$\text{Für Haarfarbe: } M_x = \frac{348}{450} = 0{,}7733 \text{ blondhaarig}[1]\text{), und}$$

$$\sigma_x = \frac{\sqrt{102 \cdot 348}}{450} = 0{,}4187 \quad [2]\text{)}$$

und für Augenfarbe;

$$M_y = \frac{300}{450} = 0{,}6667 \text{ helläugig}[3]\text{) und}$$

$$\sigma_y = \frac{\sqrt{150 \cdot 300}}{450} = 0{,}4714 \quad [4]\text{)}$$

Das wäre die Behandlung jedes alternativen Systems für sich; wir haben damit die Behandlung alternativer Variabilität schnell rekapituliert und die Werte σ_x und σ_y berechnet, welche wir sehr bald benutzen werden.

Findet sich nun eine Korrelation zwischen Alternation der Haarfarbe und Alternation der Augenfarbe? Ganz dem Vorgehen bei Reihenvariation entsprechend, teilt man, um diese Frage zu beantworten, erst das Material nach X-Werten ein; und in jeder Klasse (Abteilung) der X-Werte wird nach Y-Werten eingeteilt. So eingeteilt könnte das Material sich z. B. folgendermaßen gruppieren:

		Augenfarbe, Y		
		nichthell 0_y	hell 1_y	Summe
Haar-	nicht blond 0_x	54	48	$102 = p_{0x}$
farbe X	blond 1_x	96	252	$348 = p_{1x}$
	Summe	150 $= p_{0y}$	300 $= p_{1y}$	450

---

[1]) Also 77,33 Proz. blondhaarig (und 22,67 Proz. nicht blondhaarig), vgl. S. 56.

[2]) Also 41,87 Proz. blondhaarig oder nichtblondhaarig, vgl. auch S. 56.

[3]) Also 66,67 Proz. der Männer helläugig (und 33,33 Proz. nicht helläugig).

[4]) Also 47,14 Proz. helläugig oder nicht helläugig.

Diese Tabelle ist eine Korrelationstabelle, ganz den Korrelationstabellen bei Reihenvariationen entsprechend. Und hier können wir,
ähnlich wie auf S. 247, damit anfangen, die mittleren Y-Werte der
X-Klassen, bezw. die mittleren X-Werte der Y-Klassen auszufinden.
Dadurch erhalten wir:

für die X-Klasse 0 (nicht blond) $\dfrac{48}{102} = 0{,}471 = 47{,}1$ Proz. Y (helläugig)

für die X-Klasse 1 (blond) $\quad\dfrac{252}{348} = 0{,}725 = 72{,}5$ Proz. Y „

Hiermit ist schon gesagt, daß die Variantenverteilung eine
deutliche Korrelation aufweist: Die blondhaarigen Männer des vorliegenden Materials zeigen ein relativ weit häufigeres Vorkommen
von Helläugigkeit als die nichtblondhaarigen (dunklen) Männer.

Ganz ähnliches erhalten wir, wenn wir die mittleren X-Werte
der Y-Klassen bestimmen. Wir finden nämlich:

für die Y-Klasse 0 (nicht helle Augen) $\dfrac{96}{150} = 0{,}640 = 64{,}0$ Proz. X (blondh.)

für die Y-Klasse 1 (helle Augen) $\quad\dfrac{252}{300} = 0{,}840 = 84{,}0$ Proz. X „

auch hier tritt eine Korrelation deutlich hervor: Augenfarbe (jedenfalls ob hell oder nicht hell) und Haarfarbe (ob blond oder nicht
blond) stehen in einem gewissen Abhängigkeitsverhältnis.

Wäre keine Korrelation vorhanden, dabei aber dieselbe Variation in Bezug auf Haarfarbe einerseits und Augenfarbe andererseits,
jede für sich betrachtet, hätte die Tabelle so aussehen müssen (die
klein gedruckten Zahlen benutzen wir später):

		Augenfarbe		
		0_y nicht hell	1_y hell	Summe
Haar-	0_x nicht blond	34_0	68_0	102
farbe	1_x blond	116_0	232_1	348
	Summe	150	300	450

Diese Tabelle ergibt nämlich sowohl für die Haarfarbenklasse
„nichtblond" als „blond" den Wert 66,67 Proz. helle Augen (und
also 33,33 Proz. nichthelle Augen). Und für beide Augenfarbe-
klassen, „nichthell" und „hell" ergibt sich der gleiche mittlere Haar-
farbenwert, nämlich 77,33 Proz. „blond" (und also 22,67 Proz.
„nichtblond"). Das hieße mit Worten: nach dieser Tabelle zu
urteilen, wären die Variationen der Haarfarbe und Augenfarbe gegenseitig unabhängig.

Hier wäre also die Korrelation 0. Wir prüfen nun gleich, ob wir $r = 0$ bekommen, falls wir, wie bei Reihenvariation üblich, den Korrelationskoeffizienten aus der Formel

$$r = \frac{\Sigma p a_x\, a_y \div n b_x\, b_y}{n\, \sigma_x\, \sigma_y} \qquad \text{(vgl. S. 260)}$$

berechnen.

Als Ausgangspunkt A_x und A_y nehmen wir am natürlichsten die „Klassen" 0_x bezw. 0_y. Die Werte für $a_x\, a_y$ tragen wir wie üblich ein (siehe die kleinen Zahlen der Tabelle); hier ist allerdings nur eine Rubrik ($1_x \cdot 1_y$), welche positiven Wert erhält, die drei anderen Rubriken erhalten den Wert 0, wie es wohl einleuchtend ist. Sodann haben wir $\Sigma p a_x\, a_y = + 232$. b_x findet sich $= 348 : 450 = + 0{,}773$ und $b_y = 300 : 450 = + 0{,}667$. Der Zähler $\Sigma p a_x\, a_y \div n b_x\, b_y$ ist also: $+ 232 \div 450\,(0{,}773 \cdot 0{,}667) = + 232 \div 232 = 0$. Ohne daß wir den Nenner $n\sigma_x\, \sigma_y$ zu berechnen brauchen, sehen wir somit ein, daß $r = 0$.

Hier paßt also die früher für Reihenvariation benutzte Berechnung sehr gut. Falls eine vollkommene Korrelation vorhanden wäre, müßten die Alternationen des X-Systems ganz mit den Alternationen des Y-Systems zusammenfallen, entweder so, daß alle 0_x auch 0_y und alle 1_x auch 1_y wären, oder so, daß alle $0_y\ 1_y$ wären und darum auch alle $1_x\ 0_y$ wären. Gehen wir von der x-Einteilung aus, dann könnte die Tabelle so aussehen:

	0_y	1_y	Summe
0_x	102_0	$_0$	102
1_x	$_0$	348_1	348
Summe	102	348	450

oder aber so:

	0_y	1_y	Summe
0_x	$_0$	102_0	102
1_x	339_0	$_1$	348
Summe	348	102	450

Im ersten dieser beiden Fälle erhalten wir (mit A_x und A_y wie vorher) $\Sigma p a_x\, a_y = + 348$, $b_x = \dfrac{348}{450}$; b_y ebenfalls $\dfrac{348}{450}$. Und $\sigma_x = \sigma_y$ wird hier $\dfrac{\sqrt{102 \cdot 348}}{450}$ (vgl. S. 273) gefunden. Somit haben wir alle Elemente, um die Formel zu verwenden. Wir finden:

$$= \frac{\Sigma pa_x\,a_y \div nb_x\,b_y}{n\sigma_x\,\sigma_y} = \frac{+\,348 \div 450 \cdot \dfrac{348}{450} \cdot \dfrac{348}{450}}{450 \cdot \dfrac{\sqrt{102 \cdot 348}}{450} \cdot \dfrac{\sqrt{102 \cdot 348}}{450}}$$

Dieser Bruch gibt bei Zusammenziehung und Verkürzung $r = +\,1$.

Die andere Tabelle würde, in gleicher Weise behandelt, den Korrelationskoeffizienten $r = \div 1$ ergeben.

(Man versteht leicht, daß es in diesen beiden Fällen — und überhaupt bei Korrelation alternativer Variationen — ganz willkürlich ist, ob man negatives oder positives Vorzeichen erhält; es kommt ja darauf an, welche Alternation man in je einem der beiden Systeme X und Y als „Zutreffen" bezw. „Nichtzutreffen" bezeichnet! Im konkreten Falle muß man nach der Art der vorliegenden speziellen Frage die betreffende Wahl tun.)

Bei fehlender Korrelation sowie bei vollkommener Korrelation können wir also ohne weiteres eine Berechnung des Korrelationskoeffizienten ganz so ausführen wie bei Reihenvariations-Korrelationen. Wo die Korrelation Werte zwischen 0 und $\pm\,1$ hat — und das ist ja meistens der Fall —, haben die Statistiker mitunter besondere komplizierte Formeln in Verwendung gebracht, die uns aber viel zu schwierig im Gebrauch fallen.[1])

Wir müssen uns damit begnügen, einen Ausdruck der Korrelation zu gewinnen, welcher sagt, ob die Korrelation in zwei vergleichbaren Fällen größer oder kleiner sei. Und dazu kann uns die hier benutzte Berechnungsweise sehr wohl führen, selbst wenn sie nicht die präziseste Ausdrucksweise gäbe. Mit dieser Reservation würden wir also auch die Tabelle S. 273 in gewohnter Weise mit BRAVAIS' Formel berechnen können. Diese Berechnung, ganz der obenstehenden Berechnung entsprechend, würde $r = +\,0{,}2252$ ergeben; welchen Wert wir also hier als angenäherten Ausdruck der Korrelation benutzen können. Hier wurden vier Dezimalstellen angegeben, um die Richtigkeit der folgenden Auseinandersetzung zu kontrollieren.

Wenn die ganze Korrelationstabelle, wie hier bei alternativer Variation, nur aus vier Rubriken besteht, läßt sich die BRAVAIS'sche Berechnung sehr simplifizieren. Bezeichnen wir die vier Rubriken mit den Nummern I, II, III und IV in dieser Weise:

---

[1]) Man vergleiche die Darstellung in DAVENPORT, Statistical Method 2nd Edition, New-York 1904, S. 49—54.

	0_y	1_y
0_x	I	II
1_x	III	IV

so können wir, indem p wie immer die Anzahl einer Rubrik angibt, die Tabelle folgendermaßen ganz allgemein ausfüllen:

	0_y	1_y	Summe
0_x	p_I	p_{II}	$p_I + p_{II}$
1_x	p_{III}	p_{IV}	$p_{III} + p_{IV}$
Summe	$p_I + p_{III}$	$p_{II} + p_{IV}$	$p_I + p_{II} + p_{III} + p_{IV} = n$

Unsere Arbeitsformel $r = \dfrac{\Sigma p a_x\, a_y \div n\, b_x\, b_y}{n \sigma_x\, \sigma_y}$, erhält nun (indem wie vorhin 0_x und 0_y als Ausgangspunkte, A_x bezw. A_y, genommen werden) dieses Aussehen, wenn wir vorläufig nur den Zähler umformen:

$$r = \frac{p_{IV} \div n \left(\dfrac{p_{III} + p_{IV}}{n} \cdot \dfrac{p_{II} + p_{IV}}{n} \right)}{n \sigma_x\, \sigma_y}$$

Der Zähler läßt sich aber nun sehr wesentlich zusammenziehen und verkürzen; zunächst wird er

$$p_{IV} \div \frac{(p_{III} + p_{IV})\,(p_{II} + p_{IV})}{n}, \text{ sodann}$$

$(n p_{IV} \div p_{II} p_{III} + p_{II} p_{IV} + p_{III} p_{IV} + p_{IV}^2) : n$ und weiter (indem wir uns erinnern, daß $n = p_I + p_{II} + p_{III} + p_{IV}$) erhalten wir:
$(p_I\, p_{IV} + p_{II} p_{IV} + p_{III} p_{IV} + p_{IV}^2 \div p_{II} p_{III} \div p_{II} p_{IV} \div p_{III} p_{IV} \div p_{IV}^2) : n$
$= (p_I\, p_{IV} \div p_{II} p_{III}) : n.$

Somit haben wir also $r = \dfrac{(p_I\, p_{IV} \div p_{II} p_{III}) : n}{n \sigma_x\, \sigma_y}$, oder, was kürzer und klarer ist, wir erhalten bei **alternativer Variabilität** den **Korrelationskoeffizienten**

$$r = \frac{p_I\, p_{IV} \div p_{II}\, p_{III}}{n^2 \sigma_x\, \sigma_y} \qquad [1]$$

Prüfen wir nun gleich das früher erwähnte Beispiel, S. 273,

---

[1] Der Nenner dieses Bruches ließe sich ja dem Zähler entsprechend so ausdrücken: $\sqrt{(p_I + p_{II})\,(p_{III} + p_{IV})\,(p_I + p_{II})\,(p_{III} + p_{IV})}$, was sich aus der Formel S. 57 für die Berechnung von σ bei alternativer Variation leicht ergibt. Weil man aber doch so wie so immer σ_x und σ_y berechnet, würde dadurch nichts gewonnen sein.

so haben wir $r = \dfrac{54 \cdot 252 \div 48 \cdot 96}{450 \cdot 450 \cdot \dfrac{\sqrt{150 \cdot 300}}{450} \cdot \dfrac{\sqrt{102 \cdot 348}}{450}} = + 0,2252$ wie

vorhin.

Diese Rechnung ist sehr einfach und ergibt selbstverständlich $r = 0$ bei fehlender und $r = 1$ bei vollkommener Korrelation. Aus dem Beispiel S. 274 ersieht man ja gleich, daß $34 \cdot 232 \div 68 \cdot 116 = 0$, und daß damit $r = 0$.

Das S. 273 gegebene Beispiel ist eine verkleinerte und für den Lehrzweck ein wenig geänderte Wiedergabe einer Tabelle aus Retzius' und Fürst's „Anthropologia Suecica". Gruppiert man die betreffenden Angaben in vier Rubriken, wie es am natürlichsten hier auszuführen ist, so erhält man diese Tabelle:

Korrelation zwischen Haarfarbe (Blond oder Brünett) und Augenfarbe (hell oder meliert und braun) bei ca. 45000 schwedischen Rekruten 1897—98.

Haarfarbe	Augenfarbe		Summe
	nicht hell (meliert u. braun)	hell	
nicht-blond	5 259	4 759	10 018
blond inkl. rot	9 679	25 238	34 917
Summe	14 938	29 997	44 935

Daraus ergibt sich leicht, nach der Formel S. 277, $r = +0,2189$, welche Zahl also die Korrelation in diesem schwedischen Material für blondes (inkl. rotes) Haar und helle Augen (oder für nichtblondes Haar und nichthelle Augen) bedeutet. Dagegen wird $r = \div 0,2189$ als Korrelation für blondes Haar und nichthelle Augen (oder für nichtblondes Haar und helle Augen).

Das Vorzeichen von r hängt ja hier von der Wahl derjenigen Alternation im X- oder Y-System ab, welche man als Zutreffen bezeichnet. —

Jetzt müssen wir nur noch die Regression bei alternativer korrelativer Variabilität prüfen. Es genügt hier, das auf S. 273 zurechtgelegte Zahlenmaterial zu benutzen. Wir hatten $r = +0,2252$ und $\sigma_x = 0,4187$, $\sigma_y = 0,4714$. Sodann wird die Regression von X auf Y $R_{\frac{x}{y}} = +0,2252 \cdot \dfrac{0,4187}{0,4714}$ $= +0,200$, d. h. 20 Proz., oder mit Worten: für die Einheit der Veränderung von Y äußert sich X um $+0,200$ Einheiten (oder also 20 Proz.). Dieses heißt aber hier: bei Alternation von 0_y auf 1_y

steigt der entsprechende X-Wert um 0,200 (20 Proz.). Dieses stimmt nun auch ganz: Wir sahen auf S. 274, daß der Y-Klasse *0* (nichthelle Augen) 0,640 = 64 Proz. X (blondhaarig) entspricht; während der Y-Klasse *1* 0,840 = 84 Proz. X (blondhaarig) entspricht. Die Alternation von 0_y auf 1_y gibt also wirklich die aus der Berechnung von R zu fordernde Steigerung um $+ 0,20 \, X$, also um 20 Proz. blondhaarige Individuen.

In ähnlicher Weise finden wir die Regression von Y auf X, $R_{\frac{y}{x}} = + 0,2252 \cdot \dfrac{0,4714}{0,4187} = + 0,254$, und diese Angabe stimmt auch mit den Zahlen der S. 274; Alternation von 0_x auf 1_x gibt eine Änderung von 0,471 Y auf 0,725 Y, also eine Steigerung von 0,254 Y.

Gerade der Umstand, daß die Regression, aus dem Korrelationskoeffizienten r berechnet, mit der Beobachtung stimmt, gibt uns die Berechtigung, die hier angewandte r-Bestimmung zu benutzen, ganz wie bei Reihenvariationen; die Reservation, welche wir S. 276 nahmen, fühlen wir jetzt nicht so schwerwiegend. Ich muß gestehen, daß ein Korrelationskoeffizient, welcher für die Regressionsberechnung verwendet, keine gute Übereinstimmung mit der beobachteten Regression gibt[1]), mir nicht akzeptabel erscheint; schon darum ziehen wir die hier gegebene Methode vor. Dadurch wird auch eine Identität in der ganzen Arbeitsweise erreicht.

Haben wir damit Korrelationen bei Reihenvariation und bei alternativer Variation betrachtet, so bleibt uns noch Korrelation bei gemischten Variationssystemen für die Diskussion übrig, d. h. Korrelationen, wo das eine System Reihenvariation, das andere System aber alternative Variation zeigt.

Als Beispiel sei gleich die Korrelation zwischen Körperlänge (Reihenvariation!) und Haarfarbe (alternierend!) untersucht. In dem großen, vorher genannten Werke von Retzius und Fürst findet sich für schwedische Soldaten ein hier zu verwendendes Material, in welchem wir die Körperlänge als X-Charakter und die Haarfarbe als Y-Charakter nehmen werden. Teilen wir die Körperlänge in acht Klassen ein, und die Haarfarbe in Blond und Nichtblond (ɔ: Braun + Schwarz), so haben wir die folgende Tabelle:

---

[1]) Es müßte dann auch noch eine andere Regressionsformel statt $R = r \dfrac{\sigma_x}{\sigma_y}$ ausgearbeitet werden! Bei unseren biologischen Erfahrungen sind prinzipiell die möglichst einfachsten mathematischen Methoden der Behandlung zu wählen.

Korrelation zwischen Körperlänge und Haarfarbe
(Blond oder Brünett) bei ca. 45 000 schwedischen Rekruten 1897—98.

Körperlänge in cm	Haarfarbe 0_y Nichtblond	1_y Blond	Summe	Prozent Blond
bis 159,5	182 .	664$\div_3$	846	78,5
159,5—164,5	1112 $_0$	4210$\div_2$	5322	79,1
164,5—169,5	2613 $_0$	9609$\div_1$	12222	78,6
169,5—174,5 A_x	3270 $_0$	11415 $_0$	14685	77,7
174,5—179,5	2044 $_0$	6588$+_1$	8632	76,3
179,5—184,5	656 $_0$	1967$+_2$	2623	79,3
mehr als 184,5	134 $_0$	436$+_3$	570	76,5
Summe	10011	34889	44900	77,70
Mittlere Körperlänge	171,188	170,826	170,907	

Es zeigt diese Tabelle gleich, daß hier nur eine sehr schwache Korrelation vorhanden ist: Aus der untersten Zeile ist es deutlich zu sehen, daß die Blonden durchgehends nur eine unbedeutend kleinere Körperlänge als die Brünetten haben — man hätte wohl eher das Gegenteil erwarten können.

Berechnen wir nun den Korrelationskoeffizienten. Als A_x nehmen wir die Längenklasse 172 cm (169,5—174,5) und als A_y die Alternation „Nichtblond". Die kleinen Zahlen in der Tabelle geben dann, wie üblich, die Werte $a_x\,a_y$ an; hier sind deren Vorzeichen sicherheitshalber auch mit angeführt.

Daraus berechnet sich $\Sigma pa_x\,a_y = \div 8191$. Wir finden ferner $b_x = \div 0,2186$ und $\sigma_x = 1,1867$ (in Klassenspielräumen, wie stets bei diesen Berechnungen); b_y wird $+ \dfrac{34889}{44900} = + 0,7770$ und $\sigma_y = 0,4163$.

Somit wird der Korrelationskoeffizient

$$r = \frac{\Sigma pa_x\,a_y \div n\,b_x\,b_y}{n\,\sigma_x\,\sigma_y} = \frac{\div 8191 \div (44900 \cdot \div 0,2186 \cdot 0,7770)}{44900 \cdot 1,1867 \cdot 0,4163} \quad \text{oder}$$

$$r = \div 564,636 : 22187 = \div 0,0255.$$

Mit Berechnung des mittleren Fehlers (vgl. S. 260) haben wir also $\qquad r = \div 0,0255 \pm 0,0047$.

Eine sehr schwache negative Korrelation zwischen Körperlänge und Blondhaarigkeit ist also wirklich vorhanden. Zwischen Körperlänge und dunklerem Haar (nichtblond) ist die Korrelation demnach positiv, $r = + 0,0255$.

Dieses Beispiel sollte dafür dienen, erstens die Berechnung von r bei Kombination von Reihenvariation mit alternativer Variation zu zeigen, und zweitens als Beispiel einer in der Natur fast ganz fehlenden Korrelation zu dienen. Meistens finden sich nämlich Korrelationen, selbst dort, wo die betreffenden Eigenschaften nachweisbar durch ganz verschiedene, trennbare Gene bedingt sind. Darüber wird später zu berichten sein.

Als letztes Beispiel, um die Methoden einzuüben, sei nun noch eine sehr lehrreiche Untersuchung von Vöchting erwähnt. Dieser Forscher untersuchte mehr als 60 000 Blüten von *Linaria spuria*, teils um die Variation der Zipfelanzahl der Krone zu kennen, teils aber um zu prüfen, wie die Häufigkeit der Pelorien[1]) sich bei verschiedener Zipfelzahl verhält.

Das Untersuchungsresultat ist aus der folgenden Tabelle ersichtlich; wir haben wieder hier die Kombination einer Variationsreihe (Zipfelanzahl) mit einem Falle von alternativer Variabilität (Pelorie — Nicht-Pelorie).

Korrelation zwischen Zipfelanzahl der Krone und Form derselben bei *Linaria spuria*.

Zipfel-anzahl	Form der Krone		Summe	Prozent Pelorien
	Nicht-Pelorie	Pelorie		
2	0_0	$1 \div_3$	1	100
3	4_0	$2 \div_2$	6	33,3
4	240_0	$43 \div_1$	283	15,2
5	$60\,250_0$	810_0	61 060	1,3
6	169_0	$52 +_1$	221	23,5
7	7_0	$2 +_2$	9	22,2
8	0_0	$1 +_3$	1	100
Summe	60 670	911	61 581	1,48
Zipfelanzahl	4,999	5,008	4,999	

Man sieht sogleich hier, daß die Häufigkeit der Pelorien am kleinsten ist bei der mittleren typischen Zipfelanzahl von 5, nämlich nur 1,3 Proz. Die Häufigkeit steigt aber nach beiden Richtungen, sowohl bei abnehmender als bei zunehmender Zipfelanzahl. Würde man hier den Korrelationskoeffizienten so berechnen, wie es in der vorhergehenden Tabelle soeben geschah, erhielte man $r = + 0{,}014 \pm 0{,}004$ (dies ist leicht zu kontrollieren — die üblichen kleinen

---

[1]) Pelorien sind die relativ seltenen strahlenförmig gebauten Blüten bei Spezies mit normal einsymmetrischen Blüten.

Zahlen, mit $A_x = 5$ Zipfel und $A_y = $ „Nicht-Pelorie", sind für diesen Zweck der Tabelle eingefügt). Hier könnte also eine nur ganz geringe Korrelation behauptet werden.

Wir sehen aber nach den schon S. 266 gegebenen Auseinandersetzungen, daß diese ganze Berechnung hier verfehlt wäre. Hier können wir das vorliegende Korrelationsverhalten einfach dadurch ausdrücken, daß wir den Abweichungsgrad der Kronenzipfelanzahl (ohne Rücksicht auf die Richtung der Abweichung) als *X*-Eigenschaft in Betracht ziehen. Wir würden dadurch die Tabelle so ordnen können:

Korrelation zwischen Abweichung vom Typus (5) der Zipfelanzahl und Form der Krone bei *Linaria spuria*.

Abweichung der Zipfelanzahl	Form der Krone		Summe	Prozent Pelorien
	Nicht-Pelorie	Pelorie		
0 (5-zählig)	60 250 $_0$	810 $_0$	61 060	1,3
$\pm$1 (4- u. 6-zählig)	409 $_0$	95 $_1$	504	18,8
$\pm$2 (3- u. 7-zählig)	11 $_0$	4 $_2$	15	26,7
$\pm$3 (2- u. 8-zählig)		2 $_3$	2	100
Summe	60 670	911	61 581	1,48
Durchschn.-Abweichung der Zipfelanzahl	$\pm$0,0071	$\pm$0,1196	$\pm$0,0088	

Diese Tabelle gibt gleich bei der Inspektion die deutliche Vorstellung einer Korrelation, und berechnen wir in üblicher Weise den Korrelationskoeffizienten, so erhalten wir jetzt — wie ich zu kontrollieren bitte — $r = +0{,}140 \pm 0{,}004$; und dies ist ein Ausdruck, welcher sehr wohl die gefundene Gesetzmäßigkeit ausdrückt. — Wir brauchen hier nicht näher auf die Regression einzugehen; man verfährt hier dem allgemeinen Schema gemäß.

Wir haben somit die Korrelationsberechnung in gleichmäßiger Weise überall durchgeführt; diese Uniformität hat sich besonders auch bei der Regression bewährt. —

In der folgenden Vorlesung werden wir weitere Beispiele von Korrelationen betrachten und mehr allgemeine Auseinandersetzungen biologischer Natur geben. Zunächst werfen wir aber einen Blick auf die Erblichkeit, als Korrelation ausgedrückt; damit können wir die Erwähnung der Zahlenmethodik der Korrelationslehre schließen.

Wenn Statistiker die Erblichkeitsfragen beleuchten wollen, wie es z. B. der oft genannte hervorragende Mathematiker K. Pearson getan hat, so ist es geradezu selbstverständlich, daß sie „Erblichkeit" als Korrelation zwischen Beschaffenheit der Eltern (bezw. früherer Vorfahren) und Beschaffenheit der Nachkommen definieren.

Die berühmten Galton'schen Untersuchungen, aus welchen wir schon in der siebenten Vorlesung einige Beispiele näher erwähnt haben, lassen sich dann auch meistens in Korrelationstabellen darstellen. So können wir in der folgenden Tabelle dasselbe Material zusammenstellen, welches wir teilweise schon in der achten Vorlesung (S. 118—120) näher betrachtet haben. Als supponierte Beschaffenheit nehmen wir die Körperlängen der Eltern[1]), als relative die Körperlänge der erwachsenen Kinder.[2]) Wir erhalten dadurch eine sehr instruktive Korrelationstabelle, welche die Erblichkeit als Korrelation zwischen elterlicher Beschaffenheit und Beschaffenheit der Kinder ausdrückt. Die betreffende Tabelle sieht so aus:[3])

Korrelation zwischen Körperlänge der Eltern und Körperlänge der erwachsenen Kinder (in Galton's Material).

		Körperlänge der Kinder (Y)								Summe
		60,7	62,7	64,7	66,7	68,7	70,7	72,7	74,7	
Körperlänge der Elternmittel (X)	64	2	7	10	14	4	.	.	.	37
	66	1	15	19	56	41	11	1	.	144
	68	1	15	56	130	148	69	11	.	430
	70	1	2	21	48	83	66	22	8	251
	72	.	.	1	7	11	17	20	6	62
	74	.	.	.	.	.	.	4	.	4
Summe		5	39	107	255	287	163	58	14	928

Aus dieser Tabelle ergibt sich $r = +\,0{,}449 \pm 0{,}026$ — der Leser wird gebeten zu kontrollieren! — und indem $\sigma_x = 1{,}853$ Zoll und $\sigma_y = 2{,}583$ Zoll, erhalten wir die Regression $R_{\underset{x}{y}} = r\,\dfrac{\sigma_y}{\sigma_x} = +$ 0,625 Zoll pro Zoll Steigung von X. Indem die gleiche Maßeinheit für Eltern und Kinder benutzt wird, ist sodann „die Regression der Kinder auf die Eltern" einfach als $+$ 0,625 anzugeben, oder etwa

---

[1]) Elternmittel, vgl. S. 105.

[2]) Als männlich berechnet, vgl. S. 105.

[3]) Die Einteilung ist hier mit dem Spielraum von zwei englischen Zoll ausgeführt, indem je zwei Klassen Galton's vereinigt sind. Die Klassenwerte (nicht Klassengrenzen) sind den Rubriken überschrieben.

$\frac{2}{3}$ wie wir es schon S. 106 angeführt haben. Man sieht ein, daß diese Korrelationsberechnung hier die Erblichkeitsbestimmung präziser und eleganter macht.

Was wir auf S. 106 als Erblichkeitsziffer bezeichneten, finden wir also hier besser als „Regression der Kinder auf die Eltern" ausgedrückt. Man hüte sich, diesen Begriff der „Regression" mit dem Begriff „Rückschlag" zu verwechseln!

Haben wir sodann GALTON's Hauptmaterial als Korrelationstabelle dargestellt, so müssen wir auch das entsprechende Material der S. 138 näher besprochenen Bohnenpopulation in dieser Form bringen. In der folgenden Korrelationstabelle sind die Bohnen-Individuen nach Größe ihrer Mutterbohnen (X) und nach der eigenen Größe (Y) geordnet, für beide Einteilungen mit einem Spielraume von 10 Zntgr. Im übrigen ist die Ordnung ganz wie in der vorhergehenden Tabelle.

Korrelation zwischen Gewicht der Mutterbohnen und deren Tochterbohnen in einer Population (1902).

		Gewicht der Tochterbohnen (Y)									Summe
		10	20	30	40	50	60	70	80	90	
Gewicht der Mutterbohnen(X)	20	.	1	15	90	63	11	.	.	.	180
	30	.	15	95	322	310	91	2	.	.	835
	40	5	17	175	776	956	282	24	3	.	2238
	50	.	4	57	305	521	196	51	4	.	1138
	60	.	1	23	130	230	168	46	11	.	609
	40	.	.	5	53	175	180	64	15	2	494
Summe		5	38	370	1676	2255	928	187	33	2	5494

Aus dieser Tabelle ergibt sich — wie der Leser kontrollieren wolle — $r = + 0,336 \pm 0,012$, und (indem $\sigma_x = 1,229$ und $\sigma_y = 0,987$ gleiche Klassenspielräume) $R_{\frac{y}{x}} = + 0,336 \frac{0,987}{1,229} = + 0,270$.

Somit finden wir hier unsere Angabe auf S. 137 mittels der Korrelationsberechnung in schönster Weise bestätigt.

Nun aber die Frage: Wie geht es in den reinen Linien? Ja, hier ist einfach zu antworten: die Selektion hat keine Wirkung gehabt, und auch, wenn wir die Frage mittels Korrelationsberechnung prüfen, wird keine Wirkung gespürt. Als Beispiel sei diejenige reine Linie genommen, welche die zahlreichste Repräsentation hat, die Linie XIII S. 139.

Korrelation zwischen Gewicht der Mutterbohnen und deren
Tochterbohnen in einer reinen Linie 1902.

		Gewicht der Tochterbohnen in Zntgr. (Y)									Summe
		17,5	22,5	27,5	32,5	37,5	42,5	47,5	52,5	57,5	62,5	
Gewicht der Mutterbohnen (X)	27,5	.	.	1	5	6	11	4	8	5	.	40
	32,5	.	.	.	1	3	7	16	13	12	1	53
	37,5	.	1	2	6	27	43	45	27	11	2	164
	42,5	1	.	1	7	25	45	46	22	8	.	155
	47,5	.	.	5	9	18	28	19	21	3	.	103
	52,5	.	1	4	3	8	22	23	32	6	3	102
	57,5	.	.	1	7	17	16	26	17	8	3	95
Summe		1	2	14	38	104	172	179	140	53	9	712

Diese Tabelle ergibt $r = \div 0{,}018 \pm 0{,}038$, also keine nachweisbare Korrelation. So würden wir in den anderen Fällen reine
Linien finden, wie das wohl auch zur Genüge aus den früheren
Vorlesungen hervorgeht. Es galt hier nur, den Sinn der Auffassung
von Erblichkeit als Korrelation zwischen Beschaffenheit der Eltern
und Nachkommen zu beleuchten.

Eine noch allgemeinere Definition von Erblichkeit geht aus den
Arbeiten PEARSON's hervor. Er faßt Erblichkeit als Korrelation
zwischen Verwandtschaftsgrad und Ähnlichkeitsgrad auf. Schon
GALTON war auf dem Wege zu ähnlichen Vorstellungen, indem er
nicht nur die Regression der Kinder auf die Eltern, sondern z. B.
auch die Regression der Geschwister auf Geschwister berechnete. Bei
GALTON war es wohl aber rein statistisches Interesse, welches darin
Ausschlag gab; PEARSON dagegen meint, fundamentale biologische
Gesetze aufzudecken, wenn er mit Korrelationen dieser Natur operiert.

So hat der genannte Mathematiker aus der — übrigens gar
nicht besonders präzis — gemessenen Ähnlichkeit zwischen z. B.
geistigen Eigenschaften bei Geschwistern, recht weitgehende Schlüsse
über Erblichkeitsfragen auf diesem Gebiete gezogen. Alle solche
Schlüsse sind aber für die eigentliche Erblichkeitsforschung gänzlich
ohne Wert. Wo Erblichkeit vorliegt, müssen Geschwister im allgemeinen einander mehr ähneln als Individuen aus ganz verschiedenen
Familien es tun. Aber umgekehrt gilt diese Regel gar nicht! Denn
eine relativ große Ähnlichkeit zwischen Geschwistern kann einfach
dadurch zustande kommen, daß solche Individuen sich von Anfang
an — schon fötal — unter viel mehr ähnlicher Lebenslage
entwickeln, als nicht verwandte Individuen. Dementsprechend habe
ich auch in meinen reinen Linien bei Schwesterbohnen viel größere

Übereinstimmung zwischen Gewicht und Dimensionen gefunden als zwischen weniger nahe verwandtem Bohnensamen derselben Linie —, und doch war jede einzelne Bohne als Mutterbohne gleichwertig zu betrachten, wie aus den hier und früher erläuterten Beispielen zur Genüge hervorgeht.

Auch der Pearson'sche Begriff „Homotyposis", womit die Korrelation (d. h. der Ähnlichkeitsgrad) zwischen an sich gleichwertigen Organen des einzelnen Individuums gemeint ist, hat gar keine Bedeutung für die eigentliche Erblichkeitsforschung. Daß z. B. die Blätter einer gegebenen Buche (*Fagus silvatica*) stark variieren, jedoch nur 0,8—0,9 so viel variieren wie Buchenblätter von verschiedenen, ganz beliebigen Bäumen gepflückt, ist an sich ganz interessant — aber hat nichts mit Erblichkeit zu tun. Homotyposis mag, wie Pearson will, eine gewisse Beziehung zur Geschwisterähnlichkeit haben; es wäre aber ganz ungereimt, darauf die Auffassung zu stützen, Erblichkeit sei ein Spezialfall von Homotyposis! Es wird dabei gewissermaßen Mittel und Zweck verwechselt: Weil man mit Korrelationstabellen vieles beleuchten kann, wird alles solcher Art zu beleuchtendes doch nicht im Prinzip gleichwertig. Rein statistisch methodologisch gesehen vielleicht — aber nicht biologisch betrachtet!

Diese ganze Pearson'sche Homotyposis-Erblichkeitsstatistik kann überhaupt nur geringe biologische Bedeutung haben, und dies aus zwei Gründen: Erstens, weil Organe, wie z. B. Laubblätter und dergl. nicht gleichartig und equivalent sind, sondern gesetzmäßig (physiologisch korrelativ) von ihrem Platz am Mutterorganismus geprägt werden, und zweitens, weil Pearson's Untersuchungen ganz unkontrollierte und unkontrollierbare Aggregate von Individuen betreffen. Besonders Bateson hat die Homotyposislehre scharf kritisiert; hier weiter darauf einzugehen, wäre überflüssig.

Die Variabilität der einzelnen Organe eines Pflanzenindividuums (oder allgemein eines „Stockes"), die Variabilität also der Teile eines höheren Ganzen, wird oft als „partielle" Variabilität bezeichnet, welche Bezeichnung leicht mißverstanden werden kann. Diese Variabilität hat in vielen Punkten Ähnlichkeit mit den reinen Fluktuationen der Individuen. Die sogenannten Knospenvariationen bilden einen Sonderfall der partiellen Variabilität; die als Knospenmutationen zu bezeichnenden Fälle werden wir in einer späteren Vorlesung erwähnen.

Achtzehnte Vorlesung.

Betrachtungen über biologische und praktische Bedeutung der korrelativen Variabilität. — Über Erblichkeit der Korrelation.

Wir haben in den letzten Vorlesungen die statistischen Methoden der Korrelationsforschung näher betrachtet. Solche Methoden können das durchschnittliche Verhalten der verschiedenen Eigenschaften in ihrer Gegenseitigkeit beleuchten, indem die Eigenschaften (deren Variationen) je zwei und zwei zusammengestellt werden. Und aus den Korrelationen zweier Eigenschaften ließen sich weitere Schlüsse über Korrelationen dreier und mehrerer Eigenschaften aufbauen.

Alle solche durchschnittlichen korrelativen Beziehungen haben — wie es so häufig bei summarischen Durchschnittsausdrücken der Fall ist — etwas bestechendes an sich; und daß sie Ausdrücke von Gesetzen oder Regeln sind, läßt sich selbstverständlich nicht verkennen. Wenn gar alles, was als Korrelation behauptet ist, wirklich von solchen Mittelwertsbestimmungen gestützt wäre, — dann hätte nicht so viel loses Reden sich in der Literatur über Korrelation breit machen können.

„Man soll den Hund nicht nach den Haaren beurteilen" sagt ein dänischer Spruch — ein schönes Wort als Gegenstück zu den in der fünfzehnten Vorlesung angeführten Zitaten. Aber nichtsdestoweniger hat man wohl seit den ältesten Zeiten die verschiedensten lebenden Wesen, Pflanzen, Tiere und sogar unsere Mitmenschen nach reinen Äußerlichkeiten beurteilt und damit ganz unsinnig häufig nach ganz anderen Charakteren geschätzt als solchen, welche ihren reellen Wert bedingen. In dieser Beziehung haben Ausstellungen und Tierschau sehr viel Einfluß gehabt, indem sie die Entwicklung von Methoden zur Beurteilung nach bloßer Inspektion, nach dem „Exterieur" wie man sagt, begünstigt und gefördert haben.

Alle solche Methoden beruhen auf dem Prinzip der korrelativen Variabilität, und sie haben unzweifelhaft oft gutes in Bezug auf schnellere Klassifizierung, leichteren Umsatz usw. geleistet, aber auch häufig großes Unrecht in der Beurteilung bedingt.

Was z. B. Getreide- und Saatwaren betrifft, hat man nicht selten Regeln aufgestellt, nach welchen man aus der Samengröße Schlüsse auf die chemische Zusammensetzung ziehen könnte, — und solches schiene ja auch nach Resultaten, wie z. B. diejenigen, welche als Durchschnittsergebnisse der Tabellen S. 247 und S. 248 hervortreten, ganz berechtigt.

So haben z. B. WOLLNY, GWALLIG u. a. viele diesbezüglichen Angaben für Getreide u. a. m. Und daß man nach rein äußeren Merkmalen, wie dem „Spiegel" und dem Verlauf der „Milchadern" der Kühe die Leistungsfähigkeit der Tiere als Milchproduzenten hat beurteilen wollen, ist eine nur zu bekannte Sache.

Der Zweck oder der Sinn — wo überhaupt ein Sinn darin steckt — solcher indirekter, korrelativer Beurteilung ist offenbar, eine Erleichterung in der Wertschätzung der betreffenden Pflanzen und Tiere zu gewinnen, und ganz besonders die immerhin zeitraubenden chemischen Bestimmungen oder sonstige direkte Messungen zu vermeiden. Und eine der prinzipiellen Grundlagen für das Ausfinden solcher „Exterieur-Beurteilung" innerer Eigenschaften bilden unzweifelhaft die im Anhange der fünfzehnten Vorlesung angeführten allgemein verbreiteten Ideen eines Zusammenhangs der Eigenschaften der Organismen.

Es ist aber im einzelnen gar nicht leicht aufzuspüren, was den vielen in diesem Gebiete der wirtschaftlichen Praxis auftretenden speziellen Lehr- und Glaubenssätzen zugrunde liegt. Daß solche Sätze in den Kreisen der sogenannten angewandten Wissenschaft oft einer Anerkennung sich erfreuen, welche hinderlich für das Durchdringen gesunderer und wahrer Auffassung ist, kann nicht geleugnet werden.

Der ausgezeichnete Praktiker LOUIS VILMORIN, welcher ausdrücklich selbst sagt, man müsse direkt den Grad der Eigenschaft messen, welchen man beurteilen will, hat bekanntlich die methodische Zuckerrübenzucht gegründet. Mit seinem Prinzip der individuellen Nachkommenbeurteilung (S. 141) gewann er durch Isolation der zuckerreichsten Mutterrüben eine sehr zuckerreiche Rübenrasse. Es zeigte sich nun aber später, daß wenigstens die zuckerreichste von VILMORIN's Züchtungen für die Praxis viel zu stark verzweigte Wurzeln bildete. Dieser Fehler — welchem jetzt längst, namentlich auch in deutschen Zuchten, abgeholfen ist — brachte einstweilen VILMORIN's Rüben etwas in Mißkredit. Man hat nun öfters gesagt, VILMORIN (bezw. seine Nachfolger) habe den Fehler begangen, den Zuckergehalt zu einseitig zu berücksichtigen. Nun, dieses mag seine Richtigkeit haben; man hat offenbar nicht zuckerreiche Individuen übersehen, für welche auch eine starke Neigung zu Wurzelverzweigung genotypisch gewesen ist.

Aber daraufhin hat sich, so weit mir bekannt, die Anschauung entwickelt, es sei eine Korrelation zwischen einerseits Zuckerreichtum — oder überhaupt Reichtum an Trockensubstanz — und, andererseits, Geneigtheit zu starker Verzweigung der Wurzel. Zweifellos sind Rassen (sowohl bei Zuckerrüben als bei anderen Rübenarten usw.) vorhanden, welche Trockensubstanz-Reichtum mit starker Verzweigung des Wurzelkörpers vereinigen; wenn man aber schließen will, Stoffgehalt stehe in fester Korrelation zur Zweigbildung, dann geht man viel zu weit. Dieser Schluß wird aber in gewissen Kreisen als richtig angesehen, — obwohl es nach den aus diesen Kreisen selbst gelieferten Zahlen klar hervorgeht, daß er falsch ist. Der verdienstvolle dänische Rübenzüchter L. HELWEG, welcher mit gutem Erfolg die VILMORIN'sche Isoliermethode in seinen Kulturen verwendete, hat u. a. die soeben erwähnte Korrelation behauptet. Hier aber ist ein Beispiel seiner Zahlen. Sie betreffen 100 „Familien" (d. h. Nachkommen je einer Mutterpflanze[1])) von Bortfelderrüben aus einer dänischen Zucht (Fühnen). Für jede Familie wurden aus einer bedeutenden Anzahl Rüben Proben genommen, welche als Ganzes analysiert wurden, und der prozentische Reichtum jeder Familie an verzweigten Rüben wurde gleichzeitig bestimmt. Das ganze hier zu besprechende Material besteht also aus 100 Mittelwerten für Trockensubstanz-Inhalt und für Verzweigung. In der betreffenden Abhandlung von HELWEG sind diese Daten nicht übersichtlich zusammengestellt, sondern nur nach laufenden Nummern einzeln angeführt. Erst hier sind sie zu einer Korrelationstabelle geordnet, in welcher wir die prozentisch ausgedrückte Häufigkeit verzweigter Rüben als supponierte, den Stoffgehalt als relative Eigenschaft nehmen.

---

[1]) Da diese Rüben Fremdbestäubung haben, ist hier nicht die Rede von reinen Linien.

Korrelation zwischen Verzweigungshäufigkeit und Stoffgehalt bei 100 „Familien" von Bortfelder-Rüben einer Zucht aus Fühnen.

Die Zahlen der Rubriken geben die Anzahl der Familien an.

Prozente verzweigter Rüben	Prozentischer Inhalt von Trockensubstanz								Summe	Durchschnittl. Inhalt von Trockensubst.
	7,5	8	8,5	9	.9,5	10	10,5			
0	.	.	.	.	1	.	.	.	1	(9,25)
2	.	.	.	4	5	.	.	.	9	9,03
4	.	1	3	9	11	6	2	.	32	9,13
6	.	2	7	7	5	6	1	.	28	8,91
8	.	2	7	6	3	2	2	.	22	8,80
10	.	.	2	3	.	1	.	.	6	8,75
12	.	.	.	1	.	.	.	.	1	(8,75)
14	.	.	.	1	.	.	.		1	(9,25)
16										
Summe . . .	.	5	19	30	26	15	5	.	100	8,96
Durchschnl. Verzweigungsproz.	.	7,40	7,84	6,87	5,69	6,73	7,00	.	6,67	

Schon ein Blick auf die letzte Kolonne — oder die unterste Zeile — der Tabelle genügt um zu zeigen, daß die pretendierte Korrelation nicht vorhanden ist, eher das Gegenteil. Die nähere Berechnung ergibt dann auch hier $r = \div 0,174 \pm 0,097$, also eine nicht ganz sichergestellte, dabei aber negative Korrelation.

Der ganze Fall — und andere Angaben desselben Autors stimmen hiermit — zeigt, wie nötig es ist, die beobachteten Zahlen zu ordnen, ehe man Schlüsse daraus zieht!

HELWEG hat das Verdienst, sein Material offen und ehrlich der Nachprüfung zugänglich gemacht zu haben; darum hat es als Illustration für uns einen großen Wert — wir sehen, wie der Autor selbst sein Material mißdeutet!

Überhaupt findet man bei sehr vielen Angaben der praktischen Züchter über Korrelation ganz unverantwortliche Behandlungen vorliegender Beobachtungen. Es sind wahrscheinlich die vorausgefaßten Anschauungen über die Gegenseitigkeit von allerlei Eigenschaften, welche so viele Verfasser irre führen: das Kompensationsprinzip (vgl. S. 241) hat hier viel Unheil gestiftet.

Im Anschluß an das früher erwähnte Kompensationsprinzip hat zuerst wohl ALPH. DE CANDOLLE eine „Unvereinbarkeit guter Eigenschaften" als Ausdruck physiologischer Notwendigkeit erwähnt. Es heißt in der betreffenden Abhandlung von 1862: „Nach dem bekannten Gesetz des Gleichgewichts der Organe und der Funktionen wird bei einem Lebewesen, falls eine nützliche Änderung an einem Punkte entsteht, eine Änderung in gegensätzlichem Sinne an einem anderen Punkte erfolgen." Und es werden als Beispiel u. a. Kartoffeln, deren durch die Kultur „forzierte" Stärkereichtum Kränklichkeit bedingt haben soll, angeführt. Man sieht hiermit den Gedanken des „balancement organique" in einer Weise entwickelt, die wohl kaum von GOETHE oder von GEOFFROY St. HILAIRE akzeptiert wäre. Denn was wird mit „nützlich" hier gemeint? Wir sehen hier einen Übergang von einer klaren Konzeption morphologischer Korrelationen (mögen diese nun richtig erkannt sein oder nicht) zu einer dunklen physiologisch-ökonomischen Lehre. Durch DE CANDOLLES Autorität und wohl namentlich durch die ganze Disposition der Menschen für derartige Vorstellungen hat diese ganze Lehre eine Verbreitung und Zustimmung erhalten, welche nur eingehende bestätigende Spezialuntersuchungen hätten motivieren können.

Der Gedanke einer Unvereinbarkeit wertbildender Eigenschaften wurde in den 90 er Jahren besonders von SCHINDLER stark betont. Drei Momente bilden den Kern der SCHINDLER'schen Lehre; erstens, daß der Bau eines Organs ein Ausdruck von dessen Funktion ist; zweitens, daß die verschiedenen Organe und darum auch die Funktionen in Korrelation stehen und drittens, daß eine ganze Reihe wertvoller Eigenschaften einander gegenseitig ausschließen. So sollen, um bloß zwei Beispiele zu nennen, beim Weizen — welcher von SCHINDLER besonders eingehend studiert wurde — Winterfestheit mit größerer Ergiebigkeit unvereinbar, und Größe der Körner mit Stickstoffreichtum unvereinbar sein. SCHINDLER hat in seinen Werken verschiedene, in vielen Beziehungen sehr interessante Zusammenstellungen gegeben, deren durchschnittliche Ausdrücke im Ganzen seine Auffassung statistisch bestätigen können, obwohl auch einige Ausnahmen dabei vorkommen, welche wir noch zu besprechen haben.

Was die drei grundlegenden Momente bei der SCHINDLER'schen Auffassung betrifft, so muß von vornherein bemerkt sein, daß das erste Moment hier eine sehr zweifelhafte Bedeutung hat. In Wirklichkeit sagt uns der Bau eines Pflanzenorgans nur sehr wenig über die Funktion: „Derselbe Bau .... läßt auch im Organismus verschiedene Funktionen zu, und damit ist klar, daß aus einer ähnlichen Gestaltung durchaus nicht allgemein auf funktionelle

Übereinstimmung geschlossen werden kann", heißt es schon in Pfeffer's Pflanzenphysiologie. Besonders aber hier, wo fast nur von Unterschieden in der Intensität gegebener Funktionen die Rede ist, läßt der Bau eines Pflanzenteils uns gänzlich im Stich bei der Beurteilung. Solche Unterschiede sind zellulär oder plasmatisch bedingt und lassen sich nur direkt konstatieren.

So sagt auch Biffen bei seinen schönen Untersuchungen über Widerstandsfähigkeit verschiedener Getreiderassen der Rost- und Mehltaukrankheit gegenüber, daß der Grad der Widerstandsfähigkeit überhaupt keine merkbare Relation zu morphologischen Eigenschaften zeigt.

Was die beiden anderen Momente betrifft, so wurde schon S. 243 bis 243 genügend Reservation genommen; und, wie Goebel sagt, man muß in jedem Spezialfall Beweis für die Korrelation verlangen.

Und was, ganz im allgemeinen, eine angebliche Unvereinbarkeit wertvoller Eigenschaften betrifft, so sind die folgenden Auseinandersetzungen vielleicht nicht überflüssig zur Beleuchtung der prinzipiellen Frage.

Es leuchtet ein, daß ein gegebenes arbeitendes System — eine Maschinenanlage, eine Fabrik, ein Organismus — seine Begrenzung hat in Bezug auf Größe und Qualität der in der Zeiteinheit zu leistenden Arbeiten. Eine gesteigerte Wirksamkeit in irgend einer Arbeitsweise ist, falls im voraus alle Energie in Anspruch genommen war, nur möglich, indem die Wirksamkeit bei einer anderen Arbeit (oder bei mehreren) gleichzeitig abnimmt. Ob und in welcher Weise solche Verhältnise sich bei Organismen äußern, mag im einzelnen Falle schwierig sein zu entscheiden. Und besonders schwierig wird die Sache, wo von Variationen die Rede ist, also wo eine vergleichende Beurteilung der Zustände, der Fähigkeiten und des ganzen Lebens und Treibens individuell verschiedener Organismen auszuführen ist.

Kann vielleicht die Tatsache, daß man feiner hört, wenn die Augen geschlossen werden, teilweise aus dem soeben gesagten verstanden werden, würde es schon bedeutend mehr zweifelhaft sein, ob es berechtigt ist zu behaupten, das scharfe Gehör nichtsehender Tierarten sei eine Folge der Blindheit. Es liegt allerdings nahe, hier an Korrelationserscheinungen zu denken, deren Existenz und quantitative Tragweite erst durch besondere Untersuchungen festgestellt werden müßten, ehe sie zu Gunsten einer Lehre von Unvereinbarkeit wertvoller Eigenschaften benutzt werden.

Es wird auch leicht eingesehen, daß eine reichlich milchgebende Kuh oder eine viele Eier produzierende Henne sich nicht leicht auch mästen lassen, — es sind offenbar hier Grenzen für die Produktion des Individuums. Aber es ist durchaus nicht a priori einleuchtend, daß die Fähigkeit, fett zu werden, notwendigerweise die Fähigkeit ausschließt, unter ganz anderen Entwicklungsbedingungen und anderer Lebenslage viel Milch oder viele Eier zu geben. Nichtsdestoweniger findet wohl auch hier der nach „Erklärung" suchende Gedanke Raum und Boden in den soeben angestellten Betrachtungen über Kompensation, — mit wie vielem Rechte kann hier nicht entschieden werden.

Warum aber eine größere Widerstandsfähigkeit gegen Winterkälte mit Ertragreichtum unvereinbar sein sollte, oder warum Großkörnigkeit beim Weizen mit der hier als Fehler geltenden Stickstoffarmut, bei Malzgerste dagegen mit dem hier als Fehler geltenden Stickstoffreichtum gepaart werden sollte — ja solche menschenfeindliche Boshaftigkeiten in der Natur sind Rätsel, deren Berechtigung, als Naturgesetze zu gelten, nicht ohne weiteres akzeptiert werden kann. Jedenfalls müssen solche Auffassungen einer ganz anderen Prüfung unterworfen werden, als es die statistische Beleuchtung mittels Durchschnittsanalysen ist, deren brutale Majoritätsentscheidung hier gar nicht am Platze ist.

Was wir — je nach den oft sehr launischen und lokal sowie temporär wechselnden Forderungen des Marktes — eine „wertbildende" oder „wertvolle" Eigenschaft bei einer Kulturpflanze oder einem Haustiere nennen, ist durchaus nicht immer Ausdruck einer erhöhten Arbeitsleistung von seiten des Organismus oder deren Umgebung, und falls man das Kompensationsprinzip, wie wir ihm hier begegnet haben, durch Betrachtungen über „Erhaltung der Energie" u. dergl. Momente stützen möchten, laufen wir Gefahr, in dem reinen Unsinn zu enden. Schon DE CANDOLLE's S. 291 zitierte Äußerungen bilden ein Beispiel zur Warnung.

Soviel über die mehr prinzipielle Seite dieser Fragen. Sehen wir nun nach, wie es mit den tatsächlichen Verhältnissen steht. Selbstverständlich können wir hier nicht alle die tausende von verschiedenen Angaben über praktisch wichtige Korrelationen näher betrachten, sondern nur einige der in der Literatur am meisten besprochenen Beispiele berücksichtigen. Schon eine Durchblätterung von WOLLNY's Buch (Saat u. Pflege d. landw. Kulturpflanzen) zeigt uns, daß viele seiner Tabellen in Widerspruch stehen. Von Gesetzen ist hier nicht die Rede, nur von oft fehlenden „Regeln". Und was die indirekte Beurteilung der Milchkühe nach äußeren „Merkmalen" („Milchzeichen" oder wie man sich nun ausdrücken mag) betrifft, steht die ganze Entwicklung dieser Sache mit ihrer Kulmination in Guénon's Pointierungssystem jetzt wohl für jeden Unbefangenen als ein Irrweg in der — man könnte sagen „dogmatisierten" — Praxis; denn sehr häufig entsprechen die Leistungen der Tiere nicht den schönsten „Milchzeichen". Damit sei aber durchaus nicht geleugnet, daß diese ganze Sache ihre große Mission gehabt hat; wohl erst durch sie wurde in weiteren landwirtschaftlichen Kreisen das Interesse für methodisches Züchten geweckt! In Deutschland hat wohl besonders Pott, in Dänemark Stribolt, in Norwegen Isaacksen mit mehr oder weniger Glück für direkte Beurteilung des Milchviehes und gegen die herkömmliche Tierschauschätzung (den „Formalismus") gekämpft; und augenblicklich hat eine rationelle direkte Beurteilungsweise wohl die Majorität der interessierten, wirklich sachkundigen Stimmen. Aber es wird lange dauern, bis der Formalismus ganz überwunden ist. Dabei muß auch durchaus nicht vergessen werden, daß Schönheit oder „Tierschaukorrektheit" selbst ein Wertfaktor beim augenblicklichen Stande der ganzen Viehzucht ist. Und die unmittelbare Freude an solchem schönen Vieh wird wohl oft die Unlust einer leichten ökonomischen Skepsis besiegen — zumal wenn dazu Prämien und andere Tierschauauszeichnungen treten. (Vgl. S. 313, Anm. 2.)

Betrachten wir Schindler's spezielle Angaben für Weizen, so werden wir auch hier finden, daß die Korrelationslehre nicht viel Bedeutung hat. So habe ich selbst vielfach gefunden, daß bei Weizen ganz wie bei Gerste Großkörnigkeit mit Stickstoffgehalt in positiver Korrelation steht; verschiedene Sorten mögen sich wohl verschieden verhalten. Und was die Winterfestheit betrifft, so hat neuerdings der tüchtige dänische Pflanzenzüchter N. P. Nielsen (Tystofte) nachgewiesen, daß unter den geprüften winterfestesten Sorten auch sehr ertragreiche vorkommen. Auch hier ist also keine Notwendigkeit einer „Unvereinbarkeit" wertvoller Eigenschaften vorhanden.

In einer umfassenden Arbeit trat 1893 E. v. Proskowetz als eifriger Anhänger der Korrelationsbeurteilung bei Getreidezüchtung auf, und auf zwei Tafeln sucht er u. a. eine graphische Darstellung der korrelativen Verhältnisse zwischen 14 Eigenschaften bei 32 verschiedenen Sorten zweizeiliger Gerste zu geben. Wie aber diese Figurationen mit der Auffassung einer bloß annähernd festen Korrelation vereinigt werden können, ist für den unbefangenen Leser nicht einzusehen; die einander kreuzenden Linien des betreffenden Schemas bilden ein Wirrwarr von Gesetzlosigkeit. Ich führe diese Arbeit hier an, um auf eine Abhandlung hinweisen zu können, in welcher die absurden Konsequenzen einer dogmatischen Festhaltung an Korrelations-„Gesetzen" klar zutage treten; und es ist diese Arbeit um so lehrreicher, als der in der züchterischen Praxis hochverdiente Autor auf anderen Gebieten seiner Tätigkeit ganz klar und richtig die Korrelation zu beurteilen weiß.

So hat der genannte Verfasser schon um 1890 ein sehr schönes Beispiel zur Beleuchtung der korrelativen Variabilität gegeben in seinen Untersuchungen über die Korrelation zwischen dem Zuckerreichtum der Rüben und dem Verlust an Zucker während deren Aufbewahrung vom Herbst bis zum Frühling. Es zeigte sich, daß der Verlust absolut und relativ am größten war bei den zuckerreichsten Rüben und daß ganz allmähliche Übergänge vorkamen bis zu den zuckerärmsten Rüben mit dem kleinsten Schwund. Dies geht aus den Durchschnittzahlen hervor. Die einzelnen Analysen aber zeigen, daß eine große Variation vorhanden ist, derart, daß viele individuelle Ausnahmen von der Regel auftreten. Und v. PROSKOWETZ selbst deutet die Möglichkeit an, daß hier auch erbliche Unterschiede (was wir in diesen Vorlesungen genotypische Unterschiede nennen) vorhanden sind. v. PROSKOWETZ charakterisiert ganz richtig die gewonnenen Durchschnittzahlen hier und in anderen Fällen bei Rüben als Ausdrücke nur „anscheinender Gesetze".

Also bei Rübenpopulationen volle Klarheit über die statistische Natur der Durchschnittsresultate; bei Getreide aber von demselben Autor eine ganz andere Schätzung der Mittelwerte! Dies ist jedoch sehr leicht zu verstehen: Seit VILMORIN's bahnbrechenden Arbeiten ist die Zuckerrübe eines der klassischen Objekte für Theorie und Praxis der Züchtung gewesen; und die Größe des einzelnen Rübenkörpers macht es leicht, individuelle Analysen zu machen, wie es ja VILMORIN selbst ausgeführt hat. VILMORIN betonte auch selbst, nach direkten Untersuchungen, ganz scharf und klar, daß korrelative Beurteilung der Rüben nach Blattformen u. a. irrelevant sei. Bei Getreide, Hülsenfrüchten u. a. hat man aber erst viel später solcherart individuell analysiert. Darum wurde man von Anfang an über das allgemeine Vorkommen und die Bedeutung der Ausnahmen der Korrelationsregeln bei Rüben aufmerksam, während die Mittelwerte bei den Getreidearten eine viel zu große Rolle gespielt haben.

Warum aber sollten Rüben eine Sonderstellung haben? Die Erfahrungen der späteren Jahre haben ja auch nun zur Genüge gezeigt, daß in den Korrelationsfragen kein prinzipieller Unterschied der verschiedenen Organismen vorhanden ist. Die in Populationen gefundenen Korrelationen lassen sich meist durch Isolation modifizieren, wie wir noch zu erwähnen haben.

In Bezug auf die Lehre von Unvereinbarkeit wertvoller Eigenschaften sei nur noch eine kleine Betrachtung angeführt. Selbst wo Eigenschaften absolut unabhängig von einander variieren, müssen sich Verhältnisse zeigen, die oberflächlich gesehen, an „Unvereinbarkeit" erinnern. Wünschen wir z. B. die höchsten Intensitäten dreier Eigenschaften bei einem Individuum vereinigt zu finden, und sagen wir etwa, nur ein Individuum auf hundert habe, für die einzelne Eigenschaft, den gewünschten Grad. Dann würde man, indem $\frac{1}{100} \cdot \frac{1}{100} \cdot \frac{1}{100} = \frac{1}{1\,000\,000}$, nur in einem Falle auf eine Million das erwünschte finden können. Dieses ist aber nicht identisch mit Unvereinbarkeit! Es gilt eben für die Praxis, solche seltene Kombinationen zu finden. Eine ganz andere Frage ist es allerdings, ob solche Kombinationen erblich sind. Wenn es nur Kombinationen von Plusabweichung im gewöhnlichem Sinne des Wortes sind, wird von Erblichkeit nicht die Rede sein. —

Es gibt also Fälle genug, in welchen sich Korrelationen zwischen verschiedenen Charakteren zeigen. Unsere Tabellen von S. 247 und 248 sind schon als Beispiele dafür angeführt; aber ein Blick auf diese und ähnliche Tabellen zeigt sofort, daß sich viele individuelle Ausnahmen von der Durchschnittsregel finden: Man kann nicht mit Sicherheit, z. B. aus der Körnergröße auf den Stickstoffprozent der Gerste u. a. Getreidearten schließen, ebensowenig wie ein solcher Schluß für den Fettgehalt des Hafers sicher ist. Nur bei vollkommener Korrelation ist Sicherheit vorhanden, — aber eine solche Vollkommenheit findet sich nicht in der Natur vor.

Gerade darauf beruht das bekannte Bertillon'sche Identifikationsprinzip, welches jetzt überall bei Individuenbestimmungen der Verbrecher benutzt wird. Ständen alle Charaktere in vollkommener Korrelation, so würde eine einzige Messung irgend eines Charakters genügen, um ein Individuum komplett zu charakterisieren; dann würden aber auch sehr viele Individuen zum Verwechseln ähnlich sein, so daß eine Identifikation unmöglich wäre. —

Die Korrelationsgesetze — wir haben hier stets nur die korrelative Variabilität im Auge — sind insofern also nur Wahrscheinlichkeitsgesetze für den individuellen Fall. Etwas festes muß doch aber darin stecken! Ja, hier kann, wie wir es schon öfters gefunden haben — und es auch künftig häufig finden werden — die Variationsstatistik für sich nichts entscheiden. Die Erblichkeitsverhältnisse sind das allein Maßgebende hier. Und, ganz wie bei den einzelnen Eigenschaften, jede für sich betrachtet, so zeigt es sich auch hier bei der korrelativen Variabilität, daß eine Population sich ganz anders verhalten kann als reine Linien.

Hat man mit einer nicht genotypisch einheitlichen Population zu tun, so wird eine Korrelation gewöhnlich leicht durch Selektion der Ausnahmen gebrochen, ganz wie wir durch Selektion von Plus- oder Minusabweichern den Phänotypus einer nicht einheitlichen Population verschieben können. So war es leicht, reine Linien von Gerste zu isolieren, welche relativ hohes Körnergewicht und dabei nur einen niedrigen Stickstoffprozent hatten, und ebenso konnte KRARUP Linien aus seiner Haferpopulation isolieren, welche fettreiche und dabei keineswegs kleine Körner bilden. So sind wohl auch Viehstämme vorhanden, welche gute Milcher sind ohne von allen den berühmten (oder berüchtigten) „Merkmalen" geprägt zu sein. Übrigens sind die Schwierigkeiten einer sachgemäßen Beurteilung der Milchleistung, sowohl in Bezug auf Menge als auf Güte (Fettprozent) recht groß, indem der Zustand des einzelnen Individuums sehr wechselnd ist, teils nach der Laktationsperiode, teils nach dem „Jahrgang" ɔ: dem Inbegriff aller Elemente der Lebenslage im betreffenden Jahre. Leider sind die vielen Untersuchungen der sogenannten Kontrollvereine und dergl. Institutionen nicht der wissenschaftlichen Bearbeitung zugänglich. Die Milchviehzucht hat nicht so „offen" gearbeitet wie die Pflanzenzucht, wo ja auch die Kritik und die Kontrolle relativ schnell die Resultate beurteilen können. Der Umstand, daß jedes Individuum der Tierzucht rein persönlich einen gewissen Geldwert repräsentiert, während gewöhnlich die einzelne Pflanze persönlich sozusagen nichts wert ist, macht es leichter, bei Pflanzen begangene Zuchtfehler durch einfache Kassation des Materials zu redressieren.

Wir tangierten soeben die Einflüsse der Lebenslage. Das ganze Milieu während der individuellen Entwicklung, sowie die Erziehung, Trainierung, spezielle Ernährung usw. gibt den besonders behandelten Individuen besonderes Gepräge; darum darf man nicht Individuen, welche unter ganz verschiedener Lebenslage entwickelt sind, beim Studium der korrelativen Variabilität vergleichen. Bei absolut vollkommener Korrelation müßte jeder äußere Faktor, welcher die eine von zwei in Korrelation stehenden Eigenschaften beeinflußt, auch eine genau entsprechende Änderung der zweiten Eigenschaft hervorrufen. Was nun z. B. die Korrelation zwischen Körnergröße und Stickstoffprozent betrifft, so zeigt das sehr große Material von Analysen des früheren dänischen „Malzgerste-Ausschusses" in schöner Weise, daß, je früher die Aussaat geschehen ist, desto großkörniger, dabei aber zugleich auch stickstoffärmer wird die Ernte! Der Einfluß der Säezeit äußert sich also als eine gegen die Korrelation wirkende Änderung der Körnergröße und des Stickstoffgehaltes. Und so wird es in vielen anderen Fällen kommen: Darum ist es unzulässig, ohne weiteres Daten über Saatwaren — und überhaupt über Organismen, Tiere oder Pflanzen — aus ganz verschiedenen Ländern und Klimaten zur Beleuchtung der Korrelationsgesetze zusammenzustellen, wie z. B. SCHINDLER in seinem übrigens so lehrreichen Buche über Weizen es tut.

Der Einfluß einer speziellen Lebenslage könnte aber auch Verhältnisse hervorrufen, welche unrichtigerweise als korrelative Variabilität aufgefaßt würden, falls die Sache nicht kritisch betrachtet wird. Ich vermute, daß der folgende Fall hierher gehört. Es wird allgemein behauptet, daß eine Korrelation existiert zwischen Zuckergehalt und Neigung zu unterirdischer Entwicklung des Wurzelkörpers der Zuckerrübe. Darum soll es unmöglich sein, sehr zuckerreiche Rüben zu erhalten, welche hoch im Erdreich sitzend leicht aufzunehmen sind. Ich bestreite dieses Faktum gar nicht, es mag richtig sein. Aber damit ist noch nicht gesagt, daß hier eine Korrelation vorliegt. Rübenzüchter haben behauptet, daß es besonders der über die Erde ragende Teil der Wurzel ist, welcher zuckerarm ist — und andere für die Zuckerfabrikation ungünstige Eigenschaften hat. Könnte dieses nicht auf direkter Lichtwirkung beruhen oder in anderer Weise durch die äußeren Verhältnisse des oberirdischen Teils bedingt sein?

Ohne Deckung werden die Spargeltriebe, welche man bekanntlich durch eine hohe Schicht lockerer Erde zu etiolieren pflegt, grün, holzig und bitter. Hätte man nun eine Rasse, deren Triebe als jung wagerecht (transversal-geotropisch) auswüchsen, so daß sie lange von selbst in der lockeren Erde blieben und deshalb ohne künstliche Deckung etioliert wurden, würde dieses eine Korrelation zwischen Transversal-Geotropismus und Etiolement sein? Gewiß nicht; niemand würde solches behaupten. Es ist aber eine Frage, ob nicht hier und da eine vermeintliche Korrelation denselben biologischen Wert hat, d. h. gar keine wirkliche Korrelation ist.

Für die Praxis — hier der Tier- und Pflanzenzüchtung — gelten andere Ziele und Mittel als für die Forschung; und für die Praxis mag es vielleicht ganz gleichgültig sein, ob ein gesetzlicher Zusammenhang „Korrelation" genannt wird oder nicht. Von unserem biologischen Standpunkte aber ist es durchaus nicht gleichbedeutend, ob zwei Eigenschaften einer Organismenart in einem primären Gegenseitigkeitsverhalten variieren oder ob eine Variation der einen Eigenschaft nur unter gegebener Lebenslage sekundär eine bestimmt gerichtete Abänderung einer anderen oder mehrerer anderen Eigenschaften bedingt. Man muß sich hüten, hier voreilig von Korrelationen zu sprechen.

Nach alledem erreichen wir die Auffassung, daß die indirekte Beurteilung einer Eigenschaft durch Bestimmung des Grades einer anderen Eigenschaft ein schlechter Richtweg ist, wenn man sich nicht mit großer Unsicherheit begnügen mag. Bei exakter Arbeit muß man notwendigerweise stets direkte Messung der in Frage kommenden Eigenschaft ausführen. Alles andere ist mehr oder weniger lose Schätzung!

Bis jetzt haben wir ganz im allgemeinen an Populationen (Bestände) gedacht, von welchen man im voraus nie wissen kann, ob sie genotypisch einheitlich sind oder nicht. Es wurde schon S. 297 gesagt, daß durch Selektion von „Ausnahmen" der Korrelation in einer Population eine Verschiebung des korrelativen Verhältnisses erreicht werden kann, — eben wenn diesbezügliche genotypische Unterschiede vorhanden sind. Dieses Resultat entspricht dem Resultate jeder anderen Selektion in solchen Populationen. Aber ganz wie wir in der achten und neunten Vorlesung die Wirkung einer Selektion von Plus- oder Minusabweichern näher analysiert haben, so müssen wir auch hier feiner arbeiten, als es die Durchschnittsresultate erlauben. Wir fragen demnach: Wie stellt sich die Wirkung einer Selektion von Ausnahmen der Korrelation innerhalb reiner Linien?

Hier zeigt es sich — wir denken ja nur an homozygotische Organismen —, daß die Korrelationen nicht gebrochen oder verschoben werden durch Selektion von individuellen Ausnahmen. KRARUP konnte, wie schon erwähnt, durch Selektion aus einem Haferbestand reine Linien isolieren mit relativ großen Körnern,

welche fettreicher sind als für den ursprünglichen Bestand phaenotypisch. Ähnlich für die Gerste: große und doch relativ stickstoff-
arme Linien ließen sich züchten usw. Aber innerhalb solcher reinen
Linien, welche der betreffenden Population gegenüber als durch
Selektion gewonnenen (o: isolierten) Ausnahmen gelten können, zeigt
sich wiederum eine Korrelation — meist ganz ähnlich gerichtet —,
und diese Korrelation läßt sich nicht durch Selektion ändern!

In der durch die Tabelle S. 248 repräsentierten Haferpopulation
entsprach dem Körnergewicht 42,5 mg ein mittlerer Fettgehalt von
ca. 6,4 Proz. Demselben Körnergewicht entsprechen aber (unter
gleicher Lebenslage!) in einer fettreichen Linie z. B. ca. 7,5 Proz.
Fett, in einer fettarmen Linie z. B. nur etwa 5 Proz. usw. Aber
innerhalb dieser reinen Linien fällt der Fettgehalt mit steigendem
Körnergewicht, ähnlich wie in der Population, und die Variation in
den reinen Linien ist im Ganzen nicht viel geringer als in der
Population.

Ganz Entsprechendes werden wir als allgemeine Regel finden.
Die S. 150 ff. näher erwähnten Selektionen in reinen Linien von Bohnen
sollten eben u. a. prüfen, ob nicht durch länger fortdauernde Selektion von schmalen bezw. von breiten Samen eine Verschiebung der
Korrelation zwischen Länge und Breite möglich wäre. Wie schon
dort erwähnt und mit Zahlen illustriert, gelang solches nicht.

Aus der ursprünglichen Population war es aber leicht, sofort
„breite" und „schmale", sowohl als „kurze" und „lange" Linien —
also „Ausnahmen" — zu isolieren.

Eine solche Sachlage läßt sich am leichtesten graphisch illustrieren. Die Korrelation zwischen zwei Eigenschaften kann, wie
es schon in Fig. 28 S. 249 durch ein Beispiel gezeigt ist, in sehr
einfacher Weise als eine geneigte Linie dargestellt werden. Eine
solche Korrelationslinie drückt die durchschnittlichen Werte der
relativen Eigenschaft für die verschiedenen Grade der supponierten
Eigenschaft aus. Diese Linie gibt also gleichzeitig ein Bild der
Korrelation und ein Maß der mittleren Beschaffenheit des betreffenden Materials in Bezug auf die beiden in Korrelation stehenden
Eigenschaften.[1]

[1] Als „supponiert" kann man ja nach Belieben die eine oder die
andere Eigenschaft wählen, d. h. also, man kann durch zwei verschiedene
solche Linien die Beschaffenheit des Materials ausdrücken. Hier handelt
es sich um die direkt gefundenen absoluten Durchschnittswerte der Korrelationstabelle — Relationen zwischen benannten Zahlen, wie es

Gerade darum eignet sie sich für den Vergleich verschiedener
Bestände, Linien und Sortimente derselben Organismenart. Die

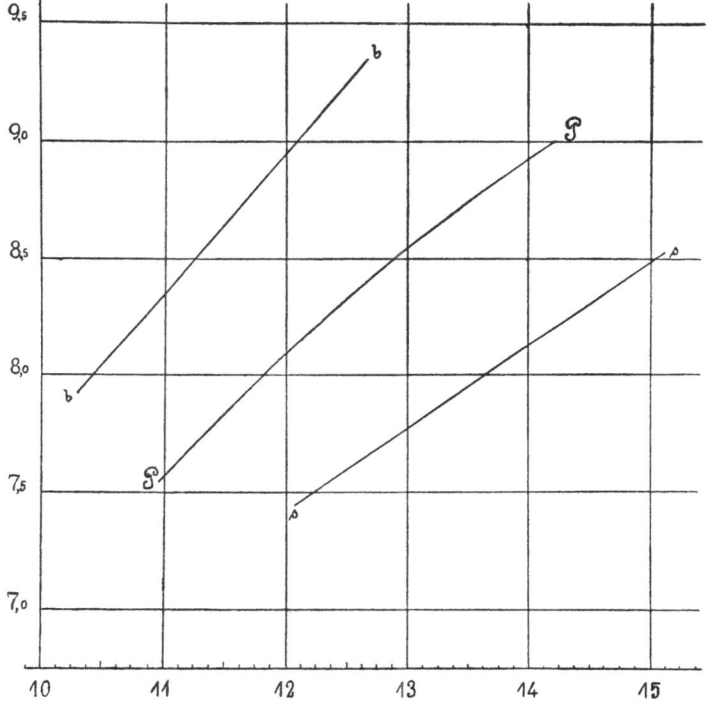

Fig. 30. Korrelationslinien betreffend Länge und Breite von Bohnensamen.
Die Zahlen der Grundlinie geben die Längen in Millimetern an; die Höhen
über der Grundlinie (vgl. die Zahlen links) geben die entsprechenden mittleren Breiten in Millimetern an. *P—P* entspricht der Population als Ganzem;
der Verlauf der Linie ist deutlich krumm. *s—s* entspricht den schmalsamigen
Bohnen, *b b* den breitsamigen. Bei gegebener Länge z. B. 12,5 mm würde
die mittlere Breite für die Population etwa 8,3 mm, für *s—s* etwa 7,6 mm
und für *b—b* etwa 9,3 mm sein.

nebenstehende Fig. 30 gibt den Vergleich der oft erwähnten Bohnenpopulation mit zwei aus derselben isolierten reinen Linien, die eine

aus der Fig. 28 S. 249 hervorgeht. — Ganz anderer Natur ist die Galton'sche
Korrelationslinie, vgl. Fig. 29 S. 251, welche ja nicht benannte Zahlen betrifft,
sondern die Relation zwischen Variationsgrößen ausdrückt. Es versteht sich von selbst, daß Galton's Korrelationslinie sehr wohl ganz identisch
sein kann, wo die absoluten Korrelationslinien nicht zusammenfallen. Die
Korrelation, nach Galton gemessen, ist ja gar nicht abhängig von den absoluten Dimensionen oder den Intensitäten der betreffenden Charaktere.

schmalsamig, die andere breitsamig. Mit der Isolation solcher reiner Linien, welche vom Mittel der Population wider die Korrelation abweichen (Plusabweichung in Längenmaß und Minusabweichung in Breite, bezw. Minusabweichung in Länge und Plusabweichung in Breite), ist die in der Population gefundene Korrelation natürlicherweise „besiegt", „gebrochen", oder richtiger, umgangen. Die Korrelation in der Population war nur eine phaenotypische Erscheinung.

Innerhalb der reinen Linien gilt eine ganz ähnliche Korrelation, meist sogar vollkommener, mit größerem Werte für r. Und diese Korrelation läßt sich nicht umgehen, — wir haben es natürlicherweise hier mit gegebener allgemeiner Lebenslage zu tun, und von Kreuzung und Ähnlichem ist hier ja nicht die Rede.

Innerhalb der reinen Linien ist die Korrelation stabil, d. h. die Individuen variieren, die Nachkommen aller variierender Individuen bleiben doch von der betreffenden Korrelation geprägt; die Korrelation ist mehr als eine phaenotypische Erscheinung, sie ist genotypisch mitbedingt. Solche Korrelation ist erblich, ganz wie die Typen der Einzeleigenschaften. Anderes wäre nun auch nicht zu vermuten. Denn, gilt es für die einzelne Eigenschaft, daß in aller fluktuierender Variabilität eine genotypische Festheit vorhanden ist, so muß notwendigerweise auch die Korrelation solcher Eigenschaften dieselbe genotypische Festheit haben, aber offenbar auch mit Spielraum für Fluktuationen. Selbst in reinen Linien finden sich also Individuen vor, welche allerdings nur persönliche Ausnahmen der Korrelation sind, und die individuelle Beurteilung einer Eigenschaft nach dem Grade einer anderen ist auch hier — wie immer — unsicher.

So haben also die Gesetze der korrelativen Variabilität ihre recht scharfe Begrenzung. In gewöhnlichen, nicht genotypisch einheitlichen Populationen sind sie reine Durchschnittsregeln statistischer Natur, und sie lassen sich durch Selektion umgehen, verschieben, brechen, wie man nun sagen mag. In reinen, homozygotischen Linien sind aber die Korrelationen selbst Ausdrücke der genotypischen Beschaffenheit, und sie stehen in allen Fluktuationen fest.

Wir werden später sehen, daß Kreuzung das wesentlichste Mittel ist, gegebene Korrelationen zu stören.

Neunzehnte Vorlesung.

Einfachtypus, Komplextypus und Gesamttypus. — Biotypus und Numerotypus. — Abschließendes über korrelative Beurteilung. — „Qualitativer" Dimorphismus und gegenseitige Beeinflussung der Gene.

Die Betrachtungen über Korrelation führen uns zur Auffassung, daß der Gesamtcharakter eines Organismus durch die genotypischen Grundlagen einer Reihe verschiedener Eigenschaften wesentlich mitbedingt ist.

Hätten wir bei einem homozygotischen Organismus — und nur von solchen ist hier vorläufig die Rede — alle „Einzeleigenschaften" erkannt, wüßten wir somit auch, durch wie viele verschiedene Gene dieser Organismus charakterisiert wäre. Mit anderen Worten, die genotypische Grundlage eines solchen Organismus wäre für unseren jetzigen Zweck erschöpfend analysiert: Wir hätten ja damit gewissermaßen den genotypischen Gesamttypus des betreffenden Organismus durchschaut, indem wir mit dem Worte „Gesamttypus" den Inbegriff aller Einzeleigenschaftstypen eines Organismus meinen. Bei gegebener Lebenslage werden genotypisch gleiche Organismen (in einem gegebenen Entwicklungsstadium) einen bestimmten phaenotypischen Gesamttypus zeigen, nämlich den Inbegriff aller Phaenotypen ihrer Einzeleigenschaften. Der Gesamttypus ist eben die Totalität aller Einfachtypen (vgl. S. 117) der betreffenden Organismen.

Nun sind wir aber weit davon entfernt, alle Einzeleigenschaften auch nur eines der allerniedersten Organismen erkannt zu haben. Wir kennen — dank der Kreuzungsexperimente MENDEL'scher Art — für viele Pflanzen und Tiere Reihen von Einzeleigenschaften, welche durch besondere, trennbare Gene (mit-) bedingt sind, aber das ist alles nur ein Bruchteil der ganzen Eigenschaftsmasse der betreffenden Organismen.

Wenn wir z. B. die Wuchsform und die Produktivität und andere Charaktere der Bohnenpflanzen, sowie die Länge, die Breite und verschiedene Schalenfarben deren Samen als lauter Einzeleigenschaften erkannt haben, oder wenn wir z. B. eine Reihe von Elementen der Federfarbe und der Kammform u. a. m. bei Hühnern als Einzeleigenschaften bestimmen können, so ist damit ja nur ein ganz geringer Teil des Gesamttypus der betreffenden Pflanzen oder Tiere in ihre Einfachtypen analysiert. Es bleibt noch ein sehr großer Rest übrig, und in diesem Reste stecken die allerwichtigsten Elemente der für die Erblichkeit in Frage kommenden Organismencharaktere. Es sind eben nur meistens recht unwichtige Einzeleigenschaften, welche wir als solche erkannt haben, während die für das allgemeine Lebensgetriebe verschiedener Rassen maßgebenden „Elemente" uns noch so ziemlich fremd sind.

Darum haben wir durchaus nicht das Recht, von dem „Gesamttypus" auch nur einer einzigen Rasse zu reden; wir können sagen, daß wir in den am besten untersuchten Fällen einen Komplextypus kennen, d. h. die Summe oder besser den Inbegriff aller erkannter Einfachtypen. Wir haben sodann den Ausdruck:

$$Gesamttypus = \underbrace{\text{Die erkannten } Einfachtypen}_{\text{Der erkannte } Komplextypus.} + \text{der Rest.}$$

Bezeichnen wir die erkannten verschiedenen Einzeleigenschaften irgend einer genotypisch einheitlichen homozygotischen Population (z. B. einer reinen Linie) mit Buchstaben, etwa A, B, C, D, E usw., und geben wir dem Rest nicht analysierter Eigenschaften die Bezeichnung X, so ist der Komplextypus durch $A + B + C + D + E$ ausgedrückt, der Gesamttypus aber durch $(A + B + C + D + E) + X$ bezeichnet. Und dabei vergesse man nie, daß dieses X ein sehr großes X ist, das weit mehr umfaßt als die anderen paar Buchstaben ausdrücken!

Das einzelne hier in Frage kommende Individuum, welches eben als homozygotisch durch eine Vereinigung von genotypisch identischen Gameten entstand, kann man durch diese Bezeichnung charakterisieren:

$$(AA + BB + CC + DD + EE \ldots + XX),$$

indem der einzelnen Gamete, als Träger der genotypischen Grundlagen (der Gene) der betreffenden Organismen, diese Bezeichnung zukommt:

$$(A + B + C + D + E \ldots + X).$$

Für einen andern Gesamttypus, in welchem teilweise dieselben, teilweise andere Einfachtypen als Elemente auftreten, würden die entsprechenden Bezeichnungen etwas zu ändern sein. Sagen wir, daß z. B. in Bezug auf das mit C bezeichnete Gen ein Unterschied vorhanden sei, so könnte entweder C ganz einfach fehlen, oder aber mit etwas anderem, entsprechendem, ersetzt sein. Wir hätten alsdann für einen Gameten entweder

$$(A + B + D + E \ . \ . + X_1) \text{ oder}$$
$$(A + B + c + D + E \ . \ . + X_2),$$

indem wir mit X_1 bezw. X_2 nur ausdrücken wollen, daß die „Reste" X, X_1 und X_2 nicht identisch sein müssen.

Würden zwei von diesen verschiedenen Gameten zur Zygote vereinigt, würden wir offenbar eine Heterozygote erhalten; z. B. die Vereinigung der erstgenannten Gamete mit der zuletzt genannten würde eine Zygote geben, welche solcherart zu bezeichnen wäre:

$$(AA + BB + Cc + DD + EE \ . \ . + XX_2).$$

Der betreffende Organismus würde in Bezug auf A, B, D und E homozygotisch sein, in Bezug auf Cc aber heterozygotisch und in Bezug auf den großen Rest XX_2 unbestimmt; d. h. für uns unbekannt sein.

Hier haben wir noch nicht das Verhalten heterozygotischer Organismen weiter zu folgen; es wird dieses in der zweiundzwanzigsten und dreiundzwanzigsten Vorlesung geschehen. Es war nur wichtig, hier schon die Begriffe „homo-" und „heterozygotisch" durch Beispiele festzuhalten, um damit operieren zu können.

Halten wir uns nun aber an homozygotische Organismen, so wird es leicht eingesehen, daß (falls sonst die im Laufe dieser Vorlesungen entwickelten Anschauungen nicht ganz irrig sind) die Gesamttypen reiner Linien fest sind. Dabei sehen wir selbstverständlich von solchen Fällen ab, wo eine Vernichtung, bleibende Unterdrückung oder Abspaltung bestimmter Gene erfolgt (vgl. die Fälle S. 226 sowie die vierundzwanzigste Vorlesung), und wodurch eben eine plötzliche Störung des bisherigen Zustandes eintritt.

Die Einfachtypen sind fest — daß sie sich unter verschiedener Lebenslage in phaenotypisch verschiedener Weise manifestieren, ist in diesem Zusammenhange ganz irrelevant — und darum ist selbstverständlich der Inbegriff aller Einfachtypen, der Gesamttypus des betreffenden Organismus, auch genotypisch fester Natur.

Daß der Gesamttypus, bezw. der erkannte Komplextypus (denn vom Gesamttypus dürfen wir eigentlich nicht reden) fest ist, stimmt ausgezeichnet mit den neueren Untersuchungen der wissenschaftlichen Systematik, sowohl auf zoologischem als auf botanischem Gebiete. Wohl besonders in der Botanik sind — seit JORDAN's Arbeiten über *Draba* u. a. — viele der älteren, umfassenden LINNÉischen Spezies „pulverisiert" worden, d. h. sie sind in oft sehr zahlreiche „kleine Spezies" aufgelöst, deren „Konstanz" — d. h. Typenfestheit — durch Kulturen geprobt ist, und von den betreffenden Forschern stark betont wird. Die Arbeiten von H. DE VRIES sowie die zahlreichen Erfahrungen der schwedischen Saatzuchtstation in Svalöf, also sowohl wissenschaftlich als praktisch kontrollierte Beobachtungen, stimmen damit ganz überein.

Die Gesamttypen (bezw. die Komplextypen) werden also nicht verschoben; sie sind, genotypisch gesehen, n i c h t f l i e ß e n d , s o n d e r n f e s t . In diesem Sinne könnte man von festen biologischen Typen, wahren „Biotypen", reden. Mit diesem Worte wäre ein kurzer Ausdruck für „genotypischen Gesamttypus" gegeben.

Daß durch Auftreten von neuen Genen, durch Abspaltung oder durch Unterdrückung von solchen, ein stoßweises Erscheinen neuer Biotypen vorkommen kann, ist eine ganz andere Sache, die später zu diskutieren ist.

So weit in Bezug auf r e i n e L i n i e n . Betrachten wir jetzt eine P o p u l a t i o n (einen Bestand), wird dieselbe wohl nur äußerst selten — abgesehen von Spezialkulturen und -Zuchten — genotypisch einheitlich sein, also selten nur einen einzigen genotypischen Gesamttypus (Biotypus) enthalten. Und der Bestand kann ja doch nur in solchen Fällen einen einzigen phaenotypischen Gesamttypus vorstellen, wo a l l e i n q u a n t i t a t i v e r s c h e i n e n d e U n t e r s c h i e d e zwischen den Individuen vorhanden sind.[1]) Denn sind auch qualitativ hervortretende Unterschiede vorhanden, so ist, mit der Konstatierung solcher, auch gleich erkannt, daß sogar keine phaenotypische Einheit vorliegt.

Hält man sich aber nur an solche Charaktere, welche bei den Individuen rein quantitativ bestimmt werden müssen: Dimensionen, Inhaltprozente, Farbenintensität und anderen Intensitäten, z. B. vieler Funktionen usw., ferner Flossenstrahlen bei Fischen und dergl. „meristisch" variierende Charaktere, dann wird eine Popu-

---

[1]) Zwei- oder Mehrförmigkeit (einschließlich der Differenzen zwischen ♂ und ♀) gedenken wir hier gar nicht; diese Verhältnisse machen die Sache mehr verwickelt, ändern aber nichts in prinzipieller Beziehung, vgl. die vierzehnte Vorlesung, besonders S. 220—226.

lation wohl gar als Regel einen statistisch nachweisbaren phaenotypischen Gesamttypus besitzen. Und dieser komplexe „statistische"
oder „Zahlentypus" — N u m e r o t y p u s könnte man hier als Gegenstück zum „Biotypus" sagen — wird der Inbegriff aller gefundenen
Phaenotypen der einzeln gemessenen Charaktere sein.

Ein solcher N u m e r o t y p u s kann direkt gar nicht von einem
dieselben Charaktere betreffenden wahren B i o t y p u s unterschieden
werden, ganz wie es unmöglich war, bei den Einfachtypen zwischen
nur statistisch motivierten Phaenotypen und genotypisch einheitlichen
Typen bei bloßer Inspektion zu unterscheiden.

Diese Sachlage kann u. a. aus verschiedenen Korrelationstabellen
gesehen werden, so z. B. aus den hier S. 247 und 248 gegebenen
Tabellen, deren Durchschnittsausdrücke die, allerdings nur je zwei
Eigenschaften[1]) betreffenden, Numerotypen für Korngewicht und für
eine chemische Eigenschaft zeigen. Diese Numerotypen mit ihren
Fluktuationen und mit den in beiden Beispielen sich zeigenden
Korrelationen können von entsprechenden Biotypen nur durch die
Erblichkeitsverhältnisse unterschieden werden, d. h. also n u r m i t t e l s
d e r i n d i v i d u e l l e n N a c h k o m m e n p r ü f u n g im VILMORIN'schen
Sinne.

In der Fig. 30, S. 301 ist die Linie *P-P* ein graphischer Ausdruck eines rein statistischen Typus, eines Numerotypus; die Linien
s-s und *b-b* sind dagegen die Ausdrücke zweier aus der betreffenden
Population isolierten genotypisch einheitlichen Typen, Biotypen. Es
wäre nicht schwierig einen Biotypus, *P-P* ziemlich genau entsprechend,
aufzufinden.

Wie aber schon gesagt, wird es jedoch äußerst selten sein, daß
in einer Population nur „quantitative Abweichungen" zwischen den
Individuen vorkommen. Gerade die verschärfte Analyse, welche
das Prinzip der reinen Linien bei Selbstbefruchtern so leicht ermöglicht, hat zum Erkennen q u a l i t a t i v e r U n t e r s c h i e d e geführt,
welche sich erst deutlich bei den Reinkulturen zeigen. Auf diese
Sache hat man besonders bei den Arbeiten in Svalöf großes Gewicht
gelegt; HJ. NILSSON betont sehr häufig die „botanischen" (ɔ: morphologischen) Charaktere als den wesentlichsten Gegenstand seiner Auf-

---

[1]) Um Mißverständnissen zu entgehen sei hier nachdrücklichst betont,
daß es noch gar nicht entschieden ist ob Gewicht bezw. Fett- oder Stickstoffgehalt, als wirkliche „Einzeleigenschaften" aufzufassen sind. Das Gewicht ist es wahrscheinlich nicht!

merksamkeit. Aus den vorliegenden selbstbefruchtenden Rassen der Getreide- und Leguminosenarten haben dann auch der genannte Züchter und seine Mitarbeiter eine sehr große Anzahl „botanisch charakterisierter Typen" isoliert, aber dieses bedeutet eben Typen (Biotypen), deren gegenseitige Abweichungen nicht (oder jedenfalls nicht allein) als Gradesverschiedenheiten quantitativ ausgedrückt werden können.

Hat eine solche reine Linie z. B. Samenschalen, welche glatt und netzaderig sind, während bei anderen reinen Linien die Schalen rauh und mit Grübchen versehen sind, dann läßt sich dieser Unterschied nicht durch verschieden große gleich benannte Zahlen ausdrücken. Und so in Tausenden von Fällen, wo man sich mit einer „Beschreibung" ohne Zahlen helfen muß. Alle derartige Unterschiede, wie sie sich bei verschiedenen Haarformen, bei verschiedener Nuancierung im Blütenbau, Oberflächenbeschaffenheit der Blätter u. a. m. zeigen, lassen sich nicht — oder wohl schwierig und „gesucht" — zahlenmäßig präzisieren; der erfahrene Forscher oder Praktiker aber kann sofort alle solche schon erkannte Züge bei seinem Material wiedererkennen — ganz besonders deutlich aber, wenn er in größerer Individuenanzahl Reinkulturen der betreffenden Biotypen neben einander hat. Eine Population wird öfters den Eindruck größerer Gleichartigkeit machen als sie wirklich besitzt; nach Isolierung der verschiedenen Biotypen und gesondertem Anbau deren Repräsentanten wird man oft Wunder nehmen, wie augenfällig die Unterschiede sind, welche in der Population vorhanden waren, aber nicht bemerkt wurden. Auch dieses kann, ganz wie wir es in früheren Vorlesungen für die quantitativ bestimmbaren Charaktere gesehen haben, der irrigen Auffassung Stützen geben, eine Selektion könne genotypische Änderungen hervorrufen.

Reine Linien, welche nicht genotypisch identisch sind in Bezug auf quantitativ bestimmbare Charaktere, werden wohl öfters auch in Bezug auf qualitativ zu charakterisierende Charaktere verschieden sein. Und diese letzteren, bezw. ihre genotypischen Grundlagen, sind natürlicherweise ebenso fest wie die quantitativ zu präzisierenden Charaktere. Dieses hat sich bei den darauf gerichteten Untersuchungen in Svalöf deutlich gezeigt, wie es ja überhaupt aus der spezielleren systematisch-naturhistorischen Forschung hervorgeht, sobald diese wirklich analytisch isolierend arbeitet. Wo das nicht der Fall ist, wird man allerdings in den meisten Fällen an ganz allmähliche Übergänge glauben können; und indem die zoologische

Forschung hier viel schwieriger gestellt ist als die botanische, ist es nur zu erklärlich, daß eine relativ große Zahl der Zoologen kontinuierliche Übergänge statt Diskontinuität der Typen annehmen. Als einer der hervorragendsten Kämpfer für die Auffassung der Diskontinuität kann W. BATESON genannt werden, sein im Jahre 1894 erschienenes Werk „Materials for the Study of Variation" ist hier als grundlegend zu bezeichnen in der Behauptung stoßweiser Unterschiede zwischen den verschiedenen Typen.

So weit es aus HJ. NILSSONS kurzgefaßten, wesentlich für die Praxis bestimmten Publikationen hervorgeht, und soweit ich seine mündlichen Äußerungen verstanden habe, scheint in Svalöf die Meinung zu herrschen, daß viele der auffälligen morphologischen Charaktere in Korrelation zu „physiologischen" (ɔ: quantitativ ausdrückbaren) Eigenschaften stehen, und daß man deshalb aus einer gegebenen für Züchtung zu verwendenden Population n a c h m o r p h o l o g i s c h - c h a r a k t e r i s t i s c h e n Z ü g e n die Individuen zur näheren Prüfung auswählen sollte. Dadurch sollte es am sichersten gelingen, die „physiologischen" Eigenschaften sozusagen auf dem Wege der Korrelation zu erfassen.

Es hängt diese eigentümliche Auffassung mit HJ. NILSSON's Meinung zusammen, es seien die „physiologischen" Eigenschaften unsicher, sehr variabel, vag, während die morphologischen Charaktere sicher und prägnant sind. Diese Meinung ist aber wesentlich nur ein Ausdruck dafür, daß die einzelnen quantitativ zu bestimmenden Charaktere als G r a d e e i n e r u n d d e r s e l b e n M a ß e i n h e i t hervortreten; weshalb wir hier immer und immer T r a n s g r e s s i o n e n finden beim Vergleich verschiedener Typen, während dies nicht bei morphologisch-charakteristischen Zügen der Fall ist, wo der Typus jedes Individuums meist klar hervortritt.

Die genotypische Grundlage der in Frage kommenden „physiologischen" Einzeleigenschaften ist aber offenbar eben so fest definiert, wie die genotypische Grundlage morphologischer Einzeleigenschaften. Und in Bezug auf diese letzteren kann man nach den umfassenden Experimenten von KLEBS u. a. experimentierenden Morphologen durchaus nicht behaupten, es seien die morphologischen Charaktere im allgemeinen fester als physiologische Funktionen. Damit ist aber durchaus nichts gegen g e n o t y p i s c h e F e s t h e i t (gegen die Existenz typischer Gene überhaupt) gesagt: die Manifestationen der gegebenen genotypischen Grundlagen sind ja eben u. a. auch Funktionen der Lebenslagefaktoren.

Jedenfalls wäre es ein Umweg, den von Nilsson vorgeschlagenen „botanischen" Weg zu gehen, wenn aus einer Population neu gezüchtet werden soll. Und seine Voraussetzung bestimmter Korrelationen ist auch nicht richtig. Daß in einer reinen Linie die vorhandenen Korrelationen fest sind, haben wir zu zeigen gesucht; aber damit ist durchaus nicht gesagt, daß in allen Linien, welche aus einer Population isoliert werden können, dieselben morphologischen Charaktere stets mit gleichen physiologischen Charakteren korrelativ verbunden sind. Es wäre ein großer Irrtum, dieses zu glauben, wie es schon in der achtzehnten Vorlesung näher motiviert wurde. Sehr verschiedene morphologische Charaktere können mit gleichen physiologischen Charakteren im betreffenden Biotypus kombiniert sein.[1]) Es hat sich dieses u. a. durch Kreuzungsversuche ganz deutlich gezeigt, wie es in der zweiundzwanzigsten Vorlesung erwähnt werden wird.

Wäre es also gewissermaßen verlorene Mühe, den „morphologischen Umweg" bei Isolierung physiologisch charakteristischer, wertvoller Biotypen zu gehen — und haben z. B. die Züchtungen N. P Nielsen's (an der dänischen Versuchsstation in Tystofte bei Skelskör) gezeigt, daß direktes Bezugnehmen auf die physiologischen Eigenschaften „Leistungsfähigkeit", „Winterfestigkeit" usw. vorzügliche Resultate schnell geben kann, falls in der Population überhaupt wertvolle Biotypen gefunden werden — so hat es doch eine gewisse Bedeutung, die feinere morphologische Charakteristik der betreffenden Organismen zu kennen. Denn die Summe oder bloß eine gewisse Anzahl der morphologischen Züge kann ein sehr nützliches Mittel sein zum Kontrollieren der Reinheit, oder zur mehr oder wenig sicheren Identifikation der verschiedenen Biotypen; während hier die Mehrzahl der physiologischen Charaktere, eben wegen ihrer meist starken Variabilität und Transgression, uns im Stich lassen würden. — Hierin liegt ja offenbar auch eine der Motivierungen, daß die naturhistorische Systematik in so ganz überwiegendem Maße auf morphologische Charaktere fußt; allerdings sehen wir jetzt, wie besonders die Bakteriologie mit chemisch-physiologischen Charakteren systematisiert.

---

[1]) Selbstverständlich sind morphologische Charaktere stets „physiologisch" bedingt, insofern muß vom morphologischen Charakter auf physiologische Tätigkeit geschlossen werden können. Viele physiologische Funktionen zellulärer Natur sind aber offenbar von den speziellen morphologischen Variationen der Organe unabhängig.

Die genannte Identifikation wird natürlicherweise um so sicherer sein, eine je größere Anzahl von qualitativ charakteristischen „Zügen" für die betreffenden Organismen eigentümlich ist. Indem nun selbst reine Linien meistens durch mehr als einen solchen Charakter vom anderen abweichen, kann ihre Identifikation manchmal, wenn auch durchaus nicht immer, recht leicht auf morphologischem Wege geschehen. Hat man nun im voraus nähere Kenntnis zu einer Reihe von solchen Linien oder Rassen, wird man öfters, bei Betrachtung der morphologischen Charaktere (also bei Betrachtung des „Exteriors", wie unsere Viehzüchter sagen), recht sicher voraussagen können, welche physiologische Eigentümlichkeiten die betreffende Linie bezw. Rasse auszeichnen werden.

Ich habe z. B. eine reine Linie von Bohnen, welche sich durch hohes Samengewicht auszeichnet (Linie I, S. 139), dabei aber auch eigentümlich gebogene Samen hat, ferner ein besonderes Verhalten beim Keimen und einen „groben" Habitus in den vegetativen Organen. Wenn ich jetzt, auf meine persönliche Erfahrung gestützt, einer Bohne, sei sie auch starker Minusabweicher in Bezug auf Größe, ansehen kann, daß sie nach Form, Keimungsart usw. höchst wahrscheinlich der Linie I angehört, dann kann ich mit gleich großer Wahrscheinlichkeit voraussagen, daß ihre Nachkommen großsamig werden und die anderen für die Linie I typischen Eigenschaften haben werden; selbstverständlich mit den Verschiebungen, welche der betreffende Jahrescharakter oder Boden bedingt. Nach solchen Prinzipien ist man in Svalöf imstande, die dort früher isolierten und näher studierten Biotypen zu identifizieren; und falls sie in nicht früher untersuchten Populationen auftreten, so werden sie hier mit einer gewissen Sicherheit nach dieser Methode erkannt. Es sind eben die besonderen Vorkenntnisse, das Vertrautsein mit dem speziellen Material, welche hier einem solchen praktischen Schätzen die Berechtigung geben.

Bewußt oder unbewußt geht man in der großen Praxis sehr oft einen solchen Weg. Man kennt oft eine Rasse an ganz anderen Zeichen als dem Grad der Eigenschaft, welche den Wert der Rasse bedingt. Und hier benutzt man in der Praxis gewöhnlich das Wort „Typus" für den Inbegriff aller Kennzeichen, wodurch eine Rasse, eine Sorte, ein „Stamm" bestimmt ist. In solchen Fällen würde man unleugbar am Individuum „sehen" können, welchen Wert es als Mutterorganismus, als Zuchttier oder Zuchtpflanze haben kann. Dafür ist aber eine große spezielle Erfahrung erforderlich, und Irrtümer treten nur zu leicht hier ein, besonders wenn man sich nicht auf seinem allerbeschränktesten Gebiete hält.

Denn es kommt gar nicht selten vor, daß Organismen, welche in Bezug auf unmittelbar zu erkennende Charaktere ganz gleich erscheinen, dennoch in wichtigen Punkten sehr verschieden sind. So kann angeführt werden, daß die Felderbse, *Pisum arvense*, gewöhnlich schon in vegetativem Zustande von der Gartenerbse, *P. sativum*, leicht unterschieden wird, indem die erstere rote Flecken bei den Blattachseln hat, welche der Gartenerbse fehlen. Aber bei gewissen reinen Linien der Felderbse fehlen diese Flecke; man würde also einen großen Fehler begehen, sie für Gartenerbsen zu halten — bei der Blüte und an den Früchten würde sich der Irrtum allerdings schon zeigen.

Ganz allgemein kann aber gesagt werden, was die Bastard-Forschung sowie die feiner spezialisierte systematische Naturgeschichte bestätigt, daß die Biotypen (Gesamttypen) sehr verschieden sein können, selbst wo viele der in den Gesamttypen vereinigten Einfachtypen an sich ganz gleich sind. Darum muß immer und immer betont werden, daß die individuelle Nachkommenbeurteilung der einzig richtige Weg ist bei exakten Untersuchungen über Erblichkeitsfragen, sowie bei wirklich rationeller Züchtung. Und ganz besonders wichtig ist dieses in den Fällen, wo man nicht reine Linien haben kann — also bei Züchtung von Haustieren und fremdbestäubenden Pflanzen. Die Verhältnisse hier, wo man jedenfalls sehr häufig mit heterozygotischen Organismen arbeitet, entsprechen natürlicherweise ganz dem Verhalten unzweifelhafter Bastarde.

Um sicher auszuschließen, daß eine Mißdeutung unserer Betrachtungen über den „Typus"begriff vieler Praktiker (S. 311) etwa die Auffassung stützen sollte, eine indirekte Beurteilung könne doch ganz gut direkte Untersuchung des Zuchtwertes einer Pflanze oder eines Tieres ersetzen, sei hier ein Fragment eines Briefes von Professor Pearson an die Redaktion der Zeitschrift „*Nature*" etwas geändert wiedergegeben. Pearson, welcher wohl einer der eifrigsten Befürworter der Bedeutung allerhand Korrelationen ist, betont hier stark, daß eine falsche Auffassung von Korrelation sich leicht entwickeln kann. Es heißt: Vermuten wir, es sei das Vorkommen überzähliger Zitzen bei Kühen im allgemeinen ohne Korrelationen mit Milchleistung. Aber in meinem besonderen Bestande haben die beiden besten Milchkühe zufälligerweise solche Zitzen. Ich behalte die Kälber dieser beiden Kühe, weil sie gut als Milchtiere sind, und indem ich in dieser Weise eine Auswahl durchführe, werden Individuen mit überzähligen Zitzen mehr und mehr häufig in meinem Bestande werden.[1]) Schließlich behalte ich nur Kälber mit überzähligen Zitzen, weil diese mir ein Zeichen ihrer Abstammung von den beiden guten Milchern sind — und weil diese Kälber eben selbst gute Milchleistung zeigen werden. Jetzt, sagen wir, werden meine Kühe als gut bekannt und über das ganze Land verkauft. Eine Korrelation zwischen überzähligen Zitzen und guter Milchleistung wird nun natürlich bald bemerkt werden. Und dies würde der Fall sein, nicht weil die Überzähligkeit an und für sich mit guter Milchleistung korrelativ verbunden wäre, sondern weil eine zufällige Vereinigung der beiden Eigenschaften (deren genotypische Grundlagen) hier vorkam. (Vgl. DARWIN's Warnung; S. 244.)

Man kann solcherart viele mehr oder weniger zuverlässige Hilfsmittel haben, um eine bestimmte Rasse oder reine Linie wiederzukennen. Aber S i c h e r h e i t gibt dieser Weg nicht, denn gleiche äußere Charaktere können bei anderen Rassen bezw. Linien gefunden werden, ohne daß die inneren wertgebenden Eigenschaften die gleichen sein müssen.[2]) In vielen Fällen aber ist das E x t e r i e u r s e l b s t ein Hauptwertfaktor, so bei sehr vielen Luxustieren. Und Schönheit ist, in allen Verhältnissen, an sich immer von Wert.

Ich bin aber überzeugt, daß eine nähere kritische Untersuchung der sogenannten Rassen-„Gepräge" bei Pflanzen, Tieren und Menschen erwünscht ist. Es wird vielfach auf Nebensächlichkeiten zu viel

---

[1]) Von unserem Standpunkt müssen wir allerdings hinzufügen: Selbstverständlich nur unter der Voraussetzung, daß die gute Milchleistung sowie die überzähligen Zitzen Ausdrücke genotypischer Eigentümlichkeit sind. Es verändert diese Reservation aber nichts an den die Korrelationsfrage betreffenden Grundgedanken des PEARSON'schen Briefes.

[2]) Während der Drucklegung dieser Vorlesung erhalte ich eine Abhandlung von ARENANDER, in welcher nachgewiesen wird, daß in einem Bestande einer schwedischen Viehrasse (Fjeldracen), welche durch fettreiche Milch sich auszeichnet, plötzlich eine Kuh erschien, deren Milchleistung sehr gering sowohl quantitativ als in Bezug auf Fettgehalt war. Die überwiegende Mehrzahl ihrer Nachkommen verhielt sich in den zwei geprüften Generationen ganz ähnlich. Dabei ist zu bemerken, daß diese Kuh ein so schönes Milchkuhexterieur hatte, daß sie auf Ausstellungen wiederholt prämiiert wurde — als Zuchttier! Man sieht daraus, wie großer Schaden eine einseitige Exterieurbeurteilung hier hätte anstiften können. Der betreffende Bestand würde aber n a c h K o n t r o l l u n t e r s u c h u n g einfach als für Zucht unbrauchbar erklärt. Vgl. übrigens S. 294.

Gewicht gelegt. Vielleicht wird die Bastardlehre den Stoß geben zur Erneuerung landläufiger Auffassungen über den Rassenbegriff.

———

Es finden sich also bei Pflanzen, Tieren und Menschen sowohl quantitativ zu präzisierende Charaktere, bei welchen Transgressionen vorkommen müssen (Dimensionen und Intensitäten irgend welcher Art) als qualitativ verschiedene Charaktere. Offenbar wird man im Laufe der Zeit verschiedene jetzt nur qualitativ ausdrückbare Charaktere messen lernen; zugleich aber werden wir wohl finden, daß viele uns jetzt rein quantitativ erscheinende Unterschiede doch in qualitativen Verschiedenheiten begründet sind. Die Grenze zwischen Qualität und Quantität ist schon sowieso vager Natur; und wir stehen ja überhaupt erst im Anfange exakter Arbeitsweise in der allgemeinen Biologie.

Es ist schon öfters hervorgehoben, daß es viel schwieriger ist, quantitativ verschiedene Typen einer Population zu erkennen, als deren qualitativ verschiedene Typen zu finden. Darum brauchen wir nicht so eingehend über qualitative Unterschiede zu diskutieren, und dies um so weniger, als qualitative Unterschiede in der jetzigen Bastardlehre die Hauptrolle spielen (vgl. die zweiundzwanzigste Vorlesung). Es muß aber hier gleich betont werden, daß bei jeder qualitativ charakterisierten Eigenschaft selbstverständlich eine Variation sich geltend macht. Der einzelne qualitativ charakteristische Zug kann stärker oder schwächer hervortreten, welches auch schon längst einen Ausdruck darin gefunden hat, daß die betreffenden Individuen als mehr oder wenig „typisch" erklärt werden, ohne daß dieses immer in Zahlen präzisiert wird oder werden könnte.[1])

Übrigens haben wir bei den „qualitativen" Typen — wenn wir uns so auszudrücken erlauben — ganz ähnliche Erscheinungen, wie wir für quantitativ zu präzisierende Typen schon in der vierzehnten Vorlesung erwähnt haben. Wir treffen auch hier Di- oder Polymorphismus, wie es ja jedes Lehrbuch der Zoologie oder Botanik erwähnt. Hier sei nur ein einziges Beispiel genannt aus den Untersuchungen von DE VRIES. Unter den neuen Biotypen von *Oenothera*

———

[1]) Wo dies aber geschehen kann, wie z. B. bei vielen Farben, die sowohl der Qualität nach als der Intensität nach bestimmt werden können, hat man natürlicherweise immer mit Fluktuationen zu tun — und eben auch mit der Möglichkeit mehrerer quantitativ verschiedener Typen der betreffenden Qualität zu rechnen. Von solchen Fällen, die wir zur Genüge diskutiert haben, ist aber hier nicht die Rede.

Lamarckiana, welche in den Versuchskulturen des genannten
Forschers neu entstanden — und worüber näheres später mitzuteilen
ist — findet sich eine „Form", welche sehr charakteristisch von der
ursprünglichen *O. Lamarckiana* abweicht, u. a. durch einen silber-
glänzenden Schimmer der Blattnerven, weshalb sie *O. scintillans*
genannt wurde.

Oenothera scintillans ist nun nicht konstant in dem Sinne, daß
bei Selbstbefruchtung alle Nachkommen den *Scintillans*-Typus haben.
Hier geschieht aber eine Sonderung oder Spaltung, dem S. 229 erwähnten Gerstenbeispiel entsprechend. Dort hatten wir nur mit dem
Auftreten zweier Einfachtypen zu tun, die „quantitativ" ausgedrückt werden konnten: Große oder geringe Schartigkeit, mit ge-
legentlicher Transgression. Hier aber treten zwei „qualitativ" verschiedene Gesamttypen auf, die — eben in den qualitativen Beziehungen — voneinander ohne Übergänge scharf getrennt sind; es
bestehen nämlich die Nachkommen der „*Scintillans*"-Form teils aus
O. Lamarckiana — und nur zum Teil aus *O. scintillans*-Individuen,
also vom Typus der Mutterpflanze.[1]) Und während die erstgenannten
Nachkommen, die *Lamarckiana*-Pflanzen, fortan nur *Lamarckiana*-
Individuen als Nachkommen erhalten, erscheinen die Nachkommen
der *Scintillans*-Individuen immer „gespalten" d. h. die beiden Typen
treten unter den Nachkommen auf.

Dieses ganze Verhalten kann, ganz der Fig. 24 u. 25, S. 237
entsprechend, durch die umstehende Fig. 31 illustriert werden,
zu deren Verständnis nur bemerkt werden soll, daß die beiden
Variationskurven *L* und *S* beziehungsweise den Typus *O. Lamarckiana*
und den Typus *O. scintillans* betreffen. Durch die verschiedene Lage
in der Fläche wird hier bezeichnet, daß es beim Vergleich der beiden
hier in Betracht kommenden Typen sich um einen Charakter dreht,
welcher sich nicht quantitativ mit gleich benannten Zahlen präzisieren läßt, und darum auch nicht durch Kurven an derselben Linie
(desselben Koordinatensystems) ausgedrückt werden könnte.

Die Figur berücksichtigt eigentlich nur je einen „qualitativen"
Lamarckiana-Charakter und einen „qualitativen" *Scintillans*-Charakter.
Es sollte aber durch die Figur natürlicherweise nicht gesagt werden,
daß der sich zeigende Unterschied zwischen diesen beiden *Oenothera*-
Formen nur durch einen Differenzpunkt bedingt sei. Würde man
nähere Untersuchungen anstellen, fände man unzweifelhaft viele

---

[1]) Daß auch in ganz kleiner Anzahl eine oder zwei andere Oenothera-
formen auftreten, brauchen wir hier nicht zu betrachten.

Differenzpunkte, u. a. in den quantitativ zu präzisierenden Charakteren, wie z. B. Länge und Breite der Blätter, Dimensionen der

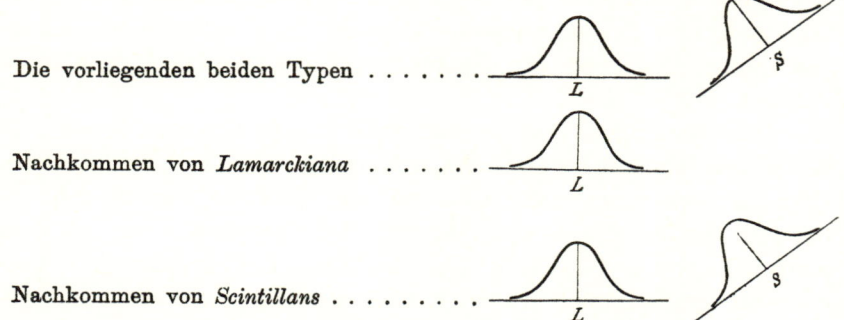

Die vorliegenden beiden Typen . . . .

Nachkommen von *Lamarckiana* . . . .

Nachkommen von *Scintillans* . . . .

Fig. 31. Schematische Darstellung der Abspaltung des *Lamarckiana*-Typus aus dem *Scintillans*-Typus; vgl. den Text sowie die Fig. 24 u. 25, S. 237.

Früchte usw. Ob aber solche Differenzen alle oder teilweise selbständig genotypisch bedingt sind, läßt sich noch nicht entscheiden.

Denn beim Vergleiche solcher verschiedener Biotypen meldet sich sofort die sehr wichtige Frage: Werden Eigenschaften, deren genotypische Grundlagen in zwei verschiedenen Gesamttypen etwa identisch sind, sich doch nicht verschieden manifestieren, weil die anwesenden Gene anderer Eigenschaften verschieden sind? Oder, mehr allgemein, mit anderen Worten: Wie wirken die verschiedenen Gene eines Organismus auf einander ein? Daß eine gegenseitige Beeinflussung der Gene stattfinden muß, liegt im Wesen der Organisation, eben so sicher, als daß verschiedene Vorgänge des fertigen Lebewesens ineinander eingreifen, wie es schon S. 243 betont wurde.

Experimentell läßt sich diese Frage in vielen Fällen dadurch prüfen, daß man die in Betracht zu ziehenden Gene durch Kreuzung in verschiedener Weise kombiniert. Dadurch hat man auch mehrere Fälle kennen gelernt, welche zeigen, daß ein gegebenes Gen sich in etwas verschiedener Weise manifestieren kann, je nach der Natur der übrigen Gene, womit es in den Gameten bezw. der Zygote kombiniert ist. Ganz allgemein kann man sagen, daß ein Gen A sich anders manifestieren wird in der Kombination ($A + B + C$ usw.) als in der Kombination ($A + b + C$ usw.) oder in der Kombination ($A + b + c$ usw.); vgl. S. 304. Indem es nun Kreuzungsversuche sind, die uns hierüber Aufschluß geben, liegt es am nächsten, die Sache erst in den Vorlesungen über Bastarde näher zu behandeln.

Zwanzigste Vorlesung.

Allgemeine Betrachtungen über genotypische Festheit und Entstehen genotypischer Änderungen und Neuheiten. — Stellung der Erblichkeitsforschung zur Deszendenzlehre.

Bisher wurde in diesen Vorlesungen immer und immer pointiert, daß die Biotypen oder, richtiger ausgedrückt, deren genotypische Grundlagen, sich als fest erwiesen haben in allen Fällen,
wo eine genügend feine Analyse durchgeführt war. Und ganz besonders wurde darauf Gewicht gelegt, daß bis jetzt nichts dafür
spricht, eine Selektion könne genotypische Änderungen hervorrufen.
Wie schon in der achten Vorlesung angedeutet (S. 113 ff.), ist es
durchaus nicht a priori gegeben, daß Selektion in dieser Beziehung
unwirksam sei; und es ist eine Tatsache, daß viele Interessenten
der Deszendenzlehre fortan sehr fest an eine eigentümliche typen-
ändernde oder typenschaffende Wirkung der Selektion glauben:
„Die Selektion produziert", heißt es als Schlagwort von dieser Seite,
während wir hier stets zu dem Resultate gelangten, daß die Selektion nichts produziert.

Wir müssen an dieser Auffassung festhalten; sowohl weil jetzt
schon eine gar nicht geringe Reihe von wirklich analytischen experimentellen Untersuchungen diese Auffassung begründen — sogar
die ganze MENDEL'sche Richtung der Bastardforschung fußt, bewußt
oder unbewußt, auf dieser Auffassung — als auch weil überhaupt
gar nichts vorliegt, welches eine erbliche Selektionswirkung bei
genotypisch einheitlichem Organismenmaterial andeutet.

Wie es nun bei einer in Jahrhunderten oder Jahrtausenden
festgesetzten einseitig gerichteten Selektion gehen mag, können wir
ja nicht wissen; Hypothesenmacherei mit gedachten Wirkungen,
welche nie verspürt worden sind, ist aber nicht mehr exakte Wissenschaft, sondern reine Spekulation!

Die DARWIN-WALLACE'sche Selektionslehre, historisch betrachtet,
wird allerdings nicht von dieser Aussage getroffen. Sie operierte

mit dem Verhalten von Populationen, welche nicht biologisch analysiert waren, wenn sie sich auf der Tatsache stützte, daß Selektion den Typus (hier also den Phaenotypus!) ändern kann. Daß solche Wirkung ein genotypisch nicht einheitliches Tier- oder Pflanzenmaterial voraussetzt, konnte damals nicht klar erkannt sein — ist ja diese Auffassung noch heute nicht von allen Biologen recht verstanden! Inwieweit solche Selektionswirkungen in der freien Natur wesentliche Bedeutung gehabt haben oder noch haben, sind Fragen, deren wir in diesen Vorlesungen gar nicht zu gedenken brauchen.

Der Darwinismus operiert jedenfalls mit gegebenen oder neuauftretenden genotypischen Unterschieden, welche durch eine natürliche Auswahl sortiert werden mögen. Die Existenz, das Realisieren der genotypischen Änderungen oder „Neuheiten" ist das primäre, die Selektion das sekundäre. Zu DARWIN's Zeiten war die Methode der Reinkultur nicht wirklich durchgeführt und deren Bedeutung für die Erblichkeitsforschung war auch nicht von den Biologen verstanden. Der oft außerordentlich große Reichtum genotypischer Unterschiede in einer anscheinend einheitlichen Population war von DARWIN — wie von seinen nächsten Vorgängern und Nachfolgern — ebensowenig in der vollen Tragweite erkannt, als es dem großen Grundleger der Mikrobiologie, PASTEUR, klar sein konnte, welche Bedeutung es hatte, daß viele physiologisch sehr differierende Heferassen in vermeintlich „reinen" Hefekulturen koexistieren konnten. Und wie PASTEUR trotz aller Genialität wichtige theoretische und praktische Fragen der Gährungsphysiologie wegen unvollkommener biologischer Analyse der Hefen unpräzis auffassen mußte, so konnte die Frage, wie neue Organismentypen entstehen, von DARWIN nicht so scharf formuliert werden, wie wir es jetzt tun können und müssen.

Dieses verkleinert aber nicht im geringsten den Ruhm DARWIN's. Den Entwicklungsgedanken zum Siege gebracht zu haben, und zwar durch überreiche allseitige wissenschaftliche Motivierung, bleibt eine eminente Großtat, wie es auch später mit den einzelnen zeitgeprägten Auffassungen des großen Briten gegangen ist und noch gehen mag. DARWIN's spezielle Hypothesen und Gedanken im einzelnen dogmatisch festhalten und verteidigen zu wollen, würde aber eine Hemmung der weiteren Forschung bedeuten.

Der Begriff „Variation" mußte früher recht unklar sein, ohne daß diese Unklarheit bemerkt werden konnte. Jetzt sondern wir ganz scharf zwischen 1. genotypischen Unterschieden einerseits und 2. persönlichen Unterschieden bei gleicher genotypischer Natur andererseits. Eine solche Distinktion war aber vor dem Durchschlagen der Prinzipien sowohl der Reinkultur als der MENDEL'schen Kreuzungsforschung überhaupt nicht möglich.

GALTON hatte allerdings schon in 1875 den Unterschied zwischen „Person" und „Stirp" (den Inbegriff der Gene, können wir heute sagen) sehr stark betont, und in den vielen umfassenden Publikationen WEISMANN's sind die damit ziemlich übereinstimmenden Begriffe „Soma" und „Keimplasma" scharf auseinander gehalten. WEISMANN hat das große Verdienst, die meistens sehr weitgehende Unabhängigkeit der Sexualzellen von den Körperzellen des betreffenden Individuums pointiert zu haben, und hat daraufhin in fesselnder Weise viele ältere, unbegründete Auffassungen der Erblichkeitslehre kritisiert. Dadurch wurde Platz geschaffen für klarere Auffassungen. WEISMANN selbst hat aber diesen Platz mit einer ganzen „Erblichkeitsphilosophie" ausgefüllt, die wohl besonders in Deutschland viele Anhänger besitzt — und jedenfalls das Interesse an Erblichkeitsfragen sehr gesteigert hat.

Die WEISMANN'schen Auffassungen sind teilweise auf Beobachtungen gestützt, nicht aber auf exakt-analytische Experimente, und ihre Hauptstützen finden sich in der brillanten, blendenden Darstellungskunst und in der bestechenden Dialektik des Verfassers.

Den faktischen Schwerpunkt aber des ganzen WEISMANN'schen Hypothesenknäuels bilden die Chromosomen-Konfigurationen bei den Zellteilungen, besonders bei den „Reduktionsteilungen" während der zur Ausgestaltung der Gameten führenden zellulären Vorgänge. Die hochinteressanten Erscheinungen auf diesem Gebiete, welche uns der Scharfsinn der Cytologen mittels der modernen mikroskopischen Technik aufgedeckt hat, stehen höchstwahrscheinlich in Verbindung mit den experimentell geprüften bezw. noch zu prüfenden Erblichkeitserscheinungen. Aber genaueres darüber wissen wir nicht. Es ist deshalb ein prinzipieller Grundfehler der WEISMANN'schen Philosophie, daß sie schon jetzt die Lösung vieler Erblichkeitsprobleme aus cytologischen Befunden und Deutungen deduzieren will.

Ganz besonders verhängnisvoll war die von WEISMANN adoptierte und weiter entwickelte Idee, als „Träger" der Erblichkeit bestimmte, geformte Teilchen oder Körperchen anzunehmen. (Dabei wird sogar speziell an die Chromosomen gedacht oder an deren feinere Bestandteile, etwa die Chromatinkörner!). Solche als „Determinanten" bezeichneten Gebilde, welche nach WEISMANN sogar „ernährt" werden sollen, müssen dadurch selbst als organisiert, als kleine Organoide, gedacht werden. Und je nach deren besserer oder schlechterer Ernährung würden sie sich stärker oder schwächer zeigen, bezw. in zahlreicherer oder sparsamerer Vertretung vorkommen!

Aber noch weiter geht es. WEISMANN stellt sich dabei vor, daß es die verschiedenen Organe oder jedenfalls bestimmte, mehr oder weniger umfassende Gewebsbezirke sind, deren Charaktere durch die verschiedenen „Determinanten" bestimmt werden — natürlicherweise in Abhängigkeit der Lebenslagefaktoren. Die Gamete, bezw. die Zygote würde demnach ein Mosaik von Determinanten enthalten, den verschiedenen Organen oder wohl den verschiedenen „selbstständig variierenden" Körperteilen (Gewebsbezirken) entsprechend. Die ganze Beschaffenheit der Organe bezw. Gewebsbezirke wäre nach dieser Auffassung in wesentlichem Grade von den Zuständen (Ernährung u. a.) der betreffenden „Determinanten" bedingt.

Was nun die Variabilitätserscheinungen betrifft, so könnten nach dieser Auffassung folgende drei Fälle zu Variationen Veranlassung geben:

1. Zustandsverschiedenheiten der gegebenen Determinantenkomplexe in Gameten (und somit auch in Zygoten) könnten das Auftreten von Variationen bedingen.

2. Variationen könnten aber auch durch den Befruchtungsakt selbst hervorgerufen werden; jedenfalls durch Vereinigung von ungleiche Determinanten enthaltenden Gameten.

3. Eine dritte Ursache der Variation sieht WEISMANN in der speziellen Lebenslage während der Entwicklung des einzelnen Individuums (mit seinen, bei der betreffenden Befruchtung zusammengebrachten Determinanten). Die solcherart bedingten persönlichen („somatischen") Variationen sind nach WEISMANN nicht erblich, insofern die betreffende spezielle Lebenslage nicht auch das „Keimplasma" alteriert, d. h. insofern die Lebenslagefaktoren nicht auch die für die Geschlechtszellen bestimmten „Determinanten" gleichsinnig beeinflussen. (Träfe dieses zu, hätten wir ja eben eine Variationsursache für die folgende Generation — ganz dem ersten Fall entsprechend.)

Während also Variationen des dritten Falles nicht erblich sein

sollen, sind die beiden zuerst genannten Variationsfälle nach WEIS-
MANN erblich.

Auf den zweiten Fall, die durch Heterozygotenbildung bedingten
Variationen oder Komplikationen, haben wir hier noch nicht einzugehen; in unserer augenblicklichen Diskussion sind nur der erste
und der dritte Fall von Interesse.

Für WEISMANN spielt der erste Fall (neben Fall 2, den wir also
hier übergehen) eine Hauptrolle; WEISMANN macht Zustandsände-
rungen der „Determinanten" für die allermeisten Variationen ver-
antwortlich. Es ist auch eine einfache Konsequenz seiner ganzen
„Determinanten"-Lehre, daß WEISMANN dieses tun muß; denn falls die
verschiedenen Determinanten als Organoide zu denken sind, welche
selbst (z. B. wegen verschiedener Ernährung) in Stärke und in
Repräsentation variieren, ja sogar miteinander um das Vorherrschen
wetteifern und kämpfen, so muß man diese — gedachte! —
Sachlage notwendigerweise als eine weitverbreitete Ursache der
Variabilität der Organismen auffassen. Variationen im „Keimplasma"
(dem Inbegriff der „Determinanten") müssen selbstverständlich Variationen der betreffenden Organismen bedingen, und da für die Keim-
plasmen doch eine gewisse Beharrlichkeit vindiziert wird (und
werden mußte), wären diese Variationen jedenfalls in einem nicht
geringen Grade erblich.

Nach dieser Auffassung könnte in den Organismentypen keine
Festheit sein, sondern eine — je nach dem Verlaufe der Änderungen und der Konkurrenz der „Determinanten" — schneller oder
langsamer vorschreitende Verschiebung in irgend einer Richtung
wäre Regel.

Die gewöhnlich als Ausschläge „fluktuierender Variabilität" bezeichneten Erscheinungen müßten sodann zweierlei Art sein (indem
wir fortan von den durch Kreuzungen veranlaßten Variationen absehen): 1. Ausdrücke für kleinere oder größere Keimplasmavariationen, welche erblich sind, und 2. Ausdrücke für die rein
persönlichen Einflüsse der Lebenslage, welche nicht erblich sind.

In dieser Weise hätte man eine sehr plausibel erscheinende Erklärung vieler Selektionserfahrungen: häufig eine erbliche Wirkung
der Selektion, mitunter aber keine Wirkung. Es mußte hiernach
eine ganz selbstverständliche Sache sein, daß bestimmt gerichtete
Selektion eine Verschiebung des erblichen Typus in der Selektionsrichtung ergäbe. Und ferner lag mit dieser Auffassung gar kein

Grund vor, etwaigen stoßweisen Typenänderungen (Mutationen) besondere Bedeutung oder überhaupt eine Sonderstellung einzuräumen: zwischen Fluktuationen und Mutationen wäre kein Wesensunterschied, nur Gradesunterschied!

So sehen in kurzer Zusammenfassung einige Hauptresultate der, ich möchte sagen „spekulativen", WEISMANN'schen Analyse der Erblichkeitserscheinungen aus. Diese und andere Auffassungen mehr komplizierter Natur, die wir nicht zu betrachten brauchen, sind also besonders auf Grund der zytologischen Befunde, ferner aber auch auf Grund verschiedener züchterischer Erfahrungen und Quellenangaben, im Laufe der letzten Dezennien von WEISMANN entwickelt. In der Gesamtheit dieser Auffassungen flechten sich richtige und unrichtige Züge oft fast unentwirrbar zusammen. Hier wurde nur in aller Kürze versucht, die uns augenblicklich besonders interessierenden Züge der WEISMANN'schen Spekulationen klarzulegen; hoffentlich wurde der Sinn derselben einigermaßen richtig getroffen. Ganz leicht ist dieses allerdings nicht; denn im Laufe der Jahre sind gewisse Verschiebungen in den Auffassungen WEISMANN's eingetreten, die nicht immer genügend scharf und offen in späteren Werken des glänzenden Schriftstellers pointiert sind. Die Hauptzüge der WEISMANN'schen Philosophie sind aber doch recht stabil gewesen, und die hier herauspräparierten Züge sind jedenfalls nicht absichtlich entstellt — war ich ja selbst in jüngeren Jahren eine Zeit lang begeisterter Anhänger des „Weismannismus".

Richtig ist die WEISMANN'sche Aussage, daß die durch spezielle Lebenslage bedingten rein persönlichen Variationen nicht erblich sind — sonst wären sie ja nicht „rein persönlich"! Hier stecken wir in Dialektik, wird der unbefangene Leser sofort sagen, und zwar mit Recht. Die Frage ist eben: Gibt es überhaupt solche rein persönliche Variationen? Dazu werden wir gleich ja antworten müssen, und später mehr darüber reden; und dabei werden wir auch finden, daß WEISMANN hier ein sehr großes Verdienst als kritischer Denker hat.

Aber die andere hier erwähnte, auch sehr wesentliche Auffassung der WEISMANN'schen Schule ist die, daß — mit der in diesen Vorlesungen sonst benutzten Bezeichnung — genotypische Verschiebungen sehr allgemein vorkommen sollen, sodaß genotypische Festheit eigentlich gar nicht existiert. Diese Auffassung ist ganz irrig.

Sie hat nur Stütze in der völlig spekulativen „Determinanten"-

Lehre sowie in den unrichtig gedeuteten Erfahrungen über Selektion in genotypisch nicht einheitlichen Populationen (Beständen) — Erfahrungen, die wir in den früheren Vorlesungen zu analysieren bemüht waren, und über welche einerseits die Untersuchungen der Variations- und Erblichkeitsverhältnisse reiner Linien, andererseits die noch näher zu besprechenden MENDEL'schen Resultate, ein klärendes Licht werfen, wodurch gerade genotypische Festheit, oder besser, feste Genotypen, als Fundamente der Erblichkeitserscheinungen sich dokumentieren.

Kurz gesagt: die von WEISMANN und von vielen anderen mehr oder weniger unter seinem Einflusse stehenden Verfassern vertretene Auffassung der Fluktuationen als Ausschläge kontinuierlicher Keimplasmavariationen (genotypischer Verschiebungen würden wir sagen, falls wir sie als real betrachteten) ist völlig unbegründet. Überall wo eine wirklich exakte Analyse hat durchgeführt werden können, zeigt sich genotypische Festheit, welche unvereinbar ist mit der WEISMANN'schen Spekulation über „Determinanten" — mit deren Variation, Konkurrenz, Kampf u. a. erdachten Grundlagen für die feinste spekulative Blüte des Weismannismus: die sogenannte „Germinalselektion".

Daß übrigens die WEISMANN'sche Lehre von „Determinanten" auch darin verfehlt ist, daß die „Determinanten" Organe oder Gewebsbezirke betreffen sollen, wird ganz klar aus dem Verhalten der Bastardnachkommen hervortreten; dementsprechend wurde in diesen Vorlesungen stets von Eigenschaften gesprochen, mit welchen die Erblichkeitsforschung zu operieren hat — mögen sich die Eigenschaften nun rein lokal oder mehr oder weniger diffus im Organismus zeigen. Näheres hierüber werden wir in der zweiundzwanzigsten Vorlesung finden.

Das Wort „Determinant" könnte an sich als Terminus sehr gut und klar sein; die feste Verwebung mit den jedenfalls teilweise unhaltbaren WEISMANN'schen Spekulationen hat aber dieses Wort für die Sprache einer exakten Forschung gänzlich kompromittiert.

Diese ganze Auseinandersetzung war nötig, um die Stellung der hier vertretenen exakten Erblichkeitsforschung zum Begriffe „Variation" präzisieren zu können. In Anschluß an die S. 7 und 10 vorläufig gegebenen Definitionen können wir jetzt sagen, daß der Ausdruck Fluktuation (bezw. fluktuierende Variabilität) in der Literatur recht zweideutig verwendet wird, nämlich sowohl zur

21*

Bezeichnung der Variationen um einen **Phaenotypus** (deren genotypische Einheitlichkeit oder Nichteinheitlichkeit zunächst gar nicht in Frage gezogen wird) als zur Bezeichnung der Variationen in einem **genotypisch** einheitlichen Bestand.[1]) Es mußte diese Zweideutigkeit unmerkbar bei alleiniger Betrachtung der Variabilität sich einschleichen, weil, wie öfters gesagt, die Variantenverteilungen für sich allein gewöhnlich nichts sicheres aussagen können in Bezug auf genotypische Einheit oder Nichteinheit eines vorliegenden Materials.

Zur Illustration dieser Tatsache, die nicht scharf genug betont werden kann, können die Figuren 8, S. 74 und Fig. 14, S. 226 zusammengestellt werden. Wer könnte wohl diesen beiden einander ähnlichen Kurven ansehen, daß die eine, Fig. 14, Fluktuationen in einem genotypisch einheitlichem Material darstellt (einer reinen Linie schartiger Gerste), die andere, Fig. 8, Fluktuationen um einen Phaenotypus eines genotypisch sehr gemischten Materials illustriert (einer eingekauften Partie Feuerbohnen, sehr viele genotypische Unterschiede enthaltend)?

In diesen Vorlesungen haben wir die beiden Formen der Fluktuationen stets auseinandergehalten; und in den Fällen, wo „reine Fluktuation" — Fluktuation in einem genotypisch einheitlichen Material — untersucht wurde, hat es sich, wie oft erwähnt, immer gezeigt, daß die Ausschläge der Fluktuation nicht erblich waren. Wo aber von Fluktuation um einen Phaenotypus nicht genotypischer Einheit die Rede ist, wäre es richtiger, von transgressiven Fluktuationen zu sprechen.

Man kann also einer Variantenverteilung eingipfeliger Art gar nicht ansehen, ob sie reine oder transgressive Fluktuationen ausdrückt. Daß aber Experimente oder Erfahrungen mit einem transgressive Fluktuationen zeigenden Material gar nichts für die exakte Erblichkeitsforschung bedeuten, dürfte doch wohl jetzt allen Biologen klar sein können!

Ein anderer Ausdruck, „individuelle Variation", wird auch häufig benutzt. Damit versteht man gewöhnlich dasselbe, was man mit dem Ausdrucke „Fluktuation" in zweideutiger Weise bezeichnet;

---

[1]) Natürlicherweise ist von monomorphen (eingipfeligen) Beständen hier die Rede; bei Dimorphismus genotypisch gleicher Organismen hat man selbstverständlich Fluktuationen um zwei Phaenotypen gleicher genotypischer Grundlage, vgl. die vierzehnte Vorlesung, S. 222.

mitunter aber wird „individuelle Variation" auch zur Bezeichnung
größerer, augenfälliger Abweichungen, neu in die Erscheinung treten-
der Eigenschaften oder Charaktere benutzt. „Individuelle Variation" ist sodann ein noch mehr verschwommener Ausdruck als
„Fluktuation".

_____

Was hier über genotypische Festheit gesagt wurde, darf nicht
so verstanden werden, daß nicht neue Gesamttypen entstehen könnten
— das Erscheinen neuer Biotypen im Laufe der Zeiten ist ja eben
auch eine Tatsache. Die Chemie arbeitet mit festen Stofftypen, für
welche die sogenannten chemischen Formeln Ausdrücke sind. Und
wie diese chemische Typenfestheit gar nichts aussagt über Darstellung bezw. Funde von ganz neuen Stoffen, so steht die Auffassung genotypischer Festheit in der Organismenwelt durchaus
nicht dem Anerkennen vieler Möglichkeiten für das Erscheinen ganz
neuer Biotypen im Wege.

Wie aber neue Biotypen entstehen können, ist eine große und
umfassende Frage, das Hauptproblem der Deszendenzlehre. Hier
berühren sich die Deszendenzlehre und die Erblichkeitsforschung.
Die Deszendenzlehre ist, geschichtlich gesehen, ein Kind der „Naturgeschichte" in des Wortes älterer Bedeutung. Diese Naturgeschichte
war reine Beobachtungswissenschaft, sie betrachtete die Formen der
Lebewesen, sie beschrieb und umgrenzte die Gattungen, Spezies,
Varietäten usw. mit Anwendung einer hoch entwickelten Terminologie
und oft tiefem Scharfsinn. Diese Forschungsmethode hat immer
— und mit vollstem Recht — viele Jünger, die unsere positive
Kenntnis des lebenden Formenreichtums stetig erweitern und eine
unentbehrliche Pionierarbeit für die Biologie ausführen. Diese
Naturgeschichte arbeitet eben mit Phaenotypen, ohne diese näher
analysieren zu können oder zu wollen; ja die ersten Versuche
solcher Phaenotypen wirklich biologisch zu analysieren, wie z. B.
die berühmten JORDAN'schen *Draba*-Kulturexperimente, müßten als
Störungen empfunden werden, die zu überwinden waren — und
zeitweilig auch überwunden wurden. Sagte ja schon LINNÉ, daß die
Botaniker nicht mit Varietäten sich zu befassen haben.

Für diese ältere Naturgeschichte mußte allmählich das Gefühl
lebhaft werden, scharfe Grenzen zwischen den Spezies und anderen
systematischen Gruppen wären nicht von den Naturhistorikern zu
ziehen; und diesem Gefühl hat denn auch einer der geistvollsten
Naturhistoriker, LAMARCK, in der klarsten Weise Ausdruck gegeben: „Nur

derjenige, welcher lange Zeit eifrig mit Speziesbestimmungen —
und in reichen Sammlungen — gearbeitet hat, kann wissen, in welchem
Grade die Spezies der Lebewesen zusammenfließen und sich davon
überzeugen, daß, wo wir Spezies sehen, welche isoliert stehen, ist
dieses nur der Fall, weil wir noch nicht andere, ihnen nahestehende
Spezies gefunden haben", sagt LAMARCK in 1803.

Das klingt als Ouverture zum großen Durchbruch des Ent-
wicklungsgedankens. LAMARCK erlebte diesen Durchbruch bekanntlich nicht; seine jetzt vor 100 Jahren veröffentlichte Auffassung
einer durch die Lebenslageänderungen direkt oder indirekt bedingten
allmählichen „Umprägung" der Organismen fiel zur Erde. Aber
die Vorstellung kontinuierlicher Übergänge, die Auffassung,
daß keine scharf begrenzten Typen bei den Organismen existieren,
hat doch — eben durch DARWIN — mächtig zum Sieg des Ent-
wicklungsgedankens beigetragen.

Diese kontinuierlichen Übergänge betreffen die naturhistorischen Totaltypen, aber es dreht sich hier eben um Phaenotypen! Wo naturhistorische Typen überhaupt analysiert sind —
von JORDAN bis zu den modernen Arbeiten landwirtschaftlicher Züch-
tungsanstalten —, findet man stets feste Typen der gut isolierten
„kleinen Arten". HUGO DE VRIES hat in sehr instruktiver Weise in
seiner „Mutationstheorie" vieles über diese Sache mitgeteilt, jedoch
die Konsequenzen in Bezug auf Selektion noch nicht völlig ziehen
können, und es gebührt BATESON das große Verdienst, im Jahre 1894
in der höchst lehrreichen Einleitung zu seinem hier schon S. 309 genannten Werke die Aufmerksamkeit — gegenüber der damals herrschen-
den Auffassung — auf die Diskontinuität der Variabilität, also
auf die stoßweisen Verschiedenheiten der Typen eindringlichst hingewiesen zu haben.

Allerdings konnte BATESON damals noch nicht darüber ganz im
Klaren sein, daß die Natur einer gegebenen Variation nur mittels
des Erblichkeitsmomentes beurteilt werden kann. Diese Erkenntnis,
welche ja eine der Grundlagen jeder exakten Variabilitätsforschung
sein muß (wie es zur Genüge aus diesen Vorlesungen hervorgegangen sein dürfte), fehlt noch immer selbst hervorragenden experimentellen Forschern über Variabilität; so meint KLEBS sogar von
der Erblichkeit absehen zu müssen, um nicht einseitig zu sein,
wenn er Variationen studieren will. Erscheinungen, wie die in der
vierzehnten Vorlesung erwähnten „kollektiven" Variationen (S. 215
bis 220) infolge durchgehends oder stoßweise verschiedenen Lebens-

lagen, werden deshalb von KLEBS ohne Reservation rein deskriptiv[1]) als „diskontinuierlich" bezeichnet: Ein Verwechseln mit den durch genotypische Verschiedenheiten (bezw. Änderungen) bedingten diskontinuierlichen Typenverschiedenheiten wird hierdurch geradezu unvermeidlich; und dann haben wir eben die Begriffe Phaenotypus und Genotypus unmittelbar konfundiert — oder, um gerecht zu sein, noch nicht voneinander getrennt. Alles fließt chaotisch zusammen, wenn ohne Rücksicht auf Erblichkeit die Variationen allein beschrieben werden!

Der alte Streit, ob in der lebenden Natur nur kontinuierliche Übergänge oder aber wirkliche Diskontinuität vorhanden ist, muß aber, unseres Erachtens, in dieser Weise zu Gunsten der Diskontinuität entschieden werden: Zwischen Individuen und auch zwischen Phaenotypen finden sich immer und immer wieder kontinuierliche Übergänge — die wirklich genotypischen Unterschiede sind aber diskontinuierlich, insofern sie nicht verschiebbar sind, wie es früher geglaubt wurde, und wie es durch GALTON's Rückschlagsgesetze vermeintlich exakt bewiesen wurde. Wie es aber mit diesem Beweise steht, wurde in der neunten und zehnten Vorlesung eingehend erörtert; das Resultat der Untersuchungen lautet: Eine genotypische Verschiebung ist niemals beobachtet!

Die naturhistorische Auffassung allmählicher Übergänge zwischen den Spezies, wie sie z. B. in den zitierten Werken LAMARCK's sich äußert, hat auch der Vorstellung Raum gegeben, es sei möglich, mit einer nicht geringen Wahrscheinlichkeit phylogenetische Stammbäume aufzustellen. Die Begriffe „Verwandtschaft" (in genealogischem Sinne) und „Ähnlichkeit", Begriffe, die an und für sich gegenseitig unabhängig sind, werden dabei nur zu häufig konfundiert, als ob nähere Verwandtschaft auch ohne weiteres größere Ähnlichkeit bedingen sollte! Haben wir ja auch schon S. 285 gesehen, daß man Erblichkeit als Korrelation zwischen Verwandtschaft und Ähnlichkeit definiert hat.

GALTON selbst betont aber in der nachdrücklichsten Weise, daß die ganz oder fast ganz kontinuierlichen Reihen unserer Sammlungen — von Tier- oder Pflanzenformen, von Waffen, Hausgeräten usw. —

---

[1]) Rein deskriptiv gesehen sind überhaupt alle Ganzvariationen als „diskontinuierlich" aufzufassen; es fehlen ja Übergänge zwischen z. B. 50 und 51, 51 und 52 Flossenstrahlen usw. Um Mißverständnissen zu entgehen, haben wir darum auch hier stets „diskrete" statt „diskontinuierliche" Varianten gesagt. Vgl. auch S. 14 und 25.

sowie die entsprechenden Reihen von Sitten, Religionen und anderen Dingen, die aus einer Evolution hervorgegangen sind, uns nichts sicheres über die sukzessive Entstehung dieser Dinge aussagen können! Und er pointiert scharf, daß es unberechtigt wäre, die Zwischenform zweier stärker abweichender Formen oder Zustände ohne weiteres als Glieder einer vermittelnden Entwicklung anzusehen. Die betreffende Diskussion abschließend sagt GALTON: Wären etwa alle Varietäten irgend einer Maschine dem Grade der Entwicklung nach in einem Museum geordnet, so würde jede einzelne so wenig vom Nachbar abweichen, daß die unrichtige Idee nur zu leicht sich ausbilden könnte, sukzessive Erfindungen hätten ganz allmählich durch kaum erkenntliche Schritte die Maschine stetig weiterentwickelt. Und doch wissen wir, daß Erfindungen gerade durch lange Schritte (*strides*) fortschreiten. So spricht GALTON in demselben berühmten Werke, wo er diejenigen Untersuchungen mitteilt, welche man früher als exakte Stütze der Lehre von kontinuierlicher Evolution hat ansehen können. Wahrlich Mahnworte für die Repräsentanten der Spekulation über Stammbäume!

Die Spekulationen, Hypothesen und Theorien der Deszendenzlehre haben wir aber hier nicht näher zu betrachten. Die Deszendenzlehre zielt weit höher als die Erblichkeitslehre, verläßt wohl auch ab und zu ein bißchen den Boden der Tatsachen, um hoch zu fliegen. Die Deszendenzlehre stützt sich ja nicht ausschließlich auf Erfahrungen der Erblichkeitsforschung, sondern hat Wurzeln in vielen anderen Gebieten des menschlichen Wissens, Denkens und Glaubens.

Sollte die Erblichkeitsforschung Resultate hervorbringen, die unbequem sind für zeitweilig herrschende Richtungen der Deszendenzlehre — und die Deszendenzlehre hat auch ihre wechselnde Moden — so kann das Unbequeme leicht abgewiesen werden: Die Deszendenzlehre hat ja fast unendliche Zeiträume und Generationsreihen zur Disposition und kann — wie schon oben angedeutet — Wirkungen postulieren, die noch nicht in der jungen exakten Forschung gespürt worden sind. Hier ist jedenfalls vorläufig Platz für viele Spekulationen!

Die Deszendenzlehre verhält sich zur Erblichkeitslehre etwa wie die Geodäsie sich zur Terrainforschung verhält: für die Geodäsie sind lokale Terrainfalten, Gebirge u. dergl. nur Störungen der auszugleichenden Erdform, aber für unsere Lebensinteressen, für uns, die auf der Erde wohnen müssen, sind die Terrainverhältnisse höchst wesentlich. So hat auch die Erblichkeitslehre, unmittelbar gesehen, ein Interesse intensiverer Art als die weit höher zielende Deszendenzlehre, oder sagen wir lieber „Evolutionsphilosophie", welche darum auch an einen höheren Platz in der Hierarchie der Gesamtwissenschaften gestellt ist.

Die exakte Erblichkeitsforschung arbeitet zunächst für das Fundieren des eigenen Gebäudes, und selbst für diese enger begrenzte Arbeit paßt Darwin's Wort: wer nicht spekulieren kann, ist auch kein guter Beobachter! Es gilt aber doch, bei allen wirklichen Forschungen die Spekulationen zügeln zu können, daß wir nicht Sklaven unserer eigenen Begriffe und Phrasen werden: Die Verifikation der Konsequenzen der Spekulationen darf nie versäumt werden!

Haben wir also gesehen, daß eine Selektion nicht genotypische Unterschiede hervorrufen kann — oder daß jedenfalls eine solche Wirkung überhaupt niemals nachgewiesen ist —, so meldet sich die Frage: Wie können neue Genotypen gebildet werden?

Die hier vertretene Auffassung genotypischer Festheit ist, wie schon auf S. 325 betont wurde, nicht gleichbedeutend mit einer Auffassung von Unveränderlichkeit des „status quo" der schon existierenden Organismenformen. Neue Biotypen, Ausdrücke neuer Genotypen können offenbar in verschiedener Weise hervorgebracht werden. Die M ö g l i c h k e i t e n, die wir jetzt erkennen, sind folgende:

1. Die Gene selbst könnten v e r ä n d e r t werden.

2. Durch N e u k o m b i n a t i o n der einzelnen Gene — z. B. nach Heterozygotenbildung infolge einer Kreuzung — könnten Biotypen realisiert werden, die früher nicht vorkamen.

3. Neue Gene könnten e n t s t e h e n, eventuell auch durch Zusammentreten (Vereinigung) zweier oder mehrerer gebildet werden.

4. Gene könnten verloren oder destruiert bzw. u n t e r d r ü c k t werden.

Daß bei Realisation dieser Möglichkeiten die Faktoren der Lebenslage eine größere oder kleinere Rolle spielen müssen, wird wohl als selbstverständlich betrachtet werden müssen. Wie diese Faktoren eingreifen, ist aber eben die Frage.

In den folgenden Vorlesungen werden wir diese Möglichkeiten näher betrachten, auf die Erfahrungen der kritischen Forschung fußend. Zunächst werden wir prüfen, ob Erfahrungen vorliegen, welche eine V e r ä n d e r u n g d e r G e n e s e i t e n s d e r L e b e n s l a g e andeuten können — indem die extremen Grenzfälle, Verlust bzw. Unterdrückung oder aber Neuentstehung von Genen, vorläufig nicht näher in Betracht gezogen werden.

Einundzwanzigste Vorlesung.

Einfluß der Lebenslage. — Über „erworbene" Eigenschaften, Anpassung, direkte Bewirkung und den sogenannten „Neo-Lamarckismus". — Zweckmäßigkeit.

„Im Laufe der Generationen war die Natur im Stande, mit Hilfe langer Zeiten und durch langsame aber stetige Änderungen der Lebenslage (*circonstances*), in den lebenden Wesen aller Ordnungen die weitgehendsten (*les plus extrêmes*) Änderungen hervorzubringen und, vom allerersten Anfang des pflanzlichen und tierischen Lebens an, ganz allmählich den jetzt von uns beobachteten Zustand herbeizuführen." In dieser Weise hat LAMARCK vor mehr als hundert Jahren seine Auffassung präzisiert, die er in 1809 in seiner geistvollen „*Philosophie zoologique*" — und in späteren Schriften — näher entwickelte und spezieller motivierte.

LAMARCK nahm an, daß die Tiere von der Lebenslage in direkt beeinflußt würden, derart, daß die durch geänderte Lebenslage geänderten „Bedürfnisse" (*besoins*) und „Gewohnheiten" (*habitudes*) den „Wunsch" (*désir*) hervorrufen, geänderte oder gar ganz neue Organe zu bekommen; und daß solche Wünsche oder „innere Gefühle" (*sentiments intérieurs*) eine wesentliche direkte Veranlassung zur Änderung bezw. Neubildung von Organen gewesen sind. Die Verkümmerung der nicht in Funktion gehaltenen Organe und die Kräftigung der in intensiveren Gebrauch genommenen Organe sind Spezialfälle dieser allgemeinen LAMARCK'schen Regel. Für die Pflanzen dagegen, welche LAMARCK auf einen viel niedrigeren Platz stellt als die Tiere, nahm er eine direkt umprägende Wirkung der Lebenslagefaktoren an.

Seine ganze Auffassung bildet also eigentlich zwei Hypothesen, eine für das Tierreich, eine andere für das Pflanzenreich. Allerdings ist der uns am meisten hier interessierende Grundgedanke beiden Hypothesen gemeinsam, daß die Eigenschaften oder die Charaktere, welche durch den Einfluß der Lebenslage direkt oder indirekt einem Organismus gegeben worden sind, welche also von diesem im persönlichen Lebenslauf durch äußere Einflüsse „erworben" (*aquis*) wurden, erblich seien. Die Nachkommen sollen demnach auch in gleicher Weise — wenn auch im geringeren Grade — von den Einflüssen geprägt sein, welche den Eltern ihr persönliches Gepräge gaben.

Der zu LAMARCK's Lebenszeit ganz ausbleibende Erfolg seiner „Philosophie" wird von einem der bedeutendsten seiner jetzigen Nachfolger (GIARD) dadurch erklärt, daß die LAMARCK'schen Ideen zur Zeit ihrer Erscheinung eine Reihe größtenteils nicht verifizierter Hypothesen bildeten, und nicht als eine Lehre hervortraten, welche sich auf allseitig anerkannte Tatsachen stützen konnte.

Ob die hundert Jahre, welche jetzt seit der Ausgabe der *„Philosophie zoologique"* verflossen sind, solche Tatsachen zu Wege gebracht haben, ist eine Frage, die wir jetzt zu betrachten haben. Dabei übergehen wir zunächst ganz die an die LAMARCK'schen Auffassungen geknüpfte teleologische Auffassung, welche für viele moderne „philosophierende Biologen" eine so große Rolle spielt.

Indem wir in diesen Vorlesungen bisher stets die Erblichkeitsverhältnisse unter der Voraussetzung behandelt haben, daß die Lebenslage der betreffenden Organismengenerationen im großen Ganzen unverändert war, treffen wir jetzt die Frage, ob das Gepräge, welches die spezielle Lebenslage einem Individuum gegeben hat, erblich ist. Wir müssen natürlicherweise zunächst an homozygotische Individuen oder überhaupt an Bestände genotypisch einheitlicher Natur denken. Wo genotypisch nicht einheitliche Populationen vorliegen, ist die Sache mehr kompliziert; die Analyse der Erscheinungen wird schwieriger, wie wir weiter unten zu erwähnen haben.

Für „reine Fluktuationen" (S. 324) haben wir in früheren Vorlesungen gefunden, daß die Erblichkeitsziffer 0 war: die Nachkommen erbten nichts nachweisbares von der Plus- oder Minusabweichung des Mutter- bezw. Elternorganismus. Nun sind offenbar solche Fluktuationen wesentlich durch die verschiedenen Einwirkungen äußerer Faktoren bedingt, welchen das einzelne Individuum während seiner ganzen Entwicklung ausgesetzt war, und insofern ist die einzelne Variante durch die speziell-persönlichen Nuancen der Lebenslagefaktoren bestimmt. Könnte man nun ohne weiteres die durch besondere Lebenslage hervorgerufenen Variationen als identisch mit den vorhin erwähnten Fluktuationen setzen, wie

das von verschiedenen Verfassern geschehen ist, dann würden wir
auch eine Erblichkeit der durch die Lebenslageverschiedenheit bedingten Variationen verneinen können.

Dieses ist aber gar nicht erlaubt; wir können eine solche
Identität nicht a priori akzeptieren. Denn wir wissen ja für den
einzelnen Fall der Fluktuationen niemals, durch welche Kombinationen der nicht näher zu präzisierenden Sonderfaktoren die Variante bestimmt worden ist. Ganz verschiedene Faktoren können
in einer gegebenen Generation eine gleiche Plus- oder Minusvariation
hervorgebracht haben; und stellen wir nacheinanderfolgende Generationen zusammen, betrachten wir z. B. einen Plusabweicher, dessen
Mutter und Großmutter in ihren Generationen auch Plusabweicher
der betreffenden Eigenschaft waren, so könnten diese Plusvaria-
tionen in jeder der drei Generationen vielleicht höchst verschiedenen
Faktorenkombinationen zu verdanken sein: In der ersten Generation
wäre vielleicht günstige Ernährung eine Hauptsache gewesen, in
der zweiten Generation wäre die betreffende Variante vielleicht
durch günstigere Temperaturverhältnisse während einer sensiblen
Periode bedingt, in der dritten Generation wären etwa Feuchtigkeits-
verhältnisse bestimmend gewesen usw. Wenn aber die Rede von einem
„umprägenden" Einfluß der Lebenslage ist, wird selbstverständlich
der Einfluß einer besonderen Lebenslage bezw. eines bestimmten
Faktors durch eine Reihe von Generationen zu betrachten sein.

In rein methodisch-prinzipieller Beziehung müssen wir also die
Fluktuationen, als durch nicht näher zu präzisierende „zufällige"
und wechselnde Faktorenkombinationen bedingt, von den durch
ganz bestimmte Einwirkungen hervorgerufenen Variationen unterscheiden. In diesem letzteren Falle dreht es sich meistens um eine
kollektive Variation, also um Abweichung einer Gruppe ganz
gleichgestellter Individuen von einer in wesentlich andere Lebenslage gestellten Gruppe, vgl. S. 219. Erfahrungen über die Nichterblichkeit der Fluktuationen entscheiden also nicht in der Frage,
ob eine besondere Lebenslage allmählich erblich „umprägend" wirken
kann, falls diese Lebenslage durch eine Reihe von Generationen
fortwährend ihren Einfluß übt.

Obwohl also die Nichterblichkeit reiner Fluktuationen im allgemeinen schon recht deutlich gegen eine Erblichkeit der durch
äußere Faktoren hervorgerufenen persönlichen Eigenschaften
spricht, so liegt doch hier eine mehr zugeschärfte Frage vor, nämlich diese: Wird der durchgehende Unterschied zwischen Indi-

viduen, welche unter durchgehends verschiedener Lebenslage sich
entwickelten, auch bei den Nachkommen zu spüren sein — selbstverständlich wenn die zu vergleichenden Nachkommenserien unter
gleichen Verhältnissen entwickelt werden? Und wird ein solcher
umprägender Einfluß, falls er vorhanden sein sollte, nicht allmählich
stärker und stärker werden, je größer die Generationsreihe ist, welche
den betreffenden verschiedenen Lebenslagen ausgesetzt war?

Diese Frage ist wohl eine der am meisten diskutierten Fragen
der biologischen Wissenschaften. Was darüber geschrieben ist, füllt
unheimlich viel im Verhältnis zu dem sicher nachgewiesenen. Diese
Frage wird gewöhnlich das **Problem der Erblichkeit erworbener Eigenschaften** genannt; in der neueren Geschichte der
Biologie ist dieses Problem fest an die Diskussion über die
LAMARCK'schen Anschauungen geknüpft.

Wenn die weitere Entwicklung der durch eine Gametenver-
einigung gebildeten Zygote einsetzt, wird die größere Anzahl der
durch die Teilungsprozesse gebildeten Zellen sich in spezieller Weise
differenzieren; bei den Tieren bilden sich aus solchen Zellen z. B.
Bindegewebe und Knochen, Haut und Sinnesorgane, Muskeln, Nerven,
Blutkörper usw. Ein Teil der Zellen, welche durch die Furchungs-
prozesse und weitere Teilungen der neugebildeten Zygote entstehen,
bleiben aber, sowohl bei Tieren als bei Pflanzen, am nichtdiffe-
renzierten Standpunkte stehen — man erinnere sich z. B. der bekannten „Bildungsgewebe" (das Kambium, die Vegetationspunkte usw.)
der Pflanzen.

Aus diesen auf dem ganz jugendlichen Stadium gebliebenen
Zellen und Geweben gehen im „erwachsenen" Individuum die Geschlechtszellen, die Gameten, hervor. Die Entwicklungs- und Tei-
lungswirksamkeit einer neugebildeten Zygote geht also in zwei ganz
verschiedenen Richtungen: einerseits zur Bildung der mehr oder
weniger spezialisierten **Körperzellen**, andererseits zur Kontinuation
der auf „embryonalem" Zustand stehenden Bildungsgewebe, in welchen
die Gameten später auftreten.

Diese Bildungsgewebe machen gewissermaßen einen Rest aus,
welcher nach dem Aufbau des aus der jungen Zygote entwickelten
individuellen Körpers übrig bleibt, um erst in Tätigkeit zu treten
bei den Vorgängen, welche zur Gametenbildung führen. Die Zellen
dieser fortwährend auf dem jugendlichen „embryonalen" Zustand
stehenden Bildungsgewebe müssen also jedenfalls alles das ent-

halten (die Gene), wodurch die Eigenschaften der betreffenden Organismen bestimmt sind — selbstverständlich aber nur insoweit diese Bestimmung überhaupt von der Beschaffenheit der grundlegenden embryonalen Zellen selbst (von deren Genen) abhängig sein kann, insoweit also von dem, was wir Erblichkeit nennen können, die Rede ist.

Die mehr oder weniger deutlich hervortretende Sonderstellung der embryonal geprägten — oder wohl richtiger „ungeprägten" — Bildungsgewebe gegenüber dem oft hoch spezialisierten Gewebskomplexe des übrigen Körpers macht es dem Verständnis leichter, daß diese Bildungsgewebe und damit auch im besonderen diejenigen Zellen, aus deren Teilungen die Gameten hervortreten, eine recht große Unabhängigkeit von den spezialisierten Körperzellen zeigen. Ebenfalls scheint es nicht unbegreiflich, daß noch gänzlich unspezialisierte Zellen in anderer Weise als die mehr oder weniger weit in der speziellen Ausprägung vorgeschrittenen Zellen von gegebenen äußeren Faktoren beeinflußt werden können.

Ist schon eine Spezialisierung der Zelle angefangen, so wird die äußere Beeinflussung wohl in erster Linie den Verlauf der Spezialisierung affizieren und in dieser Weise das Gepräge der Zelle oder des betreffenden Gewebes mitbestimmen — man vergleiche, was über die Zustände nach einer „sensiblen" Periode früher (S. 225) gesagt wurde. Wo die Zelle noch garnicht die spezialisierende Entwicklung angefangen hat, wo sie, noch undifferenziert, vielleicht sogar in einem — in Bezug auf Entwicklung — inaktiven Zustand sich befindet (etwa in einer Art Ruheperiode, wie sie ja oft bei neugebildeten Zygoten nachgewiesen ist), dort könnten Faktoren, welche in einem gegebenen Augenblick den speziellen Entwicklungsgang der schon entwicklungstätigen Zellen stark beeinflussen, sehr wohl ganz ohne solchen Einfluß auf den erst später beginnenden Entwicklungsgang der noch embryonalen Zellen sein. Die Zellen reagieren ja höchst verschieden, je nach dem Entwicklungsgrade, auf äußere Einwirkungen.

Solche Betrachtungen führen uns zu der apriorischen Annahme, daß die Bildungsgewebe und deren Zellen, einschließlich der Geschlechtszellen, eine recht große „embryonale Unabhängigkeit" den spezialisierten „Körperzellen" gegenüber haben können. Und was im besonderen die Geschlechtszellen betrifft, so werden sie in eigenen Bildungsgeweben durch eigentümliche Teilungsvorgänge hervorgebracht und sie sind dabei von Anfang an frei, nicht in Gewebs-

verband mit anderen Zellen. Dieses aber ist der Fall mit den
Zellen des Kambiums der Pflanzen, dessen innere Zellenschicht an
das Holz grenzt, während die äußere Zellenschicht an die Rinde
grenzt; und die spezielle Entwicklung dieser Kambialzellen ist offenbar recht wesentlich, wenn auch nicht ausschließlich, von diesen
Grenzverhältnissen bestimmt.

Jedenfalls versteht man leicht, daß die Gameten und ihre Vorstufen bis zu einem gewissen Grade vom übrigen Körper unabhängig
sein können, besonders in Bezug auf ihre Gene. Und es wird klar,
daß es nicht berechtigt ist, vegetative Fortpflanzung als mit ge-
schlechtlicher Fortpflanzung durch Gameten und Zygoten (einschließlich der echten Parthenogenesis) wesensgleich anzusehen. Bei vegetativer Fortpflanzung liegt jedenfalls die Möglichkeit sehr nahe, daß
schon spezialisierte Gewebe des Stecklings, Ablegers usw. deren
weiteren Entwicklungsgang direkt beeinflussen könnten, den sich
entwickelnden neuen Organen Züge ihres eigenen Gepräges auf-
drängend.

Es erscheint darum auch als recht sachgemäß, daß man einerseits den Gesamtkörper ÷ die Geschlechtszellen bildenden generativen Gewebe und andererseits diese generativen Gewebe selbst, als
zwei ganz verschiedenwertige Teile des individuellen Organismus
betrachtet. WEISMANN bezeichnet, wie schon S. 319 angedeutet,
den „Körperteil" der Organismen als Soma, den für die Erblichkeitserscheinungen wesentlichen Inhalt der generativen Gewebe aber
(dasjenige, was wir hier „Gene" nennen) als Keimplasma[1]); das
ältere GALTON'sche Wort dafür, Stirp (aus dem lateinischen stirps)
wird jetzt selten benutzt.

Durch die scharfe Pointierung der weitgehenden Selbständigkeit
oder Unabhängigkeit des solcherart definierten „Kleimplasmas" dem
„Soma" gegenüber, hat WEISMANN ein sehr großes Verdienst der
kritischen Behandlung der Erblichkeitsprobleme. Allerdings geht
WEISMANN, in seiner spekulativen Weise diese Auffassung zu ex-
ploitieren, viel zu weit, jedenfalls weit jenseits der Grenzen einer
exakten Forschung. WEISMANN's bleibendes Verdienst liegt in seiner
treffenden Kritik sehr vieler Angaben älterer und neuerer Verfasser,
welche ohne Bedenken an die Erblichkeit aller möglichen „erworbenen" Eigenschaften geglaubt haben. In dieser Rumpelkammer

---

[1]) Auf die WEISMANN'schen Gedanken über Vorkommen von inaktivem
oder Reserve-Keimplasma in Soma-Zellen u. a. m. gehen wir hier nicht ein.

von allerlei Erblichkeits-Anekdoten und Abenteuern hat WEISMANN in einer Reihe von Abhandlungen aufgeräumt und ausgekehrt — kaum etwas positives ist dabei zurückgeblieben. WEISMANNS Stärke ist immer die negative Kritik gewesen; seine positiv-synthetische Wirksamkeit als spekulativer Erblichkeits-Theoretiker ist leider damit garnicht zu vergleichen, wie es schon in der vorigen Vorlesung erwähnt wurde. Fast die gesamte Literatur vor WEISMANN hat sich als wertlos für die Beurteilung der Erblichkeit „erworbener" Eigenschaften gezeigt; mit ganz wenigen Ausnahmen brauchten wir sie eigentlich gar nicht zu berücksichtigen.

Wir gehen jetzt daran nachzusehen, was man mit „erworbenen" Eigenschaften meinen kann. Die Individuen werden im ganzen Lebenslaufe sehr vielen verschiedenen Beeinflussungen ausgesetzt, und diese Beeinflussungen können leichterer oder schwererer Art sein. Ohne großen Zwang lassen sich die Beeinflussungen in fünf Gruppen zusammenfassen, für welche wir hier bestimmte Schlagwörter einsetzen können, womit durchaus nicht gesagt wäre, daß diese Gruppen eine Einteilung der Erscheinungen bedeuten sollten. Im Gegenteil, die Gruppen sind durchaus nicht scharf begrenzt, sie sind eigentlich nur Ausdrücke für die vorläufigen Gesichtspunkte, unter welchen wir die Erscheinungen betrachten können. Die Schlagwörter sind: 1. Übung und Nichtübung, 2. Verstümmelungen, 3. Krankheiten, 4. Lebenslage-Extreme und 5. Unterschiede der Lebenslage innerhalb normaler Grenzen.

Was zunächst die Übung betrifft, hat man früher ihre „erbliche" Wirkung hoch angeschlagen. Für LAMARCK spielte Erblichkeit der Wirkungen, welche stärkeren oder geringeren Gebrauch irgend eines Organes auf den ganzen Grad der Entwicklung dieses selben Organs hat, eine sehr große Rolle, besonders für die Frage der Evolution im Laufe der Zeiten. Auch mehrere der neueren Autoren stützen diese Annahme, z. B. der Philosoph H. SPENCER sogar in seinen letzten Publikationen. Es scheint doch, daß die WEISMANN'schen Einwände hier allmählich den Sieg davongetragen haben, selbst im Lager der praktischen Züchter.

Wenn man — um ein bestimmtes Beispiel zu nehmen — gemeint hat, daß die starke Trainierung der Rennpferde eine wesentliche Ursache der Rennfähigkeit der Nachkommen solcher hochtrainierten Pferde sein sollte, und daß darin eine Erklärung der Überlegenheit unserer jetzigen Rekordsetzer gegenüber den besten Rennern früherer Generationen gesucht werden sollte, so wendet

WEISMANN mit Recht ein, daß überhaupt nur solche Pferde durch-
trainiert wurden, welche an sich die Fähigkeit zum Rennen in
hohem Grade hatten. Und er betont, daß die Züchtung von Renn-
pferdrassen in allüberwiegendem Grade auf sorgfältige Selektion
der in der betreffenden Beziehung am besten qualifizierten Individuen beruht, also auf Selektion derjenigen Tiere, welche sich bei
der Trainierung erst als überlegen gezeigt haben. Da hier nicht
von „reinen Linien" die Rede ist, sondern von Tieren, die wohl in
recht verschiedenen Punkten heterozygotisch sind, streitet diese
Auffassung von einer Selektionswirkung nicht gegen andere Erfahrungen. In den betreffenden Pferdebeständen finden sich offenbar viele Möglichkeiten besserer (auch schlechterer) Kombinationen
der hier maßgebenden Einzeleigenschaften, und durch umsichtsvolle
Selektion ließen sich solche Kombinationen wohl besser und besser
isolieren — wie es überall bei Selektion in Populationen der Fall
ist, ob nun von Homozygoten, Heterozygoten oder von Gemengen
beider die Rede ist. Insofern sind wir mit WEISMANN einig —
nämlich so lange es sich um seine kritischen Ausführungen dreht.
Wie große Bedeutung eine Selektion hier gehabt haben mag, wissen
wir aber gar nicht.

Damit sind wir aber durchaus nicht mit dem Rennpferdbei-
spiel fertig. Schon S. 18 wurde betont, daß die Variationsweite
mit der Variantenanzahl steigt, und S. 114 haben wir diese Sache
zur Beleuchtung der Konsequenzen einer vermuteten Selektionswirkung bei reiner Fluktuation benutzt. Hier betonen wir eine
andere auch dort gezogene Konsequenz: wo das Züchtungsmaterial
zahlreicher wird, müssen, bei sonst ganz gleichen Verhältnissen,
Varianten realisiert werden, welche bei weniger zahlreichem Material
nicht (d. h. theoretisch: „höchst unwahrscheinlich") auftreten. Die
jetzt in sehr viel größerem Maßstabe als vor hundert Jahren ge-
triebene Pferdezucht muß schon des weit größeren Materials wegen
im Stande sein, die Rekorde der Einzelleistungen ganz bedeutend
höher zu halten als früher, vergl. auch die Diskussionen S. 169.
Falls nun aber wirklich die durchschnittliche Leistungsfähigkeit
aller (nicht nur der ausgesuchtesten) Nachkommen erstklassiger
Rennpferde erhöht sein sollte — was wohl noch nachzuweisen
wäre —, dann ist noch eine dritte sehr nahe liegende Möglichkeit
— oder sagen wir gleich lieber „Wirklichkeit" — als Erklärungs-
ursache vorhanden: Es sind selbstverständlich im Laufe der Zeit
sehr viele Änderungen, d. h. Besserungen in den Trainierungs-

methoden, sowie in der ganzen Pflege und Erziehung der Tiere eingeführt. Dadurch entwickeln sich also die einzelnen Individuen unter anderen, für den Rennzweck günstigeren, Verhältnissen als früher — und ein direkter Vergleich mit dem Vorfahren ist unstatthaft. Beim Vergleich des jetzigen Pferdematerials mit dem vor 100 Jahren lebenden Material hätten wir einen Fall etwa dem entsprechend, was in der vierzehnten Vorlesung unter der Bezeichnung kollektive Variationen erwähnt wurde, vgl. S. 219 und das Schema Fig. 19, S. 235.

Die Erblichkeit der Wirkung einer durch Generationen fortgeführten Übung ist jedenfalls in diesem ganzen Beispiel überhaupt garnicht wahrscheinlich gemacht, geschweige denn bewiesen! Die Geschichte sagt uns nur: Der Zustand der Rasse oder der Rassen ist jetzt ein anderer als er früher war. Das mag eine praktisch und theoretisch wichtige Realität sein, ist aber durchaus nicht mit einer erblichen Änderung identisch! Eine solche muß direkt nachgewiesen sein, um als Tatsache akzeptiert zu werden.

In Bezug auf erblichen Einfluß der Übung wird oft behauptet, daß die durchschnittliche Steigerung der Milchleistung der Kühe, welche faktisch im Laufe der letzten Dezennien nachgewiesen ist, durch die „Übung" bedingt sei, welche den Individuen der betreffenden Milchviehrassen, Generation nach Generation, zu Teil geworden sind. Wo ist aber ein Beweis für die Richtigkeit dieser Anschauung? Auch hier finden sich ja viele Momente zur Erklärung der vorliegenden Tatsache. Falls überhaupt eine erbliche Veränderung eingetreten ist, könnte selbstverständlich hier, in den wohl kaum genotypisch einheitlichen Beständen, eine Selektion sortierend beteiligt gewesen sein; bei Kühen ist es aber nicht möglich, in der Praxis eine auch bloß annähernd so scharfe Selektion durchzuführen wie bei Rennpferden.

Nun ist es aber noch garnicht nachgewiesen, daß hier wirklich erbliche Veränderungen eine Rolle spielen. Weit näher liegt die Annahme, daß die im Laufe der Zeit „verbesserte" Pflege und Fütterungsart, sowie sorgfältigeres, methodischeres Melken hier eine Hauptrolle spielten. Und dazu kommt noch als ein sehr wichtiges Moment, daß man — jedenfalls hier in Dänemark — die Einzelindividuen der Bestände sehr häufig in Bezug auf ihre Leistungen prüft, und die wenig ergiebigen Kühe werden dabei, als unrentabel, ausgesetzt. Schon dadurch gewinnt der betreffende Bestand eine ganz bedeutende Steigerung der durchschnittlichen Leistung pro Kuh. Sehr wichtig für die Praxis — aber mit Erblichkeit hat diese Sache direkt noch nichts zu tun.

Gelegentlich einer Diskussion dieser Sache hat N. P. NIELSEN vorgeschlagen, die Leistungen der erstgeborenen und der später geborenen Nachkommen der Milchkühe einer Reihe von Beständen zu vergleichen. Eine solche Statistik würde sehr interessant sein können; da aber die Kälber einer gegebenen Kuh auffallend selten Vollgeschwister sind, wird die Sache immerhin recht kompliziert sein, ganz abgesehen davon, daß erstgeborene Jungen — und übrigens wohl auch die zuletzt geborenen — oft weniger kräftig sind als die Jungen, welche während der Lebensmitte der Mütter geboren werden. (Beiläufig bemerkt: solche Unterschiede haben auch mit Erblichkeit direkt nichts zu tun.)

Wenn die Rede von Übung ist, wer möchte nicht das traurige Faktum bedauern, daß unsere im Leben sauer erworbenen Erfahrungen, Kenntnisse und Fertigkeiten nicht von unseren lieben Kindern geerbt werden. (Mit vielen unserer „Gewohnheiten" — namentlich den schlechten — scheint es allerdings oft leichter zu gehen; jedoch ist dies eben nur ein Schein; das schlechte, unbewußt oder ungewollt gegebene Beispiel wird mehr oder weniger bewußt nachgeahmt, auch ohne daß Erblichkeit mit im Spiele sein müßte. Solches gehört zu den Erziehungsfragen, die wir weiter unten tangieren werden.) Daß Begabung oder Talente in irgend einer Richtung, also die persönliche „Veranlagung" — welche sehr wohl Ausdruck genotypischer Beschaffenheit sein kann — etwas ganz anderes ist, als die durch Studium und Übung „erworbene" persönliche Leistungsfähigkeit und Einsicht, ist wohl selbstverständlich.

Was für Übung gilt, gilt mutatis mutandis auch für Nicht-übung; eine Erblichkeit der durch „Nichtgebrauch" bestimmter Organe eingetretenen Schwäche solcher Organe ist wohl niemals wirklich nachgewiesen. Daß die speziellen Gepräge — sowohl der Übung als der Nichtübung verschiedener Muskeln —, welche die einseitigen Ausüber verschiedener Professionen bekommen, erblich sein sollten, wird wohl im allgemeinen oft behauptet, ist aber nie nachgewiesen. Es könnte sich hier nur zu leicht um sogenannte „falsche Erblichkeit" drehen, wie bei vielen vermeintlichen erblichen Krankheiten, die weiter unten erwähnt werden sollen.

Was nun Verstümmelungen betrifft, so kann gesagt werden, daß die häufig vorkommenden Amputationen und dergl. Verwundungen gar keinen erblichen Einfluß haben; so die durch lange

Generationsreihen durchgeführten „Kupierungen" der Schwänze oder Ohren verschiedener Hunderassen, die systematische Verstümmelung der Füße bei Chinesinnen, die Beschneidung der Juden usw. Alle solche Zustände affizieren offenbar gar nicht die Zustände der Geschlechtszellen; schon GALTON verneinte hier die Erblichkeit und WEISMANN hat ausführlich nachgewiesen, daß viele positive Behauptungen praktischer Züchter ganz unbegründet sind.

Wo durch tief eingreifende Beschädigung edlerer Teile, besonders der nervösen Zentralorgane, spezifische funktionelle Störungen im Körper hervorgerufen werden, liegt die Sache nicht so klar; hier hat man nicht ohne Grund gemeint, es seien erbliche Nachwirkungen der Verwundungen eingetreten. In dieser Beziehung haben die von BROWN-SEQUARD ausgeführten Operationen mit Meerschweinchen (*Cavia*) großes Interesse beansprucht. Der genannte Forscher fand, daß infolge gewisser Schädigungen, z. B. teilweisem Durchschneiden des Rückenmarks, bei diesen Tieren nach einiger Zeit epileptische Anfälle auftreten, und daß diese recht bestimmt charakterisierte Kränklichkeit bei den Nachkommen mehr oder weniger stark wiedergefunden werden konnte. Auch andere Forscher, wie z. B. OBERSTEINER, haben diese Erfahrungen bestätigen können. Allerdings sind die neuesten Experimente dieser Art, von MAX SOMMER, ganz anders ausgefallen; sie bestätigen durchaus nicht die BROWN-SEQUARD'schen Angaben. Ganz abzuweisen sind diese nun aber nicht, und die Einwendungen, welche WEISMANN, ZIEGLER u. a. — die Richtigkeit der BROWN-SEQUARD'schen Beobachtungen vorausgesetzt — gegen ihre Beweiskraft einer Erblichkeit „erworbener" Eigenschaften gemacht haben, sind wohl ziemlich gesucht; es wird hier kaum die Rede sein von Infektionen mit Ansteckung auch der angegriffenen Nachkommen, und auch nicht von einem auf die Jungen „suggerierenden" Einfluß des nervösen Leidens der Eltern. Eher könnte von einer Toxinbildung bei den operierten Tieren die Rede sein, wie MORGAN andeutet, und eine dadurch bedingte Vergiftung der Geschlechtszellen bezw. des im Mutterleibe liegenden Jungen. Dieses könnte mit der Angabe stimmen, daß die Überführung des krankhaften Zustandes am intensivsten durch die Mutter geschieht. Diese eigentümliche, dem Grade nach sehr verschiedene „Erblichkeit" in diesem Falle zeigt auch auf besondere Verhältnisse hin. Mit den uns sonst bekannten Erscheinungen der „Erblichkeit" hat diese ganze Sache keine große Ähnlichkeit.

Wenn die Krankheit in den ferneren Generationen gespürt

werden kann, wie es behauptet wird, haben wir vielleicht eine wirkliche Veränderung, eine bleibende Störung der genotypischen Grundlage dieser Organismen. Die ganze Sache ist aber noch näher zu
prüfen, ebenso wie andere Angaben über bleibende, erbliche Wirkungen von Beschädigungen der Leber u. a. wichtiger Drüsengewebe,
deren Tätigkeit großen Einfluß auf den ganzen Stoffwechsel des
Körpers hat.

Es ist demnach nicht unwahrscheinlich, daß gewisse Nachwirkungen tief eingreifender operativer Störungen auch die Geschlechtszellen (chemisch) affizieren und dadurch die Nachkommen erblich
abnorm machen können. Mit den sonstigen Verhältnissen in der
Natur oder in der Domestikation haben diese schwierig zu deuten-
den Fälle aber eigentlich nichts zu tun.

In Bezug auf die häufig vorkommenden weniger eingreifenden
Verwundungen, Brüche usw. hält die populäre Auffassung merkwürdig fest an Erblichkeit der Schäden. Darum ist es vielleicht
nicht überflüssig, darauf hinzuweisen, daß z. B. ein Mann, dem das
Bein durch einen Unfall bricht, nicht deshalb mehr wie andere
Eltern für die Sicherheit der Beine seiner Kinder zu fürchten hat;
brach ihm das Bein aber leicht, weil schwache Knochen überhaupt
in seiner Familie „erblich" waren, dann hat der Mann Grund zu
fürchten, daß die Kinder auch leichter als andere solches Mißge-
schick haben können — die Brüche sind darum aber nicht erblich!

Über Erblichkeit von Krankheiten ist die Literatur sehr umfassend. Für die hier zu diskutierende Frage bringt sie aber wenig.
„Krankheiten", d. h. abnorme Zustände im Organismus, ferner auch
„kränkliche Dispositionen", d. h. Beschaffenheiten des Organismus,
welche diesen weniger resistent gegen die Angriffe der „krankmachen-
den Einflüsse" machen, können nur zu leicht als erblich aufgefaßt
werden, wo in der Wirklichkeit gar keine Rede von einer solchen
Erblichkeit ist. Der Pathologe C. Lange sagt hierüber: Schon der
Umstand, daß die Mitglieder einer Familie oft in der allernächsten
Gemeinschaft miteinander und dabei unter denselben hygienischen
Verhältnissen leben, kann leicht bedingen, daß sie von gleichen
Krankheiten durch mehrere Generationen angegriffen werden. Ansteckung oder andauernder schädlicher Einfluß irgend einer Art
kann in dieser Weise eine Erblichkeit vorspiegeln, die aber als
„falsche Erblichkeit" zu bezeichnen wäre. Ein kaltes und feuchtes
Wohnhaus könnte z. B. bedingen, daß besondere Affektionen bei
den verschiedenen Generationen einer Familie auftreten würden, ohne

daß dieses in irgend welcher Art mit besonderen erblichen „Anlagen" etwas zu tun hätte.

Mit der Entwicklung der Bakteriologie in den letzten 3—4 Dezennien fing eine völlige Umbildung der pathologischen Erblichkeitslehre an. In Bezug auf die Tuberkulose in ihren verschiedenen Manifestationen war die Auffassung früher ganz außerordentlich verbreitet, daß z. B. die „Schwindsucht" erblich sei, während sie kaum als ansteckend angesehen wurde; diese traurige Krankheit zeigt ja auch keine so augenfälligen Zeichen einer Infektion, wie es viele andere, schnell verlaufende und leicht als ansteckend erkennbare Krankheiten tun, so z. B. Masern, Scharlach u. v. a. Auch rein statistisch müßte die Lungentuberkulose sich ganz wie eine „erbliche" Eigenschaft zeigen; gerade GALTON's ältere Untersuchungen konstatieren, daß Kinder Schwindsüchtiger viel häufiger schwindsüchtig werden als Kinder gesunder Eltern. Nach KOCH's Entdeckung des Tuberkelbazillus sieht aber die ganze Sache anders aus: man erkennt die Infektion als wesentliche Ursache. Die Frage der Erblichkeit existiert hier nicht mehr in der ursprünglichen Fassung; es ist nur noch die Frage, ob eine größere oder geringere „Disposition" erblicher Natur vorhanden sein kann, ob also die verschiedene Widerstandsfähigkeit gegen die infizierenden Bakterien erblich sein kann. Nach B. BANG's höchst wichtigen Untersuchungen der Rindertuberkulose in Dänemark scheinen erbliche Dispositionsunterschiede, jedenfalls beim Rinde, nur eine sehr untergeordnete Rolle zu spielen.

Krankheiten, durch Infektion von Bakterien, Sporozoen usw. hervorgerufen, sind selbstverständlich nicht in dem Sinne erblich, wie es Krankheiten sein können, welche Folgen von Bau- oder Stoffwechselanomalien nicht-parasitärer Natur sind. Solche Anomalien, „Organisationsfehler", sind ihrerseits oft Ausdrücke für genotypische Eigentümlichkeiten der einen oder beider Gameten, welche den betreffenden Organismus gründeten. Hierher gehörten verschiedene näher untersuchte Fälle von Mehrfingerigkeit u. a. Fingerabnormitäten, gewisse Formen von Farbenblindheit und Star u. a. mehr, Fehler, welche also sowohl homozygotisch als heterozygotisch auftreten können. Gerade dadurch werden sie als erblich in schöner und klarer Weise erkannt, wie es in der fünfundzwanzigsten Vorlesung näher erwähnt werden wird.

Auch aus dem Pflanzenreich sind viele hierher gehörige Beispiele bekannt, z. B. Fasciationen, Zwangsdrehungen, Tricotylie u. a., sowie die hier öfters erwähnte Schartigkeit bei Getreidearten. Auch hier hat man homo- und heterozygotisches Vorkommen der Abnormität, damit in Verbindung stehen die Beispiele von Abspaltung fehlerfreier Individuen (vgl. S. 227 und Fig. 24—26, S. 237). Der eigentümliche Dimorphismus, welcher bei gewissen Abnormitäten beobachtet wird, ist ein besonderer Fall, in welchem die genotypische Grundlage der Abnormität, obwohl in allen Individuen der Rasse vorhanden, doch nicht bei allen sich zeigen kann, vgl. S. 223 und Fig. 21, S. 236.

Alle solche Fälle aber sprechen durchaus nicht zu Gunsten der Erblichkeit persönlich erworbener Eigenschaften. Die Abspaltung fehlerfreier Individuen ist besonders hier eine unangenehme Tatsache, wie überhaupt die Abspaltungserscheinungen der ganzen Lehre von sukzessiver erblicher Umprägung durchaus ungünstig sind.

Die naheliegende Frage, ob die genotypisch bedingten kränklichen Zustände, Dispositionen und Abnormitäten in gewissen Fällen etwa erbliche Folgen überwundener Infektion (Toxinbildung) bei den Eltern sein könnten, ist nicht leicht zu beantworten. WEISMANN und die ihm nahestehenden Pathologen sind geneigt, solche Gedanken abzuweisen, indem sie die Unabhängigkeit des „Keimplasmas" vom Soma behaupten. Gerade darum sind die vorhin erwähnten BROWN-SEQUARD'schen Versuchsresultate diesem dogmatisierenden Forscher recht mißliebig; sie deuten ja (falls sie richtig sind) auf sekundäre Giftwirkungen als Folgen der starken traumatischen Störung. Hierher gehört möglicherweise auch die wohl leider richtige Behauptung, daß die Nachkommen trunksüchtiger Eltern mit allerlei kränklichen Dispositionen belastet sein sollen; jedoch ist diese ganze schwierige Frage durchaus nicht kritisch durchforscht. Daß aber in Übermaß genossener Alkohol direkt die Geschlechtszellen bezw. die generativen Gewebe affizieren kann, ist wohl kaum zu bezweifeln, derartige Stoffe dringen ja durch alle Gewebe.

Wie die in Bezug auf Erblichkeit wirklich näher untersuchten, oben genannten Abnormitäten entstanden sind bezw. entstehen, ist noch völlig unbekannt. Schartigkeit ist mitunter ganz ohne nachweisbare Ursache, ohne jede Spur einer Infektion, plötzlich als erbliche Eigenschaft bei einzelnen Nachkommen normaler Pflanzen in meinen Kulturen entstanden. Diese — und zweifelsohne auch andere Abnormitäten — sind sodann den „Mutationserscheinungen" anzureihen und haben gar nichts mit „erworbenen" Eigenschaften im hier interessierenden Sinne zu tun: die persönliche Abnormität war nicht die Ursache einer genotypischen Änderung, sondern eben nur ein Ausdruck dafür, daß die eigene genotypische Grundlage alteriert war.

Jedenfalls bilden die Erfahrungen über Krankheiten als erbliche Erscheinungen keine Stütze für die LAMARCK'sche Vorstellung einer Umprägung der Biotypen in der Natur.

Die wichtigsten Resultate in Bezug auf eine solche Umprägung erblicher Art sind durch Anwendung von Lebenslage-Extremen gewonnen, d. h. durch künstliche Einwirkungen von Faktorenintensitäten, die an der Grenze des für die betreffenden Organismen überhaupt zu Ertragenden liegen.

So hat durch sehr sorgfältige Versuche E. CHR. HANSEN nachgewiesen, daß die Fähigkeit verschiedener Hefe- (*Saccharomyces*-) Rassen oder -Species Sporen zu bilden, dauernd verloren geht, falls diese Organismen einige Zeit bei Temperaturen kultiviert werden, welche gewisse Grenzen überschreiten — Grenzen, die für verschiedene Species verschieden sind, aber immer recht hoch liegen. Werden nämlich solcherart behandelte Hefepilze wieder unter Bedingungen gebracht, welche normalerweise Sporenbildung hervorrufen würden, so geschieht dieser Vorgang nicht, selbst nicht nach Kultur in sehr vielen Generationen. Nach langen Kulturen unter recht verschiedenen Verhältnissen gelang es dem genannten erfahrenen Forscher niemals, die Sporenbildungstätigkeit wieder zu finden — sie muß als aufgehoben angesehen werden. Da hier mit Reinkulturen, von einer einzigen Zelle stammend, gearbeitet wurde, liegt hier nicht etwa eine durch die Kulturbedingungen herbeigeführte Isolation schon gegebener Typen vor. Es hat offenbar hier die hohe Temperatur eine Störung in der genotypischen Grundlage der genannten Organismen hervorgerufen. Es dreht sich hier um den Verlust eines Charakters, eben um eine Zerstörung von „etwas" in der Zelle, nicht aber um Auftreten eines neuen Charakters. Und dabei ist hier die Rede von einzelligen Organismen, welche sich direkt durch Sprossung vermehren. Schon in älteren Abhandlungen teilte HANSEN übrigens mit, daß die Formcharaktere der von ihm näher untersuchten *Saccharomyces*-Species bei z. B. $32^1/_2°$ C und $7^1/_2°$ C sich recht verschieden zeigen, indem die Zellen bei der höheren Temperatur ellipsoide Formen erhalten, während bei der niederen Temperatur mycelartige Zellensträge auftreten. Danach könnte man vielleicht erwarten, daß es gelänge, z. B. durch andauernde Hitzekultur die Hitzeform zu fixieren. Es hat sich aber nach HANSEN's neueren Arbeiten gezeigt, daß eine solche Fixierung nicht gelingt: Die solcherart in langer Zeit und durch endlose Generationen mit hoher Temperatur behandelten Zellen entwickeln bei den niederen Temperaturen wie gewöhnlich myceliale Kolonien; die betreffenden Zellen hatten nichts von dem Speciescharakter aufgegeben!

HANSEN, BEIJERINCK u. a. haben verschiedentlich gefunden, daß Mikroorganismen auch unter normalen Bedingungen nicht selten stoßweise Änderungen genotypischer Natur zeigen; dies ist im Auge zu behalten, wenn man die ab und zu vorliegenden Angaben über Umprägung der Mikroorganismen näher analysieren will. In einer späteren Vorlesung kommen wir darauf zurück. Hier ist nur noch zu betonen, daß die vegetative Vermehrung der einzelligen Organismen nicht unmittelbar mit der Vermehrung durch Gameten der höheren Organismen zu vergleichen ist.

Wohl die interessantesten hier in Frage kommenden Experimente sind mit Insekten gemacht, mit Arten von Schmetterlingen (FISCHER, STANDFUSS, SCHRÖDER u. a.) und mit Käfern (TOWER). Besonders sind Experimente mit Einwirkung von Kälte und Hitze durchgeführt. Wenn die Puppen z. B. gewisser *Vanessa*-Arten zeitweilig bei hoher — oder aber bei sehr niederer — Temperatur gehalten werden, bekommen die Flügel der Schmetterlinge Farbenintensitäten und Zeichnungen, welche vom Normalen abweichen. Und diese Abweichungen („Aberrationen") sind wenigstens teilweise erblich. Die betreffenden Erblichkeitsverhältnisse sind jedoch meines Wissens noch nicht in präziser Weise dargestellt; die Forscher sind in vielen Punkten noch sehr uneinig. Von großer Wichtigkeit ist aber die auffallende Tatsache, daß z. B. starke Hitze ($42-46^0$) ganz dieselbe „Aberration" hervorruft wie Frost ($\div 20-0^0$), und daß z. B. „Kälte" ($0- +10^0$) ganz ähnliche Farbenvariationen wie „Wärme" ($36-41^0$) bedingen kann. Es ist hier also jedenfalls nicht an spezifische Anpassungen zu denken bei diesen Variationen, deren Erblichkeitsverhältnisse also noch nicht genügend klar beleuchtet sind, um hier näher diskutiert zu werden. Wo Erblichkeit hier vorliegen sollte, würde man wohl geneigt sein, an eine direkte Beeinflussung der genotypischen Grundlage (des „Keimplasmas") zu denken.

Eine solche Beeinflussung geht, wie es mir scheint, in sehr schöner Weise aus TOWER's Experimenten hervor. Dieser Forscher arbeitete mit amerikanischen Chrysomelen, besonders mit *Leptinotarsa decemlineata*. Das Weibchen dieses Käfers legt die Eier nicht auf einmal, wie es z. B. die Schmetterlinge u. v. a. Insekten tun, sondern bildet die Eier portionenweise mit etwa einer Woche Zwischenraum. Dies ermöglichte Experimente eigentümlicher Art: Tower ließ vier Käferpaare während der Entwicklung ihrer ersten drei Eierportionen bei großer Wärme (durchgehends 35° C.) und Trockenheit (45 °/₀ Sättigung) leben. Die betreffenden Eier wurden aber, sobald sie gelegt waren, unter „normalen" Verhältnissen gebrütet. Und die Käfer selbst wurden schließlich unter dieselben normalen Verhältnisse gebracht; hier legten sie noch zwei Eierportionen. Sämtliche Eier wurden sodann unter gleichen Bedingungen ausgebrütet. Die in der Hitzeperiode gelegten 3 Eierportionen ergaben 506 Larven, aus welchen 98 erwachsene Käfer wurden, also 19 °/₀. Aus den Eiern der beiden letzten unter normalen Bedingungen entwickelten Portionen gingen 319 Larven hervor, woraus 61 erwachsene Käfer wurden, also auch 19 °/₀. Während aber alle diese 61 Käfer normale *L. decemlineata* waren, ergaben die 96 Käfer der „Hitzeportionen" folgendes: 14 waren normale *L. decemlineata*, 82 hatten die abweichende bleiche Färbung der Varietät *pallida* und 2 hatten abweichende Farbenmuster (fehlende Flecke am Thorax).

Die beiden letztgenannten gingen durch eine Bakterienepidemie zu Grunde, wie die allermeisten der *pallida*-Individuen, von welchen nur 2 ♂ überlebten. Diese zeigten aber den *pallida*-Charakter als genotypisch bestimmt; mit *decemlineata* gekreuzt ergaben sie nämlich Bastarde, welche wiederum als Nachkommen u. a. auch reine *pallida*-Individuen erhielten. [1]) Die *decemlineata*-Individuen der beiden Serien ergaben als Nachkommen nur *decemlineata*-Individuen. Dieses erste Experiment von Tower wurde von sehr vielen anderen — auch mit tropischen *Leptinotarsa*-Spezies — gefolgt, welche das hier erwähnte Ergebnis bestätigten und vielfach erweiterten. In der vierundzwanzigsten Vorlesung kommen wir darauf zurück.

Das uns hier im höchsten Grade interessierende Resultat der Tower'schen Untersuchungen ist die Tatsache, daß eine Beeinflussung der genotypischen Grundlage der Geschlechtszellen sozusagen quer durch den Körper (das Soma) der betreffenden Organismen erfolgen kann, ohne daß der Körper oder die Grundlage der noch unentwickelten Geschlechtszellen dabei entsprechend affiziert werden. Hier ist also gar keine Rede von Einfluß einer durch die Lebens-

---

[1]) Vorgreifend sei hier gesagt, daß *pallida* sich rezessiv gegenüber *decemlineata* verhielt; vgl. die zweiundzwanzigste Vorlesung.

lage geänderten Körperbeschaffenheit auf die genotypische Grundlage der nachträglich gebildeten Geschlechtszellen, sondern es dreht
sich offenbar um eine direkte Wirkung auf die genotypische Grundlage der Geschlechtszellen während einer sensiblen Periode. Dafür
spricht auch der Umstand, daß stets nur ein, übrigens recht
wechselnder, Bruchteil der betreffenden befruchteten Eier einen geänderten Genotypus erhält.

Und da auch verschiedene Typen dadurch in die Erscheinung treten, wird hier eben nicht von einer spezifischen Anpassung die Rede sein: Wie Tower richtig bemerkt, riefen die betreffenden äußeren Eingriffe keine spezifischen Reaktionen seitens
des „Keimplasmas'' hervor. Es liegt die Sache also ganz anders als
bei den nicht-erblichen individuellen, somatischen Anpassungs-
erscheinungen. In den hier interessierenden Fällen dürfen wir eher
an stoßweise Störungen im genotypischen Zustand denken, welche
man auch mit dem nichts erklärenden aber immerhin nicht un-
passenden Schlagwort „Auslösungen von Mutation'' bezeichnen
konnte.

Liegen in Tower's Experimenten Fälle vor, wo Faktoren der
Lebenslage direkt — ohne Wirkung auf das Soma — die genotypische
Grundlage in den (sensiblen) Geschlechtszellen affizieren können,
so sind offenbar auch Fälle möglich, wo sowohl Soma als Keimplasma gleichsinnig und gleichzeitig beeinflußt werden. Dies könnte
dann nur allzu leicht als Beispiel einer Wirkung des Somas auf
das Keimplasma aufgefaßt werden. Weismann hat schon längst eine
solche Warnung geäußert; die Tower'schen Experimente zeugen für
deren Berechtigung.

Andere Wirkungen „extremer'' Faktoren können in ähnlicher
Weise wie die Tower'schen Experimente gedeutet werden und
finden darum in der vierundzwanzigsten Vorlesung (über Muta-
tionen) am besten Erwähnung. Es erübrigt sich, hier noch die
Wirkungen von Unterschieden der Lebenslage „innerhalb normaler
Grenzen'' zu erwähnen.

Natürlicherweise ist es eine nur sehr vage Grenze, oder gar
keine, welche Lebenslage-Extreme von den Faktoren trennen, welche
in der Natur normalerweise die Organismen beeinflussen, oder welchen
die Tiere oder Pflanzen im domestizierten Zustande ausgesetzt
sind. Jedoch können leicht solche Extreme außer Betrachtung gehalten werden, wenn von einer eventuellen Umprägung der Organismen bei Änderungen der allgemeinen Lebenslage die Rede ist.

Die ganze „Pflege" und die klimatischen Einwirkungen, welche die Domestikation den Tieren und Pflanzen bieten, können offenbar nicht mit den genannten Extremen verglichen werden; und die Frage, ob „Pflege" oder Klima, Boden usw. eine Rasse erblich umbilden können, ist eine andere als die Frage der Wirkung extremer Einflüsse, durch welche der Organismus gleichsam bis in seine Grundlage erschüttert wird.

Es ist eine sehr verbreitete Auffassung, daß Pflege und sonstige Lebenslage die Rassen und Spezies allmählich umbilden können, und daß auf diesem Wege nach und nach neue Biotypen entstehen können. Die geschichtliche Motivierung dieser Auffassung müssen wir hier ganz bei Seite lassen, indem die betreffenden Angaben nicht kontrolliert werden können; meistens sind sie recht fraglich. Die genannte Auffassung steht im nahen Verhältnis zu den Ideen Lamarck's; darum werden die betreffenden modernen Forscher oft „Neo-Lamarckianer" genannt. Als solche können wir so ausgezeichnete Naturhistoriker wie z. B. die Botaniker Wettstein, Warming, Costantin und die Zoologen Giard, Winge, Cope u. a. bezeichnen. Auch viele praktische Züchter schließen sich dem Lamarckismus an; allerdings jetzt in viel geringerem Grade wie früher.

Die eigentliche Grundlage des Neo-Lamarckismus bildet die Tatsache, daß die ganze individuelle Entwicklung und persönliche Ausprägung eines gegebenen Organismus, eines Tieres, einer Pflanze, in sehr hohem Grade adaptiv verläuft: Im ganzen Lebenslauf zeigt jedes Individuum eine stetige Reihe von Anpassungen und Regulationen, wodurch ihm das Leben aufrecht erhalten wird. In den physiologischen Lehrbüchern finden sich zahllose Beispiele der Regulierungen und Anpassungen; die allermeisten Reaktionen der Organismen äußeren Eingriffen gegenüber sind „zweckmäßiger" d. h. selbsterhaltender Natur. In den vielen Fällen, wo die Organismen den besonderen Lebenslagefaktoren, unter deren Einflusse sie normaler Weise vorkommen, mehr oder weniger deutlich angepaßt sind, liegt wohl der Gedanke nahe, die Organismen hätten sich der betreffenden lokalen Lebenslage allmählich „erblich angepaßt".

Nun ist allerdings, wie in neuerer Zeit namentlich Mac Dougal und besonders Lloyd (in seinen sehr interessanten Untersuchungen über die Spaltöffnungen einiger Wüstenpflanzen) hervorgehoben haben, die starke Betonung besonderer Anpassung an bestimmte, charakteristische Lebenslagefaktoren, z. B. an das Wüstenklima, häufig ungenügend motiviert, ja eigentlich mitunter ganz loses Reden. Man

hat wohl so viel und so lange nach Ausschlägen der Zweckmäßigkeit gefahndet, daß mehr in den Rahmen der speziellen Zweckmäßigkeit rubriziert worden ist, als richtig und für die objektive
Forschung förderlich war. Die Zeit wird zeigen, wie fruchtbar die
viel versprechende experimentelle Kritik LLOYD'scher Art für die
Zweckmäßigkeitsstudien sein kann; geleugnet kann es niemals werden,
daß die Organismen, wie sie nun einmal sind, im großen Ganzen
den äußeren Faktoren gegenüber zweckmäßig, d. h. selbsterhaltend,
reagieren. Diese Reaktionen, die Anpassungen also, haben dabei ihre
Grenzen; jenseits dieser ist das Leben unmöglich.

Anpassungen während des persönlichen Lebenslaufes können, wie
bekannt, bei jedem Individuum beobachtet werden. Durch die betreffenden regulierenden Tätigkeiten wird der Organismus, wie man
mitunter sagt, in „Harmonie" mit seinen Umgebungen gebracht.
Das Wort „Harmonie" ist aber hier nicht adäquat; der Organismus
„widersetzt" sich gerade am häufigsten den Faktoren der Lebenslage, der Organismus opponiert gegen die äußeren Eingriffe — wie
jedes System in dynamischem Gleichgewicht es tun wird.

Das ganze Lebenstätigkeitsspiel der verschiedenen Organismenarten ist so mannigfach variiert, daß ein einfaches Schema zur
Illustration der Natur der Regulierungen und Anpassungen nicht
gegeben werden kann. Wenn aber ein „kaltblütiges" Tier (ein
Frosch) mit abnehmender Lufttemperatur träger und kühler wird,
indem die Atmung herabgestimmt wird, während ein „warmblütiges"
Tier (eine Ratte, ein Vogel) stärker in der Kälte atmet und dabei
mehr Wärme produziert, derart, daß ein solches Tier u. a. dadurch
die Körpertemperatur beibehalten kann — welches von diesen Tier-
typen ist dann wohl am meisten „in Harmonie" mit der Umgebung?
Oder ist das winterschlafende Murmeltier vielleicht am schönsten
„in Harmonie", indem es bei eintretender starker Kälte wieder
erwacht statt zu erfrieren?

Hier können wir, mit Umgehung solcher ganz vagen Bezeichnungen,
nur sagen, daß alle Organismen, jeder in seiner Weise, zu der Lebenslage seiner normalen Heimat passen muß; alle kämpfen bewußt
oder unbewußt für das Leben und halten periodische Ungunstzeiten
so gut aus, wie sie es können, bis das Leben — wie alle Einzel-
leben — schließlich endet. Die Individuen regulieren ihre Tätigkeiten mehr oder weniger vollkommen contra die Ungunst der Lebenslage, und nützen die dem Leben zuträglichen Elemente der Lebenslage aus. Insofern ist das Leben in „Harmonie" mit den Umgebungen.

Alle die oft wundervollen Regulationen der Lebenstätigkeit, sowie das oft auffällig verschiedene Gepräge, welches Organismen erhalten können, wenn sie bei verschiedenen Lebenslagen entwickelt werden, sind aber nur Ausdrücke für das, was „an der Rasse" liegt, eben „milieubestimmte" Ausdrücke für die betreffende genotypische Beschaffenheit. Wie z. B. Dampf, flüssiges Wasser und Eis „milieubestimmte" Formen desselben Stoffes (Wasser, H_2O) sind, so werden auch genotypisch gleiche Organismen, unter verschiedener Lebenslage entwickelt, verschiedentlich geprägt. Die Individuen sind „biegsam", plastisch, könnte man sagen.

Diese faktische „Biegsamkeit" während der Regulierungstätigkeit beim Wachstum und Stoffwechsel, diese oft augenfällige „selbstregulierende Anpassung" der Individuen, wird immer und immer mit einer nur gedachten Biegsamkeit der genotypischen Grundlage solcher Individuen verwechselt. Diese ganz grobe und eigentlich recht gedankenlose Verwechslung sitzt bei gar nicht wenigen Biologen bis zum Verzweifeln fest: Daß die Individuen sich anpassen, wird immer und immer von solchen Leuten als „Indizienbeweis" dafür genommen, daß die Lebenslage allmählich die „Anlagen" der Rasse, d. h. deren genotypische Grundlage, umprägen können.

Und doch liegt die Sache so, daß die nicht-extremen, wenn auch sehr verschiedenen Lebenslagen, deren Einfluß die Neo-Lamarckianer als Hauptfaktor der Neubildung von Biotypen betrachten, noch niemals nachgewiesenermaßen eine erbliche Umprägung, einen erblichen Anpassungszustand hervorgebracht haben. Es ist noch niemals eine erbliche „Epharmonie" durch eine solche direkte Bewirkung entstanden. Die viel besprochenen Anbauversuche in den Alpen, von NÄGELI bis BONNIER, haben nicht die genotypische Grundlage der betreffenden Rassen ändern können, das erworbene „alpine" Gepräge war und blieb rein persönlich.

Die Neo-Lamarckianer (z. B. WARMING sowie auch WETTSTEIN) räumen selbst meistens offen ein, daß der Kern ihrer ganzen Sache: die Frage einer Erblichkeit der durch besondere Lebenslage hervorgerufenen persönlichen Eigenschaften der Individuen (deren „erworbene" Eigenschaften, wie man mit einem weniger guten Ausdruck oft sagt), überhaupt nicht positiv beantwortet ist, während zahllose negative Resultate vorliegen.

Ihre Überzeugung von der Erblichkeit „erworbener" Charaktere ist aber nichtsdestoweniger fest, und es scheint, daß diese Festheit wirklich in Korrelation mit einer gewissen Abneigung zum

Experimentieren steht. Die Neo-Lamarckianer setzen sozusagen voraus, was sie gerne bewiesen sehen, und reden jedenfalls von einer direkten Anpassung erblicher Natur, als ob sie die einfachste, natürlichste Art und Weise wäre, die tier- und pflanzengeographischen Tatsachen zu erklären. Dabei wird ganz übersehen, daß gerade eine solche „Erblichkeit" ganz außerordentlich schwer zu verstehen wäre, wie es des näheren aus der letzten (fünfundzwanzigsten) Vorlesung hervorgehen wird.

In Wirklichkeit ist es nun auch so, daß das vermeintliche Tatsachenmaterial, mit welchem der Neo-Lamarckismus arbeitet, nicht für die Kritik der exakten Erblichkeitsforschung bestehen kann. So z. B. mit einem der am meisten zitierten Fälle vermeintlicher Umprägung durch die Lebenslage. Die Gerste des nördlichen Norwegens soll sich schnell entwickeln, dem kurzen sonnenhellen Sommer angepaßt. SCHÜBELER gab ferner an, daß dieses norwegische Getreide, in südlichen Breiten ausgesät, zunächst viel früher reifen wird als die heimatliche Gerste dieser Breiten. In späteren Generationen sollte diese Eigenschaft allmählich ausklingen. Andere Forscher haben jedoch solches nicht nachweisen können; und die SCHÜBELER'schen Angaben selbst sind von seinem Landsmann NIELSSEN-BODÖ einer ganz vernichtenden Kritik unterworfen worden.

Sollte jemand aber überhaupt eine Bestätigung der SCHÜBELER-schen Angaben erhalten haben, so würde man dies unzweifelhaft dadurch erklären können, daß verschiedene Biotypen in der ursprünglichen Saatware vorhanden gewesen sind. Denn an den Versuchsstationen, wo solche Fragen studiert worden sind (z. B. Svalöf in Schweden und Tystofte in Dänemark), hat man aus den Getreidearten Biotypen sehr verschiedener Frühreife isoliert.

Allerlei andere Erfahrungen über vermeintlich erbliche Umprägung lassen sich in ähnlicher Weise erklären: es war die Population nicht genotypisch einheitlich und darum mußte geänderte Lebenslage eine Selektion der für die neue Lebenslage passendsten Biotypen hervorrufen. N. P. NIELSEN (Tystofte) hat solches in sehr deutlicher Weise für Weizenrassen nachgewiesen; schon S. 163 sind Beispiele angeführt. Auch direkte Versuche, durch besondere Kulturbedingungen eine erbliche Umprägung verschiedener reiner Rassen hervorzurufen, haben stets nur negative Resultate ergeben, z. B. Arbeiten von FRUWIRTH, KIÆRSKOU und SAMSÖE LUND u. a. Die für die forstliche Praxis unzweifelhaft sehr wichtigen Arbeiten CIESLARS betreffen ganz augenscheinlich Waldbaumpopulationen genotypisch nicht einheitlicher Art. Sie lassen sich darum auch nicht als Beweise einer direkten Umprägung verwerten.

In gewissen Fällen darf man nun allerdings erwarten, daß die Beeinflussungen der Eltern bei den Nachkommen gespürt werden können. So bei sehr reichlicher oder sehr unvollkommener Ernährung von Tieren oder Pflanzen. Denn bei sehr gut oder sehr schlecht ernährten Mutterorganismen werden wohl nur zu leicht die Leibesfrucht bezw. die jungen Samen in recht verschiedener Weise ernährt. Dadurch werden aber diese Nachkommen selbst, noch im Mutterleibe, durch die betreffenden Lebenslagefaktoren beeinflußt. Und auf diesem Entwicklungsstadium mögen sie sogar in einer „sensiblen Periode" sein. H. DE VRIES gibt verschiedene Beispiele solcher Sachlage, und führt speziell eine starke „Düngung der Mutterpflanze" als Mittel an, die Nachkommen in verschiedener Weise zu beeinflussen. Wir werden bald ein hierher gehörendes Beispiel näher erwähnen. Vielleicht gehören CIESLAR's Erfahrungen hierher.

Doch werden solche Wirkungen wohl Ausnahmefälle bilden; meistens würden wohl kaum derartige „Nachwirkungen" einer speziellen Behandlung der Elternorganismen gefunden werden, vergleiche das hier schon S. 168 gesagte. LOUIS VILMORIN meinte auch, daß die Einflüsse der Lebenslage nicht erblich seien, eine Meinung, die, von diesem großen Praktiker ausgesprochen, kein geringes Gewicht hat, um so mehr, als VILMORIN im hohen Grade die Lebenslage seiner Zuchtkulturen variierte, um dadurch auszufinden, welche Fähigkeiten seine Pflanzen äußern konnten.

Selbst aber wo solche „Nachwirkungen" sich zeigen sollten, haben sie gar nichts mit Änderung der genotypischen Grundlage der Organismen zu tun. Hier ist gar nicht die Rede von wirklicher Erblichkeit, sondern nur von Wirkungen sekundärer Art, welche die reinen Erblichkeitserscheinungen perturbieren. In solchen Fällen bewirken die besonderen Beeinflussungen keine bleibende Änderung; wenn die Lebenslage geändert wird, hören solche Nachwirkungen sehr bald auf.

Es wurde in früheren Vorlesungen angegeben, daß in homozygotischen reinen Linien Plus- oder Minusabweichung nicht erblich ist. Und hier kommen wir zur Überzeugung, daß die Einflüsse der Lebenslagefaktoren (nicht-extremer Natur) auch nicht erblich sind, daß jedenfalls gar kein Beweis dafür vorliegt. Es deutet dies auf eine prinzipielle Übereinstimmung zwischen den reinen Fluktuationen und den „kollektiven" Variationen (S. 219).

Wie schon früher (S. 167) betont wurde, darf aus dieser
Nichterblichkeit durchaus nicht die Konsequenz gezogen werden,
daß z. B. die Qualität einer Aussaat (Reinheit und Gesundheit vorausgesetzt) gleichgültig wird, wenn bloß die genotypische Grundlage
dieselbe ist. Die augenblickliche Verwertung der Organismen
rechnet mit den Individuen und deren persönlichen Eigenschaften
und sucht, die für den Verwertungszweck günstigsten Lebenslagefaktoren herbeizuschaffen. Die Züchtung rechnet aber mit der
genotypischen Grundlage; die verschiedentlich variierten Lebenslagefaktoren enthüllen uns dabei, was in der betreffenden „Rasse"
liegt. Darum ist es auch eine für die züchterische Praxis sehr wichtige Sache, daß neugezüchtete (durch Isolation erhaltene oder etwa
durch Kreuzung gebildete oder aber durch Mutation entstandene)
„Rassen" einige Zeit unter verschiedener Lebenslage geprüft werden,
ehe sie für die große Praxis empfohlen werden können. Denn nur
dadurch erhält man die nötige Einsicht in die Eigenschaften und
Klarheit über eventuelle Fehler, welche nicht immer gleich in die
Augen fallen.

Es finden sich sehr viele Beispiele, welche dies illustrieren.
So wurde nach Kreuzung eine sehr steifhalmige Gerstensorte gewonnen, welche in ihrer Heimat (dem sehr fruchtbaren Laaland) sehr
wertvoll ist — aber in den meisten anderen Gegenden Dänemarks
sich häufig ganz unzulässig schartig zeigt. Eine andere sehr versprechende, schwedische Gerstenform zeigte sich sehr empfänglich
für Brandansteckung. Gewisse Weizensorten zeigen erst recht in
„Rostjahren" ihre große Empfänglichkeit für Rostpilze; und z. B.
die Winterfestigkeit läßt sich nur in ungünstigen Wintern prüfen.

Arbeitet man mit Beständen, welche mehrere Biotypen ent-
halten, so wird der Anbau unter besonderen Kulturbedingungen oft
sonst kaum bemerkbare Unterschiede zwischen Biotypen enthüllen.
Hierher gehört die von HELWEG gelegentlich empfohlene Methode,
das „Schoßen" der Rüben züchterisch zu bekämpfen: Aussäen der
Rübensamen so früh im Jahre wie möglich, um das Schoßen der
Individuen zu begünstigen! Die Individuen, welche trotz dieser
„Provokation" nicht „Stockläufer" geworden sind, geben alsdann das
Material zur weiteren Zucht. Daß frühes Aussäen die Rüben um-
prägen, d. h. erblich geneigter zum Schoßen machen sollte, ist eine
Einwendung, die keine Bedeutung hat. Das Schoßen der Rüben
ist übrigens eine Eigenschaft, die noch nicht genügend in erblicher
Beziehung untersucht ist; inwieweit hier stoßweise Reaktionen

oder fester Dimorphismus mit Beteiligung einer sensiblen Periode vorliegt, ist noch fraglich; vgl. S. 220 u. 222.

In gewissen Fällen würde eine „bessernde" Änderung der genotypischen Grundlage keine nennenswerte Bedeutung für einen bestimmten praktischen Zweck haben, während alles oder jedenfalls fast alles auf der Pflege der Individuen der nun einmal gegebenen Rassen beruht. Eine solche Sachlage sehen wir bei der Levkojenzucht in Bezug auf das Hervorbringen gefüllter Blumen; es kommt darauf an, Samen zu produzieren, welche möglichst viele Pflanzen mit gefüllten Blumen geben. In dieser Beziehung sind die betreffenden Levkojen-Rassen dimorph, indem die einzelne Pflanze entweder gefüllte, dabei ganz sterile Blumen bildet oder aber fertile, dabei einfache Blüten. Die Fortpflanzung mittels Samen geschieht nur durch Pflanzen mit einfachen Blüten. Daß nichtsdestoweniger das „Gefülltsein" unter gegebener Lebenslage bei den Rassen gleich zahlreich repräsentiert bleibt, entspricht wohl am nächsten den S. 220 angeführten Fällen.

VILMORIN hatte allmählich „Linien" isoliert, welche unter gegebener Lebenslage eine relativ hohe Prozentanzahl gefüllt blühender Pflanzen bildeten. Diese ganze Arbeit war aber nicht genügend ergiebig, und sie wurde aufgegeben als der genannte Züchter in Erfahrung brachte, daß es möglich ist, eine sehr hohe Prozentanzahl gefülltblühender Pflanzen aus Samen zu gewinnen, falls die betreffenden Mutterpflanzen besonders „gepflegt" werden: Man läßt die Mutterpflanzen etwas vor der Reife ihrer Samen vertrocknen, oder man entfernt einen großen Teil der angesetzten, jungen Schoten u. a. m. Durch solche Eingriffe (welche dem oben erwähnten Prinzip „Düngung der Mutterpflanze" entsprechen) werden offenbar die jungen Keime der Samen solcherart beeinflußt, daß die Mehrzahl von ihnen später „gefüllt" blühen. Indem also hier überhaupt Neigung zum „Gefülltsein" vorhanden war, muß es angenommen werden, daß die besondere Pflege während einer sensiblen Periode des einzelnen Keimes entscheidet, ob „Gefülltsein" auftreten wird oder nicht. Es kommt vor, daß die Pflege bei solchen Levkojen so gut wirkt, daß fast alle Samen gefülltblühende Pflanzen geben — dann ist aber große Gefahr für Aussterben; denn nur einfache Blüten produzieren Samen.

Da also die gefüllten Blumen nicht Nachkommen produzieren, kann hier nicht von Selektionswirkung gesprochen werden — ja eigentlich geschieht hier eine (auch unwirksame) „Kontraselektion", indem stets Einfachblüher als Eltern dienen! Auch von

Erblichkeit erworbener, persönlicher Eigenschaften kann ja nicht die
Rede sein, weil gerade diejenigen Individuen, welche die hier in
Frage kommende Eigenschaft, „Gefülltsein", erwarben, gar nicht Nachkommen bilden. Sollte nun eine Auswahl z. B. der zufälligerweise
am reichlichsten ernährten (sagen wir größten) Samen eine relativ
sehr große Anzahl gefülltblühender Pflanzen geben — oder etwa
der Verwirklichung anderer wertvoller Eigenschaften förderlich sein
—, dann könnte man also „durch besondere Pflege in Verbindung mit Selektion" ein Zuchtresultat erlangen. Dieses wäre
aber — falls mit genotypisch einheitlichem Material gearbeitet würde
— nichts als direkte Beeinflussung noch ungeborener Organismen,
ganz dem entsprechend was wir vorhin erwähnten (S. 352). Und
wenn eine solcherart durch „Pflege und Auswahl" auf einer gewissen Höhe gehaltene Rasse nicht mehr in dieser Weise behandelt
wird, ändert sich natürlicherweise der „hohe" Zustand der Rasse.
Es könnte wohl dies mitunter der Fall gewesen sein, wenn von
Rückgang oder Entartung einer Rasse mit Aufhören der Selektion
gesprochen wird. In den hier vorliegenden Fällen sind die genotypischen Grundlagen überhaupt nicht alteriert gewesen; von Änderungen erblicher Art war nicht die Rede.

„Erziehung" in des Wortes allerweitester Bedeutung — besondere Pflege während der Entwicklung — ist oft notwendig, um
die „Anlagen" der Rasse oder des Individuums hervortreten zu
lassen. Die spezielle genotypische Grundlage manifestiert sich ja
nicht bei jeder Lebenslage, nicht bei allen Entwicklungsbedingungen.
Aber gerade darum ist es nicht immer leicht zu entscheiden, wie
viel der „Erziehung" und wie viel der genotypischen Grundlage zu-
zuschreiben ist, wenn zwei in irgend einer Beziehung persönlich
gleichwertige Individuen verglichen werden. Eine der genotypischen
Veranlagung nach kleine Bohne kann ja, rechtzeitig gut ernährt, eben so
groß werden wie genotypisch größer veranlagte Bohnen, welche weniger
gut ernährt wurden — ebenso wie es bekanntlich vorkommt, daß
eine gute Ausbildung den weniger begabten Menschen gewandter
und tüchtiger macht als es der viel besser begabte, aber schlecht
geschulte Mensch sein wird.

Hier treffen wir die alte Frage von der Bedeutung der Erziehung. Ja, die Erziehung der Individuen prägt in hohem Grade
den Zustand der Rasse. Und Fortschritt wie Rückschritt in der
Kultur hängt mit Lebenslage und Erziehung aufs genaueste zusammen. Die Tradition, unter welcher wir aufwachsen, beein-

flußt unsere ganze Denkweise und Handlungsart — aber dies hat
an und für sich nichts mit Erblichkeit zu tun. Daß es Familien
gibt, welche durch lange Generationsreihen bestimmte Berufsarten
bevorzugen (Beamtenfamilien, Offiziersfamilien, Lehrerfamilien usw.),
und daß es besonders häufig vorkommt, daß Söhne den Beruf des
Vaters wählen — was GALTON statistisch beleuchtet hat — braucht
in keiner Weise Ausdruck biologischer Erblichkeit zu sein, sondern
dürfte eher ein Beispiel „falscher" Erblichkeit sein, d. h. hier Beispiele des Einflusses der ganzen „heimatlichen Atmosphäre". Dieser
Einfluß kann übrigens auch sehr leicht eine Kontrawirkung zeigen,
eine oppositionelle Reaktion mitführen, wie es in dem boshaften
deutschen Spruche:

> „Pfarrer Söhn und Müller Küh'
> Geraten selten — oder nie"

nicht unwitzig, wohl aber sehr übertrieben, ausgedrückt ist.

Die Erziehung mit allen ihren Mitteln, und von der Tradition
gestützt, kann selbstverständlich die allergrößte Bedeutung für die
persönliche Beschaffenheit der Individuen haben, und damit den
Zustand der Rasse zur gegebenen Zeit in hohem Grade prägen.
Eine Änderung aber der genotypischen Grundlagen der Rassen wird
nicht von der Erziehung hervorgerufen — jedenfalls liegt keine
Andeutung solcherart noch vor. Und man findet gewissermaßen
in dieser Sachlage eine Beruhigung: Was könnte nicht alles ver-
dorben werden durch Erziehungsmethoden — werden die Methoden
einer Generation ja meistens von der folgenden Generation als verfehlt verlassen! Trotz aller Kultur steckt wohl immer der alte Adam
in den Rassen des *Homo sapiens.*

Wären die Lamarckistischen Anschauungen richtig, so müßte
konsequenter Weise ein Hin- und Herzüchten gleich leicht erfolgen. HANSEN's sporenlose Hefen (vgl. S. 344) lassen sich aber
nicht wieder Sporenbildungsfähigkeit anzüchten und ähnlich geht
es wohl stets, wo besondere Lebenslagefaktoren stoßweise Änderungen
der genotypischen Grundlage bei Organismen „ausgelöst" haben.
Der Lamarckismus muß kontinuierlich verschiebbare Typen annehmen; wir finden aber bei genauer Prüfung immer und immer
wieder Diskontinuität.

Und eine andere Tatsache, die sehr stark gegen Lamarckistische
Anschauungen spricht, ist die, daß der Reichtum an Biotypen innerhalb der umfassenderen LINNÉ'schen Species dort am größten ist,

wo die betreffende Species am besten gedeiht; und zwar unter wesentlich gleicher Lebenslage. Grade dieses spricht gegen die Auffassung, daß die Typenverschiedenheit der Organismen ein Resultat adaptiver Umprägungen sein sollte.

Jedenfalls stehen wir in dieser Frage ganz wie in Bezug auf Selektion. Es kann natürlicherweise nicht als unmöglich abgewiesen werden, daß Einwirkungen einer Selektion oder besonderer Lebenslagen durch sehr lange Generationsreihen allmählich einen Biotypus erblich umprägen könnten — aber a priori scheint solches jetzt höchst unwahrscheinlich; Beweise fehlen noch gänzlich. Es wird aber leicht eingesehen, daß sowohl in Bezug auf Selektion als in Bezug auf die Lebenslage, das Verhalten homozygotischer reiner Linien die Grundlage der Erfahrungen bilden muß. Eben weil man in beiden Fällen früher wesentlich unrein gearbeitet hat, d. h. mit Populationen nicht genotypisch einheitlicher Natur, hat man so viele irreführende Resultate erhalten. Man hat geglaubt Erblichkeit zu sehen, wo die Erblichkeitsziffer in Wirklichkeit 0 ist. Wenn nicht streng auf Reinkultur gehalten wird, so bringt die Erblichkeitsforschung eben so große Fehler mit sich wie die Mikrobiologie. —

Die Frage nach der Zweckmäßigkeit der Organismen wird vielfach in Verbindung mit Diskussionen über Lamarckismus gebracht. Bekanntlich hatte der Darwinismus in seiner reinsten Form als die Lehre von „kontinuierlicher" Evolution mittels Selektion „zufälliger" Variationen die Ambition, eine Erklärung der Zweckmäßigkeit der Organismen zu enthalten. Da aber die Grundlage dieser Lehre nicht richtig ist, wird auch deren Erklärung der Zweckmäßigkeit hinfällig. Aber ebensowenig könnte der Lamarckismus, wäre er auch richtig, irgend etwas über Entstehung organischer Zweckmäßigkeit aussagen. Diese Richtung hat uns gelehrt, nach speziellen Beispielen zweckmäßiger Lebenstätigkeit zu suchen, und dabei ist sehr viel wertvolles gefunden — wenn auch vielfach sehr unkritisch gefahndet ist, vgl. S. 349. Prinzipiell sagt uns der Lamarckismus nur, was wir im voraus wissen: die Zweckmäßigkeit ist ein Charakter aller Organismen!

Die Sache ist offenbar die, daß Zweckmäßigkeit mit Organisation überhaupt gegeben ist. Zweckmäßigkeit, selbsterhaltende Reaktion, ist eine notwendige Konsequenz oder — richtiger — nur ein Ausdruck der Tatsache, daß Organismen Systeme in dynamischem Gleichgewicht sind. Ein durchgeführt „unzweckmäßiger Organismus"

ist ein Widerspruch; innerhalb der Grenzen, welche das Leben zu-
lassen, wird ein normaler Organismus zweckmäßig, selbsterhaltend
reagieren — wo dies nicht geschieht, ist der Organismus im betreffenden Punkte nicht im dynamischen Gleichgewicht.

Das einfachste System dynamischen Gleichgewichts, das wir
kennen, Eis in Wasser, wird, so lange es als solches existiert,
zweckmäßig ɔ: selbsterhaltend reagieren: es bildet Wärme bei Ab-
kühlung und „bildet Kälte" bei der Wärmezufuhr. Es „stirbt" sozusagen, wenn alles Eis geschmolzen, oder alles Wasser gefroren
ist — und alsdann ist das dynamische Gleichgewicht auch dahin.
Selbstverständlich ist dies kein Bild, nur eine bleiche und unvollkommene Analogie, der dynamischen Gleichgewichtszustände im
Organismus, ganz wie es der Fall ist, wenn man die „zweckmäßigen"
Kristallregenerationen in gesättigten Lösungen mit den weit mehr
komplizierten Regenerationen bei Tieren und Pflanzen parallelisiert,
wie es z. B. PRZIBRAM in geistvoller Weise getan hat. Solche Analogien haben doch Wert als Illustrationen zur Auffassung, daß
Zweckmäßigkeit, selbsterhaltende Reaktionen äußeren Eingriffen gegenüber, nicht an und für sich besondere Tätigkeit psychischer Natur
voraussetzt, wie es mitunter von spekulierenden Ultralamarckisten
behauptet wird. Oder sollte etwa Eiswasser psychische Emotionen
spüren? Wer weiß übrigens, wo in der Natur psychische Tätigkeit
anfängt oder aufhört?

Das Auftreten neuer Biotypen — wie sie nun entstehen mögen
— wird wohl meistens auch neue Kombinationen von Eigenschaften
und Wirksamkeiten der Organismen bedeuten. Höhere Organisationen,
mehr und mehr komplizierte Selbsterhaltungsreaktionen, werden
realisiert — und insofern hat wohl auch die Zweckmäßigkeit im
Laufe der Zeiten „höhere" Ausdrücke gewonnen. Es fragt sich aber
immerhin, ob wir selbst, die „Krone der Schöpfung", eigentlich mehr
zweckmäßig reagieren, als der elementarste Planktonorganismus des
Meeres.

Wie die Zweckmäßigkeit mit der realisierten Organisation gegeben ist, geht auch schon aus vielen Kreuzungsresultaten hervor,
indem früher nicht kooperierende Gene kombiniert werden. Die
neue Kombination — falls überhaupt existenzfähig — reagiert gleich
als Ganzes zweckmäßig selbsterhaltend mit den Mitteln, mit den
Charakteren und den Fähigkeiten, welche die Kombination früher
getrennter Einzeleigenschaften bedingt.

Die Erfahrungen der Bastardlehre, über die sozusagen quer

durch alle vermeintlich geerbte Anpassung vorgehende freie Kombination von Eigenschaften und Zügen, die in der neuen Kombination
gleich auch ein zweckmäßig reagierendes Ganzes ergibt, ist wohl
eine Sache, welche die Repräsentanten Lamarckistischer Anschauungen
näher als es bisher geschah überlegen sollten. Lamarckismus und
die Resultate der Bastardforschung stehen aber nicht gut zu einander!
In der folgenden Vorlesung werden wir dies gelegentlich berücksichtigen.

Zweiundzwanzigste Vorlesung.

Kreuzung; Bastarde; MENDEL's Entdeckungen und ihre Weiterentwicklung in der Jetztzeit.

I.

Die Betrachtungen der letzten Vorlesung führen uns direkt zur Frage der Kreuzung. Diese ganze Frage hat in dem letzten Dezennium eine sehr eingehende und fruchtbringende Behandlung erhalten; und jeder Monat bringt neue Arbeiten mit neuen speziellen Erfahrungen. Die Aufgabe an dieser Stelle wird darum die Begrenzung sein, das Aufziehen einiger Hauptzüge der Resultate und moderner Anschauungen.

Bekanntlich versteht man gewöhnlich unter Kreuzung eine zur Befruchtung führende Paarung zweier Individuen verschiedener Rasse oder Spezies. Präziser ausgedrückt geschieht bei Kreuzung eine Vereinigung zweier Gameten, geliefert von Individuen verschiedener Rasse oder Spezies. Und ein durch Kreuzung entstandenes Individuum wird als Bastard (oder Hybrid) bezeichnet. In der Jetztzeit werden diese beiden Bezeichnungen als gleichbedeutend benutzt.

Man spricht von Speziesbastarden, von Varietäts- und Rassenbastarden, und ferner kann auch von Bastarden verschieden beschaffener reiner Linien innerhalb einer Rasse die Rede sein. Die Voraussetzung dafür, daß in einem gegebenen Falle von Kreuzung die Rede sein kann, ist eben die, daß die beiden Elternorganismen genotypisch verschieden sind. Ordentlicherweise ist dies der Fall, wo verschiedene Abstammung vorliegt, wo also genealogische Unterschiede vorhanden sind; und demnach ist eben der Begriff Bastard als „Nachkomme zweier Individuen verschiedener Abstammung (Rasse, Varietät, Spezies, Gattung)" von der systematischen Naturgeschichte definiert. Wie wir aber schon gelegentlich gefunden haben, daß genealogisches Verhalten und genotypische Beschaffenheit nicht notwendig parallel laufen müssen, werden wir jetzt gleich darauf aufmerksam, daß die genannte Definition unsicher sein muß. Dies werden wir auch später bestätigt finden; zunächst halten wir uns an die gewöhnliche Definition der Bastarde.

Bastarde unter Tieren sind seit dem Altertum bekannt, so z. B. Maultiere und Maulesel; und die Bezeichnung „Mulatten" für Bastarde zwischen Neger und Europäer ist deutlicherweise vom Maultier (*mulus*) abgeleitet. Pflanzenbastarde könnten selbstverständlich erst als solche erkannt werden, nachdem die Sexualität der Pflanzen nachgewiesen war. Die berühmten Arbeiten von CAMERARIUS (1691) legten hier den Grund, und KOELREUTER (1760) ist wohl der erste Naturforscher, welcher über Kreuzung bei Pflanzen wissenschaftlich gearbeitet hat. Übrigens sollen Pflanzenkreuzungen lange vor KOELREUTER praktiziert sein, so wird der englische Gärtner FAIRCHILD († 1721) als in dieser Beziehung wirksam genannt. Die geschichtliche Entwicklung unserer Kenntnisse können wir jedoch hier nicht weiter berücksichtigen.

Man bezeichnet die Herkunft eines durch Kreuzung gebildeten Bastardes dadurch, daß man ein $\times$ zwischen den Namen der beiden Elternformen anbringt. Dabei wird das Muttertier, bezw. die Mutterpflanze zuerst genannt. Also wird z. B. die zur Maultierbildung führende Kreuzung solcherart ausgedrückt: „Pferd $\times$ Esel", und dies wird so gelesen: Pferd durch Esel befruchtet. Für Maulesel gilt: „Esel $\times$ Pferd", Esel durch Pferd befruchtet. Für die Pflanzen liest man oft das Zeichen $\times$ „bestäubt mit". Wünscht man ausdrücklich, um Mißverständnissen zu entgehen, die Angabe zu präzisieren, welcher Spezies (bezw. Rasse usw.) die Mutter, bezw. der Vater angehörte, so benutzt man die Geschlechtszeichen ♀ und ♂, also z. B. „Pferd ♀ $\times$ Esel ♂", „Stute durch Eselhengst befruchtet", gilt für das Maultier.

Meistens, wenn auch nicht immer, ist es gleichgültig, durch welches Geschlecht die beiden betreffenden sich kreuzenden Rassen repräsentiert sind. Diese Sache zeigt sich deutlich in den Nachkommengenerationen der fertilen Bastarde; und nur diese haben eigentliches Interesse für die Erblichkeitsforschung. Verschiedene besondere Verhältnisse, das fötale Leben betreffend, werden durch den Mutterorganismus oft stark beeinflußt, aber diese Einflüsse sind rein persönlicher Natur.

Je mehr „ähnlich" zwei Spezies sind (je mehr sie „verwandt" sind, wie man mit einem nicht ganz berechtigten Ausdruck sagt), desto leichter ist meistens eine Kreuzung ausführbar. Jedoch wird man leicht von äußerer morphologischer Ähnlichkeit (vermeintlicher systematischer „Verwandtschaft") getäuscht; so finden sich nicht Bastarde von Birne und Apfel, während in anderen Fällen Kreuzung zweier Spezies gelingt, welche sogar zu verschiedenen Gattungen gerechnet werden („Gattungsbastarde"); so z. B. kreuzen sich *Triticum* und *Aegilops, Silene* und *Lychnis.* Offenbar haben aber die betreffenden Repräsentanten verschiedener Gattung größere physiologische Übereinstimmung als nicht-kreuzende Spezies derselben Gattung.

Unsere Kenntnisse zu den Bastarden sind wesentlich durch planmäßige Kreuzungsversuche gewonnen. Aber auch in der Natur kommen unzweifelhafte Bastarde vor; besonders innerhalb gewisser Gattungen. So z. B. im Pflanzenreich: *Salix, Viola, Rosa, Datura, Primula, Dianthus, Hieracium*; ferner auch *Filices* u. a. Und aus dem Tierreich sind unter den höheren Tieren z. B. die Karpfenfische (Cyprinoiden) und die Tetraoniden (unter den Hühnervögeln) zu nennen.

Ein wirklich exaktes Studium der Erblichkeitsverhältnisse bei und nach den Kreuzungsvorgängen muß selbstverständlich denselben Prinzipien folgen, die sonst exakte Forschung bedingen. Hier also müßte die Analyse zunächst die v e r s c h i e d e n e n G e n e r a t i o n e n des Kreuzungsproduktes scharf trennen, ferner aber auch — wie VILMORIN es betonte — die N a c h k o m m e n j e d e s e i n z e l n e n I n d i v i d u u m s getrennt beurteilen.[1] Dabei müssen die verschiedenen E i n z e l e i g e n s c h a f t e n jede für sich präzisiert — oder eventuell gemessen — werden, und schließlich ist genaue z a h l e n m ä ß i g e R e c h e n s c h a f t über alle Observationseinzelheiten durchzuführen. Nach einer solchen Analyse kann erst eine synthetische Betrachtung einsetzen.

Diese Forderungen stellen wir jetzt als ganz selbstverständlich auf, dabei auch ohne weiteres voraussetzend, daß die zu vergleichenden Organismen unter durchgehends gleicher Lebenslage sich entwickeln können.

Das große Verdienst aber, solche Prinzipien in die Kreuzungsforschung wirklich eingeführt zu haben, gebührt dem genialen GREGOR MENDEL, welcher schon im Jahre 1865 in völlig klarer und

---

[1] Auch wo Fremd- oder Kreuzbefruchtung geschieht, bei „zweielterlicher" Fortpflanzung, kann und muß der Einfluß jedes der Eltern nachgespürt werden.

überzeugender Weise die Notwendigkeit solcher Arbeitsweise betonte, und dabei auch selbst die ersten exakt durchgeführten Untersuchungen ausführte, deren Resultate fundamentale Bedeutung haben.

In der Einleitung seiner betreffenden Abhandlung sagt MENDEL selbst über die bisherige Bastardforschung: „Wer die Arbeiten auf diesem Gebiet überblickt, wird zu der Überzeugung gelangen, daß unter den zahlreichen Versuchen keiner in dem Umfange und in der Weise durchgeführt ist, daß es möglich wäre, die Anzahl der verschiedenen Formen zu bestimmen, unter welchen die Nachkommen der Hybriden auftreten, daß man diese Formen mit Sicherheit in den einzelnen Generationen ordnen und die gegenseitigen numerischen Verhältnisse feststellen könnte. Es gehört allerdings einiger Mut dazu, sich einer so weit reichenden Arbeit zu unterziehen; indessen scheint es der einzig richtige Weg zu sein, auf dem endlich die Lösung einer Frage erreicht werden kann, welche für die Entwicklungsgeschichte der organischen Formen von nicht zu unterschätzender Bedeutung ist."

Wie man sieht, ist dies ein Programm ganz neuer Behandlung naturhistorischer Fragen — die damalige Zeit war aber für solches nicht reif: war die Naturgeschichte doch damals nur „beschreibend", selbst die Chemie war erst im Gange, sich in exakter Richtung, der Physik nachfolgend, zu entwickeln.

MENDEL hat auch Vorläufer gehabt, vor allen den großen englischen Forscher A. KNIGHT und den französischen Botaniker SAGERET; aber gerade das eigentlich Maßgebende bei MENDEL, die zahlenmäßige Behandlung der Beobachtungen, das messende Vorgehen, war den Vorgängern wohl gar nicht eingefallen. Als aber an der Jahrhundertwende durch die unabhängigen Forschungen CORRENS', DE VRIES' und TSCHERMAK'S, die MENDEL'schen Erfahrungen sozusagen aufs Neue wieder entdeckt wurden, mußte zahlenmäßige Rechenschaft auch bei Erblichkeitsforschungen schon lange eine selbstverständliche Sache sein.

MENDEL, geb. 1822, gest. 1884, war katholischer Geistlicher und wirkte in Brünn als Lehrer der Naturgeschichte, bis er 1868 Abt seines Stiftes wurde; bald darauf wurden seine Kräfte für kirchliche Interessen ganz in Anspruch genommen. Was er als bahnbrechender genialer Forscher geleistet hat, ist aber für die allgemeine Biologie kaum hoch genug zu schätzen; und mit vollem Rechte wird die ganze äußerst fruchtbare analytisch-exakte Richtung der Erblichkeitsforschung, welche in seinen Entdeckungen und seiner Methode fußt, ihm zu Ehren „Mendelismus" genannt.

Die wesentliche Grundlage des Mendelismus ist die experimentelle Entdeckung MENDEL's, daß jedenfalls sehr viele Eigenschaften eines Organismus durch selbständige Gene (S. 125) der betreffenden Gameten bedingt oder mitbedingt sind. Und ferner, daß ein Gen, welches der Zygote durch die Kreuzung einseitig zugeführt wurde — in Bezug auf welches das Kreuzungsprodukt also heterozygotisch ist (S. 128) —, in sehr vielen Fällen bei der späteren Gametenbildung des Bastardes rein und glatt „abgespaltet" wird; d. h. wenn der betreffende Bastard dazu kommt, Geschlechtszellen zu entwickeln, werden die „einseitigen" Gene derart verteilt, daß nur die eine Hälfte der entstehenden Gameten ein gegebenes Gen enthält — dieses aber voll und rein, während die andere Hälfte der Geschlechtszellen es überhaupt nicht enthält. Das, was wir hier Gene genannt haben, um ein kurzes Wort zur Hand zu haben, sind also selbständige „Erbeinheiten" (wie BAUR es treffend ausdrückt).

Die Gameten selbst sind sodann hier in Bezug auf Gene als „rein" aufzufassen; sie haben nicht „Bastardnatur", wenn auch die Gene bei ihnen vielfach in anderen Kombinationen auftreten werden als in den Gameten der ursprünglichen, reinen Rassen.

Drei Hauptpunkte des Mendelismus sind also: 1. Selbständigkeit der Gene (Erbeinheiten); 2. die sogenannte Abspaltung oder Trennung einseitig in die Zygote eingeführter Gene; und 3. die dadurch bedingte Möglichkeit neuer Kombinationen erblicher Eigenschaften in den Bastardnachkommen.

Die Notwendigkeit, scharf zwischen den verschiedenen Generationen der Bastarde bezw. ihrer Nachkommen zu unterscheiden, geht aus dem Gesagten hervor. Nach PUNNET bezeichnet man jetzt allgemein die „elterliche" Generation, d. h. die bei der Kreuzung beteiligte Generation der reinen Rassen oder Spezies, mit P (aus *parents*, Eltern). Die parentale Generation, P, läßt sich. wo es nötig sein sollte, als $P♀$ und $P♂$ genauer bezeichnen. Die erzeugte Bastardgeneration wird, als erste „filiale" Generation, kurz und klar mit F_1 bezeichnet. Die Nachkommen dieser Generation werden als Gesamtheit mit F_2 bezeichnet usw.: F_3, F_4, . . F_n. Mitunter zeigen bei eingeschlechtlichen Organismen die verschiedenen Geschlechter Unterschiede, wie es mit Beispielen später illustriert werden soll. Jedenfalls kann man ja immer, wenn nötig, die Eingeschlechtlichkeit durch die Zeichen ♀ bezw. ♂ markieren. Wir haben alsdann das genealogische Generationsschema der Bastarde:

Bei eingeschlechtlichen Organismen[1]):	Bei normal selbstbefruchtenden Organismen:
Parentale Generation $P♀ \times P♂$	$P♀ \times P♂$
1. filiale „ $F_1♀ \times F_1♂$	$F_1⚥$
2. „ „ $F_2♀ \times F_2♂$	$F_2⚥$
3. „ „ $F_3♀ \times F_3♂$	$F_3⚥$

Die erste filiale Generation, also der durch Kreuzung unmittelbar entstandene Bastard, F_1, verhält sich meistens ganz anders als die späteren Generationen F_2, F_3 usw. Und das Interesse knüpft sich weniger an das Verhalten der zusammengebrachten Gene in F_1 selbst, als an die nach „Abspaltung" der in F_1 einseitig anwesenden Gene vorgehende Verteilung dieser Gene auf die Individuen der F_2-, F_3- und weiterer Generationen.

Die Generation F_1 enthält, wenn die beiden Elternformen hier als rassenrein, d. h. homozygotisch, vorausgesetzt werden, selbstverständlich alle solche Gene, die im Keimplasma beider P-Formen sich finden. Würden alle Gene sich in F_1 so geltend machen können, wie in jeder der beiden P-Formen, wäre der Bastard F_1 ein Mittelding zwischen diesen in Bezug auf alle Einzeleigenschaften. Dieser Fall kommt aber kaum vor; meistens sind es wohl nur wenige Punkte, wo solche Mittelbildung realisiert wird. Am häufigsten wird F_1 in Bezug auf gewisse Einzeleigenschaften der einen P-Form ganz gleichen, in Bezug auf andere Eigenschaften der anderen P-Form gleichen. Insofern kann allerdings häufig von Mittelformen gesprochen werden, und für die ältere deskriptive Betrachtung des „Gesamttypus" als Totalität müßte angenäherte Mittelbildung als häufigster Fall hervortreten. Aber gerade die MENDEL'sche Betrachtung der Einzeleigenschaften stellte die Sache in einem klareren Lichte dar; ja es zeigt sich eigentlich erst recht nach Kreuzung, was als Einzeleigenschaft in einem gegebenen Falle zu betrachten ist. Bei weitem nicht immer läßt sich dies im voraus entscheiden, selbst wo es so erscheinen möchte; ja die Entscheidung ist überhaupt sehr schwierig und eigentlich nur relativ.

---

[1]) Hier schließt sich am nächsten Fremdbefruchter zweigeschlechtlicher Organismen an, wie z. B. Schneckenarten und die vielen Pflanzen mit Fremdbestäubung.

Wenn zwei verschiedene homozygotische, rassenreine Individuen gekreuzt werden, sind sie, um den erzeugten Bastard, F_1, komparativ beurteilen zu können, so weit wie möglich „Punkt für Punkt" zu vergleichen. Dabei können sich ein einziger oder mehrere Differenzpunkte zeigen. Wir fangen damit an, den ersten, allereinfachsten Fall zu diskutieren. Wir setzen also voraus, daß wirklich nur in einem Punkte, nur in Bezug auf eine Einzeleigenschaft, ein Unterschied zwischen den zur Zygote zusammentretenden Gameten der beiden P-Formen vorhanden ist — oder wir begnügen uns absichtlich damit, nur einen Differenzpunkt zu betrachten.

Um gleich ein Beispiel dafür anzuwenden, sei hier CORRENS' Kreuzung zweier *Hyoscyamus*-Formen, *H. niger* mit schwarzrotem Farbstoff in den Blumenkronen und *H. pallidus* ohne diesen Farbstoff. Der Bastard, F_1, wurde hier in den Blumenkronen intermediär gefärbt. Ein solches Verhalten ist bei Kreuzung ungefärbt und einfarbig blühender Rassen recht häufig, doch bei weitem nicht Regel; nicht selten wird F_1 Farbenstreifen u. dergl. in der Blüte zeigen; meistens erscheint die Farbe der Bastardblumen für das Auge ebenso tief wie die Farbe der betreffenden reinen P-Form zu sein. In solchen Fällen kann die bloße Inspektion nicht zwischen homozygotisch bedingter oder nur heterozygotisch bedingter Färbung unterscheiden; der Bastard F_1 ist direkt nicht von der einen P-Form zu unterscheiden.

Dies zeigte sich schon in MENDEL's berühmtesten und am häufigsten von anderen wiederholten Experimenten: Kreuzung verschiedener Erbsenrassen. Werden beispielsweise zwei Rassen mit bezw. bei der Reife gelbgefärbten Samenlappen und grüngefärbten Samenlappen gekreuzt, so werden die unmittelbar gebildeten Embryonen (F_1) bei der Reife gelbe Samenlappen haben.[1] War also die $P♀$-Form „grünkernig", so wird die Kreuzungswirkung ja sofort erkannt, denn der gebildete Same wird völlig „gelbkernig", ebenso gelb wie die Samenlappen der gelbkernigen P-Form. War aber $P♀$ selbst die gelbkernige Form, läßt es sich an F_1 direkt nicht ent-

---

[1] Wo die unmittelbar als Folge einer Kreuzung entwickelten Samen zu beurteilen sind, ist es sehr wichtig, darüber im Klaren zu sein, daß Embryo und Endosperm selbst der F_1-Generation angehören: Sie sind ja eben durch die Vereinigung der bei der Kreuzung beteiligten Gameten grundgelegt. Die Samenschale (sowie ein eventuelles Perisperm) und die sonstigen Teile der Frucht gehören aber selbstverständlich der $P♀$-Form.

scheiden, ob die Kreuzung mit der grünkernigen $P\male$ gelungen ist oder nicht.

MENDEL gibt noch andere Beispiele an; hier sei nur angeführt, daß Kreuzung einer hochwachsenden Erbsenrasse mit einer niedrigwachsenden Rasse (Zwergerbse) stets eine hochwachsende F_1-Generation ergab. Es war der Unterschied der beiden P-Formen so groß und durchgreifend, so charakteristisch auf den ersten Blick, daß kein Irrtum wegen transgressiver Variabilität vorkommen konnte. Überhaupt hat man bei Kreuzungsversuchen bis in die allerneueste Zeit fast ausschließlich solche Eigenschaften berücksichtigt, bei welchen die Unterschiede, welche in Frage kommen, sich als qualitativ manifestieren.

Schwieriger liegt die Sache, wo zwischen den P-Formen solche Differenzen vorhanden sind, welche sich nur als Intensitätsunterschiede, also rein quantitativ, ausdrücken lassen, wo deshalb Transgressionen der beiden P-Formen schon vorkommen. Um aber auch ein solches Beispiel hier zu geben, seien zwei reine Linien von Bohnen und deren Bastard erwähnt. Hier betrachten wir also nur eine quantitativ auszudrückende Eigenschaft und können für diesen Zweck die absolute Länge der Bohnensamen wählen. Die eine P-Form war kurzsamig, die andere langsamig. Die F_1-Generation trug in diesem Falle Bohnen intermediärer Länge.[1]) Natürlicherweise wird bei solchen Untersuchungen, wie schon im Laufe dieser Vorlesungen mehrfach betont, das zu vergleichende Material immer gleichzeitig und in gleicher Weise kultiviert. Im Vergleichsjahre, hier also in dem Jahre, wo die F_1-Pflanzen fruchteten, war die mittlere Bohnenlänge der reinen P-Linien sowie der F_1-Generation nämlich:

Kurzsamige P-Form: 12,63 $+$ 0,02 mm , $\sigma = 0,61$ mm
Bastard, F_1:   13,92 $+$ 0,03 „ , $\sigma = 0,87$ „
Langsamige P-Form: 14,53 $+$ 0,05 „ , $\sigma = 0,92$ „

Es wird aus diesen Daten ganz klar, daß die Variabilität der Einzelbohnen so groß ist, daß hier sehr ausgedehnte Transgressionen vorkommen; es ist, nach der Länge zu urteilen, der einzelnen Bohne meistens garnicht anzusehen, ob sie Bastard ist oder nicht! Pflanze für Pflanze gesondert betrachtet, gibt allerdings schon recht große

---

[1]) Bei diesen Bohnen sind Dimensionen und Form der Samen fast ganz allein von der Mutterpflanze bestimmt, die hier maßgebenden Schalen sind, wie auf S. 366 Anm. betont, selbst Organe der Mutter.

Garantie — jedoch auch nicht Sicherheit. Falls nicht andere Merkmale vorhanden sind (etwa Farbe u. a. m.), welche die F_1-Samen charakterisieren, ist nur die Nachkommenprüfung im Stande, die Bastardnatur festzustellen. Und dieser Weg ist umständlich — darum hat man wohl auch stillschweigend solche Kreuzungen ziemlich vernächlässigt. Es wird aber nötig sein, derartige nur „quantitativ" zu bestimmende, stark fluktuierende Eigenschaften bei den Kreuzungsstudien mehr zu berücksichtigen als es bisher geschehen ist.

Unsere Beispiele waren bisher dem Pflanzenreich entnommen. Auch ein einfaches Beispiel aus der Tierwelt sei hier aber angeführt. LANG hat in sehr schönen Experimenten mit Gartenschnecken (*Helix hortensis*) gefunden, daß Kreuzung homozygotisch einfarbiger heller „bänderloser" Tiere mit homozygotisch „gebänderten" Tieren (d. h. solchen, welche bandförmige Streifen an der Schale haben) nur bänderlose Tiere als F_1-Generation ergab. Hier war also ein Charakter, welchen wir unwillkürlich gleich als „negativ" bezeichnen würden, in der Heterozygote maßgebend.

Wo die Heterozygote solcherart nicht intermediäres Verhalten zeigt, sondern ganz oder fast ganz von der in Frage kommenden Eigenschaft der einen *P*-Form geprägt ist, spricht man nach MENDEL von Dominanz der betreffenden Eigenschaft. Diese wird — für die betreffende Kreuzung — die dominierende Eigenschaft, die andere, sich nicht deutlich äußernde Eigenschaft wird — für die betreffende Kreuzung — die rezessive Eigenschaft genannt. Es ist dabei eine ziemlich untergeordnete Frage, ob die Dominanz in einem gegebenen Falle völlig ist oder nur mehr oder weniger annähernd. Wie CORRENS in sehr schöner Weise dargelegt hat, können gewissermaßen alle Grade von Dominanz vorkommen. Und in Fällen, wo man nach dem Augenschein an völlige Dominanz hat glauben können, wie z. B. bei verschiedenen Blütenfarben der F_1-Generationen nach Kreuzungen gefärbter und ungefärbter Rassen, hat der genannte Forscher gelegentlich durch kolorimetrische Untersuchung in sehr instruktiver Weise demonstriert, daß das Auge hier — wie ja so oft sonst nachgewiesen — leicht getäuscht wird.

Im großen Ganzen ist aber eine ausgeprägte Dominanz die Regel; und in sehr vielen Fällen wird es deshalb auch ganz untunlich sein, die F_1-Generation — in Bezug auf die fragliche Einzeleigenschaft allein — von der betreffenden *P*-Form durch gewöhnliche Inspektion zu unterscheiden. Eine Reihe weiterer Beispiele von Dominanz und intermediärem Verhalten werden wir weiter unten zusammengestellt finden; jetzt müssen wir das Verhalten der F_2-Generation betrachten.

In dem berühmten MENDEL'schen Beispiel mit Dominanz der gelben Farbe bei Kreuzung gelbkerniger und grünkerniger Erbsenrassen ergaben die F_1-Pflanzen 8023 Samen, von deren Embryonen (F_2, vgl. die Anm. S. 366) 6022 gelb und 2001 grün gefärbt waren. Es ergibt dies

$$75{,}06\,^0/_0 \text{ gelbe und } 24{,}94\,^0/_0 \text{ grüne Embryonen.}$$

In entsprechender Weise fand MENDEL in dem vorhin angeführten Beispiel, nach Kreuzung einer Erbsenzwergrasse mit einer hochwachsenden Rasse, deren Wuchsform in F_1 dominierte, daß unter 1064 F_2-Pflanzen 787 hochwachsende und 277 Zwerge waren. Es ergibt dies:

$$73{,}97\,^0/_0 \text{ hochwachsende und } 26{,}03\,^0/_0 \text{ Zwerge.}$$

Eine Reihe anderer Kreuzungen mit Erbsenrassen gab ganz ähnliche Zahlenverhältnisse in der F_2-Generation, und MENDEL wurde dadurch zu der Auffassung gebracht, daß das „theoretische Verhalten" in solchen Fällen 75 und 25 Prozent oder $3:1$ sein muß.

Das Verhalten der F_3-Generation gab das Mittel zur Erklärung dieser Sache. Beispielsweise sei angeführt, daß alle grünen F_2-Embryonen Pflanzen mit nur grünkernigen Samen ergaben; während die gelben F_2-Embryonen zweierlei Pflanzen ergaben, nämlich solche mit ausschließlich gelbkernigen Samen, und solche mit sowohl gelb- als grünkernigen Samen. Von 519 Pflanzen, welche sich aus gelben Embryonen (F_2) entwickelten, gaben etwa ein Drittel, nämlich 166, ausschließlich gelbkernige Samen, während die übrigen 353 Pflanzen gelbkernige und grünkernige Samen im Verhältnisse $3:1$ produzierten.

Es müßten also die grünen Embryonen „rein" grün gewesen sein wie die Samen der reinen, grünkernigen Rasse; die gelben F_2-Embryonen aber waren zweierlei: ein Drittel von ihnen waren „rein" gelb, wie die Samen der reinen gelbkernigen Rasse; die übrigen zwei Drittel aber hatten Bastardnatur, ganz wie die unmittelbar durch Kreuzung erzeugten F_1-Embryonen.

Entsprechendes zeigte sich in den anderen MENDEL'schen Erbsenexperimenten: Alle Individuen der F_2-Generation, welche eine „rezessive" Eigenschaft besaßen, waren stets in dieser Beziehung völlig rein, d. h. sie produzierten bei Selbstbefruchtung nur wieder Individuen (also F_3) mit der betreffenden rezessiven Eigenschaft.

Individuen der F_2-Generation aber, welche eine „dominierende" Eigenschaft besaßen, waren zweierlei: „reine" und heterozygotische. Die „reinen" F_2-Individuen mit dominierendem Charakter wurden eben daran als „rein" erkannt, daß sie nur Nachkommen gleicher Natur produzieren; die dominierend geprägten heterozygotischen F_2-Individuen aber produzierten zweierlei Nachkommen, ganz wie es die F_1-Individuen getan hatten.

Auf dieser experimentellen Grundlage hat MENDEL seine theoretische Auffassung entwickelt. Das ganze hier erwähnte Verhalten der F_2-Generation, wie es erst recht durch Betrachtung der F_3-Generation beleuchtet wird, zwingt zu der Annahme selbständiger Erbeinheiten (Gene), welche, in F_1 zusammengebracht, wieder bei der Gametenbildung getrennt werden.

Die beiden beteiligten P-Formen können hier, wo wir nur mit einfach-heterozygotischem F_1 zu tun haben (also mit Bastarden zweier P-Formen, welche nur in einem Punkte differieren), hinlänglich genau mit den Formeln AA und aa ausgedrückt werden, vgl. S. 304, indem alle anderen Eigenschaften als völlig gleich hier vorausgesetzt werden. Die Formel des Bastards F_1 wird demnach Aa oder, was dasselbe bedeutet, aA sein. Während die beiden reinen P-Formen Gameten nur je einer Beschaffenheit entwickeln, nämlich ausschließlich A bezw. ausschließlich a, ist der Bastard Aa im Stande, zweierlei Gameten zu bilden, nämlich A und a. Die einfachste Annahme ist nun die, daß hier im großen Ganzen ebenso oft Eizellen der Beschaffenheit A und der Beschaffenheit a gebildet werden; und daß ganz dasselbe für die Samenzellen gilt. Ebenso nahe liegend ist die Annahme, daß bei der Befruchtung alle Möglichkeiten des Zusammentreffens der Gameten gleich große Wahrscheinlichkeit haben. Ist das aber der Fall, haben wir hier gleiche Wahrscheinlichkeit für diese vier Möglichkeiten:

1. Eizelle A mit Samenzelle A gibt Zygote AA,
2. „ A „ „ a „ „ Aa,
3. „ a „ „ A „ „ aA,
4. „ a „ „ a „ „ aa.

Da die Zygoten Aa und aA wesensgleich sind in genotypischer Beziehung, so ist die nach den gemachten Voraussetzungen zu erwartende Beschaffenheit der F_2-Generation zahlenmäßig so auszudrücken:

Für jede vier Fälle: $1\ AA + 2\ Aa + 1\ aa$,

oder in Prozenten:

$$25\,^0/_0\ AA + 50\,^0/_0\ Aa + 25\,^0/_0\ aa.$$

Ist nun die Heterozygote Aa eine intermediäre Form, so werden in der F_2-Generation 50 $^0/_0$ dieser Heterozygotenform zu erwarten sein, sowie 25 $^0/_0$ Homozygoten der einen P-Form und 25 $^0/_0$ Homozygoten der anderen P-Form. Ist dagegen Dominanz der einen Eigenschaft (einerlei welcher) vorhanden, so erhält man 75 $^0/_0$ der dominierenden Form (davon aber die 50 heterozygotisch und die 25, also ein Drittel, homozygotisch) und 25 $^0/_0$ der rezessiven Form, homozygotisch.

Dies trifft gerade in den erwähnten MENDEL'schen Fällen zu und stimmt mit seiner Analyse der F_3- und späteren Generationen. Wo Dominanz vorkommt, ist eben die Analyse der F_3-Generation nötig, um sicher zu sein. Wo die Heterozygote eine intermediäre Form ist, kann schon F_2 die Übereinstimmung mit der Theorie zeigen. So ergaben 564 F_2-Pflanzen der vorhin erwähnten CORRENS-schen *Hyoscyamus*-Kreuzung:

141 Individuen ohne roten Farbstoff . . . 25,00 $^0/_0$
291 intermediäre Individuen . . . . . 51,60 „
132 Individuen mit dunkelroter Farbe . . 23,40 „

was sehr gut mit der MENDEL'schen Theorie stimmt, wie es weiter unten geprüft werden soll. Die intermediären Individuen sind heterozygotisch, die zwei anderen Gruppen sind homozygotisch, ohne rote Farbe bezw. mit dieser Farbe.

Diese Zahlenbeispiele sind nicht als besonders günstig ausgesucht; die beiden Beispiele aus MENDEL repräsentieren seine beste Zahl sowie seine am schlechtesten mit der Theorie stimmende Zahl.

Wie die Übereinstimmung solcher Angaben mit der betreffenden theoretischen Anzahl zu prüfen ist, geht eigentlich schon aus der sechsten Vorlesung (S. 92—97) hervor. Hier können wir uns mit der Behauptung begnügen, daß die genannte Übereinstimmung groß genug ist. Dies zeigt sich sofort bei der Bestimmung der mittleren Fehler. Aber erst in der folgenden Vorlesung werden wir solche Fehlerbestimmungen näher zu betrachten haben.

In den weiteren hier erwähnten Beispielen wurde ebenfalls eine der MENDEL'schen Theorie entsprechende Beschaffenheit der F_2-Generationen erhalten; so wurden in den LANG'schen Experimenten mit Schnecken, wo Dominanz der Bänderlosigkeit gefunden wurde, in F_2 durchgehends drei bänderlose auf eine gebänderte Schnecke erhalten. Und die Bohnenbastarde, welche in F_1 intermediäre

Dimensionen hatten, zeigten in F_2 Spaltung in kurz-, intermediär- und langsamige Pflanzen. Die schon S. 122 gegebene Tabelle, welche das hierher gehörige Beispiel betrifft, kann dies illustrieren; das betreffende Material ist jedoch noch nicht genügend in allen Details durchgearbeitet, um hier genauer diskutiert zu werden. Es war bloß wichtig, eine Spaltung bei sehr stark fluktuierenden quantitativ zu beurteilenden Eigenschaften zu exemplifizieren.

Überhaupt haben sich die Fälle „spaltender" Bastarde in den nach Wiederentdeckung der MENDEL'schen Gesetze verflossenen Jahren außerordentlich stark gehäuft, und die tiefer gehende Detailforschung macht fortan MENDEL'sche Fälle bekannt, wo eine vorläufige Untersuchung nicht-MENDEL'sches Verhalten angenommen hatte. Dabei spielt gerade die sachgemäße Zahlenbehandlung eine große Rolle. Wo mehrere Differenzpunkte der gekreuzten P-Formen vorhanden sind, werden die Zahlenverhältnisse übrigens mehr und mehr kompliziert.

Ehe wir darauf eingehen oder Ausnahmefälle durch Beispiele beleuchten, müssen wir einige theoretische Betrachtungen über die Spaltungserscheinung bei der Gametenbildung anstellen.

———

Zunächst ist hier zu betonen, was wir früher stillschweigend vorausgesetzt haben, vgl. S. 128 und 304, daß die durch Befruchtung entstehenden Organismen doppelte Gebilde sind. Die für alle untersuchten zygotischen Organismen charakteristische doppelte Chromosomenanzahl der Zellkerne, gegenüber der einfachen Chromosomenanzahl bei Gameten und anderen nach „Reduktionsteilung" entstandenen Geweben oder Organen (z. B. Vorkeimen der Farne usw.), spricht hier sehr deutlich. Und die cytologischen Untersuchungen über Gametenbildung haben in glänzender Weise gezeigt, wie die komplizierte „Reduktionsteilung" und deren Vorstufen verlaufen. Das Hauptresultat ist eben, daß die im Organismus zur Doppelstruktur vereinigten Chromatingebilde der beiden konstituierenden Gameten wieder dann und dort getrennt (oder „gespalten") werden, wann und wo der zygotische Organismus seinerseits Gametenbildung einleitet.

Mehr sagt die Cytologie hier wohl kaum; sie hat die relative Doppelheit der Zygote den Gameten gegenüber konstatiert. Es sind aber erst die Entdeckungen MENDEL's und seiner Nachfolger, welche zeigen konnten, daß die Gameten wirklich in Bezug auf Erblichkeit sich als einfache Gebilde verhalten können. Dies läßt sich in keiner Weise cytologisch feststellen; selbst dort, wo die Chromosome der Gameten in ungerader Anzahl und in ungleicher Größe vorhanden sind, gibt dies keine Andeutung einer Einfachheit in Bezug auf die verschiedenen Gene. Und es ist auch aus verschiedenen Gründen zweifelhaft, ob hier überhaupt von wirklicher Einfachheit die Rede ist. Gegen solche Einfachheit sprechen die Fälle, wo MENDEL'sche Spaltung nicht „rein" erfolgt; solche Fälle sind jedenfalls aber vorläufig als selten oder gar zweifelhaft zu bezeichnen. Die Entscheidung solcher Fragen gehört aber zur experimentellen Erblichkeitsforschung. Ohne hier weiter auf die cytologischen Befunde einzugehen, müssen wir jetzt die Spaltungserscheinungen etwas näher betrachten. Dabei ist die Grundlage der Auffassung diese, daß eine „Spaltung" nicht nur bei der Gametenbildung heterozygotischer Organismen erfolgt, sondern daß auch — man möchte wohl jetzt „selbstverständlich" hier zufügen — bei homozygotischen Organismen die Doppel-Gene „gespalten" werden, wenn Gameten gebildet werden.

Indem wir uns fortan an den allereinfachsten Fall halten, daß die in Frage kommenden P-Formen nur in Bezug auf „einen Punkt" differieren, daß der Bastard also nur einfach-heterozygotisch ist, haben wir doch zwei verschiedene Möglichkeiten zu berücksichtigen. Wie es schon S. 304—5 angedeutet wurde, könnte nämlich ein solcher Unterschied entweder dadurch bedingt sein, daß die Gamete der einen P-Form ein Gen besitzt, welches der Gamete der anderen P-Form völlig fehlt, oder dadurch, daß die beiden Gameten, in Bezug auf die in Frage kommende Eigenschaftsdifferenz je ein entsprechendes, aber dabei mehr oder weniger differierendes Gen haben.

Die bei der Kreuzung gebildete Heterozygote, F_1, würde demnach entweder das einseitig zugeführte Gen ungepaart besitzen oder aber die betreffenden Gene wären ungleich-gepaart in der Zygote vorhanden. Es ist nun in Wirklichkeit durchaus nicht leicht zu entscheiden, wo die eine oder die andere dieser Möglichkeiten vorliegt. Es ist dazu eine nähere Untersuchung der faktisch vorgehenden Spaltung erforderlich.

Nehmen wir vorläufig unsere Zuflucht zu der graphischen Vorstellungsart, so würden, in Formeln ausgedrückt, die beiden Möglichkeiten sich wie folgt gestalten, wenn wir mit A die in Frage kommende Eigenschaft bezeichnen:

Die erste Möglichkeit ist diese:

$$\text{Gameten der } P\text{-Formen} \left\{ \begin{array}{l} A + B + C \ldots \text{ und} \\ B + C \ldots \end{array} \right.$$

Heterozygote F_1: $A + BB + CC \ldots$

Besser wäre es wohl, hier das Fehlen eines Genes in der einen
P-Gamete durch die Ziffer 0 präzis auszudrücken; demnach würden
wir also die genannte Formel solcherart verbessern:

$$\text{Gameten der } P\text{-Formen} \left\{ \begin{array}{l} A + B + C \ldots \text{ und} \\ 0 + B + C \ldots \end{array} \right.$$

Heterozygote F_1: $A0 + BB + CC \ldots$

Die zweite Möglichkeit ist diese:

$$\text{Gameten der } P\text{-Formen} \left\{ \begin{array}{l} A + B + C \ldots \\ a + B + C \ldots \end{array} \right.$$

Heterozygote F_1: $Aa + BB + CC \ldots$

Diese Formel ist, wie leicht ersichtlich, auch für die erste
Möglichkeit zu verwenden, indem diese nur den Spezialfall darstellt,
daß a „nichts", d. h. Abwesenheit eines entsprechenden Genes
sein sollte. In dieser vageren, weiteren Fassung hat die Formel
$Aa + BB + CC \ldots$ für ein einfach-heterozygotisches Wesen schon
längst allgemeine Verwendung gefunden. Und beim gewöhnlichen
Operieren mit einer solchen Formel, sowie mit Formeln für zwei-,
drei- oder mehrfach-heterozygotische Organismen (z. B. $Aa + Bb$
$+ Cc \ldots$ usw.) ist es unwesentlich, ob etwa einige dieser Buchstaben die totale Abwesenheit eines Genes markieren oder ob Buch-
stabenunterschiede ungleiche Paarungen von Genen bedeuten. Solche
Formeln sollen ja zunächst nur das experimentell gefundene
Resultat im gegebenen Falle ausdrücken, bezw. dazu helfen, ein
gefundenes Zahlenverhältnis der F_2- oder späterer Generationen in
System zu setzen.

Ein einfach-heterozygotisches Wesen wird demnach am leichtesten durch die abgekürzte Formel Aa ausgedrückt, wie es Mendel
schon getan hat. Zwei-, drei- und vierfach-heterozygotische Organismen haben alsdann die Formel $Aa + Bb$; $Aa + Bb + Cc$ und
$Aa + Bb + Cc + Dd$ usw. Dabei ist es manchem bequemer z. B.
Aa, Bb, Cc zu schreiben. (Man vergesse aber nicht den in der
Formel nicht aufgenommenen großen „Rest"; $EE, FF, \ldots XX$; was
darin steckt, ist ja nicht gleichgültig, und bei Kreuzungen weiß man

ja nicht ob „heterozygotische Punkte" vorkommen, die nicht gleich bemerkt werden!)

In dem einfach-heterozygotischen Wesen *Aa* werden die durch die beiden in der Formel zusammengestellten Buchstaben *A* und *a* repräsentierten „Erbeinheiten" oft, wie es CORRENS getan hat, mit dem Worte „Paarlinge" bezeichnet. BATESON hat das etwas schwerfällige Wort *Allelomorph* für je eine der solcherart zusammengestellten „Erbeinheiten" eingeführt und dieses Wort hat in der englisch-amerikanischen Literatur so allgemeine Verwendung gefunden, daß es hier erwähnt werden muß. Die beiden *Allelomorphs* bezw. „Paarlinge" werden also bei der Gametenbildung des Bastardes, F_1, von einander getrennt oder, wie es meist gesagt wird, „gespalten".

Die Benutzung des Wortes „Spaltung" in diesem Sinne hat wohl DE VRIES eingeführt, jedenfalls ist das Wort schon in seiner ersten diesbezüglichen Abhandlung als Terminus benutzt. Und als sehr bezeichnend wird es jetzt überall verwendet. Es ist nun aber einmal so, daß die Wörter einen ganz bedeutenden Einfluß auf unsere Gedanken haben; und dies ist hier offenbar mit dem Worte „Spaltung" der Fall gewesen. Unwillkürlich stellt man sich vor, daß die beiden *Allelomorphs*, die beiden „Paarlinge" gleich real, sozusagen in ganz gleicher Weise „substantiell" sein müssen, um „voneinander gespaltet" zu werden. Ja, DE VRIES hat sogar die Hypothese aufgestellt, daß nur dort, wo durch die Kreuzung ein Zusammentreffen wirklich korrespondierender oder „antagonistischer" Gene erfolgt, sollen die MENDEL'schen Gesetze gelten, während dort, wo ein Gen rein einseitig zugeführt wird, sollte keine „Spaltung" vorkommen.[1])

Vielleicht steht diese Hypothese von vornherein in Verbindung mit den Auffassungen vieler Cytologen, daß die Chromatinkörner der Zellkerne besondere Wichtigkeit für die Erblichkeitsvorgänge haben. Und da bei den Kernteilungsvorgängen eine „Spaltung" dieser kleinen Strukturen ersichtlich ist, wird diese Spaltung un-

---

[1]) Eine Kreuzung dieser Art nennt DE VRIES eine „unisexuelle" Kreuzung, um damit zu bezeichnen, daß nur die eine Geschlechtszelle das betreffende Gen mitgeführt hat. Als „bisexuelle" Kreuzung bezeichnet der genannte Forscher dagegen Heterozygotenbildung von Gameten, welche korrespondierende Gene mitführen, also wahre Paarlingbildung im Bastard bewirken. Diese Ausdrücke sind aber kaum adäquat. Sie sind übrigens schon früher von anderen Autoren in abweichender Weise benutzt.

willkürlich als der MENDEL'schen „Spaltung" entsprechend aufgefaßt. Wir tangieren hier die für ein ruhiges Fortschreiten der Erblichkeitsforschung äußerst gefährliche Auffassung der Gene als materielle, morphologisch charakterisierte Strukturen, eine Auffassung, gegen welche hier eindringlich gewarnt werden muß; vgl. auch das schon in der zwanzigsten Vorlesung Gesagte. Was dasjenige ist, welches hier mit „Genen" bezw. als „Erbeinheiten" bezeichnet wird und sich als „Einzeleigenschaften" usw. manifestiert, wissen wir ja gar nicht; voreilige Hypothesen können hier nur zu leicht die Sache dunkler machen, statt klärend zu wirken.

Wo MENDEL'sche Spaltung sich zeigt, sollte nach DE VRIES reale Paarung zweier ungleicher aber korrespondierender Gene in F_1 vorhanden sein; der Fall, den wir mit Ao bezeichneten, sollte demnach nicht „spalten" können. Dies führte DE VRIES dazu, „latente Anlagen", d. h. untätige Gene überall dort anzunehmen, wo anscheinend einseitige Repräsentation einer Eigenschaft in F_1 vorhanden ist. Und dies ist ja die Regel: Betrachten wir einen Augenblick die fünf schon angeführten charakteristischen Beispiele:

1. Rotfarbiger *Hyoscyamus* $\times$ nicht rot; F_1 intermediär.

2. Erbse, gelbkernig $\times$ grünkernig; gelb dominiert.

3. Erbse, hochwachsend $\times$ zwergig; hoch dominiert.

4. Bohne, langsamig $\times$ kurzsamig; F_1 intermediär.

5. Schnecke, gebändert $\times$ ungebändert; ungebändert dominiert,

so wird wohl eigentlich nur das Bohnenbeispiel, unmittelbar gesehen, der Annahme einer realen Paarung aktiver Gene günstig sein, während alle die anderen Beispiele zunächst den Eindruck einseitiger Differenz der P-Formen machen. Die Beispiele *1* und *5* brauchen dafür augenblicklich nicht näher beleuchtet zu werden; in Beispiel *2* ist die grüne Farbe offenbar bloß durch Ausfall eines charakteristischen Verfärbungsvorgangs während der Reife bedingt, und das Beispiel *3* wird am natürlichsten so aufzufassen sein, daß die hochwachsende Form „etwas" hat, was der Zwergform fehlt. Mit Ausnahme des Bohnenbeispiels sollte demnach in den anderen Fällen je ein „latentes" Gen als Paarling in F_1 anwesend sein. [1])

Damit würde das Spaltungsschema sehr schön mit den cytologischen Konfigurationen übereinstimmen und die MENDEL'sche

---

[1]) Es ändert an dieser Sache nichts, wenn wir an Hemmungsfaktoren, „Gene hemmender Natur", denken. Für die Beispiele *1*, *2*, *3*, und *5* ließe sich mit solchen Annahmen sehr wohl operieren, besonders in Beispiel *5*, wo die anscheinend „negative Eigenschaft" dominiert.

Spaltung wäre sozusagen „morphologisiert". In Wirklichkeit ist aber mit einer solchen Vorstellung gar nichts gewonnen; das suchende Gemüt hat dadurch nur eine Art Beruhigung bekommen — aber eine Beruhigung gänzlich unfruchtbarer Art! Es findet sich durchaus nichts, was die Anschauung stützt, die Gene seien Strukturen morphologisch-organischer Natur; viel eher könnte man an biochemische Analogien der Auskristallisationen denken. Wir werden darauf wieder zurückkommen.

II.

Ohne bestimmte hypothetische Vorstellungen über die Bedingungen für eine MENDEL'sche Spaltung anzunehmen, und mit völliger Freiheit in Bezug auf unsere Auffassung der Natur der Gene, können wir jetzt die Betrachtung der Spaltung einfach-heterozygotischer Bastarde mit einem Schema abschließen, das den Verlauf der Spaltung und seine Konsequenzen in den aufeinander folgenden Nachkommengenerationen der durch die Kreuzung gebildeten Heterozygote Aa gibt.

Setzen wir die Gesamtanzahl der Individuen jeder Generation $= 1$ und rechnen wir die Fruchtbarkeit gleich groß bei allen Individuen — sonst haben wir natürlicherweise keinen einfachen Überblick —, so erhalten wir für Selbstbefruchter die folgende Übersicht. Der Deutlichkeit wegen benutzen wir innerhalb jeder Generation denselben Nenner in allen Brüchen, welche die relative Häufigkeit der betreffenden Individuen ausdrücken.

Generation	Die Mendel'sche Spaltung bei Selbstbefruchtern.	Relative Häufigk. von		
		AA	Aa	aa
F_1	Der Bastard Aa	1		
F_2	$\frac{1}{4}AA$ $\qquad\qquad$ $\frac{2}{4}Aa$ $\qquad\qquad$ $\frac{1}{4}aa$	$\frac{1}{4}$	$\frac{2}{4}$	$\frac{1}{4}$
F_3	$\frac{2}{8}AA$ $\frac{1}{8}AA$ $\qquad$ $\frac{2}{8}Aa$ $\qquad$ $\frac{1}{8}aa$ $\frac{2}{8}aa$	$\frac{3}{8}$	$\frac{2}{8}$	$\frac{3}{8}$
F_4	$\frac{4}{16}AA$ $\frac{2}{16}AA$ $\frac{1}{16}AA$ $\quad$ $\frac{2}{16}Aa$ $\quad$ $\frac{1}{16}aa$ $\frac{2}{16}aa$ $\frac{4}{16}aa$	$\frac{7}{16}$	$\frac{2}{16}$	$\frac{7}{16}$
F_5	$\frac{8}{32}AA$ $\frac{4}{32}AA$ $\frac{2}{32}AA$ $\frac{1}{32}AA$ $\quad$ $\frac{2}{32}Aa$ $\quad$ $\frac{1}{32}aa$ $\frac{2}{32}aa$ $\frac{4}{32}aa$ $\frac{8}{32}aa$	$\frac{15}{32}$	$\frac{2}{32}$	$\frac{15}{32}$
	usw.			

Und so fort. In jeder neuen Generation erfolgt die gleiche Spaltung der Heterozygoten Aa. In der sechsten Generation werden nur $\frac{2}{64}$, in der siebenten nur $\frac{2}{128}$ der Individuen heterozygotisch sein. Rein allgemein wird, unter den gegebenen Voraussetzungen,

$2 : 2^n$ Ausdruck für die relative Häufigkeit der Heterozygoten Aa in der Generation F_n sein. Nur diese Individuen sind als Bastarde zu nennen; die Bastardnatur ist, wie schon öfters hervorgehoben, nicht genealogisch, sondern genotypisch zu definieren. In diesem allerdings allereinfachsten Fall werden also die reinen P-Formen in der Nachkommenschaft bald die Heterozygoten völlig verdrängen, wenn neue Kreuzungen nicht erfolgen: Schon in der elften Generation findet sich nur eine Heterozygote auf etwa 1000 Individuen, in der einundzwanzigsten Generation nur eine Heterozygote auf etwa eine Million Individuen.

Das hat selbstverständlich nur Gültigkeit bei selbstbefruchtenden Organismen; es würde z. B. sehr wohl für die erwähnten Erbsen- und Bohnenkreuzungen passen; nicht aber für das Lang'sche Schneckenbeispiel, wo Fremdbefruchtung geschieht. Denken wir uns bei diesen Schnecken in jeder Generation freie Paarung mit gleicher Wahrscheinlichkeit für alle Kombinationen der Ei- und Samenzellen, und setzen wir auch hier gleich große Fruchtbarkeit aller Individuen voraus, dann erhalten wir folgende Übersicht der ersten drei Generationen. Zur Erleichterung des Verständnisses der Kombinationen sind auch die Gameten hier in ihrem relativen Mengenverhältnis angegeben. Sonst entspricht das Schema dem vorhergehenden.

Genera-tion	Die Mendel'sche Spaltung bei Fremdbefruchtung				Relative Häufigk. von AA | Aa | aa		
F_1	Der Bastard Aa				1		
	Gameten	$\frac{1}{2}(A)$ $\frac{1}{2}(a)$					
F_2	$\frac{1}{4}AA$	$\frac{2}{4}Aa$		$\frac{1}{4}aa$	$\frac{1}{4}$	$\frac{2}{4}$	$\frac{1}{4}$
	Gameten $\frac{1}{4}(A)$	$\frac{1}{4}(A)$ $\frac{1}{4}(a)$		$\frac{1}{4}(a)$			
F_3	$\frac{2}{16}AA$ $\frac{2}{16}Aa$	$\frac{2}{16}AA$ $\frac{4}{16}Aa$ $\frac{2}{16}aa$		$\frac{2}{16}Aa$ $\frac{2}{16}aa$	$\frac{4}{16}$	$\frac{8}{16}$	$\frac{4}{16}$

Da die relative Häufigkeit der drei möglichen Individuenformen, AA, Aa und aa, in F_3 hier dieselbe ist wie in F_2, wird dieselbe Häufigkeit sich auch in den weiteren Generationen finden. Hier bleibt also, unter den gegebenen Voraussetzungen, das Verhältnis $1 : 2 : 1$ fest, oder also $3 : 1$, wo Dominanz vorhanden ist.

Die Erscheinung der Dominanz hat — wohl auch als Einfluß des „Wortes" auf den Gedanken — gelegentlich zu der irrigen Auffassung Veranlassung gegeben, es müßte die Dominanz ein sukzessives Überwiegen „dominierend" charakterisierter Individuen mitführen. Davon ist aber keine Rede. Es läßt sich, wie neuerdings

HARDY es getan hat, durch einfache Rechnung zeigen, daß, wie auch ein anfänglich gegebenes Mengenverhältnis zwischen dominierend charakterisierten und rezessiv charakterisierten, in freie Kreuzung tretenden Individuen sein möchte, schon in der nächstfolgenden Generation ein fixiertes Verhältnis eintreten wird, $AA : Aa : aa$ oder $(AA + Aa) : aa$ wird konstant — natürlicherweise unter der Voraussetzung gleicher Fruchtbarkeit u. a. m., welche Voraussetzungen aber an sich gar nichts mit der Dominanz als solcher zu tun haben. Es mag dem Leser überlassen bleiben, durch irgend ein gewähltes Zahlenbeispiel dies zu prüfen. Ganz allgemein haben wir aber, wenn p und q die ursprüngliche relative Häufigkeit je einer der beiden reinen P-Formen AA und aa sind, für die beiden folgenden Generationen die hier tabulierten relativen Häufigkeiten der Individuen AA, Aa und aa.

Beschaffenheit der Individuen	Anfänglicher Zustand	Erste Generation	Zweite Generation	
			Relative Häufigkeit der Individuen AA, Aa und aa bei freier Kreuzung zweier P-Formen AA und aa	
AA	p	p^2	$(p^2 + pq)^2$	$= p^2(p+q)^2$
Aa	0	$2pq$	$2(p + pq)(pq + q^2)$	$= 2pq(p+q)^2$
aa	q	q^2	$(pq + q^2)^2$	$= q^2(p+q)^2$

Da nun aber $p + q = 1$, ist es aus der letzten Kolonne ersichtlich, daß die relative Häufigkeit unverändert bleiben muß, nachdem in der ersten Generation schon das Verhältnis $p^2 : 2pq : q^2$ eingetreten ist — alles natürlicherweise unter den gegebenen Voraussetzungen. In Wirklichkeit werden bald die Individuen des einen, bald des anderen genotypischen Charakters am besten gedeihen; dies hat aber nichts mit der hier diskutierten Frage zu tun.

———

Bevor wir weiter gehen, seien hier einige Beispiele zusammengestellt, um einerseits das Vorkommen „dominierender" und „rezessiver" Charaktere, andererseits das Vorkommen intermediärer Bildung in F_1 zu illustrieren. Auf auch annähernde Vollständigkeit machen die folgenden Listen gar keinen Anspruch. Beispiele, Menschen betreffend, werden erst in der fünfundzwanzigsten Vorlesung erwähnt.

Beispiele von Dominanz:

Pflanzen.

Habitus: Hochwachsend über Zwergwuchs (Pisum, Lathyrus).
Einjährig über Zweijährig (Beta patula × vulgaris).
Zweijährig über Einjährig (Hyoscyamus).
Verzweigung des Stammes über Nichtverzweigung (Helianthus annuus).
Allseitige Verzweigung über Einseitigkeit in der Rispe (Avena).

Organformen: Spelzen, kielförmig über gewölbt (Triticum).
Griffel, lang über kurz (Oenothera Lamarckiana × brevistylis).
Griffel, kurz über lang (Primula).
Hülsen, zugespitzt über abgestumpft (Pisum).
Embryonen, rund über tiefrunzlig (Pisum).
Kronenform, lippenförmig über pelorisch (Anthirrhinum).
Kronenblätter, ganzrandig über geschlitzt (Chelidonium).
Kelch, petaloïd über normal (Campanula, Mimulus).
Fahne, flach über hohl (Lathyrus).
Pollenkörner, lang, dreiporig über rund, zweiporig (Lathyrus).
Blätter, Rand gesägt über ganzrandig (Urtica-Species).

Hautcharaktere: Haarigkeit über unbehaart (Lychnis).
Filzigkeit über glatt (Levkojen)
Früchte, Stacheln über unbestachelt (Datura, Ranunculus).

Wegfall von Organen: „Zweizeiligkeit" über „Sechszeiligkeit" (Hordeum).
Grannenlosigkeit über Grannen (Hordeum, Triticum).

Physiologische Charaktere: Stärkebildung über Nichtstärkebildung im Endosperm (Zea Mays).
Embryonen gelb über nichtgelb ɔ: grün (Pisum).
Empfänglichkeit gegen Rost über rel. Unempfänglichkeit (Triticum).
Viele Beispiele von Farbe über Ungefärbt aber auch oft Ungefärbt über Farbe; vgl. weiter unten.

Tiere.

Organformen: Haare „normal" über lang, angoraartig (Kaninchen, Mäuse).
Kammform, Rosenkamm über einfach (Hühner).
Kammform, Pfauenkamm über einfach (Hühner).

Äußere Zeichnung: Gehäuse bänderlos über gebändert (Helix).
Deckflügel, gefleckt über schwarz (Lina lapponica).

Organ-Abrein: Hörner, fehlend über gehörnt (Rinderrassen).

Physiologisches: „Normales" Verhalten über „Tanzen" (Tanzmaus × Hausmaus).
Haare, gefärbt über albino (Mäuse u. a.)

Seidensekret, gelb über weiß (Seidenwurm, jedoch auch Ausnahmen).

Eierfarbe, bräunlich über weiß (Hühner).

Farbe des Gehäuses, rot (braun) meistens über gelb (Helix).

Beispiele intermediärer F_1.

Pflanzen.

Habitus: Viele Dimensionen, z. B. Stengelhöhe bei Zea Mays; ferner Länge und Breite der Samen bei Phaseolus u. a.

Farbe der Blüten ist häufig, aber durchaus nicht immer, intermediär, so z. B. Mirabilis rosea und alba, auch Phaseolusrassen, die S. 366 genannten Hyoscyamusblüten u. v. a.

Physiologische
Charaktere: Form und Beschaffenheit der Stärkekörner bei Pisumbastarden (einfache und zusammengesetzte Körner der P-Formen gibt in F_1 weniger zusammengesetzte Körner).

Ferner sind Beispiele, wo „fast" Dominanz vorhanden ist.

Tiere.

Hier sind außer vielen Dimensionsverhältnissen (z. B. Schnecken) namentlich viele Fälle solcher „unvollkommener" Dominanz bekannt, wo mitunter die rezessive Eigenschaft sich völlig oder spurenweise zeigt; z. B. normaler Fuß fast dominierend über Überzähligkeit der Zehe bei Hühnern und Cavia. In solchen Fällen ist gewissermaßen eine bedeutende Fluktuation vorhanden. Die viel besprochenen „Andalusierhühner" (S. 395) sind nicht eigentlich als intermediäre Form zu nennen, ebensowenig wie Wallnußkamm S. 389).

Diese Beispiele der allereinfachsten — oder besser, scheinbar einfachsten — Fälle mögen hier als Illustration genügen. Die Entwicklung des „Mendelismus" mußte damit anfangen, solche Fälle aufzudecken und zahlenmäßig zu kontrollieren, besonders was die Spaltung in der F_2-Generation betrifft.

Gerade die nachgewiesene Abspaltung mußte als eine äußerst unliebsame Erscheinung für die Vertreter der Auffassung kontinuierlicher Verschiebungen durch Selektion empfunden werden; und es ist eine interessante Seite der Geschichte der modernen Erblichkeitsforschung, wie diese Vertreter sich gesträubt haben, die MENDEL'schen Konzeptionen zu akzeptieren. Dadurch aber wurde das Tatsachenmaterial von den Mendelianern um so eifriger vergrößert, und die Untersuchungen dieser ganzen Richtung stetig vertieft.

III.

Bisher haben wir den denkbar einfachsten Fall allein berücksichtigt, das Verhalten einfach-heterozygotischer Organismen mit MENDEL'scher Spaltung. In Wirklichkeit sind die meisten Kreuzungsprodukte zwei- oder gar mehrfach-heterozygotisch. Wie fest nun auch in einem gegebenen Individuum die bei der Zygotenbildung vereinigten Gene zusammenwirken (S. 243) und wie wichtig dabei die korrelativen Verhältnisse zwischen den verschiedenen Einzeleigenschaften sein mögen — Verhältnisse, die in der fünfzehnten bis neunzehnten Vorlesung behandelt worden sind — so ist es gerade eine äußerst wichtige Seite der MENDEL'schen Entdeckungen, daß bei der Gametenbildung heterozygotischer Organismen die von den beiden P-Formen gelieferten Gene ganz unabhängig voneinander auf die Gameten verteilt werden. War die Heterozygote F_1 z. B. zweifach heterozygotisch, also mit Aa, Bb zu bezeichnen, so bilden sich viererlei Gameten, nämlich:

$$A,B \qquad A,b \qquad a,B \qquad \text{und } a,b.$$

Und es ist leicht einzusehen, daß dadurch $4 \cdot 4 = 16$ Kombinationen möglich sind, von welchen 4 — so viele, wie es verschiedene Gameten-Beschaffenheiten gibt — homozygotisch werden, nämlich

$$AA,BB \qquad AA,bb \qquad aa,BB \qquad \text{und } aa,bb$$

während von den übrigen 12 die 8 in einer Beziehung heterozygotisch und die 4 zweifach heterozygotisch wie die Zygote F_1 selbst sind.

Diese Gesetzmäßigkeit wird am leichtesten übersichtlich, wenn wir ein systematisch geordnetes Kombinationsschema der Gameten aufstellen:

Beschaffenheit der Eizelle	Beschaffenheit der Samenzelle			
	A,B	A,b	a,B	a,b
A,B	1. $AA,\ BB^*$	2. $AA,\ Bb$	3. $Aa,\ BB$	4. $Aa,\ Bb!$
A,b	5. $AA,\ Bb$	6. $AA,\ bb^*$	7. $Aa\ Bb!$	8. $Aa,\ bb$
a,B	9. $Aa,\ BB$	10 $Aa,\ Bb!$	11. $aa,\ BB^*$	12. $aa,\ Bb$
a,b	13. $Aa,\ Bb!$	14. $Aa,\ bb$	15. $aa,\ Bb$	16. $aa,\ bb^*$

Die mit * versehenen vier Kombinationen (Nr. 1, 6, 11 u. 16, im Schema schräg von links oben bis rechts unten laufend) sind homozygotisch, die mit ! versehenen Kombinationen (die Nrn. 4, 7, 10, 13, im Schema von rechts oben nach links unten laufend) sind dagegen gerade zweifach-heterozygotisch und mit F_1 identisch.

Wo Dominanz in beiden Differenzpunkten vorliegt, werden nur vier Erscheinungsformen (Phaenotypen), den vier Homozygoten entsprechend, möglich sein, also wie AA,BB; AA,bb; aa,BB und aa, bb aussehend. Aus dem Kombinationsschema ersehen wir leicht, wie die sämtlichen 16 Fälle in solchem Falle sich gruppieren müssen. Ob wir A über a, oder a über A dominierend finden, und B über b oder b über B, ist selbstverständlich ganz gleichgültig; nur muß man das benutzte Zeichensystem bei der Berechnung festhalten. Dominieren z. B. A über a und B über b, so haben wir pro 16 Individuen:

9 phaenotypisch $= AA,BB$ (1 $AA\,BB$, 2 $AA\,Bb$, 2 $Aa\,BB$ und 4 $Aa\,Bb$)
3 phaenotypisch $= AA,bb$ (1 $AA\,bb$, 2 $Aabb$)
3 phaenotypisch $= aa,BB$ (1 $aa\,BB$, 2 $aaBb$) und
1 rein rezessiv $= aa,bb$.

Von den 16 Kombinationen sind also 9 mit „dominierendem" Gepräge in beiden Differenzpunkten, je 3 mit dominierendem Gepräge in einem und rezessiv im anderen Differenzpunkt, und nur 1 hat die rein rezessiven Charaktere beider Differenzpunkte.

Dieses Verhältnis 9 : 3 : 3 : 1 oder also, prozentisch, 56,25, 18,75, 18,75 und 6,25 kommt nun auch sehr häufig vor, wo F_2-Generationen untersucht werden; und ist dann eben als sehr sicheres Zeichen „zweifach-heterozygotischer" Natur der betreffenden F_1-Generation zu betrachten.

Schon MENDEL's erstes hierher gehöriges Beispiel kann ganz vorzüglich zur Illustration dienen: Es wurden zwei Erbsenrassen gekreuzt, die Samen der einen Rasse waren gelb- und rund-kernig, die Samen der anderen Rasse aber grün- und kantig-kernig. Die Generation F_1 war hier[1]) gelb- und rund-kernige Samen; es zeigte also „gelb" und „rund" Dominanz über „grün" bezw. „kantig". Die Generation F_2 bestand aus 556 Samen; davon waren:

rund und gelb 315 oder 9,06 *pro 16,*
rund und grün 108 „ 3,11 „ *16,*
kantig und gelb 101 „ 2,91 „ *16,*
kantig und grün 32 „ 0,92 „ *16,*

was sehr gut mit dem Verhältnis 9 : 3 : 3 : 1 paßt; die Abweichungen — 0,06, 0,11, 0,09 und 0,08 — fallen weit innerhalb der hier zu setzenden Fehlergrenzen. Diese Behauptung mag hier vorläufig genügen; erst in der folgenden Vorlesung haben wir solche

---

[1]) Vgl. die Anmerkung S. 366; sowohl die hier in Frage kommende **Kantigkeit** als die Farbe sind Embryo-Charaktere.

Fälle zahlenkritisch zu diskutieren und Fälle zu erwähnen, wo keine gute Übereinstimmung gefunden wird.

Sehr viele Fälle schließen sich dem MENDEL'schen Verhältnis $9:3:3:1$ an. Das S. 59 erwähnte Beispiel farbiger Bohnen gehört hierher: Eine schwarzschalige Rasse wurde mit einer gelbfarbigen Rasse gekreuzt; F_1 war schmutzig schwarz, schwarz also fast dominierend. F_2 zeigte die S. 59 angeführte Verteilung vier verschiedener Farben, auch dem Verhältnis $9:3:3:1$ gut folgend, wie das von TSCHERMAK in einem solchen Falle schon gefunden ist. Es entschleierte aber in diesen Fällen erst die Kreuzung, wie die Sachlage ist: die beiden P-Formen sind nicht in einem anscheinend verschiedenen Punkte („gelb" gegen „schwarz") abweichend, sondern sie sind in zwei Punkten bezüglich der Farbe verschieden. Es war nämlich gar nicht hier die Frage von schwarz kontra gelb, wie es im Voraus anzunehmen wäre, sondern die „schwarze" P-Form hatte die zwei Eigenschaften bronze und violette Färbung vereinigt; die gelbe Form hatte davon nichts. Das gelb selbst aber war auch bei der „schwarzen" Form zugegen — sonst hätten in F_2 weiße Bohnen wohl auftreten müssen.

Damit tangieren wir die allerwichtigste Seite des Mendelismus, die Analyse der Genotypen mittels Kreuzung. Bevor wir darauf eingehen, müssen aber die Kombinationen der Gene nach den „Spaltungs"-Vorgängen etwas näher betrachtet werden.

Wo überall Dominanz vorkommt, sind die in F_2 auftretenden Phaenotypen die möglichst wenigen, weil eben intermediäre Formen fehlen. Darum sind auch sehr einfache Formeln im Stande, die möglichen Gameten bezw. Phaenotypen und deren relative Häufigkeit auszudrücken. Wo nur ein Differenzpunkt vorhanden ist, wird das Verhältnis der dominierend geprägten Individuen zu den rezessiv geprägten wie 3 zu 1 für je 4 Individuen; also wie $^3/_4$ zu $^1/_4$. Bei zweifach-heterozygotischer F_1 gibt die Kombination $(^3/_4 + ^1/_4)$ $(^3/_4 + ^1/_4)$ oder also $(^3/_4 + ^1/_4)^2 = {}^9/_{16} + {}^3/_{16} + {}^3/_{16} + {}^1/_{16}$ das zu erwartende Resultat, falls die beiden in Frage kommenden Differenzpunkte (oder „Eigenschaftspaare"), gegenseitig unabhängig sind. Daß dies oft zutrifft, haben wir soeben an Beispielen gesehen; und es wird jetzt ganz deutlich, wie dieses Zahlenverhältnis entstehen muß: Von der Gesamtanzahl hat der Bruchteil $^9/_{16}$ beide dominierende Eigenschaften, $^3/_{16}$ die eine, $^3/_{16}$ die andere dieser Eigenschaften und $^1/_{16}$ keine; vgl. auch das Beispiel S. 383.

Bei dreifach-heterozygotischen Organismen haben wir (Dominanz überall vorausgesetzt) als Ausdruck der Kombinationen $(^3/_4 + ^1/_4)^3$ $= ^{27}/_{64} + ^9/_{64} + ^9/_{64} + ^9/_{64} + ^3/_{64} + ^3/_{64} + ^3/_{64} + ^1/_{64}$; und hier ist es auch leicht einzusehen, daß durchschnittlich auf 64 Individuen 27 (3^3) von allen drei dominierenden Eigenschaften A, B, C geprägt sind; daß ferner je 9 (3^2) zwei der dominierenden Eigenschaften $(A, B, c$ oder A, b, C oder $a, B, C)$ haben, während bei je 3 (3^1) nur eine dieser Eigenschaften $(A, b, c$ oder a, B, c oder $a, b, C)$ gefunden wird. 1 Individuum endlich (3^0) hat keine dominierenden, nur rezessive Eigenschaften (a, b, c).

Es sind also bei drei Differenzpunkten $2^3 = 8$ verschiedene Gameten möglich, die hier — nach Anzahl der dominierenden Eigenschaften systematisch geordnet — zusammengestellt werden können:

$$A, B, C \qquad A, B, c \qquad A, b, C \qquad a, B, C$$
$$A, b, c \qquad a, B, c \qquad a, b, C \qquad a, b, c$$

Vielleicht ist es nicht nutzlos, hier — mit Benutzung dieser systematisch übersichtlichsten Ordnung — ein Kombinationsschema aufzustellen, ganz dem Schema der S. 382 entsprechend. Hier wie dort werden die als Zeichen benutzten großen Buchstaben stets vor den entsprechenden kleinen Buchstaben geschrieben.

Kombinationsschema der Gameten dreifach-heterozygotischer Organismen.

Mit * sind die hier möglichen 8 Homozygoten bezeichnet.

Ga-me-ten	ABC	ABc	AbC	aBC	Abc	aBc	abC	abc
ABC	AA*BB CC	AA BBCc	AA Bb CC	Aa BBCC	AA Bb Cc	Aa BB Cc	Aa Bb CC	Aa Bb Cc
ABc	AA BB Cc	AA*BB cc	AA Bb Cc	Aa BB Cc	AA Bb cc	Aa BB cc	Aa Bb Cc	Aa Bb cc
AbC	AA Bb CC	AA Bb Cc	AA*bb CC	Aa Bb CC	AA bb Cc	Aa Bb Cc	Aa bb CC	Aa bb Cc
aBC	Aa BB CC	Aa BB Cc	Aa Bb CC	aa*BB CC	Aa Bb Cc	aa BB Cc	aa Bb CC	aa Bb Cc
Abc	AA Bb Cc	AA Bb cc	AA bb Cc	Aa Bb Cc	AA*bb cc	Aa Bb cc	Aa bb Cc	Aa bb cc
aBc	Aa BB Cc	Aa BB cc	Aa Bb Cc	aa BB Cc	Aa Bb cc	aa*BB cc	aa Bb Cc	aa Bb cc
abC	Aa Bb CC	Aa Bb Cc	Aa bb CC	aa Bb CC	Aa bb Cc	aa Bb Cc	aa*bb CC	aa bb Cc
abc	Aa Bb Cc	Aa Bb cc	Aa bb Cc	aa Bb Cc	Aa bb cc	aa Bb cc	aa bb Cc	aa*bb cc

Solche Schemata sind sehr nützlich, wenn man ein vorliegendes F_2-Material aufzuklären hat. Hier kann es uns gleich zur Kontrolle dienen, daß in jeder der genannten Gruppen (mit den relativen Häufigkeiten 27 : 9 : 9 : 9 : 3 : 3 : 3 : 1 pro 64) nur je ein einziges Individuum homozygotisch ist. Alle anderen sind heterozygotisch; also 56 auf 64 sind dies in einer, in zwei oder in drei Beziehungen. Wären intermediäre Bildungen überall vorhanden, so erschiene die F_2-Generation äußerst bunt, mit Zahlenverhältnissen, welche in diesem Beispiele aus $(^1/_4 + {}^2/_4 + {}^1/_4)^3$ abzuleiten wären.

Die folgende kleine Tabelle gibt nun eine allgemeine Übersicht der Kombinationen nach MENDEL'scher Spaltung.

Anzahl „Differenzpunkte"	1	2	3	4	5	n
Anzahl verschiedener Gameten . .	2	4	8	16	32	2^n
Kombinationsmöglichkeiten	4	16	64	256	1024	2^{2n}
Phaenotypenverteilung, wo nur Dominanz zu berücksichtigen ist	$(3+1)^1$	$(3+1)^2$	$(3+1)^3$	$(3+1)^4$	$(3+1)^5$	$(3+1)^n$

Die Anzahl verschiedener Gameten, 2^n, gibt zugleich die Anzahl der gebildeten verschiedenen Homozygoten, sowie die maximale Anzahl verschiedener Phaenotypen, welche bei überall vorkommender Dominanz auftreten können. Von den 2^{2n} möglichen Gametenkombinationen geben selbstverständlich viele identische Zygoten; so sind stets 2^n n-fach heterozygotisch ganz wie es die betreffende in Frage kommende F_1-Generation selbst war; weiter auf die Formel hier einzugehen ist nicht nötig. Was endlich die Phaenotypenverteilung bei alleiniger Berücksichtigung von Dominanz betrifft, so ist für eine spezielle Gruppe die größte Häufigkeit, 3^n bei 2^{2n} Individuen (also 9 bei 16, 27 bei 64, 81 bei 256 usw.), stets durch denjenigen Phaenotypus repräsentiert, welcher von den Genen aller in Frage kommenden dominierenden Eigenschaften geprägt ist. Für den Fall $(3+1)^2 = 9 + 3 + 3 + 1$ ist die Sache schon S. 383 näher beleuchtet.

Der Fall bei dreifach-heterozygotischen F_1, $(3+1)^3 = 27 + (9+9+9) + (3+3+3) + 1$ läßt sich im Anschluß an unsere schon in den ersten Vorlesungen angestellten Betrachtungen über die Binomialformel direkt so darstellen:

$$1 \cdot 3^3 + 3 \cdot 3^2 + 3 \cdot 3^1 + 1 \cdot 3^0;$$

also mit Benutzung der Koeffizienten $1 — 3 — 3 — 1$ des Binomiums $(a + b)^3$. Es wird nun leicht festzuhalten sein, daß das erste Glied dieser Reihe, 3^3 (dritte Potenz von 3) das Vorkommen aller drei dominierenden Charaktere betrifft, daß ferner das zweite Glied, $3 \cdot 3^2$ (zweite Potenz) sich auf Vorkommen je zweier dominierender Charaktere, und das dritte Glied, $3 \cdot 3^1$ (erste Potenz) auf das Vorkommen je eines dominierenden Charakters bezieht. Das letzte Glied, 1 (nullte Potenz von 3) betrifft das Vorkommen keines dominierenden Charakters — also lauter rezessive Charaktere. Dementsprechend ist das Verhalten bei vierfach-, fünffach- und ganz allgemein n-fach heterozygotischer Spaltung leicht zu berechnen.

Damit können wir sofort jede solche Verteilungsreihe der Bastardspaltung aufstellen (falls Dominanz überall maßgebend ist), wenn nur die Anzahl der Differenzpunkte (oder spaltende „Eigenschaftspaare" wie man oft sagt) gegeben ist. Wir haben:

Differenz-punkte	Verteilungsart in relativer Häufigkeit	Kombi-nationen
1	$(3+1)^1 = 3+1$	$= 4$
2	$(3+1)^2 = 3^2 + 2 \cdot 3 + 1$	$= 16$
3	$(3+1)^3 = 3^3 + 3 \cdot 3^2 + 3 \cdot 3 + 1$	$= 64$
4	$(3+1)^4 = 3^4 + 4 \cdot 3^3 + 6 \cdot 3^2 + 4 \cdot 3 + 1$	$= 256$
5	$(3+1)^5 = 3^5 + 5 \cdot 3^4 + 10 \cdot 3^3 + 10 \cdot 3^2 + 5 \cdot 3 + 1$	$= 1024$

usw., vgl. die Zahlenangaben S. 60.

Beispiele mit lauter intermediären Bildungen sind nicht bekannt; die völlige oder angenäherte Dominanz ist eine so allgemeine Erscheinung, daß solche Beispiele wohl überhaupt nicht zu finden sind. Wo aber in einem Differenzpunkt bei der Heterozygote Intermediärbildung erfolgt, könnte dieser Punkt durch den Ausdruck $(1+2+1)$ in die Formel hineingehen. Das Spalten einer zweifachen Heterozygote Aa, Bb mit z. B. Bb als intermediär, würde $(3+1)(1+2+1) = (3+6)+3+(1+2)+1$ ergeben. Als Beispiel sei CORRENS' Hyoscyamus-Bastard erwähnt, welcher mit dunkelrot $\times$ nichtrot hellrot als F_1 ergab (S. 366). Da hier zugleich ein Differenzpunkt in Bezug auf Lebensdauer vorlag (die dunkelrote Rasse war zweijährig, die blasse war einjährig und zwar mit Dominanz der Zweijährigkeit), ist es nach dem Angeführten leicht zu sehen, was in F_2 pro 16 Individuen zu erwarten wäre:

25*

3 zweijährig und dunkelrot	}	9 zweijährig und rot
6 — — hellrot	}	
3 — — nichtrot		3 — — nichtrot
1 einjährig — dunkelrot	}	3 einjährig — rot
2 — — hellrot	}	
1 — — nichtrot		1 — — nichtrot

In diesem Falle, wie fast immer mit intermediären Farben, ist es leicht, alle — auch nur intermediär — gefärbten Individuen als „dominierend geprägt" in Rechnung zu führen; dies ist hier an der rechten Seite der Tabelle geschehen. Weiter auf die Formel für Spaltung bei teilweise intermediären Heterozygoten einzugehen, würde kein Interesse haben. Allgemein kann für Spaltung mit oder ohne Dominanz der Ausdruck $([^1/_4 + {}^2/_4] + {}^1/_4)^n$ als Norm der relativen Häufigkeit der verschiedenen Phaenotypen in der F_2-Generation gelten. Fälle, wo die Heterozygote qualitativ verschieden von den betreffenden zwei Homozygoten ist, werden wir später erwähnen.

IV.

In den Kreuzungsexperimenten sind solche Zahlenverhältnisse der relativen Häufigkeit verschiedener Phaenotypen der F_2-Generation nur dann realisiert, wenn die Eigenschaften oder genauer Eigenschaftsdifferenzen, welche beobachtet werden können, Differenzen je eines Genes (bezw. Art von Genen) entsprechen. Oder, mit anderen Worten: Wo relative Häufigkeiten des entwickelten Ausdrucks $(^3/_4 + {}^1/_4)^n$ bezw. $([^1/_4 + {}^2/_4] + {}^1/_4)^n$ vorkommen, haben wir im allgemeinen wohl das Recht, die betreffenden n-Eigenschaftsdifferenzen als durch je einen genotypischen Unterschied bedingt anzusehen.

Es sei gleich hier ein Beispiel angeführt. BAUR kreuzte zwei *Antirrhinum*-Rassen; die eine hatte pelorische Blüten, ganz rotgefärbt; die andere lippenförmige Blüten, mit gelben Lippen. F_1 wurde lippenförmig, ganz rot, ohne gelb in den Lippen. Es zeigte sich nun, daß F_1 in drei Punkten heterozygotisch war, nämlich (* bedeutet dominierende Eigenschaft):

Pelorisch — Lippenförmig*,
Rotgefärbt* — Nichtrot,
Nichtgelb — Gelb in den Lippen*;

denn F_2 bestand aus folgenden 8 Phaenotypen mit den relativen Häufigkeiten pro 64:

Lippenförmig*, ganz rot*, ohne Gelb* 27 (3*)
Lippenförmig*, ganz rot*, mit Gelb in der Lippe 9 (2*)
Lippenförmig*, nicht rot, ohne Gelb* 9 (2*)
Pelorisch, ganz rot*, ohne Gelb* . . . . · 9 (2*)
Lippenförmig*, nicht rot, mit Gelb in der Lippe 3 (1*)
Pelorisch, ganz rot*, mit Gelb in der Lippe . . . 3 (1*)
Pelorisch, ohne rot, ohne Gelb* 3 (1*)
Pelorisch, ohne rot, mit Gelb in der Lippe . . . 1 (0*)

Die absolute Anzahl ist dabei leider noch nicht publiziert.

Es versteht sich von selbst, daß die Zahlen des entwickelten Ausdrucks $(^3/_4 + ^1/_4)^n$ bezw. $([^1/_4 + ^2/_4] + ^1/_4)^n$ nur die selbständigen bei der Spaltung trennbaren Gene betrifft, also die eigentlichen Charaktereinheiten (*unit-characters* der Engländer) oder „Erbeinheiten". Und dabei ist wohl zu merken, daß es a priori gar nicht zu entscheiden ist, ob eine als „einfach" erscheinende Eigenschaft wirklich durch ein Gen bedingt ist oder erst durch Zusammenwirkung von mehreren Genen realisiert wird.

Es gibt Hühnervögel indischer Rassen, welche einen (nach der unregelmäßigen Form) sogenannten „Wallnußkamm" haben. Dieser Kamm macht bei Inspektion einen ebenso „einheitlichen" Eindruck, wie der sogenannte Rosenkamm oder Pfauenkamm anderer Rassen, ist aber, im Vergleich mit diesen, durch zwei Gene bedingt. Der Wallnußkamm wird nämlich durch gleichzeitige Anwesenheit derjenigen Gene bedingt, welche jede für sich Rosenkamm bezw. Pfauenkamm bedingen. Werden homozygotische Pfauenkamm- und Rosenkammrassen gekreuzt, so erhält F_1 Wallnußkamm. Rosenkamm und Pfauenkamm addieren sich sozusagen, Wallnußkamm „konstruierend". F_2 aber gibt nach BATESON dieses Bild: $^9/_{16}$ Wallnuß-, $^3/_{16}$ Rosen-, $^3/_{16}$ Pfauen- und $^1/_{16}$ Einfachkamm; nicht, wie man es vielleicht erwarten würde, $^1/_4$ Rosen-, $^2/_4$ Wallnuß- und $^1/_4$ Pfauenkamm. Und damit ist die Analyse des Falles gegeben. Es waren bei der hier erwähnten Kreuzung zwei Differenzpunkte vorhanden: die hier in Frage kommenden genotypischen Formeln der beiden reinen Rassen sind diese:

Rosenkammrasse . . . *RR, pp*
Pfauenkammrasse . . . *rr, PP*

wenn mit R der hier als Charaktereinheit auftretende „Rosenkamm", und mit P der hier als Charaktereinheit auftretende „Pfauenkamm" bezeichnet werden, während r bezw. p das „Fehlen" dieser Charaktere bezeichnet. Wo dieses „Fehlen" sich allein äußert, *rr, pp*, erhält man Einfachkamm. Dementsprechend hatte es sich schon in BATESON's früheren Versuchen gezeigt, daß Rosenkamm sowie Pfauen-kamm jeder für sich über Einfachkamm dominiert. Das Zahlen-verhältnis der F_2-Generation 9 : 3 : 3 : 1 hat hier also eine relative Analyse des Wallnußkammes ermöglicht.

Der Ausdruck „relative Analyse" ist hier am Platz, da offenbar die ganze Spaltungserscheinung von den Differenzen der Gene der beiden bei der Kreuzung beteiligten P-Formen abhängt. Wird z. B. eine homozygotische Wallnußkammrasse, (RR,PP), mit sagen wir einer homozygotischen Rosenkammrasse, (RR,pp), gekreuzt, so wird F_1 (RR,Pp) Wallnußkamm erhalten; F_2 aber wird in 3 Wallnuß- und 1 Rosenkamm gespalten sein, indem hier, wie leicht zu sehen ist, 1 RR,PP, 2 RR,Pp, und 1 RR,pp entstehen werden. Also bekommt man, rein unmittelbar gesehen, den Ein-druck, daß Wallnuß- über Rosenkamm dominiert. Dies ist eben auch eine relative Analyse des betreffenden Falles; aber eine weniger weit geführte Analyse als die soeben erwähnte und als die damit ganz übereinstimmende Analyse, welche durch die Kreuzung Wallnußkamm $\times$ Einfachkamm erhalten wird.

Was also bei einer Kreuzung als „Einzeleigenschaften" er-scheint (hier Wallnuß, z. B. gegenüber Rosen — oder gegenüber Pfauenkamm), kann bei anderen Kreuzungen sich als komplizierte Sache erweisen. Die Relativität unserer ganzen Bastardanalyse wird dadurch augenfällig.

Was bei einer Kreuzung in den beiden zur F_1-Bildung zu-sammentretenden Gameten vorhanden ist, wird nach der „Spaltung" des Bastardes natürlicherweise auch in allen F_2-bildenden Gameten vorhanden sein und wird darum nicht in Einheiten analysiert. In den soeben hier erwähnten Beispielen erscheint Einfachkamm als eine sozusagen rein negative Eigenschaft, durch Abwesenheit anderer Charaktere bestimmt. Wahrscheinlich ist dies nur eine Folge davon, daß diesbezügliche Gene (vielleicht sogar eine ganze Serie von Kammbildungsfaktoren) bei allen fraglichen Rassen vorhanden sind. Geben wir Einfachkamm in aller Kürze die genotypische Be-zeichnung E, so können wir uns die vier hier in Frage kommen-den homozygotischen Fälle derart bezeichnen:

Wallnußkammrasse	RR,PP,EE
Rosenkammrasse	RR,pp,EE
Pfauenkammrasse	rr,PP,EE
Einfachkammrasse	rr,pp,EE

Damit wäre aber eigentlich gar nichts erreicht, was nicht auch mit Weglassen des Buchstaben E schon gewonnen wäre. Und das Überflüssige ist hier erst recht im Wege. Viel eher sollte man stets X in allen Formeln mitnehmen, wie schon früher gesagt worden ist.

———

Sehr viele „Eigenschaften" zeigen sich überhaupt nur, wenn zwei oder mehrere differente Gene vereinigt sind, während wir hier bei dem Kammbeispiel immerhin zwischen den isolierten Komponenten des Wallnußkammes, Rosen- und Pfauenkamm, unterscheiden können. Ist von zwei Komponenten die Rede, und ist Dominanz (oder bloß angenäherte Dominanz) vorhanden, so haben wir die drei Möglichkeiten

$$\text{I. } 9:3:3:1$$
$$\text{II. } 9:3:4 \quad \text{und}$$
$$\text{III. } 9:7$$

als Verhältniszahlen, je nachdem jede der beiden Komponenten oder nur die eine Komponente oder aber keine der Komponenten für sich allein zu spüren ist. Die erste Möglichkeit haben wir schon mit Wallnußkamm als Beispiel diskutiert; das Verhältnis $9:3:3:1$ wurde überhaupt schon genügend in Betrachtung gezogen. Die beiden anderen Zahlenverhältnisse waren, als sie entdeckt wurden, schwieriger zu verstehen und wir verdanken wohl zuerst Correns und bald darauf Cuénot die Klärung solcher Fälle. Sehr häufig findet man gewöhnliches einfaches Mendel'sches Spalten in F_2 nach Kreuzung gefärbter und albiner Tiere, z. B. Mäusen, Kaninchen u. a. m., also gefärbt $\times$ ungefärbt gibt F_1 : gefärbt; und F_2 enthält 3 gefärbt : 1 ungefärbt. Cuénot fand aber Beispiele dieses Verhältnisses:

$$\overbrace{\text{Graue Maus} \times \text{Albino}}$$

F_1 . . . . . . Grau
F_2 . . $^9/_{16}$ Grau, $^3/_{16}$ Schwarz, $^4/_{16}$ Albino.

Es sind hier also zwei Unterschiede vorhanden; F_1 war zweifach heterozygotisch. Das Grau wird hier durch Schwarz und einen „modifizierenden" Faktor bestimmt, und diese beiden Dinge sind trennbar, also selbständig. Der „modifizierende" Faktor kann sich aber, wo Farbe (Schwarz) nicht vorhanden ist, gar nicht äußern, darum erhält man $^4/_{16}$ Albinos; nämlich $^3/_{16}$ mit und $^1/_{16}$ ohne „modifizierenden" Faktor. Diese Sachlage ließ sich durch weitere Kreuzung der verschiedenen Albinos mit schwarzen Mäusen näher konstatieren.[1])

Als Beispiel des Zahlenverhältnisses 9 : 7 sei zunächst die Angabe von Miß SAUNDERS angeführt, daß gegenseitige Kreuzung gewisser weißer und crêmefarbiger Levkojenrassen, mit ungefärbtem Zellsaft in den Blüten, stets eine F_1-Generation mit (rot- oder blau-) gefärbtem Zellsaft der Blüten gab. Und die F_2-Generation zeigte hier 9 saftgefärbte : 7 nicht saftgefärbte (weiße und crêmefarbige) Individuen. Es wurden nämlich auf 223 Individuen 128 saftgefärbte und 95 saftfarblose gefunden (theoretisch 126 : 98 = 9 : 7). Dieses besagt, daß die betreffende rote (bezw. blaue) Saftfarbe durch zwei verschiedene selbständige Faktoren bedingt war; jede der P-Formen besaß nur einen dieser Faktoren, welcher isoliert keine Färbung bedingt. Die Farbe des Saftes ist eben hier eine komplexe Erscheinung. Die 7 Individuen ohne Saftfarbe verteilen sich derart, daß 3 crêmefarbige mit dem einen Faktor für Saftfarbe auf 4 weiße vorkommen, und von diesen waren die drei mit dem anderen Faktor für Saftfarbe versehen, die 1 ohne beide Faktoren. Hier ist also deutlich die Reihe 9 : 3 : 3 : 1 zu rekonstruieren.

Viel schwieriger war das Verhalten der Filzhaarigkeit bei Levkojenrassen in Miß SAUNDERS' Versuchen zu klären. Als Beispiel sei angeführt, daß zwei nicht filzhaarige (glatte) Rassen, bezw. crêmefarbig und weiß blühend, als Kreuzungsprodukt filzhaarige, saftgefärbte F_1-Generation ergab. F_2 wurde hier durch 9 filzhaarige und saftgefärbte : 7 glatte und saftfarblose Individuen charakterisiert. Auf den ersten Blick denkt man an eine Korrelation zwischen Farbe und Filzhaarigkeit; und in den hier in Frage kommenden Levkojenrassen trifft auch Filzhaarigkeit nie mit Saftfarblosigkeit zusammen. Durch umfassende, mühsame Versuche gelang es der ausgezeichneten Forscherin, hier Klarheit zu erhalten:

---

[1]) Das „Schwarz" mag dabei aber selbst wieder kompliziert sein, etwa durch Anwesenheit eines „Chromogens" und eines Chromogen zu Farbstoff umbildenden „reagierenden" Faktors bedingt sein. Chromogen kann z. B. sehr wohl in Albinos (bezw. in farblosen Blüten) anwesend sein; es fehlt aber alsdann ein „reagierender" Faktor. Nur planmäßig durchgeführte Kreuzungen geben allmählich vollständigere Analysen der genotypischen Grundlage der betreffenden Organismen: stets aber dreht es sich eben um die Unterschiede der betreffenden speziellen P-Formen; wir haben immer nur relative Analysen!

Filzhaarigkeit fordert drei selbständige Faktoren, nämlich sowohl die beiden für Saftfarbigkeit nötigen Faktoren, welche oben erwähnt wurden, als auch einen dritten Faktor. Bezeichnen wir die beiden Saftfarbefaktoren mit C und R (an „Chromogen" und „Reagens" denkend) sowie deren Abwesenheit mit c und r, während wir mit H (bezw. h) den dritten Faktor („Haare" betreffend) bezeichnen, dann sind zwei Fälle möglich. Ist der Faktor H in beiden sich kreuzenden Rassen vorhanden, also z. B. $CC,rr,HH \times cc,RR,HH$, so wird F_1 Cc,Rr,HH sein. Hier ist F_1 also nur zweifach-heterozygotisch, und F_2 muß demnach, den früheren Auseinandersetzungen zufolge, $(3+1)^2 = 3^2 + 2 \cdot 3 + 1$ entsprechend, 9 filzhaarige zu 7 glatten ergeben, indem „filzhaarig" beide Saftfarbenfaktoren C und R neben dem hier stets homozygotisch anwesenden H voraussetzt.

Ist der Faktor H aber nur einseitig vorhanden, so wird F_1 dreifach-heterozygotisch, nämlich Cc,Rr,Hh und wir haben alsdann mit $(3+1)^3 = 3^3 + 3 \cdot 3^2 + 3 \cdot 3 + 1$ zu operieren, um die relative Häufigkeit der Filzigkeit vorauszusagen. Indem diese Eigenschaft die gleichzeitige Anwesenheit von den drei Faktoren C, R und H voraussetzt, würde sich hier das Verhältnis 27 filzhaarig : 37 glatt herausstellen; von den 37 glatten wären aber 9 saftgefärbt (C,R,h), die übrigen 28 (9 C,r,H, 9 c,R,H, 3 C,r,h, 3 c,R,h, 3 c,r,H und 1 c,r,h) wären glatt und saftfarblos. Also würden wir hier das Verhalten 27 filzhaarige und saftgefärbte : 9 glatten und saftgefärbten : 28 glatten und saftfarblosen haben. Alle solche Zahlenverhältnisse sind ja nach der Erforschung leicht einzusehen; bis aber die Analyse durchgeführt ist, können die betreffenden Fälle sehr große Schwierigkeiten darbieten, auch weil die beobachteten relativen Häufigkeiten mehr oder weniger von den genauen theoretischen Zahlen abweichen müssen, wie überall bei alternativer Variabilität. Bei den Levkojen ist übrigens nach BATESON's, Miss SAUNDERS', CORRENS' und TSCHERMAK's Arbeiten viel größere Komplikation in Bezug auf Farben vorhanden, als hier berücksichtigt werden konnte.

Eine stattliche Reihe von Forschern aller Nationen haben im Laufe der letzten Jahre durch eingehende Spezialuntersuchungen eine Fülle von solchen Fällen beleuchtet, so z. B. DAVENPORT, SHULL, Miss WHELDALE, CASTLE, LOCK, DARBISHIRE, GUAITA und viele andere. Dadurch haben sich die Beispiele komplexer MENDEL'scher Spaltungen außerordentlich vermehrt, und es wird klarer und klarer, daß es unmöglich ist, bei bloßer Inspektion zu entscheiden, was „Einzeleigenschaft" genannt werden soll oder nicht. Wie hier schon öfters gesagt wurde, ist die Kreuzungsanalyse nur eine relative; viele vermeintlich einfache Eigenschaften haben sich als komplex gezeigt, und es ist eigentlich, wie es Baur sehr richtig pointiert, irrelevant, von Einzeleigenschaften überhaupt zu reden. Die Gene, die „Erbeinheiten", sind die Einheiten, womit man bei den Erblichkeitsstudien zu operieren hat; die in Erscheinung tretenden Eigenschaften sind eben nur Reaktionen dieser Einheiten in der gegebenen Kombination und bei gegebener Lebenslage.

Dabei ist es aber schon jetzt ganz unverkennbar, wie das schon aus den Listen der S. 380 u. 381 hervorgeht, daß die hier in Frage kommenden Einheiten, also die Gene, nicht bestimmte Organe oder Gewebekomplexe betreffen, sondern ihren Einfluß sozusagen diffus über den ganzen betreffenden Organismus geltend machen können. Der Mendelismus steht hier in dem schroffsten Gegensatz zu Weismann's betreffenden Auffassungen, die sich eben als unrichtig erwiesen haben, vgl. auch S. 320.

Wo Abweichungen von schon bekannten Mendel'schen Zahlen vorkommen, ist es im voraus nicht leicht zu entscheiden, ob in dem gegebenen Falle eine noch nicht erkannte Kombination verschiedener Faktoren vorliegt, oder ob wirkliche Ausnahmen von den Mendel'schen Spaltungsregeln vorliegen. In der nächsten Vorlesung werden wir darauf zurückkommen.

Hier müssen wir nur noch einige Sonderfälle berücksichtigen, welche sich als mit dem Mendel schen Schema übereinstimmend gezeigt haben. Wood in Cambridge kreuzte die gänzlich hornlose Schafrasse „Hornless Suffolk" mit der bei beiden Geschlechtern gehörnten Rasse „Dorset Horn". Das Resultat in F_1 war gehörnte ♂ und hornlose ♀. In ♂ also Dominanz der Hornigkeit, in ♀ Dominanz der Hornlosigkeit. Die F_2-Generation gab damit übereinstimmend für ♀ 3 hornlos: 1 gehörnt, für ♂ 3 gehörnt: 1 hornlos. Homozygotisch gehörnt oder ungehörnt läßt sich also nicht von den betreffenden Geschlechtscharakteren unterdrücken. Auf die Faktoren, welche das Geschlecht des Individuums bestimmten, kann hier nicht eingegangen werden, nur sei auf die sehr wichtigen diesbezüglichen Untersuchungen besonders von Correns und von Doncaster hingewiesen, welche zeigen, daß die Geschlechtsbestimmung in den untersuchten Fällen bei Grundlage der Zygote schon bestimmt ist. Die feineren Verhältnisse in Bezug auf „mendeln" der betreffenden Faktoren sind wohl nicht überall identisch und müssen erst durch weitere Forschungen näher geklärt werden.

V.

Aus dem in dieser Vorlesung schon Mitgeteilten geht klar hervor, daß die Auffassung einer Typenverschiebung im Sinne der älteren, in diesen Vorlesungen stets bekämpften Selektionslehre, mit dem Mendelismus nicht im Einklange steht. Ja eine, man könnte sagen „stillschweigende“, Voraussetzung des Mendelismus ist eben die Auffassung genotypischer Festheit, wie sie hier stets behauptet worden ist. Für alle MENDEL'schen Fälle muß Selektion insofern irrelevant sein, als alles auf die Gene der Gameten bezw. der Zygote ankommt, während die persönliche Beschaffenheit des zeugenden Organismus höchstens nur eine sekundäre Bedeutung hat, etwa als Vermittler „falscher“ Erblichkeit, vgl. S. 341, 352 u. a.

Es ist ganz deutlich zu sehen, daß ein Forscher wie BATESON durch die Kreuzungsanalyse dazu geführt worden ist, sich der Selektion gegenüber in ganz anderer ablehnender Weise zu äußern, als es vor Wiederentdeckung der MENDEL'schen Regeln geschah. Gelegenheit dazu gab seine Klarlegung der Natur der sogenannten blauen Andalusierhühner. Diese sind heterozygotischer Beschaffenheit, indem sie durch Kreuzung einer bestimmten schwarzen Rasse mit einer weißen, schwarzfleckigen Rasse entstehen; und sie zeigen die einfachste Art der MENDEL'schen Spaltung. F_2 besteht nämlich aus $^1/_4$ schwarzen, $^2/_4$ Andalusier und $^1/_4$ weißen, sparsam schwarzgefleckten Tieren. Hier hilft eben Selektion von Andalusiern nicht, sie bilden immer gemischte Nachkommen; als heterozygotisch bedingt können die Andalusier nicht „konstant“ gezüchtet werden. Wie BATESON es schon betont hat: „Selektion wird niemals die blauen Andalusier konstant machen können; eine solche Konstanz könnte nur dadurch erfolgen, daß ein blaues Tier entstände, dessen Gameten alle selbst den „blauen Charakter“ trügen; ob dies möglich ist oder nicht, ist eine Frage für sich. Falls der Selektionist nur über diese Erfahrung nachdenkt, wird er direkt ins Zentrum unseres Problems geleitet; es werden ihm sozusagen Schuppen von den Augen fallen, und mit einem Schlage wird er die wahre Meinung von Typenfestheit, Variabilität und Mutation sehen, welche nicht mehr luftige Mysterien sind.“

Die genotypische Festheit reiner Linien einerseits und die MENDEL'schen Fälle andererseits supplieren einander in der schönsten Weise und geben einander gegenseitig eine Bestätigung und Stütze als wichtige Grundlagen für sachgemäße Auffassungen des Wesens der Erblichkeitserscheinungen.

Da die „Andalusier" als „heterozygotische Konstruktion" aufzufassen sind, die eben nur heterozygotisch existiert, und darum auch am rationellsten von den Züchtern jedesmal durch Kreuzung produziert werden sollte, ist es vielleicht hier am Platze, weitere Beispiele solcher Fälle anzuführen. Es ist klar, daß ein Charakter, welcher nur heterozygotisch möglich ist, als maximale Häufigkeit $^2/_4$ hat, wie aus dem Schema $^1/_4\,AA + {}^2/_4\,Aa + {}^1/_4\,aa = {}^2/_4$ Heterozygoten $+\,^2/_4$ Homozygoten ersichtlich.

Im Anschluß an die S. 391 gegebenen Zahlenbeispiele — die Spaltung zweifacher Heterozygoten betreffend — seien folgende Schemata gegeben für Verteilungsformen der F_2-Generation, wenn Komplikation mit dem hier in Frage kommenden Falle vorliegt. Mit kursivierten Zahlen sind die Gruppen der hier interessierenden speziellen Heterozygoten bezeichnet:

I. $(9:3:3:1)\,(2:2) = 18:18:6:6:6:6:2:2$

II. $(9:3:4)$ $(2:2) = 18:18:6:6:8:8$ oder eventuell:
 $= 18:18:6:6:16$

III. $(9:7)$ $(2:2) = 18:18:14:14$ oder eventuell:
 $= 18:18:28$

nämlich je nachdem der in Frage kommende neue „heterozygotische" Charakter im Stande ist, sich allein zu äußern, oder dies nur bei Anwesenheit bestimmter anderer Gene tun kann.

Es würde zu weit führen, für alle diese Möglichkeiten spezielle Beispiele anzuführen. Hier sei zunächst nur eine Angabe von Shull erwähnt. Es wurde eine weiße Bohnenrasse mit gelben (braunen) gekreuzt; dadurch ergaben sich als F_1 Pflanzen mit purpurfarbigen und dunkel geflekten Bohnen. F_2 aber bestand aus Pflanzen fünf verschiedener Typen in Bezug auf Farbe und Muster der Samenschalen. Die folgende Tabelle zeigt dies:

Phaenotypen in F_2	Häufigkeit des Vorkommens			
	absolut	gefunden pro 64	Erwartet pro 64	
Purpurfarbig und gefleckt	287	18,24	$18 + 0,91$	36
Schwarz (tiefpurpur), ohne Flecken	273	17,35	$18 + 0,91$	
Gelb (braun) und gefleckt	79	5,02	$6 + 0,59$	12
Gelb (braun), ohne Flecken	109	6,92	$6 + 0,59$	
Weiß (wo Flecke ja nicht zu sehen sind)	259	16,47	$16 + 0,87$	16

Es wurden im ganzen 1007 Pflanzen der F_2-Generation hier

untersucht[1]); diese Anzahl ist für die Berechnung des mittleren Fehlers der zu erwartenden Zahlen benutzt; wie es in der folgenden Vorlesung noch näher zu beleuchten ist (vgl. S. 405). Wie man sieht, stimmt das Gefundene mit den zu erwartenden genügend überein. Die Klassifikation der gelben (braunen) Bohnen mit und ohne Flecken ist offenbar nicht immer ganz leicht gewesen — wie es bei feuchtem Erntewetter stets der Fall ist —, für die betreffenden Klassen ist wohl darum die Abweichung von der „Theorie" am größten; zusammengeschlagen geben die Klassen aber 11,92 gegen theoretisch 12 pro 64.

Wie Shull mit Recht betont, ist die Erklärung des Zahlenverhältnisses $18:18:6:6:16$ in diesem Falle die, daß der Charakter „gefleckt" hier nur heterozygotisch realisierbar war; weitere Prüfung der F_3-Generation zeigte dies unzweideutig. Die letzte Kolonne der obigen Tabelle zeigt, durch Vereinigung der hier in Frage kommenden Gruppen, die Zahlen $36:12:16 = 9:3:4$. Wir haben sodann hier ein Beispiel des oben sub II aufgestellten Falles $(9:3:4)\,(2:2)$.

Daß in sehr vielen anderen Fällen Fleckigkeit ein auch homozygotisch auftretender Charakter ist, geht aus zahlreichen Kreuzungen, besonders aus Tschermak's vielen schönen Experimenten hervor; das Geflecktsein ist bei Bohnen wohl am häufigsten ein dominierender Faktor. Der hier erwähnte Shull'sche Fall erinnert an die Andalusierhühner, insofern die in Frage kommende charakteristische Beschaffenheit nur heterozygotisch realisierbar ist.

Bei diesen Hühnern aber sehen die beiden parentalen Homozygoten (schwarze und weiße, vgl. S. 395) ganz verschieden aus; hier ist sodann das für F_2 geltende Zahlenverhältnis nicht als $2:2$, sondern als $1:2:1$ in Rechnung zu führen. Denken wir uns nun etwa die schwarze Rasse mit homozygotischem Rosenkamm versehen, während die weiße Rasse mit homozygotischem Pfauenkamm versehen sei[2]), und lassen wir die Rassen sich dann kreuzen, so können wir uns vorstellen, daß die Bastarde, F_1, Andalusier mit Wallnußkamm werden. Nach dem schon S. 390 ff. über diese Kammform Gesagten sehen wir ein, daß dieses Kombinationsschema:
$$(9:3:3:1)\,(1:2:1)$$
hier die Grundlage zum Verständnis der Beschaffenheit von F_2 gibt.

---

[1]) Vgl. die Noten zu dieser Vorlesung.
[2]) Ob dies ausführbar ist, lassen wir dahingestellt sein; hier haben wir nur ein Gedankenexperiment vor.

Es wären nämlich diese relativen Häufigkeiten der verschiedenen Phaenotypen zu erwarten:

$$[9:18:9]:[3:6:3]:[3:6:3]:[1:2:1],$$

oder, mit Beschreibung spezifiziert:

Mit Wallnußkamm: 9 Schwarz, *18* Andalusier, 9 Weiß
„ Rosenkamm: 3 „ *6* „ 3 „
„ Pfauenkamm: 3 „ *6* „ 3 „
und „ Einfachkamm: 1 „ *2* „ 1 „

Dies wäre ein Beispiel des oben sub I erwähnten Falles, nur darin abweichend, daß die heterozygotische Komplikation hier als $(1:2:1)$ eintritt, statt als $(2:2)$; vgl. auch S. 388.

Haben wir hier Beispiele nur heterozygotisch realisierter „Konstruktionen" erwähnt, so geht es wohl zur Genüge aus den gegebenen Kombinationsschemen und experimentellen Beispielen hervor, daß „homozygotische Konstruktionen" oft realisiert werden. Um die Gedanken an einem bestimmten Beispiel festzuhalten, sei wiederum an die Bildung des Wallnußkammes gedacht. Bei der Kreuzung Rosenkamm $\times$ Pfauenkamm entsteht Wallnußkamm, selbstverständlich zunächst heterozygotisch in F_1, aber in F_2 erhält man pro 16 Individuen je ein homozygotisches („konstantes") Individuum, *RR*, *PP*, wie aus den Angaben S. 389 zu verstehen ist. Das Wesen des Wallnußkamms ist also nicht an sich heterozygotisch wie das Wesen des Andalusiercharakters und des Geflecktseins in Shull's Beispiel.

In ganz entsprechender Weise wie beim Wallnußkamm können sehr viele früher nicht vereinigte Gene durch Kreuzung und passende Isolation aus der F_2- bezw. F_3-Generation in feste, homozygotische Vereinigung gebracht werden. Solche, durch Kreuzung erhaltene Homozygoten sind sachgemäß nicht mehr „Bastarde" zu nennen, sie sind Ausgangspunkte für neue „reine Rassen". Rassenreinheit bedeutet eben homozygotische Natur in denjenigen Punkten, welche die Rassencharaktere ausmachen.

Die Lamarckistische bezw. Neo-Lamarckistische Auffassung einer durch „Anpassung" oder „direkte Bewirkung" allmählich vorgehenden Typenverschiebung der Organismen steht eigentlich zum Mendelismus in ganz ähnlichem Verhältnis, wie die selektionistische Auffassung einer Typenverschiebung kontinuierlicher Art es tut. Aus der zwanzigsten und einundzwanzigsten Vorlesung wird dies genügend klar hervortreten. An dieser Stelle aber können wir, im Anschluß an das schon S. 359 Gesagte, auf das durch Kreuzung ermöglichte

Kombinieren sehr verschiedener Eigenschaften anscheinend recht speziell adaptiver Natur hinweisen. Wir brauchen nur an BIFFEN's schöne Arbeiten zu denken, bei welchen vermeintlich adaptive Charaktere wie Immunität mit anderen, ebenso vermeintlich adaptiven Charakteren wie Grannenlosigkeit — oder gerade Begranntsein — usw. ganz frei kombiniert werden können, derart, daß vermeintliche Adaptionen an verschiedene Lebenslagen bei einem Individuum vereint werden, bezw. daß Vollgeschwister der F_2-Generationen höchst verschiedene Kombinationen von allerlei Adaptionscharakteren zeigen. Überhaupt sind schon alle Abspaltungserscheinungen, seien sie nun Folgen einer eigentlichen Kreuzung oder nicht, ebensowenig für den Lamarckismus günstig als für die selektionistische Auffassung kontinuierlicher Typenverschiebungen.

Soviel über die relativ einfacheren Erscheinungen der sogenannten MENDEL'schen Bastarde und die daraus zu ziehenden Konsequenzen; in der folgenden Vorlesung werden wir abweichenden Verhältnissen und verschiedenen schwierigeren Problemen näher treten müssen. Der Mendelismus hat schon sehr viel geklärt, was früher dunkel war — aber gleichzeitig neue Probleme hervorgerufen. Das aber ist für seine wissenschaftliche Bedeutung ein Zeichen allerbester Art.

Dreiunдzwanzigste Vorlesung.

Kompliziertere Fälle bei den Bastarden. Prüfung der Zahlenverhältnisse.
Latenz. Korrelationen und nicht-MENDEL'sche Erscheinungen. Pfropfbastarde
und „Chimären". Telegonie und Xenien. Rückblick.

I.

Die sogenannten „Spaltungserscheinungen" bei den Bastarden
nahmen in der vorigen Vorlesung unsere Aufmerksamkeit so stark
in Anspruch, daß wir viel zu rasch über die Beschaffenheit der F_1-
Individuen hinweggingen. Jetzt müssen wir das Versäumte nach-
holen, bevor wir schwierigere Fälle der F_2-Generation betrachten.
Zunächst sei bemerkt, daß die direkten Bastarde, F_1, oft in Bezug
auf Fruchtbarkeit den P-Formen ganz wesentlich nachstehen, eine
Sache, die in dem weiteren Studium große Schwierigkeiten machen
kann. TISCHLER hat durch sehr eingehende Forschungen diese teilweise
bezw. völlige Sterilität verschiedener hybriden Pflanzen cytologisch
näher untersucht; hier können wir auf diese sehr lehrreichen Untersuchungen aber nicht näher eingehen. Es sind ganz besonders oft
die Pollenkörner der hybriden Pflanzen, welche „taub" sind, während
die Samenknospen weit weniger in Mitleidenschaft gezogen werden.
Dabei ist es eine praktische Erfahrung, die durch WETTSTEIN's
Studien über Sempervivumbastarde bestätigt worden ist, daß die
Fertilität ursprünglich sehr wenig fruchtbarer Pflanzenbastarde im
Laufe der Generationen bezw. durch geänderte Lebenslage zunehmen
kann. In allen diesen Verhältnissen lassen sich aber nicht kurzgefaßte
Übersichten und Regeln geben. Im großen Ganzen sind die MENDEL-
schen Bastarde (d. h. solche, die die Spaltungserscheinungen zeigen)
in ihrer Fertilität nicht unüberbrückbar von den P-Formen verschieden.

Indem wir die nicht-MENDEL'schen Bastarde erst weiter unten
erwähnen werden, sei hier zunächst nur der F_1-Generation MENDEL-
scher Bastarde gedacht. Es wurde in der vorigen Vorlesung gesagt,
die „Einzeleigenschaften", in Bezug auf welche Differenzen zwischen

den *P*-Formen vorhanden sind, könnten Dominanz bezw. intermediäres Verhalten zeigen, oder aber zu Neukonstruktionen
führen. Es finden sich nun aber verschiedene Unregelmäßigkeiten,
die sich meistens unter zwei Kategorien einreihen lassen, nämlich
zeitlich wechselnde Dominanz und Mosaikbildung.

Als Beispiel zeitlich wechselnder Dominanz können Lang's Erfahrungen mit Schnecken angeführt werden: Gewöhnlich dominiert
sowohl bei *Helix hortensis*- als *H. nemoralis*-Varietätsbastarden rote
Farbe des Gehäuses über gelb, wiederholt aber hat Lang gefunden,
daß in Individuen der F_1-Generation der Kreuzung gelb $\times$ rot (oder
braun) „zuerst die gelbe Farbe dominiert, d. h. die frühen Jugend-
stadien und dementsprechend die apikalen Windungen des Gehäuses
aller Individuen gelb sind. Erst bei weiterem Wachstum tritt allmählich die rote resp. braune Farbe hervor, um auf dem letzten
Umgang zu derselben vollen Ausprägung wie beim rot- resp. braun-
gefärbten Elter zu gelangen — ein hochinteressantes, schönes Beispiel von wandelbarer Dominanz während der individuellen Entwicklung eines Organismus, besonders schön deshalb, weil man das
Phaenomen noch an der erwachsenen Schale zu jeder Zeit leicht
demonstrieren kann." Nach Giard soll übrigens bei Vögeln sowie
bei Insekten der Fall recht allgemein vorkommen, daß junge Tiere
der F_1-Generation (oder überhaupt heterozygotischer Natur) ganz
wie die Jungen der einen *P*-Form aussehen, während sie als erwachsene der anderen *P*-Form mehr ähneln.

Als Beispiele von Mosaikbildung sind die Resultate verschiedener pflanzen-anatomischer Untersuchungen zu nennen, vor
allem Millardet's Angaben, daß *Vitis*-Bastarde an den Blättern
Spaltöffnungen haben, welche teils intermediäre Formen, teils aber
die Formen der reinen *P*-Formen zeigen. Ferner findet man bei
Datura-Bastarden, wo meistens Stacheligkeit über glatte Oberfläche
dominiert, Früchte mit stellenweise glatter Oberfläche usw. Auch
kommen z. B. bei Tieren verschiedenfarbige Augen vor und wer
kennt nicht Menschen mit einem blauen und einem braunen Auge?
Überhaupt sind die F_1-Individuen oft sehr variabel in Bezug auf
die Deutlichkeit des Auftretens der von den *P*-Formen stammenden
Charaktere, ohne daß diese Variabilität Ausdruck genotypischer
Differenzen ist. Mosaikbildung mag in vielen Fällen übrigens auf
Spaltung vegetativer Natur beruhen, worüber erst später die Rede
sein kann. Es muß aber betont werden, daß Streifung, Geflecktsein u. a. Musterungen sowohl bei Pflanzen als Tieren meistens

gar nichts mit Mosaikbildung in dem hier erwähnten Sinne zu tun haben, sondern Ausdrücke besonderer Gene, und demnach auch homozygotisch feste Charaktere sind; solche Charaktere müssen von Fall zu Fall geprüft werden (vgl. SHULL's Fall S. 396).

Gewissermaßen eine Mittelstellung zwischen zeitlich wandelbarer Dominanz und Mosaikbildung haben die vielen Fälle, wo die Dominanz unregelmäßig ist, indem bei einem F_1-Individuum eine Eigenschaft dominiert, welche bei einem anderen rezessiv ist. So z. B. ist die überzählige Zehe der Hühnervögel meistens eine über die normale Vierzahl dominierende Eigenschaft, nicht aber bei allen Individuen. Alle solche Unregelmäßigkeiten in der F_1-Generation haben aber relativ weniger Interesse als das Verhalten der F_2-Generation; und BATESON betont, daß einige solcher Unregelmäßigkeiten vielleicht darauf zurückzuführen sind, daß die P-Formen nicht genotypisch rein gewesen sind.

———

Eine äußerst wichtige Frage ist die, ob die in der Heterozygote zusammengebrachten Gene bei der späteren Gametenbildung r e i n von einander getrennt werden können oder ob die Trennung sozusagen eine u n r e i n e ist, etwa in der Weise, daß größere oder geringere Spuren von Genen als „Verunreinigung" in Gameten auftreten können, welche eigentlich von diesen Genen ganz frei hätten sein sollen.

Für die Vertreter der Lehre einer kontinuierlichen Typenverschiebung, wie sie besonders durch die biometrische Schule in System gesetzt worden ist, mußte die Wiederentdeckung der MENDELschen Gesetze im höchsten Grade mißliebig sein; und es ist völlig berechtigt, daß die Biometriker sich äußerst skeptisch zum Mendelismus gestellt haben. Es ist in dieser Beziehung sehr lehrreich zu sehen, wie der Oxforder Zoologe WELDON in besonderen Schriften ganz energisch und anscheinend mit guter Motivierung gegen MENDEL's Auffassung auftrat. Sogar in Bezug auf eins der klassischen Beispiele MENDEL's wurde behauptet, daß unreine Abspaltung Regel sei, nämlich in Bezug auf die grüne bezw. gelbe Farbe der reifen Erbsenembryonen. In diesem Punkte war aber WELDON wenig glücklich, denn seine Erbsenrasse (Telephon-Erbse) hat die hier sehr fatale Eigenschaft, daß die grüne Farbe der reifen Embryonen äußerst leicht durch Sonnenlicht u. a. Einflüsse teilweise gebleicht werden, welches dem mit solchen Objekten nicht vertrauten Beobachter leicht den ganz unrichtigen Eindruck gibt, es sei keine scharfe Grenze zwischen typisch gelben und typisch grünen Embryonen vorhanden. Dieser Umstand ist jetzt nicht mehr als Fehlerquelle möglich; solche Fälle kommen übrigens auch bei Bohnen vor. WELDON's Skepsis war aber a priori durchaus nicht unberechtigt und hat ihre Bedeutung darin gehabt, daß man die Beobachtungen exakter und zahlreicher anstellt, um darüber klar zu werden, inwieweit die Abspaltung wirklich „rein" erfolgt oder nicht.

Vor allem ist hier eine Hauptfrage diese: Sind die MENDELschen Kombinationsreihen 3 : 1; 9 : 3 : 3 : 1 usw. überhaupt exakt realisiert, oder sind die gefundenen Zahlenverhältnisse nur grobe Annäherungen an diese Formeln. Im ersten Falle könnte schon von reiner Abspaltung die Rede sein, im zweiten Falle aber wäre die Sache immerhin zweifelhaft.

Jedenfalls ist es nötig, diese Zahlenverhältnisse „zahlenkritisch" zu behandeln, um darüber Klarheit zu bekommen, ob gegebenenfalls die Voraussetzungen einer reinen Abspaltung vorhanden sind. Und ferner ist es auch richtig, die zulässigen Spielräume beim Vergleich der beobachteten mit den theoretisch zu erwartenden Zahlenverhältnissen festzustellen. Meistens nehmen die experimentierenden Biologen nicht genügend Rücksicht auf die Forderungen der elementarsten Zahlentechnik. Darum wird es wohl praktisch sein, hier dieser Sache ein wenig Aufmerksamkeit zu schenken.

Es dreht sich in diesen Fällen um alternative Variabilität. Schon in der vierten Vorlesung wurden Formeln für die Standardabweichungen ermittelt. Hier ist es praktisch, an den Ausdruck $\sigma = \dfrac{\sqrt{p_0 \cdot p_1}}{n}$ anzuknüpfen, vgl. S. 57. Wo mehrere Alternativen vorkommen, ist, wie schon S. 59 gesagt wurde, immer je eine Alternative gegen die Summe aller anderen aufzustellen.

Sodann haben wir für den Fall 3 : 1 die Standardabweichung $\sigma = \dfrac{\sqrt{3 \cdot 1}}{4} = \dfrac{\pm 1,7321}{4} = \pm 0,4330$. Die Standardabweichung ist ein das „durchschnittliche Einzelindividuum" betreffender Ausdruck. $\sigma = \pm 0,4330$ gilt also für die Individueneinheit, d. h. „pro 1". Bequemer ist es in sehr vielen Fällen, die Standardabweichung in Hundertsteln, also in Prozenten anzugeben (vgl. S. 54); hier also, statt $\sigma = 0,4330$, $\sigma = 43,30$ Prozent.

Für den hier vorliegenden Zweck ist es aber viel praktischer, die Standardabweichung nicht in Prozenten, sondern in Bruchteilen der Gesamtanzahl möglicher Kombinationen anzugeben; in dem speziellen Beispiel 3 : 1 also als Bruchteil von 4. Somit haben wir hier $\sigma = 0{,}4330$ „pro 1" oder 43,30 Prozent, oder aber 1,7321 Viertel („pro 4").

Daß dies praktisch ist, wird leicht eingesehen, wenn wir daran gehen, den mittleren Fehler bei einer Beobachtungsreihe Mendel'scher Spaltung zu bestimmen. Hat man etwa 100 Individuen beobachtet, so wird der mittlere Fehler des Mittelwertes, wie S. 82 nachzuschlagen ist, $m = \sigma : \sqrt{100}$. Nun sind wir gewohnt, auch den Mittelwert bei alternativer Variabilität als relative Häufigkeit oder in Prozenten anzugeben, vgl. S. 54—55. Selbstverständlich können wir aber den Mittelwert auch in Vierteln angeben. Sagen wir, es hätte die Untersuchung der 100 Individuen 75 gelbe (und 25 nichtgelbe) Erbsen gegeben, so haben wir für den Mittelwert (mit gelb als Zutreffen), und ferner für die Standardabweichung und den Mittelfehler bei diesem alternativen Falle die folgenden Werte:

Auf die Einheit:	$M = 0{,}75$	$\sigma = 0{,}4330$	$m = 0{,}0433$
in Prozenten:	$M = 75$	$\sigma = 43{,}30$	$m = 4{,}33$
und in Vierteln:	$M = 3$	$\sigma = 1{,}7321$	$m = 0{,}1732$

Bei 100 Individuen wird in diesem Beispiel die Erwartung von gelb in Vierteln so auszudrücken sein: $3 \pm 0{,}173$. Und es braucht kaum gesagt zu werden, daß für die zu erwartenden Fälle Mendelscher Spaltung 3 : 1 eine solche Angabe in Vierteln viel leichter für den Vergleich mit der Beobachtung zu benutzen ist, als die Angabe in Prozenten. Was aber für die Verhältniszahlen bei 4 Kombinationen (3 : 1 und 1 : 2 : 1) gilt, gilt auch für die Verhältniszahlen bei 16, 64, 256 usw. Kombinationen. Es ist in diesen Fällen hier das Übersichtlichste, mit Bruchteilen der Kombinationsanzahl zu operieren, also bezw. mit Sechszehnteln, Vierundsechzigsteln, Zweihundertsechsundfünfzigsteln usw. Denn um die Übereinstimmung der Beobachtung mit den nach Mendel zu erwartenden Verhältniszahlen herbeizuführen, wird man ja so wie so auf 4, 16, 64, 256 usw. reduzieren!

In der folgenden Tabelle sind für die häufigsten zu erwartenden Spezialfälle der drei Kombinationsreihen 4, 16 und 64 die Standardabweichungen in der hier erwähnten Weise als Bruchteile der Kombinationsanzahl angegeben. Zugleich ist der mittlere Fehler dieser zu erwartenden Verhältniszahlen bei einer Anzahl von bezw. 25, 50, 100, 250, 500, 1000 und 2000 zu beobachtenden Individuen angegeben.

Tabelle der Standardabweichungen und mittleren Fehler
der Verhältniszahlen MENDEL'scher Bastarde.

An-zahl Kom-binati-onen	Ver-hält-nis-zahlen	σ in Bruch-teilen der Kombi-nations-anzahl	Mittlerer Fehler, $m = \sigma : \sqrt{n}$, der Verhältniszahlen in Bruchteilen der Kombinationsanzahl, bei verschie-dener Individuenanzahl, n						
			$n=25$	$n=50$	$n=100$	$n=250$	$n=500$	$n=1000$	$n=2000$
4	3 : 1	1,732	0,3464	0,2449	0,1732	0,1095	0,0775	0,0548	0,0388
	2 : 2	2,000	0,4000	0,2828	0,2000	0,1265	0,0894	0,0632	0,0447
16	15 : 1	3,873	0,7746	0,5477	0,3873	0,2450	0,1732	0,1225	0,0866
	13 : 3	6,245	1,2490	0,8832	0,6245	0,3950	0,2793	0,1975	0,1397
	12 : 4	6,928	1,3856	0,9798	0,6928	0,4382	0,3098	0,2191	0,1549
	9 : 7	7,937	1,5874	1,1225	0,7937	0,5020	0,3550	0,2510	0,1775
64	63 : 1	7,937	1,5874	1,1225	0,7937	0,5020	0,3550	0,2510	0,1775
	62 : 2	11,136	2,2272	1,5749	1,1136	0,7043	0,4980	0,3522	0,2490
	61 : 3	13,528	2,7056	1,9131	1,3528	0,8556	0,6050	0,4278	0,3025
	60 : 4	15,492	3,0984	2,1909	1,5492	0,9798	0,6928	0,4899	0,3464
	58 : 6	18,655	3,7310	2,6382	1,8655	1,1799	0,8343	0,5899	0,4172
	55 : 9	22,249	4,4498	3,1465	2,2249	1,4072	0,9950	0,7036	0,4975
	48 : 16	27,713	5,5426	3,9192	2,7713	1,7527	1,2394	0,8764	0,6197
	46 : 18	28,775	5,7550	4,0694	2,8775	1,8199	1,2868	0,9099	0,6434
	37 : 27	31,607	6,3214	4,4699	3,1607	1,9990	1,4135	0,9995	0,7068

Um gleich ein Beispiel zur Benutzung dieser Tabelle zu geben,
nehmen wir die SHULL'schen Angaben von S. 396. Es kamen ja
1007 Individuen zur Beobachtung, hier paßt also die mit $n = 1000$
überschriebene Kolonne der Tabelle fast völlig; die mittleren Fehler
der hier zu erwartenden Verhältniszahlen sind sodann direkt der
Tabelle zu entnehmen — diese Fehlerangaben sind auch schon auf
S. 396 den SHULL'schen Angaben beigefügt. Die Übereinstimmungs-
frage wurde auch dort diskutiert.

Hier schließt sich MENDEL's S. 369 angeführtes Beispiel an.
1064 Individuen gaben 787 : 277; also 2,959 : 1,041 pro 4. Abweichung somit 0,041; mittlerer Fehler nach der Tabelle pro 1000
aber 0.055! Also genügende Übereinstimmung hier im „schlechtesten"
Beispiel MENDEL's.

Ein weiteres Beispiel: Miss SAUNDERS' Angaben (S. 392), daß
auf 223 Individuen ein Verhältnis 128 : 95 gefunden wurde, welches
dem MENDEL'schen Fall 9 : 7 entsprechen soll, läßt sich aus der
Tabelle am nächsten mittels der Kolonne $n = 250$ streng prüfen.
Daraus pro 16 zu erwarten 9 $\pm$ 0,502 : 7 $\pm$ 0,502, die Beobachtung ergibt 128 : 95 = 9,184 : 6,816 pro 16, also 9 + 0,184 : 7 $\div$ 0,184, eine
völlig genügende Übereinstimmung der Beobachtung mit der Theorie.

Ein viertes Beispiel: Correns' Angaben, S. 371, daß 564 Individuen in dem Verhältnis 141 : 291 : 132 verteilt waren, ergibt pro 4 die Verhältniszahlen 1,0000 : 2,0638 : 0,9362, also für die Verhältniszahl *1* die Abweichungen 0 und 0,0638 und für die Zahl *2* die Abweichung 0,0638. Zu erwarten wäre, nach der Tabelle für $n = 500$, $1 \pm 0,0775 : 2 \pm 0,0894 : 1 \pm 0,0775$. Obwohl wir hier mit $n = 564$ operieren, welches selbstverständlich einen kleineren Mittelfehler verlangt (nämlich $m = \sigma : \sqrt{564}$ statt $\sigma : \sqrt{500}$), ist es sofort ersichtlich, daß Correns' hier erwähnter Befund innerhalb des erlaubten Spielraumes liegt, da die Abweichung kleiner als die *m*-Werte sind. Selbst mit Benutzung der Tabelle für $n = 1000$ — was eine zu strenge Anforderung gibt! — würde diese Correns'sche Angabe nicht außerhalb der erlaubten Grenzen liegen. Hier haben wir nämlich, um nur die relativ stärkste Abweichung $1 \div 0,9362 = 0,0638$ zu berücksichtigen, $m = \pm 0,0548$; die Abweichung wird selbst unter dieser viel zu strengen Voraussetzung nicht unwahrscheinlich.

Als fünftes Beispiel schließt sich hier Mendel's S. 383 erwähnte Reihe an, die dort angegebenen Abweichungen sind, wie aus der Tabelle leicht zu kontrollieren ist — sogar bei strengster Forderung —, viel kleiner als der mittlere Fehler.

Findet man bei Benutzung der Tabelle für einen größeren Wert von *n*, als die Individuenanzahl der wirklichen Beobachtungsreihe ausmacht, genügende Übereinstimmung der Beobachtung mit der theoretischen Erwartung, so ist man zahlenkritisch gesehen im Sicheren. Trifft dies nicht zu und liegt die wirkliche Individuenzahl wesentlich höher als der nächst niedrigere *n*-Wert der Tabelle, so ist es nötig, *m* aus der Kolonne σ zu berechnen, nach der Formel $m = \sigma : \sqrt{n}$.

Nach dieser kleinen Anknüpfung an frühere Auseinandersetzungen in Bezug auf zahlenkritische Methoden kann die Frage beantwortet werden, ob man überhaupt berechtigt ist, von einer „Spaltung" im Sinne der Mendel'schen Voraussetzungen zu sprechen. Dazu war es nötig, ein möglichst großes Material zusammenzustellen. Und gerade die von Mendel selbst erwähnten Beispiele sind nun allmählich in kritischer Weise wiederholt worden.

So ist der berühmte Fall: gelbkernig × grünkernig bei Erbsen von verschiedenen Forschern nachgeprüft worden. Lock hat eine einfache Zusammenstellung der betreffenden Resultate gegeben, welche uns als Grundlage dienen kann, um dieses Beispiel zahlenkritisch zu beleuchten. Die F_2-Generation bestand aus den beiden hier in Frage kommenden Alternativen in folgenden Verhältnissen:

Forscher	Gelb-kern-ige	Grün-kern-ige	Sa.	Verhältnis-zahlen pro 4	Ab-weich-ung	m (vgl. S. 404)
Mendel 1865 . . .	6022	2001	8023	3,0024 : 0,9976	0,0024	$\pm$ 0,0193
Correns 1900 . . .	1394	453	1847	3,0189 : 0,9811	0,0189	$\pm$ 0,0403
Tschermak 1900 .	3580	1190	4770	3,0021 : 0,9979	0,0021	$\pm$ 0,0251
Hurst 1904	1310	445	1755	2,9858 : 1,0142	0,0142	$\pm$ 0,0413
Bateson u. a. 1905	11903	3903	15806	3,0123 : 0,9877	0,0123	$\pm$ 0,0138
Lock 1905	1438	514	1952	2,9467 : 1,0533	0,0533	$\pm$ 0,0392
Sämtliche Forscher	25647	8506	34153	3,0038 : 0,9962	0,0038	$\pm$ 0,0094

Diese Tabelle spricht ganz unzweideutig zu Gunsten der Mendelschen Auffassung; die Abweichungen des Verhältnisses 3 : 1 können geradezu als Muster einer solchen Abweichungsserie gelten; meistens sind die Abweichungen viel kleiner als der betreffende mittlere Fehler; die einzige größere Abweichung (bei Lock) steht gerade in ihrem isolierten Vorkommen als Bestätigung der Variationsgesetze; denn die Abweichung $\alpha : \sigma = 0,0533 : \pm 0,0392 \equiv \pm 1,266$ und darüber sollte gerade mit einer Wahrscheinlichkeit von etwa $1/6$ vorkommen, vgl. S. 65.

Die hartnäckige Skepsis, womit man von gewisser Seite die Mendel'sche Richtung betrachtet, ist also nicht berechtigt; es kommen Fälle vor, die exakt den Mendel'schen Voraussetzungen entsprechen. Auch für Spaltungen der Heterozygoten der F_8-Generation könnten solche Tabellen zusammengestellt sein, wir sehen aber davon ab.

Es gibt aber auch eine andere experimentelle Prüfung der Mendel'schen Spaltung, nämlich die schon von Mendel benutzte Rückkreuzung der Heterozygoten mit der einen oder der andern P-Form. Wo reine Dominanz vorliegt, versteht es sich ohne weiteres nach der Mendel'schen Voraussetzung, daß Kreuzung der Heterozygote F_1 mit derjenigen P-Form, deren in Frage kommende Eigenschaft dominiert, lauter „dominierend"-geprägte Individuen erzeugen muß, und daß Kreuzung mit der „rezessiven" P-Form dominierend- und rezessiv-geprägte Individuen im Verhältnis 1 : 1 geben muß. Für die beiden Kreuzungen haben wir nämlich diese Möglichkeiten (indem wir mit D dominierendes Gen, mit R rezessives bezeichnen):

Heterozygote $\times$ dominierender P: $DR \times DD$ gibt DD und DR

„ „ rezessiver P: $DR \times RR$ „ DR „ RR

In Bezug auf das erwähnte Erbsenbeispiel haben schon MENDEL und ferner auch TSCHERMAK Erfahrungen gemacht, die diesen Forderungen in elegantester Weise entsprechen. Es wurden gefunden:

Bei Kreuzung der Heterozygote mit dom. gelbkernig:

von MENDEL	192 gelbkernige	0 grünkernige
von TSCHERMAK	126 „	0 „
im Ganzen	318 gelbkernige auf 0 grünkernige.		

Bei Kreuzung der Heterozygote mit rezessiv grünkernig:

von MENDEL	104 gelbkernige	104 grünkernige
„ TSCHERMAK	101 „	100 „
im Ganzen	205 gelbkernige auf 204 grünkernige.		

Die Zahlen sind hier so schlagend, daß alle nähere Diskussion derselben unnötig ist.

II.

Ist es sodann ganz unzweifelhaft, daß es Fälle — wahrscheinlich recht viele — gibt, wo selbst die weitgehendste Skepsis einräumen muß, MENDEL'sche Gesetze seien geltend, so kommen auch sehr viele Fälle vor, wo die Abweichungen so groß sind, daß von MENDEL'scher Gesetzmäßigkeit bei den Beobachtungen nicht die Rede sein kann.

Einige solche Fälle seien hier zunächst diskutiert. Schon in einer seiner ersten diesbezüglichen Arbeiten gibt CORRENS an, er habe bei der Kreuzung gewisser Maisrassen Ausnahmen von der Regel in Bezug auf die Verhältniszahlen 3 : 1 gefunden. DE VRIES hatte schon früher gefunden, daß bei Maisbastarden die Stärkebildung (und das dadurch bedingte pralle Aussehen der Maiskörner) über fehlende Stärkebildung („Zuckermais", mit durchscheinenden runzeligen Körnern) dominiert, und daß die F_2-Generation[1]) aus etwa 3 : 1 stärkehaltigen bezw. stärkefreien Körnern bestehen kann. Dies tritt aber gar nicht als feste Regel auf, wie es bei den Erbsen so schön der Fall war. Bei blauem „Zuckermais" × Weißem „Stärkemais" wurden unter 8924 F_2-Endospermen 7531 glatte, stärkehaltige, und 1393 runzelige, stärkefreie Individuen gefunden. Dies ergibt

[1]) Für die Keime und Endospermen der Maiskörner gilt dasselbe, was für die Embryonen der Erbsen schon in der Anmerkung S. 366 gesagt wurde.

84,39 Prozent glatte und 15,61 runzelige Körner, also, statt den Verhältniszahlen $3:1$, die Zahlen $3,3756:0,6244$, welche die sehr große Abweichung von 0,3756 zeigen! Bei 8924 Individuen ist der mittlere Fehler hier aber nur $1,732:\sqrt{8924}$ (vgl. die Tabelle S. 405) $=\pm 0,0183$. Die Abweichung ist also mehr als 20 mal größer als der hier zu erwartende mittlere Fehler und ist sodann nicht wegzuleugnen.

CORRENS hat aber gezeigt, daß hier keine wirkliche Ausnahme von MENDEL's Gesetz vorliegt. Denn wurden die in Frage kommenden Heterozygoten nur mittels Pollen der rezessiven P-Form (Zuckermais) befruchtet, so wurden in gleicher Anzahl runzelige und glatte Körner erhalten. Durch diese experimentelle Behandlung der Frage wurde sie also sofort gelöst: Offenbar konnten die Pollenkörner mit dem Faktor der Stärkebildung schneller keimen oder sonst schneller arbeiten als die Pollenkörner ohne diesen Faktor. Diese Ausnahme von MENDEL's Regel ist also nur sekundärer Art. Immerhin aber sagt uns ein solcher Fall, daß man vorsichtig sein muß in Bezug auf die Deutung unmittelbar gegebener Zahlenverhältnisse der F_2-Generation.

Bei den Organismen spielt selbstverständlich die Widerstandsfähigkeit gegen äußere Beeinflussungen oder ganz allgemein die größere oder kleinere „Lebenstüchtigkeit" konkurrierenden Individuen gegenüber eine wichtige Rolle. Auch bei Beurteilung der relativen Häufigkeit verschieden veranlagter Organismen ist darauf Rücksicht zu nehmen. Wenn bei den Kombinationen bei der F_2-Bildung Gene vereinigt werden, welche wenig „lebenstüchtige" Individuen ergeben müssen, so läßt sich voraussehen, daß solche Individuen ganz ausfallen oder früh sterben; Störungen der Realisation der theoretischen MENDEL'schen Zahlen werden eintreten. Diese Betrachtung führt uns zur Anwendung einer umsichtigeren Kritik abweichender Zahlenverhältnisse, als es die reine zahlenmäßige Beurteilung der Proportionen tun kann.

Wo abweichende Proportionen vorkommen, muß demgemäß weiter geforscht werden, um die Sache näher aufzuklären, und CORRENS' eben genannte schöne Untersuchung wird hier als Muster dienen können.

Der genannte Forscher hat weitere interessante hierher gehörige Erfahrungen gemacht. So z. B. wurde nachgewiesen, daß die bekannte *Campanula* - Monstrosität *calycanthema* (Kelch blumenblattähnlich, die ganze Blüte sodann als Doppelglocke erscheinend) nur als Heterozygote existiert, schon weil die Gynaeceen der monströsen Individuen steril sind. Die *Calycanthema*-Individuen produzieren aber Pollen und von diesen haben die Hälfte „*Calycanthema*-Gene". Pollen von *Calycanthema*-Individuen, normale *C. media*-Individuen befruchtend, geben etwa 50 Prozent *Calycanthema*-Nachkommen; der *Calycanthema*-Charakter ist eben dominierend. Die genauen Zahlen in CORRENS' Versuchen waren, alle zusammengestellt, auf 239 Individuen, 133 *Calycanthema* : 106 normal, oder also 2,226 : 1,774. Hieraus ersehen wir eine Abweichung vom idealen Falle 2 : 2, welche 0,226 beträgt. Den mittleren Fehler, hier 0,127, sehen wir aus der Tabelle S. 405 für $n = 250$. Die gefundene Abweichung ist sodann ziemlich groß, auf besondere Verhältnisse deutend. Ob nun hier Befruchtung mit *Calycanthema*-Pollen leichter erfolgt als mit normalen *media*-Pollen, oder ob andere Momente mit im Spiele sind, läßt sich noch nicht entscheiden.

BAUR hat kürzlich eine sich hier anschließende Erfahrung gemacht. Er fand eine *Aurea*-Form (gelbblättrige Form) von *Antirrhinum majus*, welche heterozygotisch war, indem alle untersuchten Individuen bei Selbstbefruchtung zweierlei Nachkommen bildeten, nämlich grüne und gelbblättrige. Das Verhältnis der betreffenden Anzahlen war sehr genau 1 : 2, nämlich 286 grüne : 573 gelbe, oder 33,29 : 66,71. Die grünen Individuen ergaben nur grüne Nachkommen, die gelben aber „spalteten" fortwährend in der hier angegebenen Weise. Die Sache wurde aber sehr leicht dadurch erklärt, daß BAUR gelbe Individuen mit grünen kreuzte : es wurden dadurch Nachkommen erhalten, wovon die Hälfte grün, die Hälfte gelb war. Aus 1178 Pflanzen waren nämlich 597 gelb und 581 grün, was die Verhältniszahl 2,0272 : 1,9728 ergibt. Die Abweichung von 2 : 2, 0 0272, ist viel kleiner als der hier in Frage kommende mittlere Fehler; die Tabelle S. 405 ergibt, sogar für $n = 2000$, $m = 0,0447$. Aus diesem Experiment folgt schon zur Genüge, daß diese *Aurea*-Sippe hier nur heterozygotisch existenzfähig ist. Später hat BAUR nachgewiesen, daß homozygotisch gelbe Individuen bei Selbstbefruchtung der *Aurea*-Individuen wirklich gebildet werden; sie sterben aber als ganz kleine Keimlinge.

Die schon S. 229 erwähnte Abspaltung nicht-schartiger Gerstenindividuen aus schartigen Eltern gehört wohl auch hierher. Die Zahlenverhältnisse sind, wie es hier nicht näher erwähnt werden kann, mehr verwickelt als in dem klaren lehrreichen BAUR'schen Falle.

Auch bei Tieren kommen entsprechende Fälle vor. Schon bei

Cuénot's früheren Untersuchungen über Mäusebastarde kamen Zahlenverhältnisse vor, die darauf deuteten, es seien homozygotisch gelbe
Mäuse (in den betreffenden Versuchen) nicht existenzfähig.

Es versteht sich von selbst, daß derartige Fälle die Durchführung einer Kreuzungsanalyse im Mendel'schen Sinne oft schwierig
machen müssen. Und die Auffassung, daß Abspaltung „nach anderen
Zahlenverhältnissen" als den Mendel'schen vorkommen kann, läßt
sich natürlicherweise a priori nicht abweisen — wo aber die
Forschung genügend tief eingedrungen ist, haben die Ausnahmen
vom Mendelismus sich wohl meistens als nur scheinbar gezeigt.

Die Frage, ob die Gene bei der Spaltung stets rein getrennt
werden, bezw. ob nicht eine unreine Spaltung recht häufig vorkommen sollte, ist noch nicht endgültig beantwortet. Jedoch muß
wohl zugegeben werden, daß unreine Abspaltung in vielen Fällen sehr
wahrscheinlich ist. Allerdings werden allerlei Beispiele vermeintlich
unreiner Abspaltung bei Bastarden verschiedenfarbiger Tiere (Mäuse,
Meerschweinchen u. a.), welche Beispiele früher nach Castle als
sicher betrachtet wurden, u. a. von Castle selbst wieder als zweifelhaft betrachtet, da die Farbencharaktere sehr zusammengesetzt sein
können; z. B. mag ein Farbencharakter anscheinend einheitlicher
Natur durch verschiedene „Erbeinheiten" bedingt sein. Modifikationen der betreffenden Farbe — etwa „dunkel", „hell", „sehr
schwach" usw. — mögen sodann selbständig bedingt sein, und die
schwachen Grade der Färbung wären alsdann nicht bloß als „Verunreinigungen" aufzufassen.

Prinzipiell steht aber nichts der Vorstellung im Wege, daß
unreine Abspaltung vorkommt; ja es erschiene — wie man sich
auch die Natur der Gene denken mag — wohl mehr wunderbar,
sollte unreine Abspaltung nicht ab und zu eintreten, als daß reine
Abspaltung Regel ist. Die Tatsachen selbst sind es, welche zur
Annahme reiner Abspaltung in so vielen Fällen gezwungen haben.

Eine Sache, die, unrichtig verstanden, oft unreine Abspaltung
vorspiegeln könnte, ist die große Fluktuation, welche bei gewissen abgespalteten Charakteren sich zeigt. Es betrifft diese Fluktuation namentlich Farbstoffcharaktere und bei Heterozygoten kommt
es vor, daß die Farbigkeit sich gar nicht zeigt, obwohl das betreffende Gen vorhanden sei. So hat Lock bei Kreuzung zweier
tropischer Maisrassen, die eine mit blauen Körnern, die andere mit
weißen Körnern, gefunden, daß blau meistens dominiert. Es wurde
jedoch in der F_2-Generation eine zu große Anzahl rein weißer

Körner gefunden. Es ergibt sich also anscheinend eine nicht-MENDEL-
sche Verteilung von blauen und weißen Körnern. Bei Prüfung der
F_3-Generation aber zeigte es sich, daß von den rein weiß aussehenden
F_2-Körnern ein gewisser Teil sowohl blaue als weiße Körner pro-
duzierte. Es macht dies den Eindruck unreiner Abspaltung von
„weiß" — jedoch ist der Fall wahrscheinlich so zu erklären, daß
die betreffenden weiß aussehenden F_2-Körner genotypisch „heterozygotisch blau" waren, ohne daß die blaue Farbe sich zeigen konnte.

Überhaupt kann die Erscheinung unsicherer oder wechselnder
Dominanz nur zu leicht als Zeichen unreiner Abspaltung gelten.
Völlig sichergestellte Beispiele unreiner Abspaltung sind wohl kaum
bekannt; jedoch ist es zu erwarten, daß solche Fälle nachgewiesen
werden. Ich vermute, selbst auf der Spur solcher Fälle bei Bohnen
sowie bei Gerste zu sein; die Beweisführung ist aber schwierig.

Die Analogie der Abspaltungserscheinungen bei der Gametenbildung mit den Auskristallisationen chemischer Körper legt die
Annahme sehr nahe, daß Verunreinigungen vorkommen müssen —
und es ist leicht einzusehen, daß der exakte Nachweis unreiner
Abspaltung an und für sich gar nichts gegen den Grundgedanken
des Mendelismus, Selbständigkeit der Gene, aussagt, ebensowenig
wie die Verunreinigung der Kristalle gegen die chemische „Diskontinuität" der Stoffe sprechen kann. Wie viele chemische Körper
leichter völlig voneinander zu trennen sind als andere, so kann
es wohl auch Fälle geben, wo Gene nicht rein und glatt trennbar
sind. Und wahrscheinlich finden wir im Laufe der Zeit die zahlreichsten Beispiele solcher unreiner Abspaltung bei den Tieren, wo
die genotypischen Grundlagen wohl mannigfaltiger variiert sind als
bei den Pflanzen.

III.

Eine Reihe von Erscheinungen, welche vielfach mit „unreiner"
Abspaltung verwechselt werden können, wird unter der Bezeichnung
Latenz der Charaktere oft angeführt. Diese Bezeichnung gibt wohl
meistens an, daß genotypische Grundlagen eines Charakters vorhanden sind, ohne daß der Charakter in die Erscheinung tritt.

Der einfachste Fall einer solchen Latenz ist der, daß die
Lebenslage das Erscheinen des Charakters bei allen oder bei
einer gewissen Anzahl der betreffenden Individuen hindert. So
haben wir schon S. 224 ff. derartige Fälle diskutiert und dabei auf
die hier oft maßgebende „sensible Periode" hingewiesen. Auch die

Diskussionen von S. 353 (über Einfluß der lokalen Lebenslage) betreffen diese Sache. Und ganz allgemein bekannt ist ja die Tatsache, daß nicht jeder genotypische Unterschied unter allen äußeren Verhältnissen sich zeigen muß. Gerade darum können ganz identische Phaenotypen sehr verschiedene genotypische Grundlagen haben, und umgekehrt, sehr verschiedene Phaenotypen können identischen Genotypen angehören. Solche Verhältnisse gehören wohl jetzt zum elementarsten Wissen der Erblichkeitsforscher und brauchen hier nicht näher diskutiert zu werden: Es genügt, die beiden zusammenfließenden Kategorien Latenz als Fluktuation und Latenz als kollektive Erscheinung, beide durch Lebenslagefaktoren bedingt, hier anzuführen, indem wir an die Auseinandersetzungen der vierzehnten Vorlesung anknüpfen (vgl. S. 219).

„Latenz" kann aber viele andere Bedeutungen haben, u. a. auch die vage Bedeutung „schlummernder Anlagen" usw. SHULL ist unzweifelhaft im guten Recht, wenn er in einer sehr lehrreichen Abhandlung über Latenz sich dahin äußert, für eine präzis arbeitende Forschung sollte das Wort „latent" (deren Antithesis „patent" der englischen Sprache wohl kaum ins Deutsche oder Dänische zu adoptieren ist) nur „unsichtbar" bezw. „unmerkbar" bedeuten. Es fragt sich, ob das Wort „latent" überhaupt nicht als ganz überflüssiger Terminus aus der modernen Erblichkeitslehre zu entfernen wäre; denn Vorteile gewährt dieser Ausdruck gar nicht. Latenz ist eine Kategorie der vor-MENDEL'schen Erblichkeitslehre, die jetzt aufgelöst werden muß und jedenfalls im Prinzip auch aufgelöst werden kann.

In dieser Beziehung hat SHULL in Anschluß an BATESON versucht, typische Fälle von „Latenz" zu unterscheiden. Der einfachste Fall ist der, daß ein Charakter nicht zu beobachten ist, weil er von einem anderen sozusagen versteckt oder gedeckt wird; Latenz durch Deckung (*Hypostasis* nach BATESON). Dies findet sich wohl besonders häufig, wo eine dunkle Farbe die Anwesenheit hellerer Farben verdeckt. So z. B. sind verschiedene Bohnen schwarzschalig, ohne daß anwesender brauner oder gelber Farbstoff sich zeigen kann. Bei Kreuzungen aber tritt diese verdeckt gewesene Farbe in F_2 auf, ohne daß es vorausgesehen werden konnte. Und in solchen Fällen können besondere Modifikationen der MENDEL'schen Zahlenverhältnisse in F_2 auftreten. So wurden von TOYAMA durch Kreuzung des gewöhnlichen weißen Seidenspinners mit einem siamesischen Seidenspinner, dessen Larven gestreift sind, in F_1 lauter gestreifte Larven erhalten. Aber in F_2 wurden 12 gestreifte : 3 weiße :

1 eigentümlich „blasse" Larve gefunden. Dieses Verhältnis 12:3:1 mit dem unerwarteten Auftreten des Charakters „blaß" will SHULL dadurch erklären, daß in beiden P-Formen eine nicht zum Vorschein kommende Eigenschaft „blaß" vorhanden war. Durch diese Erklärung wird aber eigentlich nicht das Auftreten von 12 gestreiften pro 16 begreiflich; diese Zahl kommt aber heraus, falls „gestreift" den Charakter „weiß" deckt, wo sie zusammentreffen. „Blaß" ist wohl nur der Ausdruck des Fehlens der beiden in Frage kommenden Eigenschaften (bezw. Gene) „gestreift" und „weiß". Wird „gestreift" mit S, und „weiß" mit W bezeichnet, so hat die eine P-Form für unsern augenblicklichen Zweck die Formel SS,ww und die andere ss,WW. Die Heterozygote F_1 wird Ss,Ww; und in F_2 erhalten wir nach den Auseinandersetzungen auf S. 383, 9 S und W enthaltend : 3 nur S enthaltend : 3 nur W enthaltend : 1 ganz ohne W und S. Da W sich nicht bei Gegenwart von S manifestieren kann (Latenz durch Deckung), erhält man eben 12 gestreift : 3 weiß : 1 weder gestreift noch weiß (ɔ: „bleich").

Die Verhältniszahlen 12:3:1 haben schon TSCHERMAK und auch BIFFEN bei Gerstekreuzungen gefunden. So wurde, bei Kreuzung der zweizeiligen *Hordeum zeocritum* mit einer vierzeiligen Form, die F_1-Generation zweizeilig gefunden; F_2 aber bestand aus zweizeiligen, vierzeiligen und sechszeiligen Individuen, annähernd im Verhältnis 12:3:1. Schon früher war es von TSCHERMAK festgestellt, daß zweizeilig gewöhnlich über sechszeilig und auch vierzeilig gewöhnlich über sechszeilig dominiert. — Sechszeiligkeit ist wohl als ein „normaler" Zustand anzusehen, während Zweizeiligkeit bezw. Vierzeiligkeit durch besondere Faktoren (Gene) bedingt sind, welche Faktoren bei rein sechszeiliger Gerste fehlen. Deshalb liegt wohl hier ein Fall vor, welcher TOYAMA's Erfahrung völlig entspricht: F_2 ergibt 9 Individuen mit den zwei Charakteren zweizeilig und vierzeilig : 3 Individuen mit dem Charakter zweizeilig allein : 3 mit dem Charakter vierzeilig allein : 1 ohne beiden Charaktere. Wo Zweizeiligkeit vorhanden ist, muß sie als die stärker ausgeprägte „Abnormität" gleichzeitig anwesende Vierzeiligkeit gewissermaßen decken; Vierzeiligkeit kann sich ja gar nicht zeigen, wenn schon durch einen andern Faktor Zweizeiligkeit hervorgerufen wird! Die F_1-Generation der genannten Kreuzung Zweizeilig × Vierzeilig, welche zweizeilig erscheint, war also zweifach-heterozygotisch; und es war nicht Dominanz der Zweizeiligkeit über Vierzeiligkeit vorhanden, sondern „Deckung" der Vierzeiligkeit durch Zweizeiligkeit. — Es ist wohl aber durchaus nicht ausgeschlossen, daß in anderen Fällen Sechszeiligkeit über Zwei- und Vierzeiligkeit dominieren könnte; der erwähnte Fall sollte nur die „Latenz" der Vierzeiligkeit in gewissen Individuen der F_2-Generation exemplifizieren.

Es versteht sich wohl von selbst, daß eine solche Latenz durch Deckung nicht als mit Dominanz gleichbedeutend aufgefaßt werden muß. Wo eine Eigenschaft über eine andere dominiert, wird in dieser Beziehung ein einfach-heterozygotisches Wesen vorliegen. Wo aber Deckung vorliegt, braucht von Heterozygoten keine Rede zu sein; „Deckung" sagt nur aus, daß die Gene einer gedeckten (hypostatischen) Eigenschaft wegen Anwesenheit der Gene einer deckenden (epistatischen) Eigenschaft sich nicht manifestieren können.

Übrigens wird es im einzelnen nicht leicht sein, den Unterschied zwischen „Dominanz" und „Deckung" durchzuführen. Shull meint, daß der Ausdruck „Dominanz" nur für solche Fälle zu benutzen wäre, wo eine Eigenschaft über „ihre Abwesenheit" in der Heterozygote dominiert. Es ist aber eben die Frage, wie „Abwesenheit" als solche charakterisiert werden kann. So in dem berühmten Mendel'schen Beispiele gelbkerniger $\times$ grünkerniger Erbsen. Shull ist geneigt, hier „grün" als durch „gelb" gedeckt aufzufassen; diese Auffassung ist wohl aber kaum richtig, denn das „grün" ist offenbar nichts als die Folge eines Ausfalles des „Gelbwerdens" bei der Reife. Grün ist hier wohl genotypisch nur als ein „Null" aufzufassen, derart, daß hier gerade ein im Shull'schen Sinne typisches Beispiel von Dominanz und nicht Deckung vorliegen würde.

Den Erscheinungen der Deckung anzureihen sind die Fälle, wo ein „positiver Charakter" in der Heterozygote wegen eines von der anderen P-Form herrührenden Hemmungsfaktors sich nicht zeigen kann. Dieser Fall ist gar nicht selten bei Farbencharakteren, bei „Dominanz" von Weiß über Farbigkeit. Es wird aber nur zu leicht ein Spiel mit Wörtern, wollten wir weiter auf diese Subtilitäten eingehen; die Hauptsache bleibt stets, gegebenenfalls zu prüfen, ob in Bezug auf die betreffende Eigenschaft bei der Kreuzung F_1 einfach-heterozygotisch oder zweifach-heterozygotisch (bezw. heterozygotisch in noch höherer Komplizität) werden wird. Erst von und mit zweifach-heterozygotischen Kreuzungen an hat die Frage von „Deckung" neben „Dominanz" merkliches Interesse und läßt sich exprimentell prüfen. Die soeben angegebenen Beispiele setzten eo ipso zweifache Heterozygotität voraus.

Soviel über Latenz durch „Deckung". Eine zweite Kategorie

der Latenzerscheinungen nennt Shull Latenz durch „Getrennt-sein" von Genen. Diese Kategorie aufgedeckt zu haben ist eine der wichtigsten Errungenschaften des Mendelismus; wir haben schon sehr ausführlich hierher gehörige Fälle diskutiert. Das Auftreten verschiedener vermeintlich neuer Eigenschaften („Kreuzungsnova") nach Kreuzung, besonders in der F_2-Generation oder eventuell erst in F_3, gehört hierher, und wurde früher sehr oft als Ausdruck für „latente", durch die Kreuzung wieder „erwachte" Eigenschaften — oder gar als „Atavismus" — bezeichnet. Jetzt ist es ganz klar, daß viele, uns als einheitliche Charaktere erscheinende Eigenschaften komplizierter Natur sind, und nur durch gleichzeitig anwesende selbständige Gene bedingt werden. Werden diese Gene getrennt — nach Kreuzung oder durch Wegfall (Verlust-Mutationen, vgl. die nächste Vorlesung) eines der Gene — dann kann die betreffende Eigenschaft sich nicht zeigen; sie wird „latent". Treffen gelegent-lich die einander supplierenden Gene zusammen, dann erscheint die fragliche Eigenschaft sofort — offenbar mit der Sicherheit einer chemischen Reaktion. Wenn zwei ungefärbte Stoffe mit einander vermischt etwa eine rote Farbe als Reaktion zeigen, so könnte man gewissermaßen eben so gut von einer „latenten" roten Farbe bei den betreffenden Stoffen sprechen, als man von durch „Getrennt-sein" der Gene „latenten" Eigenschaften der Organismen spricht. Durch diese aus älterer Zeit übernommenen Wörter „latent" und „Latenz" ist eben auch hier nur wenig gewonnen, und dasselbe gilt eigentlich auch für das so oft gedankenlos benutzte Wort „Atavismus", meist als Gegenstück zur Latenz gebraucht.

Endlich hat Shull noch eine dritte Kategorie der Latenzer-scheinungen aufgestellt, Latenz durch „Bindung". Hiermit wird der Fall gemeint, daß ein Gen sich in bestimmter Weise nur hetero-zygotisch äußert, nicht aber wenn es homozygotisch gegenwärtig ist. Hierher gehört der schon S. 396 näher erwähnte Fall eines nur heterozygotisch realisierbaren Charakters: das Geflecktsein gewisser Bohnenheterozygoten. Schon Tschermak hatte Beispiele dieses Falles sowohl bei Bohnen als Erbsen neben Beispielen homozygotisch ge-fleckter Samenschalen gesehen. Und da es diesem Forscher da-mals nicht sofort klar sein konnte, wie der Fall eigentlich zu ver-stehen wäre, bildete sich die Auffassung, daß die betreffenden Kreu-zungen — bezüglich des angeführten Merkmales — zur Entstehung einer neuen Form geführt hatten, welche nach ihrer Vererbungsweise als „dauernd fortspaltender Rasse" im Gegensatze zu den konstanten

Rassen zu bezeichnen wäre; denn die betreffenden marmoriertsamigen Bohnenmischlinge lieferten in Tschermak's Versuchen genau ebenso viele marmorierte als gleichfarbige Deszendenten! Also: die charakteristische Eigenschaft war hier eben überhaupt nur heterozygotisch möglich, in den Homozygoten tritt der Charakter nicht auf — „Latenz durch Bindung". Diese Kategorie Shull's ist übrigens wohl nur provisorischer Natur; aber diese ganze Auseinandersetzung über den Latenzbegriff hat gezeigt, daß der Mendelismus Momente zur Klärung früher ganz dunkler Erblichkeitsverhältnisse geben kann.

IV.

Auch die Korrelations-Erscheinungen wurden durch den Mendelismus vielfach in ein neues Licht gestellt. Hängt nun auch alles im lebenden Körper zusammen, wie schon S. 243 gesagt wurde, so versteht es sich jetzt von selbst, daß Kreuzung ein tief eingreifendes mächtiges Mittel ist, die in einer Rasse bisher homozygotisch zusammen auftretenden Gene zu trennen, neue Kombinationen dieser trennbaren Gene zu realisieren und dadurch bisherige Korrelationen zu stören, zu „brechen", wie es ausgedrückt werden kann. Die bunten Kombinationsreihen der F_2-Generation verschiedener Bastarde lassen allerlei frühere dogmatische Vorstellungen über feste Korrelationen und über korrelative Konsequenzen vermeintlich erblicher Anpassungen u. dgl. mehr recht zweifelhaft oder jedenfalls recht revisionsbedürftig erscheinen.

In den früheren Vorlesungen über Korrelation wurden dementsprechend auch genügende Vorbehalte genommen und ausdrücklich auf die Kreuzung als Mittel zur Neukombination von Eigenschaften verwiesen. Nach dem jetzt, hier und in der vorigen Vorlesung Mitgeteilten brauchen wir diese Sache nicht weiter zu diskutieren.

Andererseits aber geben gerade die Erfahrungen der Kreuzungsversuche schöne Beispiele von Korrelationen, indem die Kreuzungsexperimente es erlauben, ein gegebenes Gen in seinem Verhalten bei verschiedenartiger Kombination zu verfolgen, eine Frage, die schon beim Abschluß der Diskussion über die Korrelationen, S. 316, aufgeworfen wurde. Dort wurde schon gesagt, ein Gen, etwa mit A bezeichnet, müsse in der Kombination mit B und C sich anders äußern können als in der Kombination mit b und C oder mit b und c usw.

Wir haben schon sehr viele solcher Beispiele erwähnt; alle

Beispiele von zusammengesetzten Eigenschaften, welche die Anwesenheit von zwei oder mehreren verschiedenen Genen für ihre Realisation verlangen, gehören ja offenbar hierher, vgl. S. 391 ff. In allen solchen Fällen ist von Gegenseitigkeit der Gene bezw. von Wechsel- und Zusammenwirkung solcher die Rede. Dementsprechend wurde auch gewissermaßen als Ouverture zur Entdeckung der jetzt klargelegten genotypischen Verhältnisse von „Korrelation" gesprochen; um nur an das komplizierte Beispiel von Farbe und Haarigkeit der Levkojen (S. 392 ff.) zu denken, wurde zunächst eine Korrelation zwischen Haarigkeit und gewissen Farben bei diesen Rassen angenommen. Ja sogar die Samenfarbe läßt oft erkennen, ob die Keimlinge behaart oder glatt werden, wie es nach dem an der angeführten Stelle Gesagten jetzt ganz selbstverständlich erscheint: Die Faktoren, welche Farben der Blüten bedingen und eben auch für Behaarung mitbestimmend sind, äußern sich ja meistens mehr oder weniger deutlich überall in der Pflanze. Auch hier aber konnte die Korrelation „gebrochen" werden, weil die Rede von verschiedenen, trennbaren Genen war. Eine ursprünglich vermutete feste „Verkoppelung" von Genen als Ursache der „Korrelation" war also nicht vorhanden.

Es wurde schon S. 394 ein schöner Fall von Korrelation zwischen Geschlecht und einer bestimmten Eigenschaft erwähnt, nämlich die Wood'schen Schafkreuzungen Hornlos $\times$ Gehörnt. Hier wurden die Heterozygoten weiblichen Geschlechts ungehörnt, die Heterozygoten männlichen Geschlechts aber gehörnt. Die Homozygoten aber ließen sich in dieser Beziehung nicht von den Geschlechtsfaktoren beeinflussen. In anderen Fällen aber möchte dies wohl unzweifelhaft der Fall sein, das große Gebiet der sekundären Geschlechtscharaktere gehört wohl hierher; und wenn z. B. bei vielen recht reinen Schafrassen die Widder gehörnt, die Schafe aber nicht gehörnt sind, so ist es wohl kaum zu bezweifeln, daß beide auch in Bezug auf „Hornigkeit" gleiche Gene homozygotisch haben — bis auf die Faktoren der Geschlechtsbestimmung, deren Natur noch nicht geklärt ist, obwohl anzunehmen ist, daß sie schon in den Gameten existieren. An dem näheren Eruieren der Geschlechtsbestimmungsfaktoren müssen wir an dieser Stelle aber vorbeigehen; damit wäre aber durchaus nicht geleugnet, daß durch die betreffenden jetzt eifrig betriebenen Forschungen (Correns, Noll, Doncaster u. m. a.) sehr wesentliche Klärung verschiedener Erblichkeitsprobleme zu erwarten ist.

Ein interessanter Fall einer „Korrelation eines vegetativen Merkmales mit einem sexuellen" — wie sich Correns ausdrückt — hat dieser Forscher bei der vorhin erwähnten abnormen *Campanula*-Rasse (S. 409) darin gesehen, daß alle Individuen mit dem *Calycanthema*-Charakter völlig oder fast steriles Gynaeceum haben. Hier liegt wohl insofern eine „echte Korrelation" vor, als die Sterilität eine direkte Folge der die zentralen Teile der Blüte sehr störende petaloide Umbildung des Kelches sein wird; hier ist jedenfalls kein Grund vorhanden, an eine Art „Verkoppelung" von Genen verschiedener Natur zu denken. Correns neigt zu dieser Auffassung in Bezug auf die Pluralität von man könnte sagen Einzelzügen, welche den Charakter „Calycanthema" ausmachen. Es scheint wohl aber kein Grund dafür: Welche, bezw. wie umfassende, äußere Differenzen zwischen zwei Organismen eine einfache genotypische Differenz bedingen kann, wissen wir gar nicht — man gedenke hier wieder der sekundären Geschlechtscharaktere, deren Unterschiede wohl nur durch einen Differenzpunkt bestimmt werden. Im voraus läßt sich wohl nichts Sicheres sagen, die experimentelle Trennung ist die einzig mögliche Analyse der „Erbeinheiten". Und die Spezifizierung dieser Analyse hängt ja, wie es wohl jetzt klar sein muß, davon ab, wie viele selbständige Differenzpunkte sich zwischen den zwei zur Kreuzung benutzten Rassen finden. Wenn die Heterozygote *Calycanthema* nur *Campanula media* und *Calycanthema* als Nachkommen bildet, deutet dies wohl darauf, daß hier nur ein Differenzpunkt in Frage kommt. Weiteres sagt eine solche relative Analyse eigentlich gar nicht.[1]

Auch bei anderen Abspaltungserscheinungen ähnlicher Natur kann man nur mit den beobachteten Differenzen operieren. So z. B. bei dem S. 237 resumierten Verhalten gewisser schartiger Gerstenrassen — wo jeder wohl nur an einen Differenzpunkt denken wird; aber auch so bei der S. 315 erwähnten Abspaltung von *Oenothera Lamarckiana* aus *O. scintillans*. Die für den Morphologen auftretende Pluralität differenter Charaktere dieser zwei Biotypen treten hier als Differenzeinheit auf; und es läßt sich vorläufig gar nicht sagen, ob es berechtigt wäre, mehrere Differenzpunkte genotypischer Natur — und demnach auch Verkoppelung

---

[1] Man vgl. die S. 390 angeführte Kreuzung Wallnußkamm × Rosenkamm, wodurch nur ein Differenzpunkt in Frage kommt, obwohl Wallnußkamm an sich wenigstens durch zwei Gene bedingt ist. Alle Analysen durch Kreuzung sind eben nur relativ.

von Genen — anzunehmen. Denn, wie gesagt, wir kennen gar nicht den Umfang, die Wirkungssphäre eines jeden einzelnen Genes: einige mögen viel mehr umfassenden Einfluß üben als andere.

Es gibt aber Fälle, wo wenigstens vorläufig die Annahme einer Verkoppelung von Genen notwendig erscheint; und diese Notwendigkeit geht gerade aus der nicht völlig festen Korrelation hervor; denn dadurch erkennt man erst die Selbständigkeit der betreffenden Gene. Das bestbekannte Beispiel verdanken wir BATESON; es betrifft die Form der Pollenkörner und die Blütenfarbe bei *Lathyrus odoratus*. Kreuzung einer gemeinen weißen Rasse, deren Pollenkörner o v a l sind, mit einer anderen weißen Rasse, deren Pollenkörner rund sind, gibt als F_1 purpurblühende Pflanzen mit o v a l e m Pollen. Die Farbentönung bietet in diesem Zusammenhang nichts prinzipiell Neues, und daß in F_2 27 purpur-, 9 rot-, 28 weißblühende Pflanzen auftreten, gibt uns auch nicht Veranlassung zu weiteren Betrachtungen; vgl. S. 393, wo ein anderes Beispiel dieser Verhältniszahlen erwähnt wurde. Die beiden Pollenformen treten nun in F_2 in dem Verhältnis 3 ovale : 1 rund auf, auch ganz selbstverständlich, indem oval offenbar dominiert. Aber das Sonderbare ist nun, daß die verschiedenen Farbennuancen der F_2-Generation, für sich betrachtet, sehr verschiedene Verhältniszahlen der beiden Pollenformen zeigen. Die weißblühenden Pflanzen zeigen das typische Verhalten 3 oval : 1 rund; die purpurn blühenden Pflanzen zeigen aber etwa 12 oval : 1 rund, während die rotblühenden gerade umgekehrt runde Pollenkörner in der Mehrzahl haben, nämlich 1 oval : 3 rund. Das Verhalten der weißblühenden und rotblühenden Pflanzen bietet wohl keine Schwierigkeit, und könnte vielleicht dadurch erklärt werden, daß „rot" die Pollenkörner der Heterozygoten (oval-rund) r u n d, „weiß" aber solche Pollenkörner o v a l machen (etwa dem WOOD'schen Falle S. 394 entsprechend, wo der Charakter ♂ die Heterozygoten gehörnt, ♀ sie hornlos machte); aber das Verhalten 12 oval : 1 rund (oder wohl 11 : 1) bei den purpurblühenden Pflanzen, erscheint wirklich als eine Sache, die auf Verkoppelung deutet — zumal die F_2-Generation als Ganzes das Verhalten 3 oval : 1 rund zeigt. Möglicherweise sind aber mehrere Faktoren bei der Pollenformbestimmung beteiligt. Die Annahme einer Verkoppelung ist jedenfalls vorläufig auch hier nur als eine Hilfshypothese zu betrachten.

Eine gewisse Ähnlichkeit mit diesem Falle bietet eine Korrelationserscheinung bei einer Serie von F_2-Bohnen, welche in Bezug auf Farbe und Dimensionen von mir untersucht sind. Die betreffende Kreuzung ist schon gelegentlich hier erwähnt: Eine reine Linie von Bohnen, schwarze, lange und schmale Samen gebend, wurde mit einer anderen reinen Linie gekreuzt, deren Samen gelb, kurz und breit waren. F_1 zeigte schmutzig schwarze Samen, welche in Länge und Breite intermediär waren. Als Ergänzung zu den Angaben auf S. 367 seien hier die mittlere Länge, Breite und Breitenindex angeführt.

	Länge	Breite	Index
Kurze P-Form	12,63 $\pm$ 0,02 mm	9.01 $\pm$ 0,01 mm	71,3 $\pm$ 0,14
Bastard, F_1	13,92 $\pm$ 0,03 -	7,81 $\pm$ 0,01 -	56,1 $\pm$ 0,14
Lange P-Form	14,53 $\pm$ 0,05 -	6,93 $\pm$ 0,02 -	47,7 $\pm$ 0,21

Die F_2-Generation zeigte, wie schon S. 53 angegeben wurde, vier Farbenalternationen, dem Verhältnis 9 schwarz und schwärzlich : 3 violett : 3 bronze : 1 gelb sehr gut entsprechend. Was die Formcharaktere betrifft, so liegt im F_1 hier wenigstens ein zweifachheterozygotischer Fall vor. Länge und Breite der Bohnen sind Ausdrücke selbständiger, trennbarer Gene, was sich darin zeigte, daß alle Kombinationen der beiden Längen mit den beiden Breiten homozygotisch realisiert wurden. Die vier Formen: lang und schmal (wie die eine P-Form), lang und breit, kurz und schmal, sowie kurz und breit (wie die andere P-Form) wurden homozygotisch in allen vier Farben vertreten gefunden.[1]

Aber es zeigte sich fast sofort bei der Untersuchung, daß die gelben und violetten Bohnen als Ganzes betrachtet eine andere Form hatten als die schwarzen und bronzenen Bohnen. Das ganze Material, Bohne für Bohne nach Länge und Breite (mit einem Spielraum von 0,25 mm) gemessen[2], ergab folgendes; Länge und Breite in Millimetern angegeben:

Farbenklasse	Anzahl Pflanzen	Anzahl Bohnen	Länge in Millimetern	Breite in Millimetern	Index
Schwarz	293	8988	14,13 $\pm$ 0,01	7,99 $\pm$ 0,01	56,5 $\pm$ 0,08
Violett	105	3246	12,66 $\pm$ 0,02	8,28 $\pm$ 0,01	65,4 $\pm$ 0,13
Bronze	121	3725	14,08 $\pm$ 0,02	8,05 $\pm$ 0,01	57,2 $\pm$ 0,11
Gelb	39	1118	12,59 $\pm$ 0,03	8,26 $\pm$ 0,02	65,6 $\pm$ 0,22
Gesamtmaterial	558	17077	13,74 $\pm$ 0,01	8,08 $\pm$ 0,01	58,8 $\pm$ 0,08

[1] Mit Ausnahme der violetten lang-schmalen Form, welche nicht in F_2 erschien.

[2] Über Länge und Breite der Bohnen vgl. die Auseinandersetzung von S. 148.

Daraus ist ersichtlich, daß die gelben und violetten Bohnen als übereinstimmende Gruppen einerseits und die bronzenen und schwarzen Bohnen als übereinstimmende Gruppen andererseits sich recht verschieden verhalten: Schwarz oder bronze „macht die Bohnen länger und schmäler"; gelb oder violett „macht sie kürzer und breiter" könnte man hier sagen. Wie schon erwähnt, werden die Samen in Bezug auf Dimensionen der homozygotisch beschaffenen Pflanzen kaum — oder jedenfalls nur undeutlich — von den Farbenfaktoren beeinflußt; sodann sind es die Individuen, welche in Bezug auf Samenlänge, Samenbreite oder beide Dimensionen heterozygotisch sind, die hier affiziert werden und Beispiele einer „echten" (d. h. physiologischen) Korrelation abgeben.

Von Verkoppelung der Gene wird hier kaum die Rede sein können. Und derjenige Faktor, welcher den wesentlichsten Einfluß ausübt, ist leicht hier zu erkennen: es ist Anwesenheit bezw. Abwesenheit desjenigen Gens, welches als „bronze" sich manifestiert. Die gelben und violetten Bohnen haben nicht „bronze"; die bronzenen und schwarzen (inkl. der schwärzlichen) sind eben bezw. gelb mit bronze und violett mit bronze. Was aber der Bronzefaktor ist, und wie er die Form der Samen heterozygotischer Bohnenpflanzen beeinflussen kann, wissen wir nicht.

Im Anschluß an die oben angestellten Betrachtungen über eine Pluralität von Eigenschaftsunterschieden als durch eine einzige genotypische Differenz bedingt, ist dieser Fall recht lehrreich. Wir wissen, daß Rassendifferenzen in Bezug auf Länge und Breite durch Abweichungen wenigstens zweier verschiedener Gene bedingt sein können, und demnach kann eine gelbe Bohne, welche kürzer und breiter als eine bronzene Bohne ist, die ganz gleiche genotypische Grundlage wie diese haben, nur von dem einfachen Bronzefaktor abgesehen!

Daß dieser Faktor bei homozygotisch formcharakterisierten Bohnen die Form kaum ändern kann, ist vielleicht nur ein Spezialfall, dem Wood'schen Schafbeispiel ähnlich. Jedenfalls wird man wohl mehr und mehr darauf Rücksicht nehmen, daß die Gene oder Erbeinheiten usw. nicht ganz bestimmte „Eigenschaften" speziellster Natur betreffen, sondern für das Gesamtgetriebe des betreffenden Organismus Bedeutung haben. Darum ist es auch nur relativ berechtigt, von „Genen bestimmter Eigenschaften" zu reden, wie wir es bei der provisorischen Erwähnung der Gene in früheren Vorlesungen öfters getan haben. In den einzelnen speziellen Fällen allerdings ist es sehr bequem, solche Ausdrücke zu benutzen, und mit der hier gebotenen Reservation werden wir es auch künftig nicht unterlassen.

V.

Bisher haben wir im Wesentlichsten solche Heterozygoten erwähnt, welche mit mehr oder weniger wesentlichen Modifikationen eine „MENDEL'sche Spaltung" zeigen. Je mehr Differenzpunkte man berücksichtigt, desto größer wird nach dem Mitgeteilten die Komplizität der Kombinationen in F_2, und desto größer wird die Individuenanzahl dieser Generation, welche nötig ist, um mit einiger Wahrscheinlichkeit alle möglichen Kombinationen realisiert zu sehen. Aus der kleinen Tabelle S. 386 sehen wir, daß 5 Differenzpunkte schon 1024 Kombinationen erlauben, und 10 Differenzpunkte werden 2^{20}, also über eine Million verschiedener Kombinationen in der F_2-Generation ergeben. Sehr bald hört also die Möglichkeit auf, alle Kombinationen bei der Spaltung mehrfach heterozygotischer F_1 zu kontrollieren; und damit ist eine praktische Grenze gesetzt für das Vordringen exakter Untersuchungen.

Da nun unzweifelhaft in vielen vorliegenden Untersuchungen nicht alle Differenzpunkte der P-Formen berücksichtigt worden sind, so ist man wohl öfter, als im voraus gedacht, auf das schon S. 305 Erwähnte X getroffen : den nicht analysierten Rest! Dieser Rest mag allerlei Störungen bedingen, welche die weitere Forschung allmählich klären muß. Die große Wirksamkeit der modernen Bastardforschung wird natürlicherweise mehr und mehr komplizierte und schwierige Fälle an den Tag bringen, und die reinen MENDEL'schen Fälle werden vielleicht allmählich in Minorität treten — oder dies zeitweilig tun. Daß aber eine fundamentale Wahrheit im Mendelismus steckt, ist unbestreitbar.

Wir sehen auch, daß neuere Forscher viel vorsichtiger sind in Bezug auf die Frage, ob gefundene Resultate etwa gegen MENDEL's Lehre streiten. Beispielsweise sei STAPLES-BROWNE genannt, dessen umfassende Untersuchungen über Taubenkreuzungen recht bunte Resultate ergaben. Offenbar mit vollem Recht sagt der genannte Forscher: Um die verschiedenen MENDEL'schen Verhältniszahlen zu prüfen, ist die Taube kein sehr günstiges Material — falls die Experimente nicht in einer sehr großen Ausdehnung ausgeführt werden! Mit dem Mendelismus scheint es den verschiedenen Forschern so zu gehen : zuerst, bei oberflächlicher Be-

trachtung : sofortige Zustimmung; dann, bei tiefergehender Untersuchung: Schwierigkeiten und Skepsis; zuletzt aber, bei wirklicher Durcharbeitung: Zustimmung mit Verständnis der anscheinenden Abweichungen!

Es sind nun aber viele Fälle, die überhaupt nicht in den
Rahmen der Spaltungserscheinungen eingefügt werden können. Es
sind dies die auch schon vor MENDEL entdeckten „konstanten Bastarde". Während das Hauptinteresse der Bastardforschung sich den
spaltenden Bastarden zugewandt hat, sind die „konstanten Bastarde"
relativ weniger und auch noch nicht mit exakten Aufzählungs-
arbeiten genügend durchgeprüft. In den Arbeiten von CORRENS, DE
VRIES, LIDFORSS und OSTENFELD — um hier nur einige der neueren
Forscher zu nennen — finden sich verschiedene Beispiele „konstanter" Bastarde: darunter versteht man ein Kreuzungsprodukt, F_1,
das nicht spaltet.

Dabei dreht es sich meistens um Kreuzungen, die zwischen
fernerstehenden P-Formen ausgeführt werden (vermeintliche Art-
bastarde); während die Spaltungserscheinungen besonders bei Bastarden einander näherstehender P-Formen (Rassenbastarde) beobachtet
werden. Eine bestimmte Regel paßt aber hier gar nicht; denn es
sind Fälle bekannt, wo Bastarde zwischen zwei bestimmten P-Formen
in Bezug auf einige Differenzpunkte spalten, in Bezug auf andere
aber nicht. Dies letztere war nach CORRENS der Fall bei gewissen
Maisrassen, in Bezug auf Stengelhöhe, welche in F_1 intermediär
war und nicht in F_2 spaltete — während in Bezug auf die anderen
hier geprüften Differenzpunkte die Spaltung ganz typisch verlief.
Schon dadurch ist gesagt, daß es nicht angeht, Konstanz der F_1
bezw. Spaltung, als Zeichen fernerer oder näherer Verwandtschaft
zu benutzen. Überhaupt sollte das viele zweideutige Reden von
„Verwandtschaft" ein bißchen eingeschränkt werden: hat ja doch
gerade der Mendelismus uns gelehrt, Verwandtschaft und Ähnlichkeit begrifflich scharf auseinander zu halten!

Also ganz allgemein kann ein F_1 in Bezug auf gewisse Charaktere „konstant" sein, in Bezug auf andere aber Spaltung zeigen.
Nach den vorliegenden Untersuchungen, welche wohl aber in dieser
Beziehung nicht weiter tiefgehend sind, scheint es, daß die Konstanz
eines F_1 meistens alle oder die Mehrzahl der fraglichen Charaktere
betrifft.

Schon MENDEL arbeitete mit *Hieracium*-Kreuzungen. Nachdem
RAUNKIÆR und OSTENFELD gefunden hatten, daß sehr viele *Hiera-*

cium-Formen apogam sind, war die Frage naheliegend, ob MENDEL's konstante *Hieracium*-Bastarde überhaupt Bastarde waren. Durch OSTENFELD's schöne Untersuchungen ist aber bewiesen, daß MENDEL Recht hatte; und OSTENFELD hat selbst eine Reihe von Kreuzungen angeführt, welche unsere Kenntnisse hier erweitert haben. Ohne auf Einzelheiten einzugehen, kann aber nur gesagt werden, daß bei verschiedenen Kreuzungen fertiler *Hieracium*-Arten als F_1-Generation in jedem speziellen Falle verschieden beschaffene Individuen entstanden sind, bald sich der einen, bald der andern P-Form nähernd. Aber alle solche Schwesterindividuen gaben Nachkommen (die F_2-Generation) ihresgleichen — natürlicherweise von den stets auftretenden Fluktuationen abgesehen.

Das ist ein typischer Fall des Verhaltens „konstanter" Bastarde. Man versteht, daß diese Sache eine große Bedeutung haben kann für das Entstehen neuer Biotypen, und daß hier durch fortgesetzte Kreuzung eine Möglichkeit für „Verschiebung der genotypischen Grundlage" der betreffenden Organismen vorhanden ist. Da aber doch stets die verschiedenen F_1-Individuen recht deutlich „stoßweise" differieren, bestimmte Biotypen darstellend, scheint die genannte Möglichkeit kaum von wirklicher Bedeutung zu sein. In OSTENFELD's Untersuchungen kommen übrigens Andeutungen von Spaltungserscheinungen vor; eine Sache, die noch näher zu untersuchen ist. Es wäre erwünscht, die „konstanten" Bastarde noch näher zu prüfen, als es bisher geschah.

In dieser Beziehung ist es von großem Interesse, daß DE VRIES durch Kreuzung verschiedener bei ihm (durch Mutation, vgl. S. 440) aus *Oenothera Lamarckiana* entstandener neuer Formen nicht verschiedene intermediäre F_1-Individuen erhielt, sondern in einem übrigens wechselnden Mengenverhältnis die betreffenden neuen Formen selbst sowie die ursprüngliche Form, *O. Lamarckiana*. Sehr sicher ist dies für Kreuzungen der rein weiblichen *O. lata*, einer der neuentstandenen Formen nachgewiesen; diese Form kann ja nur durch Kreuzung befruchtet werden. Wie leicht zu sehen ist, liegt hier die allernächste genealogische Verwandtschaft vor; der Grad dieser ist offenbar für das Verhalten des Vereinigungsproduktes zweier differenter Gene irrelevant.

Es müssen diese Hinweise auf ein wenig untersuchtes schwieriges Feld hier genügen. Die hierher gehörigen Fragen liegen wohl auch eigentlich außerhalb der E l e m e n t e einer exakten Erblichkeitslehre — sie sind aber von größerem Interesse für die Evolutionstheorien. Man versteht aber leicht, daß besonders die von DE VRIES erhaltenen Resultate — mit den später zu erwähnenden STANDFUSS-schen parallel gehend — ganz wesentlich gegen die Auffassung sprechen, es sollten Neuerscheinungen in der Natur, neue Biotypen, durch die unumgänglichen Kreuzungen bald wieder verwischt werden. Diese Frage aber werden wir in der nächsten Vorlesung wieder tangieren.

Die „konstanten", nicht (oder jedenfalls nicht in allen Charakteren) spaltenden Bastarde sagen selbstverständlich gar nichts gegen die Annahme selbständiger Gene überhaupt. Sie geben sogar eher eine Andeutung über die Natur der Gene. Denn wie die Spaltungserscheinungen an Auskristallation erinnern — mit Möglichkeit oder gar höchster Wahrscheinlichkeit für gelegentliche unreine Trennung — so erinnert das Nichtspalten an nicht oder schwierig zu trennende Körper, wie es z. B. viele Fettstoffe sind. Die Andeutungen über die Natur der Gene laufen immer mehr und mehr darauf hinaus, daß chemische Zustände maßgebend sind.

Deshalb können wir nicht mit DE VRIES einig sein, wenn dieser Forscher das Nichtspalten als Folge einer Unpaarigkeit der betreffenden in F_1 zusammentretenden Gene auffassen will (vgl. S. 375—377). Die Spaltung scheint uns im Gegenteil hauptsächlich solcherart vorzugehen, daß Anwesenheit eines Genes (einer Erbeinheit, einer Eigenschaft oder wie man nun sagen will) und Abwesenheit desselben Genes einen spaltenden „Paarling" ausmacht. Jedenfalls ist es aber noch ganz verfrüht, eine bestimmte Theorie hier aufzubauen; und cytologische Daten haben als Ausgangspunkte für derartige Diskussionen sehr wenig Wert.

Es mag angeführt sein, daß man in der Jetztzeit nur für nichtspaltende Bastarde das von KERNER gebildete Wort „goneoklin"[1]) benutzt, wenn sie der einen und der anderen P-Form am meisten ähnlich sind und sodann nicht als intermediäre Bastarde bezeichnet werden können. Man unterscheidet oft in speziellen Fällen zwischen „patroklin" und „matroklin", was leicht zu deuten ist.

DE VRIES gibt an, daß Bastarde der *Oenothera*-Arten meistens verschieden sind, je nachdem die eine oder die andere dieser Arten bei der Kreuzung als ♂ oder ♀ tätig war. Und dies ist offenbar auch sonst ab und zu der Fall. Dabei werden also weitere Schwierigkeiten in das Studium solcher Bastarde eingeführt. Zunächst sind sie vorzugsweise deskriptiv behandelt worden.

---

[1]) Aus γονεύς, Erzeuger und κλίνω, hinneigen.

Hier muß auf die sehr lehrreiche ausführliche Darstellung in DE VRIES' Mutationstheorie verwiesen werden.

Eine sehr eigentümliche Erscheinung, die möglicherweise in Verbindung mit der soeben angeführten Angabe bezüglich der *Oenothera*-Bastarde steht, bilden die neuerdings von DE VRIES gefundenen sogenannten Zwillings-Bastarde bei dieser Gattung. Die Kreuzung von *Oenothera biennis* × *O. Lamarckiana* ergab ein intermediäres F_1, jedoch in zwei charakteristischen Typen repräsentiert: die eine Form hat breite, flache, hellgrüne Blätter (*laeta*-Typus genannt), die andere hat aber schmälere, mehr oder weniger rinnenförmige, graugrüne, stärker behaarte Blätter (*velutina*-Typus). Die beiden „Zwillinge" treten in etwa gleicher Anzahl auf. Es hat sich nun gezeigt, daß auch in vielen anderen *Oenothera*-Kreuzungen *laeta*- und *velutina*-Typen auftreten, falls *O. Lamarckiana* oder eine von den daraus hervorgegangenen neuen Formen (Mutanten vgl. S. 445) den Pollen zur Kreuzung liefern, also als Vater wirkt. Wie die Sache zu verstehen ist, muß weitere Forschung eruieren; hier sei nur gesagt, daß die Sache an eine Spaltungserscheinung erinnert; die betreffenden Pollen-gebenden Pflanzen scheinen in irgend einem Punkte heterozygotisch zu sein.

So könnten auch weitere Beispiele sonderbarer Fälle erwähnt werden;[1] das Angeführte mag genügen, um zu zeigen, daß der Mendelismus allein nicht im Stande ist, das Gesamtgebiet der Kreuzungserscheinungen zu erklären. Daß aber die ganze Bastardlehre nach Durchbruch des Mendelismus ganz anders liegt als vorher, braucht nicht nochmals betont zu werden. Über Kreuzung als „Mutationen auslösendes Mittel" wird erst in der nächsten Vorlesung zu berichten sein.

VI.

Eine Sache, die seit lange das Interesse sowohl der Forscher als eines großen Laienpublikums sowie vieler praktischer Züchter in Anspruch genommen hat, ist die Frage der Möglichkeit einer „vegetativen Bastarderzeugung". Hieran knüpfen sich ferner die Fragen über „Xenien" und „Telegonie".

---

[1] Die von MILLARDET angegebenen „falschen" Bastarde (faux hybrides) besonders der Erdbeeren und *Vitis*-Arten, die mit der mütterlichen Form ganz identisch sein sollen, sollen nach GIARD kaum anders zu deuten sein als apogamische Erscheinungen — oder als Folgen unbeabsichtigter Selbstbefruchtung. Neuerdings hat aber LIDFORSS mit *Rubus*-Kreuzungen „falsche Bastarde" erhalten.

Es wurden schon S. 401 Mosaikbildungen bei Bastardindividuen der F_1-Generation erwähnt, welche Bildungen entweder Ausdrücke wechselnder Dominanz (wie bei den LANG'schen Angaben über Schnecken) sein können oder aber wirklich vegetative Spaltungserscheinungen darstellen. Nur Vermehrungsversuche — also bei Pflanzen Stecklingvermehrung mit nachfolgender sexueller Vermehrung — wird im Stande sein, in den einzelnen Fällen hier zu entscheiden. Daß aber echte vegetative Spaltung vorkommt, ist lange bekannt gewesen, und das berühmteste Beispiel betrifft zugleich die Frage der vegetativen Bastarderzeugung. Spaltungen und Fusionen gehören ja auch als Antithesen bei den Bastarden so genau zusammen, daß das Vorkommen echter vegetativer Spaltung schon als ein Indicium zu Gunsten vegetativer Bastarderzeugung gelten muß: vegetative Spaltung besagt ja schon ganz deutlich, daß die speziellen cytologischen Vorgänge der Gametenbildung nicht für die Spaltungserscheinungen maßgebend sein können. Und fällt in dieser Beziehung die spezielle Stellung der Gametenbildung fort, so wird in Bezug auf Fusionen — hier also Zusammentreten von Genen differenter Natur — erst recht kein besonderer Grund vorliegen, wie DELAGE mit Recht sagt, an einem Monopol der Geschlechtszellen festzuhalten. Die Gameten sind allerdings Organe (oder Organismen) zur Fusion *par excellence* eingerichtet — damit aber ist die Unmöglichkeit einer Fusion auf vegetativem Wege durchaus nicht als gegeben anzusehen.

Der angedeutete berühmteste Fall vegetativer Spaltung betrifft den vielumstrittenen *Cytisus Adami*. Dieser kleine Baum macht den Eindruck eines Bastards zwischen dem wohl bekannten gewöhnlichen „Goldregen" (oder Bohnenbaum) *Cytisus Laburnum* und dem Strauch *Cytisus purpureus*, dessen purpurne Blüten in ganz kurzen Ständen stehen. *Cytisus Adami* hat schmutzig-fleischfarbene Blüten in Trauben gestellt, die aber wesentlich kleiner als die bekannten langen gelbblühenden Trauben des *C. Laburnum* sind. Die Blätter bei allen drei Formen sind dreifingrig, bei *C. Laburnum* fein seidenhaarig, bei den anderen ohne solche Haare. Die *Adami*-Blüten sind fast immer steril, jedoch sind gelegentlich unzweifelhafte *Adami*-Schoten mit einem oder wenigen Samen gefunden worden, welche aber Pflanzen dem *Laburnum* sehr ähnelnd produziert haben. Verschiedene Forscher haben Experimente mit *C. Adami* gemacht, die hier nicht erwähnt werden können; nur sei angeführt, daß BEIJERINCK gefunden hat, daß starke Beschneidung die Neigung zum Spalten vergrößert.

Diese Spaltung besteht darin, daß ganze Knospen — oder Teile von Knospen bis auf Fragmente der Blätter — ein anscheinend reines Gepräge von *C. Laburnum* bezw. von *C. purpureus* erhalten. Ein genügend altes *C. Adami*-Exemplar kann in der Blütezeit einen sehr eigentümlichen Anblick gewähren: Von dem überwiegend mit fleischfarbenen kürzeren Trauben versehenen Baume heben sich kräftige, großblätterige Triebe mit langen gelben Trauben hervor und — in den oberen Teilen des Baumes — bemerkt man Zweige mit den kleinen Blättern und purpurnen Kurzständen des *C. purpureus*. Nähere Untersuchung zeigt, daß unter den fleischfarbenen Blüten eine oft gar nicht geringe Anzahl einzelner Kronenblätter oder Teile von solchen purpurn oder gelb gefärbt sind, und auch bei den vegetativen Trieben finden sich solche lokale Spaltungen vor.

Diese ganze Erscheinung ähnelt sehr den sogenannten „sektorialen" Spaltungen verschiedener unzweifelhafter Bastarde. DE VRIES hat z. B. den Bastard einer weißblühenden und einer blaublühenden *Veronica*-Varietät, bei welchen blau dominierend war, vegetativ spalten sehen: ganze Triebe könnten weißblühend sein, oder aber z. B. die eine Seite einer Traube war weiß-, die andere blaublühend. Und in dem trefflichen großen und reichhaltigen Werke „Die Mutationstheorie" äußert DE VRIES seinen Zweifel über die Richtigkeit der landläufigen Anschauung, *C. Adami* sei in Frankreich als vegetativer Bastard („Pfropfbastard") entstanden. Die historischen Nachforschungen DE VRIES' führten ihn zu der offenbar richtigen Annahme, daß *C. Adami* älter ist, als es gewöhnlich angenommen wird, und daß dieser merkwürdige Baum nicht bei dem Gärtner ADAM entstanden ist, sondern dort vorgefunden und transplantiert worden ist. Damit ist aber nur die Geschichte ins unsichere hinausgeschoben — das Entstehen bleibt nach wie vor die Frage. Sehr häufig ist wohl der Versuch im stillen gemacht, die beiden betreffenden *Cytisus*-Formen zu kreuzen; gelungen ist es nicht bis auf den heutigen Tag.

Verschiedene andere Angaben über vermeintliche Pfropfbastarde liegen aus der gärtnerischen Praxis vor, allen aber ist eine Unsicherheit gemeinsam: die beweisende Dokumentation fehlt. Darum lassen wir sie hier ganz bei Seite. Daß die Pfropfungsexperimente verschiedener Forscher interessante und wichtige Beispiele der physiologischen Wechselwirkungen zwischen „Edelreis" und „Unterlage" ergeben haben, sei ausdrücklich hervorgehoben; von VÖCHTING liegt eine Serie sehr schöner Untersuchungen pflanzlicher Transplantationen vor; und LINDEMUTH, DANIEL, LINSBAUER, vor allen aber BAUR haben sehr interessante Experimente gemacht, welche jedoch die hier vorliegende Frage nicht lösen. Und indem von cytologischer Seite besonders STRASBURGER nach eingehenden Studien über *Cytisus Adami* zu der Ansicht kam, daß Pfropfbastarde wenig wahrscheinlich seien, schien die Hoffnung einer exakten Lösung unserer außerordentlich wichtigen Frage sehr gering zu sein.

In allerneuester Zeit ist es aber WINKLER in Tübingen gelungen, den exakten Beweis zu führen, daß vegetative Bastarderzeugung möglich ist. Nach jahrelangem ausdauerndem Experimentieren wurde dieses hochbedeutsame Resultat erreicht. WINKLER hat namentlich mit Solanaceen gearbeitet, indem er die große Neigung dieser Familie zu Regeneration durch adventive Bildungen verwerten wollte. Die wesentlichste Seite der Technik seiner Versuche ist diese: Es werden von beiden Species jüngere Keimpflanzen benutzt; das als Edelreis zu verwendende Pflänzchen wird schräg mit der Unterlage verbunden, nämlich entweder durch „Kopulation" oder durch Keil- bezw. Sattelpfropfung. Wenn die Verwachsung gelungen ist und einige Zeit gedauert hat, wird durch einen horizontalen Schnitt das Verwachsungsgebiet quer durchschnitten. An der Schnittfläche des Stumpfes werden alsdann, wegen der schrägen Verbindungsweise, Streifen von den beiden vereinigten Pflanzen an einander grenzen. Die Schnittfläche besteht z. B. bei Keilpfropfung aus drei Streifen, zwei der Unterlage an den Seiten und eine des Edelreises in der Mitte; hier sind also zwei Grenzzonen vorhanden, während bei der Kopulation nur eine solche Zone gebildet wird. Diese Grenzzonen sind es, welche den Ausgangspunkt der Fusion bilden müssen.

WINKLER entfernt nicht nur alle vorhandenen Knospen, sondern auch alle Adventivbildungen, welche sich an den „reinen" Streifen bilden und welche auch nur „reine" Triebe geben. Nur Adventivbildungen in der Grenzzone zweier Streifen werden bewahrt. Es ist nun gelungen, in dieser Weise einen Pfropfbastard zwischen Tomate (*Solanum Lycopersicum* und schwarzem Nachtschatten (*Solanum nigrum*) zu erhalten. Tomate (die gelbfrüchtige Sorte „König Humbert") wurde als Edelreis benutzt und es wurde Keilpfropfung ausgeführt. Nach den Abbildungen WINKLER's scheint der Pfropfbastard im ganzen eine intermediäre Form zu sein. So sind z. B. die Blätter der benutzten *S. nigrum*-Linie einfach und ganzrandig, bei der betreffenden Tomatenform unterbrochen gefiedert und gesägtrandig; bei dem Pfropfbastard waren sie einfach wie bei *S. nigrum*, aber gesägtrandig wie bei der Tomate. Auch die Blüten zeigen Charaktere beider Formen.

Das weitere Verhalten dieses Bastardes muß noch abgewartet werden; es sind schon vegetative Spaltungen aufgetreten, und die Blüten sind höchstwahrscheinlich völlig fruchtbar. Über das cytologische Verhalten ist noch nichts veröffentlicht.

Eine sehr wichtige Sache war es zunächst festzustellen, ob WINKLER's Versuche beweisend sind in Bezug auf die Bastarderzeugung. Wie bei der skeptischen Stellung der meisten Forscher zur Pfropfhybridennatur des *Cytisus Adami* und anderer angeblicher Pfropfbastarde, so melden sich auch hier gleich verschiedene Zweifel über die Reinheit der Elterpflanzen. Es kann wohl aber gesagt werden, daß WINKLER in der exaktesten Weise vorgegangen ist, geradezu in mustergültiger Weise.

Vor allem ist anzuführen, daß reine Linien für den Versuch angewendet sind. Sowohl die Tomate als *Solanum nigrum* sind selbstfertil und sind mit großer Sorgfalt für die Versuche ausgewählt. Von heterozygotischer Natur der betreffenden Pflanzen wird nicht die Rede sein können. Verschiedene Forscher haben gefunden, daß die Tomate und *S. nigrum* nicht gekreuzt werden können; auch WINKLER gelang solche Kreuzung leider nicht. Sie wäre ja für den Vergleich mit dem Pfropfbastard sehr wichtig.

Was hier aber sehr interessant ist, daß der Pollen des Pfropfbastardes sowohl *S. nigrum* als Tomaten befruchten kann, stimmt sehr gut mit der „Bastardnatur" überein. Ob dabei zweierlei Pollen (Spaltung) vorliegt oder nicht, ist vorderhand unwesentlich.

WINKLER nennt seine neue Pflanze *Solanum tubingense* und schlägt vor, die Bezeichnungsweise der Pfropfbastarde ein für allemal dahin zu regeln, daß man hinter den Namen des Bastardes selbst in Klammern die Namen der beiden Stammeltern durch ein $+$-Zeichen miteinander verbunden setzt, während man sie bei sexuell entstandenen Bastarden durch das $\times$-Zeichen verbindet; und zwar soll der Name der als Pfropfreis dienenden nachstehen. Auch Angabe des Entstehungsjahres wäre wichtig mitzunehmen. Hiernach wäre also der WINKLER'sche Pfropfbastard so zu nennen: *Solanum tubingense*, H. WINKLFR (*S. nigrum* L. $+$ *S. Lycopersicum* L.*, „König Humbert, gelbfrüchtig", 1908).

Nach dem Gelingen dieser Pfropfhybridbildung, welche als ein äußerst wichtiges Ereignis von noch unübersehbarer biologischer

Bedeutung aufzufassen ist, stellen sich Fälle wie *Cytisus Adami* und dergl. in einem anderen Lichte dar als früher. Dabei muß aber festgehalten werden, daß nur im WINKLER'schen Fall ein Beweis vorliegt.

Neben der Bildung des Pfropfhybriden hat WINKLER mehrfach sogenannte „Chimären"-Bildung gesehen. Damit bezeichnet der genannte Forscher Sprosse zusammengesetzter Natur: an einer Flanke aus einer Art, in den übrigen Teilen aus einer anderen Art bestehend. Gerade bei verschiedenen Pfropfungen von *Solanum nigrum* und Tomate sind Chimären entstanden. Sie machen den Eindruck einer Spaltung, sind aber nur als Verwachsungserscheinungen aufzufassen, haben aber nicht geringes Interesse darin, daß hier zwei Species gewissermaßen einig zusammenwachsen.

Mit dem neuen Lichte des WINKLER'schen Beweises der Pfropfbastardierungsmöglichkeit wird die ganze Frage der vegetativen Bastardierung lebhafter diskutiert werden. Schon 1907 berichtet V. MAGNUS in Christiana über Transplantation von Ovarien eines weißen (albinen) Kaninchens in ein schwarzes Tier, dem die eigenen Ovarien exstirpiert waren. Nach Begattung mit einem albinen Männchen gebar das genannte schwarze Tier — also mit dem albinen" Ovarien — zwei Junge, ein albines und ein schwarzes; und nach Wiederholung der Begattung wurden in dem kurz vor den erwarteten Gebärakt gestorbenen Tiere 2 dunkle und 5 hellrote (albine) Junge gefunden. Dieser Versuch ist allerdings mehrdeutig und unsicher; ob das schwarze Tier selbst heterozygotisch war oder nicht, wurde nicht untersucht, obwohl dies hier von fundamentaler Wichtigkeit ist. Aber MAGNUS hat doch unleugbar einen Fall mitgeteilt, welcher das Interesse mehren muß und zu weiterer Forschung auffordert. Es muß aber ganz scharf pointiert werden, daß „vegetative Bastarderzeugung" an sich nichts mit der Frage einer Vererbung erworbener Eigenschaften zu tun hat, wie MAGNUS anzunehmen geneigt ist.

Mit Telegonie bezw. mit der französischen Bezeichnung „*mesalliance initiale*" oder als „Infektion des Keimes" hat man die vermeintliche Erscheinung bezeichnet, daß besonders die erste Befruchtung eines weiblichen Tieres das betreffende Individuum selbst tief beeinflussen könne, derart, daß auch die Beschaffenheit der als Folgen späterer Begattungen geborenen Jungen von dem die erste Begattung ausführenden Männchen geprägt werden könnte. Eine Rassenstute oder eine Rassenhündin, welche von einem gemeinen

Hengste bezw. von einem Köter geschwängert worden ist, sollte nach Auffassung vieler Praktiker unfähig geworden sein, fortan — auch bei Begattung mit dem „reinsten" Männchen — rassenreine Junge zu gebären. Es liegt aber garnichts vor, was diese Auffassung in irgend einer Weise stützt. Daß aber individuell ganz rassenrein aussehende Tiere heterozygotischer Natur sein können, gibt vielleicht Andeutungen zum Verständnis des Entstehens solcher Auffassungen.

So lange die „Xenien" unrichtig aufgefaßt wurden, gaben sie als vermeintliche Analogien der Auffassung von „Infektionen des Keimes" eine nicht geringe Stütze. Mit Xenienbildung wurde besonders früher das Verhalten bezeichnet, daß der Pollen bei Kreuzbefruchtung nicht nur die Natur des gebildeten Bastardembryos mitbedingt, sondern auch andere Organe der sich entwickelnden Frucht Züge der den Pollen liefernden (väterlichen) P-Form geben kann. Sichergestellt war diese Sache für Getreidearten, wo von verschiedenen Forschern (GILTAY, WEBBER u. a. m.) längst nachgewiesen ist, daß die Charaktere des Endosperms eben so stark von der Pollen gebenden Pflanze beeinflußt sind als von der Mutterpflanze. Nachdem aber NAWASCHIN, GUIGNARD u. a. den Nachweis lieferten, daß das Endosperm selbst durch Befruchtung, der Embryobildung parallel verlaufend, gebildet wird, verlieren diese Xenien jedes spezielle Interesse: sie sind einfache Bastarde wie die Embryonen.

In anderen Fällen vermeintlicher Xenienbildung liegen Mosaikbildungen vor, vgl. das schon S. 401 erwähnte Beispiel der *Datura*-Bastarde. — Daß der Pollen, auch ohne Befruchtung, die Fruchtknoten zu weiterer Entwicklung reizen kann (gewisse kernlose Weinbeeren u. a. bedürfen nach MÜLLER-THURGAU Pollination, um sich überhaupt zu entwickeln), ist eine ganz andere Sache, etwa den Gallenbildungen analog. Und selbst wenn es sich bestätigen sollte, daß Obst verschiedenen Charakter (Geschmack) erhält, je nachdem der befruchtende Pollen von der einen oder der anderen Sorte stammt, hat man darin garnicht mit Erblichkeitsproblemen zu tun. Solche Erscheinungen können dagegen eher mit den Wechselwirkungen des Edelreises auf der Unterlage verglichen werden; Wirkungen physiologisch-persönlicher Art, die genotypischen Grundlagen als solche nicht affizierend.

Somit können wir die allgemeine Besprechung der Bastarde abschließen. Dieses weite Gebiet, auf welchem gerade jetzt die lebhafteste Entwicklung der Erfahrungen und Anschauungen im Gange ist, in zwei — allerdings in je fünf Abschnitte geteilten — Vorlesungen zu behandeln, müßte selbstverständlich ein ganz ungenügendes, ja teilweise wohl auch verzerrtes Bild der modernen Forschung geben. Hier war aber durchaus nicht von einer Handbuch-Darstellung die Rede, sondern von Präzisierung der Wege einer kritischen Forschung.

Werfen wir nun den Blick zurück, so wird es hoffentlich ersichtlich, daß die Prinzipien der exakten Forschung gerade bei dem Bastardstudium Resultate der größten Wichtigkeit ergeben haben. Es ist im tiefsten Grunde zu bedauern, daß Darwin und seine Zeit nicht Mendel bemerkten; die Anschauungen Darwin's hätten sonst große Beeinflussungen empfangen müssen. Die Entwicklung des Mendelismus hat ja gerade eine Analyse vieler derjenigen Kategorien ermöglicht, mit welchen Darwin operierte; was hier über Atavismus, Latenz und Korrelation mitgeteilt ist, genügt, um dies zu zeigen.

Auch die große Rolle, welche Fremdbefruchtung (*Cross-Fertilisation*) für Darwin spielte, wird durch den Mendelismus in neues Licht gestellt. Das, man könnte sagen „Mystische" der Wirkung einer Fremdbefruchtung (an deren Notwendigkeit bekanntlich in der Zeit nach Darwin in ganz übertriebenem Maße geglaubt wurde) wird bei nüchterner Untersuchung schwinden; und Phrasen, daß die Natur Selbstbefruchtung „abscheut" u. dgl. werden eben als Phrasen erkannt. — Hierher gehören u. a. die interessanten Erfahrungen Shull's nach methodischer Analyse der Maispopulation eines Feldes in ihre zahlreichen koexistierenden Biotypen. Durch Inzucht meistens kleiner und weniger produktiv — was aber an und für sich nicht „Schwäche" oder sonstige pathologische „degenerative" Eigenschaften bedeutet — ergaben diese Biotypen, mit einander gekreuzt, als Heterozygoten größere und produktivere Individuen.

Ob diese Wirkungen als stimulierende „Giftwirkung" der durch die Kreuzung vereinigten Plasmen auf einander aufzufassen sind, oder ob sie mehr direkt als „Konstruktions"-Erscheinungen oder Korrelationen gedeutet werden müssen, lassen wir dahingestellt sein. Vorderhand ist wohl nicht viel durch derartige Spekulationen gewonnen, insofern sie nicht Anstoß zu neuen Forschungen geben.

Kreuzungszucht — aber mit den an sich gesunden und normalen reinen homozygotischen Rassen als Stammmaterial — zeigt sich hier also von großem Wert. Indem wir an die Züchtung der Andalusierhühner erinnern (S. 395), verweisen wir in Bezug auf Kreuzungszucht in der Tierproduktion auf die älteren Erfahrungen vieler methodischer Tierzüchter, welche gerade auf Reinheit der Rassen großes Gewicht legen (z. B. Prosch), für Produktion der Gebrauchstiere aber Kreuzungen empfehlen. In unserer technischen Sprache präzisiert: Reinheit der P-Formen ist aufrecht zu halten; für den Gebrauchszweck (nicht aber zur Weiterzucht) wird jedoch F_1 manchmal das Beste ergeben. Die Maultierproduktion ist ein grobes Beispiel dieses Prinzips: hier verbietet sich ja die Weiterzucht von selbst. (Übrigens sind Fälle bekannt, wo Maultiere Fohlen nach Bedeckung mit Hengsten oder Eselhengsten erzeugt haben.)

Das ganze Verhalten der F_2-Generation Mendel'scher Bastarde stellt auch die früher sonderbar erscheinende „atavistische" Tatsache ins rechte Licht, daß es gerade die Großeltern sind, deren „Züge" bei den Kindern auftreten. Jetzt ist dies eine ganz selbstverständliche Sache: was von den Großeltern (P-Generation) in die Eltern geführt war (F_1-Generation), erscheint gespalten und in freier Kombination in den Kindern (F_2-Generation).

Und wie klar versteht man jetzt nicht die eigentümliche Lehre des genialen Louis Vilmorin, bei den Züchtungsbestrebungen die Pflanzen durch Zickzackauswahl zu „verwirren" (*affoler*): Die Pflanze zuerst in irgend einer Weise zum stärkeren „Variieren" zu bringen (z. B. auch durch Kreuzung), sodann aber zunächst die am meisten von der ursprünglichen Form in irgend einer Richtung abweichenden Individuen auszuwählen, ganz gleichgültig, ob diese Variation in der gewünschten Richtung geht oder nicht. Unter den Nachkommen aber in entgegengesetzter Richtung auszuwählen. Und so weiter, bis Individuen erscheinen, welche stärkere Andeutung des Erwünschten zeigen! Vielleicht ist hier das Vilmorin'sche Vorgehen zu kurzgefaßt erwähnt — wer sieht aber nicht, daß hier die Jagd unbewußt nach rezessiven Charakteren geht!

Auch versteht man aus dem Mendelismus leicht, daß, wo in einem Formenkreis eine neue Eigenschaft auftritt, die selbständig bedingt ist, dort wird diese Eigenschaft — jedenfalls als Regel — mit allen früher gegebenen Biotypen des Formenkreises leicht kombiniert. So findet sich der von Correns näher studierte *Calycanthema*-charakter (S. 409) mit den verschiedenen Farbenmodifikationen der betreffenden *Campanula*-Species kombiniert. Und de Vries erwähnt als Beispiel den Charakter „Cactusblume" bei Georginen, welcher

Charakter jetzt bei so zu sagen allen den zahlreichen Georginen-
spielarten auftritt — eben als Kreuzungsresultat. Ein neuer
Charakter verdoppelt geradezu die Anzahl möglicher Formen, und
man versteht auch darum, daß „Novitäten" als solche (seien sie
auch gar nicht Ausdrücke etwas an und für sich besseren) einen
bedeutenden ökonomischen Wert für die Züchter von Zierpflanzen
bezw. von Luxustieren haben. Die großen praktischen Erfolge des
berühmten Pflanzenzüchters Luther Burbank in Californien beruhen
jedenfalls teilweise auf einer in genialer Weise erlangten Kombination
verschiedener „wertbildender" Faktoren; und dabei sind die Massenkulturen offenbar als Mittel zur Realisation seltener Kombinationen
von nicht zu unterschätzender Wichtigkeit gewesen; vgl. S. 423.

Daß aber Kreuzung an sich die Variabilität, im Sinne der
Fluktuationen, steigern sollte — eine Auffassung, die ab und zu
geäußert wird, so z. B. von Plate — ist durchaus nicht bewiesen.
Direkt auf diese Frage gerichtete Forschungen quantitativer Art sind
kaum durchgeführt; aus eigenen Erfahrungen nach Bohnenkreuzungen
geht aber deutlich hervor, daß die in F_2 und F_3 erhaltenen Neukombinationen der Dimensionen der P-Formen gar nicht größere
Fluktuationen zeigen als die alten Kombinationen der P-Formen
selbst. Besondere Untersuchung muß dabei aber immer entscheiden,
ob die in Frage kommenden Individuen homozygotisch und genotypisch gleich sind. Arbeitet man mit Gemengen, so wird die Standardabweichung ja meistens größer als in reinen Beständen.

Es mag übrigens Charaktere geben — vielleicht besonders
Farbencharaktere — welche, abgespalten, in gewissen Fällen der neuen
Kombination größere Fluktuation zeigen, ohne daß darin Andeutung
der Möglichkeit einer genotypischen Verschiebung durch Selektion
liegen sollte. In solchen Fällen tangiert man übrigens die Frage
unreiner Abspaltung; vgl. auch Lock's S. 411 erwähntes Beispiel.

Die ganze Bastardlehre aber wird den Rassenbegriff etwas
umgestalten müssen, wie das schon früher (z. B. S. 314) angedeutet
wurde: Nicht die genealogische Abstammung als solche, sondern
Homozygotität ist der Prüfstein einer reinen Rasse. Eine Rasse
mag rein (homozygotisch) in Bezug auf gewisse maßgebende Eigenschaften sein, in Bezug auf andere aber nicht, absolute Rassenreinheit kommt wohl nur bei reinen Linien vor.

Und die „Konstanz" der reinen Rasse bleibt bestehen, bis die
bisherige homozygotische Natur gestört wird. Dies mag durch
Kreuzung geschehen oder aber durch andere stoßweise Änderungen

der genotypischen Grundlage, durch „Mutationen", die wir in der folgenden Vorlesung zu behandeln haben.

Wie schon gesagt ist, gibt es aber auch Fälle, wo durch Kreuzung eine F_1-Generation erzeugt wird, die nicht spaltet; vgl. S. 424. Ob nun eine solche F_1-Generation ein Gemenge verschiedener Biotypen darstellt oder ein einheitliches Gepräge besitzt, indem nur e i n e sagen wir einfachheitshalber „Zwischenform" entsteht, so ist das Konstantsein dieser durch Kreuzung erzeugten neuen Biotypen hier die Hauptsache. Es sind eben gleich als F_1 n e u e R a s s e n oder S p e c i e s gebildet. Denn diese Biotypen verhalten sich ja wie homozygotische Organismen — ja sie sind es wohl eigentlich! Inwieweit das Nichtspalten, wie es bei den S. 425 erwähnten OSTENFELD'schen *Hieracium*-Bastarden wohl der Fall ist, oft mit A p o g a m i e zusammenhängt, läßt sich noch nicht entscheiden; daß Apogamie ganz allgemein hier im Spiele sein sollte, ist wohl nicht anzunehmen.

Jedenfalls lassen die „konstanten" Bastarde sich direkt nicht von homozygotischen Organismen unterscheiden.

Vielleicht zeigen die betreffenden in F_1 zusammentretenden differierenden Gene in irgend einer Weise Fusionen oder Verbindungen derart, daß sich ein neuer homozygotischer Zustand ergibt. Es ist nicht unwahrscheinlich, daß besonders in Bezug auf gewisse quantitativ bestimmbare Charaktere, wie chemische Beschaffenheit (prozentischer Reichtum an einem bestimmten Stoff) oder physiologische Leistungsfähigkeit (z. B. Milchleistung u. dgl. mehr) Fälle gefunden werden, wo durch Kreuzung intermediäre Bildung ohne nachfolgende Spaltung auftreten wird. Bis jetzt sind wohl solche Fälle nicht sicher bekannt, und in Bezug auf F a r b e n ist ja Spaltung äußerst allgemein konstatiert. Die Hoffnung, bei Bohnendimensionen Nicht-Spalten zu finden, hat sich mir nicht erfüllt — und so ist es wohl meistens gegangen; das Spalten wird wohl Regel sein.

Sollten nun bei vertieften Untersuchungen Fälle von Nicht-Spalten „quantitativer" Eigenschaften wahrgenommen werden — und vielleicht ist schon die Mulattenfarbe und deren weitere Verdünnung bei Quarteronen usw. ein solches Beispiel —, so müssen wir selbstverständlich in den betreffenden Punkten eine w a h r e g e n o t y p i s c h e Ver-s c h i e b u n g sehen. Eine solche Verschiebung wird wohl aber nur ganz ausnahmsweise vorkommen können, sonst wäre sie doch längst sichergestellt; und in solchen Fällen wäre nur ein ganz spezieller E i n f a c h t y p u s durch Kreuzung innerhalb der von den P-Formen gesetzten Grenzen „verschiebbar", während die meisten anderen

Einfachtypen der betreffenden Gesamttypen — und sodann diese selbst als Totalitäten — nicht kontinuierlich verschiebbar sind.

Die moderne Bastardforschung hat eine Diskontinuität der Organismentypen stets schärfer und schärfer hervortreten lassen; es wäre aber wunderbar, sollten nicht punktweise Ausnahmen vorkommen, welche auch ihre chemischen Analogien finden würden, wie es schon oben angedeutet wurde.

Wo Spaltung nicht vorkommt, würde nun also Kreuzung eigentlich keine Heterozygotenbildung bedingen, und ein genealogisch-historisch als Bastard aufzufassender Organismus wäre physiologisch „rassenrein", homozygotisch. Wir sehen hier wiederum, daß genealogisches Herkommen ganz unmaßgebend für das physiologische Verhalten der Organismen ist: Nicht die Abstammung, sondern die Natur der in der Zygote koexistierenden Gene bestimmt deren Beschaffenheit.

Die Definition des Begriffs „Bastard" ist sodann nicht ohne weiteres zu geben:

Genealogisch gesehen ist Bastard ein durch Kreuzung entstandenes Wesen — und auch dessen Nachkommen, seien sie auch homozygotisch (z. B. homozygotische Neukombination), wird man wohl fortan, vom genealogischen Standpunkte gesehen, „Bastarde" nennen!

Physiologisch gesehen ist Bastard ein heterozygotisches Wesen (Spaltungen bei der Nachkommenbildung zeigend) — sodann aber gibt es Kreuzungen, die nicht Bastarde geben, sondern gleich neue „konstante" Biotypen!

Das weitere Studium dieser Fälle (einschließlich der „falschen" Bastarde, S. 427) liegt aber schon außerhalb des Rahmens der „Elemente" einer Erblichkeitslehre. Nur sei darauf hingewiesen, daß es, auch in Anbetracht etwaiger noch näher zu erforschender „unreiner Abspaltungen", gar nicht gesichert ist, daß die Gameten sich immer als — in Bezug auf Erblichkeit — „einfache" Gebilde zeigen müssen, wie es in den typischen MENDEL'schen Fällen geschieht. Darüber wird aber die Zukunft entscheiden müssen. Wir gedenken der Worte Lord BACONS: Der Mensch ist geneigt, größere Einfachheit in den Dingen vorauszusetzen, als er später findet! Solche Voraussetzungen aber gehören, richtig verstanden, zu den Werkzeugen der Forschung selbst; daß sie provisorisch sind, ist wohl jedem kritisch denkenden Forscher klar! Die Bastardforschung wird wohl auch künftig vielfach neue Gesichtspunkte zeitigen.

Die MENDEL'sche Analyse eines Organismus durch Kreuzungen ist in ihrer begrenzten Relativität eigentlich sehr primitiver Natur; die analytischen Reagenzien sind hier ja andere komplizierte Organismen, nicht einheitliche reine Körper wie bei chemischen Analysen. Gene bezw. Erbeinheiten als „Lebenselemente" sind wohl nicht als solche zu isolieren — denn „Leben" kann sich offenbar nur als Komplexerscheinung manifestieren. Die Analyse des Lebens führt zum Tode — und Synthese des Lebens wird uns wohl nie gelingen.

Vierundzwanzigste Vorlesung.

Mutationserscheinungen. — Arbeiten von DE VRIES. — Künstliches Hervorrufen von Mutationen. — Über das Wesen der Mutation.

Es ist das große Verdienst des holländischen Botanikers HUGO DE VRIES, die Lehre von den stoßweisen Änderungen der organischen Typen — Mutationen wie wir jetzt sagen — in den Vordergrund des biologischen Interesses der Gegenwart gebracht zu haben, und zwar durch selbständige höchst wichtige Untersuchungen. Das Wort Mutation ist schon alt in der Naturgeschichte, war aber in der Periode nach DARWIN's „Origin of Species" ganz oder fast ganz obsolet geworden. Nach DE VRIES wird aber die Bezeichnung „Mutation" nur für solche Fälle benutzt, wo eine stoßweise Änderung der genotypischen Grundlage einer Nachkommenserie auftritt.

Das Wesen der Mutationen ist sodann Diskontinuität erblicher Natur. Es wurde schon in der zwanzigsten Vorlesung, S. 327, eindringlichst darauf hingewiesen, daß man Diskontinuität der Phaenotypen nicht mit Diskontinuität genotypischer Natur verwechseln darf. Um eine solche Diskontinuität nachzuweisen, ist das Erblichkeitsmoment notwendigerweise zu berücksichtigen; und das Vorkommen einer Mutation kann überhaupt nur durch eine vergleichende Nachkommenbeurteilung konstatiert werden. Es geht dies eigentlich schon zur Genüge aus der vierzehnten Vorlesung hervor, deren Überschrift, hier leicht modifiziert, als Programm der Mutationsuntersuchungen gelten kann: Die Variationen können nur durch die Erblichkeitsverhältnisse analysiert werden!

So lange die Annahme mit anscheinender Berechtigung herrschen konnte, daß die Ausschläge rein fluktuierender Variabilität „erblich" waren, daß also sehr leicht eine „genotypische Verschiebung", etwa durch Selektion, eintreten könnte — so lange könnte der Mutationsbegriff nicht so scharf präzisiert sein als jetzt. Und

diejenigen Biologen, welche noch am genotypisch modifizierenden
Einfluß einer Selektion festhalten wollen, müssen den Mutationen
gegenüber die Stellung einnehmen, daß sie hier an extreme Fluk-
tuationserscheinungen denken. Wo es aber klar steht, daß Selektion
„nichts produziert", indem die reinen Fluktuationen (S. 324) nicht
erblich sind, und wo man durch den Mendelismus die Überzeugung
der Realität genotypischer Einheiten (Gene, Erbeinheiten) gewonnen
hat, wird man mit gleicher Klarheit die Auffassung haben,
daß stoßweise, diskontinuierliche Änderungen der genotypischen
Grundlagen Erscheinungen *sui generis*, von Fluktuationen funda-
mental verschieden, sind.

Solche Erscheinungen sind im Laufe der Jahrhunderte den
Naturhistorikern und namentlich den praktischen Züchtern gar nicht
selten aufgefallen. Schon DARWIN erwähnt eine ganze Reihe solcher
Fälle, die er als „*single variations*" bezeichnet. Auch das Wort
„*sport*" ist schon längst für Mutationserscheinungen (auch aber für
Spaltungserscheinungen der Bastarde u. dergl.) im Gebrauch.

Hier genügt es, einige berühmte Beispiele anzuführen: Das
ausgestorbene Ancou Schaf — mit angeblich niedrigen „Dachsbeinen"
stammt von einem 1791 in Nordamerika geborenen Lamm solcher
Natur, dessen Eltern „normal" waren. Dieser ganze Fall hat wohl
aber kein weiteres Interesse, wahrscheinlich steht man hier vor
einer Krankheit rachitischer Natur. Mehr bekannt ist die stoßweise
Änderung beim Merinoschaf in Frankreich 1828, in dem die Mau-
champ-Rasse, durch eigentümliche Wolle ausgezeichnet, plötzlich entstand. Auch dieser Fall ist zweifelhaft, und Kreuzung mag hier
eine Rolle gespielt haben. DARWIN erwähnt aber ferner augenfällige
Mutationen bei Pfauen, wie er auch verschiedene Hunderassen
(Dachshund, Mops) als so zu sagen „fertig" entstanden sich vorstellt.
Auch unter den Gliedertieren sind Beispiele bekannt; z. B. für
Schmetterlinge hat STANDFUSS in seinem bekannten Handbuch interessante Angaben. Und wo eine nähere geschichtliche Untersuchung
der Rassenbildung der Haustiere durchgeführt werden könnte, würden
sich Mutationserscheinungen unzweifelhaft häufiger zeigen, als es
bis in die neueste Zeit geglaubt wird. Eigenschaften wie etwa
Fehlen von Hörnern oder gerade Auftreten von solchen, Albinismus
u. w. m. dürften wohl stets plötzlich aufgetreten sein. War dies
ein Beispiel qualitativ charakterisierter Züge, so sei hier gleich an
ARENANDER's Angabe der plötzlichen Entstehung einer genotypisch
sehr milch- und fettarmen Kuh erinnert (vgl. S. 313 Anm. 2).

Wenden wir uns zum Pflanzenreiche, so finden wir eine noch größere Anzahl Beispiele von Mutationen in früheren Zeiten. Blutbuche und Blutberberis gehören hierher; die erste entstand an mehreren Orten im 18. Jahrhundert (und entsteht wohl auch jetzt), das letztgenannte wurde 1839 zuerst gefunden. Das geschlitztblättrige Schöllkraut (*Chelidonium majus laciniatum*) soll angeblich 1590 in einem Apothekengarten als Nachkomme des gewöhnlichen Schöllkrauts entstanden sein. Ganze Reihen von entsprechenden Daten wird man in einer Schrift des russischen botanischen Gärtners Korschinsky finden. Auch de Vries bringt in seinem oft genannten großen Werke (Die Mutationstheorie) zahlreiche Beispiele neben seinen eigenen Entdeckungen; und aus der wissenschaftlich betriebenen Praxis der schwedischen Zuchtanstalt in Svalöf hat Hj. Nilsson und seine Mitarbeiter viele Angaben der letzten 15 Jahre mitgeteilt, besonders über Mutationen bei Getreide. Beispielsweise soll hier erwähnt werden, daß in einer (jedenfalls vermeintlich) reinen Linie von Weizen eine neue steifhalmige sehr dichtährige Weizenform unvermittelt entstand.

Das Auftreten aller solcher neuen Formen ist unerwartet und ohne Verbindung mit irgend einer zielbewußten Selektion in der betreffenden Richtung geschehen. Die ganze Heimlichkeit der Erzeugung einer wirklich neuen Form ist — sie zu besitzen; so hat, de Vries gegenüber, ein angesehener Züchter sich geäußert. Die Tausende von neuen Kulturformen, welche im Laufe der Jahre entstehen, sind nicht nur Kreuzungsresultate; auch Mutationen ohne Kreuzung spielen hier eine Rolle: Viele der „Neuheiten" werden nicht „gemacht" sondern „gefunden".

Darwin's Äußerungen über die Bedeutung der Mutationen sind eigentlich recht wenig deutlich. Vielleicht denkt er bald an größere Abweichungen, bald aber an kleinere stoßweise Änderungen der Typen, welche letztere — wie überhaupt die kleinen Variationen — für ihn die wesentlichere Bedeutung hatten. Man versteht jedenfalls leicht, daß verschiedene Forscher einen recht verschiedenen Eindruck von Darwin's Meinung auf diesem Punkte bekommen haben. Die ganze Lehre von den Variationen war zu Darwin's Zeiten noch recht chaotisch; die Distinktion zwischen phaenotypischen und genotypischen Differenzen und damit auch das Verständnis der Fluktuationen und Transgressionen war damals kaum in Entwicklung begriffen. Da also die Auffassungen in Bezug auf Variabilität damals mehr diffuser Natur waren als jetzt, läßt sich Darwin's

Stellung zu den Mutationserscheinungen nicht mit unseren Auffassungen direkt vergleichen: unsere Grundbegriffe und Kategorien
decken sich nicht mit denjenigen DARWIN's.

Ein ganz besonderes Interesse aber bietet GALTON's Stellung zu
den Mutationen. GALTON's Rückschlagsgesetz oder vielmehr seine
Regressionslehre wird, wie schon früher erwähnt, von PEARSON
u. a. als Ausdruck bleibender Typenverschiebung durch Selektion fluktuierender Varianten gedeutet. Wie es mit dieser Deutung
steht, haben wir schon in der siebenten bis elften Vorlesung gesehen; sie ist formell vollkommen richtig — die Grundlage des
GALTON'schen Gesetzes aber ist biologisch unhaltbar. Ob GALTON
selbst Stellung zu den genannten Deutungen PEARSON's genommen
hat, ist mir nicht ganz klar. Daß er aber Mutationen als eine sehr
wesentliche, ja wohl die wesentlichste Weise des Erscheinens neuer
Biotypen betrachtet, ist aus verschiedenen seiner Schriften ersichtlich. Wohl am deutlichsten hat GALTON sich in einer interessanten
kleinen Abhandlung über die Streifenkonfigurationen an den Finger-
spitzen (1891) ausgesprochen.

Es wurden dort die Mutationen (*sports*) in ganz ähnlicher Weise,
wie es hier geschehen ist, definiert, und GALTON sagt, daß Selektion
nur dadurch für gewisse Typen förderlich wirkt, daß andere unterdrückt werden! Schon in dem berühmten Buche „*Natural Inheritance*" (1889) betont GALTON stark das stoßweise Auftreten neuer
Typen (vgl. S. 328). Dort sucht er aber seine Stütze besonders in
Gedankenexperimenten; und da er an der genannten Stelle eine
Mutation eigentlich nur als einen verstärkten Ausschlag fluktuierender Variabilität auffaßt — als eine einseitige Abweichung über eine
(gedachte) Stabilitätsgrenze hinaus — wird es ersichtlich, daß die
Nachfolger GALTON's nicht ohne Grund die stoßweisen Veränderungen
als mit starken Fluktuationen wesensgleich betrachten. GALTON stand
in Wirklichkeit an einer Grenze richtiger Auffassung — die mathematische Betrachtungsweise einer Stabilitätsgrenze hat hier Unklarheit
bedingt. Die Variation stört nicht eine Stabilität; die Mutation selbst ist
nur Ausdruck dafür, daß eine genotypische Änderung schon erfolgt ist.

BATESON's Betonung der Diskontinuität wurde schon hier S. 309
erwähnt; und darauf, daß eine Reihe älterer Forscher für diskontinuierliche Evolution eintraten, brauchen wir hier nicht näher einzugehen.
Als DE VRIES mit seinen bahnbrechenden Untersuchungen über Mutationen bei *Oenothera Lamarckiana* die Wissenschaft bereicherte,
war der Boden schon längst für den Empfang vorbereitet.

Die genannte prächtig gelbblühende Pflanzenart fand sich in großer Individuenanzahl an einem verlassenen Felde unweit Amsterdam (Hilversum); offenbar war sie hier „verwildert", von einem Garten gekommen. Im Laufe der Jahre 1875—86 waren die Individuen so zahlreich geworden, daß sie einen dichten Bestand bildeten. De Vries bemerkte nun, daß unter den Tausenden normaler Pflanzen einzelne auftraten, die anders geprägt waren und als besondere („kleine") Species aufzufassen waren. Bei genauerer Nachforschung meinte de Vries, hier zwei neue Species gefunden zu haben. Weil der genannte Forscher nun vermutete, die neuen Formen seien aus der *O. Lamarckiana* entstanden, wurden mehrere Exemplare dieser Species im botanischen Garten zu Amsterdam 1886 angebaut, um ihre Nachkommen zu studieren.

Von den erwähnten Pflanzen standen im folgenden Jahre 9 in Blüte, sie wurden künstlich selbstbefruchtet mit allen Kautelen; Kreuzung war ausgeschlossen. Es wurde reichlich Samen geerntet und eine bedeutende Anzahl Samen im nächsten Frühling ausgesät. Die Keimpflanzen — im Ganzen 15000 — wurden sorgfältig gepflegt, und als sie 1889 zur Blüte kamen (sie waren zweijährig), war es unzweifelhaft, daß die weit überwiegende Mehrzahl *O. Lamarckiana* waren, wie die Mutterpflanzen; aber es fanden sich 10 Individuen, die ein ganz abweichendes Gepräge hatten. Fünf von ihnen waren sehr breitblätterig und zugleich rein weiblich; diese Form wurde *O. lata* genannt; die fünf anderen waren zwergig und erhielten den Namen *O. nanella*. Diese Form, welche wie die Mutterform zwittrig ist, zeigte sich bei Selbstbefruchtung völlig konstant. (*O. lata* läßt sich, als rein ♀, nur durch Kreuzung fortpflanzen.)

Im nächsten Jahre zeigten die Nachkommen ganz normaler *O. Lamarckiana* (fortan künstlich selbstbefruchtet, um Kreuzung zu entgehen) auf im Ganzen 10000 Individuen sieben Pflanzen abweichender Form, nämlich drei *O. lata*, drei *O. nanella* und eine jetzt neue Form, u. a. durch rottingierte Blattnerven ausgezeichnet, welche den Namen *O. rubrinervis* erhielt. Auch diese Form war zwittrig und „konstant" (also offenbar homozygotisch) wie *O. nanella*.

Die Kultur sowohl dieser neuen Formen als auch der „normalen" *Lamarckiana*-Individuen wurde fortgesetzt und jedes Jahr wurde aus diesem letzteren, neben einer überwiegenden Anzahl *Lamarckiana*-Individuen, eine größere oder kleinere Anzahl der neuen Formen erhalten. Und dabei traten allmählich im Ganzen bis 1899 sieben neue Formen auf, die *O. scintillans* (schon S. 315 erwähnt), die grobe, kräftige *O. gigas*, die blaßgrüne schmalblätterige *O. albida* und die weniger scharf charakterisierte *O. oblonga* mit langen Blättern und dichtgedrängten Früchten.

DE VRIES gibt eine tabellarische Übersicht der Häufigkeit des Auftretens dieser verschiedenen neuen Formen in den hier in Frage kommenden sieben Generationen. Mit Benutzung der Originaltabelle sei hier eine etwas geänderte Zusammenstellung gegeben, um die Zahlenverhältnisse klarer sehen zu können.

Ein Stammbaum über Entstehung neuer Arten
durch Mutation von *Oenothera Lamarckiana*
(nach DE VRIES' Angaben).

In dieser Tabelle ist jede Generation nur Nachkomme der *Lamarckiana*-Individuen der vorigen Generation.

Generation und Jahreszahl	*La-mar-ckiana*	Anzahl der gefundenen *Oenothera*-Formen							Muta-tions-prozent
		lata	*na-nella*	*rubri-nervis*	*ob-longa*	*gigas*	*al-bida*	*scin-tillans*	
(*1*. 1886—87)	(9)								
2. 1888—89	15000	5	5	.	.	.	.	.	0,07
3. 1890–91	10000	3	3	1	.	.	.	.	0,07
4. 1895	14000	73	60	8	176	1	15	1	2,39
5. 1896	8000	142	49	20	135	.	25	6	4,71
6. 1897	1800	5	9	3	29	.	11	1	3,22
7. 1898	3000	.	11	.	9	.	.	.	0,67
8. 1899	1700	1	21	.	1	.	5	.	1,65
Im Ganzen	53500	229	158	32	350	1	56	8	1,56

Es ist der Tabelle sofort anzusehen, daß die Anzahl der *Lamarckiana*-Individuen mit stark abgerundeten Zahlen angegeben ist, was hier aber genügt. Das „Mutationsprozent" der betreffenden Generation, d. h. die prozentische Anzahl Individuen, welche nicht *Lamarckiana* sind, ist darum hier ganz einfach auf die *Lamarckiana*-Individuen bezogen, die Gesamtanzahl ist ja doch nicht genau präzisiert: Selbst in der am meisten mutierten Generation (5. 1896) wird das Resultat dieser Berechnungsweise (4,71) nur wenig vom Resultat der Berechnung pro Gesamtzahl (4,50) abweichen. Und indem wir solcherart das höchst mögliche Mutationsprozent hier erhalten, wird unsere Untersuchung der Nichtübereinstimmung der verschiedenen Generationen so liberal wie möglich, weil σ und m dadurch möglichst groß werden.

Wird im Ganzen in diesem Material ein Mutationsprozent[1]) von etwa 1,5 à 1,6 als Mittelwerte erhalten, so sehen wir aber eine außerordentlich große Variabilität beim Vergleich der verschiedenen Generationen! Diese Variabilität (hier ist von alternativer Variabilität die Rede) ist so groß, daß von „Zufälligkeiten" nicht gesprochen werden kann. Legen wir absichtlich die höchste Mutationsziffer unserer Betrachtung zu Grunde, etwa fünf Prozent, so erhält man, nach den Angaben S. 58, $\sigma = 21,8$ Prozent und für $n = 10\,000$ wird $m = 0,22$ Prozent. Die Abweichungen der Generationen 2 und 3 von den Generationen $4—6$ ist, wie man sieht $10—20$ mal größer. Und dabei waren wir äußerst liberal in den Anforderungen an Genauigkeit.

Sodann ist es deutlich, daß äußere Verhältnisse, die Lebenslagefaktoren — etwa im Vorjahre? — eine ganz bedeutende Rolle spielen müssen in Bezug auf das größere oder kleinere Mutationsprozent. Die hier in Frage stehenden Mutationserscheinungen, welche Ausdrücke stoßweiser genotypischer Änderungen sind, stehen also in einem ganz anderen Abhängigkeitsverhältnis zu den Faktoren der Lebenslage als etwa die durch Spaltung und Neukombinationen bei MENDEL'schen Bastarden gebildeten Biotypen, deren relative Häufigkeiten im Prinzip unabhängig von den Wechselungen der Lebenslage in aufeinanderfolgenden Jahren sind. Namentlich auch die große Variabilität in Bezug auf die relative Häufigkeit der einzelnen neuentstehenden speziellen Formen ist in dieser Tabelle auffallend. So z. B. war in Generation 4, mit Mutationsprozent 2,39, wo O. oblonga und nanella im gegenseitigen Verhältnis 75:25 anwesend sind, und in den Generationen 5 und 6 war ein ähnliches Verhältnis vorhanden; aber in Generation 8, mit Mutationsprozent 1,65, war dieses Verhältnis total verschieden, nämlich 5:95. Dabei war die gesamte Individuenzahl in 6 und 8 fast gleich groß, so daß hier ein Vergleich berechtigt wäre.

Es deutet sodann das ganze hier vorliegende Material auf Beziehungen der Mutation zur Lebenslage, welche noch zu erforschen sind. Übrigens kann, wenigstens rein formell, der Einwand gegen DE VRIES' Angaben gemacht werden, daß der Ausgangspunkt dieser Kulturen nicht genügend „rein" war. Es wurden 9 Exemplare direkt aus dem Freien geholt und, soweit es ersichtlich ist, wurden die

---

[1]) Oft wird „Mutationskoeffizient" gesagt; präziser ist es aber „Prozent" zu sagen.

Nachkommen dieser Pflanzen nicht dem VILMORIN'schen Prinzipe gemäß getrennt beobachtet. In anderen Kulturen DE VRIES' ist dies wohl geschehen, und der Einwand ist hier wohl nur formeller Art. Denn in zwei wichtigen Arbeiten aus Amerika haben MAC DOUGAL, SHULL und VAIL nach eingehenden analytischen Untersuchungen des für die Beobachtungen benutzten Materials, Resultate erhalten, die in allen wesentlichen Punkten DE VRIES' Resultate bestätigen und ferner auch neue Beispiele von Mutation bringen. Auch detaillierte statistische Untersuchungen über die Variabilität der gefundenen neuen Formen sind durchgeführt. Diese amerikanischen Arbeiten haben sodann sehr wesentliches Interesse als positiv-kritische Revision der Angaben DE VRIES' — deren fundamentale Bedeutung dadurch aber nur um so klarer und schöner hervortritt.

Die genannten amerikanischen Forscher drücken sich gewissermaßen als Programm für das Arbeiten mit Mutationserscheinungen bei wilden Pflanzen etwa so aus: Es ist einleuchtend, daß bei Untersuchung natürlich vorkommender Species in Bezug auf Mutation stets die erste und wichtigste auszuführende Arbeit die sein muß, die betreffende Species in ihre „elementaren Bestandteile" aufzulösen — d. h. also, in unserer Ausdrucksweise, ihre Biotypen zu isolieren. Sonst, heißt es weiter, werden die Samen (also der promiscue geernteten Biotypen) eine Ungleichartigkeit der Nachkommen ergeben, welche größer erscheint als berechtigt. Mutationen dürfen deshalb auch nur als solche anerkannt werden, wenn sie in reinen Kulturen, deren Ursprungspflanze für den Vergleich aufzubewahren ist, auftreten. Diskussionen über Mutanten, die unter anderen Verhältnissen gefunden wurden, können als nützliche Suggestionen für das Auffinden passender Versuchsobjekte dienen, sie können aber keinen direkten Wert als positive Beiträge zur Sache haben.

Es ist nur mit Freude zu begrüßen, wie hier auf dem schwierigen und im Geiste moderner Forschung noch jungen Mutationsgebiet die Forschung exakter Arbeitsweise scharf sich manifestiert: VILMORIN's und MENDEL's Prinzipien sind eben nicht mehr von der Naturgeschichte weg zu halten; die Beschreibung der Funde oder die historische Nachforschung des Auftretens neuer Formen genügt gar nicht mehr — entbehrt können diese Arbeitsweisen aber nicht werden: Laboratorien und Versuchsgarten können niemals die Beobachtung der freien Natur durch geschulte und intuitive Begabungen ersetzen. Die Betrachtung der Natur offenbart oft zuerst dem schau-

enden Forscher, was Laboratorium und Versuchsgarten nachher veri-
fizieren und feiner analysieren müssen.

Über Angaben von Funden vermeintlich mutierter Formen kann
sich die Erblichkeitsforschung demnach nicht aufhalten, wohl aber
darin Anleitung zum Experimentieren suchen. Und ganz natürlich
wird man den „polymorphen" Arten besonders die Aufmerksamkeit
zuwenden.

So hat in den letzten Jahren LIDFORSS sehr umfassende Untersuchungen über *Rubus*-Species ausgeführt, und es sind hier unzweifelhafte Mutationen konstatiert worden, welche nicht als durch
Kreuzung veranlaßt aufgefaßt werden können. Das Mutationsprozent
gibt LIDFORSS hier etwa zu 1—5 an.

Auch an der schwedischen Saatzuchtanstalt Svalöf sind Mutationen vielfach aufgetreten; die Einzelheiten aller dieser Fälle sind
noch nicht genügend präzisiert. Es ist das Wesentlichste in allen
solchen Fällen die Tatsache, daß unvermittelt, als Nachkommen
eines Biotypus Individuen auftreten, welche einen geänderten Gesamttypus haben, einem anderen Biotypus angehören — wie es eben
in den berühmten DE VRIES'schen Kulturen geschah.

Auch bei Mikroorganismen sind solche Fälle jetzt völlig sichergestellt, namentlich durch E. CHR. HANSEN's sehr umfassende und
mühsame Forschungen, welche u. a. gezeigt haben, daß in Reinkulturen von Heferassen unvermittelt Individuen auftreten können
mit anderen physiologischen Eigenschaften, als die ursprüngliche
Form. So sind Zellen mit „Oberhefe"-Charakter stoßweise aus
„Unterhefe" entstanden. Schon früher hat BEIJERINCK Mutationen
bei Bakterien nachgewiesen.

In diesen letztgenannten Fällen ist von früherer Kreuzung
selbstverständlich nicht die Rede. Die sonst oft angeführte Ver-
mutung, daß Mutationen als Nachwirkungen von Kreuzungen, als
„Rückschlagserscheinungen" oder als „Atavismus" zu deuten seien,
hat wenig Wert. Die Begriffe „Atavismus" und „Rückschlag" sind
bei den betreffenden Autoren oft sehr vager Natur. Mit diesen
Begriffen ohne nähere Analyse derselben in den einzelnen Fällen
zu operieren, ist eigentlich ziemlich loses Reden. Der Mendelismus
hat den Atavismus seiner Mystik als besondere Naturwirksamkeit
beraubt; dieser Begriff ist wohl eigentlich nichts als ein Relikt
vor-MENDEL'scher Erblichkeitslehre, etwa „Erbkraft" an die Seite zu
stellen, vgl. S. 142.

In Bezug auf die Bedingungen der Entstehung neuer Biotypen — „Mutanten", wie sie mit einer wohl nicht ganz adäquaten
Bezeichnung genannt werden — stehen wir noch in dem allerersten
Anfang der Studien. Wir wissen eigentlich fast gar nichts! Nur
ist es deutlich, wie auch schon hervorgehoben, daß die Lebenslagefaktoren einen ganz wesentlichen Einfluß haben —und haben müssen.

Ganz im allgemeinen scheint eine sehr „günstige" Lebenslage,
d. h. eine Lebenslage, welche der betreffenden Species gute Bedingungen sowohl für starke Verbreitung als für reichliche Ernährung der Individuen gibt, sehr förderlich für das Eintreten von
Mutationen zu sein. Das ist wohl der Grund, daß bei intensiver
Gartenkultur der Pflanzen sowie bei Domestikation der Tiere die
Anzahl der Biotypen der betreffenden Species oder Rassen im Laufe
der Zeiten zahlreicher geworden ist; und hiermit hängt wohl auch
die Tatsache zusammen, daß die LINNÉ'schen Species die größte
Polymorphie (Inhalt „kleiner Species") gerade dort zeigen, wo die
Species am reichlichsten repräsentiert sind, während an den Grenzen
des Ausbreitungskreises einer Species diese viel ärmer an verschiedenen Biotypen sind; vgl. auch das hierüber S. 356 Gesagte.

In den letzten Jahren hat man eifrige Bemühungen gemacht, um
Mutationen durch allerhand künstliche Eingriffe hervorzurufen. Besonders hat man allerlei „extreme" Faktoren einwirken lassen, wie
etwa große Hitze, Gifte, eingreifende Beschädigungen u. a. mehr,
um geradezu die genotypische Grundlage zu erschüttern. Schon in
der einundzwanzigsten Vorlesung, bei der Diskussion Lamarckistischer
Auffassungen, S. 344 ff. wurden hierher gehörige Beispiele angeführt. Die beiden Experimentserien HANSEN's, bezw. mit Beeinflussung der Sporenbildung und der Formcharaktere durch höhere
Temperatur sind vielleicht in ihrer Nichtübereinstimmung solcherart
zu deuten: die Sporenbildung wurde gestört durch Destruktion oder
Änderung von Gebilden oder Zuständen der genotypischen Grundlage — hier liegt demnach wohl eine künstlich erzeugte Mutation
vor; während die erwähnten Formcharaktere nur in ihrer äußeren
Erscheinung, sozusagen nur phaenotypisch, affiziert wurden.

Die schon an der genannten Stelle angeführten TOWER'schen
Experimente mit Chrysomelen sind auch, wie TOWER selbst sagt, als
Keimplasmaänderungen direkt hervorrufend aufzufassen. Die sehr
ausgedehnten Experimente TOWER's sowie seine sonstigen Beobachtungen bei den genannten Käfern haben ihm die Auffassung gegeben, welcher wir uns wohl völlig anschließen müssen, daß „alle

bleibenden Varianten (*variations of permanency*) bei diesen Käfern
in den Keimzellen entstehen und in keiner Weise das Resultat er-
erbter somatischer Modifikation sind". Diese Sache wird so oft bei
den Experimenten mit diesen Käfern gefunden, daß Tower die Auffassung somatischer Entstehung solcher bleibender Varianten (also
neuer Biotypen) als unhaltbar betrachtet, bis etwa ein experimenteller Nachweis vorliegen sollte.

Die Entstehung solcher neuen Biotypen bei den erwähnten
Käfern scheint nach Tower mit Änderungen der Lebenslage verknüpft
zu sein, da er auch in der Natur mehrfach das Auftreten solcher
„Mutanten" gesehen hat, wo die Lebenslagefaktoren große Abweichungen vom Normalen zeigten.

Schon vor Jahren, sagt Tower, wurde er zur Auffassung geführt, daß die Lebenslage nicht in spezifischer Weise erblich umprägend wirkt, sondern — in dem uns hier interessierenden Verhalten — nur als Reiz (*stimulus*), welcher, wenn auf das Keimplasma wirkend, als Reaktion eine Änderung hervorrief in der Form
„bleibender Variation" eines oder mehrerer Charaktere.

Die Arbeit Tower's ist, näher besehen, eine sehr wichtige
Stütze für die Auffassung diskontinuierlicher Bildung genotypischer Neuheiten, und insofern eine höchst wertvolle Stütze
der Mutationslehre, wenn auch Tower in theoretischer Beziehung
nicht mit der Lehre von Genen sympathisiert — jedenfalls gar
nicht mit der Annahme morphologisch bestimmter „Pangene",
„Determinanten" und „Biophoren" im Weismann'schen Sinne. Dies
aber ist alles eine Frage für sich. Ob Tower ganz scharf unterscheidet zwischen dem, was wir Mutationen — Änderungen einer
genotypischen Grundlage, von Kreuzung abgesehen — und reinen
Fluktuationen nennen (vgl. S. 324), ist nicht immer in seiner
großen, schönen Arbeit deutlich; wenn „schiefe Variation" und
„Mutation" mitunter zusammengestellt werden, wird wohl ein Einfluß der biometrischen Schule gespürt, von welcher in diesem
Punkte eine Emanzipation wohl erwünscht wäre; vgl. auch das
vorhin über Galton's Stellung Gesagte (S. 443).

Auch amerikanische Pflanzenforscher haben uns Experimente
zum künstlichen Hervorbringen von Mutationsvorgängen mitgeteilt;
vor allen Mac Dougal. Dieser Forscher hat in junge Gynaeceen
von *Oenothera* sowie von *Raimannia odorata* verschiedene Gifte
(Zinksulfat, Kupfersalze u. a.) mittels einer feinen Spritze injiziert,
ferner auch diese Organe mit Radiumstrahlung behandelt u. a. mehr.

Ganz vereinzelt sind nach solcher Behandlung Individuen entstanden, welche wohl als Mutanten aufzufassen sind; jedoch kann noch nicht mit völliger Sicherheit gesagt werden, daß die Behandlung die wirkliche Ursache des Auftretens der neuen Biotypen war; hier ist noch nachzuforschen, ob *propter* oder nur *post* vorliegt. Aber die betreffenden Angaben wirken sehr suggerierend.

So auch BLARINGHEM's eingehende Schilderungen seiner Verwundungsversuche mit Maisrassen. Schon als Studien der Verwundungsfolgen rein persönlich-physiologischer Natur sind die betreffenden Untersuchungen von nicht geringem Interesse; und wenn der Verfasser ferner angibt, daß nach tiefgreifenden Verwundungen (*traumatismes violents*) oft Sprosse gebildet werden, welche einen geänderten Typus besitzen, so ist dies ganz unzweifelhaft richtig und stimmt mit vielen anderen Beobachtungen überein. Die Hauptsache der BLARINGHEM'schen Angaben ist aber die, daß von diesen durch die Wundwirkung hervorgerufenen Neubildungen eine gewisse Anzahl „partiell" erblich sind; d. h. unter deren Nachkommen treten, wenn auch in relativ geringer Anzahl, Individuen eines geänderten Typus auf, welche ihrerseits konstante Nachkommen ergeben.

Verwundung tiefgreifender Art soll demnach ein sehr wichtiges Mittel sein, Mutationen hervorzurufen. Die Richtigkeit der BLARINGHEM-schen Beobachtungen soll gar nicht bezweifelt werden; bei der Wichtigkeit der Sache ist aber Vorsicht geboten. Und wie immer bei den Erblichkeitsangaben, richtet sich die Aufmerksamkeit auf das Ausgangsmaterial. Wir wissen u. a. durch SHULL's Untersuchungen, daß ein Maisfeld der praktischen Kultur recht viele verschiedene Biotypen enthalten kann, die sich gegenseitig kreuzen. Hat BLARINGHEM als Einleitung zu seinen Experimenten eine genügende Analyse des Materials mit mehrjährigen kontrollierten Reinkulturen vorgenommen? Ist die Möglichkeit ausgeschlossen, daß die Wirkungen der Verwundungen ähnlich wie in BEIJERINCK's Experimenten mit *Cytisus Adami* zu verstehen sind: d. h. die Wunden haben vegetative Spaltungen ganz wesentlich erleichtert (vgl. S. 428). Ferner ist es bei so schwierigen und so vielen Fehlerquellen ausgesetzten Untersuchungen prinzipiell nicht ganz ratsam, mit einer großen Menge verschiedener Biotypen zu arbeiten: Resultate, die bei einem einzigen, durch jahrelange Isolation in seiner Reinheit kontrollierten Biotypus gewonnen wurden, sind jedenfalls bei weitem mehr überzeugend als Resultate sehr extensiver Untersuchungen. Es muß sodann dahingestellt bleiben, ob BLARINGHEM's

Fälle zu so weitgehenden Schlüssen berechtigen, wie sie der Verfasser zieht, daß „die eingreifenden Verstümmelungen ein allgemeines und bequemes Mittel sind, Mutationen hervorzurufen bei Pflanzenrassen, (lignées) welche bisher ganz konstant waren". Es mag sein; die Möglichkeit sei nicht geleugnet; als gänzlich sichergestellt wage ich es aber noch nicht anzusehen. Man wird hier übrigens an die Operationen an Meerschweinchen, S. 340, erinnert; die Verhältnisse sind jedoch kaum vergleichbar.

Auch LIDFORSS hat bei *Rubus* gelegentlich eine ganz neue Form als Adventivbildung nach Verwundung gesehen, was insofern mit BLARINGHEM's Angaben übereinstimmt; aber wie viele Fälle von Verwundungen schwerer und leichterer Art sind nicht bei Pflanzen in der Natur und in der Kultur eingetreten, ohne daß Mutationen dadurch beobachtet worden sind? Sollte es nicht so sein, daß die Verwundungen nur dort im BLARINGHEM'schen Sinne wirken, wo schon im voraus eine Alteration in der genotypischen Grundlage eingetreten ist? Die Verwundung wäre sodann nicht das Primäre, aber — wie in BEIJERINCK's Experimenten — ein auslösender Faktor.

Auch Einwirkung von starkem Frost ruft angeblich mitunter Mutationen hervor, z. B. bei Getreide; alle solche Angaben sind wohl noch näher zu prüfen; vgl. übrigens auch die S. 345 angegebenen Fälle.

Nach einer sehr verbreiteten Auffassung ist auch Kreuzung ein Mittel, Mutationen hervorzurufen. Namentlich hat TSCHERMAK diese Auffassung durch Experimente stützen wollen. Es liegt in der Natur der Sache, daß die Beweisführung sehr schwierig ist, da Erscheinungen der Latenz — in den recht verschiedenen Bedeutungen dieses mehrdeutigen Wortes (vgl. S. 412—417) — hier das Bild sowohl der MENDEL'schen Spaltung als etwaiger Mutationserscheinungen perturbieren.

Und auch der Begriff „Mutation" muß den durch Kreuzung erhaltenen Neukombinationen, Konstruktionen und Trennungen gegenüber genau präzisiert sein (etwa als Entstehung bezw. Änderung oder Verlust von Genen, von den Konsequenzen der Heterozygotenspaltung abgesehen), wenn von „Mutation durch Kreuzung ausgelöst" gesprochen werden soll. Der von TSCHERMAK eingeführte Begriff „Kryptomerie" ist ein Kollektivbegriff, sowohl Mutation in diesem engeren Sinne als auch gerade „Latenz"-Phänomene rein MENDELscher Natur umfassend. „Kryptomerie"-Erscheinungen im Sinne

TSCHERMAK's sind hier S. 413, sowie auch schon S. 391 erwähnt. „Kryptomer" nennt TSCHERMAK nämlich „solche Pflanzen- und Tierformen, welche sich im Besitze latenter Eigenschaften oder Merkmale erweisen". Da wir aber schon S. 413 den Begriff „latent" als unpräzis und in Auflösung begriffen bezeichnet haben, wird dasselbe auch von „Kryptomerie" als Terminus gelten müssen.

Damit ist aber durchaus nichts gegen das hohe Interesse der hier auch vielfach benutzten TSCHERMAK'schen Untersuchungen gesagt. Und es ist wohl kaum zu bezweifeln, daß Kreuzung als solche, das Eindringen und Verschmelzen einer „fremden" Samenzelle mit einer Eizelle, Mutation in dem hier enger präzisierten Sinne hervorrufen kann, wo sonst die Bedingungen für Mutation vorliegen.

Solche Erscheinungen wären wohl mit den Mutationserscheinungen nach Giftwirkungen (MAC DOUGAL, vgl. oben) u. dergl. „Schädlichkeiten" zu parallelisieren. Aber wie weit sie vorkommen, ist wohl noch nicht endgültig nachgewiesen. Leicht wird ein sicherer Nachweis nicht sein — die vielen X der genotypischen Grundlagen treffen wir ja sofort hier, wie so häufig auch früher, wenn die erblichen Erscheinungen komplizierter werden, vgl. S. 423.

Jedenfalls hat man jetzt eifrig angefangen, das Hervorbringen von Mutationen experimentell zu studieren, und diese Studien werden wohl allmählich reife Früchte zeitigen. Eine Frage, die gewissermaßen zuerst hätte beantwortet werden müssen, stellt die Entstehungsweise oder, präziser ausgedrückt, die Erscheinungsweise der Mutanten dar: wie und wo genotypische Änderungen geschehen, können wir direkt nicht sehen; was wir beobachten, ist ja immer die phaenotypische Manifestation.

Es sind zwei verschiedene Möglichkeiten hier zu berücksichtigen — wenn auch die Verschiedenheit jetzt weniger prinzipiell erscheint als es früher der Fall war. Die Mutation kann bei oder mit der Gametenbildung eintreten, insofern also als Parallele zur MENDELschen Spaltung gesetzt werden. Oder aber die Mutation kann — wenigstens bei Pflanzen — im vegetativen Körper auftreten, insofern also als Parallele zur Mosaikbildung in der Bastardgeneration F_1 aufgestellt werden.

DE VRIES ist in seiner „Mutationstheorie" — wohl in ähnlicher Weise cytologisch beeinflußt wie in betreff seiner Auffassung der MENDEL'schen Spaltung, S. 375 — geneigt, die Mutation in nahe Verbindung mit den Vorgängen der Gametenbildung zu bringen. A priori läßt sich wohl auch kaum ein mehr für genotypische

Änderungen geeigneter Zeitpunkt denken als gerade das „Synapsis-stadium" der heterotypischen Kernteilung! Jedenfalls ist es durch-aus naheliegend anzunehmen, daß es eine Gamete ist, die zuerst eine stoßweise geänderte genotypische Beschaffenheit erhält, wo Mutation geschieht. Und da die Mutationen wohl im ganzen nicht häufig sind, liegt die Annahme auch sehr nahe, daß nur ein ent-sprechend kleiner Bruchteil der Gameten der fraglichen Organismen von der genotypischen Änderung geprägt sein wird.

Mit dieser Voraussetzung ersieht man aber, daß es sehr un-wahrscheinlich wird, daß eine „mutierte" Gamete, sagen wir eine Eizelle, auch gerade mit einer im selben Sinne mutierten Samen-zelle zusammentreffen sollte. Sodann würde mit der weitaus größten Wahrscheinlichkeit eine mutierte Gamete mit einer nichtmutierten zusammentreffen. Und daraus zieht DE VRIES den Schluß, daß die Mutanten als Bastarde — als Heterozygoten — entstehen. Dieser Gedanke ist genial, aber ob die Voraussetzung richtig ist, das ist hier die große Frage!

Nun gibt es viele Fälle, die mit DE VRIES' Anschauung über-einstimmen. Es sind dies namentlich solche Fälle, wo eine neu auf-getretene „Form" nur heterozygotisch lebensfähig ist[1]), wo also das Novum nicht homozygotisch existieren kann. Um nur zwei Beispiele zu nennen, können wir an BAUR's *Aurea*-Form von *Antirrhinum* denken (S. 410); die Herkunft dieser Form ist unbe-kannt, aber zu DE VRIES' Gedanken paßt ihre Erscheinung gut. Die von CORRENS studierte *Campanula*-Monstrosität *Calycanthema* könnte wohl auch hierher gehören, vgl. S. 409.

Unter Annahme der DE VRIES'schen Auffassung als mehr oder weniger häufig zutreffend würde man bei etwaiger Dominanz der neuen Form (bezw. gewisser Charaktere derselben) diese nicht sofort „konstant" finden; mit Dominanz der ursprünglichen Form würde das Novum erst in einer der späteren Generationen auftreten.

In beiden Fällen würden die Erscheinungen nur zu leicht als Effekte einer Kreuzung aufgefaßt werden; und die landläufige Auffassung neuer Formen als „Kreuzungsprodukte" ist vielleicht auch teilweise durch solche Erscheinungen motiviert. Jedenfalls verdient die ganze Auffassung, daß Kreuzung Mutationen auslöst, nähere kritische Prüfung gerade auch in Bezug auf die Beschaffen-heit des Materials der Untersuchungen.

---

[1]) Nicht mit Fällen zu verwechseln, wo eine „Eigenschaft" nur hetero-zygotisch realisierbar ist, wie etwa Andalusierfarbe u. a. m. (S. 395 ff.).

Die zweite Möglichkeit, das Erscheinen der Mutation als direkte Veränderung in vegetativen Geweben, ist bei den Pflanzen eine längst bekannte Sache. De Vries gibt viele Beispiele solcher „Knospenmutationen" — ein Wort, das nicht so bezeichnend ist wie „vegetative Mutation", denn das Auftreten der Mutationen geschieht durchaus nicht zuerst an Knospen.

Unter Knospenvariation versteht man ganz im allgemeinen die Erscheinung, daß morphologisch gleichberechtigte Zweige eines Pflanzenstockes nicht identisch sind. Und hier kann sowohl von reinen Fluktuationen der Einzeltriebe die Rede sein als von kollektiven Erscheinungen, wie z. B. bessere Ernährung der Zweige einer Seite des Baumes, und endlich auch von stoßweise verschiedenen, erblichen Variationen. Nur diese — eben erst nach Prüfung der Erblichkeit bei Samenaussaat — verdienen den Namen „vegetative Mutationen" und zwar nur dann, wenn es sich nicht um eine Abspaltungserscheinung eines heterozygotischen Individuums handelt.

Hier liegt eine oft sehr große Schwierigkeit der Beweisführung. Abgesehen von den Folgen der Verwundungen in Blaringhem'schem Sinne u. dergl. m., die aber noch näherer Untersuchungen bedürfen, treten die stoßweisen Knospenvariationen so unvermittelt auf, wo sie nicht erwartet werden, daß man im voraus meist nicht sicher sein kann, ob die betreffenden Pflanzenstöcke Heterozygoten sind oder nicht. Jedoch kann nicht an einer von Kreuzung ganz unabhängigen mutativen Natur vieler natürlicher, d. h. durch Kunst nicht provozierter Knospenvariationen gezweifelt werden.

Beissner hat in einer besonderen kleinen Abhandlung eine große Liste von natürlich aufgetretenen Knospenvariationen gegeben, von welchen unzweifelhaft viele Mutationen sind. Darunter sind aber viele „analoge Variationen", meistens Abnormitäten wie: Hängeform, Pyramidenwuchs, Fasziationen, laciniate Blätter, *Aurea*-Farbe und dergleichen mehr; Erscheinungen, die auch analoges Bedingtsein andeuten.

Wo der Mutant nicht selbständig entwicklungsfähig ist, kann von einer vegetativen Bastardspaltung im gewöhnlichen Sinne nicht die Rede sein. So z. B. bei den gar nicht seltenen Fällen des Entstehens weißer Triebe als vegetative Mutation. In der S. 151 ff. näher erwähnten reinen Linie *GG* von Bohnen, trat 1903 eine Pflanze auf, bei welcher die rechte Hälfte des einen Primärblattes ganz weiß war. Das diesem Blatte am nächsten stehende Laubblatt, wie normal dreiteilig zusammengesetzt, zeigte folgendes: Das gegen

die weiße Hälfte des Primärblattes gekehrte linke Blättchen war
ganz weiß, das rechte aber normal grün; das Endblättchen war
rechts grün, links aber weiß, jedoch folgte die Grenze zwischen
weiß und grün nur eine Strecke dem Mittelnerven, bog aber bald
nach links ab, ohne einem der Nervenzweige zu folgen. Im Winkel
dieses Blattes erschien ein Sproß, welcher ganz weiß war, dabei
aber sich kräftig entwickelte, mehrere auch ganz chloroplylllose Blüten
bildete und eine rein weiße Schote mit vier ganz normal aussehenden braunen Bohnen gab.

Aus diesen Bohnen gingen rein weiße Pflanzen hervor, welche
trotz aller Pflege nach Entfaltung der Primärblätter eingingen. Es
war hier offenbar eine vegetative Mutation beobachtet, welche nichts
mit Kreuzung zu tun hatte. Erstens ist die weiße Form an sich
nicht lebenstüchtig, und zweitens ergaben bei Untersuchung in einigen
Generationen die Samen der normalen Teile der betreffenden Pflanze
keine Andeutungen von Abspaltungen irgend welcher Art.

Auch andere Mutationen kleineren Umfanges sind in meinen
reinen Linien als Knospenvariation zuerst aufgetreten; im Einzelnen
darauf einzugehen, ist hier nicht am Platz. Wo bei Selbstbestäubern
Mutation in dieser Weise erfolgt, kann man erwarten, daß die
Samen der betreffenden mutierten Triebe die Mutation gleich konstant
reproduzieren. So ist bei mir eine *Aurea*-Form aufgetreten, die sofort völlig konstant war und gewissermaßen ein Gegenstück zu BAUR's
S. 410 erwähnter heterozygotischen *Antirrhinum Aurea*-Form bildet.
Man denkt unwillkürlich an diese Möglichkeit: BAUR's Sippe sei
einmal durch Mutation während der Gametenbildung entstanden, wie
es DE VRIES sich als typisch vorstellt; darum mußte sie auch heterozygotisch ins Leben treten — und weil hier die *Aurea*-Individuen
nur heterozygotisch lebensfähig sind, bleibt die *Aurea*-Form eine
stetig spaltende (*ever sporting*) Rasse. Die durch vegetative Mutation entstandenen neuen Formen sind aber (bei Selbstbestäubern)
von vornherein homozygotisch-konstant, bilden also sofort eine reine
Rasse.

Es versteht sich von selbst, daß bei Mikroorganismen (vgl. S. 448)
u. a. asexuell sich fortpflanzenden Organismen Mutationen stets als
rein „vegetative" Vorgänge auftreten müssen. Und die Polymorphie
vieler dieser Organismengruppen ist wohl eben so groß wie die
Polymorphie vieler Blütenpflanzengattungen bezw. Tiere. In diesen
Sachen können somit Befruchtungserscheinungen nicht maßgebend sein.

Die DE VRIES'schen Mutationen und die sich daran anschließenden Fälle betreffen gewissermaßen alle Charaktere des mutierenden Biotypus. Ob aber hier die genotypische Grundlage in Bezug auf mehrere selbständige „Erbeinheiten" oder nur in einem einzigen Punkte geändert ist, läßt sich im voraus nicht sagen. Erscheinungen wie die Spaltung der *Oenothera scintillans,* welche schon S. 316 erwähnt wurde, weisen, wie auch dort angedeutet, darauf hin, daß nur ein Differenzpunkt in Frage kommt. Dabei ist aber in Erinnerung zu behalten, daß die ganze Wirkungssphäre eines „Genes" höchst verschieden umfassend sein könnte; während Betrachtung der Korrelationserscheinungen bei verschiedenen Kombinationen von Genen nach Kreuzung, S. 417 ff., wurde diese Frage soweit diskutiert, wie es hier tunlich ist.

Sind solche Mutationen immerhin als Erscheinung mehr umfassender Natur, so finden sich auch Mutationserscheinungen ganz spezieller Natur, eine einzige Eigenschaft betreffend. Hierher gehören alle solche Varietätscharaktere wie die schon S. 455 erwähnten durch vegetative Mutation entstandenen — oder wenigstens sehr oft als Knospenvariationen in Erscheinung tretenden — Eigenschaften, z. B. *Aurea*-Form und dergleichen mehr; bei Tieren wohl auch Farbencharaktere bezw. Albino-Form, Behaarungsmodifikationen und dergleichen mehr.

Auch Charaktere rein „quantitativer" Art sehen wir durch Mutation geändert. Hierher gehört wohl ARENANDER's Kuh, die wenig und fettarme Milch gibt bei sonst rassetypischem Aussehen (S. 313); und verschiedene Erfahrungen der praktischen Pflanzenzüchter werden sich hier erweitern lassen.

In einer meiner reinen Linien von Bohnen — Linie *EE* genannt — habe ich jedenfalls in Bezug auf Länge der Samen Mutation erhalten. Ganz den Angaben der zehnten Vorlesung, S. 156, entsprechend, wurde Selektion in vier Richtungen, lange und kurze Bohnen, schmale und breite Bohnen betreffend, in einer Reihe von Generationen durchgeführt. Bis auf 1905 — in drei Generationen — war keine Wirkung zu spüren, ganz wie in den anderen vorhin erwähnten Fällen. Aber 1905 zeigten sich die Nachkommen des Sortiments „lang" durchschnittlich deutlich länger als die Nachkommen der anderen Sortimente. Das heißt von zwei Parallelreihen der „langen" war nur die eine Reihe von allen den übrigen Reihen verschieden. Und es zeigte sich, daß die Ursache der Abweichung darin lag, daß eine einzige Pflanze 1904 mutiert war. Isoliert haben die Nachkommen dieser Pflanze fortan einen anderen Typus der Länge gezeigt, welcher auch durch Kontraselektion (nach „Kürze") nicht geändert worden ist. Die übrigen Pflanzen des Sortimentes „lang" haben keine Mutation gezeigt. Somit ist es nicht die Selektion, welche etwa eine genotypische Änderung hier hervorgerufen hat, sondern die Selektion gab das Mittel, um die Mutante zu finden, zu konstatieren.

Wäre Mutation hier etwa in einer anderen Richtung aufgetreten, so hätte sie z. B. eine kurzsamige Pflanze gegeben, dann hätte die Selektion in dem „langen" Sortiment solches nicht entdecken können, weil eben nur die langen Plusabweicher ausgewählt würden. Nur wo Mutation solcher „quantitativer" Charaktere in gleicher Richtung wie die Selektion geschieht, wird sie in Selektionskulturen überhaupt bemerkt. Darum kann man nur zu leicht den Eindruck bekommen, es habe Selektion die Mutation hervorgerufen oder wenigstens bei ihrer Realisation „geholfen". Bei Auflösung des Materials in den einzelnen Nachkommenreihen tritt aber stets der wahre Verlauf der ganzen Erscheinung ins Klare, darin zeigt sich der methodische Wert des VILMORIN'schen Prinzips.

Die betreffende spezielle Untersuchung ist noch nicht so weit gediehen, daß hier genaue Einzelheiten angegeben werden können, nur soll in Bezug auf die Variabilität des hier erwähnten Mutanten eine Angabe gemacht werden.

Es wird ganz allgemein angenommen, daß die Variabilität neu entstandener Charaktere oder überhaupt „jüngerer" Charaktere größer sein soll als die Variabilität „älterer" Charaktere. So bringt SHULL in dem schon hier S. 447 erwähnten Werke über *Oenothera*-Mutationen derartige Angaben, die wohl aber weniger überzeugend wirken, insofern es nicht zu entscheiden ist, welche Charaktere der *Oenothera*-Formen als die neuesten anzusehen sind.

Die ganze Frage der Variabilität der Mutanten im Vergleiche mit den ursprünglichen Typen ist noch nicht genügend studiert; nach SHULL's Angaben ist in seinem *Oenothera*-Material die Variabilität — mit dem Variationskoeffizienten gemessen — bei den Mutanten häufig, aber nicht immer, größer als bei der ursprünglichen Form. A. R. SCHOUTEN, welcher diese Frage gerade mit *Oenotheren*-Kulturen näher geprüft hat, hat hier keine allgemein gültige Regel gefunden. In dem soeben erwähnten Bohnenbeispiel stellte sich die Sache in Bezug auf Samenlänge für den Jahrgang 1906, wie folgt, bei Vergleich der Mutanten mit drei nichtmutierten Parallelserien.

Serie	Anzahl	Mittlere Länge in mm	σ in mm	Variations-koeffizient[1])
Mutanten	476	13,56 $\pm$ 0,04	0,87	6,42 $\pm$ 0,20
Parallelserie A	618	12,46 $\pm$ 0,03	0,77	6,18 $\pm$ 0,20
„ B	511	12,30 $\pm$ 0,03	0,71	5,73 $\pm$ 0,18
„ C	628	12,46 $\pm$ 0,03	0,78	6,24 $\pm$ 0,20
Serie A—C	1757	12,42 $\pm$ 0,02	0,76	6,11 $\pm$ 0,10

Hier fand sich also im ersten Jahre nach Isolation der Mutanten nur ein kleiner und unsicherer Unterschied zu Gunsten der Mutanten. Es versteht sich von selbst, daß solche Fragen erst nach sehr eingehenden Studien allseitig beantwortet werden können.

Es ist aber nicht berechtigt, a priori größere Variabilität oder gar weniger ausgeprägte „Konstanz" bei Mutanten als bei der Ursprungsform anzunehmen. Da ja die Mutation jedenfalls ein Ausschlag momentan fehlender „Konstanz" ist, besagt die Mutation schon einen Mangel an Konstanz bei der Ursprungsform; wie es in dieser Beziehung mit den Mutanten geht, muß von Fall zu Fall geprüft werden.

Aus größerer Variabilität bezw. aus weniger sicherer Konstanz etwa auf jüngeres phylogenetisches Alter zu schließen, ist aber vorderhand kaum berechtigt. Wenn z. B. HANSEN geneigt ist anzunehmen, daß Oberhefen, welche in den Kulturen dieses ausgezeichneten Forschers faktisch aus Unterhefe entstanden, in der Natur die älteren Formen sind, weil sie (einmal aus Unterhefe abgespalten und überhaupt) sehr „konstant" sind, so kann ich hierin keine solche Andeutung sehen. Man könnte wohl eben so gut Mutationen als Zeichen höheren phylogenetischen Alters der mutierenden Form ansehen. Es ist aber wohl jetzt klar, daß phylogenetische Betrachtungen hier eigentlich irrelevant sind: nicht die Phylogenie, sondern die physiologischen Zustände im Organismus (welche, wie der Mendelismus uns zeigt, in sehr hohem Grade von der Phylogenese unabhängig sein kann!) kommen in den Variationserscheinungen zum Ausdruck. Die älteren Vorstellungen über allmähliches „Fixieren der Typen" sind in höchstem Grade revisionsbedürftig, haben sie ja die genaueste Verbindung mit den älteren selektionistischen Auffassungen.

HANSEN's soeben genannte Untersuchungen über Oberhefe als

---

[1]) Über den mittleren Fehler des Variationskoeffizienten siehe die Noten zur sechsten Vorlesung.

Mutanten aus Unterhefe haben übrigens bei der Analyse vermeintlicher Zwischenstadien nachgewiesen, daß diese nur scheinbar waren — bedingt durch Vermengung der beiden diskontinuierlich verschiedenen Hefetypen. Auch hier hätte Versäumen einer Reinkultur Selektion als typenverschiebender bezw. fixierender Faktor anscheinend sehr schön demonstrieren können.

Das Auftreten von Mutanten ist sodann ein Ausdruck genotypischer Änderung mehr oder weniger umfassender Natur. Und das Wort Mutation deckt offenbar recht verschiedene Vorgänge, die noch nicht von der Forschung präzisiert oder analysiert sind. Die Emanzipation aus älteren Anschauungen einer „kontinuierlichen Evolution" sowie die Ausbildung des Mendelismus sind noch so junge Begebenheiten in der jetzigen Biologie, daß die damit erst recht zu beleuchtenden Mutationstatsachen den Kampf für Anerkennung als Erscheinungen *sui generis* seitens der doktrinären Darwinisten noch kaum beendet haben.

Darum ist es auch ziemlich schwierig, die Mutationserscheinungen schon jetzt rationell einteilen zu wollen. Man kann wohl aber rein unmittelbar drei Hauptformen von Mutation unterscheiden: 1. Verlust einer Eigenschaft, 2. Änderung einer Eigenschaft und 3. Auftreten einer neuen Eigenschaft, sei es nun als wirkliches Novum oder als Kombinationserscheinung fester Art.

Wir treffen hier aber sofort wieder den oft erwähnten Unterschied der Begriffe Phaenotypus und Genotypus. Wo wir phaenotypisch eine „Verlust-Mutation" sehen, z. B. Ausfall einer Eigenschaft — sagen wir etwa das plötzliche Auftreten einer albinen Form aus einer gefärbten, — sind wir gar nicht im Stande, aus einer solchen Erscheinung zu ersehen, ob etwa ein besonderes Gen ausgefallen ist, oder ob die Erscheinung gerade durch das neue Hinzutreten eines hemmenden Faktors zu erklären ist. Und wird eine Eigenschaft verändert, sagen wir etwa — um die einfachsten Fälle zu berücksichtigen — die Länge der Bohnensamen, dann sind wir auch nicht ohne weiteres im Stande, zu entscheiden, was die Ursache ist: gleich an eine Änderung der „Gene der Länge" zu denken, wäre zu naiv, wir sind ja gerade durch den Mechanismus zur Auffassung gelangt, daß ein Gen, eine Erbeinheit, nicht ohne weiteres eine bestimmte Einzeleigenschaft betrifft, sondern mehr oder weniger weitgehende Reaktionen bedingen kann; vgl. S. 394 sowie S. 417 ff.

Und wenn man, auf den älteren Konzeptionen über „Atavismus", „Latenz" u. dergl. m. fußend, diese Begriffe für eine Einteilung der Mutationserscheinungen noch jetzt verwenden wollte, erhielte man nur zu leicht Scheinverständnis statt wirkliche Einsicht. Im Sinne der ganz unhaltbaren korpuskulären Determinantenlehre WEISMANN's und seiner Anhänger kann man selbstverständlich allerlei Hypothesen aufstellen über Tätigkeit oder Untätigkeit der Determinanten u. dergl. m., was aber alles ganz ohne wissenschaftlichen Wert ist.

Wo wirklich neue Charaktere, die Organisation komplizierend, auftreten, könnte DE VRIES' Bezeichnung progressive Mutation am Platze sein. (Seine Bezeichnungen „degressive" und „retrogressive" Mutationen sind schwieriger mit Berechtigung anzuwenden: sie beziehen sich auf „Latentwerden" eines Genes bezw. auf „Aktivwerden" eines latenten Genes; daß diese Begriffe aber jetzt in Auflösung begriffen sind, geht aus der dreiundzwanzigsten Vorlesung hervor, S. 412 ff.)

Der Weg zum Verständnis des Wesens der Mutationen geht, man könnte „selbstverständlich" sagen, durch die Kreuzungsanalyse.

Dies hat auch DE VRIES mit klarem Verständnis gesehen; seine umfassenden Kreuzungen der *Oenothera*-Mutation mit einander und mit der Ursprungsform *O. Lamarckiana* haben Resultate von sehr großem Interesse ergeben.

Das für die allgemeine Biologie allerwichtigste Hauptresultat dieser Experimente, ganz mit den Kreuzungsexperimenten STANDFUSS' über Schmetterlingsmutanten sowie auch mit TOWER's Kreuzungen seiner künstlich erzeugten Mutanten (S. 346) übereinstimmend, ist die sichergestellte Tatsache, daß Kreuzung die neuentstandenen Biotypen nicht verwischt. Mutation kann sodann in der Natur sehr wohl ein „Origin of Species" werden — falls die Mutanten unter den gegebenen Verhältnissen lebens- und konkurrenzfähig sind. Solche neuen Species können — soweit wir im Stande sind, es jetzt zu beurteilen — also dadurch zum Vorherrschen gebracht werden, daß die natürliche Auswahl andere, ältere Formen ausrottet. Die Selektion produziert nichts, rottet aber aus, Platz machend — in dieser letzten Auffassung vereinigen sich DE VRIES und GALTON, wie aus der S. 443 angeführten Äußerung hervorgeht.

Im übrigen ist das Bild der Mutationskreuzungen recht bunt. In Bezug auf sehr viele Einzelzüge werden MENDEL'sche Spaltungen gefunden, oft auch in Bezug auf den Gesamtcharakter. Und die Frage liegt ganz nahe, ob nicht die Mehrzahl der Biotypen, welche gekreuzt Mendel'sche Spaltungen zeigen, durch Mutationen aus gemeinsamen Ursprungsformen entstanden sind!

Nicht selten aber, besonders in de Vries' hierhergehörigen *Oenothera*-Experimenten, entsteht nach Kreuzung als F_1-Generationen eine Serie verschiedener Biotypen. Es wurde dies schon S. 425 angedeutet. Weiter auf dieses noch nicht durchforschte schwierige Gebiet einzugehen, hieße den Rahmen unserer Vorlesungen überschreiten.

Auch die geistvollen Auseinandersetzungen über Mutationsperioden, Praemutation u. dgl. m., welche in de Vries' Werk gefunden werden, können hier nicht berücksichtigt werden — sie liegen schon weit außerhalb des Gebietes exakt experimenteller Forschung.

Fünfundzwanzigste Vorlesung.

Die vier letzten Vorlesungen hatten sehr nahe Beziehungen zur Frage nach der Entstehungsweise neuer Biotypen. Zusammenfassend kann gesagt werden, daß Kreuzung und Einfluß der Lebenslage hier die Hauptfaktoren sind. Die Kreuzungsfolgen sind durch den Mendelismus jetzt einer methodischen exakten Analyse unterworfen; wir sind aber nur im Anfange dieser analytischen Behandlung: wie weit sie durchgeführt werden kann, ist nicht leicht zu sagen; daß aber schon sehr bedeutende Resultate erzielt worden sind, muß wohl aus dem hier Mitgeteilten hervorgehen.

Der Einfluß der Lebenslage ist — selbstverständlich — immer als bedeutendster Faktor der Evolution angesehen, aber die Art dieses Einflusses ist eben sehr stark umstritten gewesen. Drei Auffassungen haben sich hier bekämpft oder doch miteinander um die Herrschaft in der Biologie konkurriert; die Schlagwörter Selektion, Adaption und Mutation können hier zur Präzision dieser Auffassungen dienen.

Daß Selektion nichts produziert (was durchaus nicht a priori gegeben war, wie es mitunter behauptet wird), ist in der achten bis elften Vorlesung, sowie auch in der zwanzigsten Vorlesung näher auseinandergesetzt. Selektion rottet aus, schafft Platz; es mag dies im Naturleben sehr wichtig sein, interessiert aber nicht die enger begrenzte Erblichkeitsforschung.

Adaption, Anpassung, ist eine hochwichtige physiologische Tatsache, dem Wesen des lebenden Organismus inhärent, könnte man sagen. Adaption hat sich aber nicht „erblich" gezeigt, d. h. die Anpassungen des individuellen Körpers beeinflussen nicht merklich die genotypischen Grundlagen der Gameten des betreffenden

Individuums. Jedenfalls fanden wir in der einundzwanzigsten Vorlesung noch keinen Beweis einer „erblichen" Anpassung.

Es mag sein, daß dieser negative Zustand ein provisorischer ist. Denn die „Indicien" einer erblichen anpassenden Umprägung treten uns anscheinend so augenfällig entgegen, besonders wenn wir die Lebewesen uns ungewohnter Lokalitäten betrachten: Die Betrachtung z. B. der Tiefseefische drückt einem ja fast mit Gewalt die Vorstellung einer erblichen Anpassung auf. Nun, „angepaßt" sind solche Formen ja ganz offenbar; das „wie" der Entstehung dieses Angepaßtseins können wir aber jetzt gar nicht beantworten.

Die exakte, wir sagen gerne auch ‚enger begrenzte", Erblichkeitslehre kann mit den rein naturhistorischen Beobachtungen und Deutungen offenbar nichts anfangen. Die höheren und schwierigeren Probleme der Naturgeschichte sind nicht ohne weiteres experimentell zu klären. So lange aber gar kein Beweis einer erblichen Adaption vorliegt, trotz vieler Versuche einen solchen herbeizuschaffen, ist es wohl eigentlich wenig berechtigt, in der beschreibenden Naturgeschichte ohne Bedenken über Anpassung als erblichen Faktor zu reden, wie es z. B. WINGE in seinen deskriptiv so hervorragenden Werken über Säugetiere tut.

Mutation bleibt (neben der Neukombination von Genen bei Kreuzungen) als einzig sicher nachgewiesene Form der Neubildung von Biotypen übrig. Mutation kommt — selbstverständlich — nicht „von selbst"; wie aber die Faktoren der Lebenslage hier auf die betreffenden genotypischen Grundlagen einwirken, ist uns noch völlig unverständlich.

Vielleicht ist dieser Mangel unseres Wissens für viele Biologen mitbestimmend gewesen, wenn sie keine Grenze zwischen Mutationen und Fluktuationen — deren spezielle Ursachen ja auch meistens gar nicht zu konstatieren sind — annehmen wollen. Eine solche Grenze läßt sich wohl aber immer ziehen, wo überhaupt eine Analyse der betreffenden Bestände durchführbar ist; und begriffsmäßig ist die Grenze ganz haarscharf: Mutation ist ein Ausdruck einer genotypischen Änderung, Fluktuation aber nicht. Mutation ist erblich, Fluktuation nicht. Nachwirkungserscheinungen können dabei nur bei ungenügender Untersuchung Erblichkeit vortäuschen.

Die genotypischen Änderungen, welche das Wesen der Mutation ausmachen, entstehen offenbar durch Eingriffe der Lebenslagefaktoren; und diese Eingriffe müssen unzweifelhaft direkt die genotypische Grundlage betreffen. Darauf deuten alle die bis jetzt bekannten positiven Resultate in Bezug auf künstliches Hervorrufen von Mutationen, wie es aus der vorhergehenden Vorlesung ersichtlich ist. Namentlich auch Tower's Experimente (vgl. auch S. 346) besagen, daß hier ein direkter Einfluß maßgebend ist. Und es ist offenbar einer etwaigen Lamarckistischen Deutung gegenüber richtig, wenn Tower betont, solche mutative Reaktionen seien nicht speziell adaptiver Natur. Eher könnte man in Mutationen „Gleichgewichtsstörungen" sehen; dann aber gerade in dieser Störung den Wesensunterschied zwischen Fluktuation und Mutation finden; aber man kann nicht wie Galton (vgl. S. 443) darin nur einen Gradesunterschied sehen.

Eine Störung des bisherigen Gleichgewichts äußert sich übrigens darin, daß es bei Mutation oft „qualitative" und den Totalhabitus der Organismen betreffende Unterschiede sind, welche den neuen Biotypus vom alten trennen. Wohl nur selten sind Mutationen zu einer einzelnen quantitativ zu bestimmenden Eigenschaft begrenzt. Solche Fälle sind jedenfalls nicht genügend untersucht.

Kreuzung, mit Spaltung und Kombination der Gene (Erbeinheiten), sowie Mutationsvorgänge können also genotypische Grundlagen gegebener Organismen verändern. Wo Kreuzungsfolgen und Mutationen nicht auftreten, hat man genotypische Festheit gegebener Biotypen; wo sie eingreifen, hat man aber diskontinuierliche Änderungen der Biotypen, derart, daß „Konstruktionen", „Kombinationen" oder „Mutanten" homozygotischer Natur gleich auch „fest" sind, bis eben Kreuzung oder Mutation aufs neue eingreift. Wie große Bedeutung eine genotypische Verschiebung, die wohl übrigens kaum sicher nachgewiesen ist (vgl. S. 437), haben kann, läßt sich nicht sagen; höchst wahrscheinlich wird — entgegen den älteren Auffassungen — hier nur die Rede sein von seltenen Beispielen sehr begrenzter Natur, „Einfachtypen" quantitativer Art allein betreffend; die „Gesamttypen" der Organismen dürften immer unzweideutig diskontinuierlich verschieden sein.

Diese Auffassung genotypischer „Festheit" und „Diskontinuität", mit ihrer Analogie in den Auffassungen der chemischen Stofftypen, geht wohl als Hauptresultat der analytischen Untersuchungen aus den Mendel'schen und Vilmorin'schen Prinzipien hervor.

Und es mag indiziert sein zu prüfen, wie weit wir mit dieser Auffassung bei dem interessantesten aber auch schwierigsten Objekte der Erblichkeitsforschung — dem Menschen — gekommen sind.

Die sozusagen rein kasuistisch getriebenen Erblichkeitsstudien beim Menschen vor Galton's Arbeiten haben hier kein Interesse.

Galton's statistische „Gesetze" (vgl. S. 110) bildeten den Ausgangspunkt der wissenschaftlichen Auffassungen in Bezug auf Erblichkeit bei den Menschen bis zur Wiederentdeckung der Mendel'schen Gesetzmäßigkeiten. Der Mendelismus aber ist jetzt neben dem Prinzipe der reinen Linien im Begriffe, die Lehre der Erblichkeit auch in Bezug auf Menschen total zu reformieren.

Wenn irgend wo, so haben gerade hier die älteren vagen Begriffe „Atavismus", „Latenz" u. dergl. eine große Rolle gespielt, Begriffe, die jetzt in sozusagen analytischer Auflösung liegen. wie in der dreiundzwanzigsten Vorlesung näher geschildert wurde.

Durch neue Art der statistischen Zusammenstellung des Menschenmaterials, nämlich mit Berücksichtigung der Mendel'schen Prinzipien, ist es nun verschiedenen Forschern gelungen, eine Reihe von Beispielen aufzudecken, wo ganz unzweideutige Mendel'sche Gesetze auftreten. Wir verdanken Hurst — welcher übrigens zuerst mit Kaninchen sowie Pflanzen experimentierte und später in sehr instruktiver Weise aus den Gestütbüchern Mendel'sche Fälle auch bei den Farben englischer Rassepferde nachweisen konnte — eine Zusammenstellung solcher Fälle bei normalen Menschen.

Als besonders lehrreich sei die Untersuchung in Bezug auf Augenfarbe näher erwähnt, eine Untersuchung, die übrigens mit ganz entsprechendem Resultate auch von Davenport in Amerika ausgeführt worden ist. Die Augenfarbe wurde schon früher von Galton in ihrer Erblichkeit untersucht und zwar in seiner statistischen Weise als Beispiele alternativer Charaktere behandelt. Galton's Einteilung der Augenfarben war willkürlich in mehrere Kategorien, die nicht als scharf getrennt bezeichnet werden können.

Hurst dagegen hat die Augen zunächst in zwei wesentlich verschiedene Kategorien geteilt: doppeltgefärbte und einfachgefärbte. Diese letzteren sind solche, deren Iris nur das alle normalen Augen charakterisierende schwarze Unterlagepigment besitzt. Solche Augen sind blau oder bläulich-grau, je nachdem das Irisgewebe mehr oder weniger durchsichtig ist. Doppeltgefärbte Augen aber haben außerdem ein braunes (gelbes) Pigment in den Schichten, die bei einfachgefärbten Augen ohne Pigment sind. Je nachdem dieses Pigment in größerer oder geringer Quantität vorhanden ist, erscheinen Farbennuancen von tief braun bis grün (gelb + blaue Grundfarbe). Mit einiger Aufmerksamkeit soll es aber meistens unschwer sein. die Einteilung der menschlichen Augen in die zwei Kategorien auszuführen. Besondere Verteilungsformen des braunen Pigments kommen dabei vor, z. B. ringförmige Verteilung um die Pupille, fleckenförmige Verteilung und dergl. mehr, was auch selbständige „Erbeinheit" sein kann. Dies wollen wir aber nicht verfolgen.

Dagegen geht aus den Untersuchungen Hurst's sehr klar hervor, daß doppelte Augenfarbe über einfache dominiert und daß Mendel'sche Spaltung hier erfolgt. Sodann müssen rein blau- resp. grauäugige Eltern als hier „rezessiv" geprägt Kinder mit nur einfach gefärbten Augen erhalten. Dies trifft auch zu, wie aus der folgenden Tabelle hervorgeht.[1]) Wo Verbindungen „doppelt" $\times$ „doppelt" und „doppelt" $\times$ „einfach" vorliegen, sind verschiedene Fälle getrennt zu behandeln. Sind beide — oder ist nur einer — der Eltern homozygotisch „doppelt", dann werden alle Kinder auch „doppelt" erscheinen. Sind beide Eltern heterozygotisch „doppelt", so muß bei den Kindern das Verhältnis 3 „doppelt" : 1 „einfach" eintreten. Und ist der eine Elter heterozygotisch „doppelt", der andere aber „einfach", so muß das Verhältnis 2 „doppelt" zu 2 „einfach" eintreten.

Da man den „doppeltgefärbten" Augen nicht ansehen kann, ob die Färbung homo- oder heterozygotisch bedingt ist, mußte das Material nicht nur nach Beschaffenheit der Eltern, sondern auch nach den Erscheinungen bei den Kindern gruppiert werden. Bei den Ehen „einfach" $\times$ „einfach" war ja nur „einfach" bei den Kindern zu erwarten. Bei „doppelt" $\times$ „doppelt" aber sowohl Fälle „nur doppelt" als Fälle von Spaltung (3 „doppelt" : 1 „einfach"); und bei den Ehen „einfach" $\times$ „doppelt" sowohl Fälle „nur doppelt" als Fälle von Spaltung (2 „doppelt" : 2 „einfach"). Die folgende Tabelle zeigt das Resultat der Zusammenstellung:

Hurst's Untersuchung über Erblichkeit der Augenfarbe.

Augenfarbe der Eltern	Ge-samt-anzahl	Augenfarben der Kinder betreffend		Verhältnis doppelt : einfach, pro 4	
		doppelt	einfach	gefunden	zu erwarten
Einfach $\times$ einfach	101	0	101	0 : 4	0 : 4
Doppelt $\times$ doppelt hom. . .	195	195	0	4 : 0	4 : 0
Doppelt het. $\times$ doppelt het.	63	45	18	2,86 : 1,14	3 : 1 ($\pm$ 0,22)
Einfach $\times$ doppelt hom. . .	66	66	0	4 : 0	4 : 0
Einfach $\times$ doppelt het. . . .	258	137	121	2,12 : 1.88	2 : 2 ($\pm$ 0,13)

[1]) Es mag aber hier betont sein, daß, ganz abgesehen von etwaiger unreiner Abspaltung, könnte es wohl gedacht werden, daß Faktoren der

Es stimmt dies ausgezeichnet mit der Annahme eines MENDEL-schen Verhaltens hier.

HURST hat entsprechende Studien über Haarfarben gemacht, wobei die „feuerrote" Farbe sich als rezessiv gegenüber braun und dunkel zeigte. Verschiedene andere Charaktere sind mit in die Untersuchung gezogen, die jedoch erst in ihren Anfängen steht.

Verschiedene Autoren haben nun auch neuerdings mit erblichen Mißbildungen und anderen physiologischen Anomalien gearbeitet. So hat FARABEE für die Zweigliedrigkeit der Finger Dominanz über normale dreigliedrige Finger gefunden, und NETTLESHIP's Untersuchungen über Erblichkeit einer bestimmten angeborenen „Staar"-Form hat gezeigt, daß auch diese Anomalie über normal dominiert. Auch die „Nachtblindheit" (Hemeropsie) ist von verschiedenen Forschern als über normalen Gesichtssinn dominierend erkannt, mit reiner Abspaltung normaler Individuen; persönlich habe ich Gelegenheit gehabt, ein recht großes Material des Herrn Dr. RAMBUSCH in Jütland durchzusehen.

Und so werden die Erfahrungen sich allmählich häufen, auch, selbstverständlich, schwierige und komplizierte Verhältnisse betreffend. So Erscheinungen der Farbenblindheit, welche Abnormität bei Männern weit häufiger vorkommt als bei Frauen, und die berühmte Bluterkrankheit (Hämophilie), wo eine relativ noch größere Häufigkeit bei Männern gefunden wird. Wie dies mit den das Geschlecht bestimmenden Faktoren zusammenhängt, muß spätere Forschung zeigen; daß Analyse MENDEL'scher Art hier die Forschungsmethode bestimmen muß, liegt gerade vor. Summarisch-statistische Studien haben hier kein selbständiges biologisches Interesse. Spaltungen und Diskontinuität sind die Hauptzüge der Erblichkeit bei den Menschen wie bei Pflanzen und Tieren.

Wie es mit der Körpergröße, deren „statistische" Erblichkeit S. 105 ff. erwähnt wurde, eigentlich steht, läßt sich jetzt noch kaum entscheiden; weil hier große Fluktuationen und Einflüsse der Lebenslage gefunden werden, ist die Sache sehr schwierig. Jeder mit einem nicht zu engen Bekanntenkreis kennt wohl aber Fälle, wo in Bezug auf Körperlänge homogen erscheinende Geschwister (z. B. alle klein oder alle hoch) vorkommen sowie auch Fälle ganz augen-

---

Lebenslage oder Anwesenheit irgend eines speziellen Genes das Erscheinen des braunen Pigments in speziellen Fällen hindern. Dies sei gesagt, um vor voreiliger Verwertung der HURST'schen Angabe, etwa zur Kontrolle genealogischer Angaben der Familien, eindringlichst zu warnen.

fälliger Heterogenität (Spaltung?). Offenbar stecken sehr viele „Biotypen" in den menschlichen Populationen.

Die Mulattenfarbe ist ein gar nicht leichter Fall; hier scheint eine Mittelbildung ohne Spaltung realisiert zu sein, vgl. S. 437. Dagegen hat man bei albinen Negern, mit „schwarzen" gekreuzt, Spaltungserscheinungen in Bezug auf die Farbe beobachtet.

Bei den Menschen haben wir wohl die höchste Komplikation in Bezug auf Gene zu erwarten. Und da hier wohl stets viel-fache Heterozygotität vorhanden ist ohne die entfernteste Aussicht auf Homozygotenzüchtung, so kann man wohl verstehen, besonders auch in Anbetracht der geringen Individuenanzahl der Kinder der einzelnen Ehen, daß die Gesetzmäßigkeiten hier schwierig zu er-forschen sind, vgl. S. 423. Daß aber die rein summarisch-statistische Behandlungsweise des Erblichkeitsproblems nur grobe Mittelwerts-ausdrücke gibt, die den Biologen nicht befriedigen kann, wird wohl jetzt einleuchtend sein. Die GALTON'schen Arbeiten über Erblichkeit der Augenfarben vor dem Durchbruch des Mendelismus, und HURST's bezw. DAVENPORT's Arbeiten nach MENDEL markieren deutlich den Fortschritt der biologischen Forschungsweise auf unserem Gebiete. Wie aber schon ausdrücklich gesagt (S. 111), können die statisti-schen Studien nach GALTON's und PEARSON's summarischen Me-thoden ihre sehr große praktische Bedeutung haben; sie gehören aber nicht zur Biologie, und können — wenn mißverstanden, wie das so oft geschehen ist — ein richtigeres biologisches Verständnis der Erblichkeitserscheinungen stören.

Denn die Statistik summarischer Art wird notwendigerweise den Eindruck geben, daß die persönliche Beschaffenheit an sich „erblichen Einfluß" hat; während doch alles, was wir hier in den Vorlesungen behandelt haben, darauf hinausläuft, daß die geno-typische Grundlage allein maßgebend ist, wo von bio-logischer Erblichkeit gesprochen werden soll.

Mit diesem Verständnis wird auch die Frage der Erziehung ins richtige Licht gestellt. Die Bedeutung einer guten Erziehung wird nicht kleiner, sondern viel größer erscheinen, wenn es recht verstanden wird, daß Erziehung nicht „die Rasse" (o. die geno-typische Grundlage) ändert, sondern nur die persönlichen Eigen-schaften beeinflußt. Der augenblickliche Zustand der Rasse aber ist der Inbegriff aller persönlichen Eigenschaften. Und wie ein Beet gut gepflegter Pflanzen sehr viel wertvoller und schöner ist als ein Beet schlecht gepflegter Pflanzen aus derselben Aussaat,

ohne daß dadurch der erbliche Charakter dieser beiden Pflanzen-
gruppen den geringsten Unterschied zeigen wird, so haben auch
bei gleicher „Veranlagung" (zygotischer Beschaffenheit) die persönlich kultivierten, geschulten Menschen für die Nation einen anderen
Wert als die unkultivierten, rohen Individuen. Vorsichtig ist es,
hier nur von einem „anderen" Werte zu reden; denn die Meinungen
haben immer divergiert in Bezug auf die Frage, ob Kultur überhaupt einen größeren Wert hat als der unkultivierte Naturzustand,
ein Zustand, welcher von kultivierter Seite wohl passend als „totale
Roheit" bezeichnet werden könnte. Die Repräsentanten der Roheit
zeichnen sich wohl auch jetzt im Leben der Völker durch ihre
blühende Kraft aus — ob von „schönem" Blühen die Rede sein
soll, mag der Entscheidung einer geneigten Zahlenmajestät anheim-
gestellt sein.

Durch Erziehung ist die Rasse wohl nicht „erblich" zu verbessern; aber die Erziehung hat die größte Bedeutung für den Zustand der Rasse. Wo genotypische Veranlagung Hand in Hand
mit der besten Erziehung geht, sind wohl die höchsten persönlichen
Qualifikationen erreichbar, und wo das Gegenstück zutrifft, schlechte
Veranlagung und schlechte Erziehung, haben wir offenbar ein trau-
riges Resultat zu erwarten. Für die große Masse der Mittelmäßig-
keiten mag die Erziehung von entscheidender Bedeutung im Leben
sein; darin liegt die eminente Wichtigkeit der Erziehung im allgemeinen. Die Ausnahmebegabungen werden sich wohl meistens auch
ohne spezielle „Erziehung" manifestieren. Dabei aber kann man
nicht umhin, in Erziehung und Schulung überhaupt Faktoren zu
sehen, die an und für sich gegen alle Originalität feindlich sind. Es
geht aber hier wie mit Feuer und Wind; der Wind löscht das
Flämmchen; stärkt aber das kräftigere Feuer.

Zwei Fragen werden oft diskutiert, wenn von Erblichkeit beim
Menschen die Rede ist: Degeneration und Inzucht. Hier kann nicht
weiter auf diese Fragen eingegangen werden. Degeneration ist
eine Bezeichnung sehr mehrdeutiger Art, die nicht am wenigsten
in populären Schriften und in der „schönen" Literatur gebraucht
wird. Der Mendelismus einerseits und andererseits der Infektions-
lehre werden wohl hier neue Gesichtspunkte zur Analyse des Sammel-
begriffes „Degeneration" verwenden.

Inzucht (oder Konsanguinität) d. h. Fortpflanzung durch
genealogisch nahe verwandte Eltern, wurde namentlich früher als an
sich schädlich betrachtet. Von dieser Auffassung kommt man jetzt

mehr und mehr ab, offenbar im Zusammenhang mit dem modernen Durchdringen exakter Untersuchungsmethoden. Vom Standpunkte des Mendelismus ist es ganz einleuchtend, daß in „Familien", wo überhaupt erbliche Abnormitäten aufgetreten sind, die Inzucht gefährlich ist, weil dadurch größere Aussicht auf Eintreten bezw. Zusammentreffen der betreffenden Gene in die Zygoten vorhanden ist, als wenn Verbindung mit nicht „belasteten" Familien eingegangen werden. Und da offenbar viele Einzelfälle von Abnormitäten „Konstruktionen" heterozygotischer Natur sein können (den S. 396 u. 398 erwähnten Beispielen entsprechend), wird es deutlich, daß Vereinigung zweier persönlich ganz normaler Individuen eine unglückliche „Konstruktion" bedingen kann. Solche Konstruktionen können aber selbstverständlich auch ohne alle Konsanguinität entstehen; es kommt eben auf die betreffenden Gene an. Daß dabei auch „falsche" Erblichkeit eine Rolle spielen mag, sei nur beiläufig erwähnt, vgl. S. 341. Die Inzuchtfrage ist von Feer in einer vorzüglichen kleinen Schrift behandelt, auf welche hier hingewiesen sei.

Die große Ungleichartigkeit, welche faktisch die meisten menschlichen Populationen auszeichnet, kann offenbar dadurch erklärt werden, daß in den Populationen eine recht große Anzahl verschiedener „Einfachtypen" vorhanden sind, die in sehr verschiedener Weise kombiniert sind: die menschlichen Populationen sind als Gemenge verschiedener Bastarde und deren Nachkommen aufzufassen.

Eine auch bloß eingeleitete Analyse menschlicher Populationen zeigt überall Verhältnisse, die dieser Auffassung entsprechen. Galton — vor dem Mendel'schen Durchbruch — teilt denn auch die von ihm studierten Charaktere in solche, welche „blend" (in den Nachkommen „intermediäre" Bildung geben) und welche „not blend" sind, ein (einander gegenseitig ausschließen, „alternieren" wie wir hier sagen). Hierher rechnete Galton die meisten Augenfarbentypen, gewisse Haarfarben u. dergl. mehr. Und wir haben soeben gesehen, daß diese sehr gut mit dem Mendelismus übereinstimmt. Auch viele Beispiele körperlicher und geistiger „Züge", die eine oder mehrere Generationen überspringen können, entsprechen dem Verhalten Mendel'scher Bastarde; in wie weit hier auch Di- oder Polymorphismus im Sinne der Auseinandersetzungen der vierzehnten Vorlesung (S. 222) vorkommt, mag dahingestellt sein.

Der Umstand, daß die Nachkommen des einzelnen Menschen oder Paares viel zu geringzahlig sind, um alle Möglichkeiten der Kombination zu verwirklichen, macht das Studium hier so schwierig und gibt den Ausschlägen der Erblichkeit so oft das Gepräge der Zufälligkeit und Gesetzlosigkeit im einzelnen. Heterozygotisch sind wir Menschen alle zusammen!

In den menschlichen Populationen, selbst innerhalb der engsten Verwandtschaftskreise, findet sich offenbar eine viel größere Anzahl verschiedener Erbeinheiten, als es möglich ist im einzelnen Individuum zur Geltung zu bringen; dies sehen wir darin, daß so große Unterschiede zwischen Vollgeschwistern vorkommen können, Unterschiede, die oft als genotypisch sich bei der nächsten Generation dokumentieren. Gerade die Komplizität bei den Menschen läßt das Individuum mehr in den Vordergrund treten als bei den Pflanzen. Während hier so oft individuelle Unterschiede reine Fluktuationen sein können, werden bei Menschen und höheren Tieren die individuellen Unterschiede vielleicht am häufigsten auch genotypisch bedingt sein, Fluktuationen aber relativ zurücktreten.

Da nun fast immer sehr unvollkommene Kenntnisse in Bezug auf die Abstammung des einzelnen Menschen vorhanden sind, wird man meistens nicht erwarten können, auf genealogischem Wege Ausgangspunkte für eine feinere Analyse der Erblichkeitsvorgänge bestimmter Fälle zu erhalten. Man hat zwei Eltern und in jeder vorausgegangenen Generation ist die Anzahl der Vorfahren verdoppelt. Also nur fünf Generationen zurück sind es $2^5 = 32$ Individuen, welche als „Ahnen" zu bezeichnen sind; und 10 Generationen zurück stehen $2^{10} = 1024$ „Ahnen". Allerdings tritt ein sehr großer „Ahnenverlust" dadurch ein, daß notwendigerweise ab und zu Ehen zwischen auch nur ferner verwandten Personen eintreten; jede bloß in geringerem Grade durchgeführte „Ahnentafel" wird dies zeigen. Die Anzahl verschiedener Vorfahren ist aber, trotz aller Ahnenverluste, so groß, daß selbst in Fürstenfamilien mit der höchsten Anzahl nachweisbarer Ahnen etwas „bürgerliches Blut" gefunden wird — und daß unzählige „Bürgerliche" etwas „adeliges" oder „fürstliches" Blut haben, ist eben so selbstverständlich, ganz abgesehen von den hier kaum geringen Folgen illegitimer Verbindungen.

Stammtafeln, welche nur die männliche Abstammung berücksichtigen, sind ganz ungenügend als Grundlage für das Studium der Erblichkeitsverhältnisse der menschlichen Familie. Genealogische Fragen in ihrer Beziehung zur Erblichkeit sollen jedoch nicht hier näher behandelt werden. Selbst in den wenigen Fällen, wo eine weit zurückgeführte Ahnentafel vorliegt, wie bei mehreren fürstlichen Familien, treffen wir doch die große Schwierigkeit, daß die betreffenden Ahnen sich nicht direkt in ihrer erblichen Bedeutung beurteilen lassen Welche „rezessive" Eigenschaften in ihnen versteckt lagen, ist nicht zu sagen, und selbst wo man Daten bezüglich der Geschwister eines Vorfahren finden, also die „Seitenlinien" mit beurteilen kann, treffen wir doch immerhin die Schwierigkeiten der „falschen" Erblichkeit, da der Einfluß der Lebenslage auf die Beschaffenheit solcher Geschwisterreihen kaum zu erforschen ist.

Die historisch überlieferten Daten in Verbindung mit Erblichkeitsverhältnissen zu bringen, ist sodann eine sehr schwierige oder meistens wohl gar unmögliche Sache. Und da Versuche beim Menschen nicht anzustellen sind, wird man sich hier mit der immerhin oberflächlicheren Einsicht begnügen, welche uns statistische Studien geben. Die HURST'schen Untersuchungen können hier als Muster dienen, wie schon oben erwähnt wurde. Ohne solches sorgfältiges Sortieren der individuellen Fälle, also mit nur summmarischer statistischer Behandlung, erhält man biologisch wertlose Resultate. Auch wirft die summarische Statistik „falsche" Erblichkeit (z. B. der Tuberkulose, vgl. S. 342) und „echte" Erblichkeit auf einen Haufen. Selbst aber bei Arbeiten, wie HURST sie ausgeführt hat, können wegen fehlender Kontrolle mit den Launen Amors vermeintliche „Ausnahmen" vorkommen, die das Durchführen MENDEL'scher Auffassungen stören werden. Sind ja selbst die tugendlichsten selbstbestäubenden Pflanzen mitunter nicht ganz „korrekt" in ihren intimen Verhältnissen, wie gelegentlich ein als unbewußter *postillon d'amour* dienendes Insektchen bezeugen könnte.

Die landläufigen Vorstellungen, daß bei gewissen charakteristischen „Familienzügen" die männliche Abstammung einen besonders starken Einfluß haben sollte, und daß andere Eigenschaften besonders durch die weibliche Abstammung bevorzugt werden, können nicht ohne weiteres alle abgewiesen werden. Die Untersuchungen auf diesem Gebiete aber werden bei den erst neuerdings recht in Gang gekommenen Experimenten über die geschlechtsbestimmenden Faktoren einsetzen müssen. Vielfach werden wohl aber solche landläufige Vorstellungen sich als ganz leeres Reden auflösen.

Es versteht sich jetzt von selbst, daß wenn wir uns eine Population von nicht selbstbestäubenden Organismen — seien es nun Menschen, Tiere oder Planzen — aus einer Mehrzahl von Biotypen gebildet denken, so wird nach wenigen Generationen durch Kreuzung, Spaltung und Neukombinationen eine solche Mannigfaltigkeit entstehen können, daß die ursprünglichen Biotypen als solche nicht erkannt werden können.

Es erscheint darum auch dem nicht speziell anthropologisch geschulten Biologen, als ob dies von anthropologischer Seite nicht genügend beherzigt wird, wenn z. B. fortwährend Dolichocephalen und Brachycephalen als selbständige „Typen" aufgefaßt werden. Dabei müssen doch auch MENDEL'sche Verhältnisse sich zeigen; und die ganze Lehre von diesen beiden Typen ist auch aus anderen Gründen wohl revisionsbedürftig. —

Wie dem auch sei, es wird ganz selbstverständlich sein, daß eine Selektion bei Populationen von sich lebhaft kreuzenden Fremdbefruchtern besonders gute Aussicht hat, lange wirkungsvoll zu sein, da eine Isolierung eines „reinen" genotypisch einheitlichen Materials weit schwieriger wird als bei Selbstbefruchtern. Wo von Fluktuationen die Rede ist, kann man natürlicherweise auch hier einem Individuum nicht ansehen, wie es mit dessen genotypischer Grundlage steht. Gerade bei Zuckerrüben, welche äußerst leicht kreuzbefruchtet werden, hat VILMORIN schon vor 50 Jahren gezeigt, daß man große Enttäuschungen erleiden kann, wenn die persönliche Eigenschaft als für die Zucht maßgebend betrachtet wird.

Eine sehr schöne Bestätigung dieser Angabe findet man in einer Notiz von E. LAURENT. In Gembloux wurde 1897 eine Rübe im Gewicht von $^1/_2$ Kilogramm gefunden, welche nicht weniger als 22,3 Prozent Zucker enthielt, während das Jahresmittel dort ca. 12 Prozent war. Es wurde große Hoffnung auf dieses ausgezeichnete Individuum gesetzt: das Resultat 1899 war aber absolut Null — die Nachkommen waren nur Mittelmaß-Individuen. Und obwohl in einem späteren Jahre wiederum zwei solche eminente Rüben, mit etwa 23 Prozent Zucker (wohl den Rekord des bisher Gefundenen setzend) herbeigeschafft wurden, wurde das Resultat nicht besser: extreme Fluktuation ist nun einmal nicht mit Mutation identisch!

Solche Fälle wären vielleicht, besser als es die Resultate sorgfältiger Untersuchungen sind, im Stande, den Praktiker gegen übertriebene Schätzung „ausgezeichneter" Individuen für die Zucht zu warnen. Die „Matadore" in der Pferde- und Viehzucht werden wohl nicht selten viel zu hoch bezahlt. Ein näheres Eindringen in diese Sache kann aber hier nicht versucht werden. Leider liegen wohl nur selten wirklich objektiv-wissenschaftliche Leistungsprüfungen aller Individuen der Nachkommenschaft eines Matadors vor.

Der dänische Statistiker Wieth-Knudsen hat, durch die Forschungen über reine Linien angeregt, die Frage zu beantworten versucht, ob die Selektion in der Jetztzeit so große Wirkung hat, wie allgemein von den Tierzüchtern angenommen wird. Es handelte sich dabei nur um Leistungen, bei welchen noch nicht Mendelsche Fälle (und dadurch auch isolierende Wirkung der Selektion abgespalteter Eigenschaften) nachgewiesen sind. Das Resultat der Wieth-Knudsen'schen Zusammenstellung ist eine — vielleicht wohl zu große — Skepsis in Bezug auf Selektionswirkung hier; vgl. übrigens auch das schon S. 388 Gesagte.

Der Fortschritt der Praxis wird wohl — wenn von Erblichkeit die Rede ist — eher durch Einfuhr neuer Formen bedingt sein. Über den Wert der Jerseykühe wird in Dänemark jetzt lebhaft diskutiert, und es scheint, daß dieses bekanntlich sehr fette Milch gebende Vieh in meinem Vaterlande eine große Zukunft hat. Daß übrigens hier die Möglichkeit von Mutationen in Bezug auf Leistungen — sowohl in negativer als in positiver Richtung — vorhanden ist, geht u. a. aus Arenander's Angaben (S. 313, Anm. 2) hervor.

Die ganze große Frage der Selektions-Wirkungen ist recht zusammengesetzter Natur. Ein einfaches „ja" oder „nein" genügt nicht als Antwort. Die Selektion kann merklich erbliche Folgen haben, überall wo in der fraglichen Population verschiedene isolierbare „Typen" (oder „Eigenschaftskombinationen") vorhanden sind, möge man nun „Gesamttypen", „Komplextypen" oder nur „Einfachtypen" in Betracht ziehen. Dies ist der wahre Kern der Selektionslehre.

Da nun, wie S. 311 ff. erwähnt, ein Gesamttypus von anderen sowohl in quantitativer als qualitativer Beziehung abweichen wird, wird es eingesehen, daß, wenn die Selektion einen „Typus" isoliert, welcher vom Mittel der Population in irgend einer Beziehung abweicht, so wird dieser „Typus" gleichzeitig auch in Bezug auf andere Eigenschaften abweichend sein. In solchen Fällen ist aber keine Rede von Wirkungen einer mehr oder weniger mystischen „Korrelation", welche in vielen Spekulationen über Erblichkeit eine große Rolle spielt, sondern ganz einfach von der Isolation eines „Gesamttypus" (Biotypus). Wo Fremdbefruchtung herrscht, ist eine solche Isolation, wie schon näher erwähnt, immer viel schwieriger und langsamer durchzuführen, als wo Selbstbefruchtung geschieht.

Nun finden sich offenbar aber viele Fälle, wo verschiedene Gesamttypen sozusagen identisch sind in Bezug auf eine Eigenschaft

„quantitativ" ausdrückbarer Art. Wir können z. B. sehr wohl ganz gleichen Zuckerreichtum bei Rüben finden, welche in Bezug auf Form oder Farbe genotypisch verschieden sind. Und Entsprechendes wird auch gelten, wenn wir z. B. an den Fettgehalt der Milch denken, welcher wohl identisch bei Kühen, in Bezug auf das Äußere inkl. Farbe genotypisch verschieden, sein kann. Hätte man nun durch Selektion bei solchen Fremdbefruchtern isoliert, was in einer Beziehung zu isolieren wäre — z. B. die „genotypisch" zuckerreichsten Rüben erhalten —, so wäre in anderen Beziehungen noch immer vieles zu tun: in Bezug auf Form, Farbe, Größe, Produktivität u. dgl. m. Und ganz Ähnliches würde für das Milchvieh Gültigkeit haben. Ist durch Selektion in einer fremdbefruchtenden Population das Maximum in einer Beziehung erreicht, so wird damit nicht gesagt, daß dies in anderen Beziehungen gilt — und so mag stets fortgesetzte Selektion hier vielfach von Nutzen sein.

Wo aber bei Selbstbestäubern ein Gesamttypus isoliert ist, was leicht nach dem Prinzip der reinen Linien geschieht, auch z. B. wenn künstliche Kreuzung ausgeführt ist, wird keine Aussicht weiterer erblicher Selektionswirkungen vorhanden sein — wo nicht Mutation oder erneute Kreuzung hinzutritt.

Daß aber damit die Selektionsfrage nicht erschöpft ist, geht aus den schon in der elften Vorlesung gegebenen Auseinandersetzungen hervor, auf welche hier nur hingewiesen sei. Um Klarheit hier zu behalten, ist es wichtig, den Begriff „erblich" als mit dem Begriff „geotypisch" identisch festzuhalten. Wo dies nicht geschieht, fließt alle Diskussion ins Unklare hinaus: persönliche Unterschiede oder Ähnlichkeiten, „falsche" Erblichkeitserscheinungen, Einflüsse der Lebenslage usw. bilden ein chaotisches Gemenge. Die gewöhnliche Definition der Erblichkeit als „Ähnlichkeit zwischen Verwandten" muß offenbar von der Biologie aufgegeben werden als ganz vage Ausdrucksweise, die viel Unheil gestiftet hat.

Dabei kommen wir zur schwierigen Frage des „Wesens" der Erblichkeit. Was darüber spekuliert worden ist, kann wohl als grenzenlos betrachtet werden. Die „Erblichkeitstheorien" und Hypothesen haben wie Pilze gewuchert, ihre Nahrung aber weniger im Boden der Tatsachen als in der Atmosphäre der Auffassungen gesucht.

Hier ist nur Grund vorhanden, zwei Hypothesen oder Vorstellungsarten zu erwähnen, Darwin's Pangenesishypothese und Galton's

Stirplehre. Die Spekulationen vor DARWIN's Zeiten haben allerdings
oft historisches Interesse als Ausdrücke des Standpunktes der allgemeinen Biologie; hier kann aber darauf nicht eingegangen werden,
sehr ausführlich hat DELAGE eine Übersicht dieser Sachen gegeben,
auf welche hingewiesen sei.

DARWIN's „provisorische Hypothese der Pangenesis", wie er sie
selbst bezeichnet, wurde 1868 in dem großen Werke „Animals and
Plants under Domestication" publiziert. Diese Hypothese nimmt an,
daß jeder besondere Teil des Organismus sich selbst reproduziert.
Die Gameten sowie andere Fortpflanzungsorgane wie Knospen, Sporen
u. dergl. sollen eine große Menge „Keimchen" (*gemmules*) enthalten,
welche in den verschiedenen speziellen Teilen des Körpers erzeugt
sind und die Entwicklung entsprechender Teile bei den neuen Individuen bedingen werden. Die „Keimchen" sollen von den betreffenden Organen ausgeschieden werden und, z. B. durch die Blut-
bahnen, zu den Entwicklungsstätten der Geschlechtszellen geführt
werden, wo sie in den reifen Gameten gesammelt auftreten. Und
die „Keimchen" müssen nicht notwendig während der Entwicklung
des durch die Befruchtung gebildeten Individuums tätig sein, sondern können durch eine kürzere oder längere Reihe von Generationen untätig („latent") bleiben. Ferner müssen die „Keimchen" sich
selbständig im Organismus vermehren können, z. B. durch Teilung,
welcher Vorgang natürlicherweise Wachstum der „Keimchen" voraussetzt.

Die ganz unannehmbare „Transport"-Hypothese, daß die verschiedenen Organe sozusagen besondere Organkeimchen nach den
Gametenbildungsstätten schicken, hat DARWIN vielen Kummer machen
müssen — wie es auch aus seinen Briefen zu sehen ist — und die
Gegner der Pangenesislehre übersahen deren guten Kern. Niemand
hat wohl klarer als DE VRIES hier die Schale von dem Kern getrennt, wenn er betont, daß DARWIN's Auffassung sich in zwei ganz
zu trennende Hauptpunkte teilt. Diese sind 1. der wesentliche
Gedanke, daß in jeder Gamete materielle Repräsentanten aller
Teile des Organismus sich finden und 2. der ganz unannehmbare
Transportgedanke, den wir heutzutage gar nicht näher zu diskutieren
brauchen.

DARWIN's hier oft erwähnter Vetter FR. GALTON hat 1875
DARWIN's Hypothese wesentlich modifiziert, indem er die Transport-
idee fast ganz zur Seite schiebt. Der „Transport" war bei DARWIN
durch die Auffassung motiviert, daß allerhand Modifikationen des

Körpers, durch äußere Verhältnisse hervorgerufen, erblich seien. Wäre dies der Fall, so müßte ja auch eine besondere Erklärung hier nötig sein. Denn es wird leicht eingesehen, daß es mit der mehr detaillierten Kenntnis des Entwicklungsganges der Gameten, die wir jetzt besitzen, außerordentlich viel schwieriger zu verstehen ist, daß eine lokal auftretende Umprägung eines Organes, z. B. einer Muskelgruppe durch Übung, gleichsinnige Änderung in der genotypischen Grundlage der Gameten hervorrufen könne, als daß eine solche Wirkung nicht erfolgt. Tatsachen gegenüber müssen die Theorien sich biegen und ändern oder ganz weichen, und die Schwierigkeit, eine Tatsache zu „verstehen", sagt nichts gegen die Tatsache als solche, wenn sie erst konstatiert wäre. Immerhin ist es aber doch eigentümlich, daß Darwin's Glaube an ganz allgemeine Vererbung „erworbener" Eigenschaften ihn in die absurden Vorstellungen der Transporthypothese geführt haben. Die Absurdität der Konsequenzen redet doch wohl nicht zu Gunsten der Prämissen. Darwin ist aber hier völlig zu entschuldigen, seine Zeit hatte gar nicht das Erblichkeitsproblem recht erfaßt.

Galton aber hatte schon eingesehen, daß die Erblichkeit „erworbener Eigenschaften" eine äußerst zweifelhafte Sache ist (vgl. die einundzwanzigste Vorlesung). Indem er aber doch die Möglichkeit offen halten wollte, wies er den Transportgedanken nicht völlig ab; eine Rolle hat sie aber nicht für Galton's Auffassungen gespielt.

Galton formt nun aber die „Keimchen"-Idee zu einer Auffassung, welche als Grundlage weiterer Arbeiten sehr glücklich ist. Er geht davon aus, daß die Gameten bezw. die Zygote „etwas" enthalten muß, was maßgebend für die Entwicklung ist, und stellt sich, wie Darwin, vor, daß hier verschiedene Einheiten vorkommen müssen — wie dies ja in glänzender Weise von der Mendelschen Richtung nachgewiesen ist: war doch schon 10 Jahre vor Galton's Publikation die Mendel'sche klassische Arbeit erschienen!

Mendel's Erfahrungen waren aber noch ganz unbekannt geblieben, und so mußte auch Galton bei der Analyse der Organismen in ihre „Organe" stehen bleiben. Er nennt die Gesamtheit aller „Keimchen" — für welche er kein besonderes Wort einführt — den Stirp (vgl. S. 335), um den mehrdeutigen Ausdrücken moderner Sprachen zu entgehen. Dieses Wort, welches nur wenig benutzt wird, läßt sich auch mit den häufig benutzen unschönen Wörtern „Keimplasma" oder „Idioplasma" ersetzen, wenn man an solche Wörter nur keine besondere weitergehende hypothetische Anschau-

ungen knüpft! Von „Plasma" in morphologisch-cytologischer Bedeutung ist hier ja auch nicht die Rede. Der Stirp GALTON's entspricht dem Inbegriffe unserer Gene oder Erbeinheiten.

GALTON meint, daß der „Stirp" (oder also das „Keimplasma")
einer durch Befruchtung entstandenen Zygote nur in geringem Maße
bei der Entwicklung des betreffenden neuen Individuums „verbraucht" wird. (Das Wort „verbraucht" erinnert an den Verbrauch
eines Aussaatquantums und hängt wohl mit dem „Keimchen"-Ge-
danken in seiner ursprünglichen DARWIN'schen Form zusammen.
Wie ein solcher „Verbrauch" gedacht werden sollte, oder wie überhaupt die Einheiten des Keimplasmas agieren, läßt GALTON als offene
Frage liegen.) Die Hauptmasse des Kleimplasmas der Zygote bleibt
intakt, und wird sogar bedeutend vermehrt, indem die einzelnen
Elemente (unsere „Gene" oder „Erbeinheiten") des Keimplasmas
selbständig vermehrungsfähig sein müssen. Diese Hauptmasse des
Keimplasmas findet sich in denjenigen Geweben bezw. Zellen, welche
der Sitz der Gametenentwicklung sind, und welche ja fortwährend
in einem jugendlichen undifferenzierten Zustand verharren. Die Forschungen der späteren Jahre haben immer wieder stärker präzisiert,
daß die Gameten normalerweise direkt aus Zellengenerationen hervorgehen, welche nicht als besondere Gewebsformen spezialisiert sind;
vgl. auch S. 333 ff.

Alle diese embryonalen Gewebe sind in erster Linie der Sitz
intakten Keimplasmas (noch nicht „gewirkt" habender Gene, könnte
man sagen), und dieses Keimplasma wird also direkt von der einen
Generation zur folgenden weitergeführt, ohne in den speziellen persönlichen Entwicklungsgang des einzelnen Individuums hineingezogen
zu werden. Die Gameten der nach einander folgenden Generationen
bilden sodann ordentlicherweise ein Kontinuum, eine Fortsetzungs-
reihe. Und es ist sehr deutlich, daß dadurch das „Keimplasma"
das eigentlich bleibende, das eigentlich „feste" der betreffenden Rasse
bildet. Die individuellen Körper, die Einzelpersonen, sind — mit
einem nicht ganz adäquaten Bilde übrigens — vergänglichen Blättern
oder Trieben an einem unsichtbaren Wurzelstock ähnlich; der „Wurzelstock" wird von den Blättern und Trieben ernährt, diese aber
manifestieren nur, was im „Wurzelstock" gegeben ist — aber in
höchst wechselnder Art je nach den Schwankungen der Lebenslagefaktoren.

Diese in aller Klarheit von GALTON stammende Lehre kann in
einfachster Weise durch dieses Schema illustriert werden:

Hier bezeichnen die Buchstaben *M—P* vier Generationen von Individuen, während *s* den Stirp (das Keimplasma) der Gameten bezeichnet, welcher alle Generationen zur einheitlichen Entwicklungsreihe verbindet. Die langen Striche des Schemas deuten das Freiwerden, das Ausscheiden von Gameten, z. B. eines Eies, an; die kurzen Striche bezeichnen die Entwicklung des betreffenden Individuums aus der grundlegenden Zygote.

Dieses Schema paßt eigentlich nur für Selbstbefruchter und zwar ganz besonders für Homozygoten, für reine Linien. Es veranschaulicht, daß die genotypische Grundlage dieselbe bleiben kann trotz aller Fluktuation oder milieubestimmter Abweichung der Individuen. Und es ist gleich auffallend, wie schön dieser Ausdruck des GALTONschen Gedankens mit unserer Auffassung von genotypischer „Festheit" harmoniert. Die später von GALTON selbst, durch statistisch-summarische Untersuchungen gewonnene, unberechtigte Vorstellung „typenverschiebender" Wirkung einer Selektion, welche Vorstellung 1889 als „Rückschlagsgesetz" formuliert wurde (vgl. S. 107), ist aber eigentlich nicht mit seinen Ideen von 1875 vereinbar. Wohl auch darum hat GALTON sowie seine Schule diese Ideen später liegen lassen. Die unrichtig gedeutete Statistik hat hier gewissermaßen ein richtiges Verständnis unterdrückt.

Allerdings ist seit GALTON die Idee des „Keimplasmas" als Kontinuum nicht aufgegeben. Und WEISMANN hat diese Idee weiter entwickelt, ist dabei aber viel zu weit in phantastischen Spekulationen gegangen, wie schon hier S. 319 ff. erwähnt wurde. Indem WEISMANN dieselben Grundgedanken, die wir bei GALTON fanden, mit der Auffassung einer genotypenverschiebenden Selektionswirkung in Übereinstimmung bringen will — was eigentlich ein reines Prokrusteskunststück ist — verliert dieser Grundgedanke ihren eigentlichen Sinn: die Festheit des Genotypus! Und die zahlreichen Hilfshypothesenelemente, mit welchen WEISMANN's ganze Erblichkeitsphilosophie operiert, machen seine Anschauungen weniger und weniger geeignet, der exakten Forschung nützlich zu sein. PEARSON spricht in seiner scharfen Weise von einer „rückschreitenden Bewegung von sicheren Tatsachen bis zum metaphysischen Unsinn" in den Schriften WEISMANN's. Es ist diese Auffassung seitens eines der eifrigen Verteidiger der Selektionswirkung sehr interessant; und mit aller Anerkennung der Verdienste Weismann's kann eine gewisse Berechtigung der Pearson'schen Aussprache nicht verneint werden.

Die Galton'sche, durch das Schema illustrierte Auffassung bildet einen Gegensatz zu Darwin's Auffassung, welche den ganz populären Konzeptionen insofern nahe steht, als jedes Individuum seine Geschlechtszellen mit den darin existierenden „Anlagen" s e l b s t p r o d u z i e r e in des Wortes absoluter Bedeutung. Diese Auffassung könnte durch folgendes Schema veranschaulicht werden:

$$M\text{————}s\text{-}N\text{————}s\text{-}O\text{————}s\text{-}P\text{————}s$$

in welchem Buchstaben und Striche dasselbe bedeuten wie in dem S. 480 gegebenen Schema der Galton'schen Auffassung.

Galton's Auffassung bezeichnet gegen Darwin einen großen Fortschritt, indem sie sowohl die prinzipielle Wichtigkeit der genotypischen Grundlage als deren weitgehende Selbständigkeit und Unabhängigkeit vom Körper betont. Sowohl Darwin, Galton und Weismann stellen sich vor, daß die „gemmules", „Determinanten" oder wie man nun die in Frage kommenden Einheiten nennen mag, O r g a n e n, oder jedenfalls bestimmten Gewebsbezirken, entsprechen. Diese Vorstellung ist aber nicht richtig. Der Mendelismus beweist ganz unwiderlegbar, daß die Erbeinheiten nicht Organen oder Gewebsbezirken gelten, sondern E i g e n s c h a f t e n betreffen, wie zur Genüge aus der zweiundzwanzigsten und dreiundzwanzigsten Vorlesung hervorgeht. Auch schon ältere Forscher, z. B. Sageret, hat dies gefunden, und in neuerer Zeit (seit 1889) hat wieder de Vries diese Art der Analyse der Organismen besonders gegenüber der Weismann'schen Analyse in „selbständig bedingte Teile" hervorgehoben.

Eine „Eigenschaft" einheitlicher, erblicher Art wird bald den ganzen Organismus durchdringen, wie z. B. viele Farbstoff- oder Giftbildungen bei Pflanzen, bald aber nur lokal sich deutlich zeigen k ö n n e n, wie z. B. die Augenfarbe u. a. mehr. De Vries hat die Lehre von Einzeleigenschaften als durch „P a n g e n e" bestimmt, näher entwickelt in nahem Anschluß an die cytologische Grundlage der Weismann'schen Lehre.

Wie nun auch die weitere Ausbildung der Cytologie die Beziehungen der Erblichkeitserscheinungen zu den cytologischen Entdeckungen formen wird, so kann vorläufig nicht auf cytologischem Grunde eine „Erblichkeitstheorie" aufgebaut werden, wie das auch Galton treffend motiviert hat. Selbstverständlich aber ist das Ideal ein Zusammenwirken der Cytologie mit der experimentellen Forschung.

Die Arbeiten ROSENBERGS z. B. über *Drosera*, ferner SUTTON's, WIL-SON's u. a. Untersuchungen versprechen auf diesem Gebiete sehr Gutes für die weitere Forschung. Andererseits ist den bisher nur angezeigten cytologischen Forschungen WINKLER's über seine Pfropf-bastarde mit großer Spannung entgegenzusehen; schon die Erzeugung des S. 430 erwähnten Pfropfbastardes seitens des genannten Forschers wird als eine Erschütterung recht vieler cytologischer Spekulationen STRASBURGER's, BOVERI's u. a. empfunden werden, Spekulationen, die übrigens nie die experimentelle Erblichkeitsforschung selbst weiter affiziert haben.

Ganz unabhängig von der Cytologie kann man sich hier an GALTON's Schema halten, in dem aber nicht „Organe" sondern „Eigen-schaften" als durch die „Erbeinheiten" bedingt angesehen werden müssen. Die „Erbeinheiten" haben wir hier schon S. 124, mit Ver-kürzung des von DARWIN's Hypothese stammenden und von DE VRIES besonders benutzten Wortes „Pangene", als Gene bezeichnet, um damit ein ganz neutrales Wort zu haben, wohl geeignet, in Ver-bindungen, wie etwa „genotypisch" u. dergl., benutzt zu werden.

Was nun aber die „Gene" oder „Erbeinheiten" eigentlich sind, ist eine noch ganz offene Frage. S. 124 ff. konnte vorläufig im dortigen Zusammenhang von den Genen bestimmter Eigenschaften gesprochen werden; die spätere nähere Betrachtung der MENDEL'schen Bastardspaltungen zeigten uns aber, daß die betreffende Analyse nur sehr relativ ist. Die Relativität unserer Analysen in diesem Sinne kann durch ein Bild veranschaulicht werden: Man gebe den Stu-denten im chemisch-analytischen Laboratorium je eine komplizierte Lösung zu analysieren. Aber man entferne aus dem Laboratorium alle sonst gegebenen bekannten Reagentien, derart, daß die Studenten nur mit den zu analysierenden Lösungen selbst operieren können. Nun, tüchtige Leute finden schon bald charakteristische Unterschiede und Ähnlichkeiten unter den Lösungen und experimentieren durch methodisches Mischen und Abfiltrieren der ausgefällten Stoffe einiges von Interesse heraus. Die MENDEL'sche Analyse ist, wie schon früher angedeutet, nicht einmal so günstig gestellt wie eine solche che-mische Untersuchung. —

Die Gene sind nun nicht als „Träger" von erblichen Eigen-schaften aufzufassen. Diese Eigenschaften sind überhaupt nur Symptome oder Reaktionen, welche als solche allerdings real und oft meßbar sind — wie sie ja auch gemessen werden müssen, wo man überhaupt exakt forschend vordringen will. Die einzelnen anscheinend einfachen meßbaren Phaenomene, Reaktionen, Symptome oder wie man also meistens sagt „Eigenschaften" oder „Züge" eines Organismus sind offenbar nicht alle gleichwertig in dem Sinne, daß je einer solchen „Eigenschaft" ein bestimmtes Gen entspricht.

Aus der Betrachtung der mehr komplizierten Fälle MENDEL'scher Spaltungen und Kombinationen geht dies ja ganz deutlich hervor, vgl. besonders S. 417—423. Was bei Spaltungserscheinungen als Einheit sich zeigt, kann eine ganze Serie von Eigenschaften affizieren, wie das u. a. auf S. 419 betont wurde; und umgekehrt, eine anscheinend einfache Eigenschaft, wie z. B. rote Saftfarbe bei Levkojen, kann durch Zusammentreten zweier differenter Gene unter gegebenen Verhältnissen bedingt sein, oder gar, wie z. B. die Filzhaarigkeit der genannten Pflanzen, die gleichzeitige Anwesenheit von wenigstens drei differenten Genen fordern.

Und da die Lebenslage mitunter das Auftreten gewisser Eigenschaften unmöglich macht, wie z. B. Lichtmangel Chlorophyllbildung meistens hindert und wie z. B. Hitze die Fliederblüten, selbst der „violetten" Sorten, weiß macht, sieht man ein, daß bei den Reaktionen der Gene die Lebenslagefaktoren eine eminente Rolle spielen; vgl. auch das S. 413 über Latenz Gesagte. In dieser Beziehung haben verschiedene Forscher interessante experimental-morphologische Studien gemacht, welche die oft sehr große individuelle Plastizität der Organismen entschleiert haben, vgl. S. 350.

Das tiefere Bedingtsein der Phaenomene, die wir als „Einzeleigenschaften" beschreiben, ist uns noch meistens ganz dunkel. Wie in der Chemie eine Reihe ganz verschieden erscheinende Reaktionen von der Anwesenheit eines bestimmten einheitlichen Stoffes oder Atomkomplexes neben gegebenen anderen Faktoren abhängen kann, so kann offenbar bei den Organismen eine bestimmte „Erbeinheit" verschiedene Reaktionen bedingen. Und diese verschiedenen chemischen oder biologischen Reaktionen treten unter verschiedenen Umständen entweder in ihrer Gesamtheit, gruppenweise, oder jede für sich, hervor, also gewissermaßen unabhängig von einander, obwohl ihre hier in Frage kommende Grundlage (der Stoff, das Radikal bezw. das Gen) dieselbe ist. So kann gesagt werden, daß beispielsweise das Gen, welches in dem Levkojenbeispiel Miss SAUNDERS' (S. 392) mit C (Chromogen) bezeichnet wurde, etwa cremefarbigen Ton der Blumenkrone „bedingt", wenn das Gen R (Reaktion) fehlt. Ist R aber gegeben, so „bedingt" C Saftfarbe; ist sowohl R als H (Haarfaktor) gegeben, so „bedingt" C auch Filzhaarigkeit usw. Cremefarbe, Saftfarbe und Filzhaarigkeit sind also alle als Reaktionen des mit C bezeichneten Genes aufzufassen; daß dabei auch andere Gene mit beteiligt sind, ist eine Sache für sich: Saftfarbe ist Reaktion von C mit R, aber ebensogut Reaktion von R mit C — wie J o d mit Stärke blau reagieren kann, und, umgekehrt S t ä r k e mit Jod blau reagiert.

Hier stehen wir an der alten Diskussion über „Ursachen", „Bedingungen" und „Wirkungen" u. dergl. mehr, an welcher Sache wir uns nicht aufhalten wollen. Alle Lebensmanifestationen der Ontogenese sind aber in irgend einer Weise als R e a k t i o n e n d e r i n d e r grundlegenden Zygote gegebenen Faktoren aufzu-fassen. Und unter diesen Faktoren sind begrifflich zweierlei zu trennen: einerseits p e r s ö n l i c h e Faktoren oder Reaktionsprodukte, etwa durch Bezeichnungen wie „Ernährungszustände", „Vorrats-stoffe", „induzierte Tätigkeiten oder Hemmungen" usw. zu charak-terisieren, und andererseits g e n o t y p i s c h e Faktoren, die G e n e, welche das eigentlich Feste der betreffenden „Rasse" bilden, wie dies aus dem GALTON'schen Schema S. 480 illustriert wird.

Diese „begriffliche" Trennung läßt sich aber nicht realisieren: der „Stirp", das „Keimplasma", also die „Gene", die „Erbeinheiten" in ihrer Totalität und Reinheit sind nicht darstellbar!

Es mag dem vorsichtig theoretisierenden Biologen erscheinen daß in den Gameten und der neugebildeten Zygote die genotypischen Faktoren relativ überwiegen, während aber in den „so-matischen" Teilen des entwickelten Körpers die persönlichen Reaktionsprodukte sich am stärksten manifestieren. Die GALTON'sche Vorstellung eines „Verbrauchs" der genotypischen Faktoren (der Gene, der Erbeinheiten) während der Ontogenese ist wohl nicht buchstäblich zu nehmen, und die WEISMANN'sche Auffassung, daß die Körperzellen kein oder nur defektes Keimplasma enthalten sollen und d a r u m nicht fortpflanzungstüchtig sein sollen, kann überhaupt nicht berechtigt erscheinen: jede lebende Zelle (von den vegetativen Spaltungen u. dergl. abgesehen) hat doch offenbar die volle geno-typische Grundlage des betreffenden Organismus; hier muß man wohl O. HERTWIG völlig Recht geben — für dre Pflanzen hat man überhaupt niemals daran zweifeln können.

Die „eigentliche" Natur, das „Wesen" der genotypischen Grund-lage der Organismen läßt sich also vorderhand gar nicht näher eruieren. In welcher Weise die verschiedenen genotypischen Einzel-faktoren, die G e n e, wie sie wohl am einfachsten genannt werden können, wirken und zusammenwirken, wenn Reaktionen sich abspielen, die sich uns als „Eigenschaften" darstellen, wissen wir nicht. Nur dies können wir sagen, daß die Gene in irgend einer Weise anwachsen müssen, um mit der Fortpflanzung Schritt zu halten. Wie dieses „Anwachsen" gedacht werden soll, ist noch ganz unsicher; der suchende Gedanke, nach Vorgängen analoger Art greifend, heftet sich an Erscheinungen wie die von BAUR in so interessanter Weise studierten Propagationen des Panaschüre-Kontagiums bei *Abutilon Thompsoni* u. a. Darauf aber näher einzugehen, ist hier nicht am Platze.

Die Gene sind wohl vorläufig am nächsten als chemische Faktoren verschiedener Art aufzufassen. Es ließen sich ja ganz leicht grobe Analogien zu den MENDEL'schen Trennungen bezw. zu den Nichtspaltungen und unreinen Trennungen aufstellen. Dabei würde wohl aber kaum etwas gewonnen sein, wir lassen uns darum mit den schon früher gelegentlich gegebenen Andeutungen begnügen (vgl. S. 412). Aus der weiteren Entwicklung der allgemeinen physikalischen Chemie werden wohl hauptsächlich die Gesichtspunkte für Theorien über Wirkungen chemischer Erblichkeitsfaktoren zu erwarten sein.

Die Auffassung der Gene als Organoide, als Körperchen mit selbständigem Leben u. dergl. ist aber nicht mehr von der Forschung zu berücksichtigen. Voraussetzungen, welche eine solche Auffassung nötig machen sollten, fehlen gänzlich. Ein Pferd in der Lokomotive steckend als Ursache der Bewegung — um LANGE's klassischen Beispieles zu gedenken — ist eine ebenso „wissenschaftliche" Hypothese als die Organoidlehre zur „Erklärung" der Erblichkeit.

Außer der Schwierigkeit des Anwachsens der „Gene" treffen wir die Schwierigkeit der notwendigerweise anzunehmenden großen Anzahl verschiedener Gene. Ob aber hier eine wirkliche Schwierigkeit vorliegt, ist noch nicht zu sagen. Wie schon öfters erwähnt ist, bedingen nur wenige Differenzpunkte bei MENDELschen Bastarden eine sehr große Anzahl von Kombinationsmöglichkeiten. Und da die Korrelationserscheinungen oft den Eindruck größerer Komplizität hervorbringen als in Wirklichkeit vorhanden ist, vgl. S. 419, wird vielleicht innerhalb jeder Rasse eine nicht unübersehbare Anzahl von differenten Genen genügen, um den Formenreichtum zu bedingen.

Was schon jetzt als durch besondere Gene bedingt, also als „Erbeinheiten" erkannt wurde, ist nur ganz wenig und betrifft ja meist nur recht wenig fundamentale Charaktere der betreffenden Organismen. Nimmt man z. B. von Miss SAUNDERS' Levkojen alle die studierten positiven Charaktere weg: Filzhaarigkeit, Saftfarbe, Neigung zum Gefülltsein der Blüten usw., oder plündert man die BATESON'schen Hühner, derart, daß die Gene des Rosen-, Pfauen- und Einfachkammes wegfallen, mit den eventuellen Genen der über- zähligen Zehen und der Federfarbenmuster usw. — ja, dann bleiben doch Levkojen bezw. Hühner zurück. Das „Wesen" des Huhns oder der Levkoje wurde bei allen diesen Gedankenexperimenten nicht affiziert.

In Wirklichkeit wissen wir doch aber nicht, wie weit solche Plünderungen geführt werden können, ohne das „Wesen" des Or- ganismus gleichzeitig zu affizieren. Der Zuckermais — ohne Stärke- bildung im Endosperm — ist schon ein nicht ganz „unwesentlich" alterierter Einfachtypus. Aber jedenfalls ist die Analyse MENDEL- scher Art nur in den ersten Anfängen. Es sind gewissermaßen nur die „Kleider", welche geprüft sind, die mehr oder weniger auf- fälligen aber unwesentlicheren oberflächlichen Züge der Organismen. Das tiefer liegende der Organisationen ist nicht analysiert. Ob wir jemals so weit gehen können, daß wir die verschiedenen Rassen, Species, Gattungen usw. ihrer speziellen Züge zu entkleiden im Stande sind, derart, daß ein gemeinsamer fundamentaler Rest, etwas ganz „allgemein Organistisches" zurückbleibt — ja diese Frage kann nicht beantwortet werden. Wir gedenken aber des geistvollen Genfer Philosophen und Physiologen CH. BONNET, welcher schon vor 150 Jahren sich so äußerte: „Sage dem gemeinen Mann, die Philosophen können eine Katze von einem Rosenbusche kaum unterscheiden; er wird den Philosophen auslachen und fragen, ob es wohl in der Welt etwas leichter unterscheidbares gibt. — Entfernt man aber von den Begriffen „Katze" und „Rose" alle Eigentümlichkeiten, welche die Species, Gattung und Klasse bestimmen, derart, daß nur die allgemeinsten Eigenschaften zurückbleiben, welche Tier und Pflanze charakterisieren, dann bleibt kein wirkliches Unterschieds- merkmal zwischen Katze und Rosenbusch!"

So weit mit den Experimenten vorzudrängen, wird wohl nicht möglich sein, wir werden wohl nie eine Katze zur Rose „umkleiden"; und so bleibt es stets eine offene Frage, ob eine wirkliche gemein- same Grundlage aller Organismen existiert. Jetzt ist man wohl ge- neigt, an recht polyphyletische Evolutionen zu denken. Daß aber große Übereinstimmungen unter denjenigen Organismen sich finden, die wir hier auf der Erde kennen, ist unzweifelhaft und das Schlagwort „Einheit des Lebens" drückt dies in Kürze aus.

Tiefer in Hypothesen und allgemeine Betrachtungen einzugehen, würde viel zu weit führen. Es sei hier nur noch das GALTON'sche Schema an den einfachsten MENDEL'schen Fall adaptiert. Die zwei homozygotischen P-Formen seien mit AA und aa bezeichnet. Da hier auch die Befruchtung zu berücksichtigen ist, wird das Schema z. B. der AA-Form so auszuführen sein, wenn statt des allgemeinen s die spezielle genotypische Bezeichnung A ausgeführt wird:

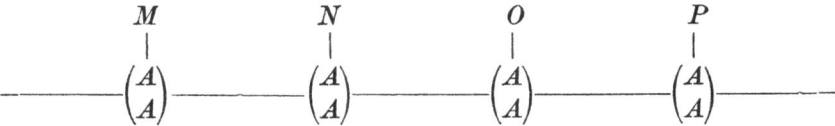

Das obere A bezeichnet die Beschaffenheit der einen Gamete, z. B. der Eizelle, das untere A sodann die genotypische Natur der Samenzelle. Hier sind beide genotypisch gleich und könnten darum auch mit s wie auf S. 480 markiert werden.

Die Berücksichtigung der „Personen", M, N usw., ist nun offenbar hier unnötig und macht das Schema für den weiteren Gebrauch nur schwerfällig. Halten wir uns allein an die genotypische Beschaffenheit der Gameten, bezw. der Zygoten, dann können wir hier gleich das derart vereinfachte Schema der beiden P-Formen sowie des Bastardes beider darstellen. Mit G_1—G_4 sind die betreffenden vier Generationen markiert:

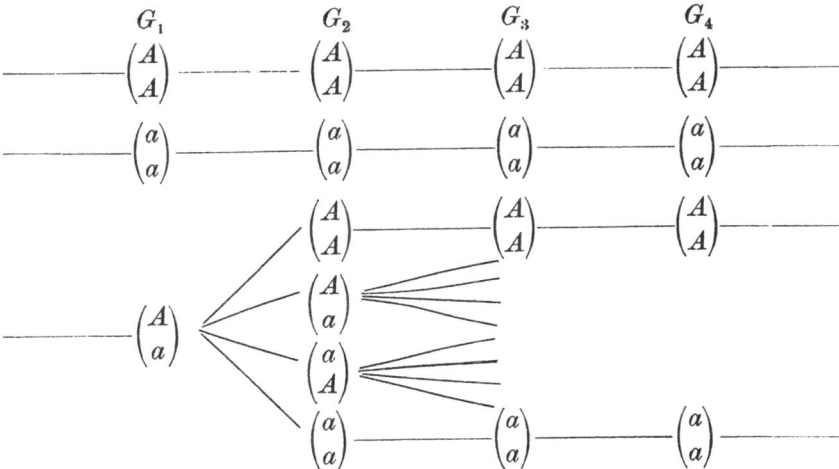

Wie man sieht, ist das Bastardschema nichts als eine graphische Transkription des einfachen MENDEL'schen Spaltungsschema bei Selbstbefruchtung des Bastardes F_1, vgl. S. 377. Wo fortan Kreuzbefruchtung erfolgt, und wo zumal mehrere Differenzpunkte der beiden P-Formen in Frage kommen, werden die Verhältnisse zu kompliziert, um hier graphisch dargestellt zu werden.

GALTON's und MENDEL's hier in Verbindung gesetzte Auffassungen sind wesensgleich, sie stimmen mit den jetzt vorliegenden Tatsachen der Erblichkeitsforschung am schönsten überein. Sie bilden auch die beste Grundlage weiterer Spekulationen über Erblichkeit.

Was ist nun aber eigentlich die Bedeutung dieses viel benutzten Wortes? Nach den Auffassungen der jetzigen Zeit bedeutet „Erblichkeit", daß Eigenschaften, welche bei einem Individuum durch Anwesenheit von besonderen Genen (Erbeinheiten) bedingt waren, auch bei den Nachkommen dieses Individuums infolge Anwesenheit derselben Gene auftreten. Die Hauptsache ist dabei die Anwesenheit gleicher Gene bei Eltern und Nachkommen; wenn einem Nachkommenindividuum ein Gen der Eltern fehlt, war in Betreff dieses Genes keine Erblichkeit bei dem Individuum vorhanden.

Es wird einleuchten, daß es eine ganz unberechtigte Redensart ist „erbliche Überführung von Eigenschaften" zu sagen; was im speziellen Falle „erblich" ist, war schon im Stirp, im Keimplasma gegeben, wie das GALTON'sche Schema und deren Derivate es illustrieren.

Erblichkeit ist also Anwesenheit gleicher Gene bei Nachkommen und Vorfahren. Die MENDEL'schen sowie die vegetativen Spaltungserscheinungen zeigen, daß die Gene der Vorfahren nicht immer gleichmäßig auf die Gameten, welche die Nachkommen bilden, verteilt werden müssen, und daß durch Spaltung und Kombinationen sehr bunte, oft ganz regellos erscheinende „Erblichkeitsverhältnisse" resultieren können.

Es wird aber jetzt ganz klar, daß eine Beurteilung der Erblichkeitsverhältnisse nicht immer ohne weiteres bei beliebiger Lebenslage möglich ist. Bei gegebener identischer genotypischer Veranlagung zweier Organismen kann sehr große phaenotypische Abweichung zwischen ihnen vorkommen, wenn sie bei verschiedener Lebenslage entwickelt werden. Die Manifestationen der Gene sind bei verschiedener Lebenslage oft recht verschieden. Und die Erblichkeit ist, wie wir es hier öfters erwähnt haben, bei gegebener Lebenslage vergleichend zu prüfen. Oft muß man ja besondere Lebenslagefaktoren in Anwendung bringen, um zu prüfen, was „an der Rasse" liegt, vgl. S. 353 ff. Die Variationen der Lebenslagefaktoren perturbieren nur zu leicht die Beurteilung der genotypischen Grundlage der Organismen, wobei aber einige Eigenschaften viel leichter in Mitleidenschaft gezogen werden als andere. Darum wird es nötig, mit der Kategorie „falsche Erblichkeit" in der Praxis der Forschung zu operieren, eine Kategorie, die bei gleichbleibender und gleichartiger Lebenslage überflüssig wäre.

Falsche Erblichkeit könnte zunächst so definiert werden: Übereinstimmung der Nachkommen mit den Vorfahren in Bezug auf eine Eigenschaft, die nicht durch Anwesenheit (bezw. Abwesenheit) eines für die betreffenden Generationen charakteristischen Genes bedingt ist. Eine solche Definition ist theoretisch wenig befriedigend; denn genau genommen sind alle Reaktionen eines Organismus ja doch durch die genotypische Grundlage $+$ die Lebenslagefaktoren direkt oder indirekt bestimmt. Bei falscher Erblichkeit dreht es sich aber stets nur um einen Vergleich genotypisch identischer Organismen, unter welchen die Individuen einiger genealogischer Reihen (welche eben die „falsche" Erblichkeit zeigen) die fragliche Eigenschaft haben, während diese Eigenschaft den Individuen anderer genealogischer Reihen derselben genotypischen Natur fehlt. Im Anschluß an S. 219 kann also falsche Erblichkeit als kollektive (oder milieubestimmte) Variabilität durch Generationen fortgesetzt definiert werden, und so sind auch die hier S. 341 angeführten Beispiele aufzufassen.

Wenn von Erblichkeit die Rede ist, denkt man meistens an positive Manifestationen; so knüpft sich bei Betrachtung von allerhand Monstrositäten bei Menschen, Tieren und Pflanzen die Erblichkeitsfrage immer gleich an die Abnormität als positive Erscheinung. Denken wir z. B. an den schon S. 223 erwähnten Dimorphismus in Bezug auf Zwangsdrehung bei *Dipsacus*, so fragt man sofort nach der Erblichkeit der Zwangsdrehung, während doch die Erblichkeit des „normalen" Wachstums eben so wichtig ist. Die große „Neigung" zu Zwangsdrehung ist nun durchaus nicht allen Rassen von *Dipsacus silvestris* eigentümlich; in DE VRIES' Material ist offenbar ein genotypischer Zustand in dieser Beziehung maßgebend. Nun haben nicht alle Kulturen dieses Materials zwangsgedrehte Individuen gegeben; so sind mir Angaben aus England bekannt, die besagen, daß alle Individuen „normal" wurden. Unzweifelhaft waren die Kulturbedingungen hier für das Realisieren der Zwangsdrehungen ungünstig.

Hier ist wohl, wie schon S. 224 angedeutet, an „stoßweise Reaktionen" bei einer kritischen Grenze in Bezug auf die Lebenslage zu denken. Dies interessiert uns jetzt aber wenig. Aber es sollte ein Fall erwähnt werden, wo wir von falscher Nichterblichkeit reden können. Anbau der genotypisch zu Zwangsdrehung geneigten *Dipsacus*-Rasse bei einer Lebenslage, welche das Auftreten der Abnormität unmöglich macht, zeigt falsche Nichterblichkeit der Abnormität — aber also auch falsche Erblichkeit der „normalen" *Dipsacus*-Form.

Falsche Erblichkeit und falsche Nichterblichkeit sind nur zwei Seiten derselben Sache; wenn falsche Nichterblichkeit betont wird tangieren wir den Begriff Latenz, wie es schon S. 224 geschah und wie es S. 412 näher ausgeführt wurde.

Echte Erblichkeit bezw. Nichterblichkeit beziehen sich allein auf Gene (Erbeinheiten), deren Anwesenheit oder Abwesenheit hier entscheidend ist; falsche Erblichkeit bezw. Nichterblichkeit beziehen sich allein auf Lebenslagefaktoren, welche das Realisieren einer Eigenschaft ermöglichen oder unmöglich machen können. Daß im Leben der Organismen die Gene und die Lebenslagefaktoren untrennbar zusammenwirken, macht es in den einzelnen konkreten Fällen oft schwierig, die Erscheinungen der „Erblichkeit" in ihrer „Echtheit" oder „Falschheit" in dem hier präzisierten Sinne zu deuten·

Indem wir in diesen Vorlesungen hauptsächlich die positive Seite der Erblichkeit, die Manifestationen „erblicher Eigenschaften" im Auge behalten haben, können wir jetzt die negative Seite systematisierend berücksichtigen, nämlich fehlende Erblichkeit, ausbleibende Manifestation einer Erblichkeit. Wo Erblichkeit nicht gesehen wird, sind höchst verschiedene Ursachen für die ausbleibende Manifestation möglich. Diese sind unter zwei Hauptfälle zu gruppieren:

I. War die fragliche charakteristische Eigenschaft gar nicht durch ein für die betreffenden Individuen eigentümliches Gen bedingt, so könnte von echter Erblichkeit überhaupt nicht die Rede sein. Die fragliche Eigenschaft wäre entweder nur Ausdruck einer „zufällig" starken Plus- oder Minus-Fluktuation und deshalb nicht für die Nachkommen charakteristisch oder typisch, oder aber die fragliche Eigenschaft wäre durch eine besondere, spezielle Lebenslage hervorgerufen. (Nur falls die Nachkommen unter ganz ähnlichen Lebenslagen sich entwickeln, werden sie auch von der betreffenden Eigenschaft geprägt werden, was also „falsche" Erblichkeit sein würde.) Es wird leicht eingesehen, daß in allen solchen Fällen, wo nicht besondere Gene als Grundlage der fraglichen, charakteristischen Eigenschaften vorkommen, diese Eigenschaften nur charakteristisch verschiedene Grade oder Ausdrucksformen von Genen sein können, welche auch bei den nicht charakteristisch geprägten Individuen gleicher zygotischer Natur anwesend sind, dort sich aber nicht oder in anderer Weise äußern.

II. War aber die fragliche charakteristische Eigenschaft durch besondere Gene der betreffenden Individuen mitbedingt, so kann „ausbleibende Erblichkeit" bei den Nachkommen durch folgende Verhältnisse bedingt sein, die am übersichtlichsten in vier Sonderfälle gruppiert werden können:

1. Das betreffende Gen geht verloren, z. B. bei Abspaltung MENDEL'scher Art. Damit hört die (echte) Erblichkeit zugleich völlig auf.

2. Es tritt (etwa bei Kreuzung) ein neues Gen hinzu, welches auf das schon gegebene Gen hemmend wirkt oder die Reaktionen dieses Gens ganz ändert. Später mag, nach MENDEL'scher Trennung der zusammengebrachten Gene, die Eigenschaft sich wieder zeigen, wie es durch Beispiele aus der Bastardlehre dem Leser zu demonstrieren leicht sein wird.

3. Die charakteristische Eigenschaft ist durch mehrere verschiedene Gene bedingt, und eins (oder mehrere) von diesen Genen geht verloren. Dieser Fall steht dem Fall 1 sehr nahe. Durch eine spätere Kreuz-Befruchtung kann hier aber der Verlust ersetzt werden, die fragliche Eigenschaft also auftreten, obwohl keins der Individuen, welche bei der betreffenden Befruchtung beteiligt sind, selbst von der Eigenschaft geprägt sein müssen. Nur vereint bringen die Gene solcher Individuen die fragliche Eigenschaft wieder zur Manifestation (wenn sonst die Lebenslage es erlaubt). Dieser Fall ist somit ein Sonderfall von Atavismus oder Latenz.

4. Gewisse Lebenslagefaktoren, welche für Manifestation der fraglichen Eigenschaft als eine Reaktion eines oder mehrerer Gene nötig sind, wurden während der Entwicklung der betreffenden Individuen vermißt. Hier kann z. B. auch von einer sensiblen Periode die Rede sein. Kommen diese Faktoren bei späteren Generationen wieder zur Wirkung, so manifestiert sich die Erblichkeit gleich, sie war nur „versteckt", d. h. wir haben hier einen anderen Sonderfall sogenannter Latenz.

Es ist nicht immer leicht zu entscheiden, welcher Spezialfall unter allen diesen Möglichkeiten in Frage zu ziehen ist, wenn „Erblichkeit" ausbleibt. Erst die nähere Untersuchung durch mehrere Generationen kann hier Klarheit bringen.

———

Somit sind wir mit dieser Darstellung der Elemente einer exakten Erblichkeitslehre fertig. Der Leser dieser Vorlesungen wird hoffentlich den Eindruck empfangen haben, daß in der Erblichkeitslehre ein Fortschritt im vollen Gange ist. Dieser Fortschritt ist eben nur dadurch möglich gewesen, daß die Methodik aller wirklich wissenschaftlichen Experimentalforschung, das messende Vorgehen und die ins Einzelne geführte Analyse der Phaenomene auch in die Naturgeschichte eingedrungen ist und sich dort stärker und stärker verbreitet, das reine Schätzen bekämpfend. Noch sind wir aber nur im ersten Anfange des Exaktwerdens der Naturgeschichte, und die gegenseitigen Brechungen der von verschiedenen Seiten eindrängenden methodischen Prinzipien müssen wohl jedem — so auch diesem — Versuch einer übersichtlichen Darstellung ein etwas unruhiges, suchendes, kritisch-polemisches Gepräge geben.

Hundert Jahre nach Darwin's Geburt und 50 Jahre nach Erscheinen seines Werkes „Origin of Species" schaut man aber mit Befriedigung auf die Entwicklung der Erblichkeitsforschung. Nach derjenigen Epoche, wo die gesamte Biologie von Darwin's Genius so zu sagen durchdrungen und erneuert wurde, trat, wie schon in der ersten Vorlesung gesagt, auf unserem Gebiete gewissermaßen Stillstand ein. Nach Wiederaufnahme der Mendel'schen und Vilmorin'schen Forschungsweise, mit den mathematischen Methoden Galton's und Pearson's verschärft und verfeinert, sind wir aber jetzt im Gange die Grundbegriffe Darwin'scher Erblichkeitsauffassungen zu analysieren.

Atavismus, Erblichkeit, Erbkraft, Variabilität, Korrelation, Latenz, Rückschlag, Rasse, Species und andere Ausdrücke der Erblichkeitslehre Darwin'scher Zeit sind jetzt in analytische Zersetzung getreten; und indem wohl viele von diesen Wörtern als wissenschaftliche Termini allmählich ganz aufgegeben werden müssen, spalten sich von den betreffenden komplexen, oft recht heterogenen Begriffen ganze Serien mehr elementarer Kategorien ab. Die genannten älteren Komplexbegriffe stehen in ähnlichem Verhältnis zu den sich jetzt in der Erblichkeitslehre entwickelnden neuen einfacheren und präziseren, dafür aber auch engeren, Konzeptionen, — Abspaltungen, Kombinationen, Konstruktionen, Hemmungen, Reaktionen der Gene oder Erbeinheiten, Homo- und Heterozygoten, Reine Linien, Biotypen usw. — wie etwa die populären stofflichen Begriffe des täglichen Lebens

„Wurst", „Salat", „Tinte" u. dergl. zu den durch nähere Analyse gewonnenen chemischen Konzeptionen Kohlehydrate, Fette, Eiweißstoffe, Alkaloide u. dgl. relativ einfacheren Begriffen, die ihrerseits selbst eine weitere Analyse nötig haben bezw. schon erhielten.

So führt die Analyse in der Erblichkeitsforschung wie überall, wo exakte Forschung einsetzt, immer weiter und weiter ins Spezielle und Detaillierte hinein; und das doch schließlich zu erstrebende synthetische Gesamtbild erscheint schwerer und schwerer erreichbar!

———

Die fröhliche Entwicklung einer nach-DARWIN'schen Erblichkeitslehre exakter Natur — oder jedenfalls exakter Strebung — kann aber den Glanz der Unsterblichkeit DARWIN's im hundertsten Jahre seines Geburtstages nur noch erhöhen. Denn was sein umfassender Geist — trotz der zu seiner Zeit höchst mangelhaften Analyse der Erblichkeitserscheinungen — für das Durchschlagen des uralten Evolutionsgedankens erreichte, muß der enger begrenzten analytisch vordringenden Forschung als wahre Großtat einer hohen Genialität erscheinen.

———

Noten und Literatur-Angaben.

Es liegt ganz außerhalb des Planes dieser „Vorlesungs"-Reihe, eine auch nur angenähert erschöpfende Literaturliste den einzelnen Vorlesungen beizufügen. In DE VRIES, „Die Mutationstheorie" I—II, Leipzig 1901—1903, in DAVENPORT's „Statistical Methods with special reference to Biological Variation", zweite Auflage, New York 1904, ferner in BATESON's The Progress of Genetics (Progressus Rei Botanicae I, Jena 1907) finden sich ausführliche Literaturangaben. Die zahlreichen älteren (teilweise auch neueren) Werke, welche eine kasuistisch bunte Darstellung von Erblichkeitsverhältnissen geben (LUCAS, RIBOT u. a.) sind hier gar nicht berücksichtigt; und andere Autoren, die MENDEL's, GALTON's und VILMORIN's Bedeutung nicht zu kennen scheinen, sind selbstverständlich für die exakte Forschung nicht in Betracht zu ziehen.

Zu Vorlesung 1—5. Allgemeines: Die QUETELET'schen uns interessierenden Resultate sind in seiner „Anthropométrie", Paris 1871, zusammengestellt. Dort sind auch seine älteren Arbeiten erwähnt. GALTON's Hauptwerk ist „Natural Inheritance", London 1889. PEARSON hat in „Grammar of Science" (zweite Auflage, London 1900) seine Gesichtspunkte sehr klar dargestellt; in dem Sammelwerk „The Chances of Death etc." (London 1897), Band 1, findet sich die S. 49 benutzte Abhandlung „Variation in Man and Woman". In einer großen Reihe von Abhandlungen mit dem gemeinsamen Titel „Mathematical Contributions to the Theory of Evolution", welche hauptsächlich in „Philosophical Transactions (auch teilweise in Proceedings) of the Royal Society" von und mit 1895 publiziert sind, haben PEARSON und seine Mitarbeiter die Resultate ihrer vorzugsweise mathematisch-methodischen Untersuchungen veröffentlicht. Die Zeitschrift „Biometrika, a Journal for the Study of Biological Problems", 1902 angefangen, ist besonderes Organ der PEARSON'schen Forschungsweise. DAVENPORT's Werk wurde oben als Literaturquelle erwähnt, es enthält, sich besonders auf PEARSON stützend, kurze und klare Anleitungen zu biometrischen Operationen, und gibt ausgezeichnete Tabellen als Hilfsmittel bei Berechnungen. Die hier S. 65 gegebene Tabelle ist eigentlich nur ein stark verkürzter Auszug aus DAVENPORT's Buch. LUDWIG's Arbeiten finden sich besonders im „Botanischen Zentralblatt"; dort Band 73, 1898 die Abhandlung „Die pflanzlichen Variationskurven". Benutzt wurde auch BRUNS, Wahrscheinlichkeitslehre und Kollektivmaßlehre, Leipzig 1906. Duncker's Anleitung wurde im Texte S. 10 genannt.

Spezielles: Pledge's Angaben, S. 27, nach Vernon: Variation in Animals and Plants, London 1903, S. 16.

Die S. 41 gegebene Formel $\sigma = \pm \sqrt{\dfrac{\Sigma\, p\alpha^2}{n}}$ setzt eine nicht zu kleine Anzahl Varianten voraus, wenn σ für Fehlerbestimmung zu benutzen ist. Für diesen Zweck ist es theoretisch richtiger, so zu berechnen $\sigma = \pm \sqrt{\dfrac{\Sigma\, p\alpha^2}{n \div 1}}$. Bei unseren Studien hat diese Sache meistens keine weitere Wichtigkeit.

Wie eine kleinere Anzahl Varianten, welche zu gering ist, um in Klassen eingeteilt zu werden, behandelt werden kann, geht aus der Aufstellung S. 270 hervor.

Zu Vorlesung 6. Raunkiær's Angaben über *Primula:* Oversigt o. d. K. Danske Videnskabernes Selskabs Forhandlinger 1906, S. 33. C. G. Joh. Petersen's Angaben wurden mir privatim mitgeteilt.

S. 84 wurde angegeben, daß, wenn eine mit Fehlern behaftete Größenangabe multipliziert oder dividiert werden soll, auch der betreffende mittlere Fehler mit demselben Wert zu multiplizieren bezw. zu dividieren ist. $M \pm m$ mit N multipliziert bezw. dividiert ergibt also

$$MN \pm mN \quad \text{bezw.} \quad \frac{M}{N} \pm \frac{m}{N}.$$

Wenn aber von einem Produkte bezw. Quotienten zweier mit Fehlern behafteter Größenangaben die Rede ist, liegt die Sache anders. Wir denken uns dabei, daß die Fehler der beiden fraglichen Angaben voneinander unabhängig sind. Wir haben sodann etwa die beiden Ausdrücke $M_1 \pm m_1$ und $M_2 \pm m_2$, womit zu operieren ist. Das Produkt $M_1 M_2$ hat den mittleren Fehler $m_{\text{Prod.}} = \pm \sqrt{(M_1 \cdot m_2)^2 + (M_2 \cdot m_1)^2}$. Der Quotient $\dfrac{M_1}{M_2}$ hat dementsprechend den mittleren Fehler $m_{\text{Quot.}} = \pm \dfrac{\sqrt{(M_1 \cdot m_2)^2 + (M_2 \cdot m_1)^2}}{M_2^2}$.

Die genaue Entwicklung dieser Formel würde hier zu weit führen; aber ganz dem entsprechend, was S. 84—85 als „repräsentative Methode" ausgeführt wurde, läßt sich auch hier „repräsentativ" arbeiten. Um nur das Produkt hier zu berücksichtigen, sei die folgende Aufstellung gegeben:

$$(M_1 + m_1)\ (M_2 + m_2) = M_1 M_2 + M_1 m_2 + M_2 m_1 + m_1 m_2$$
$$(M_1 + m_1)\ (M_2 \div m_2) = M_1 M_2 \div M_1 m_2 + M_2 m_1 \div m_1 m_2$$
$$(M_1 \div m_1)\ (M_2 + m_2) = M_1 M_2 + M_1 m_2 \div M_2 m_1 \div m_1 m_2$$
$$(M_1 \div m_1)\ (M_2 \div m_2) = M_1 M_2 \div M_1 m_2 \div M_2 m_1 + m_1 m_2$$

Aus diesen 4 „Repräsentanten" erhält man selbstverständlich als Mittel $M_1 M_2$. Die Standardabweichung, also der mittlere Fehler der einzelnen Produkte $(M_1 \pm m_1)\,(M_2 \pm m_2)$ läßt sich, der S. 85 entsprechend, leicht berechnen, wobei die Werte $m_1 m_2$ vernachlässigt werden können als verschwindend klein. Die Rechnung ergibt für das mittlere Produkt und dessen Fehler: $M_1 M_2 \pm \sqrt{(M_1 \cdot m_2)^2 + (M_2 \cdot m_1)^2}$, wie schon angeführt. Für den Quotienten $M_1 : M_2$ würden wir — in ähnlicher „repräsentativer" Weise operierend — den soeben angegebenen mittleren Fehler mit der Größe $(M_2{}^2 \div m_2{}^2)$ zu dividieren haben; der Wert $m_2{}^2$ kann aber als verschwindend vernachlässigt werden. Sodann haben wir für den mittleren Quotienten und dessen Fehler $(M_1 : M_2) \pm \left(\sqrt{(M_1 \cdot m_2)^2 + (M_2 \cdot m_1)^2} \right) : M_2{}^2$ wie vorhin angeführt.

Bei Index-Berechnungen findet diese Formel Anwendung, vgl. S. 148. Der mittlere Fehler des Variationskoeffizienten aber ist nicht hiernach zu berechnen, denn σ und m einer Variationsreihe sind ja Funktionen der gleichen Variabilität.

Zu Vorlesung 7—10. Die Grundlage dieser Vorlesungen sind eigene Forschungen, nur teilweise früher publiziert (JOHANNSEN, Über Erblichkeit in Populationen und reinen Linien, Jena 1903). Ferner VILMORIN, Notices sur l'amélioration des plantes par le semis (Nouvelle édition, Paris 1886), eine Sammlung höchst wichtiger Aufsätze aus der vor-DARWIN'schen Zeit. Die Publikationen HJ. NILSSON's und seiner Mitarbeiter finden sich in „Sveriges Utsädesförenings Tidsskrift" seit 1891.

PEARSON's Aussprachen (hier S. 111) finden sich in der Abhandlung „Regression, Heredity and Panmixia" (Philosoph. Transactions of the Royal Society, Band 187, London 1897, p. 255); das Zitat S. 118 ist aus PEARSON, „Grammar of Science" 2. Edit. London 1900, S. 479. GALTON's Werk wurde schon unter Vorlesung 1—5 zitiert.

Als Selektionisten sind besonders WALLACE („Darwinism", London 1889) und PLATE („Über die Bedeutung des DARWIN'schen Selektionsprinzips", zweite Auflage, Leipzig 1903) zu nennen. (PLATE's Buch ist 1908 in dritter Auflage erschienen. Von exakten Arbeiten ist hier nicht die Rede und der Begriff „Variabilität" ist recht vag gehalten, Mutationen und Fluktuationen nicht trennend.) Ferner auch WEISMANN, „Aufsätze über Vererbung", Jena 1892. Das Keimplasma, Jena 1892 und „Vorträge über Deszendenztheorie", zweite Auflage 1904. In OTTO AMMON's „Der Abänderungsspielraum. Ein Beitrag zur Theorie der natürlichen Auslese" (1896) wird mit in Bezug auf Erblichkeit unrichtigen Voraussetzungen operiert, und dabei ist nur von Gedankenexperimenten die Rede. DE VRIES behandelt die Selektionsfrage in der „Mutationstheorie" I, S. 52 ff.

DARWIN's „Pangenesis-Hypothese" ist in „Animals and Plants under Domestication" (Kap. 27) dargestellt. — S. 125 wird nur ganz vorläufig von „Einzeleigenschaften" gesprochen, wie aus der 22.—25. Vorlesung hervorgeht. BATESON's Nomenklatur ist wohl zuerst in „MENDEL's Principles of Heredity", Cambridge 1902, gegeben. Die von DE VRIES erhaltenen Beispiele sind leicht aus der „Mutationstheorie" zu kontrollieren.

S. 147 wurde von einer „experimentellen" Kritik der Versuche neben reiner Zahlenkritik gesprochen, vgl. auch S. 98. Im Texte wurde meistens nicht darauf eingegangen; eine nähere Betrachtung der Parallelproben der Zentralklasse des S. 151—156 gegebenen Materials zeigt deutlich, daß die

Nichtübereinstimmung hier oft größer ist, als nach der Variabilität der individuellen Bohnen zu erwarten wäre! Es ist dieses eben eine Folge der Unregelmäßigkeiten in den Beeten u. a. mehr, und gibt nur der hier pointierten Auffassung einer Nichtwirkung der Selektion weitere Stütze. Die experimentelle Kritik der Beet- und Feldversuche ist übrigens eine Sache, die nicht am Schreibtisch eines Mathematikers abgefertigt werden kann.

Zur 11. Vorlesung (S. 162). Über LE COUTEUR und HALLET vergleiche die Angaben in RÜMKER, Anleitung zur Getreidezüchtung. Berlin 1889, S. 67. — FRUWIRTH's hier interessierende Abhandlung „Untersuchung über den Erfolg und die zweckmäßigste Art der Durchführung von Veredelungsausleseeüchtung bei Pflanzen mit Selbstbefruchtung" findet sich im „Archiv für Rassen- und Gesellschaftsbiologie", 1907. KRARUP's Arbeit „Nogle Undersögelser over Nedarvning og Variabilitet hos Havre" ist als selbständige Broschüre, Kopenhagen 1903 (Aug. Bang) erschienen. — Die Publikationen der Saatzuchtanstalt Svalöf sind unter **7—10** erwähnt. — MORRIS und STOCKDALE's Mitteilungen finden sich im „Report of the Third International Conference 1906 on Genetics" London 1907 (Printed for the Royal Horticultural Society), S. 310 ff. — UDNY YULE betont in „The New Phytologist" I, Nr. 9 und 10, 1902, in der Abhandlung „Mendel's Laws . . ." gelegentlich die Möglichkeit, daß Anwesenheit besonderer Typen in einer Population Beziehung zum GALTON'schen Rückschlagsgesetz haben könnte.

TOWER's außerordentlich interessante Arbeit (S. 502 zitiert), welche mir zu spät bekannt wurde, um hier im Texte verwertet zu werden (vgl. aber die 21. und 24. Vorlesung), gibt weitere Stützen für die Auffassung genotypischer Festheit trotz einer Selektion. Und wenn es heißt „When we combine variations and treat them statistically, we get results that are false" usw., ist eine solche Erklärung ein gutes Zeichen wachwerdender Kritik gegen die einseitige biometrische Arbeitsweise. Auch die klare Aussprache, daß, soweit die Experimente geführt wurden, sich entweder Erblichkeit findet oder nicht, während Zwischenfälle, wie etwa „schwächere Grade" von Erblichkeit nicht existieren, ist völlig in Übereinstimmung mit den hier vorgetragenen Auffassungen von diskontinuierlichen Unterschieden zwischen den Genotypen. Über solche vermeintliche „schwächere Grade" der Erblichkeit siehe die Auseinandersetzung über eine Arbeit von LANG (zitiert S. 505) in meinem Vortrag in „Report of the third Conference 1906 on Genetics" (vgl. oben), S. 105.

H. S. JENNINGS' „Heredity, Variation and Evolution in Protozoa II" (Proceedings of the American Philosophical Society Bd. 47, Nr. 190, 1908, S. 394—546) gibt für die betreffenden Protozoen (*Paramaecium*) eine sehr schöne Bestätigung der hier vorgetragenen Anschauungen; vgl. besonders die Diskussion S. 522 der Arbeit (konnte nicht mehr im Text benutzt werden).

Die ganz unklare Auffassung, daß „reine Linien in der Natur nicht vorkommen", findet sich bei verschiedenen Autoren, welche die betreffenden Fragen offenbar garnicht verstanden, jedenfalls nicht durchdacht haben. Auch anderweitige irrige Auffassungen über die Bedeutung des Arbeitens mit reinen Linien statt mit nicht-analysierten Populationen kommen vor. Man vgl. z. B. PLATE's Bemerkungen im Archiv für Rassen- und Gesellschaftsbiologie, 5. Jahrgang 1908, S. 785 über eine Arbeit von Prochnow. Gegenüber dergleichen Diskussionen ist wohl nur Schweigen geboten; die ganze Denkweise der Selektionsfanatiker läßt sich nicht ändern. Experimentelle Arbeiten aber wie Jennings', Tower's u. a. Zoologen werden wohl allmählich auch auf zoologischem Gebiete die Selektionswirkung in das richtige Licht setzen. — Plate's Bemerkungen, die meine Arbeit über reine Linien direkt kritisieren (in dem genannten Archiv, 1. Jahrg. 1904, S. 137), deren Hauptsache wohl die Auffassung ist „daß bei Selbstbefruchtung die Neigung zum Variieren nach wenigen Generationen sehr erheblich nachläßt", zeigen in dieser ganz unbegründeten Auffassung, wie weit Plate hier von einem klaren Verständnis entfernt ist. In meinem soeben (in Bezug auf Lang) zitierten Vortrag in London 1906 habe ich die Haltlosigkeit von Plate's Auffassung dokumentiert; vgl. auch hier im Texte S. 436.

Zur 12. und 13. Vorlesung. Außer den unter 1—5 erwähnten Arbeiten sind hier speziell anzuführen: Kapteyn, „Skew frequency curves in Biology and Statistics", Groningen 1903. Thiele, „Theory of Observations", London 1903 und „Forelæsninger over alm. Iagttagelseslære", Kopenhagen 1889. Charlier, „Researches into the Theory of Probability" (Lunds Universitets Årsksrift. N. F. Afd. 2, Bd. 1, Nr. 5, 1906). G. Duncker, „Symmetrie und Asymmetrie bei bilateralen Tieren" (Archiv für Entwicklungsmechanik, Bd. 17, 1904, S. 533 ff.). Weldon's S. 174 erwähnte Material findet sich in Proceedings Royal Society London, Bd. 54, S. 318—329. de Vries`, S. 192 erwähnte Angaben siehe die Listen in der „Mutationstheorie". Ludwig wurde schon S. 494 zitiert. Mayer (S. 199) hat seine Angaben in Science Bulletin of the Brooklyn Museum Bd. 1, 1901 publiziert. Vöchting's umfassende Untersuchungen über *Linaria* finden sich in „Pringsheims Jahrbücher für wissenschaftliche Botanik", Bd. 31, 1893 in der Abhandlung „Über Blütenanomalien".

Zur 14. Vorlesung. Bateson's S. 207 erwähntes Ohrwurmmaterial ist in „Materials for the Study of Variation", London 1894, S. 40 gegeben. de Vries' *Chrysanthemum*-Reihe in „Mutationstheorie" I, S. 403. Pearson's Angabe über *Mo, Med* und *M* (vgl. S. 209) ist seiner Notiz in „Biometrika" Bd. 1, 1902, S. 260 entnommen; dort nähere Lit. Davenport und Blankinship, Science, New Series Bd. 7, 1898, S. 685. Heincke, „Naturgeschichte des Herings I—II, 1897—98 mag hier als Beispiel der betreffenden Literatur genügen. Giard, Comptes rendus, Bd. 118, 1894, S. 870. In Bezug auf experimentelle Morphologie sei hier nur auf die Werke Davenport's, Experimental Morphology (New York 1897—99) und Goebel, Einleitung in die experimentelle Morphologie der Pflanzen, 1908. — Raunkiær's Auffassungen in der Einleitung zu „Danske Blomsterplanters Naturhistorie I", Kopenhagen 1899. Klebs' hier in Frage kommende Stellung zur Sache ist in „Willkürliche Entwicklungsänderungen bei Pflanzen", Jena 1903 präzisiert. Ludwig besonders im Botanischen Zentralblatt, Bd. 64 und 68, 1895—96. Ph. de Vilmorin's Versuche sind in der unter 7—10 erwähnten Sammelschrift Vilmorin's mitgeteilt. de Vries' höchst interessante Diskussionen über die sensible Periode siehe die „Mutationstheorie", besonders I, S. 368 ff. Es ist aber nicht zu vergessen, daß die dortigen Angaben (auch mich betreffend) nicht garantiert genotypisch einheitlichen Beständen gelten. KÖLPIN-RAVN's Studien über meine schartigen Gersten sind noch nicht publiziert.

In TOWER's hier unter 11 erwähnter Arbeit findet sich Material zu weiteren Beispielen von Mehrgipfligkeit.

Zur 15.—19. Vorlesung. S. 240—246. Die Zitate aus der Belletristik sind nur als Beispiele, die äußerst leicht mit vielen anderen vermehrt werden können, aufzufassen. So erwähnt — um auch die französische Literatur zu berücksichtigen — ALFRED DE MUSSET in „Confessions d'un enfant du siècle" die bekannte, auch von anderen Verfassern benutzte Erzählung, daß PRAXITELES eine ganze Reihe schöner Mädchen als Modelle für die Venus benutzte, indem er aus allen einzelnen Zügen der Schönheit dieser Mädchen das Bild der Göttin schuf. Und DE MUSSET sagt: „Ainsi les poëtes, qui connaissaient la vie, après avoir vu beaucoup d'amours plus ou moins passagers, après avoir senti profondément jusqu'a quel degré d'exaltation sublime la passion peut s'élèver par moments, retranchant de la nature humaine tous les éléments qui la dégradent, créèrerent ces noms mystérieux qui passèrent d'âge en âge sur les lèvres des hommes: Daphnis et Chloé, Héro et Léandre, Pyrame et Thisbé. — Vouloir chercher dans la vie réelle des amours pareils à ceux-la, éternels et absolus, c'est la même chose que de chercher sur la place publique des femmes aussi belles que la Vénus, ou de vouloir que les rossignols chantent les symphonies de Beethoven. — La perfection n'existe pas; la comprendre est le triomphe de l'intelligence humaine; la désirer pour la posséder est la plus dangereurse des folies . . ."

GOETHE, „Erster Entwurf einer allgemeinen Einleitung in die vergleichende Anatomie" (GOETHE's sämtliche Werke. COTTA's Ausgabe, Stuttgart 1858, Bd. 36, S. 279.) — GEOFFROY ST. HILAIRE „Philosophie anatomique" (hier nach CLOS zitiert). — A. DE CANDOLLE, „Introduction à la Botanique" I, 1835, S. 510; ferner auch „Études sur l'èspece à l'occasion d'une revision des cupulifères" (Bibl. Universelle Archives des Sc. physiques et nat. Genève 1862; S. 62 des Separatabzuges). — BLAINVILLE und MAUPIED, „Histoire des sciences de l'organisation", Bd. 3, S. 491. 1845 — GOEBEL, „Organographie der Pflanzen", Jena 1898, gibt eine sehr interessante Darstellung verschiedener physiologischer Korrelationen bei Pflanzen. Dort siehe auch Hinweise auf weitere Literatur (vgl. besonders S. 177). — DELAGE und POIRAULT in „L'Année biologique 1896", Paris 1898, S. 265. — DARWIN, Origin of Species. 6th Edition 1872, S. 117 ff. — CLOS' ausgezeichnete kritische Arbeit findet sich in Mémoires de l'Académie des Sciences de Toulouse, 6me série, Bd. 3, 1865, S. 81—127. — MÜLLER-THURGAU's hier benutzte Aussage in „II. Jahresbericht der Versuchsstation und Schule für Obst-, Wein- und Gartenbau in Wädenswyl". Zürich 1893. Vgl. auch denselben Autor im Landwirtschaftlichen Jahrbuch der Schweiz 1908 und die dort gegebene Literatur.

S. 247—286. In Bezug auf Methoden: GALTON, „Correlations and their Measurements" (Proceedings of the Royal Society London, Band 45, S. 136, 1888) UDNY YULE, „On the Theory of Correlation" (Journ. Royal Statistical Society, Band 60, Part 4, 1897). Dort auch weitere mathematische

Literatur vor 1897. Ferner Pearson and Filon in Phil. Transact. Royal Society London, Band 191. *A* 1898, S. 229—311. — A. D. Darbishire, Some Tables for illustrating Statistical Correlation (Memoirs and Proceedings of the Manchester Lit. and Phil. Soc. Band 51, 1907, Nr. 16).

Über Erblichkeit, als Korrelation ausgedrückt, gibt in sehr instruktiver Weise Pearson's „Grammar of Science" (vgl. oben unter 1—5) Bescheid. Wie weit in reiner, man könnte sagen „u n biologischer" Statistik dieser hochverdiente Mathematiker gehen kann, ist aus dem genannten Werke S. 481 zu ersehen. Es heißt dort: „Thus 4 times the correlation between stature and forearm in man would give the degree of relationship between the forearm in a man and the stature of his brother". Sollte dies „mathematische Biologie" heißen, so würde den Biologen wahrlich imponiert — und sie würden davon fliehen.

Pearson's Arbeit über Geschwister-Beurteilung als Mittel zur Erblichkeitsfeststellung findet sich in „Biometrika", Band 3, 1904, S. 131 ff. Davenport's Definition: „Heredity is a certain degree of correlation between the abmodality of parent and offspring" (Statistical Methods, unter 1—5 zitiert, S. 55) ist höchst charakteristisch und muß geradezu „echte" und „falsche" Erblichkeit auf einen Haufen werfen.

Über *Homotyposis*: Pearson, „Homotyposis in the Vegetable Kingdom" (Phil. Transact. Royal Soc. London, Band 197, *A* 1901, S. 285—379). Bateson's Kritik ist in der Schrift „Variation and Differentiation" (Printed for the Author, Cambridge, University Press 1903) gegeben.

In Bezug auf die benutzten Beispiele: Krarup (schon unter 11 zitiert. Reitsma, Correlatieve Variabiliteit bij Planten, Rotterdam 1907. — Retzius und Fürst, „Anthropologia Suecica" Stockholm 1902. Vöchting (schon unter 12 bis 13 zitiert). — Johannsen, Meddelelser fra Carlsberg Laboratoriet, Band 4, 1899. — Johannsen, Über Erblichkeit (unter 7—10 zitiert). Eine zahlreiche Reihe von Beispielen sind bei Davenport (unter 1 zitiert) nachzuschlagen.

S. 287—316. Vilmorin: Die unter 7—10 zitierte Schrift S. 11. — Helweg, Tidsskrift f. Landbrugets Planteavl Band 9 und 11, Kopenhagen 1902/3, mit seinen Angaben in „Ugeskrift f. Landmand", Band 49, 1904, S. 41—42 zu vergleichen. — Wollny's Angaben in seinem Werke „Saat und Pflege der landw. Kulturpflanzen" 1895, S. 271 zusammengestellt. — Gwallig in Landw. Jahrbücher, Band 23, 1894, S. 835—87. — de Candolle (die zweite der oben für S. 240—245 zitierten Arbeiten). Schindler, „Der Weizen . . . und das Gesetz der Korrelation", Berlin 1893, und „Die Lehre vom Pflanzenbau . . . Allg. Teil", Wien 1896. — Pfeffer, „Pflanzenphysiologie", zweite Auflage I, 1897, S. 34. — Biffen, Journ. of Agricultural Science, Band 2, Cambridge 1907, S. 109 ff. — N. P. Nielsen, „Dyrkningsforsög and Vinterhvede" (Tidsskrift for Landbrugets Planteavl, Band 14, 1907, S. 365 ff.). — Pott, Der Formalismus in der landw. Tierzucht, Stuttgart 1899. — Stribolt, „Ere de raadende Principper i vor Kvœgavl rigtige" und „Om Malkeaarens Betydning som Malketegn" (beide in „Maanedskrift for Dyrlœger", Band 13, Kopenhagen 1901). — Isaacksen: „Undersögelser om Malketegn og Melkeprœg" („Tidsskrift f. d. norske Landbrug", Christiania 1901). — v. Proskowetz: „Nutation und Begrannung in ihren korrelativen Beziehungen . ." (Landw. Jahrbücher Band 22, 1893, S. 629—717 und „Zur Frage des individuellen Verhaltens der Zuckerrübe usw." (Österr.-Ungar. Zeitschrift f. Zuckerindustrie und Landwirtschaft des Zentralvereins usw., zweites Heft, 1890. Dort auch entsprechende Arbeiten von MAREK zitiert. — DAVENPORT, Inheritance in Poultry, Washington 1906 (Carnegie Institution Publ. Nr. 52). Siehe besonders S. 97. — BAILEY's sehr lesenswerte Abhandlung „On the supposed correlations of quality in fruits" (Agricultural Science Band 6, Nr. 11, State College, Penn'a U. S. A., 1892) wurde durch ein Versehen nicht im Texte erwähnt. Es heißt dort u. a.: „It is evident, from our discussion, that quality and other characters of cultivated fruits appear independently of each other — that there is no true correlation between these characters". Daß die Arbeit auf dem Standpunkt der älteren Selektionslehre steht, ist selbstverständlich für eine Publikation von 1892. — EHLE, „Om lifstyper och individuell variation" (Botaniske Notiser för År 1907, S. 113, Lund 1907). — SHULL, „The Composition of a field of Maize" (American Breeder's Association, Band 4, 1908). Das Wort „Biotypus", als Übersetzung meines dänischen Wortes „Livstype", habe ich zuerst in dem unter 11 zitierten Vortrag benutzt. — LIDFORSS, „Über das Studium polymorpher Gattungen" (Botaniske Notiser för Aant 1907, S. 241, Lund 1907). — DE VRIES „Die Svalöfer Methode zur Veredelung usw." (Archiv. f. Rassen-u. Gesellschaftsbiologie, 3. Jahrgang, 1906, S. 325). Derselbe Autor: „Plant-Breeding". Comments on the Experiments of NILSSON and BURBANK, Chicago, Open Court, 1907. In allen Punkten hat wohl DE VRIES die Natur der ganzen Arbeitsweise in Svalöf kaum richtig beurteilen können. Die komplizierte Organisation dieses Instituts in ihrer eigentümlichen Entwicklung aus und Verbindung mit geschäftlicher Praxis macht ihre Tätigkeit weniger durchsichtig als für wirklich wissenschaftliche Wertschätzung wünschenswert. Die Untersuchungen sind meistens nicht genügend wissenschaftlich dokumentiert publiziert. Hoffentlich werden solche Publikationen der wichgen Arbeiten EHLE's, TEDIN's u. a. Svalöf-Forscher bald vorliegen. — KLEBS, „Willkürliche Entwicklungsänderungen bei Pflanzen", Jena 1903. — PEARSON's S. 312 erwähnter Brief findet sich in „Nature", 7. September 1896. — ARENANDER in „Ultuna Landtbruksinstituts årsberättelse för år 1907", Upsala 1908. — DE VRIES, Die Mutationstheorie, Band 1, S. 268, ferner Band 2, S. 509.

Zur 20. Vorlesung. DARWIN's Werke brauchen hier nicht speziell zitiert zu werden. — WALLACE, Darwinism, 1889. — WEISMANN, Vorträge über Deszendenztheorie, zweite Auflage, Jena 1904; ferner: Das Keimplasma, Jena 1892 und Aufsätze über Vererbung, Jena 1892, Über Germinalselektion, Jena 1896. — Die LAMARCK'schen Arbeiten sind durch GIARD in pietätvoller und schöner Weise kommentiert („L'Evolution dans les sciences biologiques" in Bulletin scientifique de la France et de la Belgique, Band 41, 1907, S. 427 ff.). Auch QUATREFAGE gibt in „DARWIN et ses précurseurs francais" 2. Edit. Paris 1892 sehr interessante Ausblicke über DARWIN's Stellung zu LAMARCK. — JORDAN, De l'existence d'espèces vegetales affines, 1873.

KLEBS' hier S. 326 erwähnte Auffassung geht aus seinen „Studien über Variation" hervor (Archiv f. Entwicklungsmechanik der Organismen, Band 24, 1907, S. 29—113). Sehr richtig heißt es S. 34: „die Variationskurve für ein bestimmtes Merkmal ist nicht etwas Konstantes, sondern selbst etwas Veränderliches, infolge der Einwirkung von Ernährungsverhältnissen". Ähnliches wird auch sehr klar S. 90 betont. Und es finden sich in der Abhandlung (z. B. S. 52) sehr schöne Beispiele des Einflusses einer sensiblen Periode. Aber S. 96—99 wird durch die absichtliche Nichtberücksichtigung der Erblichkeit die Auffassung der Variationserscheinungen ganz verwirrt. Es wird über „die zu einseitige Verknüpfung von Variabilität und Erblichkeit" doliert, während doch die Forderung, daß „die Variationen für sich allein betrachtet werden müssen", die höchstgradige Einseitigkeit hier markiert! Nur durch das Erblichkeitsmoment läßt sich die Variabilität analysieren, wie dies zur Genüge aus unserer 14. Vorlesung hervorgeht! Als Illustrationen zu der milieubestimmten „kollektiven" Variabilität sind die KLEBS'schen Daten aber vielfach sehr lehrreich; vgl. auch KLEBS, „Über Variationen der Blüten" (Jahrbücher für wiss. Botanik", Band 42, 1905, S. 155 ff.).

Vgl. auch LIDFORSS' Studier öfver Artbildninger inom slägtet Rubus (Arkiv f. Botanik, Band 6, Nr. 16, Stockholm 1907). — GALTON's hier S. 327 erwähnte Aussprache findet sich in „Natural Inheritance, 1889, S. 33.

Zur 21. Vorlesung. LAMARCK sowie GIARD wurden schon unter 20 zitiert; ebenso WEISMANN. — SPENCER hat seine speziellen Arbeiten in der zweiten Auflage von „Principles of Biology", London 1899, Band 2 aufgenommen. BROWN-SEQUARD's wichtigste Arbeiten finden sich in „Archives de Physiologie normale et pathol. Bd. 2—4, 1869—1872; OBERSTEINER's in „Medizinische Jahrbücher, 1875. — T. HUNT MORGAN, Evolution and Adaptation. New York 1903 gibt u. a. weitere Literatur über die BROWN-SEQUARD'sche Frage. — Über Krankheiten siehe die kleine aber lehrreiche Schrift von F. MARTIUS: Krankheitsanlage und Vererbung, Leipzig 1905, die, etwas paradoxal in einigen Ausdrücken, äußerst anregend wirkt. — C. LANGE, Almindelig pathologisk Anatomi, Erstes Heft. Kopenhagen 1896. — E. CHR. HANSEN's Untersuchungen sind in „Meddelelser for Carlsberg Laboratorie" (mit ausführl. französ. Resumé bezw. Übersetzung), Band 5—6, Kopenhagen 1900—1908 publiziert. — STANDFUSS, Die paläarktischen Groß-Schmetterlinge, Jena 1896. — FISCHER in „Allgemeine Zeitschrift für Entomologie", Band 6 und in weiteren Jahrgängen dieser Zeitschrift, jetzt als Zeitschrift für wissenschaftliche Insektenbiologie fortgesetzt. Auch im Archiv für Rassen- und Gesellschaftsbiologie, Jahrgang 4, 1907, S. 761. Dort auch weitere Literatur. — TOWER, An Investigation in Chrysomelid Beetles of the Genus Leptinotarsa (Papers of the Station for Experimental Evolution . . . New York, Nr. 4). Washington 1906. — WETTSTEIN, „Über direkte Anpassung", Vortrag. Wien 1902; Der Neo-Lamarckismus, Jena 1903; vgl. aber auch den Vortrag desselben Autors: „Welche Bedeutung besitzt die Individualzüchtung für die Schaffung neuer und wertvoller Formen?" (Österreichische botanische Zeitschrift, Jahrgang 1907, Nr. 6). — WARMING, Lehrbuch der ökologischen Pflanzengeographie. Berlin 1896; Plant Oecology (Engl. Edition), Oxford 1909 und ferner in „Om Planterigets Livsformer" (Universitätsprogramm 3. Juni 1908, Kopenhagen). — COSTANTIN, „L'Hérédité aquise", Paris 1901. — GIARD, „Controverses transformistes", Paris 1904. (Eine Sammlung älterer Arbeiten dieses Forschers.) — H. WINGE, Danmarks Fauna V. Pattedyr. Kopenhagen 1908.

Gegen die Lamarckistische Auffassung reden besonders MAC DOUGAL, „Heredity and environic forces". Adress. Chicago Meeting 1907—08. Washington 1907. — F. E. LLOYD, The Physiology of Stomata. Washington 1908. (Carnegie Institution, Publ. Nr. 82). — HUNT MORGAN (oben zitiert). — DETTO, Die Theorie der direkten Anpassung, Jena 1903. — Ferner auch WEISMANN's Schriften, die schon unter 20 zitiert sind. — SCHÜBELER's immer wieder ins Feld geführte Angaben sind von NILSSEN-BODÖ einer vernichtenden Kritik unterworfen. (Tidsskrift f. d. norske Landbrug, 11. Jahrgang, 1904, S. 235 ff.) — Ferner N. P. NILSON-Tystofte in der schon unter 15—19 zitierten Arbeit.

GALTON, English men of science; their nature and nurture, London 1874. Dieses hochinteressante Buch befaßt sich nicht mit Erblichkeit in biologischer Bedeutung, sondern stellt die Ausschläge „falscher" und „echter" Erblichkeit zusammen, wie die Statistiker es ja meistens tun müssen, vergl. DAVENPORT's Definition (unter 15–19 zitiert). Gerade das sehr anregende Lesen dieses GALTON'schen Werkes wird manchem die Augen öffnen für die Unterschiede statistischer und biologischer Forschung. — PRZIBRAM in Naturwissenschaftl. Rundschau, 1906, S. 619.

Zu der 22.—23. Vorlesung. Die Literatur über Bastarde ist nach Wiederentdeckung der MENDEL'schen Gesetze so stark angeschwollen, daß hier eine sehr begrenzte Auswahl nötig ist. MENDEL's Arbeiten sind wohl am leichtesten in OSTWALD's Klassiker der exakten Wissenschaften (Nr. 121, herausgegeben von E. TSCHERMAK) dem Leser zugänglich. Es wird jedem Anfänger warm empfohlen, diese Arbeiten wirklich zu studieren. In BATESON's ausgezeichneter Zusammenstellung „The Progress of Genetics since the rediscovery of Mendels Papers" (Progressus Rei Botanicae. Band 1, Heft 2, Jena 1907) finden sich leicht die meisten hier im Texte zitierten Arbeiten u. a. m. angeführt. Wo dies nicht der Fall ist (z. B. auch bei Publikationen späteren Datums), oder wo Arbeiten besonders hervorgehoben werden sollen, sind sie hier alphabetisch angeführt. Ältere Literatur in FOCKE, Die Pflanzenmischlinge, 1882. — W. BATESON: Presidental address to Section D. British Assoc. Report, Cambridge 1904; ferner Materials for the Study of Variation, Cambridge 1894, und BATESON mit verschiedenen Mitarbeitern (PUNNET, SAUNDERS) Report to the Evolution Committee of the Royal Society I—III, 1902—1906. (Report IV ist 1908 erschienen, zu spät, um hier benutzt zu werden). — E. BAUR: „Untersuchungen über die Erblichkeitsverhältnisse einer nur in Bastardform lebensfähigen Sippe von *Antirrhinum majus* (Berichte der Deutschen botanischen Gesellschaft, Jahrgang 1907, Bd. 25, S. 442 ff.) und „Einige Ergebnisse der experimentellen Vererbungslehre (Beihefte zur Medizinischen Klinik, 4. Jahrgang 1908, gibt eine ganz vorzügliche, sehr klärende Darstellung des jetzigen Standpunktes der Bastardforschung). Aus dieser Abhandlung habe ich das deutsche Wort „Erbeinheit" erhalten. — BEIJERINCK, Beobachtungen über die Entstehung von *Cytisus purpureus* aus *Cytisus Adami* (Berichte der Deutschen Botanischen Gesellschaft, Band 26 a, 1908, S. 137) und die dort zitierte Literatur. — BIFFEN's Abhandlungen in Journ. Agric. Science, Band 1, S. 4, und Band 2, S. 109, Cambridge 1905 und 1907 sind sehr wichtige Arbeiten, auch in Bezug auf Korrelations- und Anpassungsfragen. — BURBANK's Arbeiten sind von DE VRIES in „A visit to Luther Burbank (The Popular Science Monthly, August 1905) sehr instruktiv und klar erwähnt; vgl. auch das unter 15—19 zitierte Werk über Svalöf und Burbank. — CASTLE; außer den bei Bateson erwähnten Arbeiten sind hier besonders anzuführen: „Yellow mice and gametic purity" und „Colour varieties of the rabbit and of other rodents; their origin and inheritance". (Beide in *Science* N. S. bezw. Band 4, 1906, Nr. 609, S. 275 und Band 6, 1907, Nr. 661, S. 287.) — CORRENS, Bastarde zwischen Maisrassen, mit besonderer Berücksichtigung der Xenien. (Bibl. Botanica, Orig.-Abhandll. a. d. Gesamtgebiete der Botanik, Heft 53, 1901); „Scheinbare Ausnahmen von der Mendel'schen Spaltungsregel für Bastarde" (Bericht der Deutschen botanischen Gesellschaft, Band 20, 1902, S. 159); „Über Bastardierungsversuche mit *Mirabilis*-Sippen", I und II (Bericht der Deutschen Botanischen Gesellschaft, Bd. 20, 1902, und Band 23, 1905); „Ein typisch spaltender Bastard zwischen einer einjährigen und einer zweijährigen Sippe des *Hyoscyamus niger*" (Bericht der Deutschen Botanischen Gesellschaft Band 22, 1904, S. 506). „Die Merkmalspaare beim Studium der Bastarde" (Bericht der Deutschen Botanischen Gesellschaft, Band 21, 1903, S. 202). „Über die dominierenden Merkmale der Bastarde" (Bericht der Deutschen Botanischen Gesellschaft, Band 21, 1903, S. 133). — Einige Bastardierungsversuche mit anomalen Sippen usw. (Jahrbücher für wissenschaftliche Botanik, Band 41, 1905, S. 458. Hierin die *Calycanthema*-Untersuchungen) Die Bestimmung und Vererbung des Geschlechtes nach neuen Versuchen mit höheren Pflanzen, Berlin 1907, gibt neben eigenen wichtigen Untersuchungen eine sehr klärende Übersicht der betreffenden schwierigen Frage. Ferner hat CORRENS „GREGOR MENDEL's Briefe an CARL NAEGELI, 1866—1873 ausgegeben (Leipzig 1905) und sein Vortrag „Über Vererbungsgesetze", Berlin 1905 eine sehr lehrreiche Darstellung des damaligen Standpunktes des Mendelismus gegeben, mit sehr schönen Figuren versehen. — DARBISHIRE, „On the Result of Crossing Round with Wrinkled Peas with Especial Reference to their Starch - grains" (Proceedings of the Royal Society. *B.*, Band 80, Nr. 537, 1908, S. 122). — DAVENPORT (siehe unter 15—19 und 25). — DELAGE, (siehe unter 25). — DONCASTER's Untersuchung über die Vererbungen des Geschlechts bei Motten (Reports to the Evolution Committee IV, vgl. oben unter BATESON) konnte nicht mehr im Text berücksichtigt werden; dasselbe gilt von Miss DURHAM's (in Gemeinschaft mit Miss MARRYAT) am gleichen Ort publizierter Mitteilung über Vererbung des Geschlechts bei Kanarienvögeln. — DANIEL, „La variation dans la greffe" (Annales des Sciences Nat. Botanique 8 serie, Band 8, 1899). — EHLE, „Einige Ergebnisse von Kreuzungen bei Hafer und Weizen" (Botan. Notiser för ar 1908, Lund 1908). Leider zu spät erschienen, um hier berücksichtigt zu werden. — GIARD, „Caractères dominants transitoires chez certains hybrides" und „Les faux hybrides de Millardet et leur interprétation" (Comptes rend. des séances de la Soc. de Biologie, Bd. 15, 1903, bezw. S. 410 und 779). — GILTAY, „Über direkten Einfluß des Pollens auf Frucht- und Samenbildung" (Jahrbücher für wiss. Botanik, Bd. 25, S. 489). — HARDY, „Mendelian Proportions in a Mixed Population" (Science N. S. Bd. 28, 1908, S. 49). — HEDLUND, „Om artbildning ur bastarder (Botan. Notiser för ar 1907, Lund 1907). — HURST, On the Inheritance of Coat Colour in Horses. Proc. Roy. Soc. B., Band 77, 1906,

S. 388 ist eine sehr wichtige Abhandlung gegen die einseitig statistische Behandlung von Erblichkeitsfragen (siehe auch unter 25).

JOHANNSEN, Does Hybridisation increase fluctuating variability? (Report of the Conference on Genetics, London 1906). — KERNER, Das Pflanzenleben, Band 2, 1888. — Lang, „Über die Mendel'schen Gesetze, Art- und Varietäten-bildung, Mutation und Variation, insbesondere bei unseren Haus- und Garten-schnecken", Vortrag. (Schweiz. Naturforsch. Gesellsch. Luzern 1905) und das große, schöne Werk: Über die Bastarde von *Helix hortensis* Müller und *Helix nemoralis* L., eine Untersuchung zur experimentellen Vererbungslehre, Jena 1908. — LIDFORSS: Studier öfver Artbildningen inom Släktet Rubus, I—II (Arkiv för Botanik, Stockholm, Band 4, Nr. 6, 1905 und Band 6, Nr. 16, 1907). — LINDEMUTH, Vegetative Bastarderzeugung (Landw. Jahrbücher, Band 7, 1878), ferner Berichte der Deutschen botanischen Gesellschaft, Band 19, 1901, S. 515. — LINSBAUER und GRAFE: Über die wechselseitige Beein-flussung von *Nicotiana Tabacum* und *N. affinis* bei der Pfropfung (Berichte der Deutschen Botanischen Gesellschaft, Band 24, 1906, 366). — LOCK, Recent Progress in the Study of Variation, Heredity and Evolution, London 1906. „On the Inheritance of Certain Unvisible Characters in Peas" (Proceedings of the Roy. Soc. *B.* Band 79, 1907, S. 28). „The Present State of Knowl-edge of Heredity in Pisum" (Annals Royal Bot. Gartens Paradenya, Band 4, 1908, S. 93). — V. MAGNUS, Transplantation af Ovarier med sœrligt Hensyn til Afkommet" (Norsk Magazin for Lægevidenskab 1907, Nr. 9, Kristiania 1907.) — MENDEL (siehe oben, sowie bei CORRENS). — MILLARDET, Note sur l'hybri-dation sans croisement au fausse hybridation (Mémoires de la Soc. d. Sciences phys. nat. de Bordeaux 4 Série, Band 4, Bordeaux 1894). Vgl. dazu GIARD oben sowie CORRENS in Berichte der Deutschen Botanischen Gesellschaft, Band 19, 1901, S. 219. Bei MILLARDET auch Beispiele von Mosaikbildung. — MÜLLER-THURGAU unter 15—19 zitiert. — OSTENFELD, „Castration and Hybridi-sation in the Genus *Hieracium*" (Report of the Conference of Genetics in London 1906, London 1907, S. 285), ferner auch in Botanisk Tidsskrift, Band 28, Kopenhagen 1907. — PLATE, Besprechung meiner Arbeit über reine Linien im Archiv für Rassen- und Gesellschaftsbiologie, Band 1, 1904, S. 137. PLATE auch unter 11 zitiert. — ROSENBERG, Cytological studies on the apo-gamy in *Hieracium* (Botan. Tidsskrift, Band 28, Kopenhagen 1907) schließt sich OSTENFELD's Studien an.

Miss SAUNDERS, außer den unter BATESON zitierten Arbeiten auch „Certain Complications arising in the Cross-breeding of Stocks (Report of the Con-ference of Genetics in 1906, London 1907, S. 143 ff.). — G. H. SHULL „A new Mendelian ratio and Several Types of Latency" (The American Naturalist, Band 42, 1908, S. 433—451). Diese sehr interessante Arbeit wurde im Texte vielfach benutzt. Die Angaben in unserem Texte S. 396 sind durch Addition der zwei von SHULL (l. c. S. 434) angeführten Serien von Bohnenpflanzen gewonnen. Aus im ganzen 1031 Pflanzen waren 18 in Bezug auf die Bohnen-farbe nicht zu klassifizieren, nur ist sicher, daß die Farbe nicht weiß war. Nach dem hier vorkommenden MENDEL'schen Verhältnis 3 gefärbte : 1 weißen, habe ich 18 : 3 = 6 „Weiße" abgezogen und sodann statt 265 bei SHULL hier nur 259 Weiße in Rechnung geführt. — Derselbe Autor: The Composition of a Field of Maize (Sep. Abdr. aus American Breeders Association IV).

„Some New Cases of Mendelian Inheritance" (Botan. Gazette, Band 45, Chicago 1908, S. 103). — STAPLES-BROWNE, „On the Inheritance of Colour in Domestic Pigeons etc. (Proceed. of the Zool. Society of London 1908, S. 67 ff.) E. STRASBURGER, „Über die Individualität der Chromosomen und die Pfropfhybridenfrage". (Jahrbücher für wiss. Botanik, Band 44, Berlin 1907.) — TISCHLER, „Zellstudien an sterilen Bastardpflanzen" (Archiv f. Zellforschung, Band 1, Leipzig 1908, S. 33 ff.). E. v. TSCHERMAK's sehr umfassende Publikationen sind hier vielfach benutzt worden. Seine Arbeiten über Getreide sind in den von ihm behandelten Kapiteln des 4. Bandes von FRUWIRTH, Die Züchtung der landwirtschaftlichen Kulturpflanzen zusammengestellt. (Die Züchtung der vier Hauptgetreidearten und der Zuckerrüben. Von FRUWIRTH, v. PROSKOWETZ, v. TSCHERMAK und BRIEM, Berlin 1907.) — Speziell benutzt wurden: „Über künstliche Kreuzung von *Pisum sativum*" (Zeitschr. f. d. landw. Versuchswesen in Österreich, Band 3, 1900, Heft 5); „Über Züchtung neuer Getreiderassen" (daselbst Band 4, 1901, Heft 2); „Weitere Beiträge über Verschiedenwertigkeit der Merkmale bei Kreuzung von Erbsen und Bohnen" (daselbst Bd. 4, 1901, Heft 6); Kreuzungsstudien an Erbsen, Levkojen und Bohnen (daselbst 1904, Sep.-Abz.); „Über Züchtung neuer Getreiderassen, II. Mitteilung (daselbst 1906); „Die Theorie der Kryptomerie und des Kryptohybridismus" (Beihefte z. Botan. Centralblatt, Band 16, 1903, Heft 1). — VILMORIN (unter 7—10 zitiert). — VÖCHTING, Transplantationen am Pflanzenkörper, Tübingen 1892. — DE VRIES's zahlreiche Arbeiten sind am leichtesten aus seiner „Mutationstheorie" zu ersehen. Dieses großartige Werk, das eine reiche Fülle von Tatsachen und Gedanken bietet, muß sich in der Hand eines jeden befinden, der Erblichkeit studiert. Besonders zu zitieren sind hier einige neuere Arbeiten, so: „On Twin Hybrids" (Botanical Gazette, Band 44, 1907, S. 401—407), „Befruchtung und Bastardierung", Leipzig 1903. Das Wort „Spaltung" ist wohl zuerst in „Das Spaltungsgesetz der Bastarde" benutzt (Ber. d. Deutschen Bot. Gesellsch. Band 18, 1900, S. 83). Vgl. auch die Zitate unter 15—19 und unter 24 und 25 — WEBBER, Xenia or the Immediate Effect of Pollen in Maize (U. S. Department of Agriculture, Bull. Nr. 22, 1900. — WELDON, Mendel's Law of Alternative Inheritance in Peas (Biometrica, Band 1, 1902, S. 228—254, mit 2 Tafeln). Von diesen Tafeln zeigt die eine dem wirklichen Fachmanne gleich, daß hier von Bleichungs- und Verfärbungserscheinungen die Rede ist, welche nichts gegen die MENDEL'sche Auffassung sagen können. — WETTSTEIN, Über sprungweise Zunahme der Fertilität bei Bastarden (Sonderabdruck aus Wiesner-Festschrift, Wien 1908). — Miss WHELDALE, The Inheritance of Flower Colour in *Antirrhinum majus* (Proceedings of the Roy. Society B., Band 79, 1907, S. 288). — WINKLER's Publikationen über Chimären und Pfropfhybride zwischen *Solanum nigrum* und *S. Lycopersicum* finden sich in „Berichte d. Deutschen Bot. Gesellschaft, Band 25, 1907, S. 569 und Band 26, 1908, S. 595. — WOOD, Note on the Inheritance of horns and face colour in sheep (Journ. Agric. Science, Band 1, 1905, S. 364).

Zur 24. Vorlesung. DE VRIES's Mutationstheorie, Band 1, ist hier als grundlegendes Werk zu nennen; dort auch ältere Literatur. STANDFUSS unter 21 zitiert. ARENANDER unter 15—19 zitiert, siehe auch Jahrbuch f. wiss. u. prakt. Tierzucht, 1908. KORSCHINSKY, „Heterogenesis und Evolution" (Naturwiss. Wochenschrift, Band 14, 1899) und Flora, Band 89, 1901, S. 240.

GALTON unter 20 zitiert, BATESON ebenfalls. — MacDOUGAL, SHULL and VAIL, Mutants and Hybrids of the *Oenotheras*, Washington 1905 (Carnegie Inst. Publ. Nr. 24). Dieselben: Mutations, Variations and Relationship of the *Oenotheras*, Washington 1907 (Carnegie Inst. Publ. Nr. 81). MAC DOUGAL auch unter 21 zitiert. — LIDFORSS, Studier öfver Artbildninger inom Släktet Rubus I—II (Arkiv för Botanik, Stockholm, Band 4, Nr. 6 und Band 6, Nr. 16. — E. CHR. HANSEN, Oberhefe und Unterhefe. Studien über Variation und Erblichkeit I—II (Zentralblatt f. Bakteriologie, Parasitenkunde usw., II. Abt., Band 15, 1905, S. 353 und Band 18, 1907, S. 577). Siehe auch die Zitate unter 21. BEIJERINCK in Koninkl. Akad. v. Wetensch., Amsterdam 1900. — TOWER unter 21 zitiert. — BLARINGHEM, Mutation et Traumatismes, Paris 1907 (Sep.-Abdr. aus Bull. Scientif. de la France et de la Belgique). — SHULL, Maizefield unter 22—23 zitiert. — TSCHERMAK Kryptomerie unter 22—23 zitiert. — BAUR Aureaform unter 22—23 zitiert. — CORRENS,*Calycanthema*-Charakter unter 22—23 zitiert (Anomale Sippen). — BEISSNER, „Durch Knospenvariation entstandene Pflanzenformen" (Niederrhein. Gesellschaft in Bonn. Sitzung der naturw. Sektion 6. Juni 1898). — SCHOUTEN, Mutabiliteit en Variabiliteit. Dissertation, Groningen 1908. — EHLE, „Om Hafresorters Konstans" (Tidsskrift f. Landtmän 1907).

Zur 25. Vorlesung. WINGE unter 21 zitiert. — GALTON's Werk über „Men of science" unter 21 zitiert. — HURST, „On the Inheritance of Eye-colour in Man" (Proceedings Royal Society *B*, Band 80, 1908, S. 85) und MENDEL's „Law of Heredity and its Application to Man (Abstract of a Lecture; Transactions of the Leicester Lit. and Phil. Soc., Band 12, 1908, Part 1). — DAVENPORT, Heredity of Eye-colour in Man (Science N. S., Band 26, 1907, S. 589). — FARABEE und NETTLESHIP hier nach BATESON: „An Addres on Mendelian Heredity and its Application to Man" (Brain, Part II, 1906). — FEER, Der Einfluß der Blutsverwandtschaft der Eltern auf die Kinder, Berlin 1907. Eine sehr lehrreiche Schrift. Dort weitere Lit. — MÖBIUS, ober Entartung, Leipzig 1900. LORENZ, Lehrbuch der gesamten wissenschaftlichen Genealogie, Berlin 1898. — JOHANNSEN, Über Dolichocephalie und Brachycephalie (Archiv f. Rassen- u. Gesellschaftsbiologie, 4. Jahrgang 1907, S. 171). — LAURENT, „Recherches sur la descendance des betteraves à sucre (Journ. agricole du Brabant-Hainaut, Okt. 1902). — WIETH-KNUDSEN, Arvelighedsforskningen og Oekonomien i Landbruget (Nationalökonom. Tidsskrift, Band 41, 1893, S. 549).

DARWIN Pangenesislehre unter 7—10 zitiert. — GALTON, Théorie de l'Hérédité (Revue Scientifique, 2. Serie, Band 10, 1876, S. 199. Die englische Originalausgabe 1875 erschienen). — DELAGE, L'Hérédité et les grands problèmes de la biologie générale, 2. Edit., Paris 1903. — WEISMANN unter 20 zitiert. PEARSON's hier S. 480 angeführtes Urteil über WEISMANN's Spekulationen findet sich in „Socialism and natural Selection" (Forthnightly Review July 1894; auch in Chances of Death I, 1897 abgedruckt). — SAGERET, „Considerations sur la production des hybrides" (Annales des Sciences naturelles, Band 8, 1826, S. 298). — ROSENBERG, unter 22—23 zitiert. — SUTTON, WILSON u. a. Cytologen sind in BATESON's „The Progress of Geneticis (unter 22—23 zitiert) näher zitiert. — WINKLER unter 22—23 zitiert. — O. HERTWIG, Zeit- und Streitfragen der Biologie, Heft I, Präformation oder Epigenese? Jena 1894, S. 32—80. — BAUR, Über die infektiöse Chlorose der Malvaceen (Sitz.-Ber. d. k. preuß. Akad. der Wissenschaften, 1906, I). — CH. BONNET, Contemplation de la nature 1764.

Zusammenstellung der benutzten Zeichen und Formeln.

Formeln:

Exzess, $E = \left(\dfrac{\Sigma p \alpha^4}{n} : \sigma^4 \right) \div 3$; vgl. S. 200. Berechnungsformel:

$$E = \left[\left(\frac{\Sigma p a^4}{n} \div \frac{4 b \Sigma p a^3}{n} + \frac{6 b^2 \Sigma p a^2}{n} \div 3 b^4 \right) : \sigma^4 \right] \div 3;$$ vgl. S. 187 und

S. 201; bitte die Berichtigungen S. 516 nachzusehen!

Fußpunkt der Kurvengipfel, „*Mode*“, *Mo* angenähert $=$ 3 *Med* $\div$ 2 *M*; vgl. S. 209.

Korrelationskoeffizient nach Bravais' Formel $r = \dfrac{\Sigma \alpha_x \alpha_y}{n \sigma_x \sigma_y}$; vgl.

S. 256; Berechnungsformel bei Reihenvariationen $\dfrac{\Sigma p \, a_x a_y \div n \, b_x b_y}{n \, \sigma_x \sigma_y}$

(S. 260), bei alternativer Variation $r = \dfrac{p_{\mathrm{I}} \, p_{\mathrm{IV}} \div p_{\mathrm{II}} \, p_{\mathrm{III}}}{n^2 \, \sigma_x \sigma_y}$ (S. 277).

Mittelwert, $M = A + b$ (S. 34).

Mittlerer Fehler eines Mittelwertes $m = \sigma : \sqrt{n}$ (S. 82 und 92); einer Differenz (oder Summe) $m_{\mathrm{Diff.}} = \sqrt{m_1{}^2 + m_2{}^2}$ (S. 86); des Korrelationskoeffizienten $m_r = \dfrac{1 \div r^2}{\sqrt{n}}$ (S. 206); der Standardabweichung $m_\sigma = \sigma : \sqrt{2n}$ (S. 88). Vgl. auch die Noten zur 6. Vorlesung.

Quartil, $Q = \pm \dfrac{q_1 + q_2}{2}$ (S. 21).

Quartilkoeffizient $= 100 \, Q : M$ (S. 24).

Regression der relativen zur supponierten Eigenschaft, $R_{\frac{y}{x}} = r \cdot \dfrac{\sigma_y}{\sigma_x}$ (S. 267).

Schiefheitsziffer, $S = \dfrac{\Sigma p \alpha^3}{n} : \sigma^3$ (S. 186); Berechnungsformel:

$S = \left(\dfrac{\Sigma p a^3}{n} \div 3 b \dfrac{\Sigma p a^2}{n} + 2 b^3 \right) : \sigma^3$ (S. 187; bitte die Berichtigungen S. 516 nachzusehen!)

Standardabweichung, $\sigma = \pm \sqrt{\dfrac{\Sigma p \alpha^2}{n}}$ (S. 41); Berechnungsformel bei Reihenvariation $\sigma = \pm \sqrt{\dfrac{\Sigma p a^2}{n} \div b^2}$ (S. 44), bei alternativer Variation $\sigma = \pm \dfrac{\sqrt{p_0 \cdot p_1}}{n}$ oder $\sqrt{\%_0 p_0 \cdot \%_0 p_1}$ (S. 57).

Standardwert einer Abweichung, $\alpha : \sigma$ (S 64).

Variationskoeffizient, $v = 100 \, \sigma : M$ (S. 48).

Wahrscheinlicher Fehler, $w. \, F. = 0{,}6745 \, m$ (S. 81).

Register.

Berichtigungen.

S. 96, Zeile 4 von unten (statt als) „für" zu lesen.

S. 187. In der Anmerkung ist ein sinnstörender durchgehender Schreibfehler unterlaufen. Die Anmerkung ist so zu lesen:

[1] Es ergibt sich dies leicht aus den S. 43—44 gegebenen Relationen.

Wir hatten dort $\alpha + b = a$. Daraus ersehen wir, indem $\dfrac{\Sigma p(\alpha + b)^3}{n} = \dfrac{\Sigma pa^3}{n}$

sein muß, daß $\quad \dfrac{\Sigma p\alpha^3}{n} + \dfrac{3b\,\Sigma p\alpha^2}{n} + \dfrac{3b^2\,\Sigma p\alpha}{n} + b^3 = \dfrac{\Sigma pa^3}{n}.$

Das dritte Glied der linken Seite wird 0, weil $\Sigma p\alpha = 0$, vgl. S. 44. Und indem $\dfrac{\Sigma p\alpha^2}{n} = \dfrac{\Sigma pa^2}{n} \div b^2$ (vgl. dieselbe Seite), läßt sich das zweite Glied der linken Seite so zerlegen: $\dfrac{3b\,\Sigma p\alpha^2}{n} = \dfrac{3b\,\Sigma pa^2}{n} \div 3b^3$. Wir haben sodann

$$\frac{\Sigma p\alpha^3}{n} + \frac{3b\,\Sigma pa^2}{n} \div 3b^3 + b^3 = \frac{\Sigma pa^3}{n}.$$

Durch Zusammenziehung und Umordnung erhalten wir daraus die hier in Frage kommende Formel:

$$\frac{\Sigma p\alpha^3}{n} = \frac{\Sigma pa^3}{n} \div \frac{3b\,\Sigma pa^2}{n} + 2b^3.$$

In ganz ähnlicher Weise erhalten wir in Bezug auf die vierte Potenz der Abweichungen die folgende Entwicklung. $\Sigma p(\alpha + b)^4 = \Sigma pa^4$. Daraus:

$$\Sigma p\alpha^4 + \underbrace{4b\,\Sigma p\alpha^3}_{= 4b(\Sigma pa^3 \div 3b\,\Sigma pa^2 + 2nb^3)} + \underbrace{6b^2\,\Sigma p\alpha^2}_{= 6b^2(\Sigma pa^2 \div nb^2)} + \underbrace{4b^3\,\Sigma p\alpha}_{= 0} + nb^4 = \Sigma pa^4$$

Werden die für das zweite und dritte Glied eingesetzten Ausdrücke ausgeführt, alles zusammengestellt und geordnet und mit n dividiert, so erhalten wir die Formel: $\dfrac{\Sigma p\alpha^4}{n} = \dfrac{\Sigma pa^4}{n} \div \dfrac{4b\,\Sigma pa^3}{n} + \dfrac{6b^2\,\Sigma pa^2}{n} \div 3b^4$. Wir werden später dafür Gebrauch haben.

S. 201, Zeile 5 von oben so zu lesen:

$$\frac{\Sigma p\alpha^4}{n} = \frac{\Sigma pa^4}{n} \div \frac{4b\,\Sigma pa^3}{n} + \frac{6b^2\,\Sigma pa^2}{n} \div 3b^4.$$

S. 202, Zeile 6 von oben so zu lesen:

$$\frac{\Sigma p\alpha^4}{n} = \left(\frac{\Sigma pa^4}{n} \div \frac{4b\,\Sigma pa^3}{n} + \frac{6b^2\,\Sigma pa^2}{n} \div 3b^4\right) = 52,2865;$$

S. 203, Zeile 9 von oben so zu lesen:

$$\frac{\Sigma p\alpha^4}{n} = \left(\frac{\Sigma pa^4}{n} \div \frac{4b\,\Sigma pa^3}{n} + \frac{6b^2\,\Sigma pa^2}{n} \div 3b^4\right) = 29,5657$$

S. 214, Zeile 12 von oben (statt C. H. Joh. Petersen) „C. G. Joh. Petersen" zu lesen.

S. 284, Zeile 13 von unten (statt 40) „70" zu lesen.

S. 317, Zeile 6 von unten (statt festgesetzten) „fortgesetzten" zu lesen.

S. 392, Zeile 6 und 23 von oben (statt Miß) „Miss" zu lesen.

S. 397, Zeile 9 von oben (statt 11,92) „11,94" zu lesen.

———————

For EU product safety concerns, contact us at Calle de José Abascal, 56–1°,
28003 Madrid, Spain or eugpsr@cambridge.org.